高职高专土建类专业“十二五”规划教材

建筑力学

（第二版）

JIANZHU LIXUE

主编　夏锦红　和　燕

郑州大学出版社
郑州

内容简介

本书以培养生产第一线技术应用型人才为目标，整合了《理论力学》《材料力学》《结构力学》的重要内容。全书共分14章，内容涉及静定结构及超静定结构的外力、内力、位移计算与内力图绘制，强度、刚度、稳定性等基本问题。

本书内容丰富、综合性强，具有很强的实用性，可作为高职高专土建类专业的教学用书，也可作为土木工程技术人员的参考用书。

图书在版编目(CIP)数据

建筑力学/夏锦红，和燕主编.—2版.—郑州：郑州大学出版社，2012.9(2015.6重印)

高职高专土建类专业"十二五"规划教材

ISBN 978-7-5645-0888-3

Ⅰ.①建… Ⅱ.①夏…②和… Ⅲ.①建筑科学-力学-高等职业教育-教材 Ⅳ.①TU311

中国版本图书馆CIP数据核字(2012)第117211号

郑州大学出版社出版发行

郑州市大学路40号　　邮政编码：450052

出版人：张功员　　发行电话：0371-66966070

全国新华书店经销

开封市精彩印务有限公司印制

开本：787 mm×1 092 mm　1/16

印张：24

字数：571千字

版次：2012年9月第2版　　印次：2015年6月第3次印刷

书号：ISBN 978-7-5645-0888-3　　定价：39.00元

本书如有印装质量问题，请向本社调换

编写指导委员会

名誉主任 王光远

主　　任 高丹盈

委　　员 （以姓氏笔画为序）

丁宪良　王　锋　王付全

王立霞　申超英　代学灵

朱吉顶　苏　炜　李中华

李文霞　李海涛　杨庆丰

何世玲　张占伟　郑　华

赵冬梅　耿建生　徐广民

陶炳海　彭春山　窦　涛

秘　　书 崔青峰

本书作者

主　　编　夏锦红　和　燕

副主编　华四良　杨　蕊

编　　委　（以姓氏笔画为序）

丁晓玲　华四良　杨　蕊

张来栋　和　燕　夏　莹

夏锦红　袁大伟　韩　春

再版说明

2006年以来，国家实施了“高等学校本科教学质量与教学改革工程”、“国家示范性高等职业院校建设计划”等项目，进一步明确提高质量是高等教育发展的核心任务；提高质量的核心是大力提升人才培养水平；提高质量的关键是明确人才培养目标，加快专业改革与建设步伐，加大课程改革与建设的力度。几年来，各院校在专业建设、课程建设方面取得了丰硕的成果，而教材既是教育教学成果的直接体现，也是深化教学内容和改革教学方法的重要推动力，为此，教育部要求加强新教材和立体化教材建设，提倡和鼓励根据教学需要编写适应不同层次、不同类型院校，具有不同风格和特点的高质量教材。

为更好地贯彻落实《国家中长期教育改革和发展规划纲要(2010-2020年)》和推进高等职业教育改革与发展，总结各校高等职业教育教学成果，服务高等教育事业，在2006年第一版的基础上，我们分专业多次召开了教育教学研讨和教材编写会议，组织学术水平高、教学经验丰富的一线教师，编写了本版教材。

希望本版教材的出版对高等职业教育土建类专业教育教学改革和教学质量提高起到更大的推动作用，也希望使用本版教材的师生多提意见和建议，以便修订完善。

2011年8月

序

近年来,我国高等教育事业快速发展,取得了举世瞩目的成就。随着高等教育改革的不断深入,高等教育工作重心正在由规模发展向提高质量转移,教育部实施了高等学校教学质量与教学改革工程,进一步确立了人才培养是高等学校的根本任务,质量是高等学校的生命线,教学工作是高等学校各项工作的中心的指导思想,把深化教育教学改革,全面提高高等教育教学质量放在了更加突出的位置。

教材是体现教学内容和教学要求的知识载体,是进行教学的基本工具,是提高教学质量的重要保证。教材建设是教学质量与教学改革工程的重要组成部分。为加强教材建设,教育部提倡和鼓励学术水平高、教学经验丰富的教师,根据教学需要编写适应不同层次、不同类型院校,具有不同风格和特点的高质量教材。郑州大学出版社按照这样的要求和精神,组织土建学科专家,在全国范围内,对土木工程、建筑工程技术等专业的培养目标、规格标准、培养模式、课程体系、教学内容、教学大纲等,进行了广泛而深入的调研,在此基础上,分专业召开了教育教学研讨会、教材编写论证会、教学大纲审定会和主编人会议,确定了教材编写的指导思想、原则和要求。按照以培养目标和就业为导向,以素质教育和能力培养为根本的编写指导思想,科学性、先进性、系统性和适用性的编写原则,组织包括郑州大学在内的五十余所学校的学术水平高、教学经验丰富的一线教师,吸收了近年来土建教育教学经验和成果,编写了本、专科系列教材。

教育教学改革是一个不断深化的过程,教材建设是一个不断推陈出新、反复锤炼的过程,希望这些教材的出版对土建教育教学改革和提高教育教学质量起到积极的推动作用,也希望使用教材的师生多提意见和建议,以便及时修订、不断完善。

王宏远

再版前言

本教材是依据教育部《高职高专土建类专业力学课程教学基本要求》编写而成，适合作为高职高专建筑工程类专业120学时左右的建筑力学课程的教学用书。各院校可根据专业特点进行内容上的取舍，灵活使用。

建筑力学是高职高专土建类专业一门重要的专业基础课程，通过本课程的学习，可使学生具备如下能力：力系的简化与平衡；单根构件强度、刚度及稳定性问题的处理；静定结构内力计算与内力图绘制；超静定结构的计算方法使用及选用问题；能分析平面体系的基本组成及能否作为结构；利用影响线确定最不利荷载和最不利位置等。本课程主要为建筑工程技术等专业的结构设计提供基本的力学知识和计算方法，是进一步学习后继专业课建筑结构、土力学、钢结构等课程的基础。

本教材的编写力求体现高职高专培养应用型人才和当前高职高专教学改革新特点，突出针对性和适用性，结合土建类专业人才培养方案的要求，精选静力学、材料力学、结构力学的有关内容，使之融会贯通、自成体系。在教材的表述方面，力求深入浅出，文字简练、通俗易懂，图文并茂。为便于学习、掌握要点、复习巩固，本教材在各章末均有小结，并精选了足够数量的例题和习题。

参与本书编写的有：新乡学院的夏锦红（第9章）、焦作大学的和燕（第1章，第6章，附录）、新乡学院的杨蕊（第11章，第12章）、焦作大学的华四良（第2章）、濮阳职业技术学院的丁晓玲（第3章，第7章）、新乡职业技术学院的夏莹（第4章，第5章）、新乡学院的袁大伟（第8章，第13章）、新乡学院的张来栋（第10章）、新乡学院的韩春（第14章）。全书由夏锦红、和燕主编，杨蕊、华四良担任副主编。

本书在编写过程中参考了许多文献，在此对其作者表示衷心的感谢。由于时间仓促，作者水平有限，书中难免存在缺点和不足，诚请专家和读者批评指正，以便今后修订、完善。

编者

2012年5月

第一版前言

本教材是依据教育部《高职高专土建类专业力学课程教学基本要求》编写而成的，适合作为高职高专建工类专业120学时左右的建筑力学课程的教学用书。各校也可以根据专业的特点进行内容上的取舍，打*号的内容可灵活掌握。

建筑力学是一门重要的专业基础课程，它是将传统的三大力学(理论力学、材料力学、结构力学)内容系统地结合在一起的课程。通过本课程的学习，使学生具有研究力系简化和平衡问题的能力，具有研究单个构件在荷载作用下的强度、刚度及稳定性问题的能力，具有计算静定结构及一般超静定结构在荷载作用下的内力和绘制内力图的能力，具有研究结构的组成规律、合理形式和结构计算简图合理选择的能力，了解各类结构的受力性能等。本课程主要为建筑工程专业的结构设计提供基本的力学知识和计算方法，是其他后续专业课的基础。

本教材的编写力求体现高职高专培养应用性人才和当前高职高专教学改革新特点，突出针对性、适用性和实用性，结合土建类专业人才培养方案的要求，精选静力学、材料力学和结构力学的有关内容，使之融会贯通，自成体系。在理论阐述上本教材着重讲清基本的力学概念，简化理论推导，强化应用，加强与工程实际的联系，既简练了内容，又保证了新体系的科学性和系统性。在教材内容的表述方面，力求深入浅出，文字简洁，通俗易懂，图文配合紧密。为便于学习、复习巩固、掌握要点，本教材在各章末均有小结，并选配足够数量的例题和习题。

参加本书编写的有：黄淮学院李远略(第1、16、17章)，新乡学院张妍青(第2章2.1、2.2节)、杨蕊(第2章2.3、2.4节)、张兴昌(第2章2.5节，第10章10.1～10.3节)、夏锦红(第10章10.4、10.5节，附录)，洛阳理工学院董迎娜(第3章)、赵丽君(第4、5、7章)、孟凡深(第15章)，河南省建筑职工大学徐向东(第6章)，河南质量工程职业学院李德明(第8、14章)，焦作大学薛茹(第9章)，鹤壁职业技术学院何慧荣(第11章)，河南工程学院许卫华(第12章)，郑州航空工业管理学院陈砚祥(第13章)。全书由夏锦红任主编。

本书在编写过程中参考了许多文献资料，在此对其作者表示衷心的谢意。

由于编者水平有限，且编写时间仓促，书中一定存在不少缺点和错误，诚请读者和专家批评指正，以便今后修订、完善。

编者

2007年2月

目录

第1章 绪论

教学提示 了解建筑力学的研究对象、内容和任务；了解建筑力学与后续课程的关系和作用；了解刚体、变形固体的概念与基本假设；了解平面杆件结构和荷载的分类；对本课程的基本体系建立起清晰、宏观的框架。

人们在生产和生活中，离不了各式各样的建筑。虽然不同的建筑需要满足人们不同的需求，但是几乎所有的建筑均应具备实用、安全、经济、美观的特点。其中，安全性是建筑能够存在和发挥作用的最重要的基础。为了保证建筑的安全性，我们需要认真研究建筑结构的形成，建筑构件的受力、变形和稳定性。本课程就是研究建筑结构和构件的力学分析和计算的重要课程。

1.1 建筑力学的任务

1.1.1 建筑力学的研究对象

建筑物在建造和使用过程中，均会受到各种各样力的作用，例如建筑构件的自重、使用者和设备的自重、风力、积雪压力等，这些直接施加在结构上的力通称为荷载。

在建筑物中，能够承受和传递荷载而起骨架作用的物体和体系称为结构，组成结构的每一个部件称为构件。如单层工业厂房的基础、柱、屋架相互连接后形成了厂房的骨架(图1.1)，称为排架，其中的基础、柱及组成屋架的各部件均为构件；又如民用建筑中的屋架、框架，也是常见的结构形式。结构一般是由多个构件连接而成，如桁架、框架等。最简单的结构则是单个构件，如单跨悬臂梁、独立柱等。

根据构件的几何特征，结构可以分为杆件结构、薄壁结构和实体结构三种类型。杆件的几何特征是长度远大于截面的宽度和高度(图1.2)。由若干杆件组成的结构即为杆件结构(图1.1)。薄壁结构是指其厚度远小于其他两个尺度的结构。平面板状的构件称为薄板(图 1.3);由若干块薄板可组成各种薄壁结构(图 1.4 中的屋面)。具有曲面外形的薄壁结构称为薄壳(图 1.3、图 1.5 中的屋面)。实体结构是指它的三个方向的尺寸大约为同一数量级的结构(图 1.6),例如挡土墙、块式基础(图 1.7)等。

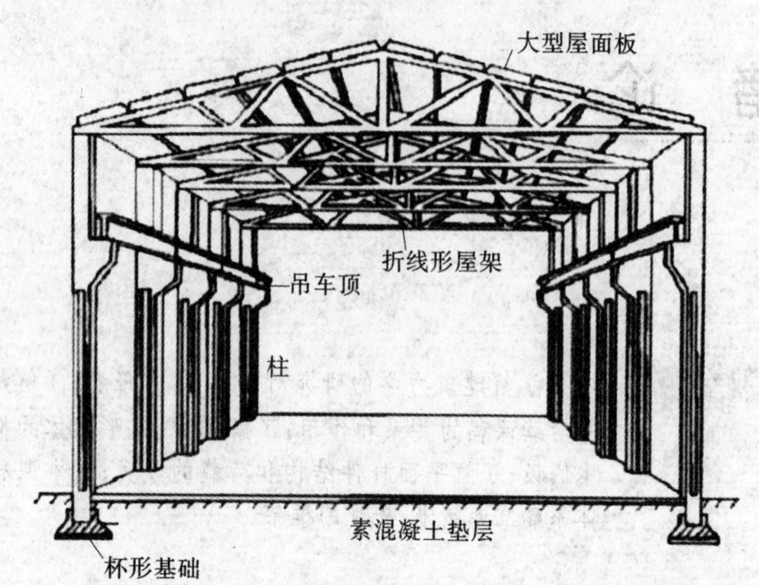

图 1.1

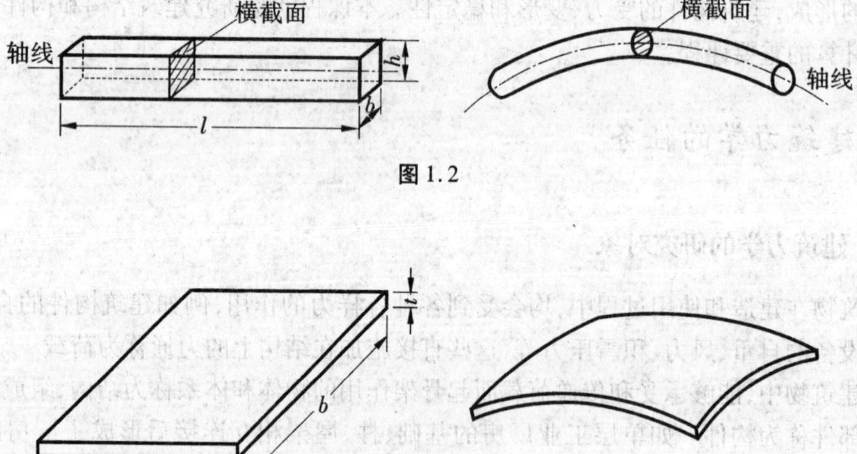

图 1.2

t
b
a

图 1.3

图1.4

图1.5

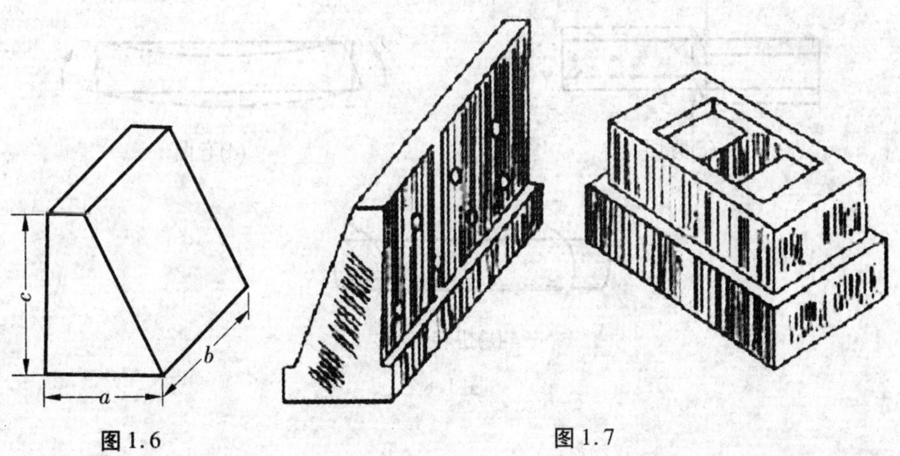

图1.6 图1.7

根据上述分析,我们可以说,建筑力学的主要研究对象,就是上述三种基本构件以及由它们所组成的结构。由于杆件结构是建筑工程中应用最广的一种结构,本书主要以杆件及由多根杆件组成的杆系结构为研究对象。建筑力学要求在研究杆件及其结构的强度、刚度和稳定性问题时,首先要了解杆件的几何特征及其基本变形形式。

1.1.1.1 杆件的几何特性

杆件的长度方向称为纵向,垂直长度的方向称为横向,工程中常用的杆件纵向尺寸远大于横向尺寸。垂直杆件长度方向的截面为横截面,各横截面形心的连线为轴线,横截面和轴线是常用的两个几何元素,如图 1.2 所示。

按照杆件轴线的形状,杆件可以分为直杆、曲杆与折杆。工程中常用到的等截面直杆就是轴线是直线并且横截面的形状、大小均不改变的直杆。

1.1.1.2 杆件的基本变形形式

在工程实际中,杆件可能受到各种各样的外力作用,因此杆件的变形也是多种多样的。但是基本变形主要有以下四种:

(1)轴向拉伸或压缩　这种变形是由作用线与杆轴线重合的外力所引起的,如图 1.8(a)、(b) 所示。

(2)剪切　这种变形是由一对相距很近、方向相反的横向外力所引起的,如图 1.8(c)所示。

(3)弯曲　这种变形是由一对方向相反、作用在杆的纵向平面内的力偶所引起的,如图 1.8(d)所示。

(4)扭转　这种变形是由一对转向相反、作用在垂直于杆轴线的两个平面内的力偶所引起的,如图 1.8(e)所示。

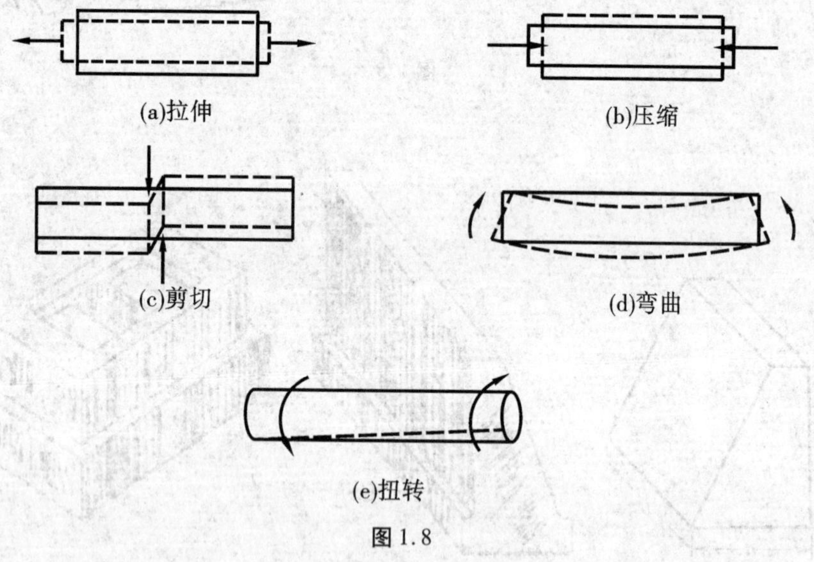

图 1.8

在本书中,将主要研究杆件变形的四种基本形式,由两种或两种以上基本变形组成的组合变形在此基础上可以继续学习。

1.1.2 建筑力学的基本任务和研究内容

1.1.2.1 建筑力学的基本任务

在荷载作用下,构件和结构会产生变形,存在着发生破坏的可能性。为了保证整个结构的正常使用,各组成构件都必须能正常工作。建筑力学的基本任务是讨论和研究建筑结构及构件在荷载或其他因素(支座移动、温度变化)作用下,能够经济、安全、正常地工作的基本要求,包含以下几个问题:

(1)构件不能发生强度破坏 例如,当吊车起吊重物时,吊车梁可能被压弯曲断裂。因此,在设计任何构件时,都要首先保证它在荷载作用下不会发生破坏,也就是说,构件必须有足够的强度。这就是强度问题。

(2)构件不能发生刚度破坏 在荷载作用下,构件虽然有足够强度不致发生破坏,但如果产生的变形过大,也会影响它的正常使用。例如,吊车梁的变形如果超过一定的限度,吊车就不能在它上面正常地行驶。因此,设计时还要保证构件的变形值不超过它正常工作所容许的范围。也就是说,构件要有足够的刚度。

(3)构件不能发生稳定性破坏 对于比较细长的中心受压杆(例如细长的中心受压柱子),当压力超过某一定值时,它们会突然地改变原来的形状(如由直变弯),改变它原来受压的工作性质。这种现象叫作丧失稳定。因此,设计时还必须保证构件不会丧失稳定,这即为稳定性问题。

1.1.3 建筑力学的研究内容

由上可知,要保证构件能够正常使用,就必须保证构件具有足够的强度、刚度和稳定性。建筑力学就是研究杆件及其系统强度、刚度和稳定性的一门学科,它主要包括以下几个内容:

(1)理论力学 研究刚体机械运动基本规律的理论性问题。

(2)材料力学 研究单杆的强度、刚度和稳定性问题。

(3)结构力学 研究杆系各个部分的强度、刚度和稳定性问题。

(4)弹性力学 研究板、壳及块体的强度、刚度和稳定性问题;也研究杆的问题,但是和材料力学比较起来,弹性力学研究方法更为严格和精确。

(5)塑性力学 研究物体处于全部或局部塑性状态时的应力和变形问题。

在本书中,将从力的基本概念和基本理论的研究入门,进而主要研究单杆和杆系的设计计算问题,也就是限于材料力学和结构力学中所研究的问题。

1.2 变形固体及其基本假设

由上可知,建筑力学的研究对象是杆件和杆件系统。由于工程中的杆件主要是由固体材料制成的,根据研究问题性质的不同,又常把杆件抽象为两种理想化的模型:刚体和变形固体。

1.2.1 刚体的基本概念

实践证明,任何物体承受外力后,总会发生一定的变形。但是在通常情况下,工程构件发生的变形都比较微小。为了使问题的研究得到简化,可以抽象出刚体的概念。所谓刚体,就是指在外力作用下,假定其形状和尺寸都绝对不变的物体。研究理论力学中的问题时,比如研究物体在外力作用下的平衡与运动问题时,就可以忽略物体的变形而把它视为刚体。

1.2.2 变形固体的概念

任何物体在外力作用下,都会或大或小地产生变形。如果这些物体在外力作用下的变形不可忽略,则物体可称之为变形固体。这些变形,有些可直接观察到,有些则需要通过仪器才能测出。在建筑力学的材料力学和结构力学部分,研究的对象均为变形固体。

建筑力学研究的主要问题是杆件的强度、刚度和稳定性问题,这些都与杆件在荷载作用下的变形有关。因此,杆件的变形已成为建筑力学所必须研究的重要内容。在荷载作用下的杆件的变形,按其性质可分为两种:一种是弹性变形,随着荷载解除变形会逐渐消失;另一种是塑性变形,或称为残余变形,在荷载解除后变形不能消失。

荷载解除后能完全恢复原状的变形固体称为理想弹性体。实际上,自然界并不存在理想弹性体。但由实验可知,常用的工程材料,如金属、木料和混凝土等,当荷载不超过某一限度时,荷载解除后的残余变形很小,它们很接近理想弹性体。因此,在建筑力学中,通常将所研究的对象,即由变形固体制成的构件视为理想弹性体。本书所讨论的问题,也仅限于理想弹性体的范畴内。

1.2.3 变形固体的基本假设

变形固体的性质十分复杂,各学科研究的角度、范围不同,其侧重面也不一样。为了简化计算,在建筑力学中常略去一些与强度、刚度和稳定性等问题关系不大的因素,将具有多种复杂属性的变形固体简单化,为此,建筑力学对变形固体作出如下假设。

(1)连续性假设　该假设认为,固体在其整个体积内毫无空隙地充满了物质。实际上,组成固体的各粒子间并不连续,它们之间存在着空隙。但是,这些空隙与构件尺寸相比极其微小,由于空隙存在而引起性质上的差异,在宏观讨论中可以忽略不计,故可认为固体在其整个体积内是连续的。根据这个假设,就可将表征固体内某些力学性质的物理量用点的坐标的连续函数来表示。这样,就可以利用高等数学的知识(微分、积分和微分方程等),来分析研究建筑力学的问题。

(2)均匀性假设　该假设认为,固体内各点处的力学性质完全相同。比如金属材料,内部各个晶粒的力学性质并不完全相同。但是,在构件或构件内任一部分,都包含着为数极多的晶粒,它们处于无规则的排列状态,其力学性质应是所有各晶粒性质的统计平均值,故可认为构件内各部分的力学性质是均匀的。根据这个假设,可以从构件内任意点处取出一微小部分加以分析研究,并将研究结果应用于整个构件。同时,也可以将那些用大尺寸试件在实验中所获取的材料的力学性质,应用于任一微小部分。

(3)各向同性假设　该假设认为,固体在各个不同方向具有相同的力学性质。具有这种性质的材料称为各向同性体。根据这个假设,在研究材料的力学性质时,不必考虑其方向性,即在研究材料某一方向的力学性质后,其结论就可以应用到其他任何方向。建筑力学所研究的问题,主要限于各向同性体,常用的工程材料,如钢材、塑料、玻璃和混凝土都可认为是各向同性材料。

如果材料在各个不同方向具有不同的力学性质，则这种材料称为各向异性体。例如，木材、胶合板、纤维织品和复合材料等。

(4)小变形假设　该假设认为，构件在荷载作用下产生的变形与其原始尺寸相比是极其微小的。建筑力学所研究的问题限于构件的变形远小于其原始尺寸的“小变形”情况。这样，在研究构件的平衡问题时，就可以忽略构件的变形，而按变形前的原始尺寸进行分析计算，这种方法称为原始尺寸原理。利用这一原理可使计算大大得到简化。例如，图1.9所示悬臂梁，在荷载F作用下发生弯曲变形，梁B端沿水平方向产生位移。在计算梁固定端A的反力偶M_A时，可由静力平衡方程$\sum M_A=0$，$M_A=Fl$而不用$M_A=F(l-\delta)$。这是因为水平方向的位移δ远小于梁的原长l，根据小变形假设，在研究平衡问题求支座反力时，可略去小变形δ的影响，仍按梁的原长l计算，使计算得以简化。

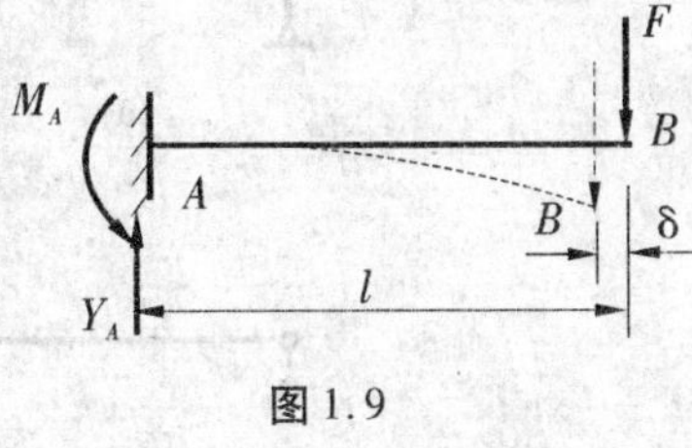

图1.9

实验表明，根据上述假设所得到的结论是正确的。这些结论充分反映材料的主要性质，又使问题得到合理简化，与构件的实际情况基本符合，并能够完全满足工程上所要求的精度。

综上所述，建筑力学的研究对象——杆式构件是连续、均匀、各向同性的变形固体，并视为完全弹性体，其研究范围仅限于小变形的情况。

1.3　平面杆系结构和荷载的分类

1.3.1　平面杆系结构的分类

杆系结构是由多根杆件组成的结构，也是建筑力学的主要研究对象，在土建工程中应用最为广泛。按照空间的观点，杆系结构可以分为平面杆系结构和空间杆系结构。当组成结构所有杆件的轴线和结构上的荷载不在同一平面内时，称为空间杆系结构；当组成结构的所有杆件的轴线和结构上的荷载均位于同一平面内时，称为平面杆系结构。

1.3.1.1　按几何外形和受力特点分类

本书主要研究的平面杆系结构，按几何外形和受力特点通常可分为如下五种类型：

(1)梁　是一种受弯构件，其杆件轴线一般为直线，可称为直梁或简称为梁。当杆件轴线为曲线时称为曲梁。梁在竖向荷载作用下不产生水平反力。梁分为单跨梁[图1.10(a)、(c)]和多跨梁[图1.10(b)、(d)]等多种形式。

(2)刚架　由梁和柱用刚接节点连接组成一个整体结构，在荷载作用下刚架杆截面上的内力一般有弯矩、剪力和轴力。它有单层单跨[图1.11(a)、(b)]和多层多跨[图1.11(c)]等结构形式。这种结构常用在单层工业厂房和高层建筑中。

(3)拱　轴线一般为曲线，它在竖向荷载作用下不仅产生竖向反力，还产生水平反力(推力)。拱内截面上的内力，通常以承受轴力为主。常用的拱有三铰拱、两铰拱和无铰拱,如图 1.12(a)、(b)、(c)所示,另外还有带拉杆的拱,如图 1.12(d)所示。

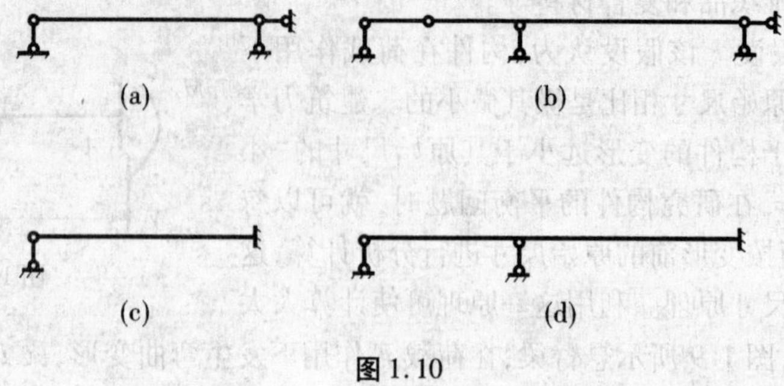

图 1.10

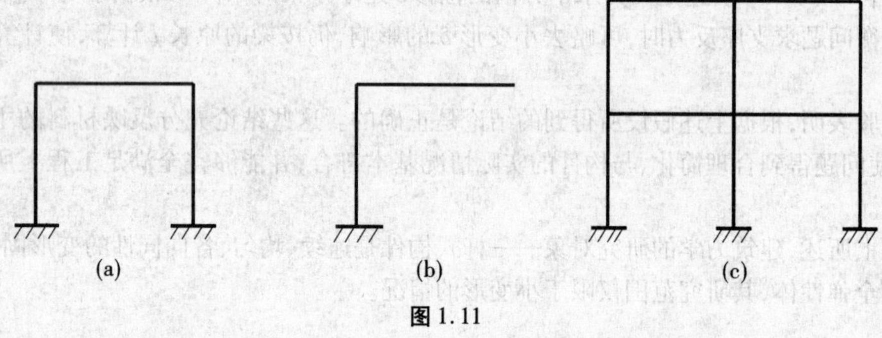

图 1.11

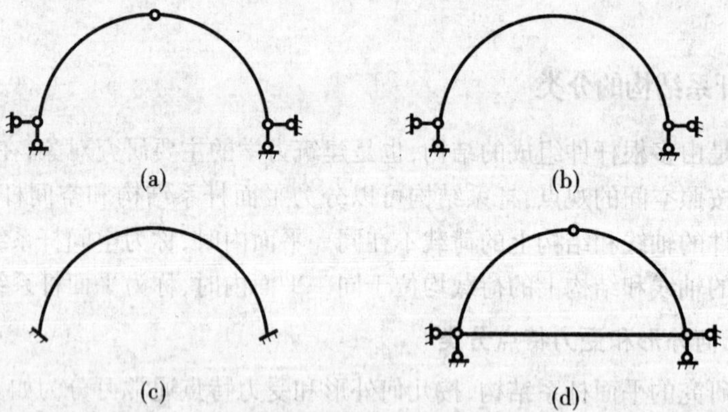

图 1.12

(4)桁架　由多根直杆相互用理想铰连接组成的结构,如图 1.13(a)、(b)所示。在节点荷载作用下桁架各杆内只产生轴力。

(5)组合结构　由受弯杆件和二力杆件组合在一起的结构,如图 1.14 所示。其受力特点为:二力杆只承受轴力,受弯杆件则同时承受弯矩、剪力和轴力。

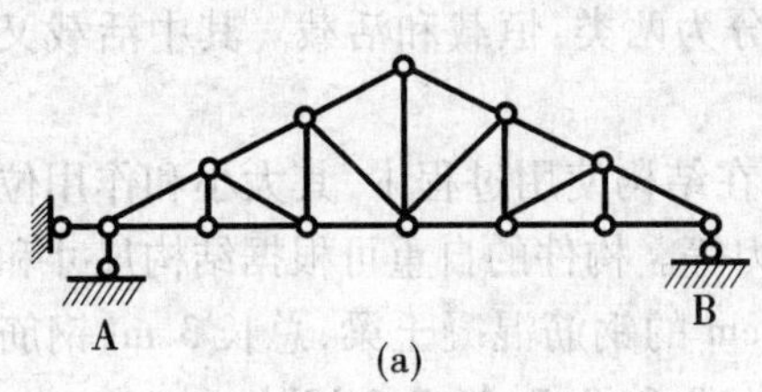

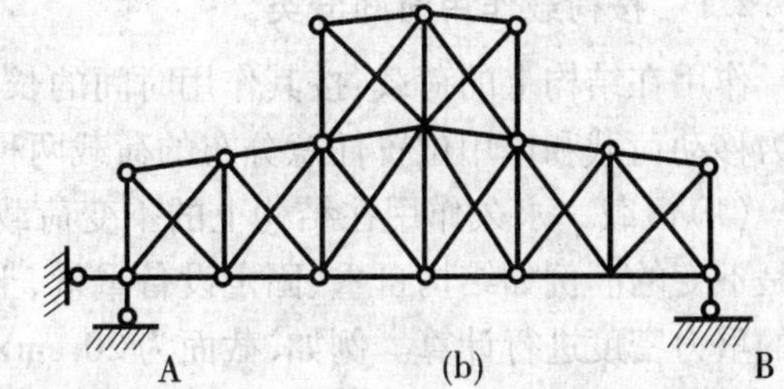

图 1.13

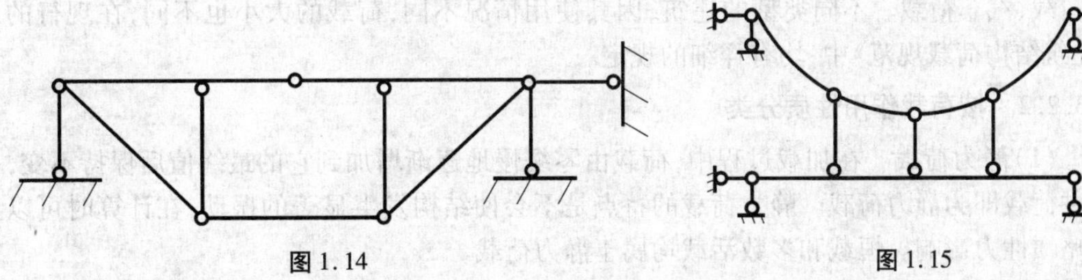

图 1.14　　图 1.15

1.3.1.2　按支座反力方向分类

(1)梁式结构　在竖向荷载作用下只产生竖向支座反力的结构,如图 1.10 所示。

(2)拱式结构　在竖向荷载作用下除产生竖向支座反力外,还产生水平反力(推力)的结构,如图 1.12 所示。

(3)悬索结构　在竖向荷载作用下除产生竖向支座反力外,还产生水平反力(拉力)的结构如图 1.15 所示。

1.3.1.3　按计算方法的特点分类

(1)静定结构　在承受任意荷载下,所有的反力和截面内力均可由静力平衡条件完全确定的结构,如图 1.10(a)、(b)所示。

(2)超静定结构　结构的反力和内力不能单凭静力平衡条件完全确定,必须同时考虑结构的变形协调条件,方能求得确定解,如图 1.10(c)、(d)所示。

1.3.2　荷载的分类

荷载是主动作用在结构上的外力,如结构的自重、人群以及货物的重量,吊车轮压力,土压力,风、雪荷载等。这些外力可以使结构产生内力和变形。设计者在进行结构分析之前,首先要确定结构可能承受的荷载。如果荷载估算过大,则造成结构材料的浪费;如果估算过小,则使结构不安全并会造成破坏。结构承受的荷载需要根据荷载规范来确定,这些内容将在以后的专业课程中讨论。

在工程实际中,作用在结构上的荷载多种多样。为便于使用,需要从不同的角度,将它们进行分类。

1.3.2.1 **按荷载作用时间分类**

作用在结构上的荷载,按其作用时间的长短,分为两类:恒载和活载。其中活载又可分为移动荷载和作用位置任意分布的荷载两种。

(1)恒载 永久作用在结构上的不变荷载,它在结构使用过程中,其大小和作用位置都是不变的。例如结构自重、固定设备重量、土压力等。构件的自重可根据结构尺寸和材料的重力密度进行计算。例如,截面为 20 cm×50 cm 的钢筋混凝土梁,总长 3 m,钢筋混凝土重力密度为 24 kN/m^3,则该梁的自重为:$G=24\times0.2\times0.5\times3=7.2$ kN。

(2)活载 活载是结构在施工或使用期间可能存在的荷载,它们有时存在,有时不存在;它们可以作用在任何位置,例如施工荷载、人群荷载、风、雪荷载等;也可能移动,如吊车荷载、汽车荷载。不同类型的建筑,因其使用情况不同,荷载的大小也不同,在现行的《建筑结构荷载规范》中,均有详细的规定。

1.3.2.2 **按荷载作用性质分类**

(1)静力荷载 在加载过程中,荷载由零缓慢地逐渐增加到它的最终值后保持不变,这种荷载即为静力荷载。静力荷载的特点是不会使结构发生显著的振动,在计算时可以忽略惯性力影响。恒载和多数活载均属于静力荷载。

(2)动力荷载 如果荷载作用在结构上随时间迅速变化或在短暂时间内突然消失,这种荷载即为动力荷载。例如动力机械的振动、爆炸时的冲击波荷载、地震荷载等均为动力荷载。动力荷载的特点是能使结构产生显著的振动,计算时必须考虑惯性力影响。

本教材中,只讲述结构在静力荷载作用下的计算问题。

1.3.2.3 **按荷载分布情况分类**

(1)集中荷载 实际上,任何荷载均有一定的分布面积,当分布面积远小于结构尺寸时,可以近似认为荷载作用在结构的一点上,称为集中荷载,例如吊车荷载。其单位一般用 N(牛)或 kN(千牛)表示。

(2)分布荷载 当荷载的分布面积较大,不能忽略时,称为分布荷载。根据具体情况可分为体积分布荷载、面分布荷载与线分布荷载。当荷载在物体整个体积内分布时为体积分布荷载,例如单位体积的重力,单位是 kN/m^3;当荷载在某个物体表面分布时为面分布荷载,例如风荷载,单位是 kN/m^2;当荷载作用的物体表面比较狭长,可近似认为作用在一道线上,即为线分布荷载,单位是 kN/m;当分布荷载沿某轴线对称分布时,可以认为作用在轴线上,也为线分布荷载,例如梁自重荷载可视为线分布荷载。分布荷载集度是单位体积、面积或长度内荷载的大小。分布荷载集度相同时为均布荷载,集度不同时为非均布荷载。均布荷载是力学计算和结构设计中常用的一种荷载。

以上是从三个角度对荷载进行分类的,它们之间有着密切的联系,并不是彼此无关的,例如,楼板自重既是恒载,又是分布荷载,也是静力荷载。但是应该注意,荷载并不是产生内力的唯一原因,在超静定结构分析中,除荷载作用外,温度变化、支座移动、材料收缩等因素也会引起内力。这种内力有时甚至是很大的,在结构设计时不可忽视。

章后小结

本章主要介绍了建筑力学的研究对象与基本任务;重点讨论了变形体的基本假设和杆系结构的分类、荷载分类。

(1)在建筑物中,能够承受和传递荷载而起骨架作用的物体和体系称为结构。结构可以分为杆件结构、薄壁结构和实体结构三种类型。

(2)工程实际中,杆件的变形多种多样,但是均由基本变形组合而成。基本变形主要有以下四种:轴向拉伸或压缩、剪切、弯曲、扭转。

(3)建筑力学的基本任务是强度、刚度、稳定性问题。建筑力学的研究内容可分为材料力学、理论力学、结构力学等部分。建筑力学的研究对象是杆件和杆件系统。杆件可抽象为两种理想化的模型:刚体和变形固体。

(4)变形固体的基本假设有:连续性假设、均匀性假设、各向同性假设、小变形假设。

(5)平面杆系结构和荷载有多种分类方法。平面杆系结构主要有梁、刚架、桁架、拱、组合结构。荷载主要分为:恒载、活载;动载、静载;集中荷载和分布荷载。

思考题

1. 建筑力学的研究对象和任务是什么?
2. 建筑力学所研究的变形固体材料有哪些假设?为什么要作这些假设?
3. 杆件的变形形式有哪几种?各举一例。
4. 常用的杆件结构形式有哪几类?它们各自的受力特点是什么?
5. 拱式结构和曲梁有何区别?

第2章 力与力系的平衡

教学提示 了解力、约束与约束反力、力在坐标轴上的投影、力矩、力偶与力偶矩等概念；理解静力学基本公理；掌握合力投影定理、合力矩定理及其应用；掌握物体的受力分析方法；掌握各种平面力系的平衡方程及其应用；掌握物体系统平衡问题的求解。

2.1 力的基本概念

2.1.1 力的概念

人们在长期的生产劳动和生活实践中通过归纳和科学抽象建立了力的概念。力是物体间相互的机械作用。这种作用使得物体的机械运动状态发生改变或使物体产生变形。力使物体运动状态发生改变的效应称为运动效应或外效应，而使物体发生变形的效应称为变形效应或叫内效应。刚体只考虑外效应，变形固体还需研究内效应。

实践表明，力对物体的作用效应取决于力的三要素：力的大小、方向和作用点。力的大小是指物体间相互作用的强弱；力的方向用方位以及指向合成表明；力的作用点是力对物体作用的位置的抽象。实际上物体相互作用的位置并不是一个点而是物体的一部分面积或体积，当作业面积或体积很小时，人为地将其抽象或简化为点，即作用点。过力作用点的方位线称为力的作用线。改变力的三要素中的任意一个，也就改变了力对物体的作用效应。

力可以用一有向线段（矢量）表示，如图2.1所示，线段长度按一定比例尺表示力的大小，线段的方位和箭头的指向表示力的方向，线段的起点或终点表示力的作用点，线段所在直线表示力的作用线。常用黑体字母 $\boldsymbol{F}$ 表示力的矢量，而用普通字母 F 表示力的大小。

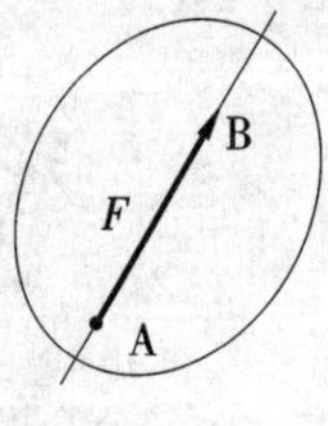

B
F
A

图2.1

在国际单位制（SI）中，力的单位为牛顿或千牛顿，用代号N（牛）或

kN(千牛);工程中习惯用的单位是 kgf(千克力)、tf(吨力)。两种单位制的换算关系为:

$$1\ \text{kgf} = 9.8\ \text{N},\ 1\ \text{tf} = 9.8\ \text{kN} = 9\ 800\ \text{N}$$

一般地,一个物体受到的力不止一个。把作用在同一物体上的一组力称为力系。如果力系中各个力的作用线不在同一平面内,这样的力系称为空间力系。如果力系中各个力的作用线共面,则称为平面力系。平面力系中,若各个力的作用线汇交于同一点,则称为平面汇交力系;如果各个力的作用线相互平行,称为平面平行力系;如果各个力的作用线既不完全汇交于同一点,又不完全平行,则称为平面一般力系。本章主要研究各种平面力系。

如果两个力系对同一物体的作用效应相同,那么这两个力系互为等效力系。如果一个力与一个力系等效,那么前者为后者的合力,求解合力的过程称为力的合成;而力系中的各个力称为此合力的分力,将合力代换成分力的过程称为力的分解。在研究力学问题时,为方便显示各种力系对物体的总作用效应,用一个简单的等效力系或一个力代替一个复杂力系,这称为力系的简化。力系的简化是刚体静力学研究的一个基本问题。

2.1.2 静力学公理

静力学公理是人们在长期的生活和生产实践中,经反复观察和实践检验总结出来的客观规律,是研究力系简化和平衡等问题的最基本力学规律,是静力学全部理论的基础。

2.1.2.1 二力平衡公理

作用于刚体上的两个力,使刚体平衡的必要与充分条件是:这两个力大小相等、方向相反且在同一直线上。这就是二力平衡公理。

二力平衡公理给出了作用在刚体上的最简单的力系的平衡条件,是推证其他力系平衡条件的基础,同时也给出了最简单的平衡力系。值得注意的是,这个条件对刚体是充分必要的,对变形体是不充分的。例如,软绳受到两个等值反向的拉力作用能平衡,但是受到两个等值反向的压力作用就不能平衡。

只受两个力作用而平衡的物体,称为二力体或二力构件,如果物体是杆件,称二力杆,如图 2.2 所示。由二力平衡公理可知,二力杆不论其形状如何,所受的两个力必须沿着作用点的连线,且等值、反向。二力杆是工程中常见的一种杆件。如图 2.3 所示三铰拱,当其中的曲杆 BC 不计自重时,就是二力构件。

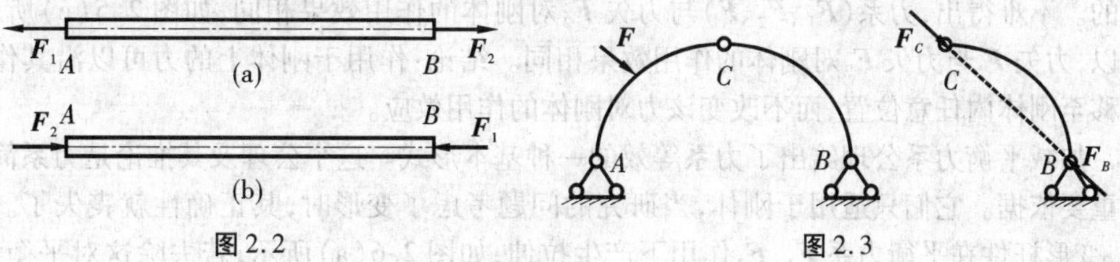

图 2.2　　图 2.3

2.1.2.2 力的平行四边形法则

作用于物体上同一点的两个力可以合成为作用于该点的一个合力,它的大小和方向由以这两个力的矢量为邻边的平行四边形的对角线确定。这就是平行四边形法则。

如图2.4(a)所示,以$\boldsymbol{F}_R$表示$\boldsymbol{F}_1$和$\boldsymbol{F}_2$的合力,则可以表示为$\boldsymbol{F}_R=\boldsymbol{F}_1+\boldsymbol{F}_2$,即作用于物体上同一点的两个力的合力等于这两个力的矢量之和。

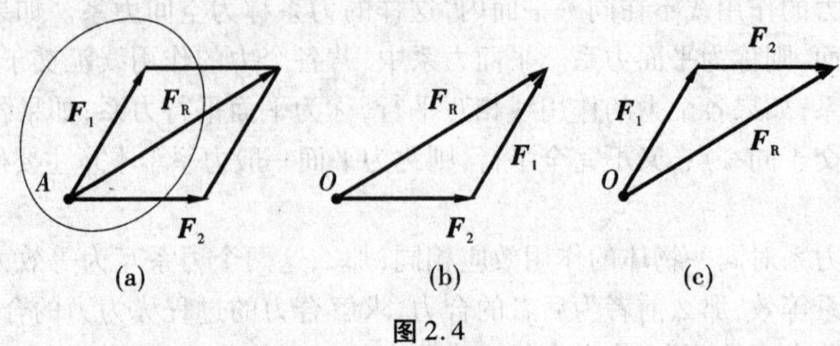

图2.4

在求共点两个力的合力时,常采用如图2.4(b)、(c)所示方法。从刚体外任选一点作矢量代表$\boldsymbol{F}_1$,然后从$\boldsymbol{F}_1$的终点作矢量代表$\boldsymbol{F}_2$,最后连接起点和终点得到矢量即为合力矢量$\boldsymbol{F}_R$。分力矢量$\boldsymbol{F}_1$、$\boldsymbol{F}_2$与合力矢量$\boldsymbol{F}_R$所构成的三角形称为力矢三角形。这种合成方法称为力三角形法则。

注意:力矢三角形只表示各个力的大小和方向,并不表示各个力的作用线位置;力矢三角形只是一种矢量运算方法,不表示力系的真实作用情况。

力的平行四边形法则表达了最简单的合力与分力关系,是力系合成与分解的基础;也表明了最简单力系的简化,是复杂力系简化的基础。

2.1.2.3 加减平衡力系公理

作用于刚体的任意力系加上或减去任一平衡力系,并不改变对刚体的作用效应。根据这一加减平衡力系公理,如果两个力系只相差一个或几个平衡力系,那么它们对刚体的作用效应相同,可以等效替换。

推论:作用于刚体某点的力可以沿其作用线移至同一刚体内任意一点,而不改变该力对刚体的作用效应。这一性质称为力的可传性原理,其证明如下:

在刚体的A点上作用有力矢$\boldsymbol{F}$,如图2.5(a)所示,现在力矢$\boldsymbol{F}$的作用线上刚体B点加上平衡力系($\boldsymbol{F}_1$、$\boldsymbol{F}_2$),且$\boldsymbol{F}_2=\boldsymbol{F}=-\boldsymbol{F}_1$,如图2.5(b)所示,则力系($\boldsymbol{F}_1$、$\boldsymbol{F}_2$、$\boldsymbol{F}$)对刚体的作用效果与只有力矢$\boldsymbol{F}$时相同。力系($\boldsymbol{F}_1$、$\boldsymbol{F}_2$、$\boldsymbol{F}$)可看成是由平衡力系($\boldsymbol{F}$、$\boldsymbol{F}_1$)和力矢$\boldsymbol{F}_2$组成的。不难得出,力系($\boldsymbol{F}_1$、$\boldsymbol{F}_2$、$\boldsymbol{F}$)与力矢$\boldsymbol{F}_2$对刚体的作用效果相同,如图2.5(c)所示。所以,力矢$\boldsymbol{F}$与力矢$\boldsymbol{F}_2$对刚体的作用效果相同。结论:作用于刚体上的力可以沿其作用线移至刚体内任意位置,而不改变该力对刚体的作用效应。

加减平衡力系公理给出了力系等效的一种基本形式。这个公理及其推论是力系简化的重要依据。它们只适用于刚体,当研究的问题考虑了变形时,其正确性就丧失了。例如,变形杆件在平衡力系$\boldsymbol{F}_1$、$\boldsymbol{F}_2$作用下产生拉伸,如图2.6(a)所示,若去除这对平衡力,杆件就不会发生变形;若将平衡力$\boldsymbol{F}_1$、$\boldsymbol{F}_2$分别沿作用线移至杆件的另一端,杆件产生压缩变形如图2.6(b)所示;如果把$\boldsymbol{F}_1$、$\boldsymbol{F}_2$都移到杆的中点,则杆既不拉长也不缩短,如图2.6(c)所示。

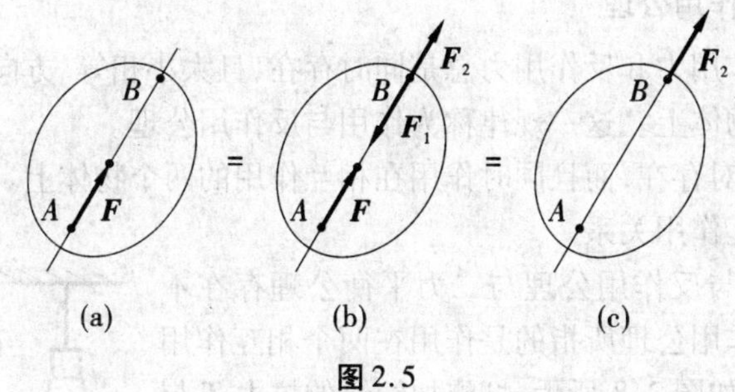

图 2.5

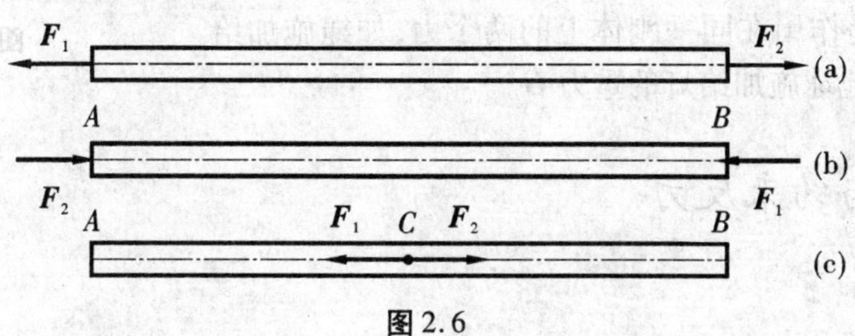

图 2.6

2.1.2.4 三力平衡汇交公理

刚体受三个力作用而平衡，若其中两个力的作用线汇交于一点，则第三个力的作用线也必汇交于同一点，且这三个力的作用线在同一平面内。这就是三力平衡汇交公理。

证明：某刚体上 A、B、C 三点分别作用 $\boldsymbol{F}_1$、$\boldsymbol{F}_2$、$\boldsymbol{F}_3$ 三个力矢而平衡，其中 $\boldsymbol{F}_1$、$\boldsymbol{F}_2$ 的作用线汇交于点 O，如图 2.7(a)所示。根据力的可传性，将力矢 $\boldsymbol{F}_1$、$\boldsymbol{F}_2$ 的作用点移至 O 点处，后根据力的平行四边形法则，求得合力矢 $\boldsymbol{F}_R$，如图 2.7(b)所示。由于力系($\boldsymbol{F}_1$、$\boldsymbol{F}_2$、$\boldsymbol{F}_3$)为平衡力系，力矢 $\boldsymbol{F}_3$ 应与合力矢 $\boldsymbol{F}_R$ 平衡。根据二力平衡公理，力矢 $\boldsymbol{F}_3$ 应与合力矢 $\boldsymbol{F}_R$ 共线。所以力矢量 $\boldsymbol{F}_3$ 必与力矢 $\boldsymbol{F}_1$、$\boldsymbol{F}_2$ 共面，且作用线通过汇交点 O，如图 2.7(c)所示。

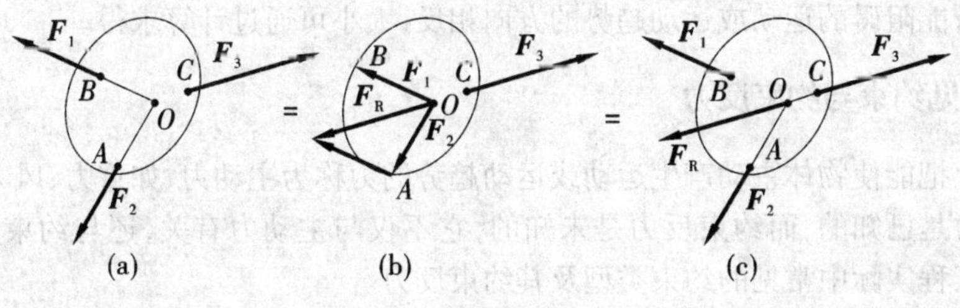

图 2.7

三力平衡汇交公理实际是二力平衡公理、加减平衡力系公理和力的平行四边形法则的综合推理。它说明了不平行的三个力平衡的必要条件。当两个力相交时，可用于确定第三个力的作用线的方位。

2.1.2.5 作用与反作用公理

两个物体间的作用力和反作用力总是同时存在,且大小相等、方向相反、作用线重合,分别作用在这两个物体上。这一规律称为作用与反作用公理。

可见,力总是成对存在,而且同时作用在相互作用的两个物体上。这一公理概括了任何两个物体间的相互作用关系。

但须注意,作用与反作用公理与二力平衡公理存在本质区别。作用与反作用公理所指的是作用在两个相互作用的物体上的两个力,如图 2.8 所示,灯施加给绳的拉力 $\boldsymbol{T}$ 与绳施加给灯的拉力 $\boldsymbol{T'}$ 是一对作用力与反作用力;而二力平衡公理所指的是作用在同一刚体上的两个力,如绳施加给灯的拉力 $\boldsymbol{T'}$ 和地球施加给灯的重力 $\boldsymbol{G}$。

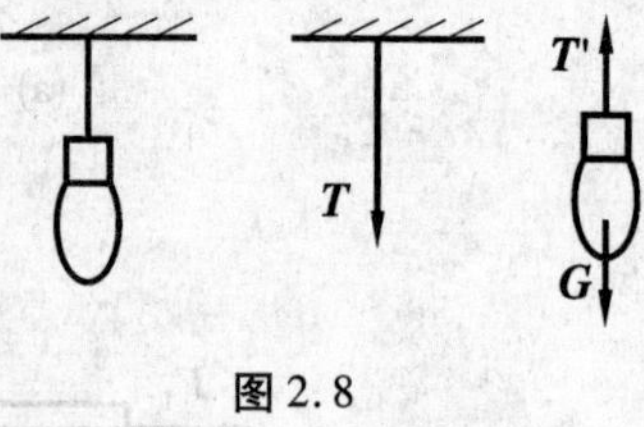

图 2.8

2.2 约束与约束反力

2.2.1 约束

工程上所遇到的物体通常分为自由体和非自由体。前者指能自由地向空间任意方向运动的物体,如工地上工人上抛的砖,在空中自由飞行的飞机、火箭;后者指在空间某些方向运动受到其他物体阻碍或阻止的物体,如支撑在墙体上静止不动的屋架。建筑物的各种构件都不能自由运动,所以都属于非自由体。本书只研究非自由体。

工程中将限制或阻碍非自由体运动的物体称为约束,如铁轨限制机车必须沿轨道行驶,吊绳限制被吊起的重物不能下落,铁轨对于机车、吊绳对于重物都是约束。

由于约束限制或阻碍了非自由体的位移或运动,也就是约束能改变非自由体的运动状态,因此约束对非自由体施加了力,这种力称为约束反力或约束力,简称反力。从约束对非自由体的作用可以看出,约束反力的作用点就在约束与非自由体的接触点,其方向总是与约束所能阻碍的运动或运动趋势的方向相反,大小可通过计算求得。

2.2.2 常见约束与约束反力

工程上把能使物体主动产生运动或运动趋势的力称为主动力,如重力、风力、拉力等。通常主动力是已知的,而约束反力是未知的,它不仅与主动力有关,还与约束类型有关。下面介绍工程实际中常见的约束类型及其约束反力。

2.2.2.1 柔性约束

由柔软的绳索、链条或传动皮带等构成的约束为柔性约束。其理想化条件:绝对柔软、无质量、无粗细、不可伸长或缩短。由于柔性约束只能承受拉力,所以它对物体的约束反力只能是拉力,作用在接触点或假想截切处。如图 2.9 所示,用绳索悬挂一物体,绳索的约束反力作用于接触点,方向沿绳索的

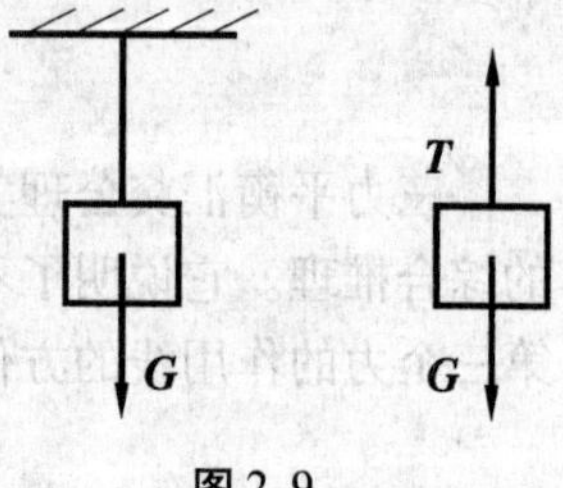

图 2.9

中心线背离物体,为拉力。柔性约束反力一般用 T 表示。

2.2.2.2　光滑接触面约束

当两个物体的接触面上的摩擦力可以忽略不计时,就构成了光滑接触面约束。这时,不论支撑面的形状如何,光滑接触面只能限制物体沿着接触点处公法线朝接触面方向运动,而不能限制物体沿其他方向的运动。光滑接触面约束对物体的约束反力作用于接触点,方向为沿接触面在该点的公法线指向物体。这种约束反力又称法向反力,一般用 N 表示,如图 2.10(a)所示。

物体与光滑接触面的接触形式一般有以下三种类型。

(1)面与面接触　约束反力方向垂直于公切面指向物体,如图 2.10(a)所示。

(2)点与面接触　约束反力方向垂直于面在该点的切线指向物体,如图 2.10(b)所示。

(3)点与线接触　约束反力方向垂直于线指向物体,如图 2.10(b)所示。

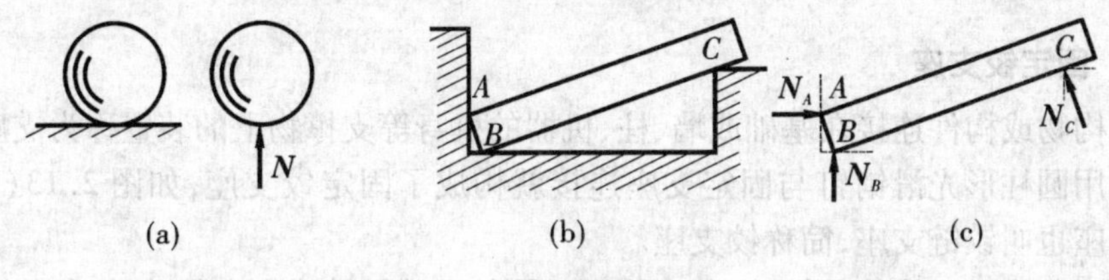

图 2.10

2.2.2.3　铰链连接

工程上常用销钉连接构件或零件,这种约束称为铰链连接,简称铰连接,而连接件习惯上简称为铰,如图 2.11(a)所示。其简化符号如图所示 2.11(b)。这类约束只能限制相对移动不能限制转动,且忽略销钉与构件间的摩擦。

铰链连接只能限制物体在垂直于销钉轴线的平面内相对移动,但不能限制物体绕销钉轴线转动。如图 2.11(c)所示,铰链连接的约束反力作用在销钉与物体的接触点,但由于销钉与销钉孔壁接触点与被约束的物体所受的主动力有关,一般不能预先确定,所以约束反力的方向也不能确定。因此,铰链连接的约束反力作用在垂直于销钉轴线平面内,通过销钉中心,方向不定。为计算方便,铰链连接约束反力常用过铰链中心的两个大小未知的正交分力表示,如图 2.11(d)所示,这两个分力的方向可假设。

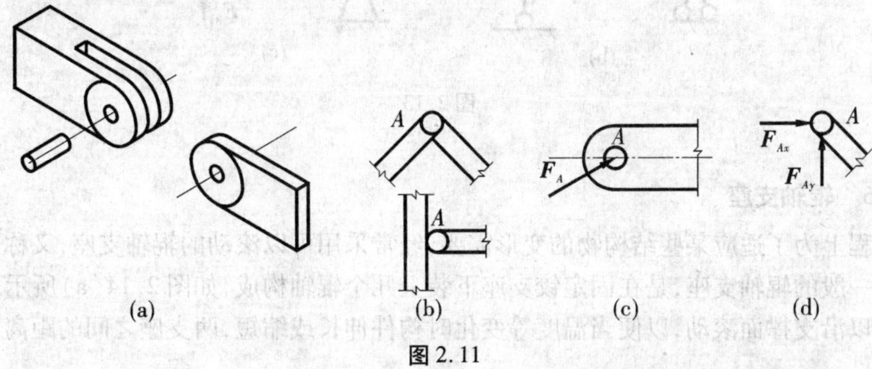

图 2.11

2.2.2.4 链杆约束

两端用铰链与物体连接且中间不受力(自重忽略不计)的刚性杆件称为链杆,如图2.12(a)所示。显然,链杆是二力杆。这种约束能阻止物体沿着链杆轴线方向运动,但不能阻止其他方向的运动。所以链杆的约束反力只能是沿着链杆的轴线,背离物体(拉力),或指向物体(压力)。其力学简图与约束反力表示方法如图2.12(b)、(c)所示。

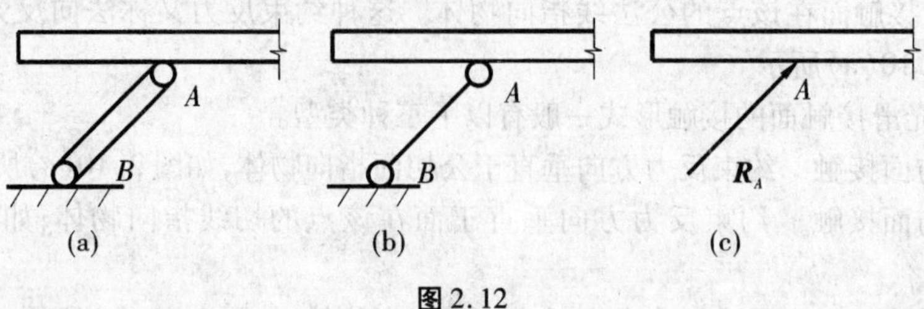

图2.12

2.2.2.5 固定铰支座

将结构物或构件连接在基础或墙、柱、机器的机身等支撑物上的装置称为支座。将结构或构件用圆柱形光滑销钉与固定支座连接就构成了固定铰支座,如图2.13(a)所示。固定铰支座也叫铰链支座,简称铰支座。

销钉既不能阻止构件的转动,也不能阻止构件沿销钉轴线方向的移动,只能阻止构件在垂直销钉轴线的平面内移动。固定铰支座的约束反力与铰链连接的约束反力相同。其简化记号与约束反力如图2.13(b)、(c)所示。

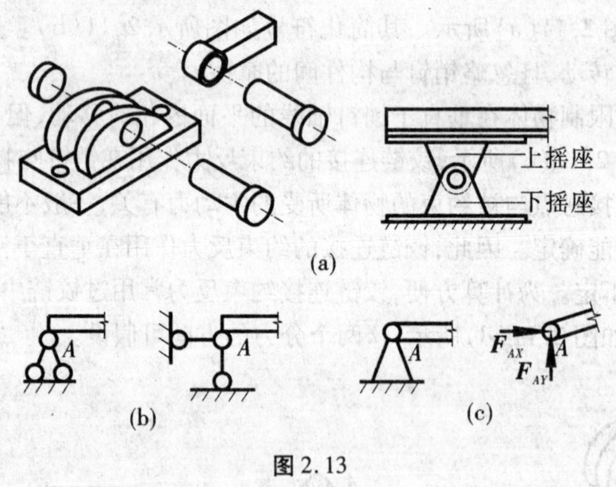

图2.13

2.2.2.6 辊轴支座

工程上为了适应某些结构物的变形需要,经常采用可以滚动的辊轴支座,又称可动铰支座。一般的辊轴支座,是在固定铰支座下装上几个辊轴构成,如图2.14(a)所示。辊轴支座可以沿支撑面滚动,以便当温度等变化时构件伸长或缩短,两支座之间的距离有微小的变化。

辊轴支座只能限制物体沿支撑面法线方向运动，而不能限制物体沿支撑面切线方向移动，也不能限制物体绕销钉轴线转动。所以其约束反力垂直于支撑面，过销钉中心，可能是拉力也可能是压力，指向可假设。辊轴支座的简化表示方法如图2.14(b)所示，约束反力如图2.14(c)所示。

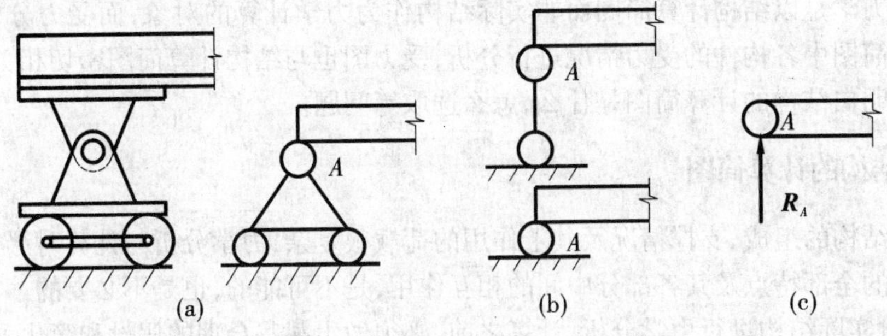

图2.14

2.2.2.7　固定端支座

将构件的一端插入一固定物体(如墙体)中，就构成固定端支座，如图2.15(a)、(b)所示。固定端支座的简化表示方法如图2.15(c)、(d)所示。在固定端支座连接处具有较大的刚性，被约束的物体在该处既不能相对移动也不能转动。固定端支座的约束反力，一般用两个正交分力和一个约束反力偶表示，如图2.15(e)所示。

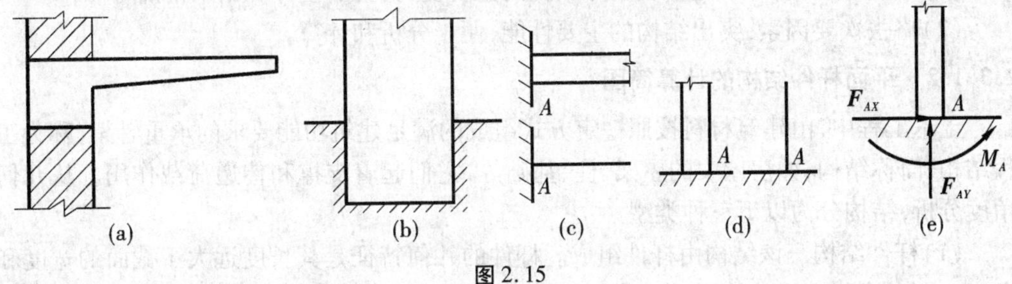

图2.15

2.2.2.8　定向支座

如图2.16(a)所示，定向支座允许结构沿着支撑面方向平行滑动，但结构在支撑处不能转动，也不能沿垂直于支撑面方向移动。因此，它可以产生反力矩和法向反力。常用两根平行等长的链杆表示，链杆轴线与支撑面垂直，如图2.16(b)所示。

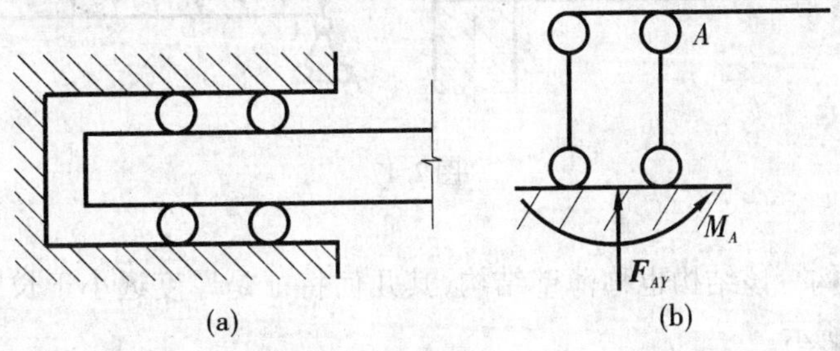

图2.16

在实际工程中所遇到的约束往往比较复杂,常常需要根据具体情况分析它对物体运动的限制特点而加以简化,使近似于上述某种约束,以便判断其约束反力。

2.3 受力分析

建筑力学是以结构计算简图而非实际结构作为力学计算的对象,而受力分析也是对结构计算简图中各构件的受力情况进行分析,受力图也与结构计算简图密切相关,所以必须首先弄明白结构的计算简图是什么,怎么选取等问题。

2.3.1 结构的计算简图

实际结构的组成、支撑情况及其上作用的荷载很复杂,力学分析与计算时严格地考虑每一结构的全部特点及其各部分中间的相互作用,是不可能的,也是不必要的。为了方便计算,在对实际结构进行力学分析、计算之前,必须做出某些合理的假设和简化,把复杂的实际结构抽象为一个简单的图形。这种在进行结构计算时用以代表实际结构简化了的图形,称为结构的计算简图。

2.3.1.1 确定计算简图的原则

对同一种结构由于考虑的因素以及采用的计算工具不同,不同人所选取的计算简图会有所差别。但都必须遵循计算简图的确定原则:

(1)从实际出发,尽可能反映实际结构的主要受力特征,使计算结果精确可靠;

(2)略去次要因素,突出结构的主要性能,便于分析和计算。

2.3.1.2 平面杆件结构的计算简图

土木工程中,由建筑材料按照一定方式组成的满足建筑功能要求的承重骨架,称为工程结构,简称结构,如房屋中的屋架、柱、基础等,它们起着支撑和传递荷载作用。从几何角度分析,结构分为以下三种类型。

(1)杆件结构　该结构由杆件组成。杆件的几何特征是其长度远大于截面的宽度和高度。简支梁即为杆件结构,如图 2.17 所示。

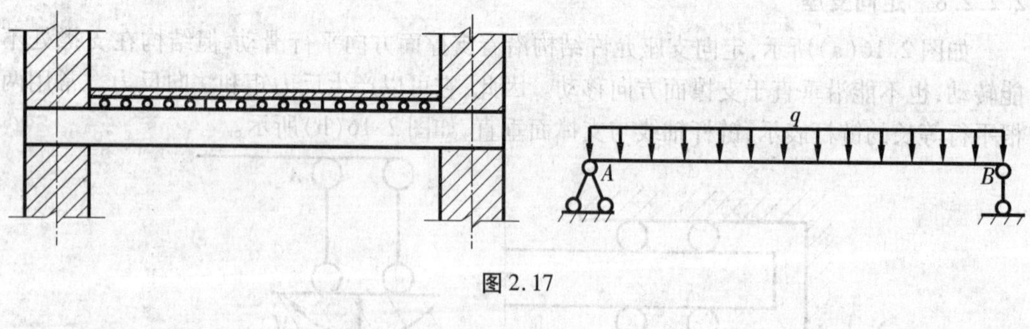

图 2.17

(2)板壳结构　该结构也称薄壁结构,其几何特征是厚度远小于长度和宽度。板壳屋盖如图 2.18 所示。

(3)实体结构　该结构的几何特征是长、宽、高三个方向的尺寸约为同一数量级。挡土墙即为实体结构,如图2.19所示。

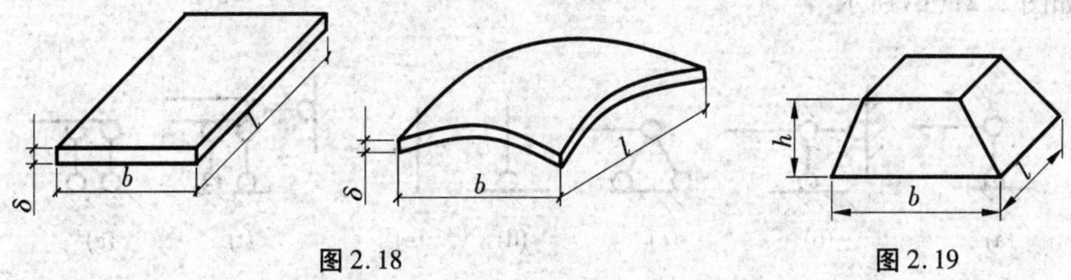

图2.18　　图2.19

本书以平面杆件结构为研究对象。下面讨论平面杆件结构的计算简图问题。

对一个实际结构选取平面杆件结构的计算简图时,需要做以下三方面的简化。

(1)构件及节点的简化　实际结构中杆件截面的大小及形状是千变万化的,但它的尺寸总远小于杆件的长度。从后面的分析可知,杆件的每一个截面,只要求出截面形心处的内力、变形,则整个截面上各点的受力、变形情况就能确定。因此,在结构的计算简图中,截面以它的形心代替,整个杆件以其轴线代表。

在结构中,杆件之间相互连接的部分称为节点。不同结构,如钢筋混凝土结构、钢结构、木结构等,连接的方法不同,构造形式多样,差异很大。但在结构的计算简图中,把节点只简化成两种形式:刚接节点和铰接节点。

刚接节点的特征是所连接的各根杆件之间不能相对转动,变形时,节点处各杆件之间夹角保持不变。在计算简图中,刚接节点用杆件的轴线的交点表示,如图2.20(a)所示A、B、C节点。现浇结构和装配整体式结构的梁柱节点、柱与基础连接处等可作为刚接节点。

铰接节点的特征是所连接的各杆件均可绕节点自由转动,变形时,杆件之间的夹角可以改变。在计算简图中,铰接节点用杆件交点处的小圆圈表示,如图2.20(b)所示A、B、C节点。非整体浇筑的次梁、板与其支承构件的连接部位,可作为铰接节点。

在实际结构的一些节点处,一部分杆件刚接,一部分杆件铰接,这类节点是刚接节点和铰接节点的组合,称为组合节点,表示方法如图2.20(c)所示C节点。

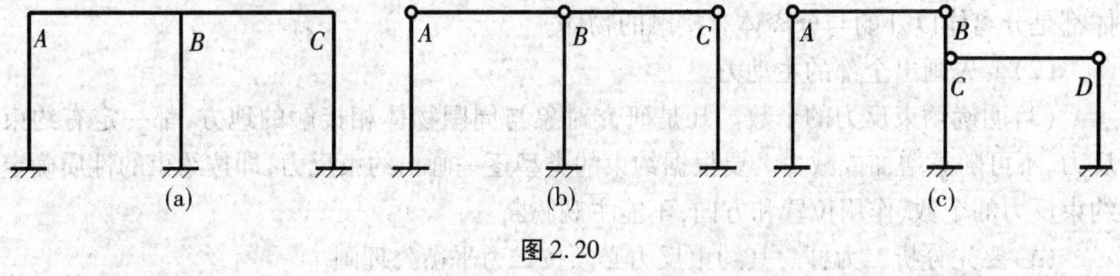

图2.20

(2)支座的简化　支座的简化要根据其约束情况而定,一般可分为可动铰支座、固定铰支座和固定端支座及定向支座。它们的特点见上节有关内容。在计算简图中可动铰支座用一根链杆表示,如图2.21(a)所示;固定铰支座用两根相交的链杆表示,如图2.21

(b)、(c)所示,或用图 2.21(d)表示;固定端支座可用图 2.21(e)表示,也可用三根不完全平行又不完全相交于一点的链杆表示,如图 2.21(f)所示;定向支座用两根平行链杆表示,如图 2.21(g)所示。

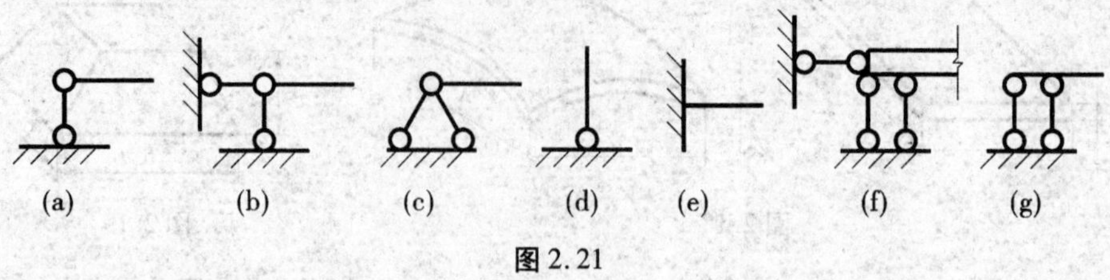

图 2.21

(3)荷载的简化。实际结构所承受的荷载一般是作用于构件内的体荷载(如自重)和表面上的面荷载(如人群、风荷载、雪荷载)。但在计算简图上,均简化为作用于杆件轴线上的分布荷载、集中荷载,并且认为这些荷载的大小、方向和作用位置不随时间变化,或者虽有变化但极缓慢(如吊车荷载、风荷载等),不至于使结构产生显著的运动,这类荷载称为静力荷载。如果荷载变化剧烈,能引起结构明显的运动或振动(如打桩机的冲击荷载等),则称为动力荷载。

2.3.2 受力分析

在工程中,为了求出作用于物体上的未知约束反力,必须对物体的受力情况进行全面分析,确定物体受哪些主动力和约束反力作用,并判断每个力的作用位置和方向,这称为物体的受力分析。物体的受力分析包括两个步骤:①取研究对象或取分离体,把需要研究的物体从与它联系的周围物体中分离出来,解除全部约束,单独画出该物体的图形;②画受力图,在研究对象上相应的位置画出全部主动力和约束反力,得到表示物体所有受力情况的图形。物体的受力分析是力学计算的前提和关键。

2.3.2.1 受力分析的原则

(1)明确研究对象。画出分离体后,观察分离体与哪些相邻的物体有机械作用,从而了解分离体受哪些力作用。受力图上所有力的受力物体是分离体本身,所有力的施力物体都是分离体以外的与分离体有接触的物体。

(2)要先画出全部的主动力。

(3)明确约束反力的个数。凡是研究对象与周围物体相接触的地方,都一定有约束反力,不可随意增加或减少。要根据约束的类型逐一画出约束反力,即按约束的性质确定约束反力的个数、作用位置和方向,不能主观臆断。

(4)要先分析二力杆。其约束反力必须按二力平衡公理画。

(5)研究对象受力情况满足三力平衡汇交公理的条件,应按其特点画约束反力。

(6)对物体系统进行分析时,同一约束在几个不同受力图上出现时,各受力图上对同一约束反力所假定的指向必须相同;画某一部分或某一物体的受力图时,要注意被拆开的相互联系处,有相应的约束反力,且约束反力是相互间的作用,必须遵循作用与反作用公理，作用力方向一经确定，则反作用力必与之相反，不可再假设指向。

(7)研究对象不是单一物体，而是整个物体系统时，物体系统内各部分之间的相互作用力是内力，不必画出。

2.3.2.2 受力分析实例

下面举例说明物体受力分析的方法和受力图的画法。

例2.1 如图2.22(a)所示，梁 *AB* 跨中受到集中力 *F* 作用，试画出梁 *AB* 的受力图。

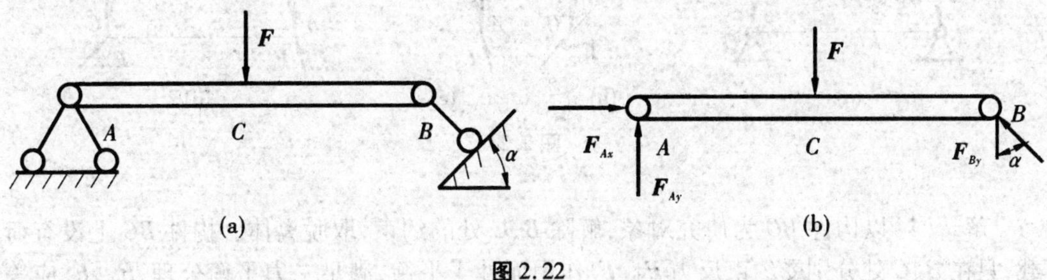

图2.22

解 (1)以梁 *AB* 为研究对象，解除 *A*、*B* 处的约束，取脱离体。

(2)抄画集中力 *F*。

(3)画约束反力。*A* 支座为固定铰支座，约束反力用通过铰心 *A* 的相互垂直的两个未知分力 $\boldsymbol{F}_{Ax}$、$\boldsymbol{F}_{Ay}$ 表示；*B* 支座为可动铰支座，约束反力用通过铰心 *B* 并垂直于支撑面的力 $\boldsymbol{F}_{By}$ 表示，方向假定指向 *AB*，如图2.22(b)所示。

例2.2 如图2.23(a)所示三角架 *ABC*，试画出图中各杆件的受力图。凡未注明者，物体的自重均不计，所有接触面都是光滑的。

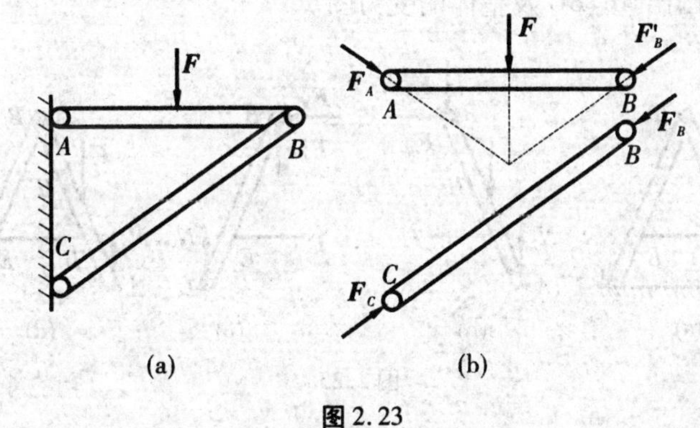

图2.23

解 (1)以杆 *BC* 为研究对象，解除 *B*、*C* 处的约束，取脱离体。杆 *BC* 上没有荷载，只在 *B*、*C* 处各受约束反力作用而处于平衡，因此，此二处的反力应等值、反向、共线，如图2.23(b)所示。

(2)以杆 *AB* 为研究对象，解除 *A*、*B* 处的约束，取脱离体。杆 *AB* 上除了作用有集中力 $\boldsymbol{F}$ 外，在 *A*、*B* 处各受一个反力作用，故满足三力平衡汇交公理，据此公理和作用与反作

用公理可以判定 A、B 处反力的作用线，甚至方向，如图 2.23(b)所示。

例 2.3 如图 2.24(a)所示，一个不计自重的刚性三铰拱上作用一主动力 $\boldsymbol{F}$，试画出图中构件 BC、AB 及整体的受力图。

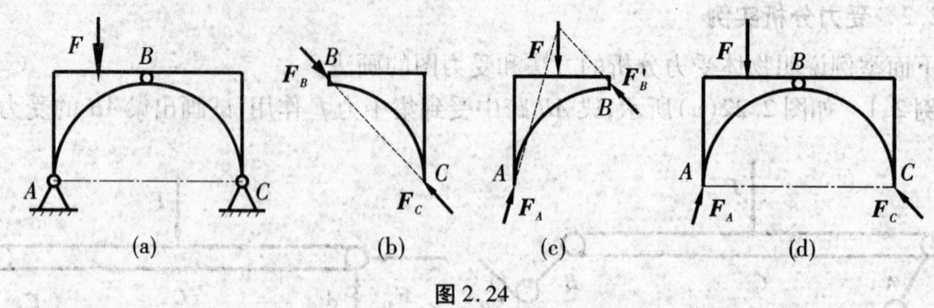

图 2.24

解 (1)以构件 BC 为研究对象，解除 B、C 处的约束，取脱离体。构件 BC 上没有荷载，只在 B、C 处分别受约束反力 $\boldsymbol{F}_B$、$\boldsymbol{F}_C$ 作用而处于平衡，满足二力平衡公理，$\boldsymbol{F}_B$、$\boldsymbol{F}_C$ 应等值、反向、共线，可判定 $\boldsymbol{F}_C$ 方向指向 C 点，构件 BC 受力如图 2.24(b)所示。

(2)以构杆 AB 为研究对象，解除 A、B 处的约束，取脱离体。构件 AB 上除了集中力 $\boldsymbol{F}$ 外，在 A、B 处各受一个反力作用而平衡，满足三力平衡汇交公理，据此公理和作用与反作用公理可以判定 A、B 处反力的作用线，甚至方向，构杆 AB 如图 2.24(c)所示。

(3)以整体为研究对象，解除 A、C 处的约束，取脱离体。根据构件 AB、BC 的受力可画出整体的受力图，B 铰处的作用力为内力不画，如图 2.24(d)所示。

例 2.4 如图 2.25(a)所示，梯子的两部分 AB、BC 在 B 点用铰链连接，又在 D、E 两点用水平绳连接。梯子放在光滑地面上，若不计自重，当受到作用于 AB 中点 H 处的竖直荷载 $\boldsymbol{F}$ 时，试分别画出 AB、BC 及整体的受力图。

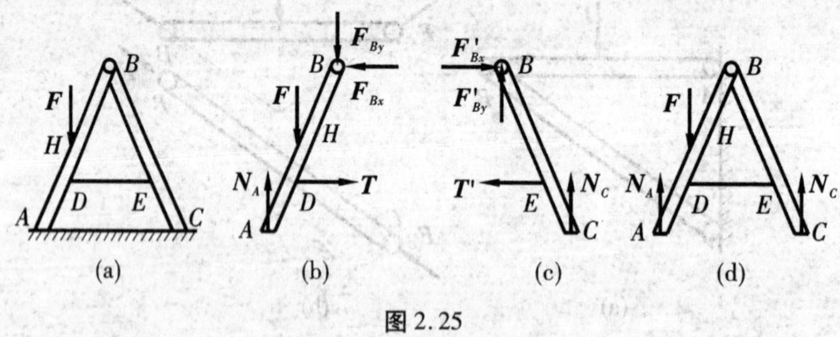

图 2.25

解 (1)以 AB 为研究对象，解除 A、B、D 处的约束，取脱离体。AB 上除了集中力 $\boldsymbol{F}$ 外，在 A、B、D 处各受一个反力作用。A 处为光滑接触，反力为支持力 $\boldsymbol{N}_A$，B 处为铰链，反力用一对相互垂直未知大小的力表示，D 为柔性约束，反力为拉力 $\boldsymbol{T}$，如图 2.25(b)所示。

(2)以 BC 为研究对象，解除 B、C、E 处的约束，取脱离体。BC 上没有荷载，只在 B、C、E 三处各受约束反力作用而处于平衡，其中 B、E 处的反力可根据作用与反作用公理参照 AB 的受力图画出，C 处为光滑接触，反力为支持力 $\boldsymbol{N}_C$，如图 2.25(c)所示。

(3)以整体为研究对象,解除 A、C 处的约束,取脱离体。根据 AB、BC 的受力可画出整体的受力图,此时 D、E 处作用力为内力不画,如图 2.25(d)所示。

2.4　力矩和力偶

与力的概念一样,力矩和力偶也是力学中最基本的概念,它们在力学及实际工程应用中极其重要。本节首先给出力矩与力偶的定义,然后讨论它们的性质及其计算方法,为研究平面一般力系的合成与平衡问题做准备。

2.4.1　力矩的基本概念

力矩是度量力使物体绕某点转动效应的物理量。如图 2.26 所示,用扳手拧紧螺钉时,力 $\boldsymbol{F}$ 使扳手连同螺钉绕 O 点转动,加在扳手上的力越大,离螺钉中心越远,则转动螺钉就越容易。这表明,力 $\boldsymbol{F}$ 使物体绕某一点转动的效应,不仅与力 $\boldsymbol{F}$ 的大小有关,还与该点到力作用线的垂直距离 d 有关。在这里,点 O 称为矩心,其到力 $\boldsymbol{F}$ 的作用线的垂直距离 d 称为力臂。把力 $\boldsymbol{F}$ 与力臂 d 的乘积冠以正负号,称为力 $\boldsymbol{F}$ 对点 O 的矩,简称力矩。它表示力 $\boldsymbol{F}$ 使物体绕 O 点转动的效应,用符号 $M_0(\boldsymbol{F})$ 或 M_0 表示,即

$$M_O(\boldsymbol{F}) = \pm Fd \tag{2.1}$$

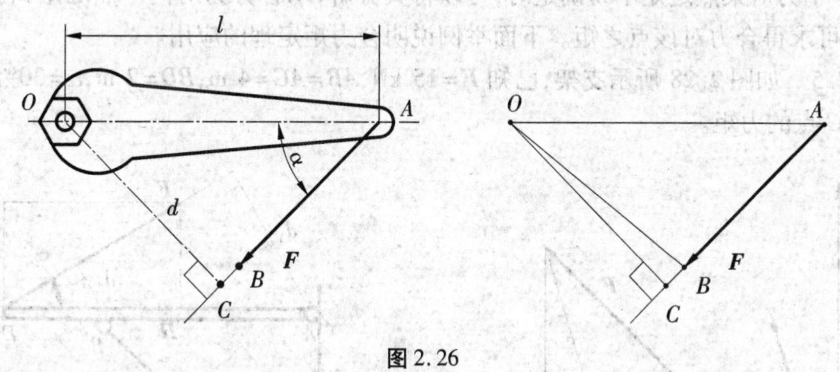

图 2.26

力矩是代数量,但有正负之分。正负号规定:力使物体绕矩心作逆时针方向转动时,力矩为正;反之,力矩为负。在国际单位制中力矩的单位是 N·m(牛·米)或 kN·m(千牛·米),而不是功的单位 J(焦耳)。

显然,力矩的大小取决于力和力臂两个因素,不仅与力的大小和方向有关,而且与矩心位置有关,所以求力矩应指明矩心。力矩具有以下性质:

(1)当力的大小为零或者力的作用线通过矩心时,力矩等于零;

(2)互成平衡的两个力对同一点的矩的代数和为零;

(3)力沿其作用线移动时,对某一点的矩不变。因此,当力矢与矩心相距较远时,可将其作用线向矩心方向延长,然后自矩心作此延长线的垂线,即可得到力臂。

2.4.2 合力矩定理

平面汇交力系的合力对平面内任一点的矩,等于力系中各分力对同一点的矩的代数和。这一性质称为平面汇交力系的合力矩定理,通常用 $M_0(\boldsymbol{R})$表示合力矩,则

$$M_O(\boldsymbol{R}) = M_O(\boldsymbol{F}_1) + M_O(\boldsymbol{F}_2) + \cdots + M_O(\boldsymbol{F}n) = \sum M_O(\boldsymbol{F}) \tag{2.2}$$

证明:如图 2.27 所示,设物体 O 点作用有平面汇交力系 $\boldsymbol{F}_1$、$\boldsymbol{F}_2$,其合力为 $\boldsymbol{F}$。在力系作用面内任取一点 A,点 A 到 $\boldsymbol{F}_1$、$\boldsymbol{F}_2$、$\boldsymbol{F}$ 的作用线的垂直距离分别为 d_1、d_2和 d,以 OA 为 x 轴,建立坐标系。$\boldsymbol{F}_1$、$\boldsymbol{F}_2$、$\boldsymbol{F}$ 与 x 轴的夹角分别为 α_1、α_2、α,则

$$M_A(\boldsymbol{F}_1) = -F_1 d_1 = -F_1 \cdot OA\sin\alpha_1 = -F_1\sin\alpha_1 \cdot OA$$

$$M_A(\boldsymbol{F}_2) = -F_2 d_2 = -F_2 \cdot OA\sin\alpha_2 = -F_2\sin\alpha_2 \cdot OA$$

$$M_A(\boldsymbol{F}) = -Fd = -F \cdot OA\sin\alpha = -F\sin\alpha \cdot OA$$

而 $F_1\sin\alpha_1 + F_2\sin\alpha_2 = F\sin\alpha$ (图 2.27)

所以 $M_A(\boldsymbol{F}) = M_A(\boldsymbol{F}_1) + M_A(\boldsymbol{F}_2)$

上式表明,汇交于 A 点的两个力对 A 点的矩的代数和等于其合力对 A 点的矩。这一结论推广到 n 个力组成的平面汇交力系仍然成立,即为平面汇交力系的合力矩定理,它建立了汇交力系的合力与各分力对同一点的矩之间的关系。

当一个力对某点之矩不易确定时,可以将其分解,求各分力对同一点之矩,利用合力矩定理,可求得合力对该点之矩。下面举例说明合力矩定理的应用。

例 2.5 如图 2.28 所示支架,已知 $\boldsymbol{F}$=15 kN,AB=AC=4 m,BD=2 m,α=30°,试求 $\boldsymbol{F}$ 对 A、B、C 点的力矩。

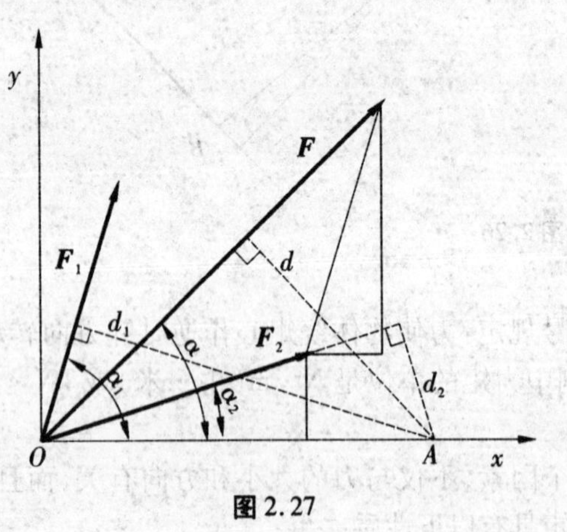

图 2.27

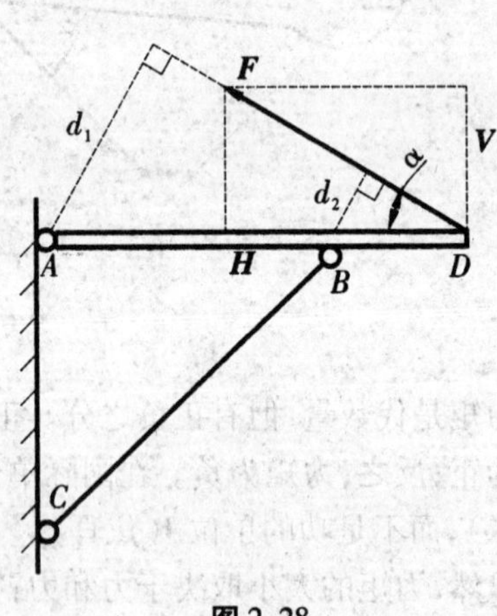

图 2.28

解 由力矩定义得:

$M_A(\boldsymbol{F}) = Fd_1 = 15 \times AD\sin\alpha = 15 \times 3 = 45\ \text{kN} \cdot \text{m}$

$M_B(\boldsymbol{F}) = Fd_2 = 15 \times BD\sin\alpha = 15 \times 1 = 15\ \text{kN} \cdot \text{m}$

计算 $M_C(\boldsymbol{F})$ 时,可应用合力矩定理,而使计算简化。将力 $\boldsymbol{F}$ 沿竖直和水平方向分解为 V、H 两个分力,得

$$V = F\sin\alpha = 15 \times \frac{1}{2} = 7.5\ \text{kN}$$

$$H = F\cos\alpha = 15 \times \frac{\sqrt{3}}{2} = 12.99\ \text{kN}$$

由式(2.2)得

$$M_C(\boldsymbol{F}) = M_C(\boldsymbol{V}) + M_C(\boldsymbol{H}) = 6V + 4H = 96.96\ \text{kN}\cdot\text{m}$$

此题在计算 $M_A(\boldsymbol{F})$、$M_B(\boldsymbol{F})$ 时,同样也可应用合力矩定理,即

$$M_A(\boldsymbol{F}) = M_A(\boldsymbol{V}) + M_A(\boldsymbol{H}) = 6V + 0 = 45\ \text{kN}\cdot\text{m}$$

$$M_B(\boldsymbol{F}) = M_B(\boldsymbol{V}) + M_B(\boldsymbol{H}) = 2V = 15\ \text{kN}\cdot\text{m}$$

例2.6　如图2.29(a)所示,悬臂梁 AB 上作用有线性分布荷载 q,臂长 l,试求 q 对 A 点的矩,并确定 q 的合力作用位置。

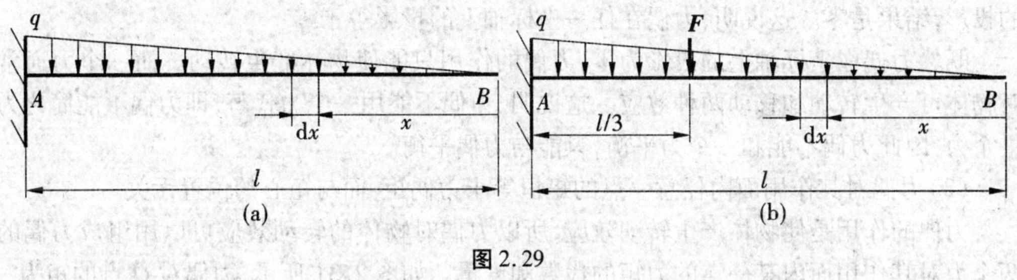

图2.29

解　以 B 为坐标原点,BA 为 x 轴正向,在 x 位置取微段梁 $\mathrm{d}x$ 为研究对象,如图2.29(a)所示,则该段梁上荷载对 A 点的矩 $\mathrm{d}M_A$ 为

$$\mathrm{d}M_A = \frac{q}{l}x(l - x)\mathrm{d}x$$

分布荷载 q 对 A 点的矩 $M_A(q)$ 为

$$M_A = \int_0^l \mathrm{d}M_A = \int_0^l \frac{q}{l}x(l - x)\mathrm{d}x = \frac{q}{l}\left(\frac{1}{2}l^3 - \frac{1}{3}l^3\right) = \frac{1}{6}ql^2$$

设 q 的合力为F,如图2.29(b),A 点到 F 作用线的水平距离为 a,则有

$$\mathrm{d}F = \frac{q}{l}x\mathrm{d}x$$

$$\boldsymbol{F} = \int_0^l \frac{q}{l}x\mathrm{d}x = \frac{1}{2}ql$$

根据合力矩定理,有

$$M_A = Fa$$

$$a = \frac{1}{3}l$$

2.4.3　力偶与力偶矩

力偶是大小相等、方向相反、作用线平行但不重合的两个力组成的力系,用($\boldsymbol{F}$,$\boldsymbol{F}'$)表示。例如,开车时两只手作用在方向盘上的力就构成力偶,如图2.30(a)所示。

力偶对物体只产生转动效应而不产生移动效应。力偶使物体产生转动效应强弱用力偶矩来度量。

如图 2.30(b)所示，组成力偶的两个力作用线之间的垂直距离称为力偶臂，用 d 表示。力偶所在平面称为力偶作用面。力偶矩的大小等于力 $\boldsymbol{F}$ 与力偶臂 d 的乘积，用 $M(\boldsymbol{F},\boldsymbol{F}')$ 或 M 表示，即

$$M(\boldsymbol{F},\boldsymbol{F}') = M = \pm \boldsymbol{F}d \tag{2.3}$$

式中力偶矩的正负号按如下规定确定：使物体逆时针转动时，力偶矩为正；顺时转动时，力偶矩为负。力偶矩的单位与力矩相同。

力偶不同于单个力，它具有一些特殊性质。

(1)力偶不能合成为一个合力，不能用一个力代替。

由于力偶中的两个力大小相等、方向相反、作用线平行，如果求力偶在任一坐标轴上的投影，结果是零。这说明，力偶在任一坐标轴上的投影等于零。

既然力偶在坐标轴上的投影为零，力偶的作用只能使物体产生转动。而一个力通常对物体可产生转动和移动两种效应。这说明，力偶不能用一个力代替，即力偶不能简化为一个力，因此力偶不能和一个力平衡，只能与力偶平衡。

(2)力偶对其作用面内任意一点的矩恒等于力偶矩，而与矩心的位置无关。

力偶的作用是使物体产生转动效应，所以力偶对物体的转动效应可以用组成力偶的两个力对其作用面内某一点的力矩的代数和度量。如图 2.31 所示，力偶对 O 点的矩为

$$M_O = F(b + d) - F'b = Fd = M(\boldsymbol{F},\boldsymbol{F}')$$

这说明力偶对其作用面内任一点的矩恒等于力偶矩，而与矩心位置无关。

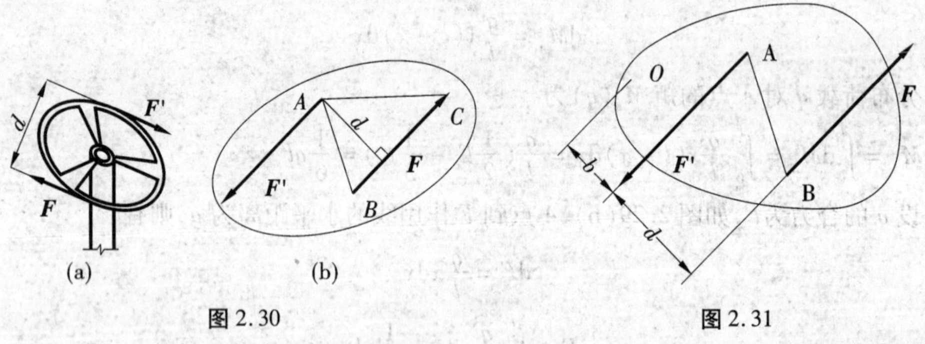

图 2.30

图 2.31

(3)在同一平面内的两个力偶，如果它们的力偶矩大小相等、转向相同，则这两个力偶等效。

(4)在保持力偶矩的大小和转向不变的条件下，力偶可以在其作用面内任意移动或转动，而不改变力偶对刚体的转动效应，如图 2.32 所示。

(5)在保持力偶矩的大小和转向不变的条件下，可以任意改变力偶中力的大小和力偶臂的长短，而不改变力偶对物体的转动效应，如图 2.33 所示。

由以上分析可知，力偶对物体的转动效应完全取决于力偶矩的大小、力偶的转向和力偶作用面，即力偶的三要素。因此，有时在受力图中也可以用一个带箭头的弧线或 Z 形

折线表示力偶，其中箭头表示力偶矩的转向，m 表示力偶矩。

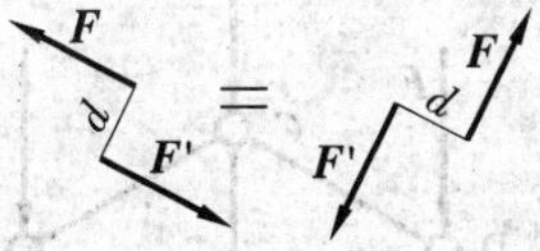

图 2.32 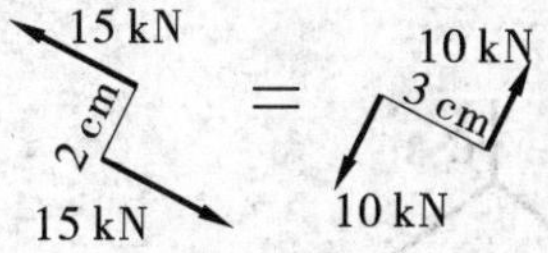　　　　图 2.33

2.4.4　力和力偶的合成

图 2.34(a)表示建筑结构计算中某柱的一横截面上受到一个力 N 和力偶矩 M 作用。图 2.34(b)表示在原来力和力偶作用的平面内加上两个力偶，其一为 M'，另一个用一对等值、反向的力 N'、N''组成($N=N'$)，它们合力偶矩为零。显然图 2.34(b)和图 2.34(a)的受力状况相同。在图 2.34(b)中，M'与 M 抵消，向上的力 N'与向下的 N 抵消，故有图 2.34(c)的形式。也就是说，图 2.34(a)可以转化为图 2.34(c)。

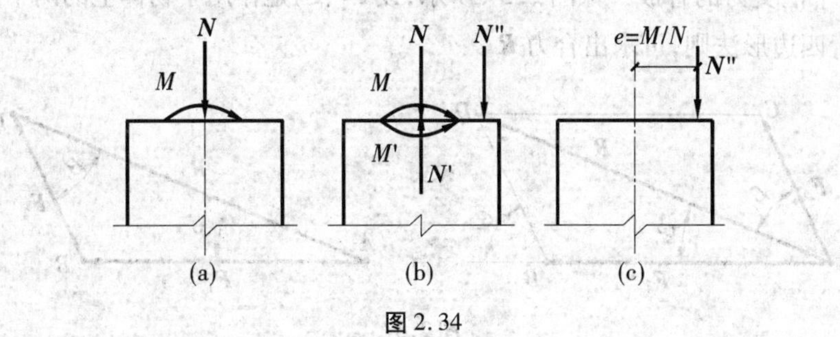

图 2.34

2.5　平面力系的合成与平衡

平面力系是指各力的作用线共面的力系，包括平面汇交力系、平面一般力系和平面力偶系。本节将逐一介绍上述力系的合成与平衡问题的求解。

2.5.1　平面汇交力系的合成与平衡

力系中各个力的作用线共面且汇交于一点的力系称为平面汇交力系。例如，在工程中两点吊装构件时，吊钩与绳索作为一个整体所受的各力构成汇交于吊钩与绳索接触点处的平面汇交力系(图 2.35)。又如，如图 2.36 所示的屋架通常被看着由一些两端为铰链连接的直杆组成，而且由于各杆的自重比屋架所承受的各个荷载小很多而忽略不计，因此每根杆件都在其两端的两个力作用下处于平衡。当以各个铰接节点为研究对象时，与节点相连接的各杆件作用于其上的力也组成一个平面汇交力系。

平面汇交力系的合成方法有图解法(也称几何法)和数解法(也称解析法)。图解法是以力的平行四边形法则为基础，用几何作图的方法，求出力系的合力；数解法则是用列方程的方法求解合力。平面汇交力系的平衡问题，同样可用这两种方法求解。平面汇交力系合成目的是确定力系对物体的作用效应，从而找到平衡条件。

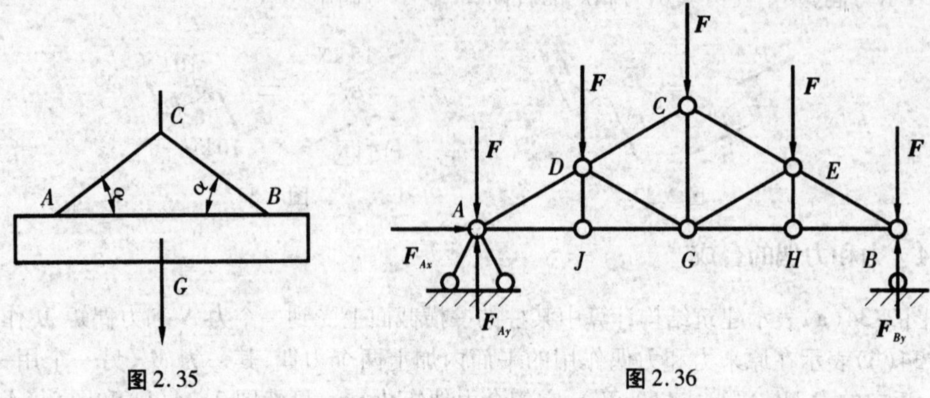

图 2.35　　图 2.36

2.5.1.1　图解法

(1)两个汇交力的合成　如图 2.37 所示,设 $\boldsymbol{F}_1$、$\boldsymbol{F}_2$是作用于物体上的两个共点力,根据力的平行四边形法则,可求出合力 $\boldsymbol{R}$。

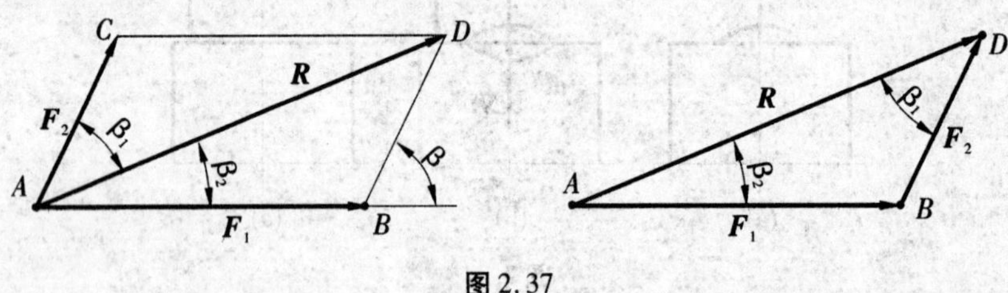

图 2.37

(2)多个汇交力的合成　设作用在物体上 O 点的力 $\boldsymbol{F}_1$、$\boldsymbol{F}_2$、$\boldsymbol{F}_3$、$\boldsymbol{F}_4$,求其合力 $\boldsymbol{R}$,如图 2.38(a)所示。应用力的三角形法则,首先将 $\boldsymbol{F}_1$、$\boldsymbol{F}_2$合成得到 $\boldsymbol{R}_1$,然后将 $\boldsymbol{R}_1$与 $\boldsymbol{F}_3$合成得到 $\boldsymbol{R}_2$,最后将 $\boldsymbol{R}_2$与 $\boldsymbol{F}_4$合成得到 $\boldsymbol{R}$。力 $\boldsymbol{R}$ 就是力系 $\boldsymbol{F}_1$、$\boldsymbol{F}_2$、$\boldsymbol{F}_3$、$\boldsymbol{F}_4$的合力。矢量关系的数学表达式为

$$\boldsymbol{R} = \boldsymbol{F}_1 + \boldsymbol{F}_2 + \boldsymbol{F}_3 + \boldsymbol{F}_4$$

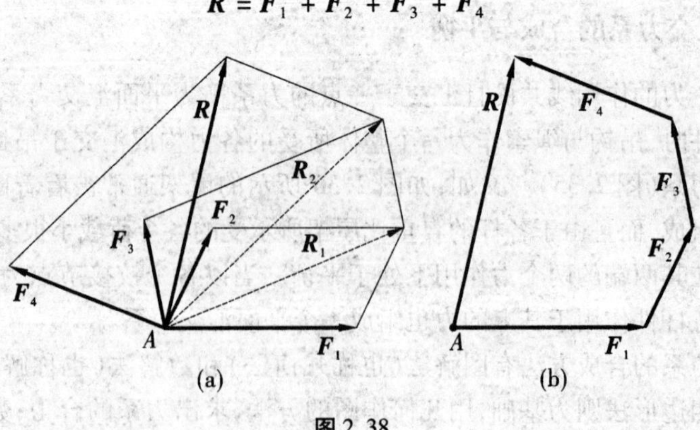

图 2.38

为了简便，在图中用虚线表示的合力矢 $\boldsymbol{R}_1$、$\boldsymbol{R}_2$ 等均可不画，而直接按任选次序首尾相接地画出原力系中各力矢，得到平面折线，然后连接第一个力矢 $\boldsymbol{F}_1$ 的起点和最后一个力矢 $\boldsymbol{F}_4$ 的终点得到一个矢量 $\boldsymbol{R}$，代表了原力系的合力，如图2.38(b)所示。合力作用点为原力系中各力作用线的汇交点。求合力过程做出的多边形称为力多边形，这种求合力的方法称为力多边形法则。显然，任意平面汇交力系，都可以用这种方法求出合力。因此，平面汇交力系可合成为一个合力，此合力的作用点为力系中所有各力的汇交点，而合力的大小和方向则由力多边形的封闭边确定，它等于力系中所有力的矢量和，即

$$\boldsymbol{R} = \boldsymbol{F}_1 + \boldsymbol{F}_2 + \boldsymbol{F}_3 + \cdots + \boldsymbol{F}_n = \sum \boldsymbol{F}_i \tag{2.4}$$

在用力多边形法则求平面汇交力系的合力时，若改变画分力矢的顺序，则力多边形的形状将随之改变，但不影响合力的大小和方向。但需要注意：各分力矢必须首尾相接，而合力矢则应与所画第一个分力矢同起点并与最后一个分力矢同终点。

(3)平面汇交力系平衡的几何条件　平面汇交力系合成的结果是一个合力。如果物体在平面汇交力系作用下保持平衡，则该力系的合力等于零；反之，如果该力系的合力等于零，则物体在该力系的作用下平衡。所以，平面汇交力系平衡的必要和充分条件是平面汇交力系的合力等于零，即

$$\boldsymbol{R} = \boldsymbol{F}_1 + \boldsymbol{F}_2 + \boldsymbol{F}_3 + \cdots + \boldsymbol{F}_n = \sum \boldsymbol{F}_i = 0 \tag{2.5}$$

设有平面汇交力系 $\boldsymbol{F}_1$、$\boldsymbol{F}_2$、$\boldsymbol{F}_3$、…、$\boldsymbol{F}_n$，如图2.39所示，当用图解法求合力其最后一个力的终点与第一个力的起点相重合时，表示该力系的力多边形的封闭边变为一个点，即合力等于零。此时构成一个封闭的力多边形。因此，平面汇交力系平衡的必要与充分的几何条件是：力多边形自行封闭。

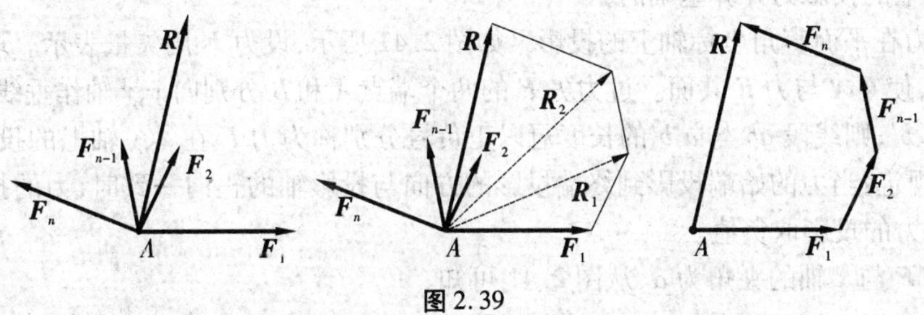

图2.39

例2.7　塔吊起重 $G=10$ kN 的构件，钢丝绳与水平线成夹角 $\alpha=45°$，如图2.40(a)所示，在构件匀速上升时，求钢丝绳 AC 和 BC 所受的拉力。

解　(1)选取匀速上升的构件为研究对象，显然它处于平衡状态。

(2)分析构件的受力情况，画出其受力图，如图2.40(b)所示。根据三力平衡汇交定理，力 G、T_{AC} 和 T_{BC} 组成一个平面汇交力系。

(3)根据平面汇交力系平衡的几何条件，G、T_{AC} 和 T_{BC} 三个力应组成一个封闭的力三角形，如图2.40(c)所示。

(4)求未知量 T_{AC} 和 T_{BC}。

从图中可知，力三角形是一个等腰三角形。可直接量取表示 T_{AC} 和 T_{BC} 大小的线段长

度并按比例换算得

$$T_{AC}=T_{BC}\approx 7.1\ \text{kN}$$

也可应用三角公式，求得

$$T_{AC}=T_{BC}=\frac{G}{2\sin\alpha}=\frac{10}{2\sin45^\circ}=7.07\ \text{kN}$$

由作用力和反作用力关系知，钢丝绳 AC 和 BC 所受的拉力也等于7.07 kN，方向与图示中 T_{AC} 和 T_{BC} 的方向相反。

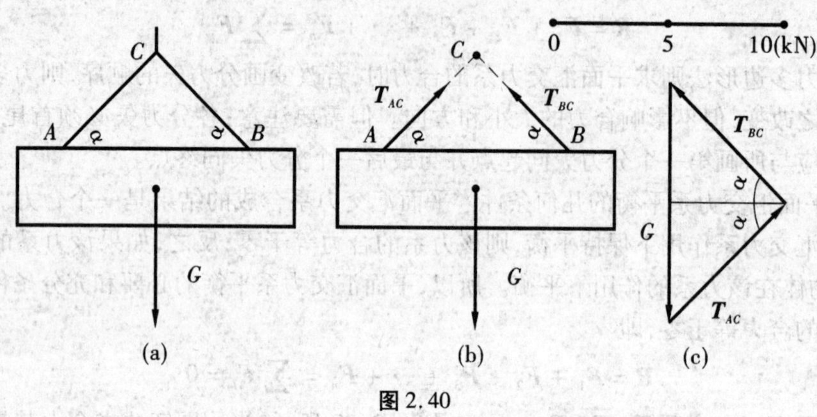

图 2.40

2.5.1.2 **数解法**

平面汇交力系的合成与平衡问题的另一种求解方法是数解法。这种方法是以力在直角坐标轴上的投影为计算基础的。

(1)力在平面直角坐标轴上的投影　如图 2.41 所示，设力 $\boldsymbol{F}$ 用矢量表示。取直角坐标系 Oxy，使 Oxy 与力 $\boldsymbol{F}$ 共面。过力矢 $\boldsymbol{F}$ 的两个端点 A 和 B 分别向 x、y 轴作垂线，得垂足 a、b 及 a'、b'，则线段 ab 与 $a'b'$ 的长度冠以正负号分别称为力 $\boldsymbol{F}$ 在 x、y 轴上的投影，记作 $\boldsymbol{F}_x$、$\boldsymbol{F}_y$。规定：当力的始端投影到终端投影的方向与投影轴的正向一致时，力的投影取正值；反之，力的投影取负值。

设力 $\boldsymbol{F}$ 与 x 轴的夹角为 α，从图 2.41 可知

$$\left.\begin{aligned}F_x&=F\cos\alpha\\F_y&=-F\sin\alpha\end{aligned}\right\}\qquad(2.6)$$

一般情况下，若已知力 $\boldsymbol{F}$ 与 x、y 轴所夹的锐角分别为 α、β，则该力在 x、y 轴上的投影分别为

$$\left.\begin{aligned}F_x&=\pm F\cos\alpha\\F_y&=\pm F\cos\beta\end{aligned}\right\}\qquad(2.7)$$

由式(2.7)可知，当力与坐标轴垂直时，力在该轴上的投影为零；力与轴平行时，力在该轴上的投影大小的绝对值等于该力的大小。

反过来，若已知力 $\boldsymbol{F}$ 在坐标轴上的投影 F_x、F_y，也可求出该力的大小和方向

$$\left.\begin{aligned} F &= \sqrt{F_x^{\ 2} + F_y^{\ 2}} \\ \tan\alpha &= \left|\frac{F_y}{F_x}\right| \end{aligned}\right\} \tag{2.8}$$

式中 α——力 $\boldsymbol{F}$ 与 x 轴所夹的锐角,其所在象限由 F_x、F_y的正负号确定。

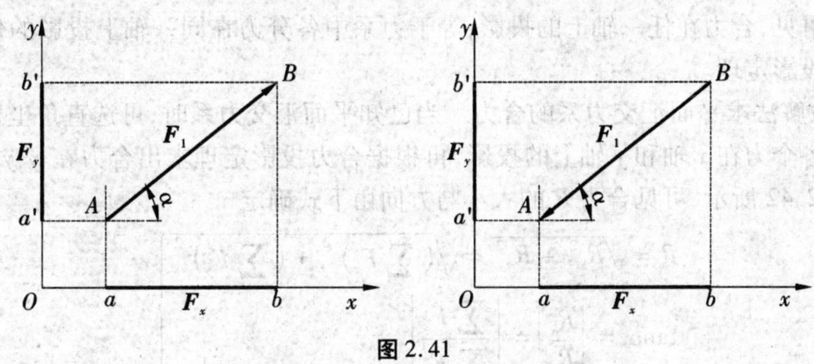

图 2.41

应当注意,力的投影和分力是两个不同的概念。其一,力的投影是标量,只有大小和正负号;而分力是矢量,有大小和方向。其二,力的投影只与力矢量及其与投影轴的夹角有关;而分力则与力矢量以及两个分解方向有关。在直角坐标系中,分力的大小和力在对应轴上的投影的绝对值相同。

力在坐标轴上的投影在力学计算中应用非常普遍,必须熟练掌握。

(2)合力投影定理 如图 2.42 所示,设有平面汇交力系 $\boldsymbol{F}_1$、$\boldsymbol{F}_2$、$\boldsymbol{F}_3$作用在物体的 O 点。从任一点 A 作力多边形 $ABCD$,如图 2.42 所示。则矢量就表示该力系的合力 $\boldsymbol{R}$。在力系所在平面内任取一坐标轴 x,把各力都向 x 轴作投影,令 $\boldsymbol{F}_{x1}$、$\boldsymbol{F}_{x2}$、$\boldsymbol{F}_{x3}$和 $\boldsymbol{R}_x$分别表示分力 $\boldsymbol{F}_1$、$\boldsymbol{F}_2$、$\boldsymbol{F}_3$和合力 $\boldsymbol{R}$ 在 x 轴上的投影,可见

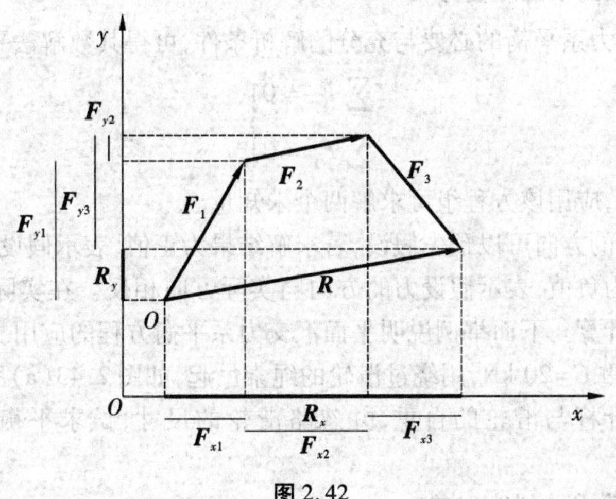

图 2.42

$$R_x = F_{x1} + F_{x2} + F_{x3}$$

$$R_y = F_{y1} + F_{y2} + F_{y3}$$

这一关系可推广到任意汇交力系,即

$$\left.\begin{aligned} R_x &= F_{x1} + F_{x2} + F_{x3} + \cdots + F_{xn} = \sum F_x \\ R_y &= F_{y1} + F_{y2} + F_{y3} + \cdots + F_{yn} = \sum F_y \end{aligned}\right\} \quad (2.9)$$

由此可见,合力在任一轴上的投影,等于力系中各分力在同一轴上投影的代数和,这就是合力投影定理。

(3)数解法求平面汇交力系的合力　当已知平面汇交力系时,可选直角坐标系,先求出力系中各个力在 x 轴和 y 轴上的投影,再根据合力投影定理求出合力在 x、y 轴上的投影。如图 2.42 所示,可见合力 R 的大小与方向由下式确定

$$\left.\begin{aligned} R &= \sqrt{R_x^{\ 2} + R_y^{\ 2}} = \sqrt{\left(\sum F_x\right)^2 + \left(\sum F_y\right)^2} \\ \tan\alpha &= \left|\frac{R_x}{R_y}\right| = \left|\frac{\sum F_x}{\sum F_y}\right| \end{aligned}\right\} \quad (2.10)$$

式中　$\boldsymbol{R}$——合力,在哪个象限由 F_x、F_y 的正负号确定,其作用线通过力系的汇交点 O;

α——合力 R 与 x 轴所夹的锐角。

(4)平面汇交力系平衡的解析条件　由式(2.9)可知,合力的大小为

$$R = \sqrt{R_x^{\ 2} + R_y^{\ 2}} = \sqrt{\left(\sum F_x\right)^2 + \left(\sum F_y\right)^2}$$

上式中$\left(\sum F_x\right)^2$和$\left(\sum F_y\right)^2$恒为非负数,要使$R=0$,$\left(\sum F_x\right)$和$\left(\sum F_y\right)$必须同时等于零。

因此,平面汇交力系平衡的必要与充分的解析条件是:力系中各分力在任意两个坐标轴上投影的代数和分别等于零。

2.5.1.3　平面汇交力系的平衡方程

根据平面汇交力系平衡的必要与充分的解析条件,可得其数解法平衡方程

$$\left.\begin{aligned} \sum F_x = 0 \\ \sum F_y = 0 \end{aligned}\right\} \quad (2.11)$$

它们相互独立,应用该方程组可求解两个未知量。

解题时未知力的方向可以预先假设,若求解结果为正值,表示假设力的方向就是实际方向;若求解结果为负值,表示假设力的方向与实际方向相反。在实际计算中,适当选取坐标轴,可以简化计算。下面举例说明平面汇交力系平衡方程的应用。

例 2.8　物块重 $G=20$ kN,用绕过滑轮的绳索吊起,如图 2.43(a)所示。杆 AB、BC 与滑轮铰接于 B,不计杆与滑轮的自重,并忽略滑轮的尺寸,试求平衡时杆 AB、BC 所受的力。

解　(1)取滑轮 B 为研究对象。

(2)画出滑轮的受力图[图 2.43(b)]。作用在滑轮上的力有:绳索的拉力 $\boldsymbol{T}_1$ 和 $\boldsymbol{T}_2$,$\boldsymbol{T}_1=\boldsymbol{T}_2=G$,杆 AB、BC 为二力构件,故杆 AB、BC 给滑轮的约束反力 $\boldsymbol{F}_1$ 和 $\boldsymbol{F}_2$ 沿杆的轴线,并

设为拉力。因不计滑轮的尺寸，所以 $\boldsymbol{T}_1$、$\boldsymbol{T}_2$、$\boldsymbol{F}_1$、$\boldsymbol{F}_2$ 这四个力构成平面汇交力系。

(3)选取坐标系 Bxy，列平衡方程并求解：

由　　$\sum F_x = 0$，$-F_2 - T_1\cos 60° - T_2\cos 30° = 0$

得　　$F_2 = -1.366G = -27.32\ \text{kN}$(压)

由　　$\sum F_y = 0$，$-F_1 - T_1\sin 60° + T_2\sin 30° = 0$

得　　$F_1 = -0.366G = -7.32\ \text{kN}$(压)

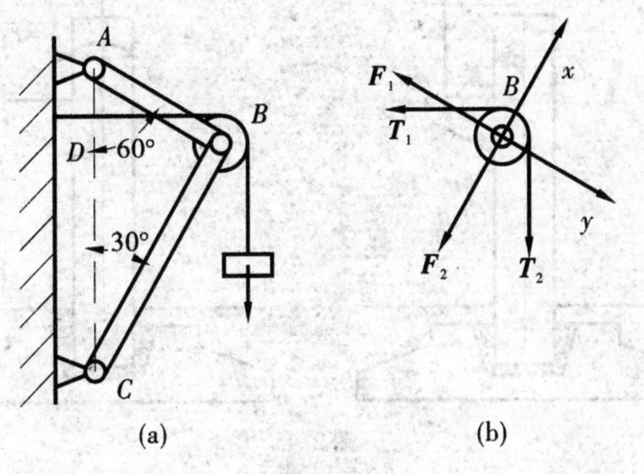

图 2.43

2.5.2　力的平移

前面研究了平面汇交力系的合成与平衡问题，也介绍了力偶的概念及其性质。这为平面一般力系的简化奠定了基础，但还必须解决力平行于本身的移动问题。

设有力 $\boldsymbol{F}$ 作用在刚体上的 A 点，如图 2.44(a)所示。在刚体上的 B 点加上一对平衡力 F' 和 F''，且 $F=F'=-F''$，如图 2.44(b)所示。显然，由力 F、F' 和 F'' 组成的力系与原力 F 等效。由于力 F' 和 F'' 等值、反向、作用线平行，组成力偶(F',F'')，所以，作用于 A 点的力 F 与作用在 B 点的力 F' 和力偶(F,F'')等效，如图 2.44(c)所示，且力偶(F,F'')的矩为

$$M(\boldsymbol{F},\boldsymbol{F}'') = +Fd = M_B(\boldsymbol{F})$$

式中　d——B 点到力 F 的作用线的垂直距离。

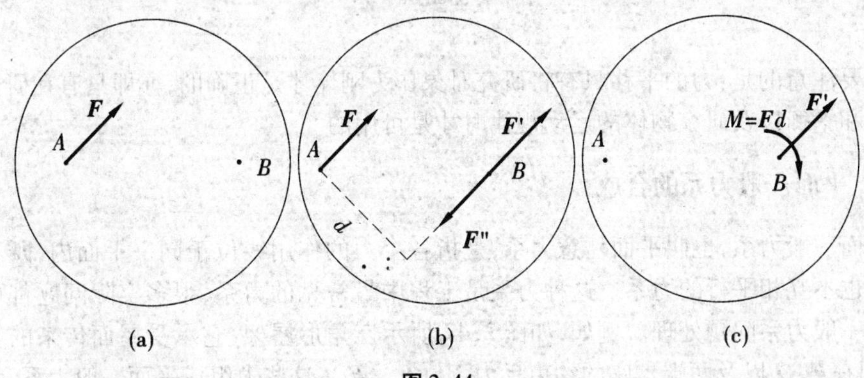

图 2.44

由此可见,作用于刚体上某一点的力可以平移到此刚体上的任意一点,但需要附加一个力偶,其力偶矩的大小等于原力对新作用点的矩。这就是力的平移定理。

如图 2.45 所示的偏心受压柱,在分析下柱的受力情况时,常将牛腿上的力 F 平移到柱的轴线上,为了等效必须附加一个力偶 M,其力偶矩为 $M=-Fe$,e 为偏心距。这样简化使下柱受力明确。它除了受力 $\boldsymbol{F}$ 外,还要受到外力偶矩 M 作用,所以偏心受压柱比轴心受压柱更容易发生倾斜或出现裂缝。

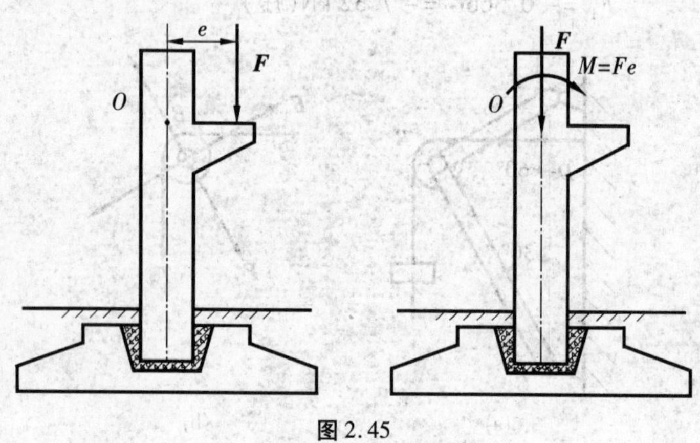

图 2.45

力的平移可以清楚地显示力对物体上任一点的作用。如图 2.46(a)所示,用扳手拧紧螺栓时,在扳手上作用有力 $\boldsymbol{F}$,为了显示力 $\boldsymbol{F}$ 对螺栓的作用,将力 $\boldsymbol{F}$ 平移至螺栓中心,即用一力 $\boldsymbol{F}$ 和力偶 $M(=Fd)$代替,显然力偶 M 将使螺栓转动,如图 2.46(b)所示。

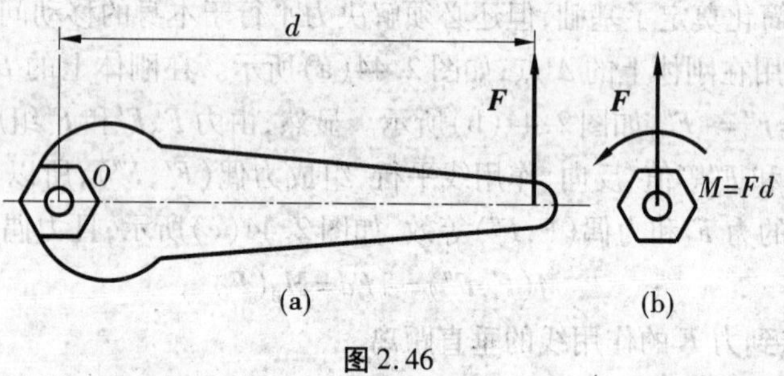

图 2.46

需要注意的是:力的平移只有将研究对象作为刚体才是正确的,亦即只有在研究力系的简化和平衡以及研究物体的运动规律时才是可用的。

2.5.3 平面一般力系的合成

平面一般力系,也叫平面任意力系,是指各个力的作用线位于同一平面内,既不汇交于一点也不互相平行的力系。这种力系是工程中最常见的力系,很多实际问题都可简化成平面一般力系问题处理。例如,如图 2.47 所示三角形屋架,它承受屋面传来的竖向荷载 $\boldsymbol{P}$,风荷载 $\boldsymbol{Q}$ 以及两端支座的约束反力 $\boldsymbol{F}_{Ax}$、$\boldsymbol{F}_{Ay}$、$\boldsymbol{F}_{By}$,这些力组成平面一般力系。

在工程中，还有一些结构构件所受到的各力，本来不是平面力系，但这些结构本身和作用于其上的各力都对称于某一个平面。这时，作用在构件上的力系就可以简化为在这个对称面内的平面力系。例如，如图 2.48 所示的重力坝，它的纵向较长、横截面相同，且通常可看作其受力情况沿坝的纵向不变，对其进行受力分析时，往往沿其纵向截取单位长度（如取 1 m 长）的坝段考虑，它所受到的重力、水压力和地基反力也可简化到 1 m 长坝身的中心对称面上而组成平面力系，如图 2.48 所示。

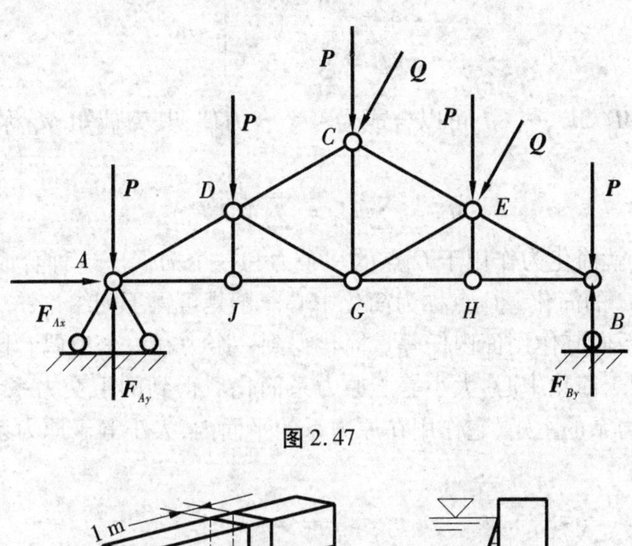

图 2.47

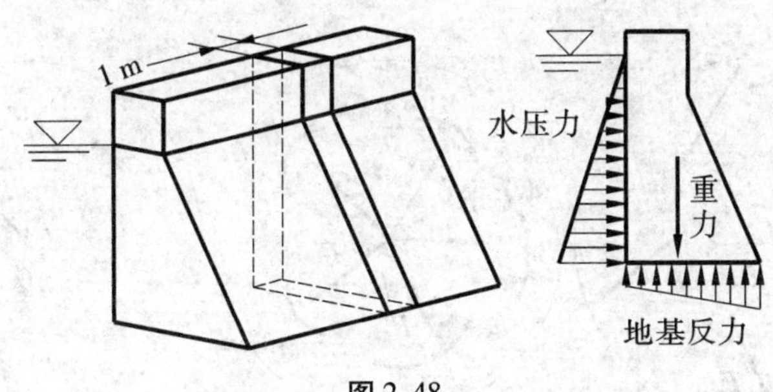

图 2.48

前面相关节介绍了平面汇交力系可以合成为一个力，而力与力偶也可以合成为一个力。那么，平面一般力系的合成结果是什么呢？下面应用力的平移定理，将平面一般力系的各力平移到力系作用面内的任一点，然后讨论合成的最简单形式。

如图 2.49 所示，某物体上作用一平面一般力系 F_1、F_2、…、F_n，在力系的作用面内任选一点 O，并根据力的平移定理将力系中各力都平移到 O 点。于是，原力系便与作用在 O 点的一个平面汇交力系（F_1'、F_2'、…、F_n'）和一个力偶系（M_1、M_2、…、M_n）等效，且

$$F_1' = F_1、F_2' = F_2、\cdots、F_n' = F_n$$

$$M_1 = M_O(F_1), M_2 = M_O(F_2), \cdots, M_n = M_O(F_n)$$

平面汇交力系 F_1'、F_2'、…、F_n'可合成为一个作用在 O 点的一个力矢 R'，有

$$R' = \sum F_i'$$

力矢 R'称为原力系的主矢量。若以 O 点为原点并在力系所在的平面内建立直角坐

标系 xOy,则主矢量在两坐标轴上的投影为

$$R_x{}' = \sum F_{xi}\ ,\ R_y{}' = \sum F_{yi}$$

式中　F_{xi}、F_{yi}——力 $\boldsymbol{F}_i$ 在 x 轴和 y 轴上的投影。从而,主矢量 $\boldsymbol{R}'$ 的大小和方向余弦为

$$\left.\begin{aligned} R' &= \sqrt{R'^2_x + R'^2_y} \\ \cos\alpha &= \frac{R'_x}{R'} \\ \cos\beta &= \frac{R'_y}{R'} \end{aligned}\right\} \tag{2.12}$$

平面力偶系 M_1、M_2、…、M_n 可以合成为一个合力偶,其力偶矩 M_O 称为原力系对 O 点的主矩,且

$$M_O = \sum M_i = \sum M_O(\boldsymbol{F}_i) \tag{2.13}$$

这样,原力系就简化为作用于 O 点的一个力和一个力偶。这种合成方法称为力系向作用面内任一点 O 的简化。O 点称为简化中心。于是可得下列结论:

平面一般力系向其作用面内任一点简化得到一个力和一个力偶。这个力称为原力系的主矢量,它作用于简化中心,大小等于原力系简化后得到的汇交力系各力的合力;这个力偶之矩称为原力系的主矩,它作用在原力系的平面内,大小等于原力系各力对简化中心的力矩的代数和。

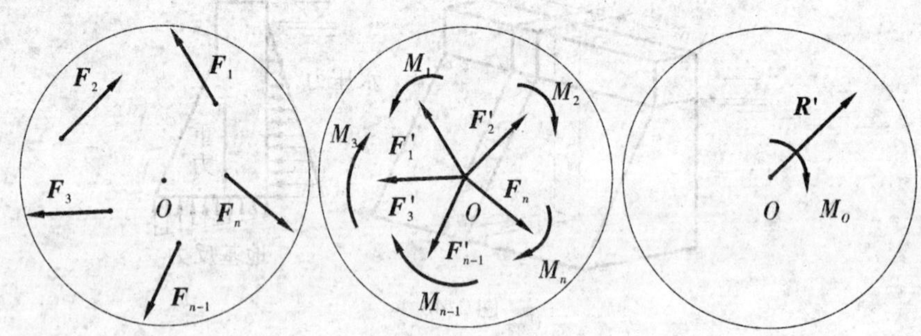

图 2.49

必须注意,主矢量 $\boldsymbol{R}'$ 并非原力系的合力,主矩为 M_O 的力偶也不是原力系的合力偶。因为,单独 $\boldsymbol{R}'$ 或 M_O 都不能和原力系等效,只有 $\boldsymbol{R}'$ 和 M_O 的综合作用才与原力系等效。另外,主矢量 $\boldsymbol{R}'$ 的大小和方向都与简化中心的位置无关,而主矩 M_O 的大小和转向一般与简化中心的位置有关,因为改变简化中心的位置,可以引起每个附加力偶臂的改变。因此,求平面一般力系的主矩必须指明简化中心。

下面讨论平面一般力系向任一点简化结果的可能情况。

(1) $R'=0, M_O\neq0$　原力系向 O 点简化后得到一个合力偶,由于力偶对其作用面内的任意一点的矩恒等于力偶矩,故此时主矩与简化中心的位置无关。

(2) $R'\neq0, M_O=0$　原力系向 O 点简化后得到一个力 R',它即为原力系的合力。此时的合力作用在简化中心上。

(3) $R'\neq0, M_O\neq0$　原力系向 O 点简化后得到一个力 $\boldsymbol{R}'$ 和一个力偶,根据力的平移

定理,这二者可进一步合成为一个力 $\boldsymbol{R}$(图 2.50),该力与 $\boldsymbol{R}'$ 大小相等、方向相同、作用线平行,它们之间的垂直距离 d 为。

(4)$R'=0, M_O=0$ 原力系是平衡力系。

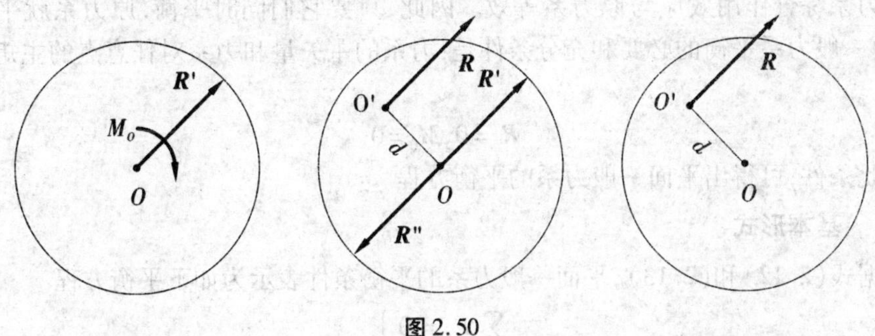

图 2.50

由上面分析可知,$R'\neq 0, M_O\neq 0$ 时,还可以进一步简化为一合力 $\boldsymbol{R}$,如图 2.50 所示,合力 $\boldsymbol{R}$ 对 O 点的矩是

$$M_O(\boldsymbol{R}) = R \cdot d$$

而

$$R \cdot d = M_O\ ,\ M_O = \sum M_i = \sum M_O(\boldsymbol{F}_i)$$

所以

$$M_O(\boldsymbol{R}) = \sum M_O(\boldsymbol{F}_i) \tag{2.14}$$

由于简化中心 O 是任意选取的,所以上式具有普遍意义。由此可以得出平面一般力系的合力矩定理:平面一般力系的合力对其作用面内的任一点之矩等于力系中各力对同一点之矩的代数和。

平面一般力系向一点简化的方法还能解释固定端支座[图 2.51(a)]的反力情况。在平面一般力系作用下,固定端支座的约束反力为一平面一般力系[图 2.51(b)],在研究对被约束构件的平衡和变形时,可以将该力系向固定端一点 A 简化为一个力 R_A 和一个力偶矩为 M_A 的力偶[图 2.51(c)]。由于约束力 $\boldsymbol{R}_A$ 的方向一般为未知,故可将其分解为两互相垂直的分量 F_{Ax} 和 F_{Ay}。因此,在平面力系作用下,固定端支座的约束反力包括三个:阻止梁固定端向任意方向移动的水平反力 F_{Ax} 和 F_{Ay},以及阻止梁固定端转动的反力偶 M_A。受力图上它们的指向都是假定的[图 2.51(d)]。

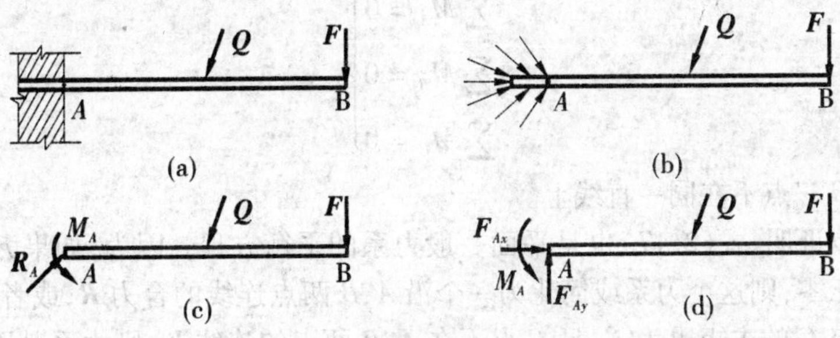

图 2.51

2.5.4 平面一般力系的平衡方程

将平面一般力系向作用面内任一点简化得到一个平面汇交力系和一个平面力偶系，这两个力系综合作用效应与原力系等效。因此，只要它们同时平衡，原力系就平衡。所以，平面一般力系平衡的必要和充分条件是：力系的主矢量和力系对任意点的主矩同时为零。即

$$\boldsymbol{R}'=0, M_0=0。$$

据此条件，可得出平面一般力系的平衡方程。

2.5.4.1 基本形式

根据式(2.12)和(2.13)，平面一般力系的平衡条件表示为如下平衡方程

$$\left.\begin{aligned}\sum F_x=0\\ \sum F_y=0\\ \sum M_O=0\end{aligned}\right\} \tag{2.15}$$

这三个方程是彼此独立的，可以求出三个未知量。

2.5.4.2 二力矩式

三个方程中，有一个投影方程，两个力矩方程，即

$$\left.\begin{aligned}\sum F_x=0\\ \sum M_A=0\\ \sum M_B=0\end{aligned}\right\} \tag{2.16}$$

式中 x 轴不能与 A、B 两点的连线垂直。

可以证明，上式也是平面一般力系的平衡方程。因为，如果力系对 A 点的主矩等于零，则该力系不可能简化为一个力偶，但可能情况有两种：这个力系或者简化为经过 A 点的一个力 R，或者平衡；如果力系对另外一点 B 的主矩也为零，则这个力系或简化为一个沿 A、B 两点连线的合力 R，或者平衡；如果再满足 $\sum F_x=0$，且 x 轴不与 A、B 两点连线垂直，则力系也不能合成为一个合力，否则，它在 x 轴上必然有投影。因此，力系必然平衡。

2.5.4.3 三力矩式

三个方程都为力矩方程，即

$$\left.\begin{aligned}\sum M_A=0\\ \sum M_B=0\\ \sum M_C=0\end{aligned}\right\} \tag{2.17}$$

式中 A、B、C 三点不在同一直线上。

同样可以证明，式(2.17)也是平面一般力系的平衡方程。因为，如果力系对 A、B 两点的主矩等于零，则这个力系或简化为一个沿 A、B 两点连线的合力 $\boldsymbol{R}$，或者平衡；如果力系对另外一点 C 的主矩也为零，且 C 点不在 A、B 两点的连线上，则力系就不能合成为一

个合力,否则,它将同时通过不在同一直线上的三点。因此,力系必然平衡。

平面一般力系平衡方程的每种形式都是由三个独立的平衡方程组成,因而可以求解三个未知量。可能有人会认为,如果在力系的作用面内可以选取若干个坐标系和若干个点,那就有若干个投影方程和力矩方程了,岂不就能求解更多的未知量了吗?实际上,因为力系满足了三个独立的平衡方程,就已经保证了主矢量和主矩等于零,即保证了力系平衡,第四个以上的方程必然是前三个方程的变形,不是独立方程。工程中常用第四个平衡方程验算计算结果的正确性。

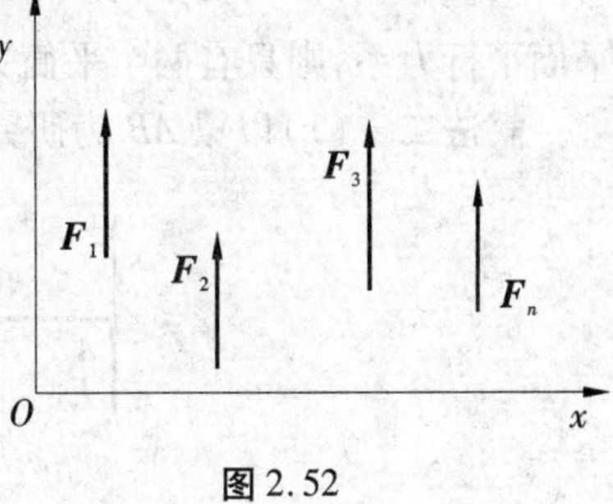

图 2.52

当平面力系中各力的作用线互相平行时,就构成平面平行力系,是平面一般力系的一种特殊情况。如图 2.52 所示,设物体受平面平行力系 $\boldsymbol{F}_1$、$\boldsymbol{F}_2$、…、$\boldsymbol{F}_n$ 作用。如选取 x 坐标轴与各力垂直,则每个力在 x 轴上的投影恒为零,即 $\sum F_{xi}=0$。于是,平面平行力系只有两个独立的平衡方程,即

$$\left.\begin{aligned}\sum F_y &= 0\\ \sum M_O &= 0\end{aligned}\right\} \tag{2.18}$$

平面平行力系的平衡方程,也可以写成二矩式,即

$$\left.\begin{aligned}\sum M_A &= 0\\ \sum M_B &= 0\end{aligned}\right\} \tag{2.19}$$

式中 A、B 两点的连线不与力的作用线平行。

在实际应用中,可根据具体情况选取适当形式的平衡方程,力求一个方程中只含一个未知量,以使计算简便。

例 2.9 如图 2.53(a)所示简支梁 AB 自重不计,$F=20$ kN,试求支座 A、B 反力。

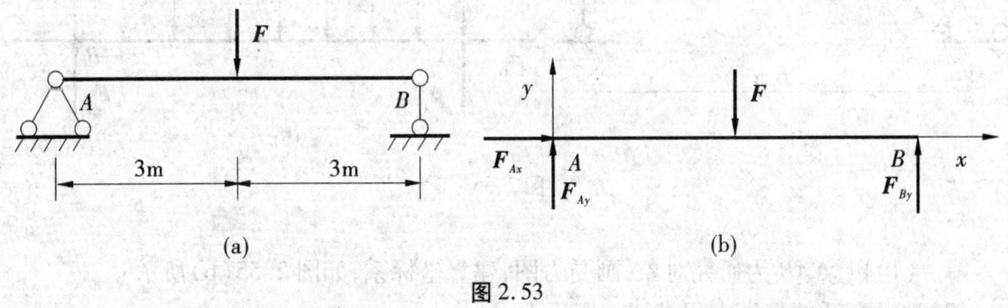

图 2.53

解法一 (1)以梁 AB 为研究对象,画受力图,建立坐标系,如图 2.53(b)所示

(2)选择合适的平衡方程求解支座反力

梁 AB 所受力构成平面一般力系,用平面一般力系平衡方程的基本形式可实现求解:

由
$$\sum F_x = 0:F_{Ax} = 0$$
$$\sum M_A = 0:6F_{By} - 3F = 0$$

得 $F_{By} = 10\ \text{kN}(\uparrow)$

由 $\sum F_y = 0:\ F_{Ay} + F_{By} - F = 0$

得 $F_{Ay} = 10\ \text{kN}(\uparrow)$

所求结果,可通过对 B 点求矩 $\sum M_B = 0$,验算其正确性。如果梁 AB 的受力图画成平面平行力系,则只有两个平衡方程。

解法二 (1)以梁 AB 为研究对象,画受力图,建立坐标系,如图 2.54 所示

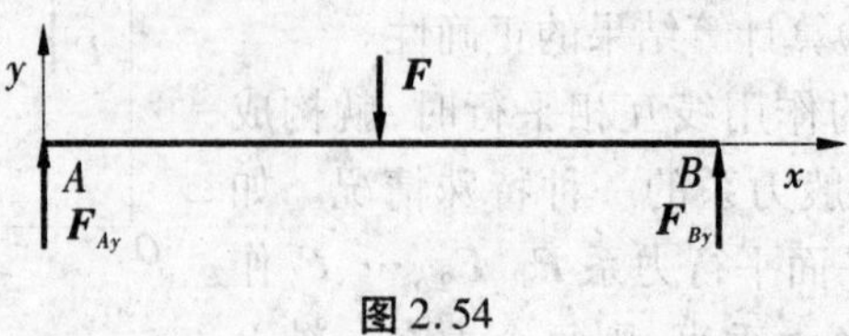

图 2.54

(2)选择合适的平衡方程求解支座反力

梁 AB 所受力构成平面平行力系,用平面平行力系平衡方程的可实现求解:

由 $\sum M_A = 0:\ 6F_{By} - 3F = 0$

得 $F_{By} = 10\ \text{kN}(\uparrow)$

由 $\sum F_y = 0:\ F_{Ay} + F_{By} - F = 0$

得 $F_{Ay} = 10\ \text{kN}(\uparrow)$

例 2.10 如图 2.55(a)所示简支梁,已知梁自重产生的线性均布荷载 $q=20\ \text{kN/m}$,跨度 $l=6\ \text{m}$,试求支座反力。

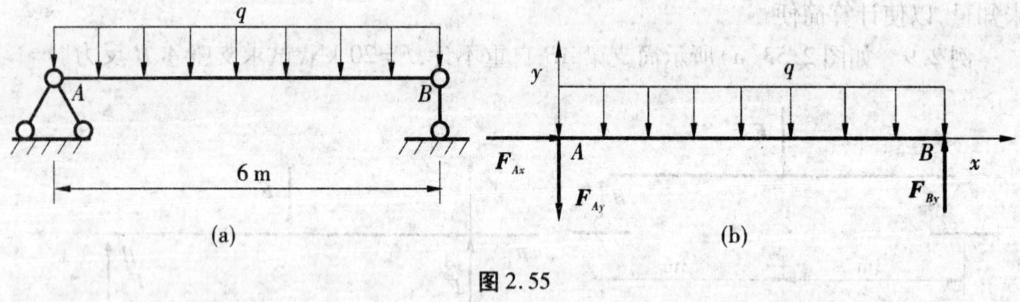

图 2.55

解 (1)以梁 AB 为研究对象,画受力图,建立坐标系,如图 2.55(b)所示

(2)选择合适的平衡方程求解支座反力

梁 AB 所受力可视为平面一般力系,用平面一般力系平衡方程的基本形式可求解:

由 $\sum F_x = 0:\ F_{Ax} = 0$

$$\sum M_A = 0:\ F_{By}l - ql\frac{l}{2} = 0$$

得 $F_{By} = \frac{1}{2}ql = \frac{1}{2} \times 20 \times 6 = 60\ \text{kN}(\uparrow)$

由　　$\sum F_y = 0: F_{Ay} + F_{By} - ql = 0$

得　　$F_{Ay} = ql - F_{By} = 20 \times 6 - 60 = 60\ \text{kN}(\uparrow)$

例 2.11　如图 2.56(a)所示折线梁，均布荷载沿水平方向分布，试求支座反力。

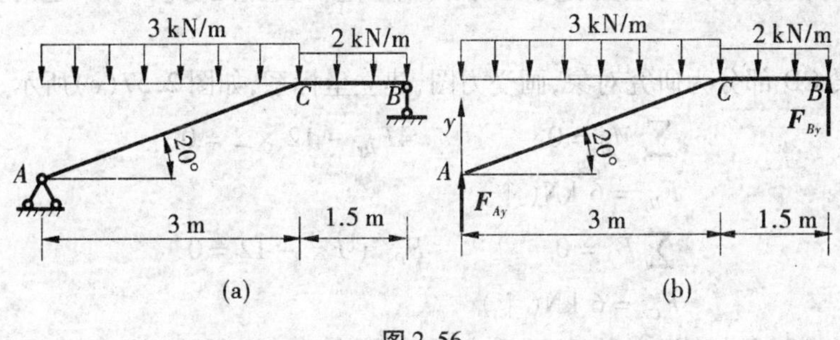

图 2.56

解　(1)以梁 ACB 为研究对象，画受力图，建立坐标系，如图 2.56(b)所示

(2)选择合适的平衡方程求解支座反力

梁 ACB 所受力可视为平面平行力系，用平面平行力系平衡方程的基本形式可求解：

由　　$\sum M_A = 0: F_{By}(3 + 1.5) - 3 \times 3 \times \frac{3}{2} - 2 \times 1.5 \times (3 + \frac{1.5}{2}) = 0$

得　　$F_{By} = 5.5\ \text{kN}(\uparrow)$

由　　$\sum F_y = 0: F_{Ay} + F_{By} - 3 \times 3 - 2 \times 1.5 = 0$

得　　$F_{Ay} = 3 \times 3 + 2 \times 1.5 - F_{By} = 13.5 - 5.5 = 8\ \text{kN}(\uparrow)$

此题中的 A、B、C 三点不在一条直线上，满足平面一般力系的三力矩式平衡方程，读者可按此提示用三力矩式平衡方程进行求解。

例 2.12　如图 2.57(a)所示多跨静定梁，梁自重不计，试求支座 A、B、D 处的约束反力。

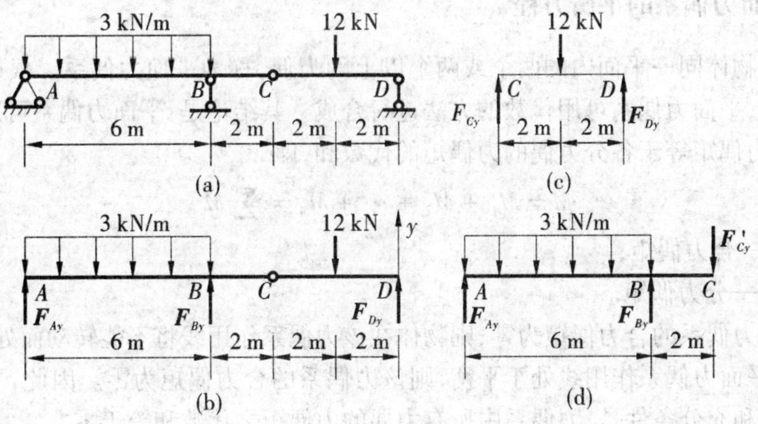

图 2.57

解 本题中梁由 AC、CD 两部分铰接而成,属于物体系统的平衡问题。物体系统平衡,则各部分都处于平衡状态。若取整体为研究对象,则未知反力的个数多于平衡方程的个数[图 2.57(b)]。若以单个物体为研究对象,不管是按平面一般力系还是按平面平行力系问题来处理,各部分都能实现完全求解,只不过需要找到突破口,本题的突破口是梁 CD 部分。

(1)以梁 CD 部分为研究对象,画受力图,建立坐标系,如图 2.57(c)所示,则

由 $\sum M_C = 0 \qquad 4F_{Dy} - 12 \times 2 = 0$

得 $F_{Dy} = 6\ \text{kN}(\uparrow)$

由 $\sum F_y = 0 \qquad F_{Dy} + F_{Cy} - 12 = 0$

得 $F_{Cy} = 6\ \text{kN}(\uparrow)$

(2)以梁 AC 部分为研究对象,画受力图,如图 2.57(d)所示,则

由 $\sum M_A = 0 \qquad 6F_{By} - 3 \times 6 \times \dfrac{1}{2} \times 6 - 8Y_C' = 0$

而 $F_{Cy}' = F_{Cy} = 6\ \text{kN}$

得 $F_{By} = 17\ \text{kN}(\uparrow)$

由 $\sum F_y = 0 \qquad F_{Ay} + F_{By} - F_{Cy}' - 3 \times 6 = 0$

得 $F_{Ay} = 7\ \text{kN}(\uparrow)$

第二步也可以取整体为研究对象,画受力图,如图 2.57(b)所示,则

由 $\sum M_A = 0 \qquad 6F_{By} + 12F_{Dy} - 3 \times 6 \times \dfrac{1}{2} \times 6 - 12 \times 10 = 0$

得 $F_By = 17\ \text{kN}(\uparrow)$

由 $\sum F_y = 0 \qquad F_{Ay} + F_{By} + F_{Dy} - 3 \times 6 - 12 = 0$

得 $F_{Ay} = 7\ \text{kN}(\uparrow)$

2.5.5 平面力偶系的平衡方程

作用在物体同一平面内的两个或两个以上的力偶,称为平面力偶系。根据力偶矩为标量的性质,平面力偶系可用代数的方法进行合成。其结论是:平面力偶系可以合成为一合力偶,其力偶矩等于各分力偶的力偶矩的代数和,即

$$M = M_1 + M_2 + \cdots + M_n = \sum M_i \tag{2.20}$$

式中 M——合力偶矩;

M_i——分力偶矩。

若平面力偶系的合力偶矩为零,则物体在该力偶系作用线将不能转动而处于平衡;反之,物体在平面力偶系作用线处于平衡,则该力偶系的合力偶矩为零。因此,平面力偶系平衡的必要和充分条件是,力偶系中所有力偶的力偶矩之代数和等于零。

根据平面力偶系的平衡条件,有

$$\sum M_i = 0 \tag{2.21}$$

上式称为平面力偶系的平衡方程。

例 2.13　如图 2.58(a)所示,悬臂梁自由端作用力偶矩 $M=20\ \text{kN}\cdot\text{m}$,梁臂长 $l=2\ \text{m}$,自重不计,试求支座 A 处的反力。

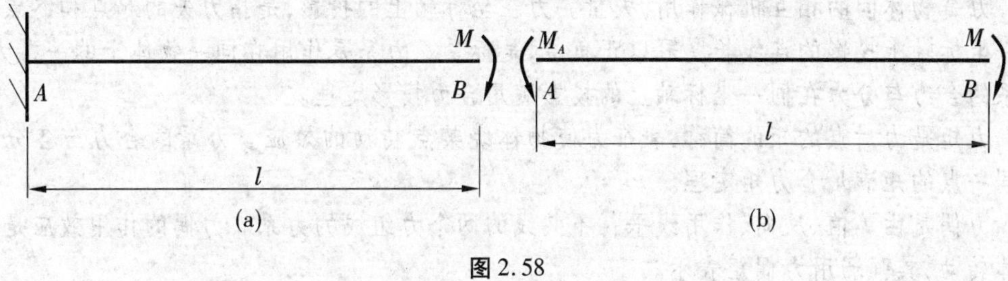

图 2.58

解　(1)以梁 AB 为研究对象,画受力图

梁 AB 所受荷载为力偶矩,根据力偶的特性可知,支座 A 处的反力也只能是力偶矩 M_A,其他两个反力都为零,据此分析作出如图 2.58(b)所示受力图。

(2)列平衡方程,求解支座反力

梁 AB 所受力系为一平面力偶系,处于平衡状态,满足平面力偶系的平衡方程:

$$\sum M_A = 0 : M_A - M_B = 0$$

得

$$M_A = M_B = 20\ \text{kN}\cdot\text{m}\ (\text{逆时针方向})$$

例 2.14　如图 2.59(a)所示简支梁,跨中 C 处作用外力偶矩 $M=20\ \text{kN}\cdot\text{m}$,跨度 $l=4\ \text{m}$,梁自重不计,试求支座 A、B 处的反力。

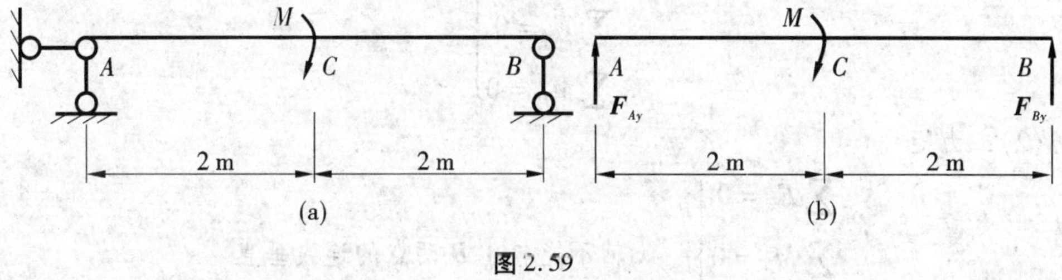

图 2.59

解　(1)以梁 AB 为研究对象,画受力图

梁 AB 所受荷载为力偶矩,根据力偶只能与力偶平衡的这一特性可知,支座 A、B 处的反力一定形成一力偶,也就是 F_{Ay}、F_{By} 必定等值、反向,作用线平行,而 B 支座的反力 F_{By} 的作用线垂直支撑面,据此分析做出如图 2.59(b)所示受力图。

(2)列平衡方程,求解支座反力

梁 AB 所受力系为一平面力偶系,处于平衡状态,满足平面力偶系的平衡方程,则

$$\sum M_A = 0 : M - 4F_{By} = 0$$

得

$$F_{By} = 5\ \text{kN}\ (\uparrow),\ F_{Ay} = -5\ \text{kN}\ (\downarrow)$$

章后小结

力是物体间的相互机械作用,矢量。力在坐标轴上的投影,是指力矢的起点和终点在同一坐标轴上投影的连线长度冠以正负号,是标量。力系是作用在同一物体上的一群力。力系的合力与分力在同一坐标轴上的投影满足合力投影定理。

力矩是力对点的矩的简称,表征力使物体绕某点转动的效应。力系的合力与各分力对同一点的矩满足合力矩定理。

力偶是由等值、反向、作用线平行不共线的两个力组成的力系。力偶的作用效应是使物体转动,其强弱用力偶矩表示。

力系按作用线是否共面,分为平面力系和空间力系。平面力系又可分为平面汇交力系、平面力偶系、平行力系和平面一般力系。平面汇交力系是平面力系的特殊情况。

平面汇交力系的合成与平衡问题的求解方法有图解法和数解法。前者依据平行四边形法则及其推论。后者是以力在坐标轴上的投影为计算基础。平面汇交力系的平衡方程如下

$$\left.\begin{aligned}\sum F_x = 0\\ \sum F_y = 0\end{aligned}\right\}$$

平面一般力系的平衡方程有三种形式:

(1)基本式

$$\left.\begin{aligned}\sum F_x = 0\\ \sum F_y = 0\\ \sum M_O = 0\end{aligned}\right\}$$

(2)二力矩式

$$\left.\begin{aligned}\sum F_x = 0\\ \sum M_A = 0\\ \sum M_B = 0\end{aligned}\right\} \quad x\text{ 轴不能与 }A、B\text{ 两点的连线垂直}$$

(3)三力矩式

$$\left.\begin{aligned}\sum M_A = 0\\ \sum M_B = 0\\ \sum M_C = 0\end{aligned}\right\} \quad A、B、C\text{ 三点不在同一直线上}$$

平面平行力系是平面一般力系的另一个特例,其平衡方程有如下形式:

(1)基本式

$$\left.\begin{aligned}\sum F_y = 0\\ \sum M_O = 0\end{aligned}\right\}$$

(2)二力矩式

$$\left.\begin{aligned}\sum M_A = 0\\ \sum M_B = 0\end{aligned}\right\}$$

式中 A、B 两点的连线不与力的作用线平行。

平面力偶系的平衡方程为

$$\sum M_i = 0$$

思考题

1. 作用在某一物体上的力,可否通过力的可传性传至相邻的另外物体上?

2. 桌子压地面,地面以反作用力作用于桌子,二力大小相等,方向相反且共线,所以桌子才能维持平衡,这种说法正确吗?为什么?

3. 图2.60所示两种情况下,D处的约束反力有何不同?能否直接判定A处反力作用线?

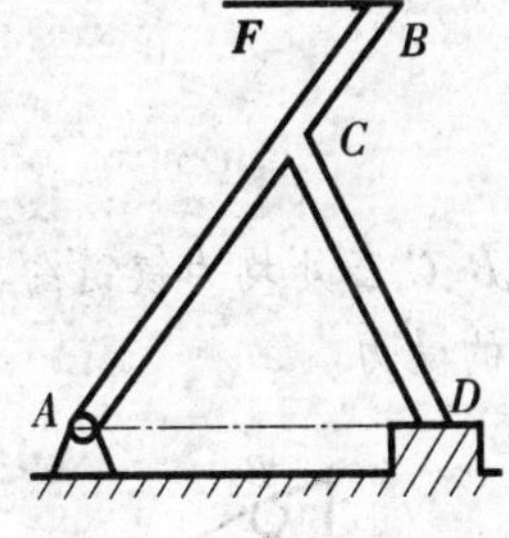

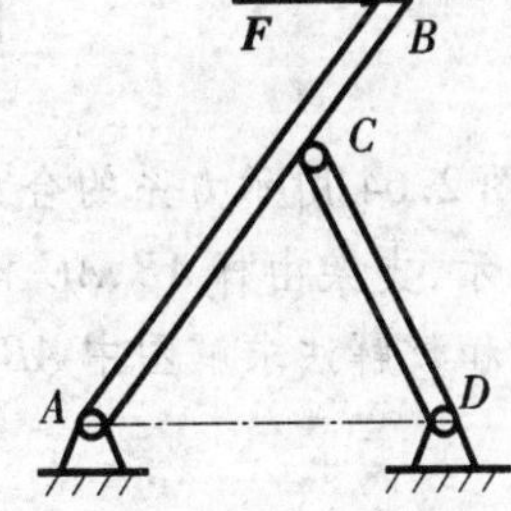

图2.60

4. 如图2.61所示,轮子在力偶($\boldsymbol{F}$,$\boldsymbol{F}'$)和力$\boldsymbol{P}$共同作用下平衡,能否说力偶($\boldsymbol{F}$,$\boldsymbol{F}'$)和力$\boldsymbol{P}$平衡?为什么?

5. 如图2.62所示,在物体上作用有两力偶($\boldsymbol{F}_1$,$\boldsymbol{F}'_1$)和($\boldsymbol{F}_2$,$\boldsymbol{F}'_2$),其力多边形闭合,此时物体是否平衡?为什么?

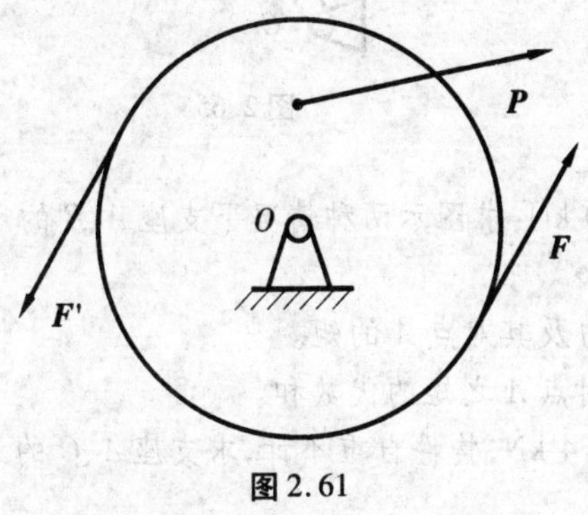

图2.61

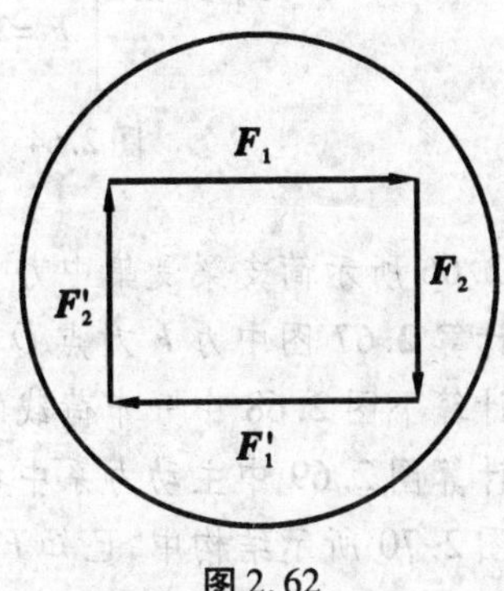

图2.62

习　题

1. 画出图2.63中各物体的受力图。凡未注明者，物体的自重均不计，接触面光滑。

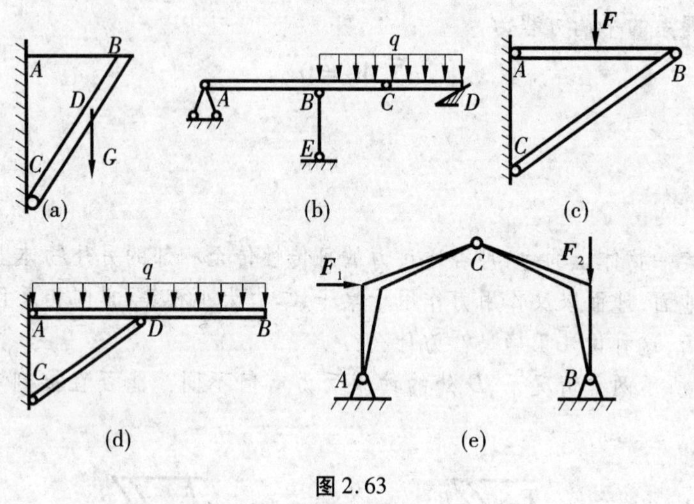

图2.63

2. 用数解法求图2.64所示力系的合力。

3. 如图2.65所示，支架由杆AB、AC构成，A、B、C三处均为铰链约束。在A点作用有竖向力G，用图解法和数解法求解图中AB、AC杆的受力。

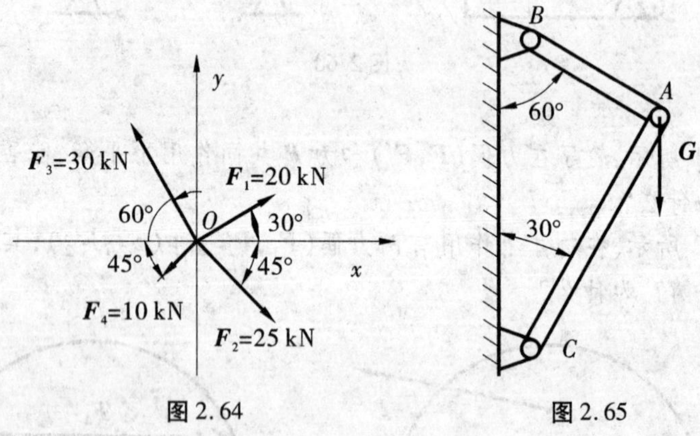

图2.64　　图2.65

4. 图2.66所示简支梁受集中力 $F=20$ kN，求图示两种情况下支座A、B的反力。

5. 试计算2.67图中力F对点O的矩。

6. 试计算下图2.68中分布荷载的合力及其对点A的矩。

7. 试计算图2.69中主动力系中各力对点A之矩的代数和。

8. 在图2.70所示结构中，已知 $F=F'=4$ kN，构件自重不计，求支座A、C的约束反力。

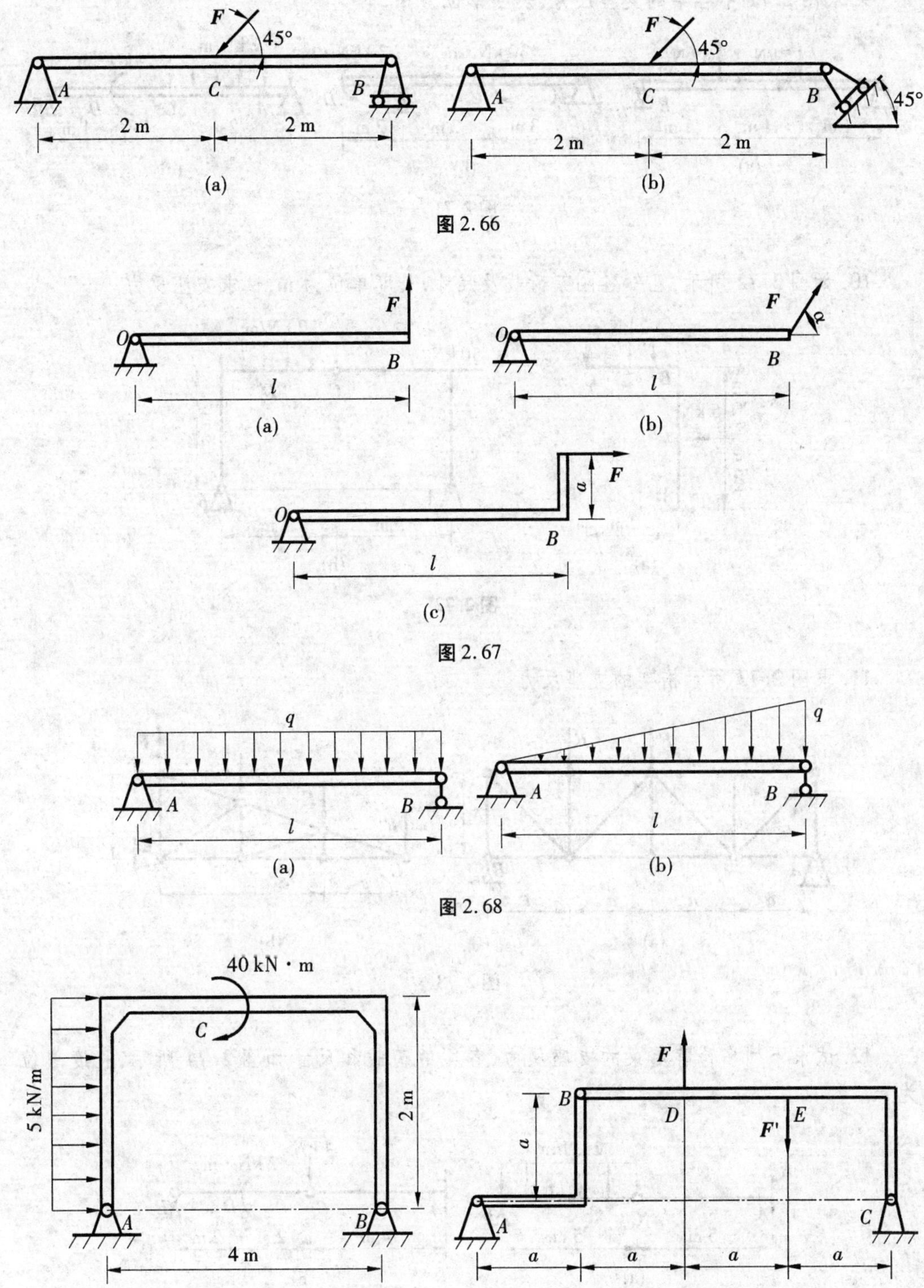

图 2.66

图 2.67

图 2.68

图 2.69

图 2.70

9. 求图 2.71 中各梁的支座反力,长度单位为 m。

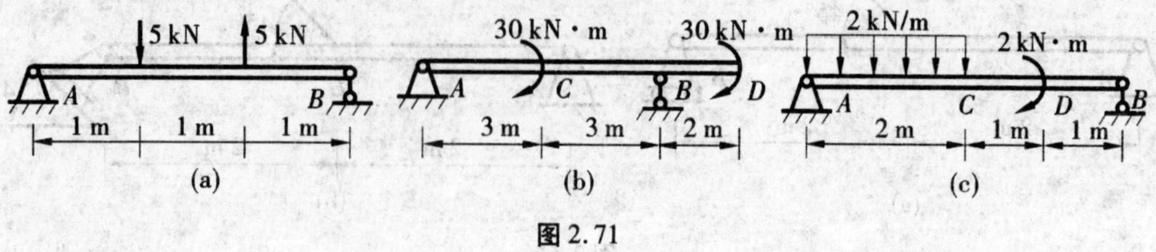

图 2.71

10. 如图 2.72 所示,已知各刚架荷载及尺寸,长度单位为 m,试求支座反力。

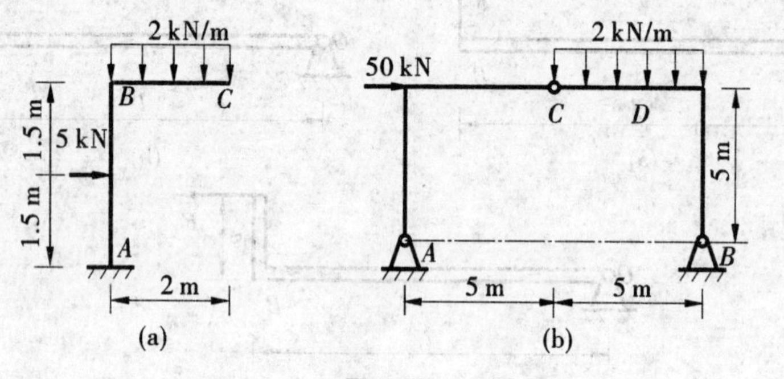

图 2.72

11. 求图 2.73 所示桁架的支座反力。

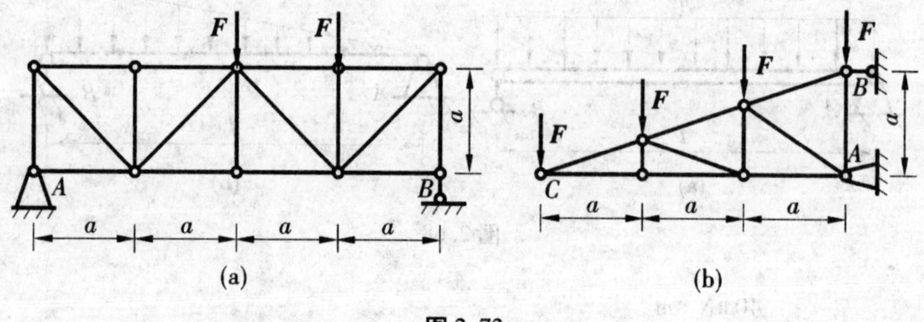

图 2.73

12. 试求下列多跨静定梁的支座反力,各梁的荷载和尺寸如图 2.74 所示,长度单位为 m。

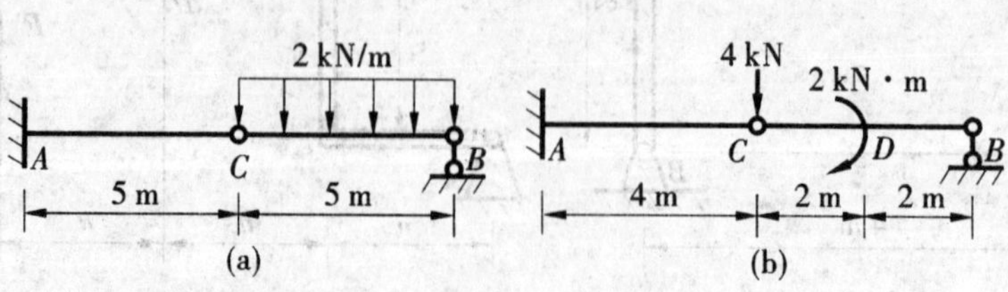

图 2.74

第3章 轴向拉伸与压缩

教学提示 了解应力、正应力、剪应力的概念及单位；掌握轴心拉(压)杆的应力、应变、变形及胡克定律；掌握轴向拉伸压缩时，材料的力学性质、工作许用应力；熟练掌握轴心拉(压)杆的内力计算、强度计算和内力图的绘制；掌握轴向拉(压)杆的变形计算。

3.1 轴向拉(压)杆的内力及内力图

前面我们已经初步掌握了物体的受力分析方法和平衡问题的解法，从而解决了结构和构件在外力作用下的平衡问题。是不是结构或构件在外力作用下只要满足平衡条件就能保证安全了呢？否。如果整个建筑结构处于平衡状态，而结构中的某些构件，如梁、板、柱等抵抗不了外力的作用而发生断裂，仍然使建筑结构不能正常安全地使用。若要结构或构件正常安全地使用，还要满足强度、刚度以及稳定性的要求，这也是建筑力学所要研究和解决的主要问题。我们通常将建筑力学中研究和解决单杆强度、刚度、稳定性问题的这部分内容称为材料力学。强度就是指材料抵抗破坏的能力；刚度是指材料抵抗变形的能力；压杆稳定是指压杆保持平衡状态的能力。

需要特别注意的是，材料力学与静力学研究问题的方法存在一些不同的地方。首先，材料力学的研究对象——杆件不再是刚体，而是变形体(更确切地说是弹性变形体)。其次，除求解支座反力或杆件间的相互作用力外，还要求出杆件部分与部分之间、杆件与杆件之间的作用力——内力。在求杆件内力时，静力学中的某些基本公理，如力的可传性原理、力的平移定理、加减平衡力系公理以及等效力系的代换等均不再适用。另外，由于材料力学中的力相对比较简单，因此在受力图中的力不再用矢量表示，即不再用黑体表示。

3.1.1 受力变形特点

如图3.1(a)、(b)所示，在杆件两端作用一对大小相等、方向相反的轴向外力 F 时，杆件将产生轴向拉伸或轴向压缩变形。如图 3.2 所示三角支架中,*AB* 杆受拉,*BC* 杆受压。如图 3.3 所示的屋架,上弦杆受压,下弦杆受拉。其受力特点是外力或外力的合力与杆件的轴线重合,变形特点是沿杆件轴线方向伸长或缩短,杆件的这种变形形式称为轴向拉伸或轴向压缩。作用线沿轴线的荷载称为轴向荷载。发生轴向拉伸或压缩变形的杆件,称为拉(压)杆或轴向承载杆。

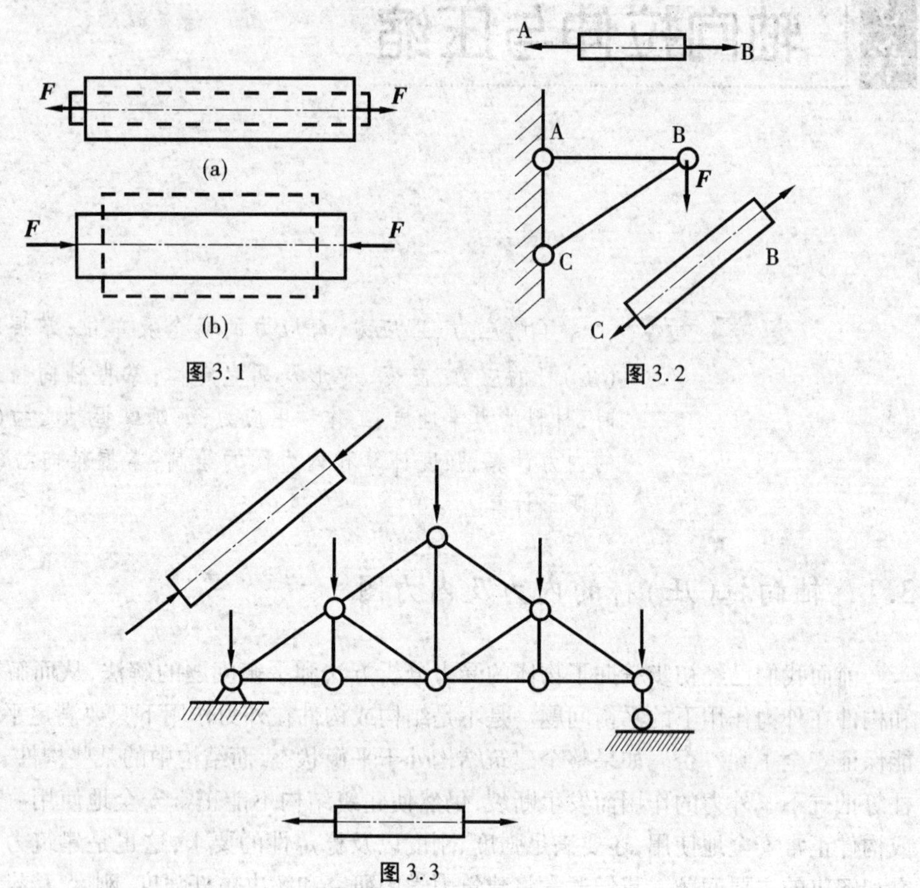

图 3.1

图 3.2

图 3.3

3.1.2 截面法求内力

3.1.2.1 外力与内力

作用于构件上的荷载和支座约束反力称为外力。在外力作用下,构件发生变形,同时,构件内部各部分之间产生相互作用,以抵抗变形。在外力作用下,构件内部相连两部分之间的相互作用力,称为内力。图 3.4(a)所示构件在外力作用下处于平衡,为分析 m-m 截面的内力,假想地将构件沿 m-m 截面截开,根据均匀连续性假设,截面上的内力是连续分布的,组成一分布内力系,如图 3.4(b)、(c)所示,

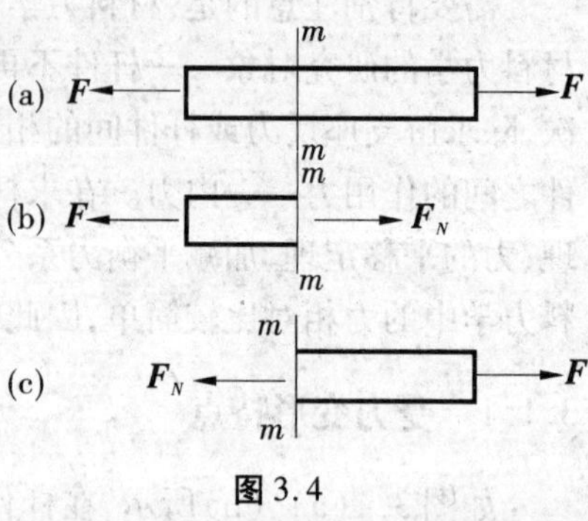

图 3.4

通常所说的内力,是指该分布内力系的简化结果。

3.1.2.2 用截面法求轴心拉(压)杆的内力

截面法是求内力的基本方法。它不但在本节中用于求轴心拉(压)杆的内力,而且将在以后各节中用于求其他各种变形形式杆件的内力,因此应着重掌握它。下面通过对图3.4(a)所示轴心拉杆求 $m-m$ 截面的内力。

第一步:沿欲求内力的横截面 $m-m$,假想把构件截开为两部分。任取一部分隔离体作为研究对象,而弃去另一部分[图3.4(b)或3.4(c)]。

第二步:在隔离体的截开面上加上原有的内力,使隔离体得以像未截开之前一样处于平衡状态。这里由隔离体的平衡条件可知,轴心拉(压)杆横截面上的内力,只能是轴力 F_N。

第三步:建立隔离体的平衡方程,并解出欲求的内力,这里是轴力 F_{N}。由平衡方程

$$\sum F_X = 0, F - F_{\mathrm{N}} = 0, F_{\mathrm{N}} = F$$

注意:若取右段为研究对象[图3.4(c)],同样可求出 m-m 截面上的轴力,但与取左段求得的 F_N 等值、反向,即为作用与反作用的关系。

3.1.2.3 轴力正负号的规定

为使取左段梁和右段梁求得的同一截面的内力具有相同的正负号,对轴力的正负号规定如下:轴力 F_N 规定拉力(背离截面)为正,压力(指向截面)为负,如图3.4(b)所示。

负号表明实际指向与所设指向相反,即横截面上的轴力 F_{N} 实际上是压力。

将杆件假想地截开以显示内力,并由平衡方程确定内力的方法,称为截面法,它是计算杆件内力的基本方法,其步骤可归结为:

(1)截——沿欲求内力的截面假想地将杆件截为两部分,任取其中一部分为研究对象;

(2)代——用欲求的内力代替另一部分对研究对象的作用;

(3)平——列出研究对象的平衡方程,确定内力的大小和方向。

在应用截面法计算内力时需要注意以下两点:

(1)未知的内力均假设为正。若计算结果为正值,则内力的实际方向与所设的方向一致;反之,则内力的实际方向与所设的方向相反。

(2)截面不能取在集中力或集中力偶的作用面上。

3.1.3 轴向拉压杆的内力图

逐次地运用截面法,可求得杆件所有横截面上的内力。以与杆件轴线平行的横坐标轴 x 表示各横截面位置,以纵坐标表示相应的内力值,这样作出的图形称为内力图。内力图可以清楚、完整地表示出杆件各横截面上的内力,是进行应力、变形、强度、刚度等计算的依据。

这里,对轴心拉(压)杆来说,其内力是轴力 F_{N},内力图的纵坐标就是轴力 F_{N}。因此,轴心拉(压)杆的内力图称为轴力图,即 F_{N} 图。

例3.1 轴心拉(压)杆如图3.5(a)所示,求作轴力图(不计杆的自重)。

解 (1)一般来说解题的第一步应识别问题种类。由该杆的受力特点,可知它的变形是轴心拉压,其内力是轴力 F_N。

(2)第二步一般应先由杆件整体的平衡条件求出支座反力。但对于本例题这类具有自由端构件或结构,应注意,往往以取含自由端的一段隔离体较好,这样可免求支座反力。

(3)第三步用截面法求内力。各隔离体如图 3.5(b)所示,由各隔离体的平衡条件求得各段中的轴力。

AB 段: 由 $\sum F_X = 0$ $F_{N1} - 1 = 0$

得 $F_{N1} = 1\ \text{kN}$

BC 段: 由 $\sum F_X = 0$ $F_{N2} - 4 - 1 = 0$

得 $F_{N2} = 5\ \text{kN}$

CD 段: 由 $\sum F_X = 0$ $F_{N3} + 6 - 4 - 1 = 0$

得 $F_{N3} = -1\ \text{kN}$

DE 段: 由 $\sum F_X = 0$ $F_{N4} - 2 + 6 - 4 - 1 = 0$

得 $F_{N4} = 1\ \text{kN}$

如果在第二步已求得右端支座反力 $F_{NE} = 1 + 4 - 6 + 2 = 1\ \text{kN}$,则也可取含支座端一段隔离体求解。例如求 *DE* 段中的 F_{N4}[图 3.5(b)]:

由 $\sum F_X = 0$ $F_{N4} - F_{NE} = 0$

得 $F_{N4} = F_{NE} = 1\ \text{kN}$

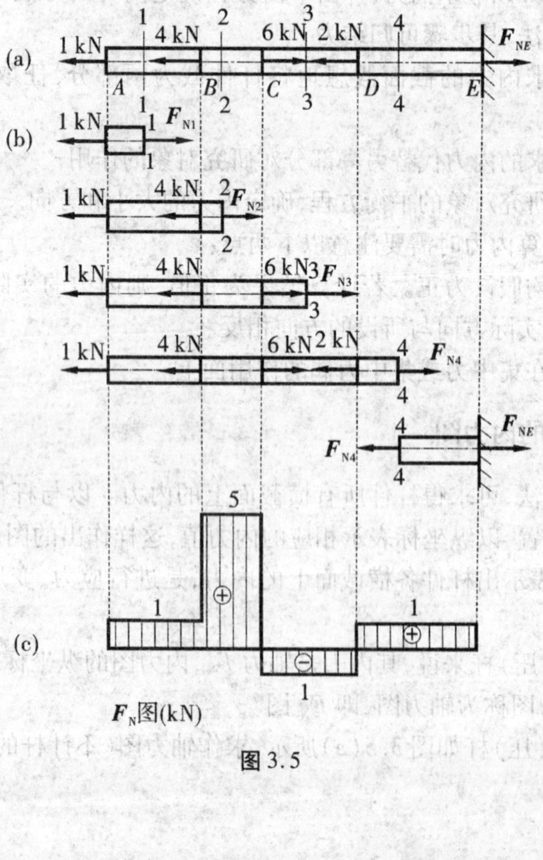

图 3.5

(4)第四步根据各 F_N 值作轴力图,如图 3.5(c)所示。

内力图一般都应与受力图对正。对 F_N 图以及下两节将要讨论的 T(扭矩)图和 F_S(剪力)图而言,当杆水平放置或倾斜放置时,正值的 F_N、T、F_S 应画在与杆件轴线平行的 x 横坐标轴的上方或斜上方,而负值则画在下方或斜下方,并必须标出符号"+"或"-"号,当杆件竖直放置时,正负值可分别画在任一侧并标出"+"或"-"号。内力图上必须标全所有横截面的内力值及其单位,还应适当地画出一些纵标线,纵标线必须垂直于横坐标轴。内力图旁应标明为何种内力图。横坐标轴名称 x 以不标出为好,F_N 等纵坐标轴以不画出为好。当熟练时,各隔离体图不应画出。

注意:利用外力与截面内力的关系计算轴力的规律。计算轴力时,可建立构件左侧(或右侧)的投影方程 $\sum F_X = 0$,经过移项得到

$$F_N = \sum F_{X左}\ (或\ F_N = \sum F_{X右})$$

即任一截面的轴力,其大小等于该截面一侧所有外力沿该截面轴线方向投影的代数和。

根据内力正负号规定,当截面一侧外力背离该截面时,将在该截面产生正的轴力;反之,产生负的轴力。

例 3.2　绘图 3.6(a)所示杆件的轴力图。

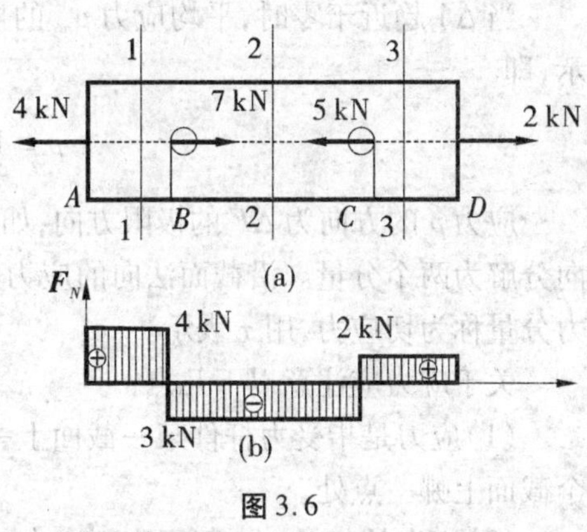

图 3.6

解　(1)分段并计算各段的轴力:

以外力作用的截面为分界点,将杆件分为 AB、BC、CD 三段,设截面 1-1、2-2、3-3 分别为 AB、BC、CD 段上的任一截面,用直接法可得:

$$F_{N1} = 4\ \text{kN},\ F_{N2} = -3\ \text{kN},\ F_{N3} = 2\ \text{kN}$$

(2)画截面图,如图 3.6(b)所示。

注意:对于拉(压)杆,在集中力作用的截面上,其轴力图发生突变,突变值等于该集中力的大小。在本例中,B 截面左侧的截面属于 AB 段,其轴力为 4 kN,B 截面右侧的截面,属于 BC 段,其轴力为-3 kN。在 B 截面处轴力图有突变,从 4 kN 突变到-3 kN,其突变量正好等于 B 截面处的外力 7 kN,因此,在 B 截面上轴力是不确定的。

3.2　应力、应变、胡克定律

杆件在外力作用下产生内力,但确定了受力构件的内力后,还不能判断是否会发生破坏,这是因为内力是杆件横截面上分布内力的合力,横截面尺寸不同,横截面上的内力分布大小及分布内力集度就不同。研究不同受力杆件横截面上的分布内力集度,属应力计算问题。横截面上的分布内力集度相同的两杆件,如果所用材料不同,它们的破坏也是不同的。研究杆件的破坏与内力、截面几何性质及材料之间的关系,属杆件的强度计算问题。

3.2.1 应力

应力是受力杆件某一截面上的一点处的分布内力集度，它表示该点所受内力的强弱程度。如图3.7(a)所示，在截面 m–m 上围绕任一点 K 取一微小的面积 ΔA，并设作用于该面积上的内力为 ΔF，则 ΔF 与 ΔA 的比值，称为面积 ΔA 内的平均应力，并用 p_m 表示，即

$$p_m = \frac{\Delta F}{\Delta A} \tag{3.2a}$$

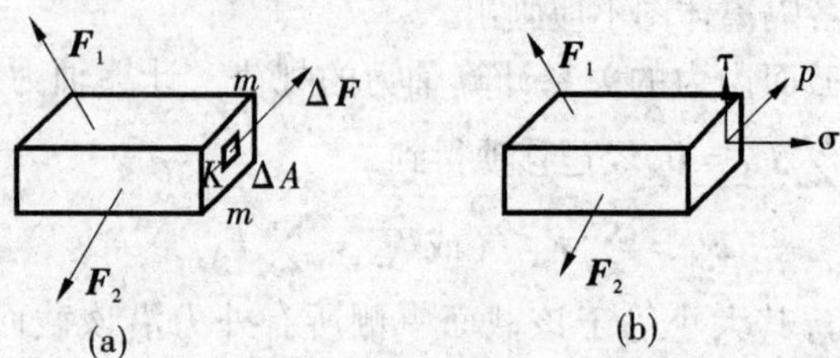

图3.7

当 ΔA 趋近于零时，平均应力 p_m 的极限值，称为截面 m–m 上 K 点的应力，并用 p 表示，即

$$p = \lim_{\Delta A \to 0} \frac{\Delta F}{\Delta A} = \frac{\mathrm{d}F}{\mathrm{d}A} \tag{3.2b}$$

应力 p 的方向为 ΔF 的极限方向，如图3.7(b)所示，通常将应力 p 沿截面的法向和切向分解为两个分量。沿截面法向的应力分量称为正应力，并用 σ 表示；沿截面切向的应力分量称为切应力，用 τ 表示。

关于应力应注意以下几点：

(1)应力是指受力杆件某一截面上一点处的应力，在研究应力时必须明确其是在哪个截面上哪一点处。

(2)应力是矢量。一般规定正应力 σ 拉为正号，压为负号；切应力 τ 是对所研究的隔离体内一点产生顺时针转向趋势时为正号，反之为负号。

3.2.2 应变

为了研究整个杆件的变形，设想杆件由许多极微小的正六面体组成，如图3.8(a)所示，杆件在外力的作用下发生变形，如图3.8(b)所示，这些变形可以看成是各微小正六面体变形的宏观效果。一个微小正六面体的变形可以分解成边长的改变和各边夹角的改变两种形式。

在杆件内 K 点处取出一微小正六面体，如图3.8(a)所示，设其沿 x 轴方向的边原长为 Δx，变形后其长度改变了 $\Delta\delta_x$，如图3.8(c)所示，则 $\Delta\delta_x$ 称为线段 Δx 的线变形。$\Delta\delta_x$ 与原长 Δx 的比值 ε_m 称为线应变或相对线变形，即

$$\varepsilon_m = \frac{\Delta\delta_x}{\Delta x}$$

显然，ε_m只是线段 Δx 的平均线应变。而 K 点处沿 x 轴方向的线应变 ε，应取比值 $\Delta\delta_x/\Delta x$ 的极限，即

$$\varepsilon = \lim_{\Delta x 0} \frac{\Delta\delta_x}{\Delta x} = \frac{d\delta_x}{dx}$$

$\Delta\delta_x$ 是伸长量时，线应变为拉应变；$\Delta\delta_x$ 是缩短量时，线应变为压应变。

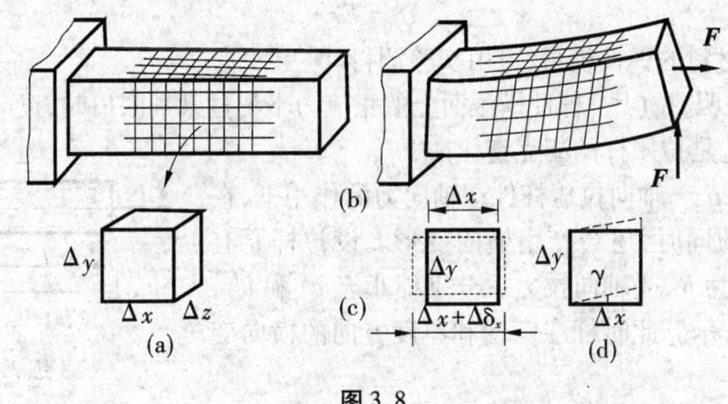

图 3.8

微小正六面体各边互成直角，变形后直角的改变量 γ 称为切应变，如图 3.8(d)所示。线应变 ε 和切应变 γ 都是无量纲。

应力与应变之间存在着对应关系，如图 3.9 所示。正应力 σ 引起线应变 ε；切应力 τ 引起切应变 γ。

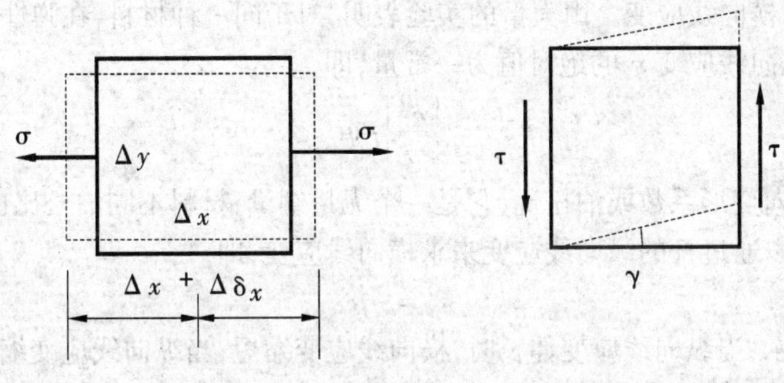

图 3.9

3.2.3　胡克定律

实践表明，工程中使用的大多数构件，在荷载的作用下，变形都很小，一般都处于弹性变形阶段。在这个范围内，应力和应变之间成正比关系。

3.2.3.1　拉压杆胡克定律和泊松比

(1)胡克定律　设一等截面直杆受轴向拉力 F 作用下，杆件将沿着轴线伸长，产生纵向变形，如图 3.10(a)所示。其正应力为 σ，纵向线应变为 ε，则

$$\varepsilon = \frac{\Delta l}{l} \tag{3.3}$$

式中 l——杆件的原长；

l'——杆件变形后的长度；

Δl——杆件的纵向变形量，$\Delta l = l' - l$，伸长时为正，缩短时为负。

实验表明，轴向拉(压)杆件变形不超过一定限度，在弹性范围内时，其正应力 σ 和纵向线应变 ε 有如下关系

$$\sigma = E\varepsilon \tag{3.4}$$

式中 E——材料的弹性模量，可由实验测得。

式(3-4)表明，拉(压)杆件横截面上的正应力不超过某一限值时，正应力和纵向线应变成正比。这就是拉压杆的胡克定律。

(2)泊松比 μ　轴向拉压杆件在轴向力的作用下，在产生纵向变形的同时，还会产生横向变形。设拉杆原有宽度为 a，厚度为 b，受轴向拉力后分别缩小至 a' 和 b'，如图3.10(b)所示。此时杆在宽度和厚度方向的横向变形为：

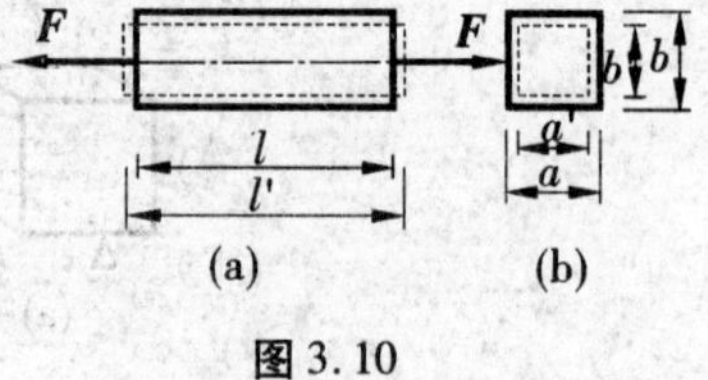

图3.10

$$\Delta a = a - a',\ \Delta b = b - b'$$

有

$$\varepsilon = \frac{\Delta a}{a}$$

$$\varepsilon' = \frac{\Delta b}{b}$$

式中的 ε' 称为横向线应变。由大量的实验表明，对于同一种材料，在弹性范围内，其横向线应变 ε' 和纵向线应变 ε 的绝对值为一常量，即

$$\left|\frac{\varepsilon'}{\varepsilon}\right| = \mu$$

式中 μ 称为横向变形系数或泊松比，它是一个无量纲量，材料不同泊松比也不同。利用这一比例关系可以通过杆的纵向线应变来求横向线应变，即

$$\varepsilon' = -\mu\varepsilon \tag{3.5}$$

式中的负号表示：当纵向线应变伸长时，横向线应变缩短；当纵向线应变缩短时，横向线应变伸长。它们之间的符号总是相反的。

将式(3.4)代入上式，可又得

$$\varepsilon' = -\mu\frac{\sigma}{E}$$

利用此式，可由横截面上的正应力求横向线应变。

弹性模量 E 和泊松比 μ 是材料的两个弹性常数，可由实验测得。胡克定律和这两个常数在今后研究构件的变形或应力时，将经常用到。

3.2.3.2　剪切胡克定律

不仅轴向受力构件的正应力和线应变在构件弹性变形的范围内时成正比关系，而且切应力 τ 和切应变 γ 也存在类似的关系。即切应力 τ 不超过某一极限值时，切应力 τ 和

切应变 γ 呈正比关系，这个关系，称为剪切胡克定律，可用下式表示

$$\tau = G\gamma \tag{3.6}$$

式中 G——剪切弹性模量，可由实验测得。

3.3 轴向拉(压)杆的应力

3.3.1 横截面上的应力

计算轴向拉(压)杆横截上的应力，首先知道应力在横截面上的分布规律。下面从观察受力杆件变形入手，进行分析。

在一等直杆[图3.11(a)]表面上，画出两条横截面位置的横向线 ab,cd 及平行于杆轴线的纵向线 ef,gh。杆受轴向力 F 后，发生伸长变形[图3.11(b)]，横向线 ab,cd 分别平移到 $a'b'$，$c'd'$ 位置，并仍与杆轴线垂直。纵向线伸长到了 $e'f'$,$g'h'$ 仍与杆轴线平行。

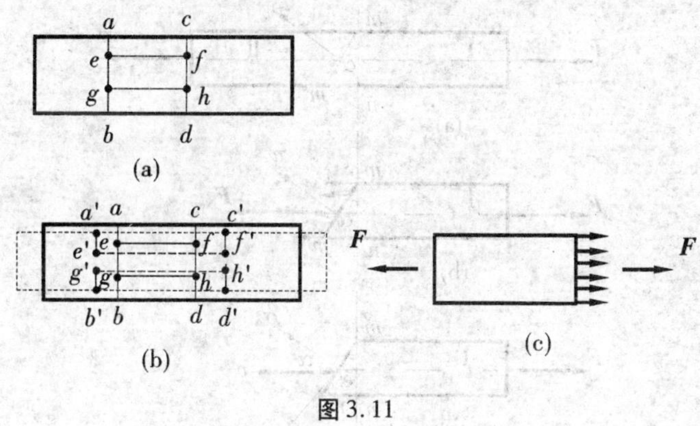

图3.11

根据这些变形特点，可得出以下两点结论：

(1)假设原为平面的横截面，在杆变形后仍为平面，且垂直于杆轴线，这就是平面假设。

(2)杆件可看作是由许多纵向纤维组成的，在受拉后，所有的纵向纤维有相同的伸长量。

有上述结论可知，轴向拉(压)杆，横截面上只有垂直于横截面方向的正应力，且该正应力在横截面上均匀分布[图3.11(c)]。轴向拉压杆横截面上的正应力计算公式为

$$\sigma = \frac{F_N}{A} \tag{3.7}$$

式中 F_N——杆横截面上的轴力；

A——所求应力点处的横截面面积。

公式(3.7)只适用于轴向拉(压)杆。

例3.3 一正方形截面砖柱分上下两段，上段柱横截面的边长为24 cm，下段柱横截面的边长为37 cm，如图3.12所示。已知 F=40 kN，试求各段柱的应力。

解 首先画出柱的轴力图[3-12(b)]，

由于砖柱为变截面杆，故须分段利用公式(3.7)求解。

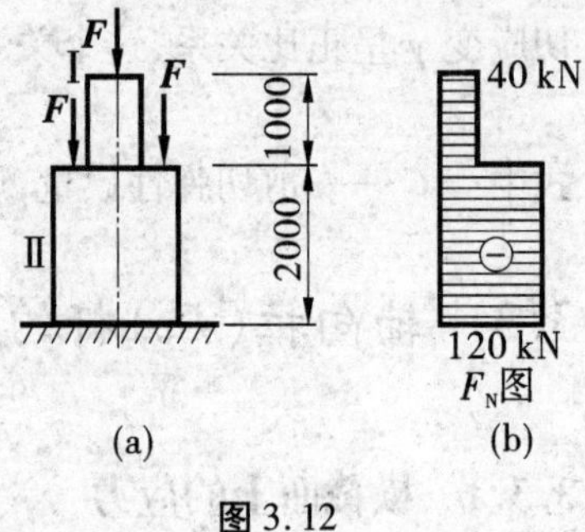

图 3.12

Ⅰ段柱横截上的正应力为

$$\sigma_{\mathrm{I}}=\frac{F_{\mathrm{N\,I}}}{A_{\mathrm{I}}}=\frac{-40\times10^3\ \mathrm{N}}{24\times24\times10^{-4}\ \mathrm{m}^2}=-0.69\ \mathrm{MPa}$$

Ⅱ段柱横截上的正应力为

$$\sigma_{\mathrm{II}}=\frac{F_{\mathrm{N\,II}}}{A_{\mathrm{II}}}=\frac{-120\times10^3\ \mathrm{N}}{37\times37\times10^{-4}\mathrm{m}^2}=-0.87\ \mathrm{MPa}$$

3.3.2 斜截面上的应力

图 3.13 所示等截面直杆，两端受轴向拉力 F 作用，用与横截面 m-n 成 α 角的假想斜截面 m-m 将杆分成Ⅰ和Ⅱ两部分，取Ⅰ为隔离体研究。

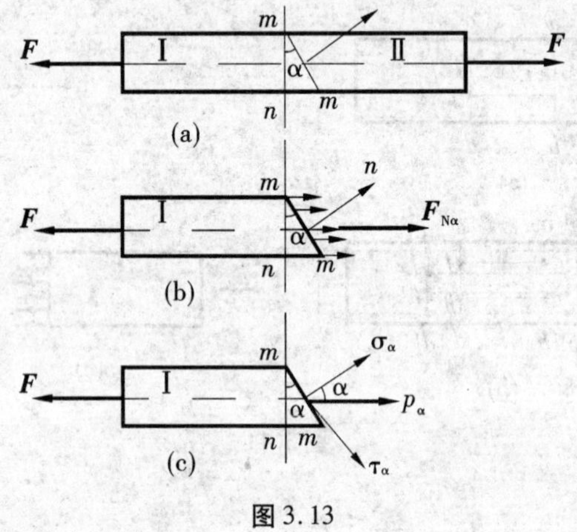

图 3.13

若杆件横截面面积为 A，m-m 斜截面面积为 A_α，斜截面上的内力为 $F_{N\alpha}$，应力为 p_α，p_α 与杆轴线平行，且在斜截面上均匀分布。则由隔离体的静力平衡方程得

$$F_{N\alpha}=F \tag{a}$$

由于斜截面上的内力 $F_{N\alpha}$ 是应力 p_α 的合力，有

$$F_{N\alpha}=p_\alpha\cdot A_\alpha \tag{b}$$

而

$$A_\alpha=\frac{A}{\cos\alpha} \tag{c}$$

将(a)，(c)代入(b)得

$$p_\alpha=\frac{F_{N\alpha}}{A_\alpha}=\frac{F}{A}\cos\alpha=\sigma\cos\alpha \tag{3.8}$$

将 α 分解为垂直于斜截面的正应力 σ_α 和相切与斜截面的切应力 τ_α，有

$$\left.\begin{aligned}\sigma_\alpha &= p_\alpha\cos\alpha = \sigma\cos^2\alpha \\ \tau_\alpha &= p_\alpha\sin\alpha = \sigma\cos\alpha\sin\alpha = \frac{\sigma}{2}\sin2\alpha\end{aligned}\right\} \tag{3.9}$$

正应力 σ_α 和切应力 τ_α 的正负号规定已在前面介绍过，α 角是自横截面的外法线量起，到所求斜截面外法线为止，逆时针转为正，顺时针转为负。

由公式(3.9)可知，杆内某一点处的最大正应力发生在通过该点的横截面上（$\sigma_{max} = \sigma$），最大切应力发生在与横截面成45°的斜截面上（$\tau_{max} = \frac{\sigma}{2}$）。

3.3.3 危险截面及危险点

在构件强度计算中，无论是轴心拉（压）杆，或者是其他受力变形形式的构件，都需要以危险截面上的危险点的应力作为控制条件。

可能为最大应力所在的横截面，也就是可能最先破坏的横截面，称为危险截面。而危险截面上最大应力所在的点，称为危险点。危险截面是由内力和横截面尺寸来判断的。对等截面杆来说，最大内力所在的截面就是危险截面。对变截面来说，则取决于内力值和截面尺寸两个因素，应对若干个可能的危险截面进行计算并比较才能知道最大应力所在的截面。危险点则由应力在截面上的分布规律来判断。

对轴心拉（压）杆来说，横截面上的正应力是均匀分布的，因此危险截面上任一点都是危险点。其应力公式为

$$\sigma_{max} = \frac{F_N}{A} \tag{3.10}$$

式中　σ_{max}——危险点的应力，或称最大工作应力。

对于抗拉、抗压性能相同的材料（如低碳钢等），只需取绝对值最大的 σ_{max} 为最大工作应力。对于抗拉、抗压性能不同的材料（如铸铁、混凝土等），则要把最大拉应力 σ_{tmax} 和最大压应力 σ_{cmax} 都作为最大工作应力。

例3.4　图3.14(a)所示等截面圆杆，直径 $d = 10$ mm，杆件材料的抗拉、抗压性能不同。求该杆的最大工作应力。

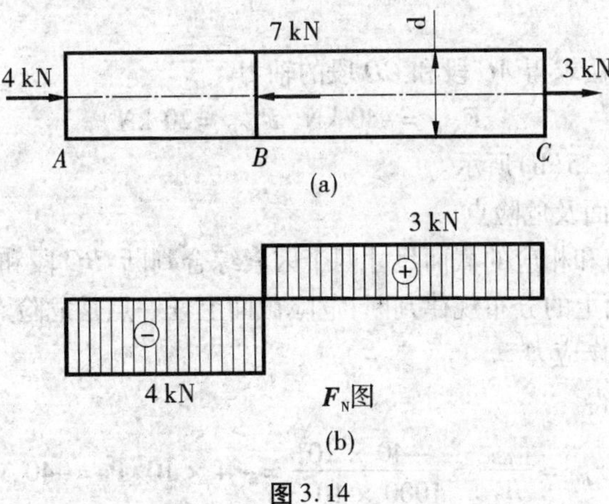

图3.14

解 (1)由截面法求得 AB 段和 BC 段的轴力

$$F_{NAB}=-4\ \text{kN},\ F_{NBC}=3\ \text{kN}$$

作轴力图如图 3.14(b)所示。

(2)判断危险截面及危险点

由于材料的抗拉、抗压性能不同,则最大拉力和最大压力所在截面都应考虑。因此,由轴力图判断:所有截面都是危险截面。根据轴心拉压杆横截面上的应力是均匀分布的,则可判断:危险截面上所有点都是危险点。

(3)计算最大工作应力

$$\sigma_{c\max}=\sigma_{AB}=\frac{F_{NAB}}{A}=\frac{4F_{NAB}}{\pi d^2}=\frac{4\times(-4)\times10^3}{3.14\times10^2\times10^{-6}}=-5.1\times10^7\ \text{Pa}=-51\ \text{MPa(压)}$$

$$\sigma_{t\max}=\sigma_{BC}=\frac{F_{NBc}}{A}=\frac{4F_{NBC}}{\pi d^2}=\frac{4\times3\times10^3}{3.14\times10^2\times10^{-6}}=3.82\times10^7\ \text{Pa}=38.2\ \text{MPa(拉)}$$

例 3.5 图 3.15(a)所示变截面杆,已知 $F=20$ kN,横截面面积 AB 段 $A_1=2\ 000\ \text{mm}^2$,BD 段 $A_2=1\ 000\ \text{mm}^2$;杆件材料的抗拉、抗压性能相同。求该杆的最大工作应力。

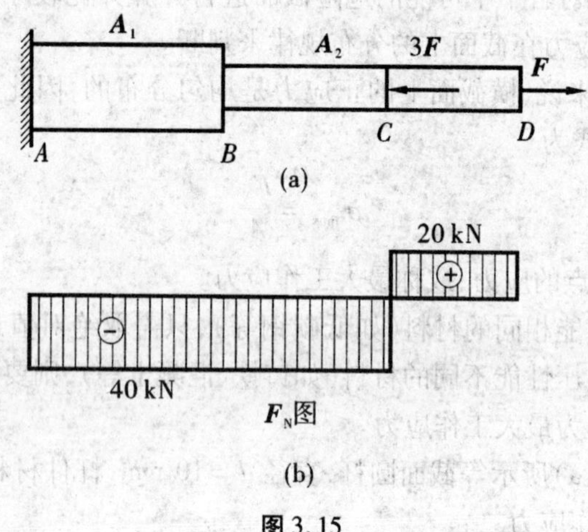

图 3.15

解 (1)由截面法求得 AC 段和 CD 段的轴力

$$F_{NAC}=-40\ \text{kN},\ F_{NCD}=20\ \text{kN}$$

作轴力图如图 3.15(b)所示。

(2)判断危险截面及危险点

由各段的内力值和相应的截面尺寸两个因素综合判断:BC 段和 CD 段上存在危险截面。由应力在横截面上的分布规律判断:危险截面上任一点是危险点。

(3)计算最大工作应力

由公式(3.10),得

$$\sigma_{c\max}=\sigma_{BC}=\frac{F_{NBC}}{A_2}=\frac{-40\times10^3}{1000\times10^{-6}}=-4\times10^7\ \text{Pa}=-40\ \text{MPa(压)}$$

$$\sigma_{t\max} = \sigma_{CD} = \frac{F_{NCD}}{A_2} = \frac{20 \times 10^3}{1000 \times 10^{-6}} = 2 \times 10^7 \text{ Pa} = 20 \text{ MPa}(\text{拉})$$

比较绝对值得出结论:该杆的最大工作应力出现在 BC 段,其值为

$$|\sigma_{c\max}| = 40 \text{ MPa}$$

3.3.4　应力集中

等截面直杆在轴向荷载作用下,横截面上的应力是均匀分布的。试验表明,在构件尺寸突变的截面上,应力并不是均匀分布的。例如开有圆孔的直杆受到轴向拉伸时,在圆孔附近的局部区域内,应力急剧增加,而离开这一区域稍远处,应力迅速降低并趋于均匀(图 3.16)。这种因构件尺寸突变引起局部应力急剧增大的现象,称为应力集中。

设发生应力集中的截面上,最大应力为 $\sigma_{\max}$,平均应力为 σ_m,二者的比值

$$\alpha = \frac{\sigma_{\max}}{\sigma_m} \tag{3.11}$$

称为理论集中因数。它反映了应力集中的程度,是一个大于 1 的因数。试验结果表明:当截面的尺寸改变越急剧,应力集中的程度就越严重。因此构件在可能的条件下应尽量避免尖角、孔与槽的出现。在阶梯轴的轴肩处要圆弧过渡,而且在构件允许的范围内,应尽量使圆弧的半径大一些。

应力集中对构件强度的影响随构件材料的不同而不同。塑性材料具有屈服阶段,当应力集中处的最大应力达到材料的屈服点 σ_s 时[图 3.17(a)],随着荷载的继续增加,截面上达到屈服点的区域逐渐扩大,先期达到屈服点 σ_s 的各点应力将保持不变,只是应变在继续增加[图 3.17(b)],截面上的应力趋于均匀,直到截面上的应力都达到屈服点[图 3.17(c)],杆件才发生破坏。对于脆性材料的构件,当应力集中处的最大应力 $\sigma_{\max}$ 达到抗拉强度 σ_b 时,就会出现裂纹,而裂纹间断处又会引起更加严重的应力集中,使构件由于裂纹的扩展而断裂。因此,应力集中现象对脆性材料的危害比塑性材料严重得多,塑性材料在静载下可以不考虑应力集中的影响。

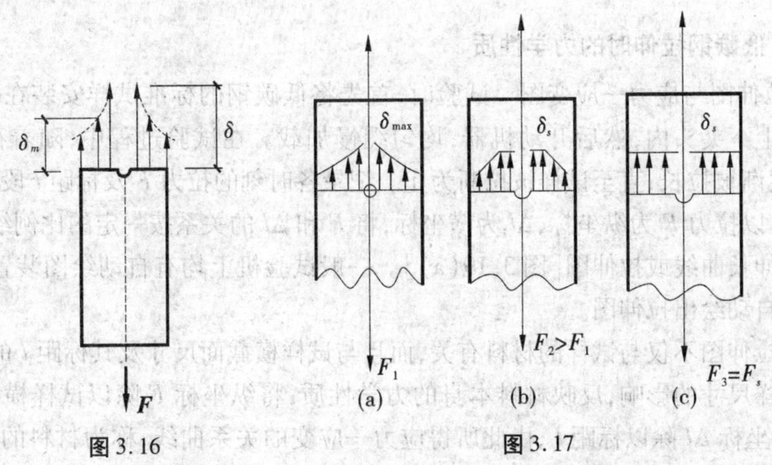

图 3.16　　图 3.17

3.4 材料在拉伸与压缩时的力学性质

构件的强度、刚度与稳定性,不仅与构件的形状、尺寸及所受的外力有关,而且与材料的力学性质有关。所谓材料的力学性质,是指材料在外力作用下,在强度和变形方面所表现出来的性质。本节主要介绍材料在常温(指室温)、静载(加载速度均匀缓慢)条件下的力学性质。

工程材料的种类很多,通常根据其断裂时发生的变形大小分为塑性材料和脆性材料两类。塑性材料如低碳钢、合金钢、铜和铝等,在拉断时产生较大的塑性变形;而脆性材料如铸铁、混凝土和石料等,在拉断时塑性变形很小。通常以低碳钢和铸铁分别作为塑性材料和脆性材料的典型代表,通过拉伸和压缩试验来认识这两类材料的力学性质。

3.4.1 材料拉伸时的力学性质

拉伸试验是研究材料力学性质最基本的实验。为了使实验结果能够相互比较,实验时将材料做成标准试样(图 3.18),通常用试样中段作为工作段来测量变形,其长度 l 称为标距。根据国家金属拉力试验的有关标准,对圆形截面的试样,标距 l 与直径 d 之比,通常规定

$$l = 10d \text{ 或 } l = 5d$$

而对于横截面积 A 的矩形截面试样,则规定

$$l = 11.3\sqrt{A} \text{ 或 } l = 5.65\sqrt{A}$$

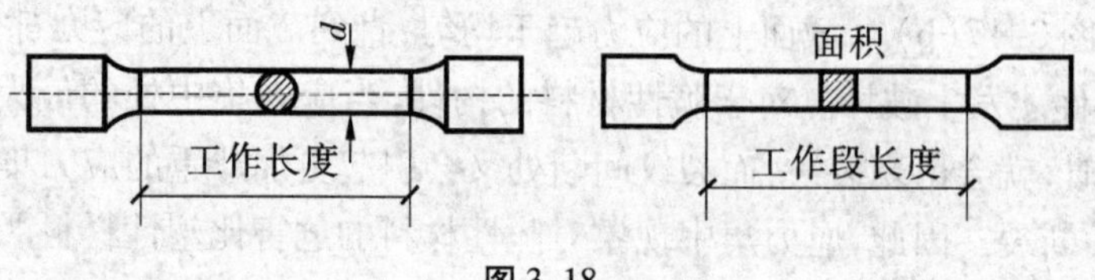

图 3.18

3.4.1.1 低碳钢拉伸时的力学性质

(1)拉伸图与应力—应变图　试验时,首先将低碳钢的标准试样安装在材料试验机工作台的上下夹头内,然后开动机器,均匀缓慢加载。在试验过程中,随着荷载 F 的增大,试样逐渐被拉长,直至试样被拉断为止。记录各时刻的拉力 F 及标距 l 段相应的纵向变形 Δl 。以拉力 F 为纵坐标,Δl 为横坐标,将 F 和 Δl 的关系按一定的比例绘制成曲线,称为力—伸长曲线或拉伸图[图 3.19(a)]。一般试验机上均有自动绘图装置,试样拉伸过程中能自动绘出拉伸图。

由于拉伸图不仅与试样的材料有关,而且与试样横截面尺寸及其标距 l 的大小有关。为消除试样尺寸的影响,反映材料本身的力学性质,将纵坐标 F 除以试样横截面的原面积 A,将横坐标 Δl 除以标距 l ,由此所得应力—应变的关系曲线,称为材料的应力—应变图,如图 3.19(b)所示。

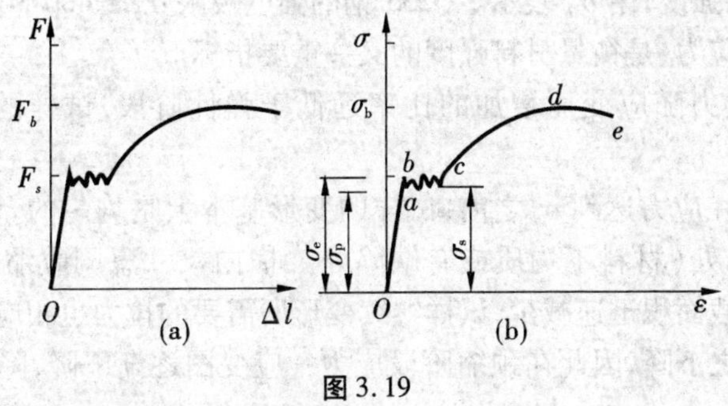

图 3.19

(2)拉伸过程的四个阶段　如图3.19(b)为低碳钢Q235的应力—应变图,可以看出其应力—应变图呈现四个阶段。下面以应力—应变图为基础,并结合试验过程中所观察到的现象,介绍低碳钢拉伸时的力学性能。

1)弹性阶段　在试样拉伸的初始阶段,σ 与 ε 的关系表现为直线 Oa,说明正应力与正应变成正比,即

$$\sigma \propto \varepsilon$$

直线段 Oa 的斜率为

$$\tan\alpha = \frac{\sigma}{\varepsilon} = E$$

所以有

$$\sigma = E\varepsilon$$

这就是胡克定律,式中 E 为弹性模量。

直线 Oa 的最高点 a 所对应的应力,称为材料的比例极限,并用 σ_p 表示。可见只有当应力低于比例极限时,胡克定律才适用。Q235钢的比例极限 $\sigma_p \approx 200$ MPa,E = 200 GPa。弹性阶段最高点 b 所对应的应力称为材料的弹性极限,用 σ_e 表示,在 ab 段已不再保持直线,但如果在 b 点卸载,试样的变形将会完全消失。由于 a、b 两点非常接近,因此工程对弹性极限和比例极限不做严格区分,常近似地认为在弹性范围内材料服从胡克定律。

2)屈服阶段　当应力超过弹性极限 σ_e 之后,在应力—应变图出现一段近似水平的“锯齿”形线段。应力在此阶段内几乎不变,而应变却急剧增加,材料失去继续抵抗变形的能力,这种现象称为屈服,bc 段称为屈服阶段。屈服阶段最低点的应力称为材料的屈服应力,用 σ_s 表示,Q235钢的屈服点 $\sigma_s \approx 235$ MPa。

在屈服阶段,如果试样表面光滑,试样表面将出现与轴线约成45°的斜线称为滑移线。这是因为在45°斜面上存在最大切应力,材料内部晶粒沿该截面相互滑移造成的。

材料在屈服阶段,其弹性变形基本不再增加,而塑性变形迅速增加,且在总变形中所占的比例越来越大。工程上一般不允许构件发生塑性变形,并把塑性变形作为塑性材料失效的标记,所以屈服极限 σ_s 是衡量材料强度的重要指标。

3)强化阶段　经过屈服阶段之后,图中 cd 段曲线又逐渐上升,表明材料恢复了抵抗变形的能力,且变形迅速增大,这种现象称为材料的强化。强化阶段最高点所对应的应

力,称为材料的抗拉强度,用 σ_b 表示。Q235 钢的强度极限 $\sigma_b \approx 400$ MPa。抗拉强度是材料所能承受的最大应力,是衡量材料强度的又一重要指标。

在强化阶段,应力随应变而增加的比率远低于弹性阶段,试样的变形主要是塑性变形。

4)颈缩阶段　在应力达到 σ_b 之前,试样的变形基本上是均匀的。当应力达到 σ_b 之后,在试样某一薄弱处(材料不均质或有缺陷处),横向尺寸急剧收缩,出现所谓颈缩现象。由于颈缩处的截面积迅速减少,试样继续变形所需要的拉力也相应减小,用原始截面积算出的应力也随之下降,因此在颈缩阶段应力—应变图逐渐下降,降至 e 点时,试样被拉断。

综上所述,在低碳钢的整个拉伸过程中,材料经历了弹性、屈服、强化与颈缩四个阶段,并存在三个特征点,相应的应力分别为比例极限、屈服点和抗拉强度。

(3)材料的塑性指标　试样断裂后,其弹性变形随着荷载的消失而消失,塑性变形则被残留下来。试样断裂后,塑性变形的大小,常用来衡量材料的塑性性能。塑性性能指标有以下两个:

1)断后伸长率　试样断裂后的标距长度 l_1 减去原来的标距长度 l,除以 l 后的百分比,称为材料的断后伸长率,并用 δ 表示,即

$$\delta = \frac{l_1 - l}{l} \times 100\% \tag{3.12}$$

Q235 钢的伸长率 $\delta \approx 25\% \sim 30\%$。

伸长率大的材料,在轧制或冷压成型时不易断裂,并能承受较大的冲击荷载。工程中常按伸长率的大小将材料分为两类。$\delta \geqslant 5\%$ 的材料,如低碳钢、铝、铜等,称为塑性材料;$\delta < 5\%$ 的材料,如铸铁、石料、混凝土等,称为脆性材料。

2)断面收缩率　设试样试验段的原面积为 A,断裂后断口的最小横截面的面积为 A_1,则比值

$$\psi = \frac{A - A_1}{A} \times 100\% \tag{3.13}$$

称为断面收缩率。低碳钢 Q235 的断面收缩率为 $\Psi \approx 60\%$。

(4)卸载定律、冷作硬化　在低碳钢拉伸试验中,当首次加载到强化阶段内某点 m 时(图 3.20),将荷载逐渐减小到零,可以看到,卸载过程中 σ-ε 曲线将沿着与 Oa 近似平行的直线 mn 回到应变轴上,线段 Ok 为 m 点对应的总应变,nk 为消失的弹性应变,On 为残留下来的塑性应变。

卸载过程中卸去的应力和卸去的应变成正比,即

$$\sigma_{卸} = E \cdot \varepsilon_{卸} \tag{3.14}$$

称为卸载定律。

当首次卸载后若立即进行第二次加载,则 σ-ε 曲线将基本上沿着卸载时的同一直线 nm 上升到 m 点,m 点以后的曲线与原来的 σ-ε 曲线相同(图 3.20 中曲线 mde)。在第二次加载中,比例极限提高到 σ_m。这种不经热处理,只是冷拉到强化阶段后再卸载,将使材料的强度提高的现象称为冷作硬化。冷作硬化提高了材料的比例极限,从而提高了材

料在弹性范围内的承载能力，故工程中常利用冷作硬化提高构件的承载能力，如钢筋常用冷拔工艺来提高其强度。但应注意，冷作硬化虽然提高了强度指标，但使材料的塑性降低。

若在第一次卸载后让试样“休息”几天，再重新加载，这时的 $\sigma-\varepsilon$ 曲线将变为 $nm-fgh$，试样获得了更高的强度指标（屈服点 σ_s 和抗拉强度 σ_b），这种现象称为冷拉时效。在土建工程中对钢筋进行冷拉，就是利用其冷拉时效的性质。需要指出，钢筋冷拉后抗压强度指标并未提高，所以在钢筋混凝土构件中，受压钢筋无需冷拉。冷拉后钢筋提高的强度在短时间内是不稳定的，一般在常温下放置两三周才能使用。还应注意，钢筋冷拉后的塑性降低，对于承受冲击荷载和震动荷载的构件是不利的。因此，对于吊车梁、水泵基础等钢筋混凝土构件，一般不宜冷拉钢筋。

3.4.1.2 铸铁拉伸时的力学性质

铸铁试样拉伸时的 $\sigma-\varepsilon$ 曲线如图3.21所示，从开始受拉到断裂，没有明显直线部分和屈服阶段，无颈缩现象而发生断裂破坏，断口垂直于试样轴线，即发生在最大拉应力的作用面。断裂时的应变仅为0.4%～0.5%，说明铸铁是典型的脆性材料。断裂时 $\sigma-\varepsilon$ 曲线最高点所对应的应力称为抗拉强度 σ_b。

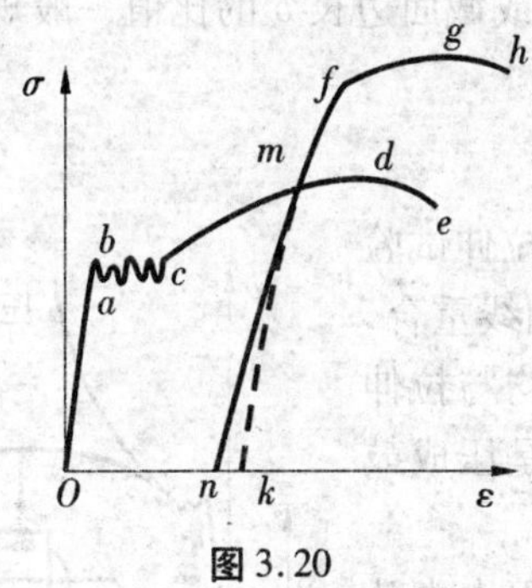

图3.20

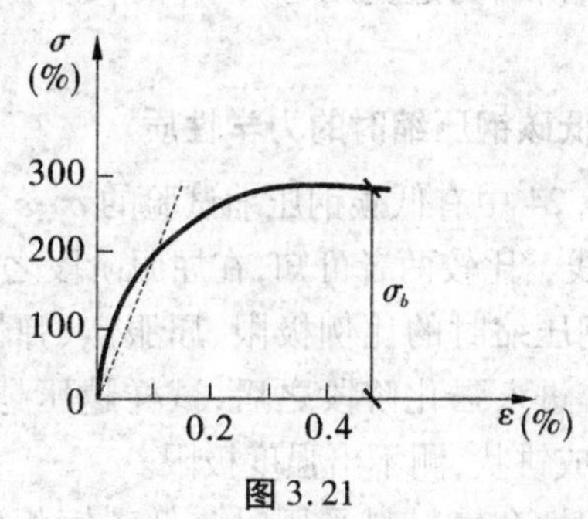

图3.21

曲线没有明显的直线部分，表明应力与应变的正比例关系不存在。但由于铸铁拉伸时总是在较小的应力下工作，且变形很小，故可近似认为符合胡克定律。通常在 $\sigma-\varepsilon$ 曲线上用割线近似的代替曲线，并以割线的斜率作为弹性模量 E。其他脆性材料，如玻璃、石料和混凝土等，其拉伸时的力学性质和铸铁相似，在拉断前没有明显的塑性变形，弹性变形也不大，只能测出其抗拉强度，且其值也很低。

3.4.1.3 其他材料拉伸时的力学性质

如图3.22为几种塑性材料拉伸时的应力—应变图。它们的共同特点是断裂时均具有较大的塑性变形，不同的是有些金属材料没有明显的屈服阶段。对于不存在明显屈服段的塑性材料，工程规定其产生0.2%的塑性应变时随对应的应力作为屈服应力（图3.23），称为材料的名义屈服点，并用 $\sigma_{0.2}$ 表示。

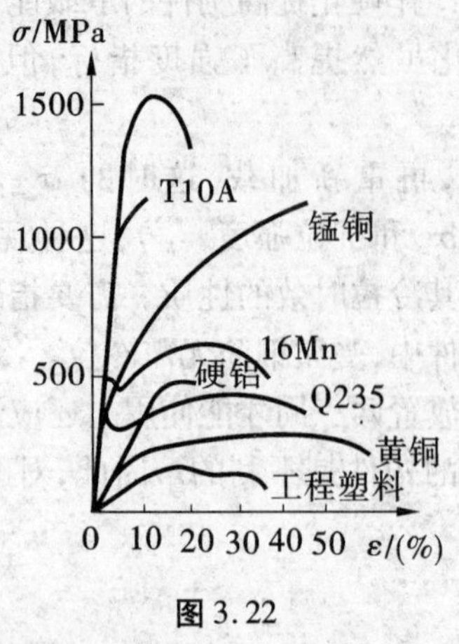

图 3.22

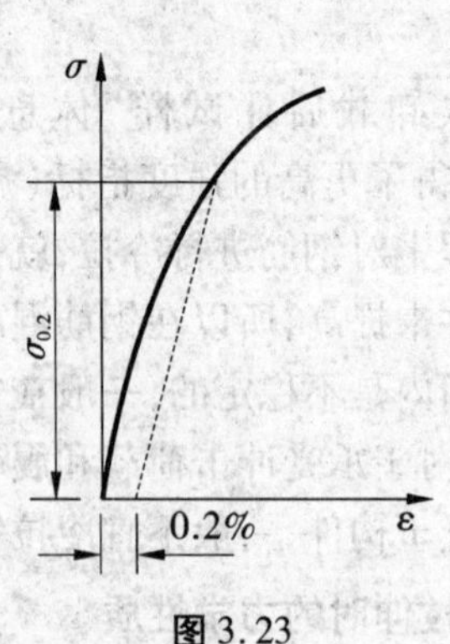

图 3.23

3.4.2 材料压缩时的力学性质

材料压缩试验的试样通常采用圆截面(金属材料)或方截面(混凝土、石料等非金属材料)的短柱体,为避免压弯,试样的长度与直径 d 或截面边长 b 的比值一般规定为 1 ~ 3 倍。

3.4.2.1 低碳钢压缩时的力学性质

如图 3.24 中有低碳钢压缩试验的 σ-ε 曲线及拉伸试验的 σ-ε 曲线。比较两者可知,在屈服阶段之前,两曲线重合,表明低碳钢压缩时的比例极限、屈服点、弹性模量均与拉伸时相同。在进入强化阶段之后,试样越压越扁,先是压成鼓形,最后压成饼状,测不出强度极限。

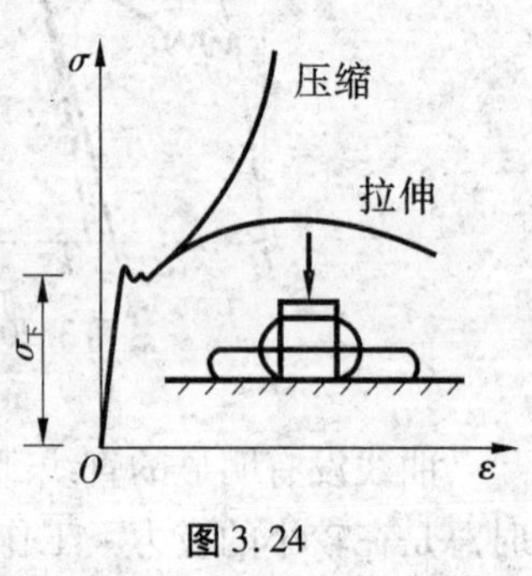

图 3.24

其他塑性金属材料受压时与低碳钢相似。工程中常认为塑性金属材料在拉伸和压缩时具有相同的主要力学性质,且以拉伸时所测定的力学性质为准。表 3.1 列出了几种材料的主要力学性质。

表 3.1 几种材料的主要力学性质

材料名称	牌号	屈服点 σ_s /MPa	抗拉强度 σ_b /MPa	抗压强度 σ_c /MPa	δ /%
普通碳素钢	Q235	235	375 ~ 500		25 ~ 27
	Q275	275	490 ~ 630		21
优质碳素钢	35	315	530		20
	45	355	600		16
	50	372	627		14

续表 3.1

材料名称	牌号	屈服点 σ_s/MPa	抗拉强度 σ_b/MPa	抗压强度 σ_c/MPa	δ/%
低合金钢	16MnV	390	530		18
	16Mn	345	510		21
合金钢	20Cr	539	833		10
	40Cr	784	980		9
	30CrMnSi	885	1080		10
铝合金	LY12	274	412		19
灰铸铁	HT150		150	650	
	HT250		250	750	
木材			100	32	
混凝土				7～50	
砖				8～300	
有机玻璃					

3.4.2.2　**铸铁压缩时的力学性质**

如图3.25为铸铁压缩时的σ-ε曲线,曲线最高点的应力值σ_c称为抗压强度,与拉伸时的σ-ε曲线相比,铸铁压缩时的抗压强度远高于抗拉强度(为3～5倍)。

铸铁压缩破坏时,断口与轴线大致呈45°倾角,这是因为在45°斜截面上存在最大切应力,铸铁材料的抗剪能力比抗压能力差。

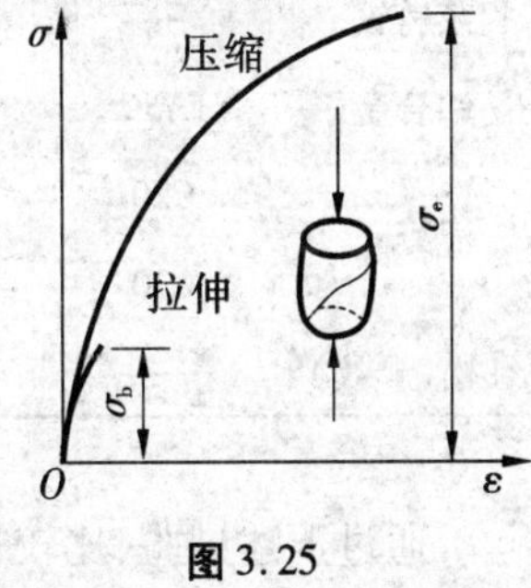

图3.25

3.4.2.3　**其他材料压缩时的力学性质**

混凝土和石料的压缩试验表明,其抗压强度也远大于抗拉强度。破坏时,由于试块两端面的横向变形受摩擦力的阻碍,因此试件由周围中部逐渐剥落而破坏,如图3.26(a)所示。当加力板与试块端面之间加润滑剂时,试块将沿纵向面断裂,如图3.26(b)所示。混凝土抗拉强度很小,一般是其抗压强度的1/10左右,计算时一般不考虑混凝土的抗拉强度。

木材属于各向异性材料,受力方向不同时,其力学性质也不同,木材拉伸和压缩时的$\sigma-\varepsilon$曲线,如图3.27所示。由木材的拉压试验可知,木材顺纹压缩强度比横纹压缩强度高得多,顺纹拉伸的强度比顺纹压缩强度高得多。与木纹成斜向压缩的强度性质,则介于顺纹和横纹之间。常用材料的主要力学性质见表3.2。

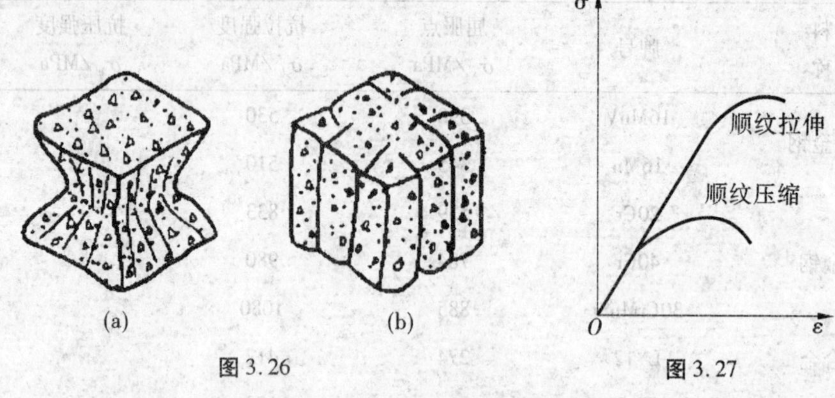

图 3.26　　　　图 3.27

表 3.2　常用材料的主要力学性质

材料名称	牌号	强度指标			塑性指标
		屈服极限 σ_s /MPa	抗拉强度极限 σ_b /MPa	抗压强度极限 σ_c /MPa	延伸率 δ /%
低碳钢	Q235	216 ~ 235	373 ~ 461		25 ~ 27
碳素结构钢	45	353	598	—	16
低合金钢	16Mn	274 ~ 343	471 ~ 510	—	19 ~ 21
合金结构钢	50 MnZ	785	932	—	9
球墨铸铁	—	292	392	—	10
灰铸铁	—	—	98 ~ 390	640 ~ 1300	<0.5
铝合金	LY12	370	450	—	15
混凝土	C20	—	1.6	14.2	—
	C30	—	2.1	21	—
红松(顺纹)	—	—	96	32.2	—

通过上述试验,比较塑性材料和脆性材料的性质,也可看出两者有以下区别:

(1)塑性材料在断裂前有很大的塑性变形,脆性材料断裂前的变形则很小。因此,在工程实际中塑性材料适用于需要进行锻压、冷加工等加工过程的构件或承受冲击载荷的构件。

(2)脆性材料的抗压能力远比抗拉能力强,且其价格便宜,因此适用于受压力较大的构件,如建筑物的基础、机器的基础与外壳等;而不适用于受拉的构件。塑性材料的抗压和抗拉能力相近,适用于受拉构件。

应该指出,习惯上所指的塑性材料和脆性材料是根据在常温、静载下由拉伸试验所得的延伸率 δ 的大小来判别的。实际上,材料的力学性质并不是固定不变的。因为在不同的条件(如温度、加载速度和荷载作用的时间等)下,材料既可表现为脆性状态,又可以表现为塑性状态。

3.4.3　安全系数和许用应力

根据材料的力学性质可知,工程材料所能承受的应力都是有限度的,一般把材料丧失正常工作能力称为失效,材料失效时的应力称为极限应力,记为 σ_u 。对于塑性材料,当应力达到屈服点时,将产生明显的塑性变形,从而影响构件安全正常的工作,所以,塑性材料失效的标志是屈服,其极限应力为

$$\sigma_u = \sigma_s (\text{或 } \sigma_{0.2})$$

脆性材料失效的标志是断裂,因此,脆性材料的极限应力为

$$\sigma_u = \sigma_b$$

构件在荷载作用下产生的应力称为工作应力。最大工作应力所在的截面称为危险截面。由于工程构件受载难以精确估计,以及构件材质的不均匀性、计算方法的近似性和腐蚀与磨损等诸多因素的影响,构件的最大工作应力必须小于材料的极限应力,并使构件留有必要的安全储备。因此,一般将极限应力除以一个大于 1 的因数,即安全因数 n,作为强度设计时的应力最大许可值,称为许用应力,用 $[\sigma]$ 表示,即

$$[\sigma] = \frac{\sigma_u}{n} \tag{3.15}$$

对于塑性材料　$[\sigma] = \dfrac{\sigma_s}{n_s}$ 或 $[\sigma] = \dfrac{\sigma_{0.2}}{n_s}$

对于脆性材料　$[\sigma] = \dfrac{\sigma_b}{n_b}$

式中　n_s、n_b为安全因数。安全因数的确定需要考虑很多因素,如材料的均匀性、构件的工作条件及重要性等。如果安全因数取得过小,许用应力就会偏高,设计出的构件截面尺寸将会偏小,虽能节省材料,但其安全可靠性会降低;如果安全因数取得过大,许用应力就会偏小,设计出的构件截面尺寸将会偏大,虽构件偏于安全,但需多用材料,造成浪费。因此,安全因数的选取是否得当,关系到构件的安全性和经济性。工程中一般静载作用下,塑性材料的安全因数取 $n_s = 1.2 \sim 2.5$,脆性材料的安全因数取 $n_b = 2.0 \sim 3.5$。工程中各类构件的安全因数,可查阅有关设计手册。

各种材料的许用应力值一般可在有关的设计规范中查得。表 3.3 给出了几种常用材料的许用应力值。

表 3.3　几种常见材料的许用应力值

材料	$[\sigma_t]$ /MPa	$[\sigma_c]$ /MPa
低碳钢(Q235)	140 ~ 170	140 ~ 170
16 锰钢	215 ~ 240	215 ~ 240
灰口铸铁	35 ~ 55	160 ~ 200
木材(顺纹)	5.5 ~ 10.0	8 ~ 16
混凝土(C30)	0.6	10.3

3.5 拉(压)杆的强度计算

3.5.1 强度条件

为了保障构件安全工作,构件内最大工作应力必须小于许用应力,表示为

$$\sigma_{\max} \leqslant [\sigma] \tag{3.16}$$

式(3.16)称为拉(压)杆的强度条件。对于等截面拉压杆,表示为

$$\sigma_{\max} = \frac{F_{N,\max}}{A} \leqslant [\sigma] \tag{3.17}$$

利用强度条件,可以解决强度校核、截面尺寸设计、确定许用荷载三方面的问题。

3.5.2 拉压杆的强度计算

3.5.2.1 强度校核

在已知拉(压)杆的形状、尺寸和许用应力及受力情况下,检验构件能否满足上述强度条件以判别构件能否安全工作。

例 3.6 图 3.28(a)所示结构,在刚性杆 AC 上作用有集中荷载 $F=95$ kN,钢拉杆 AB 由∟ 45×45 的等边角钢制成,其许用应力$[\sigma]=160$ MPa。试校核拉杆 AB 的强度。

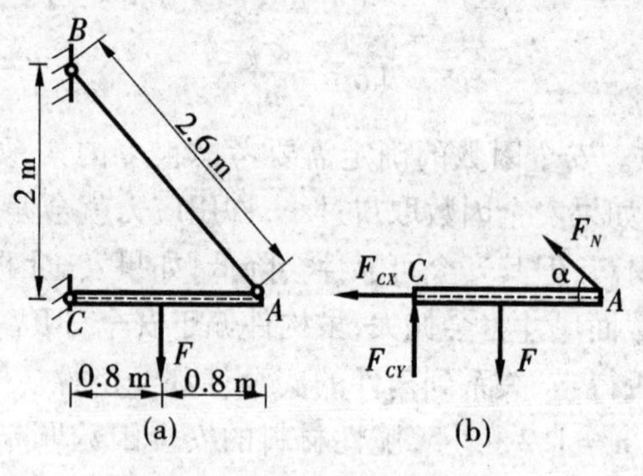

图 3.28

解 (1)计算拉杆 AB 的轴力 F_N

取 AC 杆为隔离体[图 3.28(b)],对 C 点取矩,建立静力平衡方程

$$\sum M_C = 0, F_N \sin\alpha \times 1.6\text{m} - F \times 0.8\text{m} = 0$$

故

$$F_N = \frac{F \times 0.8 \text{ m} \times 2.6 \text{ m}}{1.6 \text{ m} \times 2 \text{ m}} = 61.75 \text{ kN}$$

(2)强度校核

由型钢表查得拉杆 AB 的横截面面积 $A=4.292$ cm^2,则杆 AB 横截面上的应力为

$$\sigma = \frac{F_N}{A} = \frac{61.75 \times 10^3\ \text{N}}{4.292 \times 10^{-4}\ \text{m}^2} = 144\ \text{MPa} < [\sigma] = 160\ \text{MPa}$$

故拉杆 AB 满足强度要求。

3.5.2.2 选择截面尺寸

已知压杆所受的载荷及所用材料的许用应力，根据强度条件设计截面的形状和尺寸，表达式为

$$A \geqslant \frac{F_{\text{Nmax}}}{[\sigma]}$$

例 3.7 某屋架下弦用两根等肢角钢制成（图 3.29）。已知该下弦承受的轴力为 $N=80$ kN，许用应力 $[\sigma]=140$ MPa，试选择角钢的型号。

解 根据强度条件确定所需角钢截面积。

$$A \geqslant \frac{N}{[\sigma]} = \frac{80\ 000}{140} = 571.4\ \text{mm}^2$$

查型钢表，选 2 ∟ 40×40×4。实际面积为

$$A = 2 \times 3.086 = 6.17\ \text{cm}^2 = 617\ \text{mm}^2$$

3.5.2.3 确定许用荷载

已知拉（压）杆的截面尺寸及所用材料的许用应力，计算杆件所能承受的许可轴力，再根据此计算结构的最大许用荷载。公式表达为

$$F_{\text{N,max}} \leqslant [\sigma]A$$

例 3.8 图 3.30（a）所示支架，杆①的许用应力 $[\sigma]_1 = 100$ MPa，杆②的许用应力 $[\sigma]_2 = 160$ MPa，两杆的面积均为 $A=200$ mm²，求结构的许用荷载。

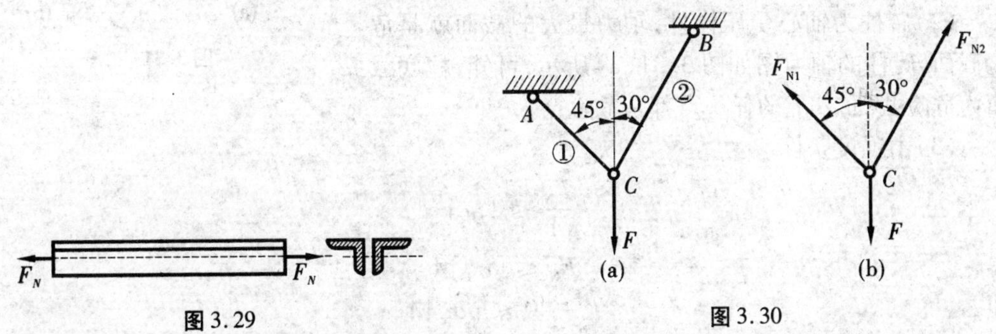

图 3.29

图 3.30

解 （1）计算 AC 杆和 BC 杆的轴力

取 C 铰为研究对象，受力图如图 3.30（b）所示，列平衡方程：

$$\sum F_x = 0, F_{N2} \cdot \sin 30° - F_{N1} \cdot \sin 45° = 0$$

$$\sum F_y = 0, F_{N2} \cdot \cos 30° + F_{N1} \cdot \cos 45° - F = 0$$

解得 $F_{N1} = 0.518F, F_{N2} = 0.732F$

（2）计算许可轴力

为保证结构安全工作，杆①、杆②均应满足强度条件：

$$\sigma = \frac{F_N}{A} \leqslant [\sigma]$$

故 $$F_{N1} \leqslant [\sigma]_1 A = 100 \times 200 = 20 \times 10^3 = 20\ \text{kN}$$

$$F_{N2} \leqslant [\sigma]_2 A = 160 \times 200 = 32 \times 10^3 = 32\ \text{kN}$$

(3)确定许可载荷

当杆①的轴力达到最大值 20 kN，相应的荷载为

$$F_{1\max} = \frac{F_{1N}}{0.518} = \frac{20}{0.518} = 38.6\ \text{kN}$$

当杆②的轴力达到最大值 32 kN，相应的荷载为

$$F_{2\max} = \frac{2_{1N}}{0.732} = \frac{32}{0.732} = 43.7\ \text{kN}$$

为保证杆①、杆②均能满足强度条件，取其中较小值。故结构的许可载荷为 $[F] = 38.6$ kN。

例 3.9　图示 3.31 砖柱柱顶受轴心荷载 F 作用。已知砖柱的横截面面积 $A = 0.3\ \text{m}^2$，自重 $F_G = 40$ kN，材料容许压应力 $[\sigma_c] = 1.05$ MPa。试按强度条件确定柱顶的容许荷载 $[F]$。

解

(1)取砖柱为研究对象，受力图如图 3.31(b)所示。

列平衡方程

$$\sum F_y = 0；F_N - F - F_G = 0$$

得 $$F_N = F + F_G = F + 40$$

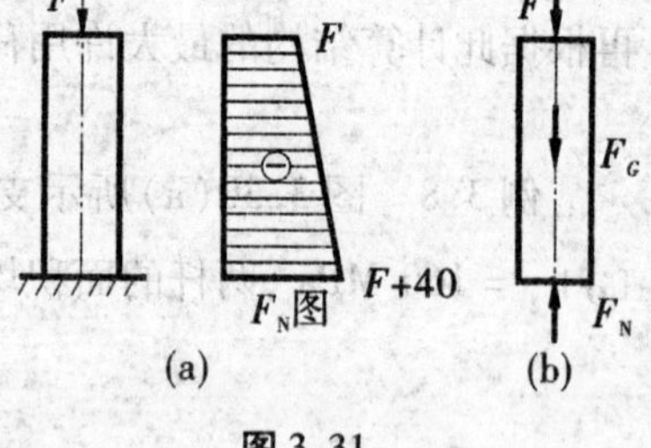

图 3.31

(2)砖柱为轴心受压构件，轴力最大的截面就是危险截面，砖柱的轴力图如图 3.31(a)所示，可知，柱底截面为危险截面，其上的任一点都是危险点。

(3)由强度条件

$$\frac{F_N}{A} \leqslant [\sigma_c]$$

得 $$F_N \leqslant [\sigma_c]A$$

即 $$F + 40 \leqslant [\sigma_c]A$$

则 $$F \leqslant [\sigma_c]A - 40 = 1.05 \times 10^6 \times 0.3 - 40 \times 10^3 = 275\ 000\ \text{N} = 275\ \text{kN}$$

柱顶的容许荷载 $[F] = 275$ kN。

3.6 轴向拉压杆的变形计算

3.6.1 弹性变形与塑性变形

杆件在外力作用下会发生变形，随着外力消失即随之取消的变形叫作弹性变形。当

外力取消时不消失或不完全消失而残留下来的变形叫作塑性变形。一般材料同时具有以上两种变形的性质，只是在外力不超过某一定范围时，主要表现为弹性变形性质。例如手拉一根弹簧，当拉力不大时就放松，弹簧可以恢复原状，表现为弹性变形性质；当拉力很大时再放松时，弹簧被拉长了，说明弹簧有一部分变形不能消失而残留了下来，这部分残留的变形就是塑性变形。工程中构件所受的力通常是在弹性变形范围内，因此，我们研究的构件变形也常限于弹性变形。

3.6.2　纵向变形和胡克定律

杆件在轴向力作用下杆的长度发生变化，杆件长度的改变量叫作纵向变形，用 Δl 表示。若杆件变形前长度为 l，变形后长度为 l_1（图 3.32），则纵向变形为

$$\Delta l = l_1 - l$$

拉伸时纵向变形是伸长，规定为正；压缩时纵向变形是缩短，规定为负。纵向变形的单位是毫米（mm）。

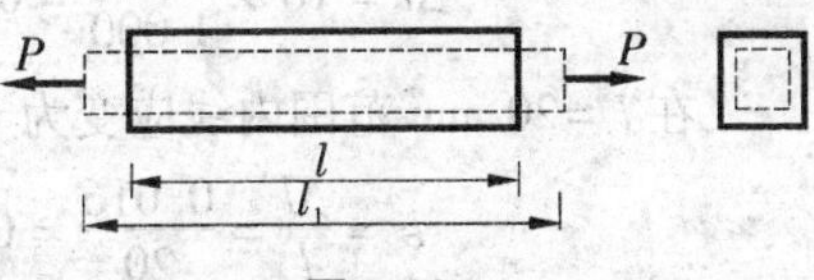

图 3.32

实验表明，杆件在轴向拉、压时，在外力不超过弹性范围的条件下，纵向变形 Δl 与外力 P、杆长 l 及横截面面积 A 存在以下的比例关系

$$\Delta l \propto \frac{Pl}{A}$$

$$\Delta l = \frac{Pl}{A} \cdot E \tag{3.18}$$

在内力不变的杆段中，$F_N = P$，将上式改为用内力表达的形式

$$\Delta l = \frac{F_N l}{EA} \tag{3.19}$$

式(3.19)叫作胡克定律。胡克定律表明在弹性受力范围内，杆件的纵向变形与轴力及杆长成正比，与杆件的横截面面积成反比。

比例系数 E 叫作材料的拉、压弹性模量，各种材料的拉、压弹性模量值不同，常通过实验确定。由式(3.19)可知，在其他条件相同时，弹性模量愈大的材料，变形愈小，弹性模量反映了某种材料抵抗变形的能力。拉、压弹性模量的单位与应力的单位相同，在国际单位制中常用 MPa。EA 叫作杆件的拉、压刚度，它反映了用某种材料制成的一定截面的杆件抵抗拉、压变形的能力。在其他条件相同时，EA 愈大杆件的变形愈小。

应用式(3.19)时必须注意：直杆在杆长 l 内，轴力 F_N、截面面积 A 及材料的弹性模量 E 均为常数。

杆件的纵向变形与杆长 l 有关，在其他条件相同的情况下，杆件愈长则纵向变形愈大。为消除杆长对变形的影响，常用单位长度的变形来描述杆件变形的程度。单位长度的变形叫作线应变，用 ε 表示。实验表明，等截面直杆在轴力不变的范围内，纵向变形在杆内均匀分布，所以线应变为

$$\varepsilon = \frac{\Delta l}{l} \tag{3.20}$$

ε 的正负号与 Δl 相同，是无量纲的量。

式(3.19)可以表达为

$$\varepsilon = \frac{\sigma}{E} \text{或} \sigma = \varepsilon \cdot E \tag{3.21}$$

式(3.21)是胡克定律的另一种形式。它表明在弹性受力范围内,应力与应变成正比。

例 3.10　为测定钢桁架 CD 杆的应力,在杆 CD 上装上仪器。当桁架受力时,仪器的指针移动了 16 小格,每小格代表 1/1 000 mm,仪器的标距 $l = 20$ mm 。若钢材的弹性模量 $E=2.1\times10^5$ MPa,试计算杆 CD 的应力(图 3.33)。

解　工程中常用这种方法对结构进行承载能力检验。

仪器上的指针移动表示杆件伸长的数值。

$$\Delta l = 16 \times \frac{1}{1\ 000} = 0.016 \text{ mm}$$

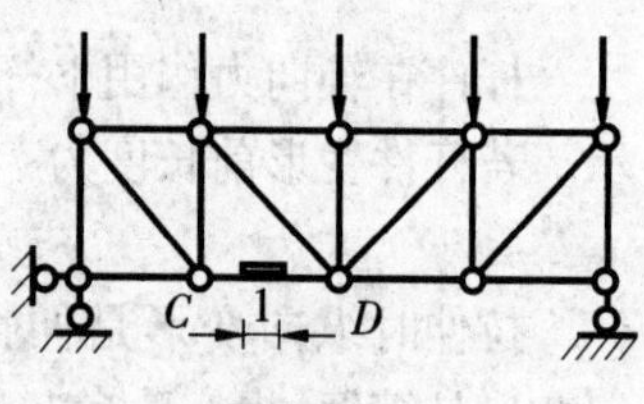

图 3.33

在 l =20 mm 范围内线应变为

$$\varepsilon = \frac{\Delta l}{l} = \frac{0.016}{20} = 0.000\ 8$$

由胡克定律可得 CD 杆的应力为

$$\sigma = \varepsilon \cdot E = 0.000\ 8 \times 2.1 \times 10^5 = 168 \text{ MPa}$$

章后小结

1. 静定结构的内力计算方法是截面法。截取结构的一部分(杆段、节点、杆系等)为研究对象,在截割面上代以未知内力,再用静力平衡方程求解内力。

2. 轴向抗压杆的内力——轴力。轴力的符号规定为:拉力为正,压力为负。直接法求轴力:轴力等于该截面一侧所有外力在该截面轴向方向上投影的代数和。当外力背离该截面时,产生正的轴力。

3. 注意理解应力和应变的概念。

(1)应力为杆件内力在截面上某点分布内力的集度;垂直于截面的应力为正应力 σ,与截面相切的应力为切应力 τ。

(2)应变有线应变和切应变。线应变为微小正六面体边长变形后长度的改变量和原长的比值;切应变为微小正六面体各边直角的改变量。

4. 轴向拉(压)杆件横截面上的应力是垂直于横截面,且在横截面上是均匀分布的;斜截面上的应力,既有正应力,又有切应力。

(1)横截面上正应力的计算公式为

$$\sigma = \frac{F_N}{A}$$

正应力的符号规定:拉应力为正,压应力为负。

(2)轴向拉(压)杆件斜截面上的应力计算公式为

正应力:$\sigma_\alpha = \sigma\cos^2\alpha$

切应力：$\tau_\alpha=\sigma\cos\alpha\sin\alpha$

5. 胡克定律：弹性范围内，杆件的纵向变形与轴力及杆长成正比，与杆件的横截面面积成反比。

适用条件为弹性范围内，$\Delta l=\dfrac{F_N l}{EA}$

胡克定律揭示了在比例极限范围内应力和应变呈正比的关系。

6. 保证构件具有足够的抵抗破坏能力的条件叫作强度条件。轴向拉、压构件的强度条件是保证构件的工作应力不超过材料的许用应力，即

$$\sigma_{\max}=\frac{F_N}{A}\leqslant[\sigma]$$

应用强度条件可以解决强度校核、设计截面、确定许用荷载等三类问题。

(1)校核强度的公式为 $\sigma_{\max}=\dfrac{F_N}{A}\leqslant[\sigma]$。

(2)选择截面的公式为 $A\geqslant\dfrac{F_N}{[\sigma]}$。

(3)确定许用荷载的公式为 $F_N\leqslant[\sigma]A$。

7. 低碳钢在轴向拉伸时的应力—应变图大体可分为四个阶段：弹性阶段、屈服阶段、强化阶段、颈缩阶段。屈服极限 σ_s 和强度极限 σ_b 是两个重要的强度指标；延伸率 δ 和截面收缩率 Ψ 是两个重要的塑性指标。低碳钢在拉伸和压缩时有相同的屈服极限 σ_s 和弹性模量 E。

铸铁是典型的脆性材料，破坏前的变形很小，拉伸时的强度极限很低，压缩时的强度极限较高。

思考题

1. 如图3.34所示，直杆 AB 的 B 端受轴向拉力 F 的作用，若将力 F 移至截面 C，对支座反力有无影响？对直杆 AB 的内力有何影响？对直杆 AB 的变形有何影响？

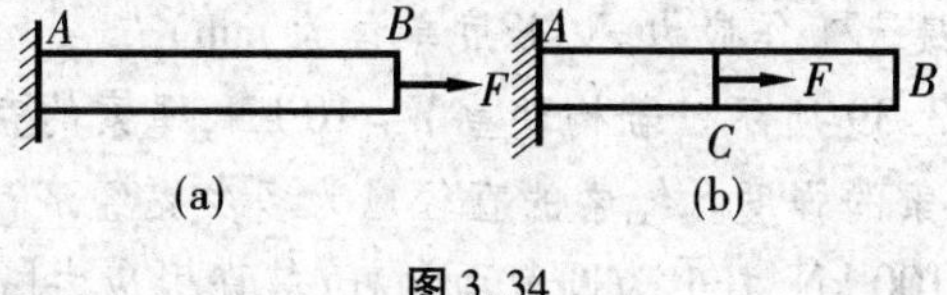

图3.34

2. 两根材料不同、截面不同的杆，受同样的轴向拉力作用，它们的内力是否相同？

3. (1)什么是应力？应力与内力有何区别？又有何联系？

(2)什么是应变？应变与变形有何区别？又有何联系？

4. 指出下列概念的区别：

(1)屈服极限和强度极限；　　(2)极限应力和许用应力；

(3)弹性变形和塑性变形；　　　　(4)线应变和延伸率。

5. 两根梁的截面、材料和受力情况相同，但支承条件不同，请问它们的变形是否会相同？

6. 胡克定律适用的范围是什么？

7. 轴向受力杆件如图3.35所示，若要求杆的应力，则需分几段求解？

8. 三种材料的应力—应变曲线如图3.36中a、b、c所示，其中强度最高的是哪一种材料？弹性模量最大的是哪一种材料？塑性最好的是哪一种材料？

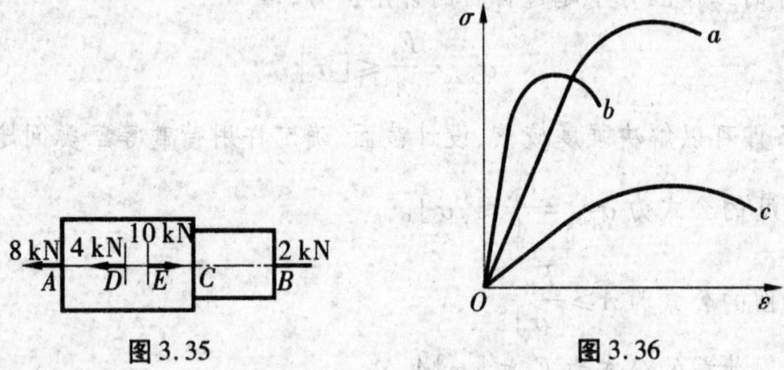

图3.35　　　　图3.36

9. 拉杆受轴向拉力的作用，沿轴线伸长，而横向尺寸会缩短，这是不是因为有横向应力的存在？对否？分析原因。

10. 在一轴向受拉杆件表面上画一斜线，杆件发生轴向变形后，斜线将发生怎样的变化？

11. 在低碳钢的应力—应变曲线上，试件断裂时的应力反而比颈缩时的应力低，为什么？

习　题

1. 试绘出如图3.37所示杆件的轴力图。

2. 图3.38所示各杆均为圆截面，其直径及荷载如图所示，材料的抗拉、抗压性能相同。试求杆横截面上的最大工作应力。(长度单位为mm)

3. 用绳索吊管如图3.39所示。若构件重W=10 kN，绳索的直径d=40 mm，许用应力$[\sigma]$=10 MPa，试校核绳索的强度。绳索的直径应为多少更经济？

4. 支架中：荷载P=100 kN，杆1为圆截面钢杆，其许用应力$[\sigma]_s$=150 MPa；杆2如图3.40为正方形木杆，其许用应力$[\sigma]_c$=4 MPa。试确定钢杆的直径d和木杆的边长c。

5. 如图3.41结构中，杆1的截面面积为A_1=600 mm^2，材料的许用应力$[\sigma]_1$=160 MPa；杆2的截面面积为A_2=900 mm^2，材料的许用应力$[\sigma]_2$=100 MPa。试求结构的许用荷载P。

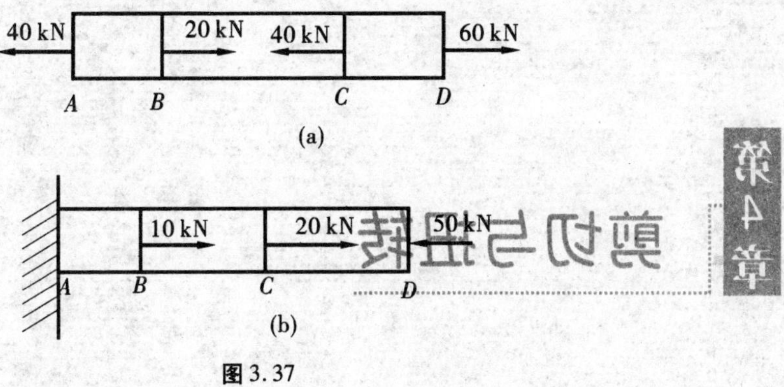

图 3.37

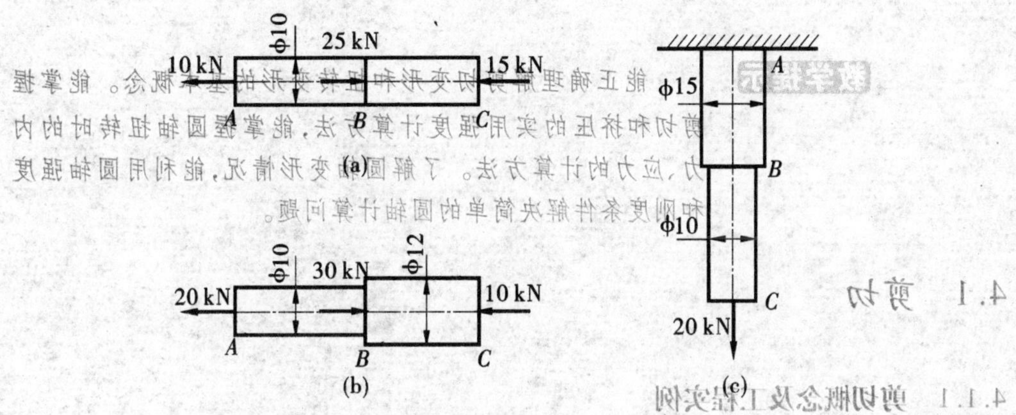

图 3.38

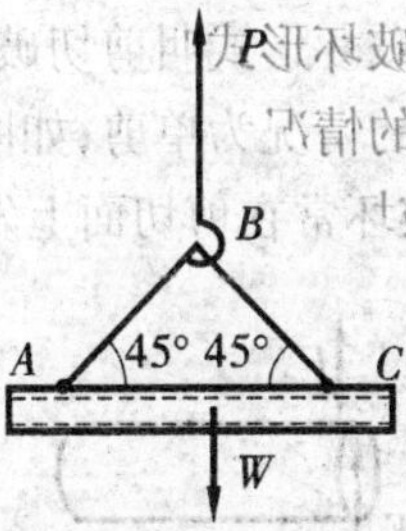

图 3.39

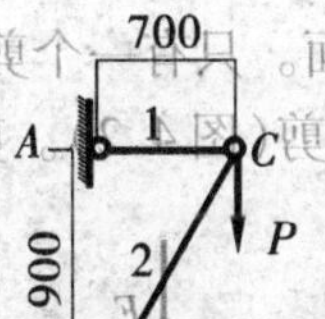

图 3.40

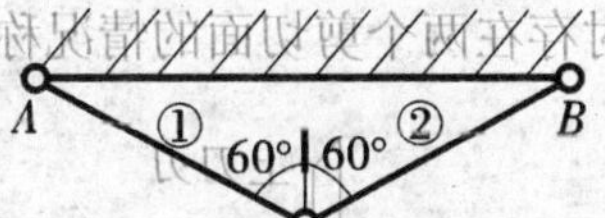

图 3.41

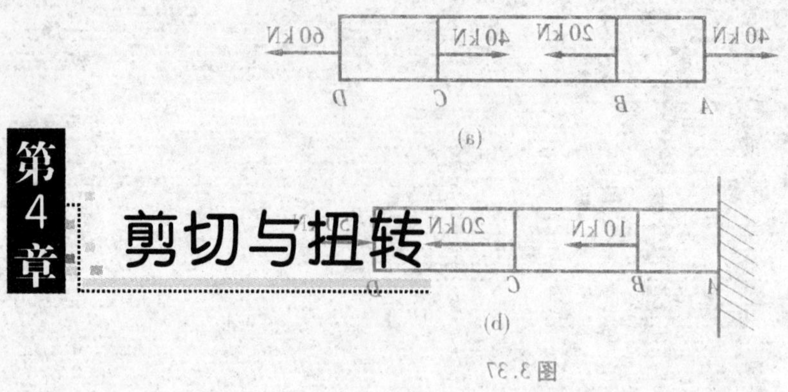

第4章 剪切与扭转

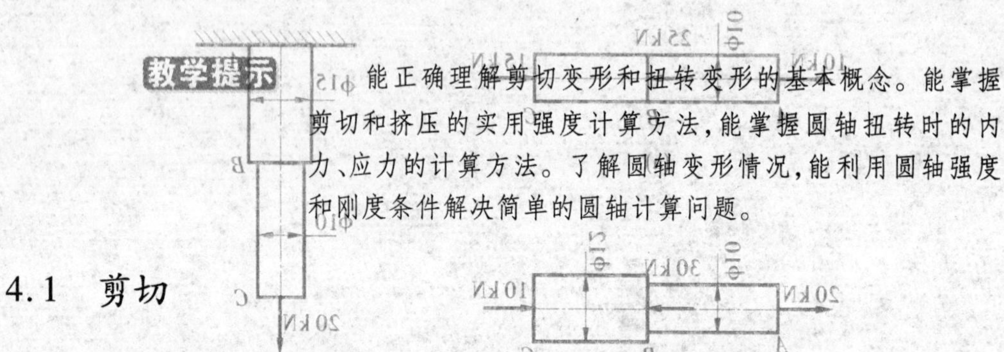

教学提示 能正确理解剪切变形和扭转变形的基本概念。能掌握剪切和挤压的实用强度计算方法，能掌握圆轴扭转时的内力、应力的计算方法。了解圆轴变形情况，能利用圆轴强度和刚度条件解决简单的圆轴计算问题。

4.1 剪切

4.1.1 剪切概念及工程实例

杆件受到一对大小相等、方向相反、作用线平行且相距很近的横向力（即垂直于杆轴的力）F 作用时，杆件产生剪切变形（图 4.1）。在剪切变形过程中，随着 F 力度增大，两力间的截面将沿着力的作用方向发生相对错动直至剪断。这种破坏形式叫剪切破坏。两横向力之间发生相对错动的截面称为剪切面。只有一个剪切面的情况为单剪，如图 4.1(b) 所示；同时存在两个剪切面的情况称为双剪（图 4.2）。剪切破坏常在剪切面上发生。

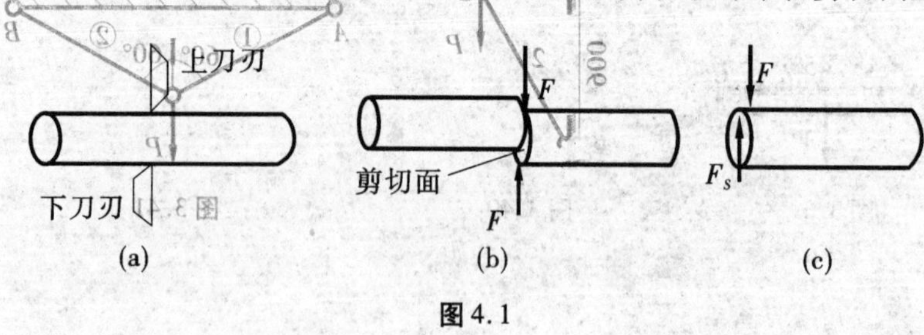

图 4.1

工程实际中常用的连接形式如图 4.3 所示。图 4.3(a) 为螺栓连接；图 4.3(b) 为铆钉连接，图 4.3(c) 为榫连接；图 4.3(d) 为键块连接。这些连接件主要发生剪切变形。

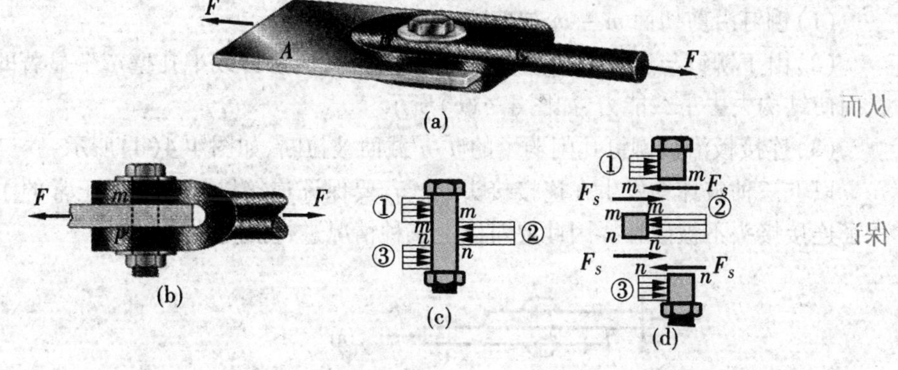

图4.2

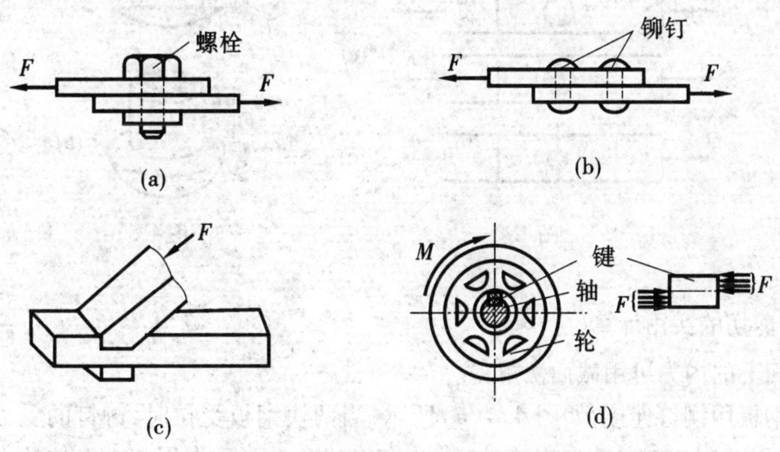

图4.3

连接件在发生剪切变形的同时常伴随着其他形式的变形。如图4.3(a)所示螺栓上的两个外力F并不沿同一条直线作用,它们形成一个力偶,要保持螺栓的平衡,必然还有其他的外力作用,在这些外力的作用下,使螺栓出现了拉伸、弯曲等其他形式的变形。这些附加变形一般都不是影响连接构件强度的主要因素,可以忽略不加考虑,但挤压变形是不可忽视的。螺栓与钢板相互接触部分,很小面积上传递着很大的压力,容易造成接触部位的局部压溃,即挤压破坏。在剪切计算中应一并进行计算。

4.1.2 剪切和挤压的实用计算

工程实际中受剪切的连接构件的应用非常广泛,如铆钉、螺栓、销等,虽然它们受到的剪切作用和局部挤压作用是主要的,但对于这些连接件的强度,要作精确的分析是比较困难的,因为应力的实际分布情况比较复杂,所以在实际应用中,根据实际经验作了一些假设,采用简化的计算方法,叫作剪切的实用计算。下面以铆钉连接件的强度计算为例,来说明这种方法。

对于铆接结构,实践分析证明,它的破坏形式可能有以下三种:

(1)铆钉沿剪切面 $m-m$ 被剪断,如图4.4(b)所示。

(2)由于铆钉与连接板孔壁之间的局部挤压,使铆钉或半孔壁产生显著的塑性变形,从而使结构失去承载能力,如图4.4(c)所示。

(3)连接板沿被铆钉孔削弱了的 $n-n$ 截面被拉断,如图4.4(d)所示。

以上三种破坏均发生在连接接头处。若要保证连接结构能安全正常的工作,首先要保证连接接头不被破坏。因此要对以上三种情况进行强度计算。

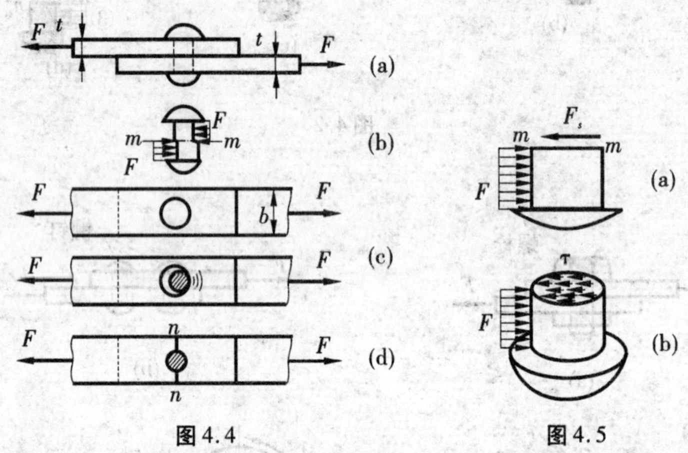

图4.4 图4.5

4.1.2.1 **剪切的实用计算**

剪切面上的内力可用截面法求得。

两块钢板用铆钉连接,如图4.4(a)所示,当两块钢板受拉时,铆钉的受力情况如图4.4(b)所示,板对铆钉的力是分布力,此分布力的合力等于作用在板上的拉力 F 。若铆钉上作用力 F 过大,铆钉可能沿着剪切面 $m-m$ 截面被剪断。

现在用截面法来分析铆钉在剪切面上的内力。用一个截面假想地将铆钉沿剪切面 $m-m$ 截开,分为上下两部分,如图4.5(a)所示。无论是取上半部分或下半部分为研究对象,为了保持平衡,在剪切面上必然有与截面相切的内力,称为剪力。剪力的方向与剪切面平行,用 F_s 表示,由平衡方程可得: $F_s=F$ 。

剪力在剪切面上的分布集度叫作剪应力,用 τ 表示,如图4.5(b)所示。剪应力 τ 的实际分布情况比较复杂,为了计算方便,在剪切的实用计算中,假设剪应力 τ 均匀分布在剪切面上。按此假设算出的平均剪应力称为名义剪应力,一般简称为剪应力。所以剪切构件的剪应力可以按下式计算

$$\tau=\frac{F_s}{A_s} \tag{4.1}$$

式中 F_s ——剪切面上的剪力;

A_s ——剪切面面积。

为了保证连接件在工作时不被剪断,受剪面上的剪应力不得超过某一个许用值。因

此铆钉的剪切强度条件为

$$\tau = \frac{F_s}{A_s} \leqslant [\tau] \tag{4.2}$$

式中 $[\tau]$——连接件材料的许用剪应力。

剪切强度条件式(4.2)虽然是结合铆钉的情况得出的,但可适用于其他剪切构件。

在剪切强度条件中所采用的许用剪应力,是通过材料的剪切破坏试验,将测得的极限剪力除以剪切面面积,再除以安全系数而得的。各种材料的许用剪应力值可在有关手册中查得,也可根据经验公式确定,一般情况下材料的许用剪应力 $[\tau]$ 和许用拉应力 $[\sigma]$ 有以下的关系:

塑性材料 $[\tau] = (0.6 \sim 0.8)[\sigma]$

脆性材料 $[\tau] = (0.8 \sim 1.0)[\sigma]$

利用这一关系可以根据许用拉应力值估计许用剪应力的值。

例4.1 在图4.4(a)的铆钉连接中,已知 $F = 120$ kN,铆钉直径 $d = 20$ mm,许用剪应力 $[\tau] = 140$ MPa。试校核此连接件的剪切强度。

解 (1)铆钉所受的剪力

$$F_s = F = 120 \text{ kN}$$

(2)铆钉的剪切面面积

$$A = \frac{\pi d^2}{4} = \frac{\pi}{4} \times 20^2 = 314 \text{ mm}^2$$

(3)校核强度

$$\tau = \frac{F_s}{A_s} = \frac{120 \times 10^3}{314} = 38.2 \text{ MPa} \leqslant [\tau]$$

经校核此连接满足剪切强度要求。

例4.2 如图4.6所示,此装置常用来确定胶接处的抗剪强度,如已知破坏时的荷载为10 kN,试求胶接处的极限剪应力。

解 (1)双剪切面,由截面法求得剪切面上的剪力

$$F_s = \frac{F}{2} = 5 \text{ kN}$$

(2)剪切面面积

$$A = 0.03 \times 0.01 = 3 \times 10^{-4} \text{ m}^2$$

(3)极限剪应力

$$\tau_u = \frac{F_s}{A_s} = \frac{5 \times 10^3}{3 \times 10^{-4}} = 16.7 \times 10^6 \text{ Pa} = 16.7 \text{ MPa}$$

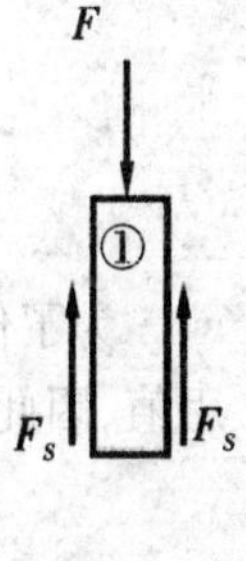

图4.6

4.1.2.2 挤压的实用计算

连接件除了剪切破坏,还可能发生挤压破坏。螺栓、铆钉和销钉等连接件,在承受剪切作用而发生剪切变形的同时,还在连接件和被连接的接触面上相互压紧。如图4.7(c)

所示的螺栓与钢板相互接触部分,很小面积上传递着很大的压力,接触面上圆孔变成椭圆状,孔径增大,发生显著的塑性变形或压溃,以致连接件松动而丧失承载力,发生挤压破坏。这种在接触面上传递压力而产生局部变形的现象叫挤压变形,接触面上的压力叫挤压力,用 F_{bs} 表示;承受挤压力的面叫挤压面,用 A_{bs} 表示。在挤压面上由于挤压所产生的应力称为挤压应力,用 σ_{bs} 表示。

挤压强度计算,需要求出挤压面上的挤压应力。钢板上铆钉附近的挤压应力分布如图4.7(b)所示,挤压面上各个点的应力大小和方向都不同,分布比较复杂,若想精确计算出挤压应力是比较困难的,在实用计算中假设挤压应力均匀地分布在挤压面上。因此挤压应力的计算公式为

$$\sigma_{bs}=\frac{F_{bs}}{A_{bs}} \tag{4.3}$$

式中 F_{bs} ——挤压面上的挤压力,$F_{bs}=F$;

A_{bs} ——有效挤压面的面积。

挤压面是两物体相互接触且互相发生挤压力作用的面,可以是平面也可以是曲面。例如,轮轴键,轴与键的挤压面是平面,而螺栓、铆钉连接件的接触面是半个圆柱面。为简便计算,挤压面按有效挤压面计算:当挤压面为平面,有效挤压面就是该面;当挤压面为弧面,取受力面对半径的投影面[图4.7(a)]。

$$A_{bs}=td$$

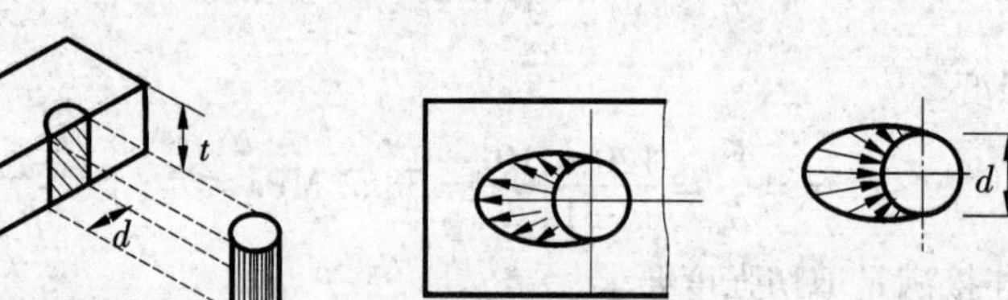

图4.7

为了保证构件的正常工作,应要求构件工作时所引起的挤压应力不得超过某一个许用值,因此挤压强度条件为

$$\sigma_{bs}=\frac{F_{bs}}{A_{bs}}\leqslant[\sigma_{bs}] \tag{4.4}$$

式中 $[\sigma_{bs}]$ ——材料的许用挤压应力。

许用挤压应力是由材料的挤压破坏试验并考虑安全系数后得到。根据试验,许用挤压应力 $[\sigma_{bs}]$ 与许用拉应力 $[\sigma]$ 有以下关系:

塑性材料 $[\sigma_{bs}]=(1.5\sim2.5)[\sigma]$

脆性材料 $[\sigma_{bs}]=(0.9\sim1.5)[\sigma]$

式(4.4)所表示的挤压强度条件,也可适用其他的连接件。如果两个互相挤压的构件接触面的材料不同,应对挤压强度小的构件来进行挤压强度计算。

例4.3 如图4.8(a)所示的齿轮用平键与轴连接(齿轮未画出)。已知轴的直径 $d=$

70 mm,键的尺寸 $b \times h \times l = 20\ \text{mm} \times 12\ \text{mm} \times 100\ \text{mm}$,传递的扭矩 $m = 2\ \text{kN} \cdot \text{m}$,键的许用剪应力 $[\tau] = 60\ \text{MPa}$, $[\sigma_{bs}] = 100\ \text{MPa}$,试校核键的强度。

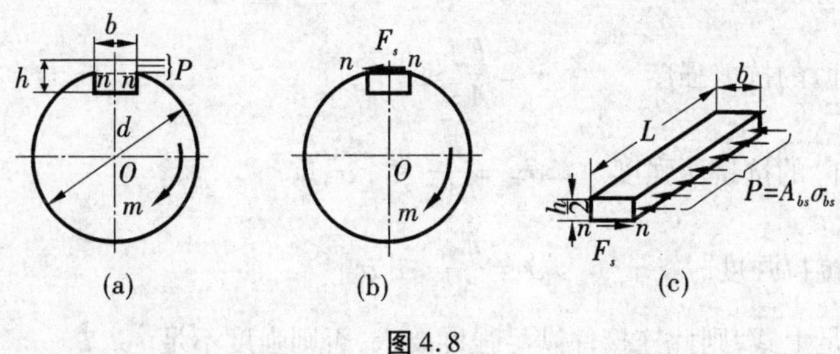

图4.8

解 (1)如图4.8(b)所示,$n-n$ 剪切面上的剪力 F_s 为

$$F_s = A\tau = bl\tau$$

由

$$\sum m_0 = 0\ ,\ F_s \frac{d}{2} - m = 0$$

解得

$$\tau = \frac{2m}{bld} = \frac{2 \times 200}{20 \times 100 \times 70 \times 10^{-9}} = 28.6\ \text{MPa} < 60\ \text{MPa} = [\tau]$$

此键满足剪切强度条件。

(2)如图4.8(c)所示,右侧面上的挤压力为

$$F_{bs} = A_{bs}\sigma_{bs} = \frac{h}{2} l\sigma_{bs}$$

由

$$\sum X = 0\ ,\quad F_s - F_{bs} = 0$$

解得

$$\sigma_{bs} = \frac{2b\tau}{h} = \frac{2 \times 20 \times 28.6}{12} = 95.3\ \text{MPa} < 100\ \text{MPa} = [\sigma_{bs}]$$

此键满足挤压强度条件。

4.1.2.3 连接板的强度计算

由于铆钉孔削弱了连接板的横截面面积,使连接板的抗拉强度减弱。将如图4.4(c)所示的连接板沿 $n-n$ 截面截开,横截面面积和受力情况如图4.9所示。假设截面上的正应力均匀分布,则连接板应满足的拉伸强度条件为

$$\sigma = \frac{F_N}{A_j} \leqslant [\sigma] \tag{4.5}$$

式中 F_N ——连接板所受到的拉力;

A_j ——连接板被削弱截面的净截面面积,$A_j = (b-d)t$ 。

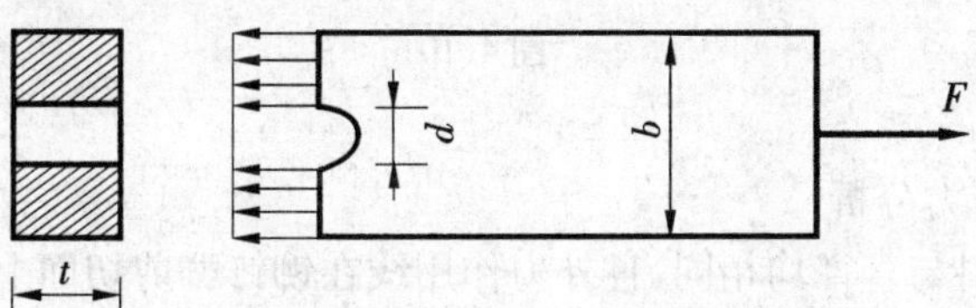

图4.9

综上所述，利用强度条件可解决三个问题：

(1)校核强度　若已知荷载、构件尺寸及材料，连接件的强度是否满足要求可由下式来判定：

螺栓(铆钉)的抗剪强度　$\tau=\frac{F_s}{A_s}\leqslant[\tau]$

螺栓(铆钉)的抗挤压强度　$\sigma_{bs}=\frac{F_{bs}}{A_{bs}}\leqslant[\sigma_{bs}]$

连接板的抗拉强度　$\sigma=\frac{F_N}{A_j}\leqslant[\sigma]$

若同时满足上式，则此连接件满足强度要求，否则强度不足。

(2)选择截面　如果已经选定了构件的材料，同时又已知作用在连接件上的荷载，则连接件的截面尺寸可由下式确定：

螺栓(铆钉)的截面面积　$A_s\geqslant\frac{F_s}{[\tau]}$

螺栓(铆钉)的有效挤压面积　$A_{bs}\geqslant\frac{F_{bs}}{[\sigma_{bs}]}$

两者取较大值，然后验算连接板的抗拉强度：$\sigma=\frac{F_N}{A_j}\leqslant[\sigma]$

(3)确定许用荷载　若已知构件的材料和截面尺寸，则连接件允许承受的轴力可按下式确定：

螺栓(铆钉)的许用荷载　$[F_s]\leqslant A_s.[\tau]$

螺栓(铆钉)的挤压应力　$[F_{bs}]\leqslant A_{bs}.[\sigma_{bs}]$

连接板受到的拉力　$[F_N]=A_j[\sigma]$

再根据静力平衡条件确定许用荷载$[F]$，三者取较小值。

例4.4　如图4.10所示连接，已知：$F=80$ kN，$\delta=10$ mm，$b=80$ mm，d=16 mm，$[\tau]=100$ MPa，$[\sigma_{bs}]=300$ MPa，$[\sigma]=160$ MPa。试校核接头的强度。

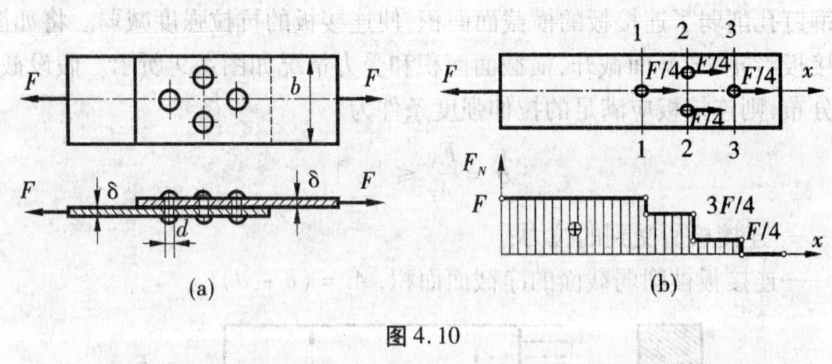

图4.10

解　(1)接头受力分析

当各铆钉的材料与直径均相同，且外力作用线在铆钉群剪切面上的投影，通过铆钉群剪切面形心时，通常即认为各铆钉剪切面上的剪力相等。

(2)强度校核

若有 n 个铆钉,每一个铆钉受力

$$F_s = \frac{F}{4} = 20\ \text{kN}$$

1)剪切强度

$$\tau = \frac{4F_s}{\pi d^2} = \frac{F}{\pi d^2} = \frac{80 \times 10^3}{\pi \times 16^2} = 99.5\ \text{MPa} < [\tau]$$

满足剪切强度条件。

2)挤压强度

$$\sigma_{bs} = \frac{F_b}{\delta d} = \frac{20 \times 10^3}{10 \times 16} = 125\ \text{MPa} < [\sigma_{bs}]$$

满足挤压强度条件

3)拉伸强度　连接板的受力分析如图4.10(b)

$$\sigma_1 = \frac{F_{N1}}{A_1} = \frac{F}{(b-d)\delta} = \frac{80 \times 10^3}{(80-16) \times 10} = 125\ \text{MPa} < [\sigma]$$

$$\sigma_2 = \frac{F_{N2}}{A_2} = \frac{3F}{4(b-2d)\delta} = \frac{3 \times 80 \times 10^3}{4 \times (80 - 2 \times 16) \times 10} = 125\ \text{MPa} < [\sigma]$$

满足抗拉强度条件。

4.2　扭转

工程实践中常遇到如图4.11(a)所示的一类直杆,如汽车方向盘的操纵杆,司机通过方向盘将力偶作用于操纵杆的 B 端,操纵杆的阻力偶作用于轴的 A 端,使杆件 AB 产生扭转变形。这种杆件在一对大小相等、方向相反、作用平面垂直于构件轴线的外力偶矩 M 的作用下,构件任意两横截面绕杆的轴线发生相对转动变形称扭转变形。

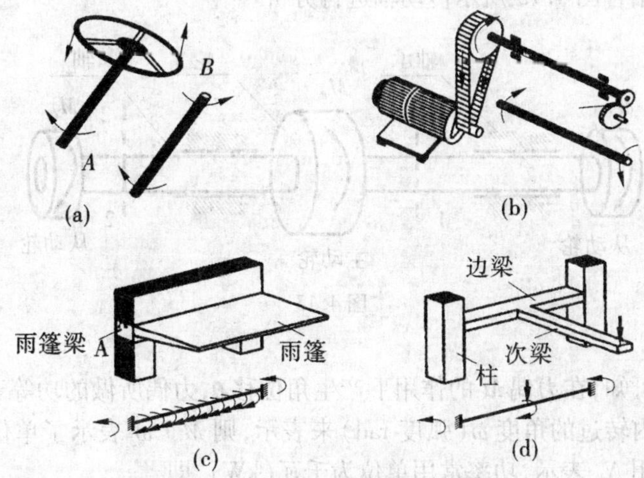

图4.11

在工程中，受扭杆件是很多的。如图 4.11(b)中机器的传动轴，主动轮与从动轮作用在传动轴上的外力偶矩使轴发生扭转变形。如图 4.11(c)所示房屋建筑中的雨篷梁，在墙压力和雨篷板作用下，除发生弯曲变形外，还会发生扭转变形。如图 4.11(d)中房屋结构边梁发生弯曲变形的同时发生扭转变形。

本节主要讲解圆截面直杆扭转时的强度问题与刚度问题，它是扭转杆件计算的基础。

4.2.1 扭转内力

与拉、压杆和剪切构件的内力的概念一样，杆件在扭转时各个截面上的内力也是该截面上各点分布内力合成的结果。也跟对拉、压杆或剪切的分析手段一样，在未求杆件扭转对横截面上各点的应力之前，应先求出它的合力，即横截面上的内力，求解时也要利用截面法取出分离体，根据平衡条件来解决。

4.2.1.1 受力及变形特点

首先，先研究引起构件发生扭转的基本因素。图 4.11 上述所举的构件在各种形式的外荷载作用下都产生了扭转，但概括起来，引起构件扭转的基本因素，归根到底是一对大小相等、转向相反、作用在垂直于杆轴的两个平行平面上的外力偶，如图 4.12 所示。观察图形可知扭转变形特征：纵向线倾斜一个角度 γ，称为剪切角（或称剪应变）；两个横截面之间绕杆轴线发生相对转动 φ，称为扭转角。

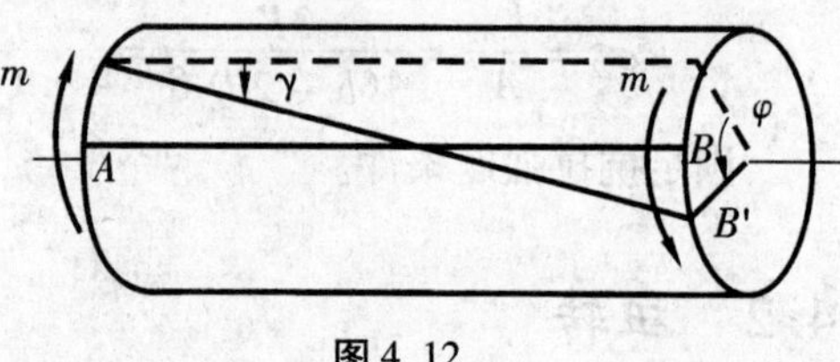

图 4.12

4.2.1.2 外力偶的换算公式

对于转轴工程，作用于构件上的外力偶的大小，往往不是直接给出的，常常已知主动轮的功率与转速，主动轮通过传动轴将功率分配给从动轮，再通过从动轮分配出去，因此，为了对它进行强度和刚度计算，就要根据它所要传递的功率和转速，求出使轴发生扭转的外力偶矩。下面结合图 4.13 所示传动轴进行分析。

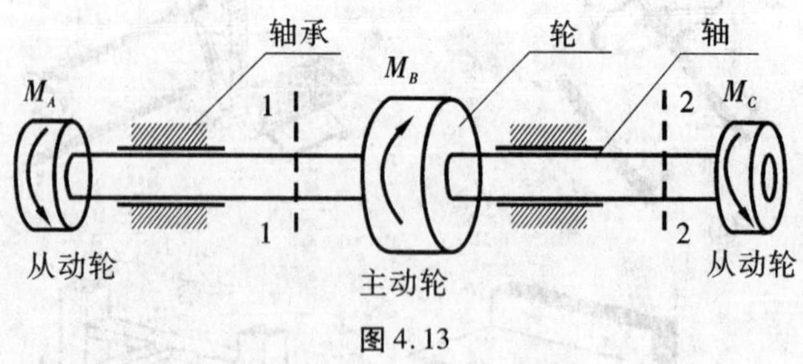

图 4.13

由功的定义可知，在力偶 M 的作用下产生角位移 θ，力偶所做的功等于 $M\cdot\theta$，若角位移 θ 用单位时间内转过的角度 ω（弧度 rad）来表示，则 $M\cdot\omega$ 表示了单位时间内所做的功，也就是功率，用 N_k 表示，功率常用单位为千瓦（kW），即

$$N_k = M\omega$$

或 $$M = \frac{N_k}{\omega}$$

若已知轴的转速为 n 转/分(r/min),则每秒转过的角度 $\omega = \frac{2\pi \cdot n}{60}$,单位为弧度/秒(rad/s),于是得功率的表达式

$$N_k = M\frac{2\pi \cdot n}{60}\ (\mathrm{N \cdot m/s})$$

或 $$M = \frac{N_k \times 60}{2\pi n}\ (\mathrm{N \cdot m})$$

上式中功率 N_k 的单位为焦耳/秒(J/s),也称瓦特(W)。在工程中,功率的单位常用千瓦特(kW)或马力(HP)表示。

1 千瓦=1 000 瓦=1.36 马力

根据不同的功率单位,最后得到计算外力偶的两个公式

$$M = \frac{1\ 000 \times N_k \times 60}{2\pi n} = 9\ 549\frac{N_k}{n} \approx 9\ 550\frac{N_k}{n}\ (\mathrm{N \cdot m})$$

或 $$M = 9.55\frac{N_k}{n}\ (\mathrm{kN \cdot m}) \tag{4.6}$$

工程上有时也采用公制马力 N_{HP} 表示功率。而 1 HP=0.735 kW,将这一关系代入上式,得外力偶矩

$$M = 9.55 \times \frac{N_k}{n} = 9.55 \times \frac{N_{HP} \times 0.735}{n} = 7.02\frac{N_{HP}}{n}\ (\mathrm{kN \cdot m}) \tag{4.7}$$

式中 N_k——千瓦数;

N_{HP}——马力数;

n——每分钟的转数。

要注意的是,主动轮上外力偶的转向与轴的转动方向相同,而从动轮上的外力偶的转向则与轴的转向相反。这是因为从动轮上的外力偶是由摩擦阻力引起的。例如图 4.13 所示的传动轴中,力偶 M_B 的转向与轴的转向相同,而力偶矩 M_A 和 M_C 的转向与轴的转向相反。

4.2.1.3 截面法求内力

杆件受外力偶矩的作用发生扭转变形时,杆件各横截面上的内力将是作用在与杆轴线垂直的平面内的力偶,通常称该力偶矩为扭矩,用 T 表示,扭矩的量纲、单位与力矩的量纲、单位相同,分别为[力]·[长度],N·m 或 kN·m。

可用截面法获得,由静力平衡条件 $\sum M_x = 0$,可得横截面上的内力必定为与作用在杆轴的外力偶矩互相平衡,其矩矢与杆轴线重合。

应用截面法计算杆件扭转变形时的内力时,沿杆件任一横截面“截开”,利用静力平衡条件 $\Sigma M_x = 0$ 求出扭矩的代数值,任意横截面上的扭矩等于该截面任一侧的外力偶矩的代数和。左脱离体上的扭矩与右脱离体上的扭矩是作用力与反作用力的关系,同值反向,因此可挑选一个计算较方便的脱离体计算扭矩。

对扭矩符号作如下规定：按照右手螺旋定则，即右手四指内屈，与扭矩转向相同，则拇指的指向表示扭矩的方向，若大拇指的指向背离截面时，规定扭矩为正，反之为负（图4.14）。

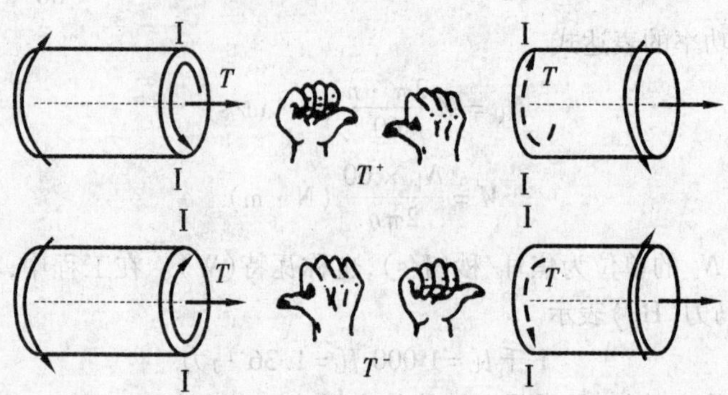

图4.14

4.2.1.4 扭转轴的内力图

当轴上同时有几个外力偶作用时，圆轴内各段横截面上的扭矩是不同的，这时应分段用截面法计算。为了表明杆件各横截面的扭矩值随横截面位置的变化情况，从而确定最大扭矩及其所在横截面的位置，工程上可用扭矩图来表示轴上各横截面的扭矩变化规律。

扭矩图的绘制方法与轴力图相似，即以一条平行于杆轴的基线表示横截面的位置，作为横坐标 x，以垂直于基线的短线表示扭矩的大小，即扭矩作为纵坐标，正的扭矩画在基线的上方，负的扭矩画在基线的下方，并要注明图名、正负和单位，然后画上纵标线，标上⊕或⊖号。

例4.5 试画出两图示轴的扭矩图。

解 将轴分为2段，逐段计算扭矩。

对 AB 段 $\sum M_x = 0 \quad T_1 - 3 = 0$

可得 $T_1 = 3\ \text{kN} \cdot \text{m}$

对 BC 段 $\sum M_x = 0 \quad T_1 - 1 = 0$

可得 $T_1 = 1\ \text{kN} \cdot \text{m}$

根据计算结果，按比例画出扭矩图，如图4.15。

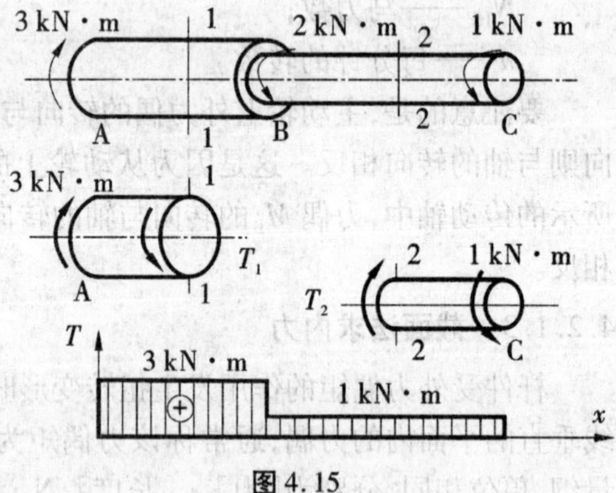

图4.15

例4.6 如图4.16所示一传动轴，转速 $n = 200\ \text{r/min}$，轮 A 为主动轴，输入功率 $P_A = 60\ \text{kW}$，轮 B, C, D 均为从动轮，输出功率为 $P_B = 20\ \text{kW}$，$P_C = 15\ \text{kW}$，$P_D = 25\ \text{kW}$。(1)试画出该轴的扭矩图；(2)若将轮 A 和轮 C 位置对调，试分析对轴的受力是否有利？

解 (1)计算外力偶矩

$$M_A = 9\ 549 \times \frac{60}{200} = 2\ 864.7\ \text{N} \cdot \text{m}$$

同理可得 $M_B = 9\ 549 \times \dfrac{20}{200} = 954.9\ \text{N} \cdot \text{m}$

$$M_C = 9\ 549 \times \frac{15}{200} = 716.175\ \text{N} \cdot \text{m}$$

$$M_D = 9\ 549 \times \frac{25}{200} = 1\ 193.625\ \text{N} \cdot \text{m}$$

(2)计算扭矩:如图4.16(b)所示,将轴分为3段,逐段计算扭矩。

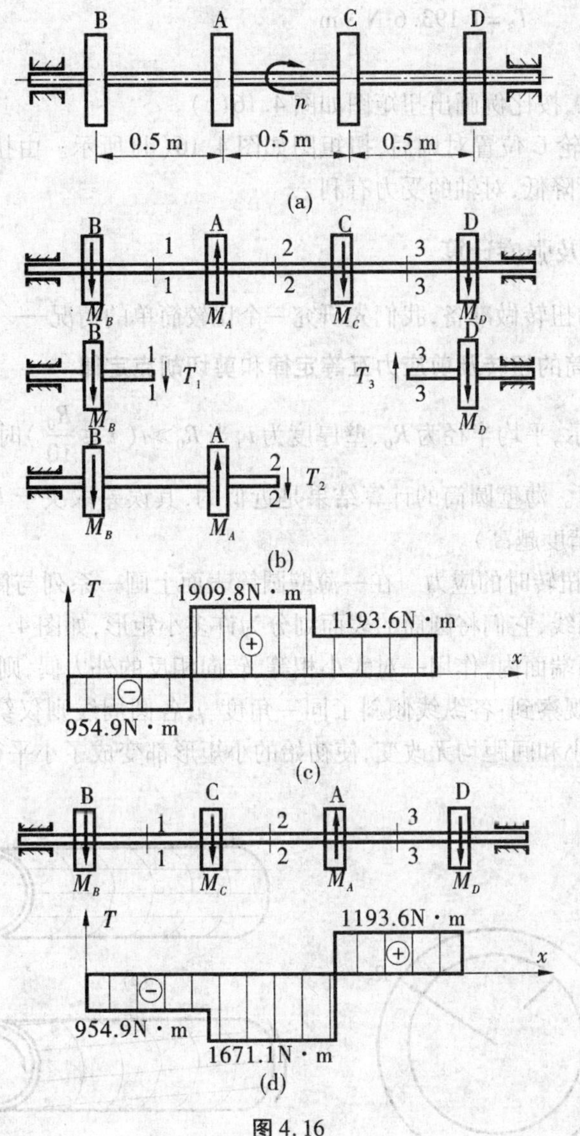

图4.16

对 AB 段 $\sum M_x = 0$

$$T_1 + M_B = 0$$

可得 $T_1 = -954.9\ \text{N} \cdot \text{m}$

对 BC 段 $\sum M_x = 0$

$$T_2 + M_B - M_A = 0$$

可得 $T_1 = 1\ 909.8\ \text{N} \cdot \text{m}$

对 BC 段 $\sum M_x = 0$

$$T_3 - M_D = 0$$

可得 $T_3 = 1\ 193.6\ \text{N} \cdot \text{m}$

(3)画扭矩图

根据计算结果,按比例画出扭矩图如图 4.16(c)。

(4)将轮 A 和轮 C 位置对调后,扭矩图如图 4.16(d)所示。由扭矩图可知最大绝对值扭矩较原来有所降低,对轴的受力有利。

4.2.2 扭转应力及强度计算

为研究圆轴的扭转做准备,我们先研究一个比较简单的情况——薄壁圆筒的扭转。

4.2.2.1 薄壁圆筒的扭转及剪应力互等定律和剪切胡克定律

如图 4.17 所示,平均半径为 R_0,壁厚度为 t,当 $R_0 \gg t$($t \leqslant \frac{R_0}{10}$)时的空心圆截面,我们就定义为薄壁圆筒。薄壁圆筒的计算结果是近似的,其误差取决于 R_0 和 t 的比值(理论上 R_0/t 越大计算精度越高)。

(1)薄壁圆筒扭转时的应力　在一薄壁圆筒表面上画一系列与筒轴平行的纵线和表示筒横截面的圆周线,它们将圆筒的表面划分为许多小矩形,如图 4.18(a)所示。

在薄壁圆筒两端面内,作用一对大小相等、转向相反的外力偶,则圆筒发生扭转变形。当变形很小时,可观察到:各纵线倾斜了同一角度 γ;各圆周线则仅绕圆筒轴线发生相对转动而其形状、大小和间距均无改变,使初始的小矩形都变成了小平行四边形,如图 4.18(b)所示。

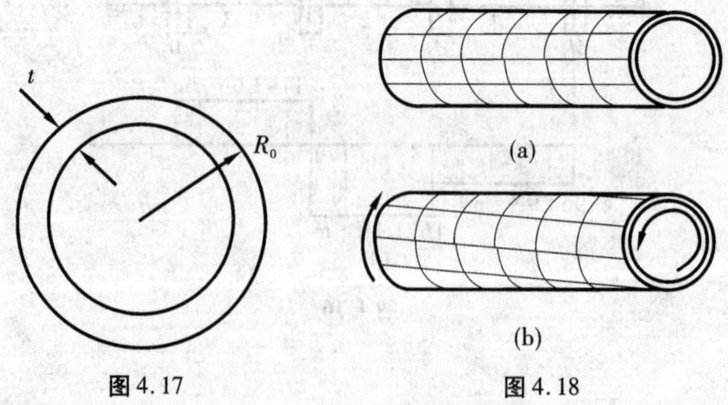

图 4.17　　图 4.18

分析薄壁圆筒横截面上的应力时,由于其受力和变形的轴对称性质,首先可以假定横截面上没有正应力,这是因为在扭转变形发生过程中,薄壁圆筒表面没有变化。如果横截面存在正应力,则必使薄壁圆筒面发生变化。

其次,假定横截面上的剪应力方向与径向垂直,如果横截面上的剪应力与径向不垂直,即有径向剪应力分量,其作用结果必然使变形失去轴对称性质,这与实验结果不相符。

第三,由于 t 很小,可以假定横截面上的剪应力在厚度方向上均匀分布而无变化。

以上三个假定,前两个得到了理论和实验的证明,第三个假定是与实际不相符合的,主要是为计算方便。

根据以上假定很容易得出

$$\tau = \frac{T}{2\pi R_0^2 t} = \frac{T}{2A_0 t} \tag{4.8}$$

当 $t \leqslant \dfrac{R_0}{10}$ 时,由式(4.8)计算的结果与精确值非常接近。因此,在筒壁相对很薄时,认为剪应力沿壁厚均匀分布是合理的。

(2)剪应力互等定律　在一圆轴中取一单元体(如图4.19),该单元体的 x 面为圆杆的横截面,y 面为径向面,z 面之一为表面。由于圆杆表面不存在内力,当然也就没有应力可言,故 z 面上没有任何应力。

在 x 面上有剪应力,由 $\sum y = 0$ 的静力平衡条件可知,左右 x 面上分布内力的合力必相等,故两面上的剪应力 τ 的大小相等、方向相反。

由 $\sum M_z = 0$ 可知上面必有剪应力 τ',则

$$(\tau \mathrm{d}y\mathrm{d}z)\ \mathrm{d}x = (\tau' \mathrm{d}x\mathrm{d}z)\ \mathrm{d}y$$

得

$$\tau' = \tau$$

同理,由 $\sum M_z = 0$,可知上、下 y 面上必有大小相等、方向相反的剪应力 τ'。这就是一点的剪应力互等定理:在单元体相互垂直的两个面上,切应力总是成对出现,并且大小相等,方向同时指向或同时背离两个面的交线。单元体在其两对互相垂直的平面上只有切应力而无正应力的状态称为纯剪切应力状态(图4.20)。

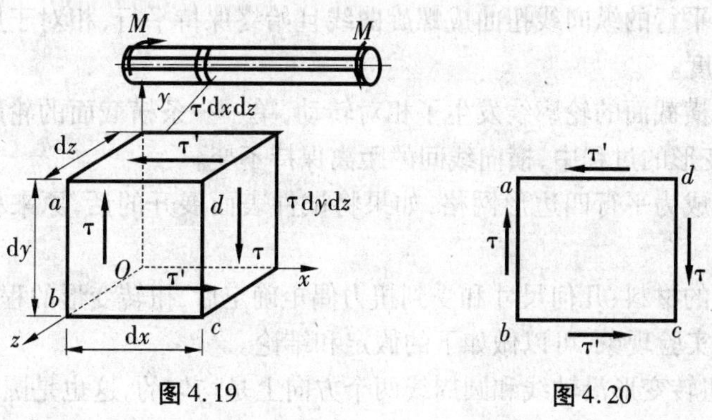

图4.19　　　　图4.20

此定理具有普遍的意义,在其他应力情况下同样成立。

(3)剪切胡克定律的实验验证　通过薄壁圆筒的扭转实验,我们可以得到各种材料

的剪应力 τ 和相应剪应变 γ 的关系。$\tau-\gamma$ 的关系曲线如图 4.21 示,对于大多数材料而言,τ 不是很大时,即 $\tau \leqslant \tau_p$ 时,τ 和 γ 之间是线性的关系,这个极限剪应力 τ_p 叫作剪切比例极限,$\tau-\gamma$ 的线性关系可以写成

$$\tau = G\gamma \tag{4.9}$$

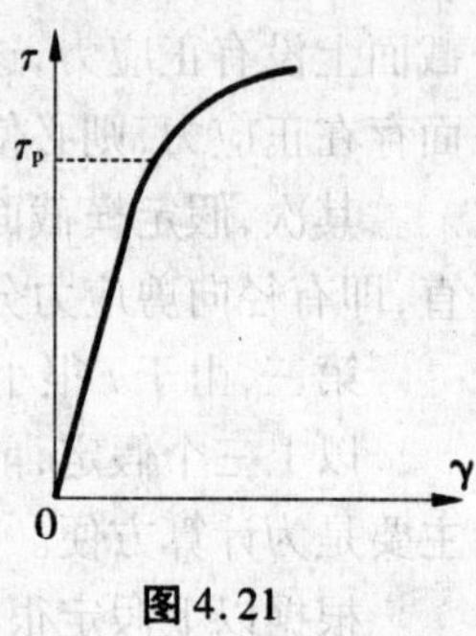

图 4.21

式中,τ 和 γ 的比例常数 G 叫剪切弹性模量,现在我们已经了解了关于材料的 3 个弹性常数,即弹性模量 E,剪切弹性模量 G 和泊松比 ν,可以证明如下结论

$$G = \frac{E}{2(1+\nu)} \tag{4.10}$$

根据上述关系若已知其中的任意两个值,就可以确定第三个量。

4.2.2.2 等直圆轴扭转时横截面上的应力

(1)实验及现象　研究圆轴扭转时横截面上的应力首先要对圆轴试件进行扭转实验。

为了观察圆轴扭转时受变形的规律,同研究薄壁圆筒的扭转一样,试件受扭前,在圆截面直杆的表面上画上许多等距离的平行于杆轴线方向的纵向线和垂直于杆轴线方向的圆周线,这些线条将圆杆表面分成多个矩形网格,如果横向线的间距相等,而纵向线间的距离也相等,那么这些矩形网格就是相等的,如图 4.22(a)所示。在杆件两端施加外力偶矩,圆杆产生扭转变形,如图 4.22(b)所示。

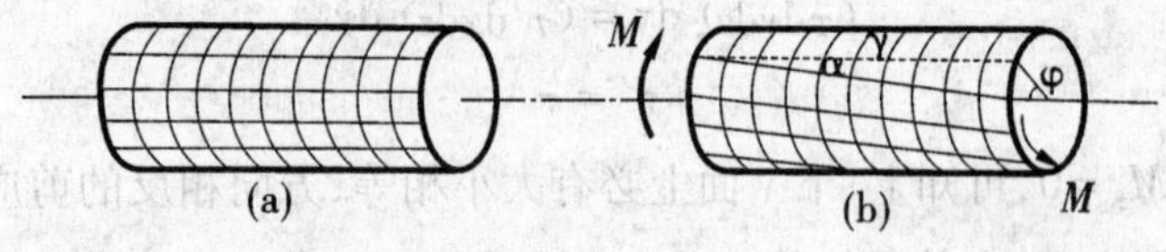

图 4.22

观察扭转实验可得以下现象,归结如下:

1)原来相互平行的纵向线扭曲成螺旋曲线且始终保持平行,相对于原来的位置有一个共同的倾斜角度。

2)横向线即横截面的轮廓线发生了相对转动,单一一条横截面的轮廓线始终在同一平面内,在扭转变形的过程中,横向线间的距离保持不变。

3)矩形网格成为平行四边形网格,如果将试件表面展开的话,原来相等的矩形网格有相同的变化。

4)圆轴试件的材料、几何尺寸和受到扭力偶矩确定后,扭转变形的程度量是确定的。

根据前述的实验现象,可以做如下的假定和结论。

第一,圆轴扭转变形沿轴线和圆周线两个方向上是均匀的,这也是圆轴扭转受力和变形的轴对称性。

第二,圆轴扭转后各截面之间的距离不变,圆轴扭转变形过程中横截面上也不会发生正应力,这一点很容易从实验现象中得到证明。

第三,横截面上有剪应力,但剪应力的方向是与径向垂直的,即横截面上的剪应力没有径向方向的分量,这一点与圆轴扭转变形的轴对称性质相一致。

第四,圆轴扭转过程中,可以认为各横截面始终保持平面,即圆轴扭转后,其横截面的大小、形状和间距保持不变,只是绕轴线转了一个角度,这一假设称为圆轴扭转的平面假设。

(2)圆轴扭转的应力

1)几何变形方面　根据以上假设和结论便可进一步讨论杆内一点的应变规律。为此,现在我们从圆轴中截取出一微段长度的楔形体 O_1O_2ABCD 为研究对象,如图4.23(b)所示,图中 O_1O_2 是圆轴的轴线段,长度取为 $\mathrm{d}x$,该微段表面上的纵向线 AD 和 BC 均转过了 γ 角,此角即为圆轴表面上的矩形 $ABCD$ 变成了平行四边形 $ABC'D'$ 后,直角 $\angle DAB$ 和 $\angle ABC$ 的改变量。假如左截面位置不动,右截面相对于左截面转过来微扭角 $\mathrm{d}\varphi$,如图4.23(c),DC 边相对 AB 边发生微小错动,错动的距离为 DD' 或 CC'。同理,距离轴心为 ρ 的任意位置处的剪应变应为 γ_ρ,dc 边相对于 ab 边错动的距离为 cc' 或 dd'。

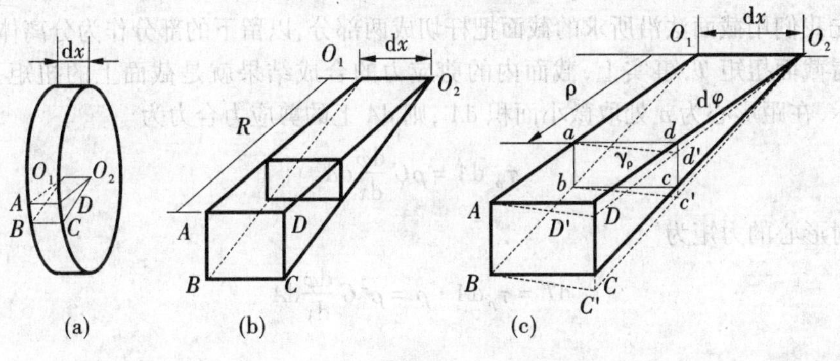

图4.23

由几何关系可知

$$r_\rho = \frac{dd'}{ad} = \frac{\rho \mathrm{d}\varphi}{\mathrm{d}x} = \rho\,\frac{\mathrm{d}\varphi}{\mathrm{d}x} \tag{4.11}$$

当 $\rho = R$ 时

$$\gamma_\rho \approx \mathrm{tg}\gamma = \frac{\overline{DD'}}{\mathrm{d}x} = \frac{R\mathrm{d}\varphi}{\mathrm{d}x}$$

由于 $\dfrac{\mathrm{d}\varphi}{\mathrm{d}x}$ 在同一横截面上是一常数,称为单位长度的扭转角。

由实验现象可知:由于扭转变形沿长线方向的均匀性,故 $\dfrac{\mathrm{d}\varphi}{\mathrm{d}x} = \dfrac{\varphi}{l} =$ 常量。式中,φ 为两端截面相对的转动角度,l 是两端截面的距离,即轴的长度。再根据扭转变形的轴对称性,我们得到横截面上的剪应变的分布规律,即剪应变沿半径方向是线性的,形心处的剪应变为零而最外边的剪应变最大。这就是扭转时的变形条件。

2)物理关系　式(4.11)仅表达了等直圆杆在扭转时横截面上各点的变形规律。若要找到各点的应力变化规律,则需要借助于材料应变与应力之间的关系,即物理条件—剪切胡克定律:当材料处于弹性范围内,剪应力不超过材料的剪切比例极限时,剪应力与剪

应变成正比关系。用 τ_ρ 表示横截面上距轴心为 ρ 处的剪应力，由剪切胡克定律可知

$$\tau_\rho = G\gamma_\rho$$

根据以上几何变形条件和物理关系，就可推导出等直圆杆横截面上剪应力的分布规律了。现设对应于剪应变 γ_ρ 的剪应力为 τ_ρ，其方向则应垂直于半径。根据剪应力在圆轴横截面上的分布规律式(4.11)，得

$$\tau_\rho = G\gamma_\rho = \rho G \frac{\mathrm{d}\varphi}{\mathrm{d}x} \tag{4.12}$$

式(4.12)表达了横截面上剪应力的分布规律。由于同一横截面上 $G\frac{\mathrm{d}\varphi}{\mathrm{d}x}$ 是一常数，所以上式表明：横截面上任一点的剪应力 τ_ρ 的大小与该点到圆心的距离成正比。显然，剪应力在圆周上为最大，而在圆心处则为零。实心圆轴和空心圆轴剪应力的分布见图 4.24。

(3)圆轴扭转基本公式　由变形条件和物理条件已导出了剪应力的分布规律，下面进一步用静力平衡条件建立起横截面剪应力与横截面扭矩之间的关系，推导出剪应力的计算公式。

首先我们用截面法沿所求的截面把杆切成两部分，以留下的部分作为分离体，用平衡条件求得截面扭矩 T，事实上，截面内的剪应力的合成结果就是截面上的扭矩 T。如图 4.25所示，在距形心为 ρ 处取微小面积 $\mathrm{d}A$，则 $\mathrm{d}A$ 上的剪应力合力为

$$\tau_\rho \mathrm{d}A = \rho G \frac{\mathrm{d}\varphi}{\mathrm{d}x}\mathrm{d}A$$

该合力对形心的力矩为

$$\mathrm{d}T = \tau_\rho \mathrm{d}A \cdot \rho = \rho^2 G \frac{\mathrm{d}\varphi}{\mathrm{d}x}\mathrm{d}A$$

进而

$$T = \int_A \mathrm{d}T = \int_A \rho^2 G \frac{\mathrm{d}\varphi}{\mathrm{d}x}\mathrm{d}A = \mathrm{G}\frac{\mathrm{d}\varphi}{\mathrm{d}x}\int_A \rho^2 \mathrm{d}A \tag{4.13}$$

$$I_\rho = \int_A \rho^2 dA$$

则有

$$\frac{\mathrm{d}\varphi}{\mathrm{d}x} = \frac{T}{GI_\rho}$$

式中　I_ρ 叫作截面的极惯性矩，是由截面的几何尺寸决定的，是截面常量，它的量纲是[长度]^4，我们将式(4.13)称为圆轴扭转时的基本公式。

(4)圆轴扭转时的剪应力和剪应变公式　将式(4.13)代入到剪应力和剪应变的分布规律中，可得横截面上任意点的剪应力

$$\tau_\rho = \frac{T}{I_\rho} \cdot \rho \tag{4.14}$$

横截面上任意点的剪应变

$$\gamma = \frac{T}{GI_\rho} \cdot \rho \tag{4.15}$$

式中　GI_ρ 叫作截面的抗扭截面系数。

对于圆截面，$\tau_\rho|_{\rho=0}=0$，横截面边缘点的剪应力

$$\tau_\rho|_{\rho=D/2}=\tau_{\max}=\frac{T}{I_\rho}\cdot\frac{D}{2}=\frac{T}{W_\rho} \tag{4.16}$$

式中　$W_\rho=\dfrac{I_\rho}{\dfrac{D}{2}}$ 叫作抗扭截面模量，也是由截面几何尺寸所决定的一个常量，其量纲是[长度]^3，它只与截面的几何形状和尺寸有关。当扭矩一定时，最大剪应力与抗扭截面模量成反比，说明 W_ρ 是反映圆轴抵抗破坏能力的一个几何量。W_ρ 越大，杆轴越不容易发生破坏。

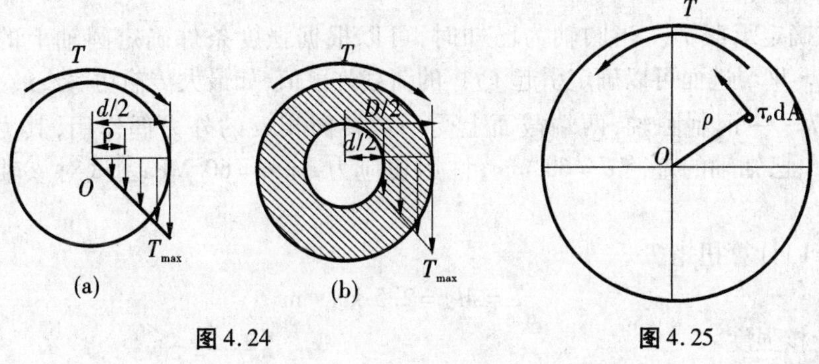

图 4.24　　图 4.25

对于实心圆截面

$$I_\rho=\frac{\pi D^4}{32}$$

$$W_\rho=\frac{I_\rho}{\dfrac{D}{2}}=\frac{\dfrac{\pi D^4}{32}}{\dfrac{D}{2}}=\frac{\pi D^3}{16}$$

对于外直径为 D 内直径为 d 的空心圆环截面

$$I_\rho=\frac{\pi(D^4-d^4)}{32}\approx 0.1(D^4-d^4)$$

$$W_\rho=\frac{\pi(D^4-d^4)}{16D}=\frac{\pi D^3}{16}(1-\alpha^4)\approx 0.2\,\frac{D^4-d^4}{D}$$

4.2.2.3　圆轴扭转时的强度条件

(1)圆杆扭转时的强度条件　圆杆扭转时必须具有足够的强度才能安全工作，其强度条件为：杆件内的最大工作应力应不超过材料的许用剪应力。即

$$\tau_{\max}\leqslant[\tau] \tag{4.17}$$

对于等直圆杆，在圆柱表面处有最大剪应力 $\tau_{\max}$，其计算式为

$$\tau_{\max}=\frac{T_{\max}}{W_\rho}\leqslant[\tau] \tag{4.18}$$

式中　$[\tau]$ 叫作许用剪应力，材料的许用剪应力 $[\tau]$ 可从有关手册中查找。由扭转实验可知，在静荷载作用下，同种材料的许用剪应力$[\tau]$与许用拉应力$[\sigma]$之间存在以下关系：

塑性材料　　$[\tau]=(0.6\sim0.8)[\sigma]$

脆性材料　　$[\tau]=(0.8\sim1.0)[\sigma]$

(2)根据强度条件，我们可以做三个方面的强度计算。

第一，强度校核。已知圆轴的材料，内外直径和许用剪应力，又已知圆轴的扭矩，我们就可以通过计算确定轴内的 $\tau_{\max}$，进而对圆轴的强度进行校核。

第二，截面设计。已知圆轴材料的许用应力，和圆轴所受的扭矩，设计圆轴的截面，即用公式 $W_\rho\geqslant\dfrac{T}{[\tau]}$，进而由 W_ρ 确定内外直径。

第三，确定承载力。当圆轴为已知时，可以根据强度条件确定圆轴上的许可扭矩 $[T]=[\tau]\cdot W_\rho$，进而可以确定引起 $[T]$ 的荷载许可值，如最大传输功率或最小转速等。

例 4.7　一钢制圆轴，两端截面上受一对转向相反的外力偶作用，其力偶矩 $M=2.5\ \text{kN}\cdot\text{m}$，已知轴的直径 $d=60\ \text{mm}$，许用切应力 $[\tau]=60\ \text{MPa}$。试对该轴进行强度校核。

解　(1)计算扭矩 T

$$T=M_e=2.5\ \text{kN}\cdot\text{m}$$

(2)校核强度

圆轴受扭时最大切应力发生在横截面的边缘上，按式(4.18)计算，得

$$\tau_{\max}=\frac{T}{W_\rho}=\frac{T}{\dfrac{\pi D^3}{16}}=\frac{2.5\times10^6\times16}{3.14\times60^3}=59\ \text{MPa}<[\tau]=60\ \text{MPa}$$

故轴满足强度要求。

4.2.2.4　圆轴扭转时的刚度条件

(1)扭转变形　计算杆件受扭时的变形也就是计算构件横截面的转动角度——扭转角 φ。

图 4.14 所示长为 L 的等直圆杆，两端截面受扭矩 T 作用，设左端截面相对不动，求右端截面的相对转角 φ。根据剪应力公式推导中曾得到的式子(4.13)

$$T=G\frac{\mathrm{d}\varphi}{\mathrm{d}x}\int_A\rho^2\mathrm{d}A.$$

$$I_\rho=\int_A\rho^2\mathrm{d}A$$

则
$$G\frac{\mathrm{d}\varphi}{\mathrm{d}x}I_\rho=T$$

可得单位长度内的扭转角

$$\frac{\mathrm{d}\varphi}{\mathrm{d}x}=\frac{T}{GI_\rho}$$

于是相距为 L 的两横截面的相对转角

$$\varphi = \int_0^l \mathrm{d}\varphi = \int_0^l \frac{T}{GI_\rho}\mathrm{d}x = \frac{TL}{GI_\rho} \tag{4.19}$$

上式所求扭转角 φ 的单位是弧度。式(4.19)的形式与等直杆受拉(压)的胡克定律 $\Delta l = \frac{Nl}{EA}$ 相似,因此它又称为等直圆杆扭转时的胡克定律。公式表明当截面剪应力达到材料的比例极限之前,扭转角 φ 与扭矩 T、轴长 L 成正比,而与横截面的极惯性矩 I_ρ 成反比。式中的 GI_ρ 称为等直圆杆的抗扭刚度。显然,当 T 为常数,GI_ρ 值越大,则扭转角越小。

如果工程中的某些圆截面杆件(如机器上的传动轴),要求考虑扭转变形的刚度问题,通常规定圆杆最大单位长度转角 $\frac{\mathrm{d}\varphi}{\mathrm{d}x} = \frac{T}{GI_\rho}$ 不得超过规定的许用值 $[\frac{\varphi}{l}]$,即刚度条件

$$\frac{\varphi}{l} = \frac{T_{\max}}{GI_\rho} \leqslant \left[\frac{\varphi}{l}\right] \tag{4.20}$$

上式中 $\frac{\varphi}{l}$ 的单位为 rad/m。

由于工程中 $\left[\frac{\varphi}{l}\right]$ 的单位习惯上用度/米(°/m),故常将刚度条件表示为

$$\frac{\varphi}{l} = \frac{T_{\max}}{GI_\rho} \times \frac{180}{\pi} \leqslant \left[\frac{\varphi}{l}\right] \quad (°/\mathrm{m}) \tag{4.21}$$

与强度计算类似,根据刚度条件,也可以对圆轴进行三个方面的计算,即刚度校核,截面设计和确定许可荷载。

例 4.8 阶梯轴 AB 如图 4.26 所示,AC 段直径 $d_1 = 40$ mm,CB 段直径 $d_2 = 70$ mm,外力偶矩 $M_B = 1\ 500$ N·m,$M_A = 600$ N·m,$M_C = 900$ N·m,$G = 80$ GPa,$[\tau] = 60$ MPa,$[\frac{\varphi}{l}] = 2$(°/m)。试校核该轴的强度和刚度。

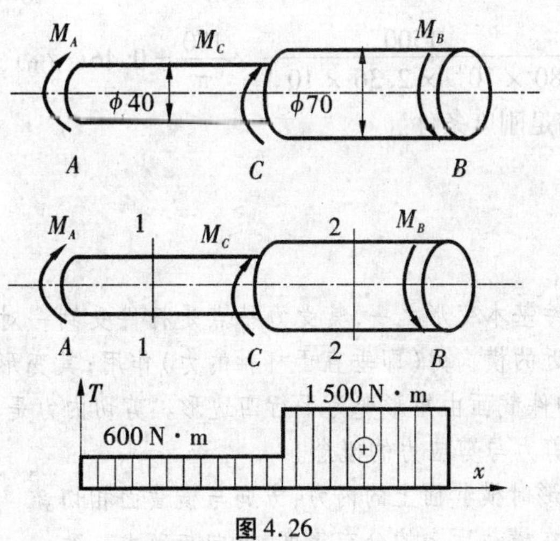

图 4.26

解 (1)画扭矩图

将轴分为2段,逐段计算扭矩。

对 AC 段 $T_1=600\ \text{N}\cdot\text{m}$;

对 CB 段 $T_2=1\ 500\ \text{N}\cdot\text{m}$

根据计算结果,按比例画出扭矩图,如图4.26。

(2)校核轴的强度

AC 段

$$\tau_{\max}=\frac{T_1}{W_{\rho1}}=\frac{600}{\frac{\pi 0.04^3}{16}}=47.7\ \text{MPa}\leqslant[\tau]=60\ \text{MPa}$$

AC 段强度安全。

CB 段

$$\tau_{\max}=\frac{T_2}{W_{\rho2}}=\frac{1\ 500}{\frac{\pi 0.07^3}{16}}=22.3\ \text{MPa}\leqslant[\tau]=60\ \text{MPa}$$

CB 段强度安全。

(3)校核轴的刚度

$$I_{\rho1}=\frac{\pi d_1^4}{32}=\frac{\pi 0.04^4}{32}=2.51\times10^{-7}\ \text{m}^4$$

$$I_{\rho2}=\frac{\pi d_2^4}{32}=\frac{\pi 0.07^4}{32}=2.36\times10^{-6}\ \text{m}^4$$

AC 段

$$\frac{\varphi}{l}=\frac{T_1}{GI_{p1}}\times\frac{180}{\pi}=\frac{600}{80\times10^9\times2.51\times10^{-7}}\times\frac{180}{\pi}=1.71(°/\text{m})\leqslant\left[\frac{\varphi}{l}\right]=2(°/\text{m})$$

CB 段

$$\frac{\varphi}{l}=\frac{T_2}{GI_{p2}}\times\frac{180}{\pi}=\frac{1500}{80\times10^9\times2.36\times10^{-6}}\times\frac{180}{\pi}=0.46(°/\text{m})\leqslant\left[\frac{\varphi}{l}\right]=2(°/\text{m})$$

AC 段、CB 段均满足刚度条件。

章后小结

1. 剪切变形是构件基本变形之一,其受力特点是杆件受到一对大小相等、方向相反、作用线平行且相距很近的横向力(即垂直于杆轴的力)作用;其变形特点是相邻截面发生相对错动,受剪部位构件截面由矩形变为平行四边形。剪切内力是剪力 F_s,剪应力 τ。

2. 注意正确理解剪力与剪应力的概念。

(1)剪力:剪切变形时横截面上的内力,方向与横截面相切。

(2)剪应力:剪力在横截面上的分布集度,方向与剪力一致。

3. 注意正确理解挤压力与挤压应力的概念。

(1)挤压力:作用在接触面上的压力。

(2)挤压应力:接触面上挤压力的分布集度。

4. 了解连接件的实用计算。为保证构件的正常工作,满足三个条件。

(1)假设剪切面上的剪应力均匀分布,由此得出剪切强度条件为

$$\tau = \frac{F_s}{A_s} \leqslant [\tau]$$

(2)假设挤压面上的挤压应力均匀分布,由此得出挤压强度条件为

$$\sigma_{bs} = \frac{F_{bs}}{A_{bs}} \leqslant [\sigma_{bs}]$$

(3)连接板拉伸的强度条件为

$$\sigma = \frac{F}{A_j} \leqslant [\sigma]$$

实践证明,上述实用计算方法在工程实际中是切实可行的,在求解此类问题的过程中,关键在于确定剪切面和挤压面。

5. 扭转是工程机械中传动轴所对应的基本变形,其受力特点是构件受到一对大小相等、转向相反、垂直于杆件轴线的力偶作用;其变形特点是轴上横截面绕轴产生相对转动,即扭转角,内力是扭矩 T,求解扭矩的方法也是截面法。扭矩 T 的正负由右手螺旋法则来判断。绘制扭矩图时,同样要注意 T 值的正负并在图上标明。

6. 外力偶矩与功率、转速之间的换算关系为

$$M = 9.55\frac{N_{\mathrm{k}}}{n}\quad (\mathrm{kN \cdot m})\text{或}\ M = 7.02\frac{N_{\mathrm{HP}}}{n}\quad (\mathrm{kN \cdot m})$$

7. 薄壁圆筒的扭转、剪应力互等定理和剪切胡克定律

薄壁圆筒扭转时横截面上的剪应力沿筒壁均匀分布,其公式为

$$\tau = \frac{T}{2\pi R_0^2 t} = \frac{T}{2\mathrm{A}_0 t}$$

在两个互相垂直的平面上,垂直于公共棱边的剪应力成对存在,且大小相等,方向指向(或背离)公共棱边,这一关系称为剪应力互等定理。其表达式是:$\tau' = \tau$。

当剪应力不超过材料的剪切比例极限 τ_ρ 时,剪应力 τ 与剪应变 γ_ρ 成正比,即 $\tau = G\gamma$,这种关系称为剪切胡克定律。

8. 扭转时横截面上只有剪应力 τ,其值分布规律:圆心处的剪应力为零,圆周处剪应力最大,其他各点处的应力沿半径按线性规律变化。剪应力公式为

$$\tau_\rho = \frac{T}{I_\rho}\cdot\rho$$

9. 圆轴扭转的强度条件为

$$\tau_{\max} = \frac{|T|_{\max}}{W_\rho} \leqslant [\tau]$$

10. 圆轴扭转时的变形和刚度条件:圆轴扭转时的变形是用两个横截面绕轴线发生的相对转角即扭转角来度量的,对于同种材料制成的等截面圆轴,在杆长为 L 的两端面间的

相对扭转角：$\varphi = \dfrac{TL}{GI_\rho}$

圆轴扭转时的刚度条件为：$\dfrac{\varphi}{l} = \dfrac{T_{\max}}{GI_\rho} \leqslant \left[\dfrac{\varphi}{l}\right]$

圆轴扭转时的强度和刚度计算，可解决三个方面的工程实际问题，即强度和刚度校核、设计截面和确定荷载。

思考题

1. 剪切变形的受力特点和变形特点是什么？
2. 何谓挤压？它与轴向压缩有什么区别？
3. 剪应力与正应力有什么区别？
4. 实际挤压面与计算挤压面是否相同？
5. 指出图 4.27 中构件的剪切面和挤压面的位置及大小。
6. 扭转变形的受力特点和变形特点是什么？
7. 在强度相同的条件下，空心轴的材料为什么比实心轴更能得以充分发挥？

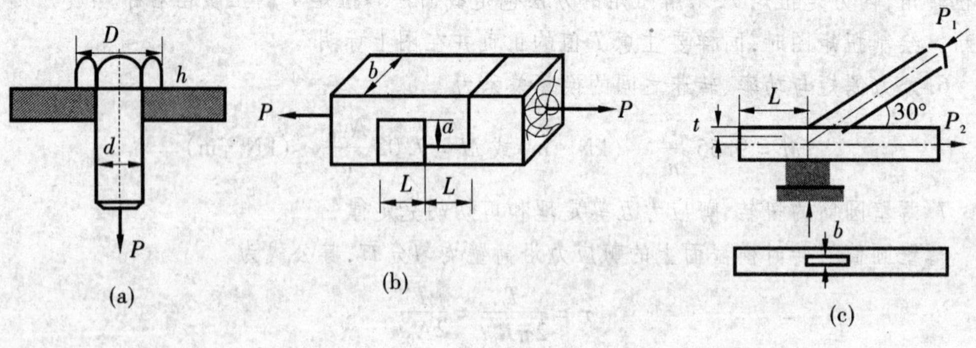

图 4.27

习　题

1. 如图 4.28 在铆接头中，已知钢板的 $[\sigma] = 170$ MPa，铆钉的 $[\tau] = 140$ MPa，许用挤压应力 $[\sigma_{bs}] = 320$ MPa，试校核强度。

2. 如图 4.29 所示木杆接头，截面宽度 $b=250$ mm，木材的顺纹挤压容许应力$[\sigma_{bs}]=10$ MPa，顺纹许用切应力$[\tau]=1$ MPa。已知轴向力 $F=50$ kN，试根据剪切和挤压强度确定接头的尺寸 L 和 a。

3. 如图 4.30 所示：厚度为 $t_1=12$ mm 的主钢板用两块厚度为 $t_2=6$ mm 的同样材料的盖板对接。已知铆钉直径为 $d=2$ cm，钢板的许用拉应力$[\sigma]=160$ MPa，钢板和铆钉许用剪应力和许用挤压应力相同，分别为 $[\tau] = 100$ MPa，$[\sigma_{bs}] = 280$ MPa。(1) 若 $F=250$ kN，试求每边所需的铆钉个数 n；(2) 若铆钉按图 4.30(a) 排列，所需板宽 b 为多少？

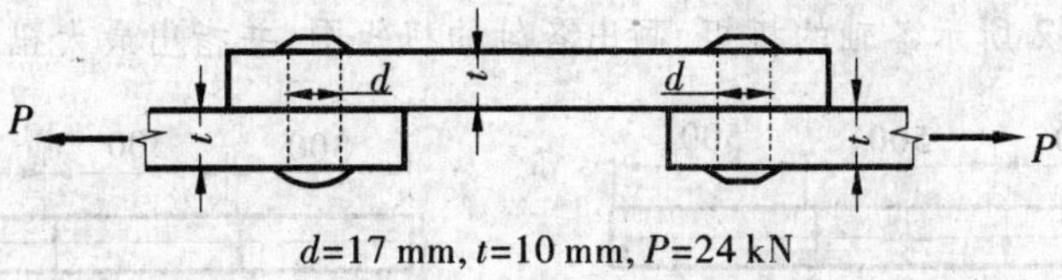

$d=17\ \text{mm}, t=10\ \text{mm}, P=24\ \text{kN}$

图 4.28

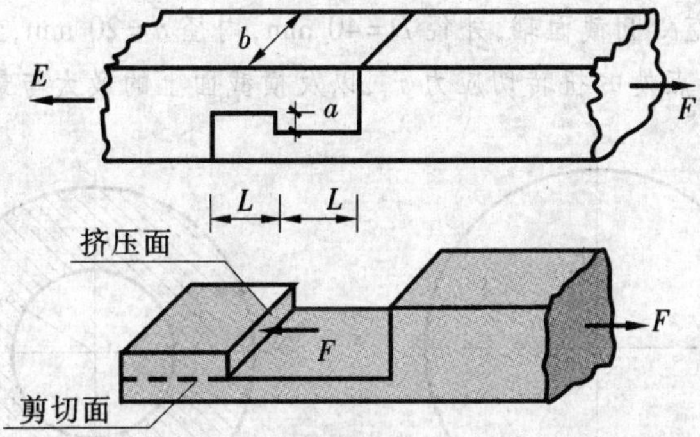

图 4.29

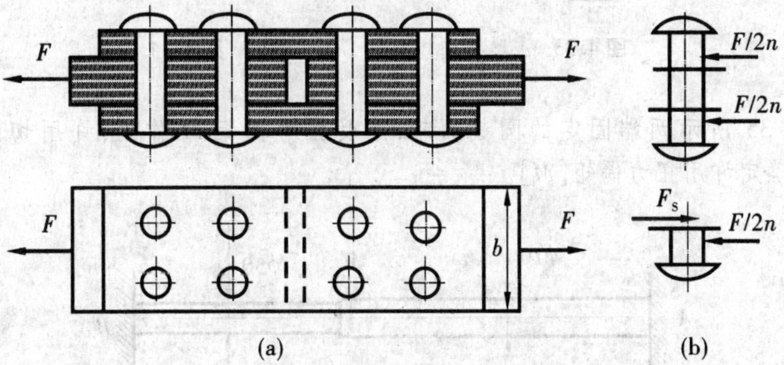

图 4.30

4. 计算图 4.31 示传动轴上作用在各轮处的外力偶矩,分析各段扭矩并作扭矩图。

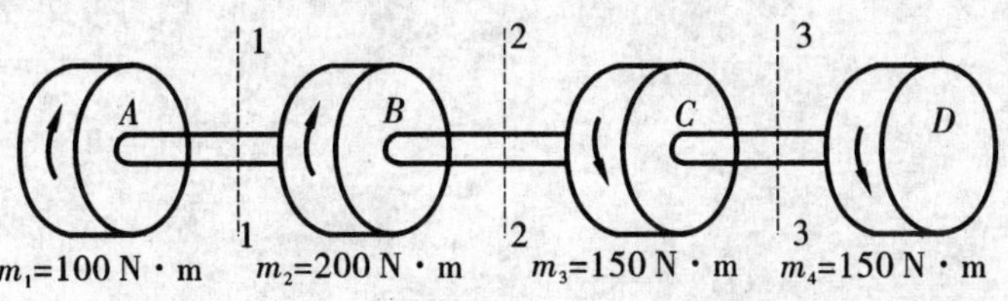

图 4.31

5. 试求图 4.32 所示各轴的扭矩，画出各轴的扭矩图，并指出最大扭矩值。

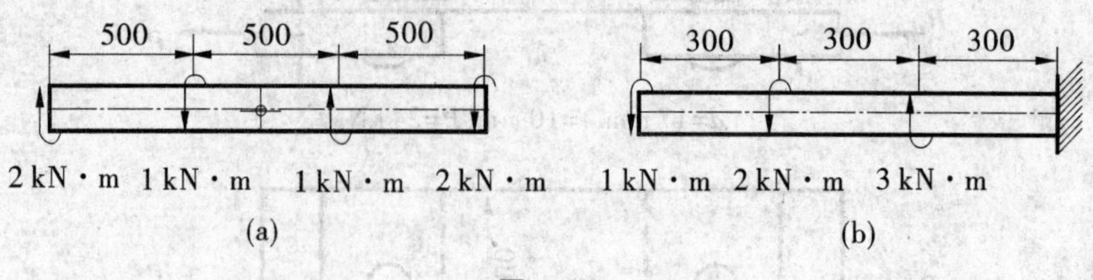

图 4.32

6. 图 4.33 所示圆截面轴，直径 $d=50$ mm，扭矩 $T=1$ kN · m。试计算 $\rho_A=20$ mm 的 A 点处的扭转切应力 τ_A，以及横截面上的最大扭转切应力 τ_{max}。

7. 图 4.34 所示空心圆截面轴，外径 $D=40$ mm，内径 $d=20$ mm，扭矩 $T=1$ N · m。试计算 $\rho_A=15$ mm 的 A 点处的扭转切应力 τ_A，以及横截面上的最大与最小扭转切应力。

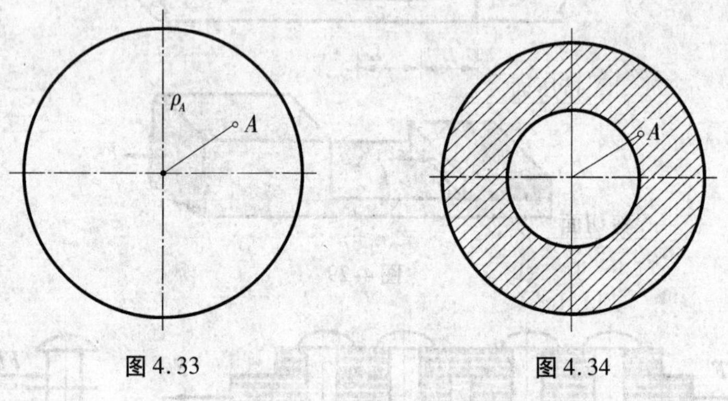

图 4.33　　图 4.34

8. 图 4.35 所示两端固定的圆截面轴，承受扭力偶矩 M 作用，许用切应力 $[\tau]=60$ MPa，试确定许用扭力偶矩 $[M]$。

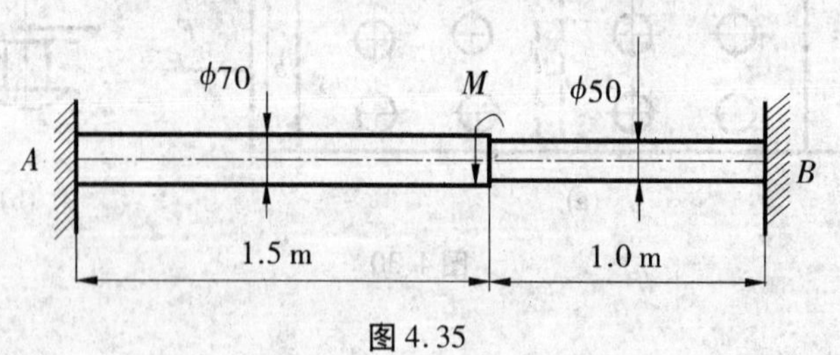

图 4.35

第5章 平面图形的几何性质

教学提示 能正确理解平面图形几何性质的基本概念。熟悉平面图形的形心、静矩、惯性矩、惯性积等概念,会简单图形惯性矩和静积的计算,以及利用平行移轴定理对指定坐标轴的惯性矩和组合图形的形心轴惯性矩的计算方法。

构件的横截面都是具有一定几何形状的平面图形,凡与平面图形的形状、尺寸有关的几何量都叫平面图形的几何性质。计算杆件在外力作用下的应力和变形时,常用到横截面的几何性质,它是影响构件承载能力的重要因素之一。例如在计算拉(压)杆时所用到的横截面面积 A,计算杆在扭转时所用到的极惯性矩 I_P,以及在弯曲等问题的计算中所用到的横截面面积矩、惯性矩和惯性积等。常见的几何量包括:形心、静矩、惯性矩、惯性半径、极惯性矩、惯性积、主轴等,统称为“平面图形的几何性质”。

5.1 形心

5.1.1 形心的概念

工程实际中的构件,其几何形状一般都是一些简单的几何图形,其形心位置是已知的,截面形心就是截面图形的几何中心。当平面图形具有对称中心时,对称中心就是形心,例如圆形、圆环、正方形,它们的形心就是对称中心;具有两个对称轴的平面图形,形心就在对称轴的交点上(图5.1);只有一个对称轴的平面图形,其形心一定在对称轴上,具体在对称轴的哪一点,则需经过计算才能确定。例如图5.1中的倒T形和槽形截面,其形心一定在对称轴 y 轴上,而坐标 y_c 的值则需通过计算确定。

通过形心的坐标轴称为形心轴。

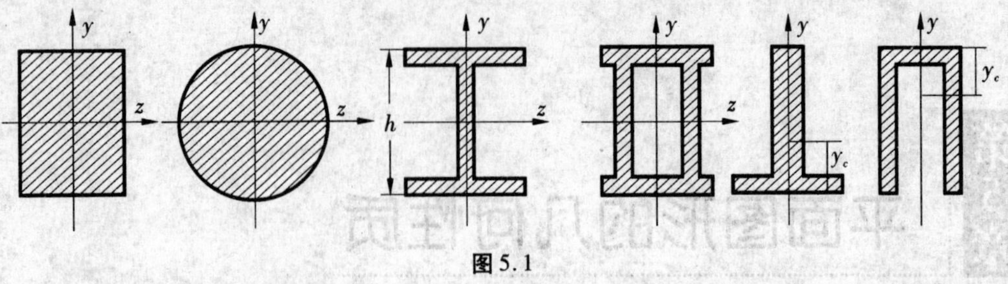

图 5.1

5.1.2 形心坐标计算公式

在静力学中可知一般物体的重心坐标公式

$$X_C = \frac{\sum \Delta G_i \cdot x_i}{G}$$

$$Y_C = \frac{\sum \Delta G_i \cdot y_i}{G} \tag{5.1}$$

$$Z_C = \frac{\sum \Delta G_i \cdot z_i}{G}$$

当整个物体质量均匀，则物体每单位体积的重量 γ 是常数，将匀质物体分成许多小微块，用 $\Delta V_1, \Delta V_2, \cdots, \Delta V_n$ 分别表示每一小微块的体积，整个物体的体积为 V，则有

$$\Delta G_1 = \gamma \cdot \Delta V_1 \quad, \Delta G_2 = \gamma \cdot \Delta V_2 , \quad \cdots \quad \Delta G_n = \gamma \cdot \Delta V_n$$

代入式(5.1)可得均匀物体的重心坐标公式

$$X_C = \frac{\sum \Delta V_i \cdot x_i}{V}$$

$$Y_C = \frac{\sum \Delta V_i \cdot y_i}{V} \tag{5.2}$$

$$Z_C = \frac{\sum \Delta V_i \cdot z_i}{V}$$

由上式可知：匀质物体的重心完全取决于物体的几何形状，与物体的重量无关。由物体的几何形状和尺寸所决定的物体的几何中心，称为形心。所以式(5.2)也是立体图形形心的坐标公式。对于匀质物体来说，形心和重心是重合的。

对于很薄的匀质平板，其厚度比起长度和宽度的尺寸小得很多，因而厚度可略去不计，则其重心必在平板所在的平面上。因此，其重心坐标只有 Z_C、Y_C 两个值，又因等厚平板的面积与其体积成正比，式(5.2)中体积可以用面积来代替，因此可得匀质薄板重心的坐标公式

$$Z_C = \frac{\sum \Delta A_i \cdot z_i}{A}$$

$$Y_C = \frac{\sum \Delta A_i \cdot y_i}{A} \tag{5.3}$$

式(5.3)也是平面图形形心的坐标公式。

薄板的形心一定在平面上,曲面的形心不一定在曲面上(图5.2)。

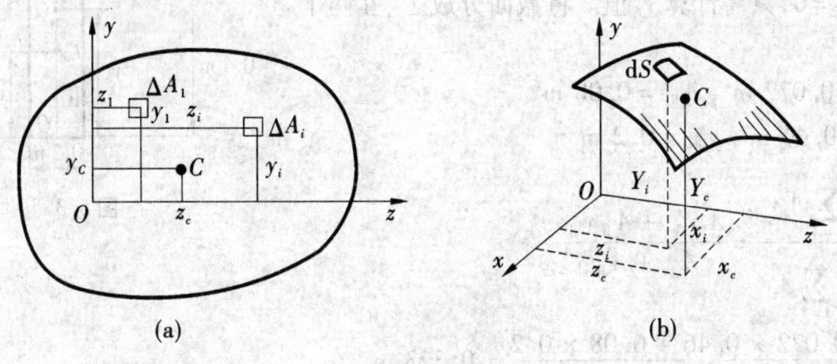

图5.2

5.1.3　组合图形的形心坐标

建筑工程中常用构件的截面形状,除简单的平面图形外,一般都可划分成几个简单平面图形的组合,习惯上称为组合图形。

当物体或平面图形由几个基本部分组成,而每个组成部分的重心或形心的位置又已知时,可按前边得到的公式来求它们的重心或形心,这种方法称为组合法。

(1)分割法　当物体或平面图形由几个简单图形组成,而每个组成部分的重心或形心的位置又已知时,在计算它们的形心时,可先将其分割为几块基本图形,先确定出每块图形的形心位置与面积,然后利用形心计算公式求出整体的形心位置,此法称为分割法。

例如图5.3中的T形截面,可以视为两个矩形的组合。若两个矩形的面积是A_1、A_2,它们的形心到坐标轴z的距离分别为y_1、y_2,则T形截面的形心坐标为

$$y_c = \frac{A_1 \cdot y_1 + A_2 \cdot y_2}{A_1 + A_2}$$

更一般的,当组合图形可以划分若干个简单平面图形时,组合图形的形心坐标公式

$$y_c = \frac{\sum A_i \cdot y_i}{A}$$

式中　A——组合截面的全面积;

y_c——组合截面对z轴的形心坐标;

A_i——组合截面中各部分的截面面积;

y_i——各部分面积对z轴的形心坐标;

同理可得

$$z_C = \frac{\sum A_i \cdot z_i}{A}$$

(2)负面积法　仍然用分割法的公式,只不过去掉部分的面积用负值。

例5.1　图5.3所示为对称T形截面,求该截面的形心位置。

解 建立直角坐标系 zOy，其中 y 为截面的对称轴。因图形相对于 y 轴对称，其形心一定在该对称轴上，因此 $z_C=0$，只需计算 y_C 值。将截面分成Ⅰ、Ⅱ两个矩形，则

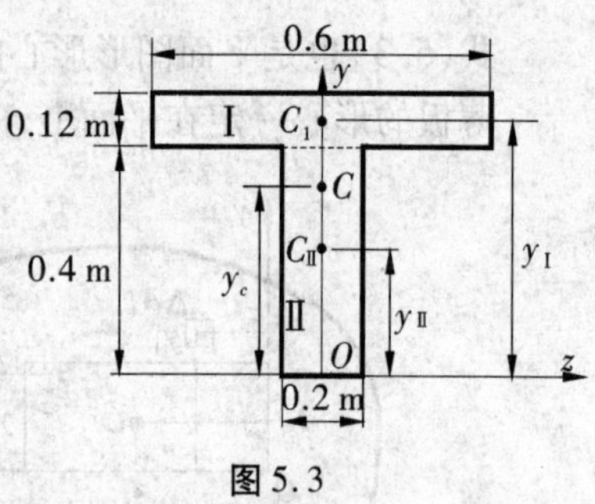

图 5.3

$$A_{Ⅰ}=0.072\ m^2,\ A_{Ⅱ}=0.08\ m^2$$

$$y_{Ⅰ}=0.46\ m,\ y_{Ⅱ}=0.2\ m$$

$$y_c=\frac{\sum_{i=1}^{n}A_i y_c}{\sum_{i=1}^{n}A_i}=\frac{A_{Ⅰ}y_{Ⅰ}+A_{Ⅱ}y_{Ⅱ}}{A_{Ⅰ}+A_{Ⅱ}}$$

$$=\frac{0.072\times0.46+0.08\times0.2}{0.072+0.08}=0.323\ m$$

例 5.2 角钢截面的尺寸如图 5.4(a)所示，试求其形心位置。

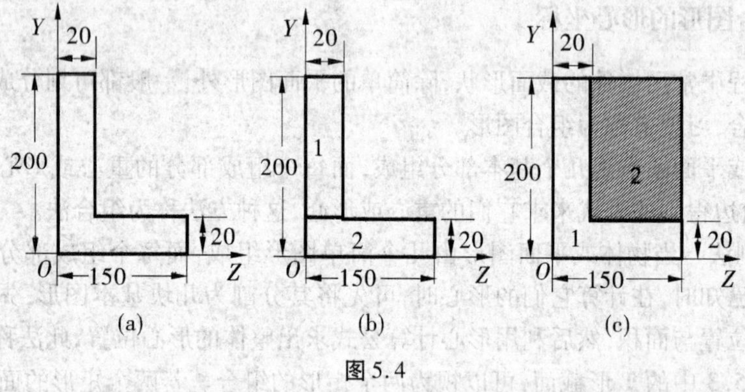

图 5.4

解 (1)取 Ozy 坐标系如图 5.4(b)所示，将角钢分割成两个矩形，则其面积和形心为：

$$A_1=(200-20)\times20=3\ 600\ mm^2$$

$$z_1=10\ mm \qquad y_1=110\ mm$$

$$A_2=150\times20=3\ 000\ mm^2$$

$$z_2=75\ mm \qquad y_2=10\ mm$$

$$y_c=\frac{A_1y_1+A_2y_2}{A_1+A_2}=64.5\ mm$$

$$z_C=\frac{A_1z_1+A_2z_2}{A_1+A_2}=39.5\ mm$$

(2)另一种解法：负面积法

将截面看成是从 200 mm×150 mm 的矩形中挖去图 5.4(c)中的小矩形(虚线部分)而得到：

$$A_1=200\times150=30\ 000\ mm^2$$

$$z_1=75\ mm \qquad y_1=100\ mm$$

$$A_2 = -180 \times 130 = -23\ 400\ \text{mm}^2$$

$$z_2 = 85\ \text{mm} \qquad y_2 = 110\ \text{mm}$$

$$z_C = \frac{30000 \times 75 - 23400 \times 85}{30000 - 23400} = 39.5\ \text{mm}$$

两种方法结果相同。

5.2　静矩

5.2.1　静矩定义

任意平面几何图形如图5.5所示,在其上取面积微元 $\mathrm{d}A$,微元 $\mathrm{d}A$ 在 yOz 坐标系中的坐标为 z、y,把乘积 $z\mathrm{d}A$ 及 $y\mathrm{d}A$ 分别称为微面积 $\mathrm{d}A$ 对 y 轴和 z 轴的静矩。即

$$\mathrm{d}S_z = y\mathrm{d}A$$

$$\mathrm{d}S_y = z\mathrm{d}A$$

而对整个图形而言,计算其总和,称为图形对该轴的静矩(或面积矩),用 S_y 和 S_z 表示。整个截面对 z 轴、y 轴的静矩可用下式来定义

$$S_z = \int_A y\mathrm{d}A$$

$$S_y = \int_A z\mathrm{d}A \tag{5.4}$$

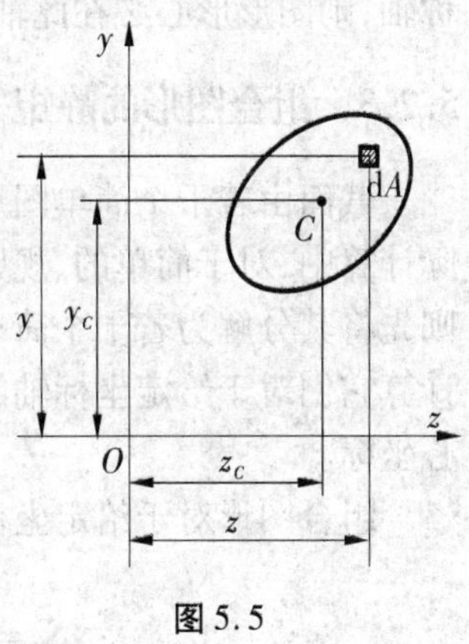

图5.5

式(5.4)分别称为图形对于 z 轴和 y 轴的截面一次矩或静矩,其单位为 m^3。截面的静矩是对某一坐标轴而言的,同一截面对于不同的坐标轴其静矩数值是不同的。静矩可能为正值,也可能为负值,或者等于零。

5.2.2　简单平面图形的静矩

工程实际中构件的几何形状一般都是一些简单形状的几何图形,其形心位置是已知的,例如矩形、正方形、圆形、正三角形等的形心位置是显而易见的;对于其他形状的截面图形,截面形心就是图形的几何中心,我们在上一节中已求出均匀等厚度薄板的形心,其形心坐标

$$z_C = \frac{\sum A_i \cdot z_i}{A},\ y_C = \frac{\sum A_i \cdot y_i}{A}$$

下面我们来研究这些简单平面图形的静矩和形心之间的关系。如图(5.5)如果将 $\mathrm{d}A$ 视为垂直于图形平面的力,则 $y\mathrm{d}A$ 和 $z\mathrm{d}A$ 分别为 $\mathrm{d}A$ 对于 z 轴和 y 轴的力矩; S_z 和 S_y 则分别为 $\mathrm{d}A$ 对 z 轴和 y 轴之矩。图形几何形状的中心称为形心,若将面积视为垂直于图形平面的力,则形心即为合力的作用点。

设 z_C、y_C 为形心坐标,则根据合力矩定理

$$\left.\begin{aligned} S_z &= Ay_C \\ S_y &= Az_C \end{aligned}\right\} \tag{5.5}$$

或对于任一形状的截面图形，可通过积分关系建立静矩与形心坐标之间的关系

$$\left.\begin{aligned} z_C &= \frac{S_y}{A} = \frac{\int_A z\mathrm{d}A}{A} \\ y_C &= \frac{S_z}{A} = \frac{\int_A y\mathrm{d}A}{A} \end{aligned}\right\} \tag{5.6}$$

这就是图形形心坐标与静矩之间的关系。

由式(5.6)可知：

推论1　截面对通过形心的轴的静矩恒等于零。即如果 y 轴通过形心(即 $z_C=0$)，则静矩 $S_{yC}=0$；同理，如果 Z 轴通过形心(即 $y_C=0$)，则静矩 $S_{zC}=0$；反之也成立。

推论2　如果 z、y 轴均为图形的对称轴，则其交点即为图形形心；如果 y 轴为图形对称轴，则图形形心必在此轴上。

5.2.3 组合图形的静矩

截面由若干个简单图形如矩形、圆形、三角形等组成时，这种截面称为组合截面。实际计算中，对于简单的、规则的图形，其面积和形心位置均可以直接判断。对于组合图形，则先将其分解为若干个简单图形(可以直接确定形心位置的图形)；然后由式(5.5)分别计算它们对于给定坐标轴的静矩，并求其代数和；再利用式(5.6)，即可得组合图形的形心坐标。

组合图形对于给定坐标轴的静矩公式

$$\left.\begin{aligned} S_z &= A_1y_{C1}+A_2y_{C2}+\cdots+A_ny_{Cn}=\sum_{i=1}^{n}A_iy_{Ci} \\ S_y &= A_1z_{C1}+A_2z_{C2}+\cdots+A_nz_{Cn}=\sum_{i=1}^{n}A_iz_{Ci} \end{aligned}\right\} \tag{5.7}$$

组合图形形心坐标的计算公式

$$\left.\begin{aligned} z_C &= \frac{S_y}{A}=\frac{\sum_{i=1}^{n}A_iz_{Ci}}{\sum_{i=1}^{n}A_i} \\ y_C &= \frac{S_z}{A}=\frac{\sum_{i=1}^{n}A_iy_{Ci}}{\sum_{i=1}^{n}A_i} \end{aligned}\right\} \tag{5.8}$$

由上式可知：如果一个平面图形是由若干个简单图形组成的组合图形，则整个图形对某一坐标轴的静矩应该等于各简单图形对同一坐标轴的静矩的代数和。即

$$S_y = \sum_{i=1}^{n} S_{yi} = \sum_{i=1}^{n} A_i \bar{z}_i$$
$$S_z = \sum_{i=1}^{n} S_{zi} = \sum_{i=1}^{n} A_i \bar{y}_i \qquad (5.9)$$

例 5.3 求图 5.6 所示截面图形的形心。

解 把 T 形看成为由矩形Ⅰ和Ⅱ组成,

因为 y 轴是对称轴

所以形心 $S_{z'}$ 必在 y 轴上

①求 $S_{z'}$ =?

$A_I = 80 \times 20 = 1\ 600\ \text{mm}^2$

$A_{Ⅱ} = 120 \times 20 = 2\ 400\ \text{mm}^2$

$y_{cⅠ} = 10$ mm(到 z' 轴)

$y_{cⅡ} = 60 + 20 = 80$ mm

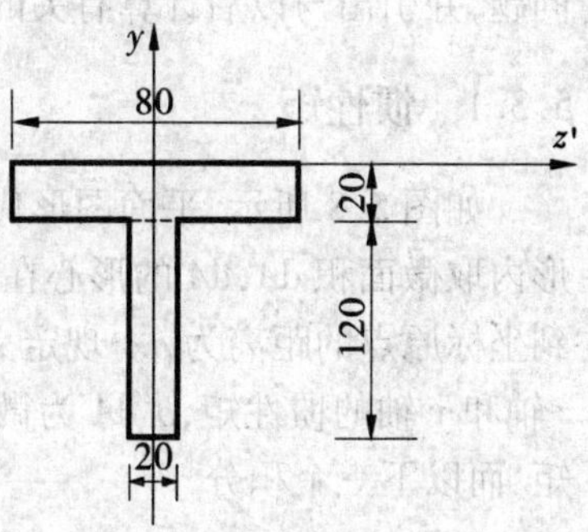

图 5.6

$$s_z' = \sum_{i=1}^{n} A_i y_i = 1600 \times 10 + 2400 \times 80 = 20\ 800\ \text{mm}^3$$

②求 y_c =?

$$y_c = \frac{s'_z}{A} = \frac{\sum_{i=1}^{n} A_i y_i}{\sum_{i=1}^{n} A_i} = \frac{208000}{80 \times 20 + 120 \times 20} = 52\ \text{mm}$$

例 5.4 试确定图 5.7 所示截面形心 C 的位置。

解 将该截面看成由矩形①和矩形②组成,每个矩形的面积和形心坐标分别为:

矩形① $A_1 = 1250\ \text{mm}^2$, $z_1 = 5$ mm, $y_1 = 62.5$ mm

矩形② $A_2 = 700\ \text{mm}^2$, $z_2 = 45$ mm, $y_2 = 5$ mm

将其代入公式(5.8),即得截面形心 C 的坐标为

$$\left.\begin{aligned} y_C &= \frac{S_z}{A} = \frac{\sum_{i=1}^{n} A_i y_{Ci}}{\sum_{i=1}^{n} A_i} = \frac{y_1 A_1 + y_2 A_2}{A_1 + A_2} = 41.9\ \text{mm} \\ z_C &= \frac{S_y}{A} = \frac{\sum_{i=1}^{n} A_i z_{Ci}}{\sum_{i=1}^{n} A_i} = \frac{z_1 A_1 + z_2 A_2}{A_1 + A_2} = 19.36\ \text{mm} \end{aligned}\right\}$$

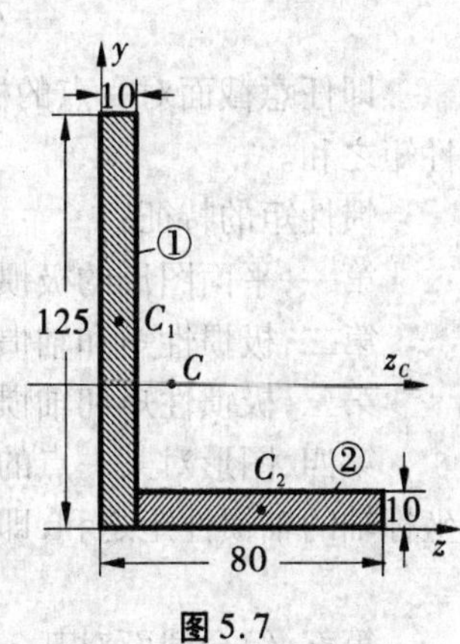

图 5.7

5.3 惯性矩、惯性积、惯性半径

惯性矩是与截面形状和尺寸有关的几何量,其大小对梁的弯曲应力有直接影响,是衡量梁抗弯能力的一个重要几何量。在本节中,我们来讨论一些简单情况的惯性矩的计算问题,并引出与以后计算有关的惯性积和极惯性矩的概念。

5.3.1 惯性矩

如图5.8所示,平面图形代表一任意截面,在图形平面内建立直角坐标系 zOy。在图形内取微面积 dA,dA 的形心在坐标系 zOy 中的坐标为 y 和 z,到坐标原点的距离为 ρ。现定义 $y^2\mathrm{d}A$ 和 $z^2\mathrm{d}A$ 为微面积 $\mathrm{d}A$ 对 z 轴和 y 轴的惯性矩,$\rho^2\mathrm{d}A$ 为微面积 $\mathrm{d}A$ 对坐标原点的极惯性矩,而以下三个积分

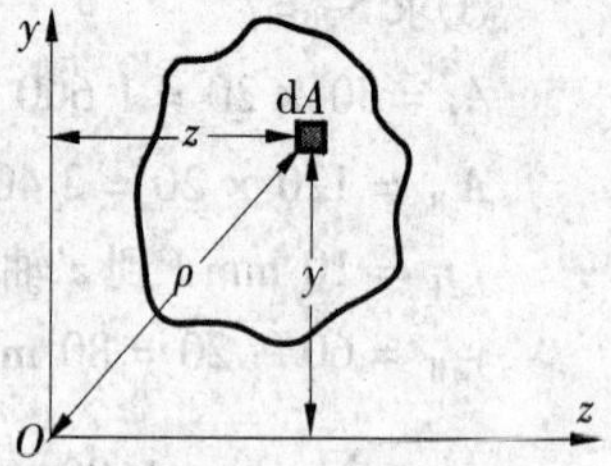

$$\left.\begin{aligned} I_z &= \int_A y^2\mathrm{d}A \\ I_y &= \int_A z^2\mathrm{d}A \\ I_\rho &= \int_A \rho^2\mathrm{d}A \end{aligned}\right\} \tag{5.10}$$

图5.8

分别定义为该截面对于 z 轴和 y 轴的惯性矩以及对坐标原点的极惯性矩。

由图5.8可见,$\rho^2=y^2+z^2$,所以有

$$I_\rho = \int_A \rho^2\mathrm{d}A = \int_A (z^2 + y^2)\mathrm{d}A = I_y + I_z \tag{5.11}$$

即任意截面对一点的极惯性矩,等于截面对以该点为原点的两任意正交坐标轴的惯性矩之和。

惯性矩的特征:

第一,平面图形的极惯性矩是对某一极点定义的,轴惯性矩是对某一坐标轴定义的。

第二,极惯性矩和轴惯性矩的单位都为 m^4。

第三,极惯性矩和轴惯性矩的数值均为恒为大于零的正值。

第四,图形对某一点的极惯性矩的数值,恒等于图形对以该点为坐标原点的任意一对坐标轴的轴惯性矩之和,即

$$I_\rho = I_y + I_z \tag{5.12}$$

第五,组合截面对某一轴的惯性矩等于其组成部分对同一轴的惯性矩之和。即 $I_z = \sum_{i=1}^{n} I_{zi}$,$I_y = \sum_{i=1}^{n} I_{yi}$;组合截面对某一点的极惯性矩,等于其组成部分对同一点极惯性矩之和,即 $I_\rho = \sum_{i=1}^{n} I_{pi}$

5.3.2 惯性积

微面积 dA 与它到两轴距离的乘积 $zydA$ 称为微面积 $\mathrm{d}A$ 对 y、z 轴的惯性积,在整个截

面上积分,便得到截面对于 y 轴和 z 轴的惯性积

$$I_{yz} = \int_A zy\mathrm{d}A \tag{5.13}$$

惯性积的特征:

第一,平面图形的惯性积是对相互垂直的某一对坐标轴定义的,它与坐标系的两个轴有关。

第二,惯性积的单位为 m^4。

第三,惯性积可能为正,可能为负,也可能为零。

第四,惯性积是对某一对直角坐标轴而言的。若该对坐标轴中有一轴为截面的对称轴,则截面对这一对坐标轴的惯性积必为零;但截面对某一对坐标轴的惯性积为零,则这对坐标轴中不一定有截面的对称轴。

第五,组合截面对某一坐标系的惯性积,等于其组成部分对同一坐标系的惯性积之和,即

$$I_{zy} = \sum_{i=1}^{n} I_{zyi} \tag{5.14}$$

从上述定义可见,同一截面对于不同坐标轴的惯性矩和惯性积一般是不同的。惯性矩的数值恒为正值,而惯性积则可能为正,可能为负,也可能等于零。

若 y 轴或 z 轴为截面的一个对称轴,则惯性积 $I_{yz}=0$,若 $I_{yz}=0$,则坐标轴 y 与 z 轴称为截面的一对主惯性轴;I_y 与 I_z 称为主惯性矩。若 $I_{yz}=0$,且 y 与 z 轴同时通过截面形心,则称其为截面的一对形心主惯性轴,对应的 I_y 与 I_z 称为截面的形心主惯性矩。

5.3.3 惯性半径(回转半径)

任意形状的截面图形的面积为 A,则图形对 y 轴和 z 轴的惯性半径分别定义为

$$\left.\begin{aligned} i_y &= \sqrt{\frac{I_y}{A}} \\ i_z &= \sqrt{\frac{I_z}{A}} \end{aligned}\right\} \tag{5.15}$$

对于圆形截面 $i = \sqrt{\dfrac{I}{A}} = \dfrac{d}{4}$

惯性半径的特征:

(1)惯性半径是对某一坐标轴定义的。

(2)惯性半径的单位为 m。

(3)惯性半径的数值恒取正。

5.3.4 简单图形的惯性矩和惯性半径

对于简单图形的惯性矩的计算可采用直接积分的方法,表5.1给出了常见图形的惯性矩及惯性半径。

表 5.1　常见图形的惯性矩及惯性半径

图形	惯性矩	惯性半径
矩形 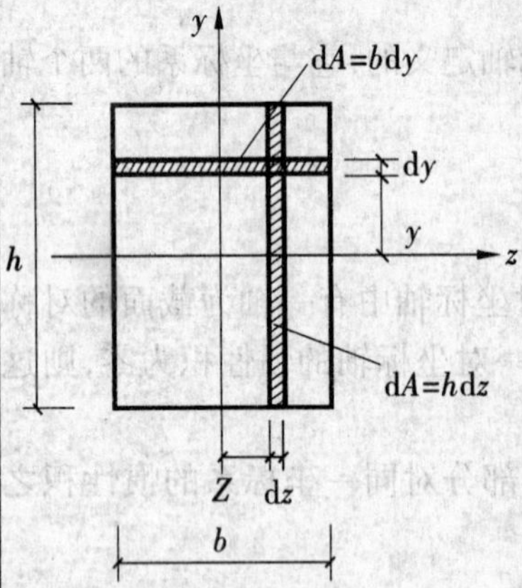	$I_z = \int_A y^2 \mathrm{d}A = \int_{-\frac{h}{2}}^{\frac{h}{2}} y^2 (b\mathrm{d}y) = \frac{by^3}{3}\Big\vert_{-\frac{h}{2}}^{\frac{h}{2}} = \frac{bh^3}{12}$ $I_y = \int_A z^2 \mathrm{d}A = \int_{-\frac{b}{2}}^{\frac{b}{2}} z^2 (h\mathrm{d}z) = \frac{hz^3}{3}\Big\vert_{-\frac{b}{2}}^{\frac{b}{2}} = \frac{hb^3}{12}$	$i_y = \sqrt{\frac{I_y}{A}} = \sqrt{\frac{\frac{hb^3}{12}}{bh}} = \sqrt{\frac{b^2}{12}}$ $i_z = \sqrt{\frac{I_z}{A}} = \sqrt{\frac{\frac{bh^3}{12}}{bh}} = \sqrt{\frac{h^2}{12}}$
三角形 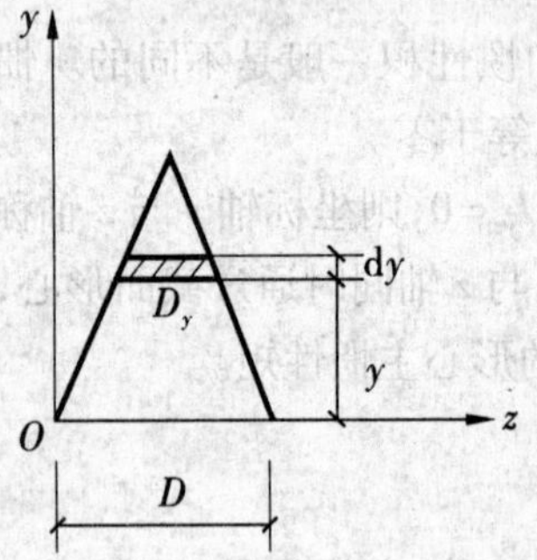	$I_z = \int_A y^2 \mathrm{d}A = \int_0^h y^2 \frac{h-y}{h} \cdot D \cdot \mathrm{d}y = \frac{Dh^3}{12}$	$i_z = \sqrt{\frac{I_z}{A}} = \sqrt{\frac{\frac{Dh^3}{12}}{\frac{Dh}{2}}} = \sqrt{\frac{h^2}{6}}$
扇形 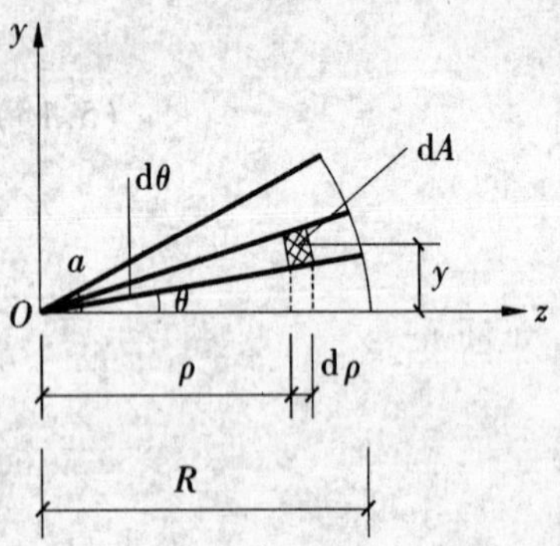	$I_z = \int_A (\rho\sin\theta)^2 \cdot \rho \cdot \mathrm{d}\theta \cdot \mathrm{d}\rho = \frac{R^4}{8}(a - \sin\alpha\cos\alpha)$	略
1/4 圆	$I_z = \frac{\pi R^4}{16}$	$i = \sqrt{\frac{I}{A}} = \frac{R}{2}$
1/2 圆	$I_z = \frac{\pi R^4}{8}$	$i = \sqrt{\frac{I}{A}} = \frac{R}{2}$
全圆	$I_z = \frac{\pi R^4}{4} = \frac{\pi D^4}{64}$ $I_p = I_z + I_y = 2I_z = \frac{\pi D^4}{32}$	$i = \sqrt{\frac{I}{A}} = \frac{D}{4}$

5.3.5　平行移轴公式

前面讨论了惯性矩的定义和基本公式，并用直接积分的方法，计算了矩形、三角形、圆形截面等简单图形对形心轴的惯性矩。在工程中，大多数构件的截面形状是规则的，例如矩形、三角形、圆形或由这些简单的图形组成的组合截面。计算这些组合截面的惯性矩一般可不直接用积分的方法，而是利用简单图形的现成结论相加而成。但是，在一般情况下，组合截面的各个图形的形心轴常常不与整个截面的形心轴重合。我们知道：同一截面对不同的坐标轴的惯性矩是不同的，因此，要利用简单图形的结论还须进行平行移轴处理，才能反映出同一截面对不同坐标轴的惯性矩与惯性积的数值之间的关系。

图5.9中所示任意图形，z、y 为通过截面形心的一对正交轴，z_1、y_1 为与 z、y 平行的坐标轴，且二者之间的距离为 a 和 b，截面形心 O 在坐标系 z_1Oy_1 中的坐标为 (b,a)，已知截面对 z、y 轴惯性矩和惯性积为 I_z，I_y，I_{zy}，

$$I_z = \int_A y^2 \mathrm{d}A$$

$$I_y = \int_A z^2 \mathrm{d}A$$

$$I_{zy} = \int_A zy \mathrm{d}A$$

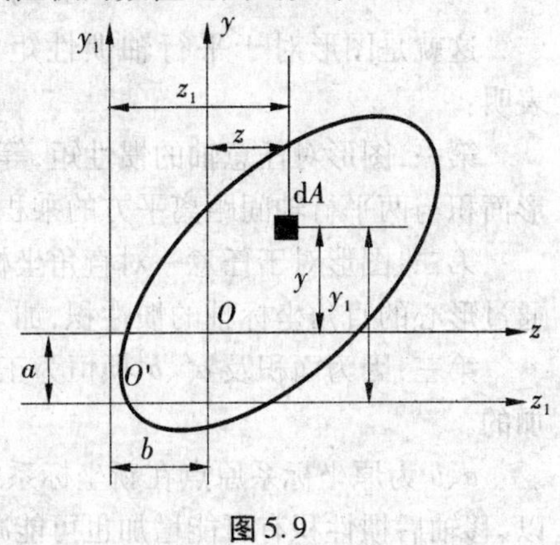

图5.9

所谓移轴定理是指图形对于互相平行轴的惯性矩、惯性积之间的关系。即通过已知对一对坐标轴的惯性矩、惯性积，求图形对另一对坐标轴的惯性矩与惯性积。

下面推证二者间的关系：

根据平行轴的坐标变换

$$z_1 = z + b$$

$$y_1 = y + a$$

将其代入下列积分

$$I_{z1} = \int_A y_1^2 \mathrm{d}A$$

$$I_{y1} = \int_A z_1^2 \mathrm{d}A$$

$$I_{z_1y_1} = \int_A z_1 y_1 \mathrm{d}A$$

得

$$I_{z1} = \int_A (y + a)^2 \mathrm{d}A$$

$$I_{y1} = \int_A (z + b)^2 \mathrm{d}A$$

$$I_{z_1y_1} = \int_A (y + a)(z + b)\mathrm{d}A$$

展开后，并利用式(5.5)、(5.6)中的定义，得

$$\left.\begin{aligned} I_{z1} &= I_z + 2aS_z + a^2A \\ I_{y1} &= I_y + 2bS_y + b^2A \\ I_{z1y1} &= I_{zy} + aS_y + bS_z + abA \end{aligned}\right\} \tag{5.16}$$

如果 z、y 轴通过图形形心，则上述各式中的 $S_z = S_y = 0$。于是得

$$\left.\begin{aligned} I_{z1} &= I_z + a^2A \\ I_{y1} &= I_y + b^2A \\ I_{z1y1} &= I_{zy} + abA \end{aligned}\right\} \tag{5.17}$$

这就是图形对于平行轴惯性矩与惯性积之间关系的移轴定理。其中，式(5.17)表明：

第一，图形对任意轴的惯性矩，等于图形对于与该轴平行的形心轴的惯性矩，加上图形面积与两平行轴间距离平方的乘积。

第二，图形对于任意一对直角坐标轴的惯性积，等于图形对于平行于该坐标轴的一对通过形心的直角坐标轴的惯性积，加上图形面积与两对平行轴间距离的乘积。

第三，因为面积及 a^2、b^2项恒为正，故自形心轴移至与之平行的任意轴，惯性矩总是增加的。

a、b 为原坐标系原点在新坐标系中的坐标，故二者同号时 abA 为正，异号时为负。所以，移轴后惯性积有可能增加也可能减少。

5.3.6 组合截面的惯性矩

组合图形是由若干个简单图形组成，由惯性矩定义可知，组合图形对某轴的惯性矩，等于组成组合图形的各个简单图形对同一轴的惯性矩之和。由于各种简单截面对形心轴的惯性矩通常为已知，故利用平行移轴公式计算组合截面的惯性矩就十分简便。

通过截面形心的一对轴称为形心轴，截面对它的惯性矩，则称为“形心主惯性矩”。对于具有至少一个对称轴的截面来说，包含截面对称轴的那一对形心轴就是主形心惯性轴。下面举例说明如何运用平行移轴公式计算具有一个对称轴的截面的形心主惯性矩。

例5.5 求例5.1中截面的形心主惯性矩。

解 在例5.1中已求出形心位置为 $z_C = 0$，$y_C = 0.323\ \mathrm{m}$，过形心的主轴 z_0、y_0 如图5.10所示，z_0轴到两个矩形形心的距离分别为

$$a_{\mathrm{I}} = 0.137\ \mathrm{m}, a_{\mathrm{II}} = 0.123\ \mathrm{m}$$

截面对 z_0轴的惯性矩为两个矩形对 z_0轴的惯性矩之和，即

$$\begin{aligned} I_{z0} &= I_{z\mathrm{I}} + A_I a_I^2 + I_{z\mathrm{II}} + A_{\mathrm{II}} a_{\mathrm{II}}^2 \\ &= \frac{0.6 \times 0.12^3}{12} + 0.6 \times 0.12 \times 0.137^2 + \frac{0.2 \times 0.4^3}{12} + 0.2 \times 0.4 \times 0.123^2 \\ &= 0.37 \times 10^{-2}\ \mathrm{m}^4 \end{aligned}$$

截面对 y_0轴惯性矩为：

$$I_{y0}=I_{y0}^{I}+I_{y0}^{II}=\frac{0.12\times0.6^3}{12}+\frac{0.4\times0.2^3}{12}=0.242\times10^{-2}\text{m}^4$$

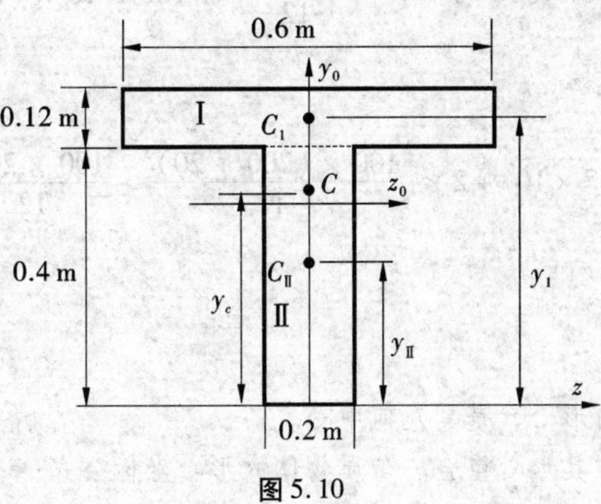

图5.10

例5.6　如图5.11所示各截面对水平形心轴 z 的惯性矩。

解　(1)图5.11(a)截面有两个对称轴,形心是对称轴的交点。

方法一(分割法):

$$I_z=I_z^{中}+2I_z^{上}=\frac{30\times140^3}{12}+2\times\left[\frac{120\times30^3}{12}+120\times30\times(100-15)^2\right]$$
$$=5.94\times10^7\ \text{mm}^4$$

方法二(负面积法):

$$I_z=I_z^{大}-2I_z^{小}=\frac{120\times200^3}{12}-2\times\frac{(60-15)\times140^3}{12}=5.94\times10^7\ \text{mm}^4$$

方法三(积分法):组合图形一般不采用该法。

$$I_z=I_z^{中}+2I_z^{上}=\int_{-70}^{70}30y^2\text{d}y+2\times\int_{70}^{100}120y^2\text{d}y=5.94\times10^7\ \text{mm}^4$$

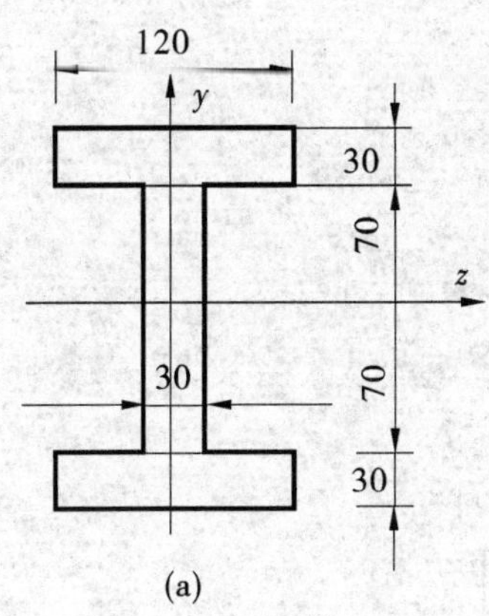

(a)

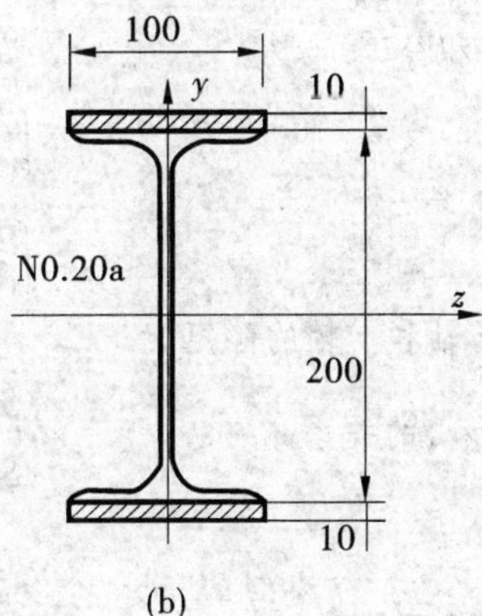

(b)

图5.11

(2)图 5.11(b)查表得 20a 工字钢 $h = 200$ mm, $b = 100$ mm, $I_z = 2\ 370$ cm^4

$$I_z = I_z^{工} + 2I_z^{板} = 2.37 \times 10^7 + 2 \times [\frac{100 \times 10^3}{12} + 100 \times 10 \times (100 + 5)^2]$$

$$= 4.57 \times 10^7 \text{ mm}^4$$

或

$$I_z = I_z^{工} + 2I_z^{板} = 2.37 \times 10^7 + 2 \times [\frac{100 \times (200 + 20)^3}{12} - \frac{100 \times 200^3}{12}] = 4.57 \times 10^7 \text{ mm}^4$$

章后小结

1. 简单图形的截面形心就是其几何中心。

匀质物体的重心与其形心重合。匀质物体的形心坐标公式:

$$x_C = \frac{\sum \Delta V_i \cdot x_i}{V} \qquad y_C = \frac{\sum \Delta V_i \cdot y_i}{V} \qquad z_C = \frac{\sum \Delta V_i \cdot z_i}{V}$$

匀质薄板的形心坐标公式:

$$z_C = \frac{\sum \Delta A_i \cdot z_i}{A} \qquad y_C = \frac{\sum \Delta A_i \cdot y_i}{A}$$

2. 截面几何性质是研究与杆件的截面形状与尺寸有关的几何量,它们直接影响杆件的强度、刚度和稳定性。

3. 截面的几何性质都是针对坐标系而言的,静矩是对任一个坐标轴而言的,惯性矩也是对任一个坐标系而言的,极惯性矩是针对坐标原点而言的,惯性积则是针对过某点的正交坐标系而言的。

4. 静矩:静矩与截面尺寸、形状、轴的位置有关,可以为正,或负,或等于零,其单位:mm^3,cm^3,m^3。截面对某一轴的静矩等于零,则该轴必通过形心。截面对通过形心的轴的静矩恒等于零,即 $S_{zC} = 0$, $S_{yC} = 0$

(1)定义积分

$$\left.\begin{aligned} \int_A y\mathrm{d}A = S_z \\ \int_A z\mathrm{d}A = S_y \end{aligned}\right\}$$

为截面 A 对 z 轴和 y 轴的静矩。

静矩与形心的关系

$$\left.\begin{aligned} S_y = Az_C \\ S_z = Ay_C \end{aligned}\right\}$$

(2)组合截面的静矩

$$\left.\begin{aligned} \vec{S}_z = \sum_{i=1}^{n} A_i y_i \\ \vec{S}_y = \sum_{i=1}^{n} A_i z_i \end{aligned}\right\}$$

即组合截面的整个图形对于某一轴的静矩,等于各组部分对于同一轴静矩代数和。

(3)组合截面的形心位置

$$\left.\begin{aligned}\vec{y}_C=\frac{\vec{S}_z}{A}=\frac{\sum_{i=1}^{n}A_iy_i}{\sum_{i=1}^{n}A_i}\\ \vec{z}_C=\frac{\vec{S}_y}{A}=\frac{\sum_{i=1}^{n}A_iz_i}{\sum_{i=1}^{n}A_i}\end{aligned}\right\}$$

5. 轴惯性矩、极惯性矩、惯性积、惯性半径均与截面形状、尺寸、轴的位置有关。惯性矩、惯性半径和极惯性矩的数值恒为正;惯性矩、极惯性矩的单位相同,均为:mm^4,cm^4,m^4,惯性半径:mm,cm,m;同一截面对不同的坐标轴的惯性矩是不相同的;截面对任意一对互相垂直轴的惯性矩之和,恒等于它对该两轴交点的极惯性矩。

(1)平面图形中的任意面积 dA,以及给定的 Oxy 坐标,定义下列积分

$$I_x=\int_A y^2\mathrm{d}A$$

$$I_y=\int_A x^2\mathrm{d}A$$

分别为图形对于 x 轴和 y 轴的截面二次轴矩或惯性矩。

(2)定义积分

$$I_\rho=\int_A \rho^2\mathrm{d}A$$

为图形对于点 O 的截面二次极矩或极惯性矩。

(3)定义积分

$$I_{xy}=\int_A xy\mathrm{d}A$$

为图形对于通过点 O 的一对坐标轴 x、y 的惯性积。

(4)定义

$$i_x=\sqrt{\frac{I_x}{A}},\quad i_y=\sqrt{\frac{I_y}{A}}$$

分别为图形对于 x 轴和 y 轴的惯性半径。

6. 组合图形对形心轴的惯性矩、惯性积的计算,利用惯性矩和惯性积的平行移轴公式

$$I_z=I_{zC}+a^2A$$
$$I_y=I_{yC}+b^2A$$
$$I_{zy}=I_{zCyC}+abA$$

思考题

1. 物体的重心是否一定在物体上？为什么？

2. 为什么匀质物体的形心一定在它的对称轴或对称面上？

3. 计算组合物体的形心位置时，各组成部分的面积及其相应的形心坐标的正负号如何确定？

4. 静矩、惯性矩、极惯性矩、惯性积的定义是什么？它们的量纲是什么？为什么它们的数值有的恒为正，有的可正可负，还可能为零？

5. 如图 5.12 所示：截面图形的面积均相等，则它们对水平形心轴的惯性矩的大小顺序是怎样的？

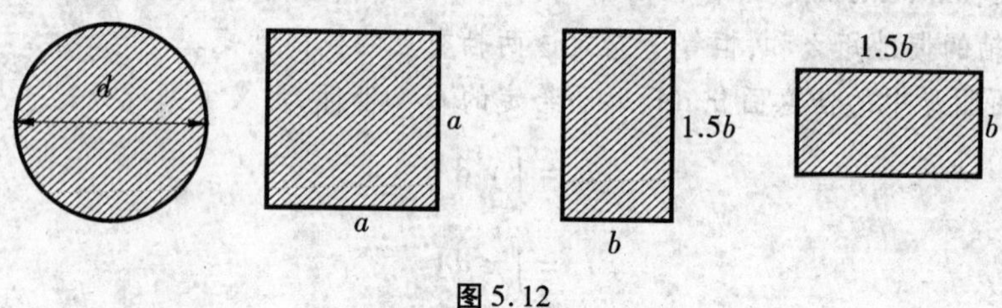

图 5.12

6. 平行移轴公式的适用条件是什么？

习 题

1. 确定图 5.13 所示平面图形的形心位置。

2. 计算图 5.14 关于形心轴 y_C、z_C 的惯性矩和惯性积。

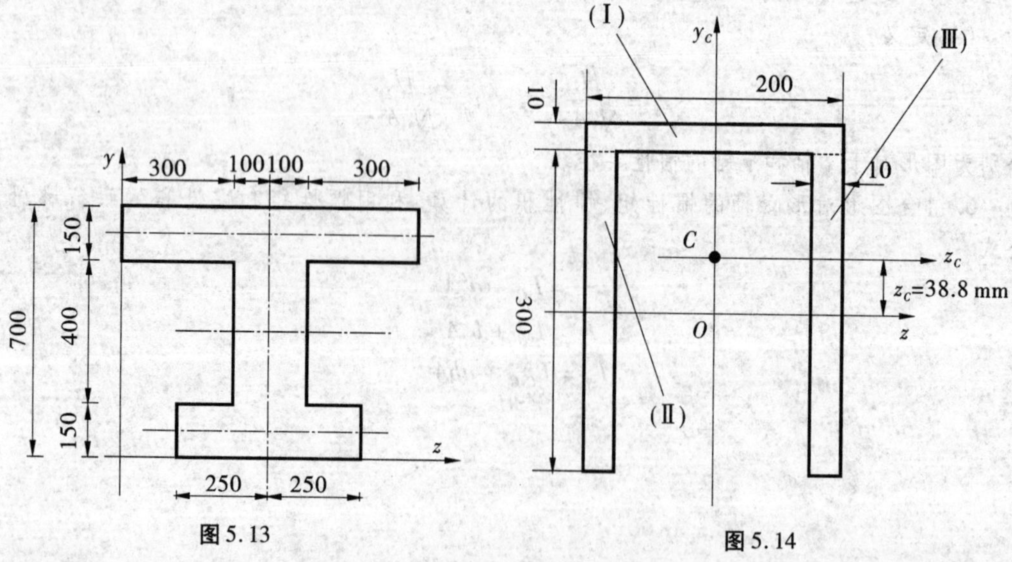

图 5.13　　图 5.14

3. 图5.15所示矩形、箱形和工字形截面的面积相同，试求它们对形心轴 z 的惯性矩的比。

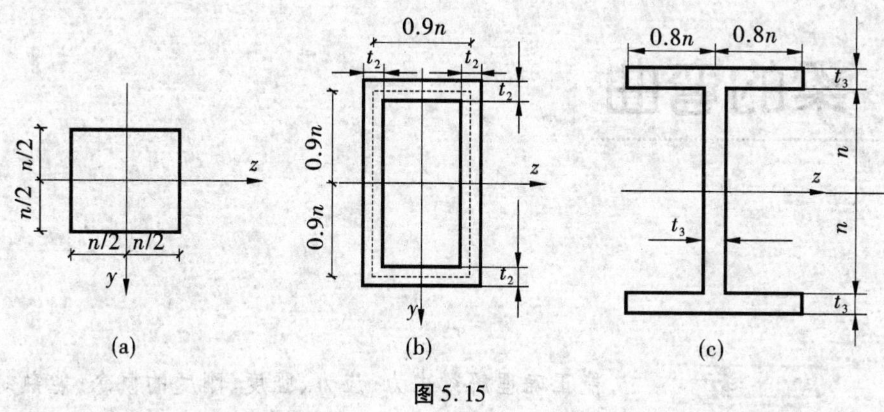

图5.15

4. 图5.16所示砌体T形截面，当 $B=1\ 200$ mm，$b=370$ mm，$D=490$ mm 时，(1)试计算图形的形心位置参数 y_1，y_2；(2)试计算图形对形心轴 z 轴和 y 轴的惯性矩及其相应的回转半径。

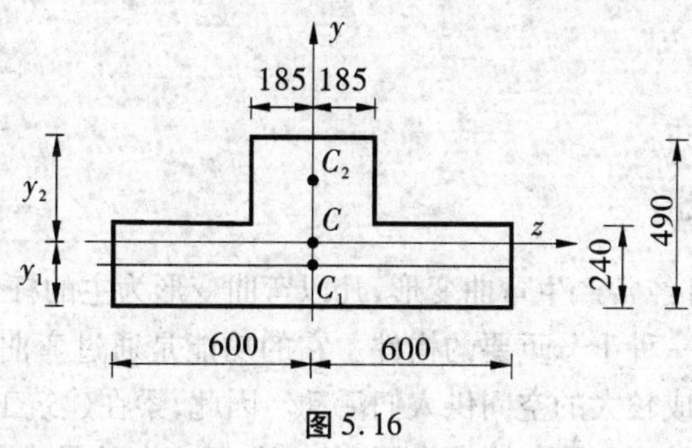

图5.16

第6章 梁的弯曲

教学提示 能正确理解梁内力、应力、强度、刚度的概念；能熟练应用截面法和直接计算法计算梁内各截面的剪力和弯矩；能准确熟练地画出梁的内力图；了解正应力分布规律及公式推导过程，能熟练校核梁的正应力强度；了解剪应力分布规律及剪应力强度条件；掌握梁变形计算方法，了解梁的刚度条件。

6.1 梁的内力

6.1.1 受力变形特点

在荷载作用下杆件经常产生弯曲变形，凡以弯曲变形为主的杆件，通常称为梁。梁可以水平或倾斜放置，是一种十分重要的构件。它的功能是通过弯曲变形将所承受的荷载传向两端支承，从而形成较大的空间供人们活动。因此，梁在建筑工程中占有十分重要的地位。例如图6.1(a)所示在吊车轮的作用下，工业厂房中的吊车梁发生弯曲变形；如图6.1(b)所示，在载荷作用下，阳台的两根挑梁也发生弯曲变形。

在工程中常见梁的横截面多为矩形、圆形、工字形、T形等，这些梁的横截面通常至少有一个对称轴，见图6.2(a)。梁的横截面若具有竖向对称轴，则竖向对称轴与梁轴线所确定的平面称为梁的纵向对称面。图6.2(b)中，用阴影线表示纵向对称面。显然纵向对称面是与梁的横截面垂直的，如梁上的荷载及支座反力均作用在这个对称平面内，则弯曲后的梁轴线将仍在这个平面内而成为一条平面曲线，这种弯曲一般称为平面弯曲。平面弯曲是梁弯曲中最简单的一种，也是最常见的情况。本节只讨论具有纵向对称面的梁的平面弯曲问题。平面弯曲变形是要讨论的第四种基本变形。

具有纵向对称面的平面弯曲梁，其受力的特点是：所受的外力都作用在梁的纵向对称面内，且都是横向力（其作用线与梁轴线相垂直的力）；所受的外力偶都作用在梁的纵向对称面或与之平行的平面内（可以自由平移到纵向对称面）。其变形的特点是：梁变形后,其轴线变成纵向对称面内的一条平面曲线[图6.2(c)]。

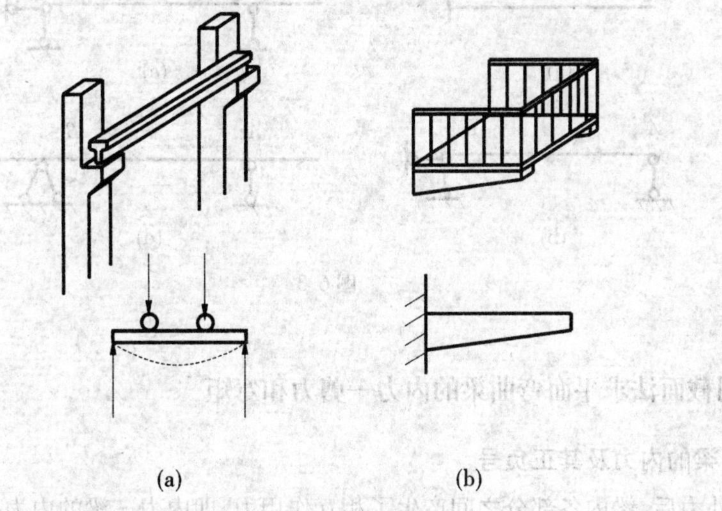

图6.1

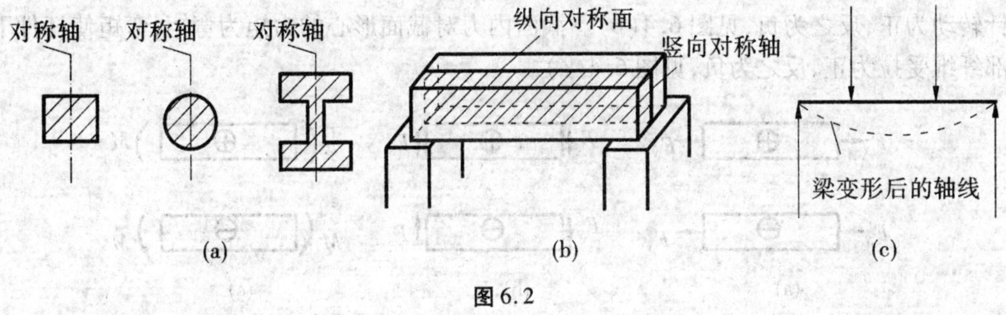

图6.2

6.1.2 梁的计算简图

梁的计算简图,即为梁的受力图,其上包括梁本身、梁的支座、作用荷载。梁本身可用其轴线表示;梁的支座常见有三种:固定端支座、固定铰支座和可动铰支座;梁上的荷载简化为作用在轴线上。

梁的形式有很多,按受力特点可以分为静定梁和超静定梁两类,本节只讨论单跨静定梁。所谓静定梁指的是其全部支座反力及内力可由平面一般力系的静力平衡方程求解的梁,而不能由静力平衡方程确定全部支座反力及内力的梁,称为超静定梁,或静不定梁。

单跨静定梁有三种基本形式,即悬臂梁、简支梁和外伸梁,其计算简图依次如图6.3(a)、图6.3(b)、图6.3(c)、图6.3(d)所示,其中,图6.3(c)是一端外伸梁、图6.3(d)是两端外伸梁。

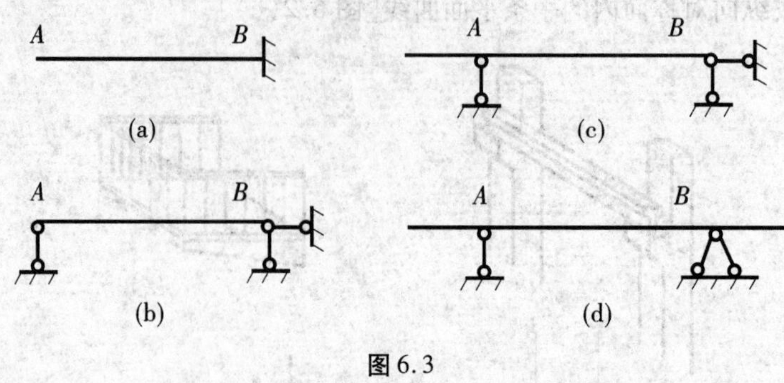

图 6.3

6.1.3 用截面法求平面弯曲梁的内力—剪力和弯矩

6.1.3.1 梁的内力及其正负号

承受外力后,梁内各部分之间产生了相互作用力,即内力。梁的内力一般有轴力 F_N、剪力 F_S和弯矩 M。其中,截面内力沿杆轴切线方向的分力为轴力;轴力以拉力为正,压力为负,见图 6.4(a)。截面内力沿杆轴法线方向的分力为剪力;剪力使截取的隔离体顺时针转动为正,反之为负,见图 6.4(b)。截面内力对截面形心的力矩为弯矩;弯矩使杆件下部纤维受拉为正,反之为负,见图 6.4(c)。

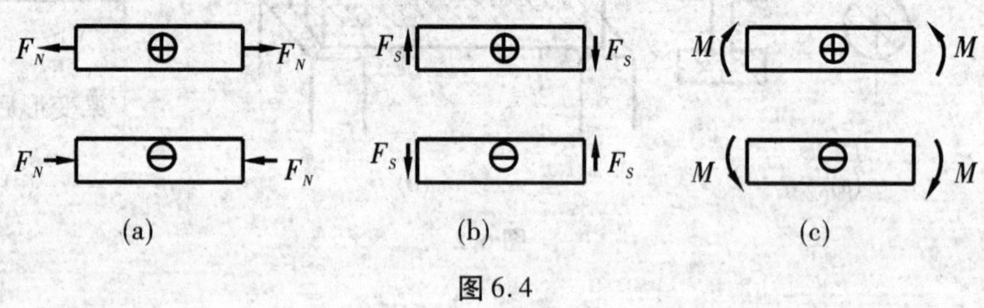

图 6.4

在竖向荷载下,水平梁内的内力有弯矩和剪力;有水平外力时梁内也会产生轴力。

图 6.5 计算梁截面内力的基本方法是截面法,基本步骤同轴心拉压杆的内力计算,即沿指定截面将杆件截开,任取截面一边为隔离体,利用隔离体的三个平衡方程,即可确定该截面的三个内力分量。计算梁内力时,截面法有两种表现形式,即画隔离体受力图法求内力和用直接计算法求内力。

6.1.3.2 用截面法计算梁指定截面内力

(1)画隔离体受力图法求截面内力　基本步骤如下:

1)计算梁的支座反力(悬臂梁可不求)。

2)在需要计算内力的横截面处,将梁假想切开,并任选一段为研究对象。

画所选梁段的受力图,这时剪力与弯矩的方向均按正方向假设标出。当由平衡方程解得内力为正号时,表示实际方向与假设方向相同,即内力为正值。若解得内力为负号时,表示实际方向与假设方向相反,即内力为负值。

3)通常由平衡方程 $\sum F_y = 0$,计算剪力 F_S。以所切横截面的形心 C 为矩心,由平衡方程 $\sum M_C = 0$,计算弯矩 M。

下面通过求解图6.5中梁1-1截面的内力来说明该方法的应用,其中1-1截面距 A 端1 m。

由 $\sum M_A = 0$,有 $F_{By} \times 8 - 10 \times 2 = 0$,得 $F_{By} = 2.5\ \text{kN}$

由 $\sum F_y = 0$,有 $F_{By} + F_{Ay} = 10$,得 $F_{Ay} = 7.5\ \text{kN}$

然后对1-1截面使用截面法求解内力。

取左段为研究对象,画出隔离体受力图,见图6.5(b)

由 $\sum F_y = 0$,有 $F_{Ay} - F_{S1} = 0$,得 $F_{S1} = 7.5\ \text{kN}$

对1-1截面形心建立力矩方程

由 $\sum M_1 = 0$,有 $M_1 - F_{Ay} \times 1 = 0$,得 $M_1 = 7.5\ \text{kN} \cdot \text{m}$

如取右段为研究对象,画出隔离体受力图,见图6.5(c)

由 $\sum F_y = 0$,有 $F_{By} + F_{S1} - 10 = 0$,得 $F_{S1} = 7.5\ \text{kN}$

对1-1截面形心建立力矩方程

$\sum M_1 = 0$,有 $F_{By} \times 7 - 10 \times 1 - M_1 = 0$,得 $M_1 = 7.5\ \text{kN} \cdot \text{m}$

图6.5

显然,取任一段结果均相同。因此,进行计算时,应选取受力简单的一侧进行研究。

例6.1　已知伸臂梁的计算简图如图6.6所示,试求解 E、C、F 三截面的内力。

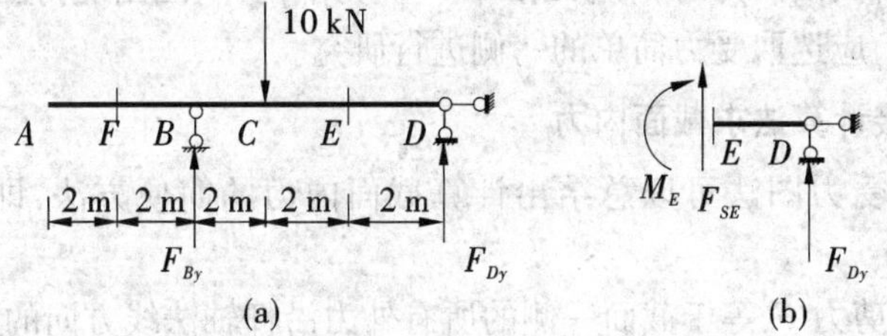

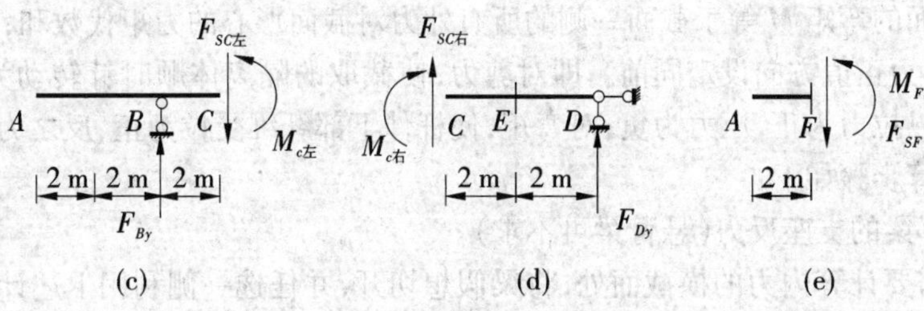

图6.6

解　(1)首先求解支反力。

由梁的整体平衡方程 $\sum M_B = 0$,有 $F_{Dy} \times 6 - 10 \times 2 = 0$,得 $F_{Dy} = 10/3\ \text{kN}$

由 $\sum F_y = 0$,有 $F_{By} + F_{Dy} = 10$,得 $F_{By} = 20/3\ \text{kN}$

(2)用截面法求截面内力

E 截面:在 E 截面处假想把杆件截开,取右侧为隔离体,画出其受力图,见图 6.6(b)。

由平衡方程 $\sum M_E=0$,有 $F_{Dy}\times 2-M_E=0$,得 $M_E=20/3\ \text{kN}\cdot\text{m}$

由 $\sum F_y=0$,有 $F_{SE}+F_{Dy}=0$,得 $F_{SE}=-10/3\ \text{kN}$

C 截面:由于 C 截面处有集中力,应分开求 C 左和 C 右截面的内力。

求 C 左截面内力时,在该处假想把杆件截开,取左侧为隔离体,画出其受力图。

由平衡方程 $\sum M_C=0$,有 $M_{C左}-F_{By}\times 2=0$,得 $M_{C左}=40/3\ \text{kN}\cdot\text{m}$

由 $\sum F_y=0$,有 $F_{By}-F_{SC左}=0$,得 $F_{SC左}=20/3\ \text{kN}$

同理可求 C 右截面内力,取右侧为隔离体,画出受力图,见图 6.6(d)。

由平衡方程 $\sum M_C=0$,有 $F_{Dy}\times 4-M_{C右}=0$,得 $M_{C右}=40/3\ \text{kN}\cdot\text{m}$

$\sum F_y=0$,有 $F_{Dy}+F_{SC右}=0$,得 $F_{SC右}=-10/3\ \text{kN}$

可知,在集中力作用处,截面两侧弯矩相等,因此,求解一个弯矩即可;而该处截面两侧剪力不等,必须分开求解。

F 截面:在 F 截面处假想把杆件截开,取左侧为隔离体,画出其受力图,见图 6.6(e)

由平衡方程 $\sum M_F=0$,有 $M_F=0\ \text{kN}\cdot\text{m}$

$\sum F_y=0$,有 $F_{SF}=0\ \text{kN}$

即,由于 AF 段无外力,故无内力。

注意,在求解截面内力时,可取截面任一侧为隔离体,画出受力图计算,但按上边求解比较简单。因此,应选取受力简单的一侧进行研究。

6.1.3.3 用直接计算法求截面内力

通过隔离体受力图法可以总结出计算截面内力的简便方法,即直接计算法。规律如下:

任一截面的剪力 F_S 等于截面一侧的所有外力沿杆轴法线方向的投影代数和;

任一截面的轴力 F_N 等于截面一侧的所有外力沿杆轴切线方向的投影代数和;

任一截面的弯矩 M 等于截面一侧的所有外力对截面形心的力矩代数和;

其中,内力正值方向设定同前。即对剪力,使截取的隔离体顺时针转动为正,反之为负;对轴力,以拉力为正,压力为负;对弯矩,使杆件下部纤维受拉为正,反之为负。

基本计算步骤如下:

(1)计算梁的支座反力(悬臂梁可不求)。

(2)在需要计算内力的横截面处,将梁假想切开,并任选一侧利用上述计算规则直接计算各截面内力。

下面通过求解图 6.6(a)中梁 1-1 截面的内力来说明。

例 6.2 已知伸臂梁的计算简图如图 6.6(a)所示,试用直接计算法求解 E、C、F 三截面的内力。

解 首先求支座反力,同例 6.6,有

$F_{Dy}=10/3\ \text{kN}$, $F_{By}=20/3\ \text{kN}$

其次利用直接计算法求各截面内力

E 截面：$M_E=F_{Dy}\times 2=20/3\ \text{kN}\cdot\text{m}$, $F_{SE}=-F_{Dy}=-10/3\ \text{kN}$

C 左截面：$M_{C左}=F_{By}\times 2=40/3\ \text{kN}\cdot\text{m}$, $F_{SC左}=F_{By}=20/3\ \text{kN}$

C 右截面：$M_{C右}=F_{Dy}\times 4=40/3\ \text{kN}\cdot\text{m}$, $F_{SC右}=-F_{Dy}=-10/3\ \text{kN}$

F 截面：$M_F=0\ \text{kN}\cdot\text{m}$, $F_{SF}=0\ \text{kN}$

均同上例。

因此，在以后的计算中，只要取截面一侧的梁，按照直接计算法规律，即可方便地求出任一横截面上的剪力、轴力、弯矩值。在计算过程中，一定要特别注意正确理解正负号的含义。

6.2 梁的内力图

6.2.1 利用内力方程作梁的内力图

梁承受荷载后，在各截面上一般会产生截面内力；在竖向荷载下，主要有剪力和弯矩，它们一般随截面位置变化而变化，可以表示成截面位置坐标 x 的函数，即有

$$F_S(x)=f_1(x),M(x)=f_2(x)$$

此两式也可称为梁的剪力方程和弯矩方程。

通过剪力方程和弯矩方程，可以绘出梁的剪力图和弯矩图。其作法与轴力图相似，以平行于梁轴线的横坐标轴 x 表示各横截面位置，以垂直于轴线的纵坐标表示剪力和弯矩等内力，按方程的变化规律可以作出内力图。通过内力图可以形象地了解内力在杆件上的变化规律，便于找出最大内力，进行梁的强度和刚度计算。

利用内力方程法绘制梁内力图的步骤一般为：

(1)求出梁的支座反力。

(2)根据受力情况分段考虑。

(3)用直接计算法求出梁各段的内力方程。

(4)根据各段内力方程的特点作出内力图。

下面举例说明如何用内力方程法作梁的内力图。

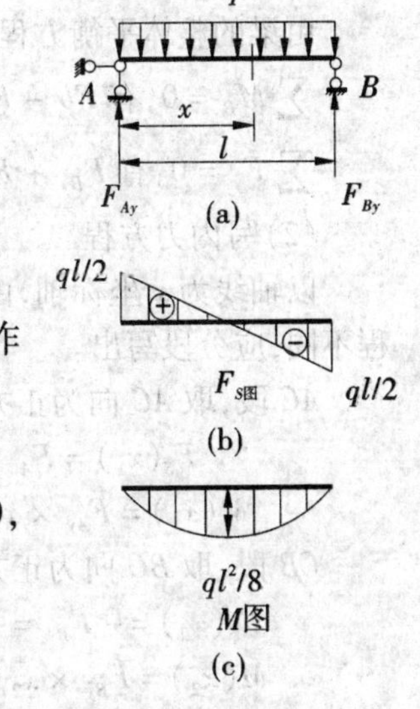

图6.7

例6.3 已知图6.7(a)所示简支梁，承受满跨的均布荷载作用，试用内力方程法绘梁的内力图。

解 (1)求支座反力

由梁的整体平衡方程 $\sum M_B=0$，有 $ql^2/2-F_{Ay}\times 1=0$，$F_{Ay}=ql/2\ \text{kN}$

$$\sum F_y=0\text{，有 } F_{By}+F_{Ay}=ql\text{，得 } F_{By}=ql/2\ \text{kN}$$

也可利用对称性直接求出。

(2)写内力方程

以轴线为 x 坐标轴，AB 方向为正方向，选择距 A 为 x 的截面为代表性截面，对截面左侧运用直接计算法，可列出该截面的剪力方程和弯矩方程

$$F_S(x) = F_{Ay} - qx = \frac{ql}{2} - qx \quad (0 < x < l)$$

$$M(x) = F_{Ay} \times x - qx \times \frac{x}{2} = \frac{qlx}{2} - \frac{qx^2}{2} \quad (0 < x < l)$$

(3)由内力方程绘内力图

由内力方程可知剪力图呈直线变化规律,因此,绘剪力图时只需定出两截面的内力值,连成直线即可。

当 $x \to 0$ 时, $F_{SA} = \frac{ql}{2}$

当 $x \to l$ 时, $F_{SB} = \frac{ql}{2} - ql = -\frac{ql}{2}$

成图见6.7(b)。

由内力方程可知弯矩图呈抛物线变化规律,因此,绘弯矩图时需定出三截面的内力值,连成抛物线即可。

当 $x \to 0$ 时, $M_{AB} = 0$

当 $x \to l$ 时, $M_{BA} = \frac{ql^2}{2} - \frac{ql^2}{2} = 0$

当 $x \to l/2$ 时, $M_{中} = \frac{ql^2}{4} - \frac{ql^2}{8} = \frac{ql^2}{8}$(下部受拉)

成图见6.7(c)。

例6.4 已知图6.8(a)所示简支梁,在跨中 C 截面承受集中力 F 作用,试用内力方程法绘出梁的内力图。

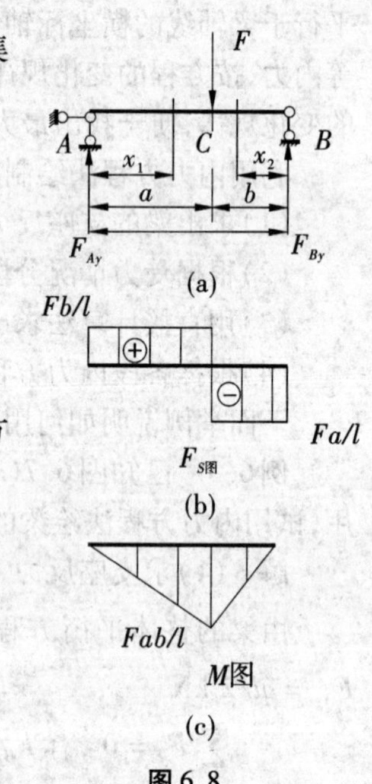

图6.8

解:(1)求支座反力

由梁的整体平衡方程

$\sum M_B = 0$,有 $Fb - F_{Ay} \times l = 0$, $F_{Ay} = Fb/l$ kN

$\sum F_y = 0$,有 $F_{By} + F_{Ay} = F$,得 $F_{By} = Fa/l$ kN

(2)写内力方程

以轴线为 x 坐标轴,由于有集中力作用,C 截面两侧内力方程不同,应分段写出。

AC 段,取 AC 向为正方向,用 x_1 表示任意截面

$$F_S(x_1) = F_{Ay} = Fb/l \quad (0 < x_1 < a)$$

$$M(x_1) = F_{Ay} \times x_1 = Fbx_1/l \quad (0 < x_1 < a)$$

CB 段,取 BC 向为正方向,用 x_2 表示任意截面

$$F_S(x_2) = -F_{By} = -Fa/l \quad (0 < x_2 < b)$$

$$M(x_2) = F_{By} \times x_2 = Fax_2/l \quad (0 < x_2 < b)$$

(3)由内力方程绘内力图

由内力方程可知剪力图为定值,因此,绘剪力图时只需定出一个截面的内力值,然后推轴线的平行线即可。注意两侧数值不同。成图见图6.8(b)。

由内力方程可知弯矩图呈直线变化规律，因此，绘弯矩图时只需定出两截面的内力值，连成直线即可。

左侧，当 $x_1 \to 0$ 时，$M_{AB} = 0$

当 $x_1 \to a$ 时，$M_{AB} = Fba/l$（下部受拉）

右侧，当 $x_2 \to 0$ 时，$M_{BA} = 0$

当 $x_2 \to b$ 时，$M_{BA} = Fab/l$（下部受拉）

弯矩图见图 6.8(c)。

例 6.5 已知图 6.9(a)所示悬臂梁，承受满跨的均布荷载作用，试用内力方程法绘梁的内力图。

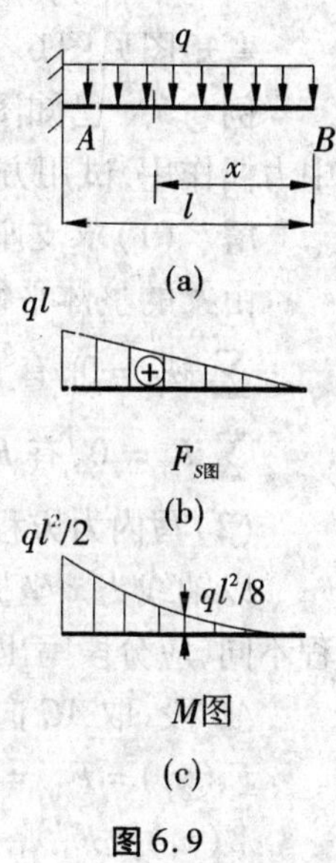

图 6.9

解 绘悬臂梁内力图时，可以不求支座反力，直接由自由端向杆件内部求。

(1)写内力方程

以轴线为 x 坐标轴，BA 方向为正方向，选择距 B 为 x 的截面为代表性截面，对截面右侧运用直接计算法，可列出该截面的剪力方程和弯矩方程，即

$$F_S(x) = qx \qquad (0 < x < l)$$

$$M(x) = -qx \times x/2 = -qx^2/2 \qquad (0 < x < l)$$

(2)由内力方程绘内力图

由内力方程可知剪力图呈直线变化规律，因此，绘剪力图时只需定出两截面的内力值，连成直线即可。

当 $x \to 0$ 时，$F_{SB} = 0$

当 $x \to l$ 时，$F_{SA} = ql$

剪力图见图 6.9(b)。

由内力方程可知弯矩图呈抛物线变化规律，因此，绘弯矩图时需定出三截面的内力值，连成抛物线即可。

当 $x \to 0$ 时，$M_{BA} = 0$

当 $x \to l$ 时，$M_{AB} = -ql^2/2$（上部受拉）

当 $x \to l/2$ 时，$M_{中} = -ql^2/8$（上部受拉）

弯矩图见图 6.9(c)。

例 6.6 已知图 6.10(a)所示悬臂梁，在右端 B 截面承受集中力作用，试用内力方程法绘梁的内力图。

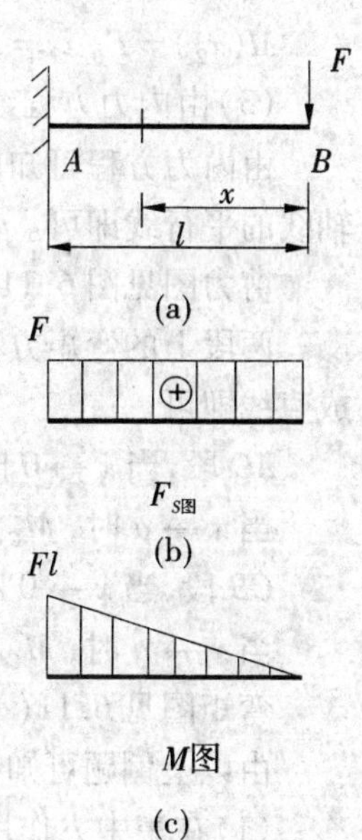

图 6.10

解 对悬臂梁，直接由自由端向杆件内部求。

(1)写内力方程

以轴线为 x 坐标轴，BA 方向为正方向，选择距 B 为 x 的截面为代表性截面，对截面右侧运用直接计算法，可列出该截面的剪力方程和弯矩方程

$$F_S(x) = F \qquad (0 < x < l)$$

$$M(x) = -Fx \qquad (0 < x < l)$$

(2)由内力方程绘内力图

由内力方程可知剪力为定值,因此,绘剪力图时只需定出一个截面的内力值,然后推轴线的平行线即可。剪力图见图 6.10(b)。

由内力方程可知弯矩图呈直线变化规律,因此,绘弯矩图时需定出两截面的内力值,连成直线即可。

当 $x \to 0$ 时, $M_{BA} = 0$

当 $x \to l$ 时, $M_{AB} = -Fl$ (上部受拉)

弯矩图见图 6.10(c)。

例 6.7 已知图 6.11(a)所示简支梁,在梁上 C 截面承受集中力偶作用,试用方程法绘梁的内力图。

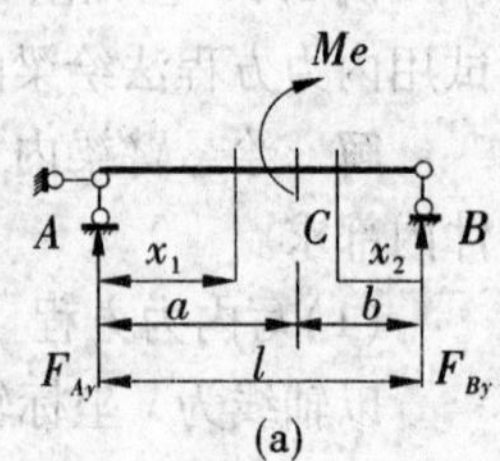

解 (1)求支座反力

由梁的整体平衡方程

$\sum M_B = 0$,有 $M_e + F_{Ay} \times l = 0$,得 $F_{Ay} = -M_e/l$

$\sum F_y = 0$,有 $F_{By} + F_{Ay} = 0$,得 $F_{By} = M_e/l$

(2)写内力方程

以轴线为 x 坐标轴,由于有集中力偶作用,C 截面两侧内力方程不同,应分段写出。

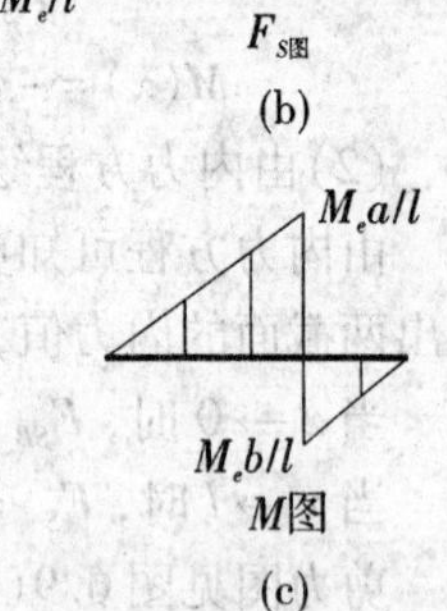

图 6.11

AC 段,取 AC 向为正方向,用 x_1 表示任意截面

$F_S(x_1) = F_{Ay} = -M_e/l \qquad (0 < x_1 \leqslant a)$

$M(x_1) = F_{Ay}x_1 = -M_e x_1/l \qquad (0 < x_1 < a)$

CB 段,取 BC 向为正方向,用 x_2 表示任意截面

$F_S(x_2) = -F_{By} = -M_e/l \qquad (0 < x_2 \leqslant b)$

$M(x_2) = F_{By}x_2 = M_e x_2/l \qquad (0 < x_2 < b)$

(3)由内力方程绘内力图

由内力方程可知剪力为定值,因此,绘剪力图时只需定出一个截面的内力值,然后推轴线的平行线即可。

剪力图见图 6.11(b)。

两段上的弯矩方程均为线性方程,因此绘弯矩图时均需定出两截面的内力值,分别连成直线即可。

AC 段,当 $x \to 0$ 时, $M_{AB} = 0$

当 $x \to a$ 时, $M_{CA} = -M_e a/l$ (上部受拉)

CB 段,当 $x \to 0$ 时, $M_{BA} = 0$

当 $x \to a$ 时, $M_{CA} = M_e b/l$ (下部受拉)

弯矩图见 6.11(c)。

由以上例题可知,梁的截面内力有以下特点:

(1)在集中力作用的横截面处,剪力 F_S 无定值,发生突然变化,简称突变。变化的大小就是该处集中力的数值。当该处集中力向下作用时,剪力 F_S 从左向右代数值减小;当该处集中力向上作用时，剪力 F_S从左向右代数值增大。

(2)在集中力偶作用的横截面处，弯矩 M 无定值，发生突变。变化的大小就是该处集中力偶的数值。当该处集中力偶为顺时针转向时，弯矩 M 从左向右代数值减小；当该处集中力偶为逆时针转向时，截面内力从左向右代数值增大。

(3)在梁端的铰支座处，只要该处无集中力偶作用，梁端铰内侧截面的弯矩一定等于0；如果此处有集中力偶作用，则梁端铰内侧截面的弯矩等于集中外力偶矩。注意，伸臂梁下铰不是端铰，不能应用该条规则。

6.2.2 利用微分关系作梁的内力图

梁上荷载与其内力之间具有一定的关系，可以在绘内力图时运用，下边通过图6.12说明。

图6.12(a)中的梁，在跨中作用有任意分布的荷载，为研究任意 x 截面 M_x、F_{Sx}和 q_x的相互关系，用两个相邻截面从梁上截取长为 dx 的微梁段，见图6.12(b)。

由于 dx 为微量，分布荷载可视为常量，该段受力图可表示为图6.12(b)。由于原梁处平衡状态，微段也处于平衡状态，故有如下方程

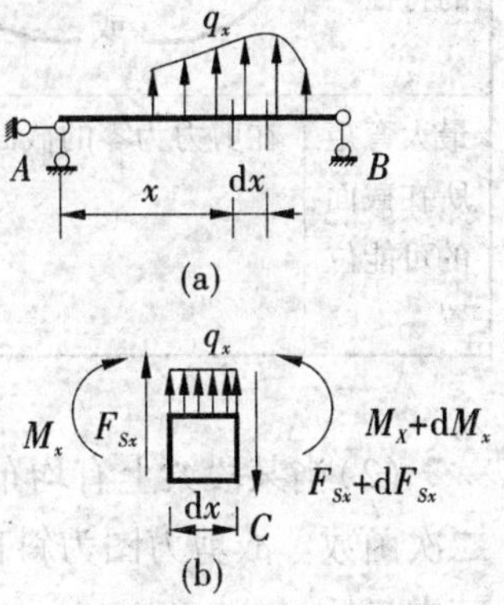

$$\sum F_y = 0\text{，有 } F_{Sx} + q_x\mathrm{d}x - (F_{Sx} + \mathrm{d}F_{Sx}) = 0\text{，}$$

有

$$\mathrm{d}F_{Sx}/\mathrm{d}x = q_x \tag{6.1}$$

如记 dx 段右截面形心为 C，有下式

$$\sum M_C = 0\text{，有 } (M_x + \mathrm{d}M_x) - M_x - F_{Sx}\mathrm{d}x - qx\mathrm{d}x\mathrm{d}x/2 = 0$$

(a)

(b)

图6-12

略去高阶微量 $q_x\mathrm{d}x\mathrm{d}x/2$，有

$$\mathrm{d}M_x/\mathrm{d}x = F_{Sx} \tag{6.2}$$

式(6.1)和式(6.2)即为弯矩、剪力和分布荷载集度之间的微分关系式。由数学知识可知，弯矩图上某一点的切线斜率等于该点处的截面剪力；剪力图上某一点的切线斜率等丁该点处的分布荷载集度。

表6.1列出了荷载图、剪力图和弯矩图三者之间的这种微分关系。

表6.1中将梁上常见荷载分为四种情况：无荷载区段、均布荷载区段、集中力作用和集中力偶作用。从上述微分关系式及表6.1可以对梁的内力图特点总结出以下规律：

(1)当某段梁上无分布荷载(无荷载区段)，即 $q(x)=0$ 时，$F_S(x)$是与 x 无关的常数，$M(x)$是 x 的一次函数。故剪力图为一条水平直线，弯矩图为一条斜直线。其中包括：

1)当 $F_S(x)$为正常数时，弯矩图为指向右下方的斜直线；

2)当 $F_S(x)$为负常数时，弯矩图为指向右上方的斜直线；

3)当 $F_S(x)=0$ 时，弯矩图为水平直线。

表 6.1　常见荷载作用下剪力图与弯矩图的特征

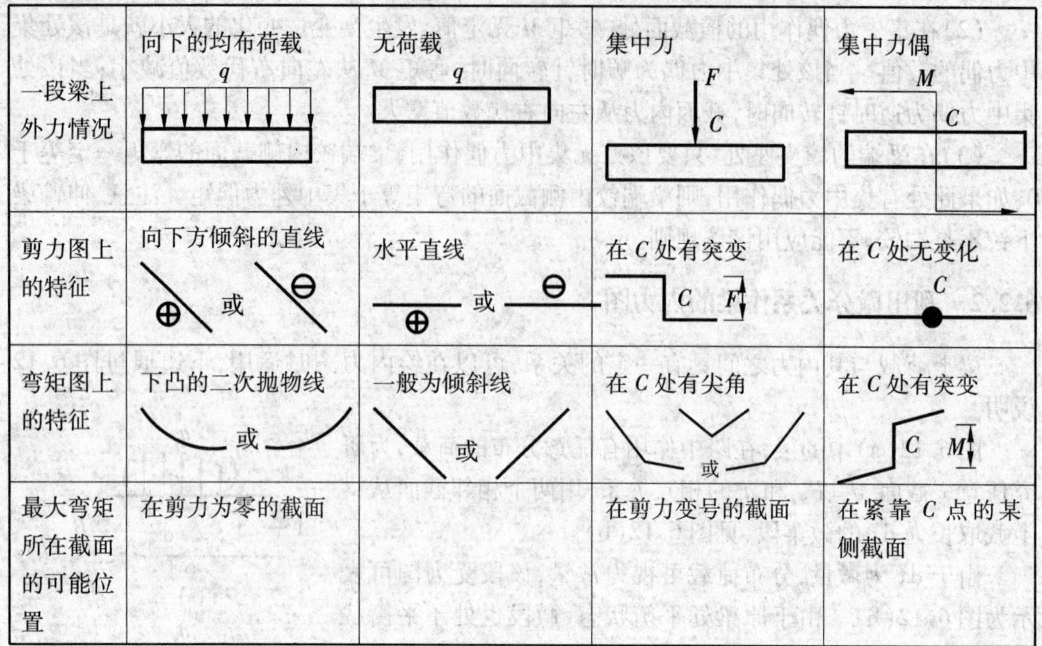

一段梁上外力情况	向下的均布荷载	无荷载	集中力	集中力偶
剪力图上的特征	向下方倾斜的直线	水平直线	在 C 处有突变	在 C 处无变化
弯矩图上的特征	下凸的二次抛物线	一般为倾斜线	在 C 处有尖角	在 C 处有突变
最大弯矩所在截面的可能位置	在剪力为零的截面		在剪力变号的截面	在紧靠 C 点的某侧截面

(2)当某段梁上有均布荷载,即 $q(x)$ 为常数时,$F_S(x)$ 是 x 的一次函数,$M(x)$ 是 x 的二次函数。故剪力图为斜直线,弯矩图为二次抛物线,且弯矩图凸出方向与 q_x 指向一致。其中包括:

1)当 $q(x)$ 为向上作用的正常数时,剪力图为指向右上方的斜直线;弯矩图为向上凸的二次抛物线。

2)当 $q(x)$ 为向下作用的负常数时,剪力图为指向右下方的斜直线;弯矩图为向下凸的二次抛物线。

3)剪力图上 $F_S(x)=0$ 的点,对应着弯矩图中二次抛物线的顶点,即该区段弯矩的极值点。

(3)当某段梁上有按一次函数分布的荷载,即 $q(x)$ 为 x 的一次函数时,$F_S(x)$ 是 x 的二次函数,$M(x)$ 是 x 的三次函数。此时剪力图为二次抛物线,弯矩图为三次抛物线。

(4)集中力和集中力偶作用点的内力图特点,前面已经总结过,这里不再叙述。

运用以上规律,可以迅速、简便地绘出梁的内力图。

利用上面总结的规律绘制梁的内力图时,应注意一般从左向右进行,才能与表 6.1 中有突变的图形突变方向变化一致,否则容易出错。

利用上述规律绘制内力图的步骤如下:

(1)求支座反力(悬臂梁可不求)。

(2)确定控制截面的位置(即集中力作用点、集中力偶作用点、均布荷载的起点和终点、杆件端点),把梁分为若干区段。

(3)求控制截面的内力。

(4)利用每一区段内力图的特点画内力图。

(5)计算极值处的弯矩值。

例6.8 已知图6.13(a)所示简支梁,承受如图荷载,试绘出梁的内力图。

解 (1)求支座反力

由梁的整体平衡方程 $\sum M_B = 0$,

$16 \times 2 - F_{Ay} \times 4 = 0$

有 $F_{Ay} = 8(\text{kN})$

由 $\sum F_y = 0$,有 $F_{By} + F_{Ay} - 16 = 0$,得 $F_{By} = 8(\text{kN})$

(2)选择控制截面,有 A 右、C 左、C 右 B 左四个截面。分别计算出截面内力,如下:

A 右截面,取 A 右截面左侧梁计算

$F_{SA右} = 8(\text{kN})$ $M_{A右} = 0$

C 左截面,取 C 左截面左侧梁计算

$F_{SC左} = 8(\text{kN})$ $M_{C左} = 8 \times 2 = 16(\text{kN} \cdot \text{m})$(下部受拉)

C 右截面,取 C 右截面右侧梁计算

$F_{SC右} = -8(\text{kN})$ $M_{C右} = 8 \times 2 = 16(\text{kN} \cdot \text{m})$(下部受拉)

由于 C 截面是集中力作用点,也可只计算一侧弯矩。

B 左截面,取 B 左截面右侧梁计算

$F_{SB左} = -8(\text{kN})$ $M_{B左} = 0$

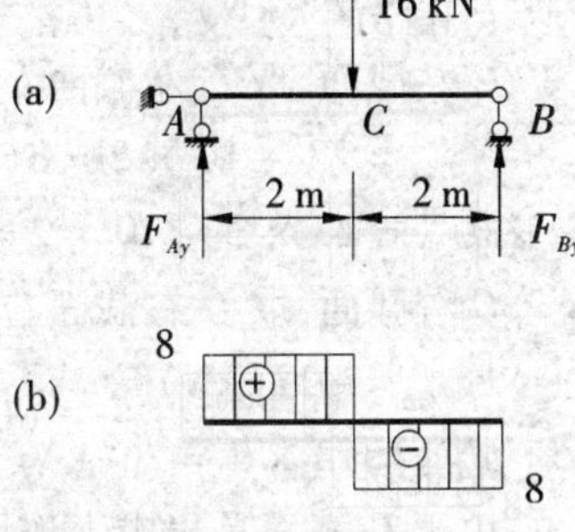

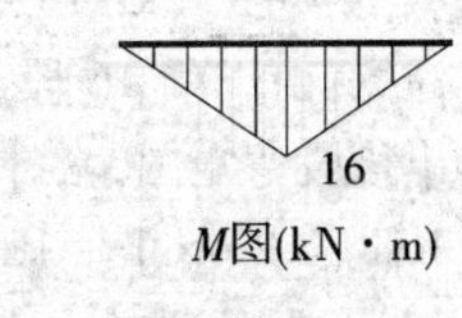

图6.13

(3)分段绘梁的内力图:将各截面内力值垂直于梁轴线画到梁的平行线上,绘剪力图时,正值在上,负值在下;绘弯矩图时,画在受拉侧。见图6.13(b)、图6.13(c)。

绘剪力图时,AC 段作用无均布荷载,即空段,剪力图为轴线的平行线,过任一端点值绘轴线的平行线即可(也可直接将两端值相连);BC 段也无均布荷载,剪力图仍为轴线的平行线,见图6.13(b)。

绘弯矩图时,AC 段作用无均布荷载,即空段,弯矩图为线性规律,直接将两端值相连即可;BC 段也无均布荷载,规律同前,见图6.13(c)。

例6.9 已知图6.14(a)所示简支梁,承受如图荷载,试绘出梁的内力图。

解 (1)求支座反力

由梁的整体平衡方程 $\sum M_B = 0$,有

$16 \times 2 + 10 \times 2 \times 3 - F_{Ay} \times 4 = 0$,有 $F_{Ay} = 23(\text{kN})$

由 $\sum F_y = 0$,有 $F_{By} + F_{Ay} - 16 - 10 \times 2 = 0$,有 $F_{By} = 13(\text{kN})$

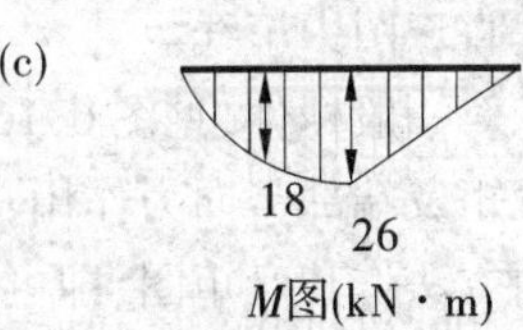

图6.14

(2)选择控制截面，有 A 右、C 左、C 右、B 左四个截面。分别计算出截面内力，如下：

A 右截面，取 A 右截面左侧梁计算

$F_{SA右}=23(kN)$ $M_{A右}=0$

C 左截面，取 C 左截面左侧梁计算

$F_{SC左}=23-10\times 2=3(kN)$

$M_{C左}=23\times 2-10\times 2\times 1=26(kN\cdot m)$（下部受拉）

C 右截面，取 C 右截面右侧梁计算

$F_{SC右}=-13(kN)$

$M_{C右}=13\times 2=26(kN\cdot m)$（下部受拉）

由于 C 截面是集中力作用点，也可只计算一侧弯矩。

B 左截面，取 B 左截面右侧梁计算

$F_{SB左}=-13(kN)$ $M_{B左}=0$

注意：由于梁 AC 段有均布荷载，弯矩图呈二次抛物线规律，应再补一点的弯矩值才能作出该段弯矩图，常补中点：

$M_{AC中}=23\times 1-10\times 1\times 0.5=18(kN\cdot m)$

(3)分段绘梁的内力图：将各截面内力值垂直梁轴画到梁的平行线上，绘剪力图时，正值在上，负值在下；绘弯矩图时，画在受拉侧，见图6.14(b)、图6.14(c)。

绘剪力图时，AC 段作用有均布荷载，剪力图呈线性规律，直接将两端值相连即可；BC 段无均布荷载，即空段，剪力图为轴线的平行线，过任一端点值推轴线的平行线即可，见图6.14(b)。

绘弯矩图时，AC 段作用有均布荷载，弯矩图呈二次抛物线规律，将三点弯矩值连成抛物线即可；BC 段无均布荷载，即空段，弯矩图为线性规律，直接将两端值相连即可，见图6.14(c)。

6.2.3 利用叠加法作梁的弯矩图

对直梁作弯矩图时，可以利用分段叠加法，使绘图工作得到简化。首先见图6.15(a)，当简支梁承受跨间均布荷载和端部力偶时，其弯矩图绘制可用力学中的叠加原理，即梁在两种荷载下的弯矩值，等于两种荷载单独作用所引起的弯矩值的叠加。可将荷载分为两部分：跨间均布荷载、端部力偶。当端部力偶单独作用时，见图6.15(b)，梁弯矩图(M_1图)为直线；当跨间均布荷载单独作用时，梁弯矩图(M_0图)为图6.15(c)所示二次抛物线。将图6.15(b)和图6.15(c)的数值进行竖坐标的叠加，即得原简支梁总弯矩图，见图6.15(d)。如记原梁上任一截面的弯矩为 $M(x)$，则有 $M(x)=M_1(x)+M_0(x)$。

注意：弯矩值的叠加是指竖坐标的叠加，图6.15(d)中 M_0 也应垂直于杆轴 AB，而不是垂直于图中虚线。

对一般杆件，见图6.16(a)中 AB 段，其隔离体如图6.16(b)所示，受到均布荷载、端部弯矩及端部竖向力作用，受力与图6.16(c)相同，可用图6.16(c)相应简支梁弯矩图的绘制方法作其弯矩图，即可利用图6.15中的叠加法。这样，作任意直杆段弯矩图的问题即转化为作相应简支梁弯矩图的问题。具体步骤为：首先求出 A、B 两端的弯矩值，连成

虚直线；然后以此虚线作为基线，再叠加相应简支梁在相应荷载下的弯矩图。

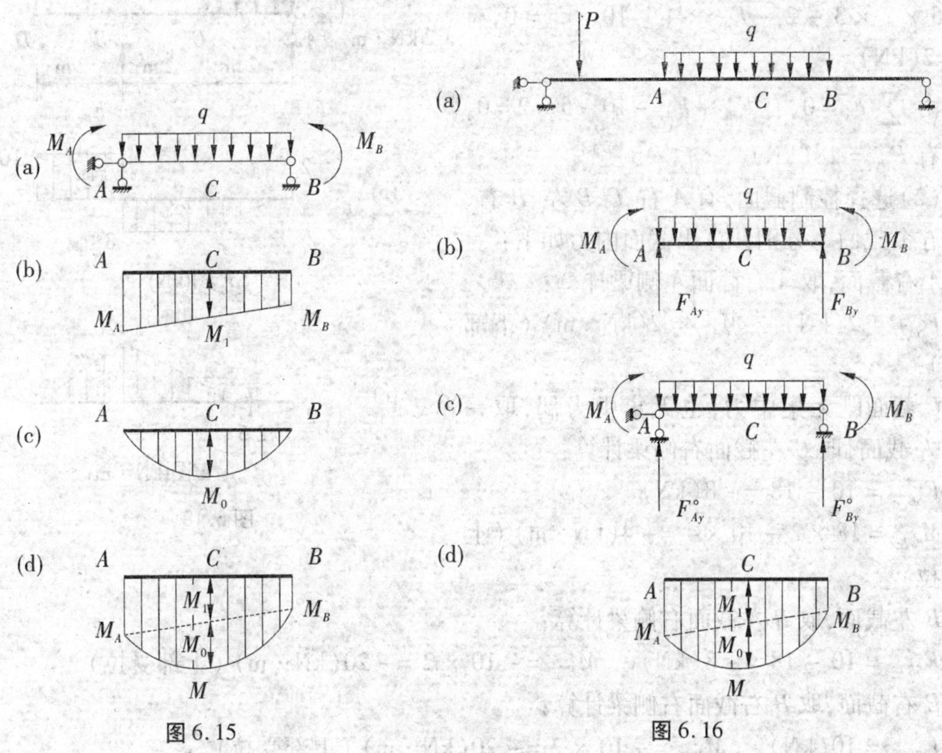

图 6.15　　图 6.16

如对例 6.9 中图 6.14(a)梁，在画弯矩图时，由于 AC 段作用有均布荷载，可使用叠加法画弯矩图。

应先用直接计算法求出 $M_{A右}=0$，$M_{C左}=26(\text{kN}\cdot\text{m})$（下部受拉），方法同前例。再将两弯矩值连成虚直线。

然后，在 AC 段的中点沿荷载作用方向（向下）叠加相应简支梁在该位置的弯矩值 $ql^2/8$ 即可，见图 6.17。

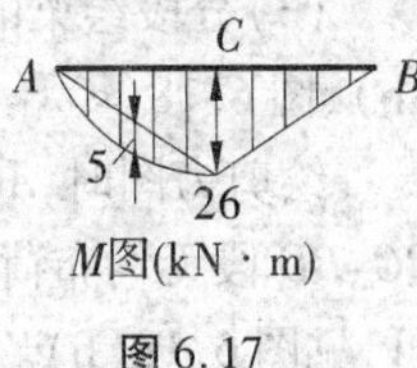

图 6.17

6.2.4 利用直接计算法、微分关系及叠加法作梁的内力图

利用直接计算法、荷载与内力之间的微分关系以及叠加法作梁的内力图，可以大大简化内力图的绘图过程，步骤如下：

(1)求出梁的支反力（悬臂梁不用求）。

(2)选择控制截面，用直接计算法求出各控制截面的内力值。

(3)按控制截面分段，以控制截面的内力值为该截面的纵坐标，根据荷载与内力之间的微分关系以及叠加法分段绘内力图。

现举例如下：

例 6.10 已知图 6.18(a)所示伸臂梁，在梁上作用有如图荷载，试绘出梁的内力图。

解 (1)求支座反力

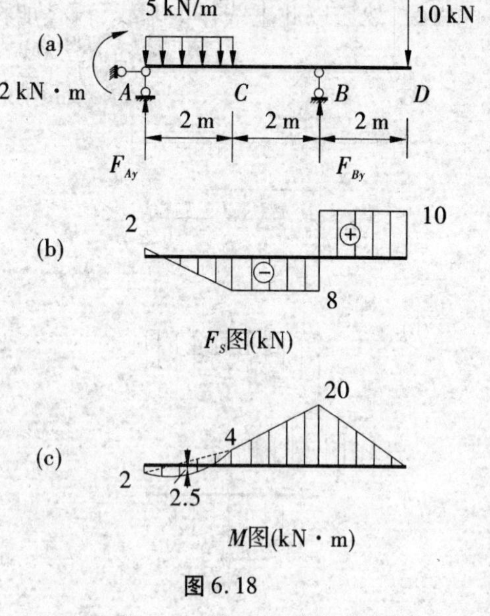

图 6.18

由梁的整体平衡方程 $\sum M_B=0$,

$5\times2\times3-2-F_{Ay}\times4-10\times2=0$,有 $F_{Ay}=2(\text{kN})$

由 $\sum F_y=0$,有 $F_{By}+F_{Ay}-10-5\times2=0$,有 $F_{By}=18(\text{kN})$

(2)选择控制截面,有 A 右、C、B 左、B 右、D 左五个截面。分别计算出截面内力如下:

A 右截面,取 A 右截面左侧梁计算:

$F_{SA右}=2(\text{kN})$　$M_{A右}=2(\text{kN}\cdot\text{m})$(下部受拉)

C 截面既无集中力,也无集中力偶,取一个 C 左截面,取 C 左截面右侧梁计算:

$F_{SC左}=10-18=-8(\text{kN})$

$M_{C左}=18\times2-10\times4=-4(\text{kN}\cdot\text{m})$(上部受拉)

B 左截面,取 B 左截面右侧梁计算:

$F_{SB左}=10-18=-8(\text{kN})$　$M_{B左}=-10\times2=-20(\text{kN}\cdot\text{m})$(上部受拉)

B 右截面,取 B 右截面右侧梁计算:

$F_{SB右}=10(\text{kN})$　$M_{B右}=-10\times2=-20(\text{kN}\cdot\text{m})$(上部受拉)

D 左截面,取 D 左截面右侧梁计算:

$F_{SD左}=10(\text{kN})$　$M_{D左}=0(\text{kN}\cdot\text{m})$

(3)分段绘梁的内力图:将各截面内力值垂直梁轴线画到梁的平行线上,见图 6.18(b)、图 6.18(c)。

绘剪力图时,AC 段作用有均布荷载,剪力图呈线性规律,直接将两端值相连即可;BC、BD 段无均布荷载,即空段,剪力图为轴线的平行线,过任一端点值绘轴线的平行线即可,见图 6.18(b)。

绘弯矩图时,AC 段作用有均布荷载,弯矩图呈二次抛物线规律,用叠加法,将两端值连成虚线,在跨中沿荷载方向(向下)叠加 $ql^2/8$ 即可;BC、BD 段无均布荷载,即空段,弯矩图为线性规律,直接将两端值相连即可,见图 6.18(c)。

注意:梁左端 A 截面有集中力偶,弯矩值有突变,不为零。

例 6.11　已知图 6.19(a)所示悬臂梁,在梁上作用有如图荷载,试绘出梁的内力图。

解　(1)对悬臂梁,不求支座反力,直接由自由端开始求。

(2)选择控制截面,有 A 右、B、C 左三个截面。分别计算出截面内力,如下:C 左截面为端截面,无集中力和集中力偶,有

$$F_{SC左}=0$$

$$M_{C左}=0$$

B 截面,左、右截面内力值均相同,取 B 右截面右侧梁计算:

$$F_{SB左} = ql$$

$$M_{B左} = -ql \times l/2 = -ql^2/2 \text{（上部受拉）}$$

A 右截面，取 A 右截面右侧梁计算：

$$F_{SA右} = ql - ql = 0$$

$$M_{A右} = -ql \times 3l/2 + ql \times l/2 = -ql^2 \text{（上部受拉）}$$

(3)分段绘梁的内力图：

将各截面内力值垂直梁轴画到梁的平行线上。

绘剪力图时，AB、BC 段均有均布荷载，剪力图呈线性规律，在两段上直接将两端值相连即可，见图6.19(b)。

绘弯矩图时，AB、BC 段均呈二次抛物线规律，均用叠加法，在跨中沿荷载方向叠加 $ql^2/8$ 即可。

注意在 AB 段，向上叠加；在 BC 段，向下叠加，见图6.19(c)。

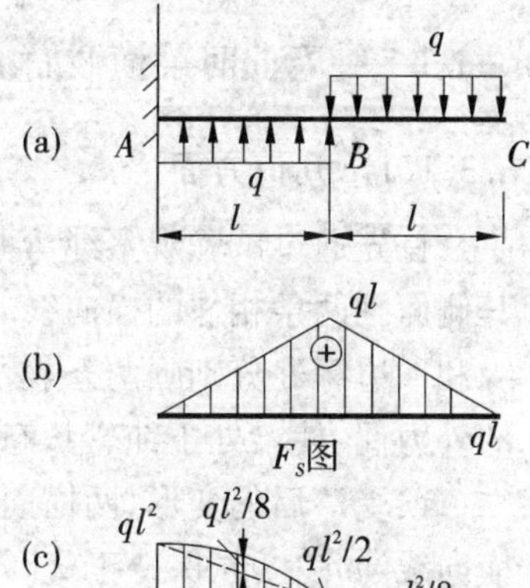

图6.19

6.3 梁的正应力及其强度计算

在前面我们研究了梁上的内力，知道梁发生平面弯曲变形时，其横截面上存在着弯矩和剪力两种内力。工程上常见的等截面直梁的破坏往往发生在弯矩最大或剪力最大的截面上。当钢筋混凝土梁所受外力过大时，在最大弯矩作用截面的下边缘处会首先出现裂缝，然后裂缝逐渐向上扩展而导致梁的破坏。通过本节学习，我们将知道，其破坏原因是由于梁受力后发生了弯曲变形，梁下部伸长受到拉应力作用，当拉应力超过材料的极限拉应力时会引起裂缝的发生，从而导致了梁的破坏。梁横截面上存在的内力弯矩和剪力，是横截面上所有点受力情况的集中反映，从微观角度上是正应力和剪应力的集中反映，也可以说，横截面上正应力和剪应力的存在，导致横截面上产生弯矩和剪力。

其中，横截面上的弯矩是横截面上所有点的正应力作用的集中反映，横截面上的剪力是横截面上所有点的剪应力作用的集中反映。

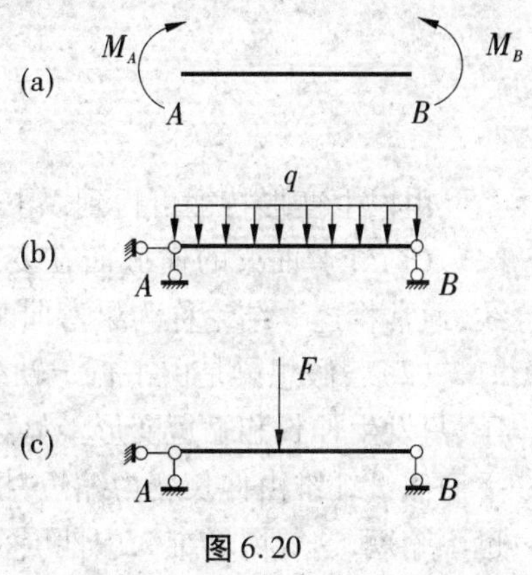

图6.20

按梁横截面上内力种类的不同，平面弯曲梁可以分为纯弯曲梁和横力弯曲梁。其中，纯弯曲梁是指只有弯矩而无剪力作用的梁，如图6.20(a)所示。横力弯曲梁是指既有弯矩又有剪力作用的梁，如图6.20(b)、(c)所示。为了方便，我们将首先研究纯弯曲梁横截面上的正应力。

6.3.1 纯弯曲时梁横截面上的正应力

6.3.1.1 几何方面

首先通过试验观察纯弯曲梁的变形情况，取一等直的矩形截面梁如图 6.21 所示，在其侧面画两条相邻的横向线 mm 和 nn 代表横截面的位置，并在两横向线之间靠近梁上边缘和下边缘处分别画两条表示纵向纤维的纵向线 aa 和 bb。在梁的两端施加力偶矩为 M 的外力偶，使梁处于纯弯状态。

梁受弯后的变形，两横向线 mm 和 nn 仍为直线，两纵向线 aa 和 bb 变为弧线且与两横向线 mm 和 nn 保持正交。靠近梁下边缘的纵向线 bb 伸长，靠近梁上边缘的纵向线 aa 缩短。

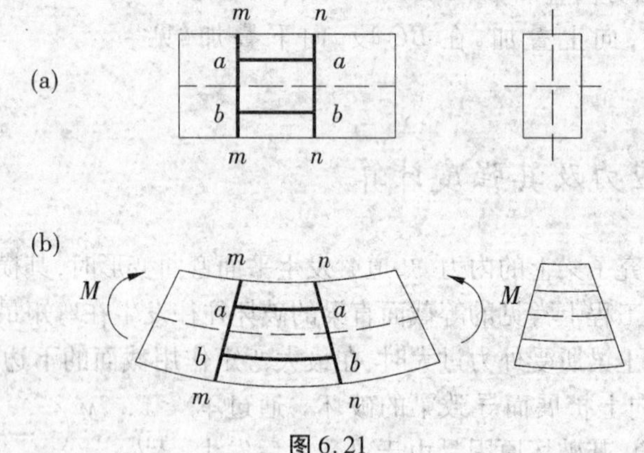

图 6.21

由以上变形特征可得到以下结论：

(1)纯弯曲梁的横截面在变形前为平面，变形后仍为平面，且垂直于挠曲了的梁轴线，通常将这一结论称为梁弯曲时的平截面假定。

(2)若假想梁是由平行于轴线的众多纤维组成，在纯弯曲过程中各纤维之间互不挤压，只发生伸长和缩短变形。显然，凸边一侧的纤维发生伸长，凹边一侧的纤维缩短。由平面假设纤维由伸长变为缩短，根据变形的连续性可知，中间一定有一层纤维既不伸长，也不缩短，这一层纤维为中性层，如图 6.22 所示。中性层与横截面的交线称为中性轴，可以证明，中性轴为形心主轴。

若用两个横截面从图 6.22(a)所示的梁中截取长度为 $\mathrm{d}x$ 的一段来研究，将梁的轴线取为 x 轴，横截面的纵向对称轴为 y 轴，中性轴取为 z 轴，若设中性轴 oo' 的曲率半径为 ρ，两横截面的相对转角为 $\mathrm{d}\theta$，那么距中性层为 y 处的纵向纤维的线应变为

$$\varepsilon=\frac{(\rho+y)\mathrm{d}\theta-\rho\mathrm{d}\theta}{\rho\mathrm{d}\theta}=\frac{y}{\rho} \tag{6.3}$$

由于同一截面的 $1/\rho$ 是一常数，所以式(6.3)表明梁横截面上任一点处的纵向线应变与该点到中性轴的距离成正比。

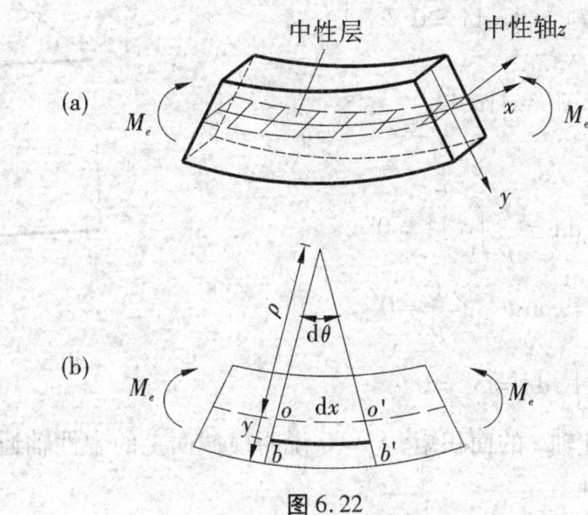

图 6.22

6.3.1.2 物理方面

根据假设,纵向纤维之间无挤压,每一纤维都是单向拉伸或者单向压缩,当应力小于比例极限时,材料服从胡克定律,由胡克定律

$$\sigma = E\varepsilon$$

$$\sigma = E\frac{y}{\rho} \tag{6.4}$$

式6.4中,因为 E 和 ρ 均为常数,所以梁横截面上正应力 σ 与 y 成正比。即 y 越大,应力 σ 也越大,任意纵向纤维的正应力与它到中性层的距离成正比。在横截面上,任意点的正应力与该点到中性轴的距离成正比。亦即沿截面高度,正应力按直线规律变化。又由于应力与 z 方向无关,所以横截面同一高度上各点的正应力相同。即正应力沿梁高度线性分布,中性轴上等于零,外边缘上最大,见图6.23。

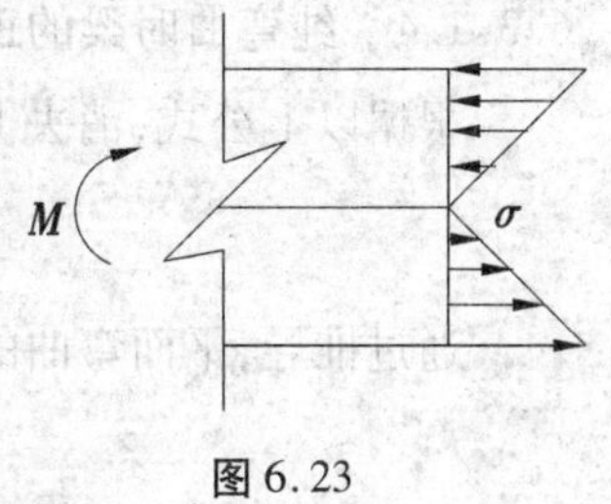

图 6.23

由式6.4还不能计算出正应力 σ 的数值,因为中性轴的位置尚未确定,所以中性层的曲率半径 ρ 也未知。下面根据静力平衡条件,确定中性轴位置,从而导出正应力计算公式。

6.3.1.3 静力关系

将 z 轴设在中性轴上,取微面积 $\mathrm{d}A$,作用在微面积上的微内力 $\mathrm{d}N=\sigma \mathrm{d}A$,横截面上的内力与截面左侧的外力必须平衡。在纯弯曲情况下,截面左侧的外力只有对 z 轴的力偶矩 M。由于内外力必须满足平衡方程,横截面上的微内力 $\sigma \mathrm{d}A$ 组成垂直于横截面的合力为 $\int_A \sigma \mathrm{d}A$,它应等于该横截面上的轴力 F_{N},同时它对 z 轴的合力偶矩为 $\int_A y\sigma \mathrm{d}A$,等于该横截面上的弯矩 M(图6.24)。有

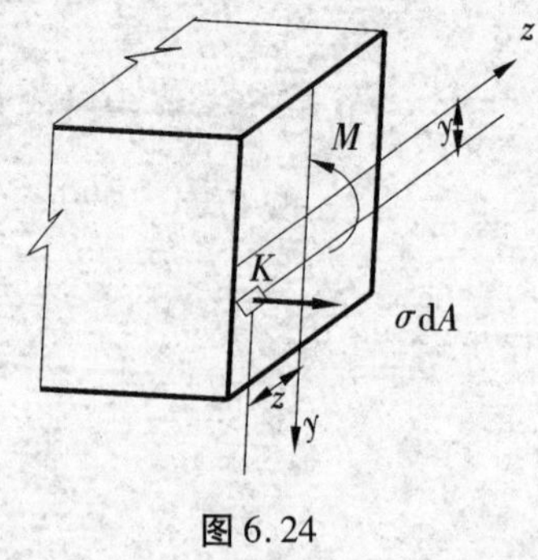

图 6.24

$$F_N = \int_A \sigma \mathrm{d}A = 0$$

$$M = \int_A y\sigma \mathrm{d}A$$

有

$$\int_A \sigma \mathrm{d}A = \frac{E}{\rho}\int_A y\mathrm{d}A = 0$$

$$\frac{E}{\rho} = \mathrm{const} \qquad \frac{E}{\rho} \neq 0$$

$$\int_A y\mathrm{d}A = S_z = 0$$

S_z是横截面对中性轴 z 的面积矩，$S_z = 0$ 说明横截面上的中性轴通过形心，即横截面上的中性轴 z 是形心轴。

$$M = \int_A y\sigma \mathrm{d}A = \frac{E}{\rho}\int_A y^2 \mathrm{d}A$$

$$\int_A y^2 \mathrm{d}A = I_z$$

上式可写成

$$\frac{1}{\rho} = \frac{M}{EI_z} \tag{6.5}$$

式中 $1/\rho$ 为梁轴线变形后的曲率，EI_z称为梁的抗弯刚度。

6.3.1.4 纯弯曲时梁的正应力计算公式

根据以上公式，消去 $1/\rho$ 得

$$\sigma = E\frac{y}{\rho} = Ey\frac{M}{EI_z} = \frac{My}{I_z}$$

通过推导，平面弯曲的梁横截面上任一点的下应力计算公式为

$$\sigma = \frac{My}{I_z} \tag{6.6}$$

式中 σ ——任意一点的正应力，常用单位：MPa（$\mathrm{N/mm^2}$）

M ——横截面上的弯矩，常用单位：kN·m

I_z ——截面对中性轴 z 的惯性矩，常用单位：$\mathrm{mm^4}$

y ——所求应力点到中性轴 z 的距离，常用单位：mm

根据推导条件的限制，公式(6.6)的运用条件是梁的最大正应力不超过材料的比例极限。

讨论：

(1)导出公式时用了矩形截面，但未涉及任何矩形的几何特性，因此，公式具有普遍性。

(2)只要梁有一纵向对称面，且载荷作用于对称面内，公式都适用。

(3)横截面上任一点处的应力是拉应力还是压应力，可直接根据计算点所处横截面上的拉压区域直接判定，不需要利用 y 坐标的正负来判定。

在计算时，可将 M 与 y 的绝对值代入公式，正应力的正负用所求点的位置来判断。当 M 为正时，中性轴以上各点为压应力，取负值；中性轴以下各点为拉应力，取正值，如图6.25(a)所示；当 M 为负时则相反，如图6.25(b)所示。

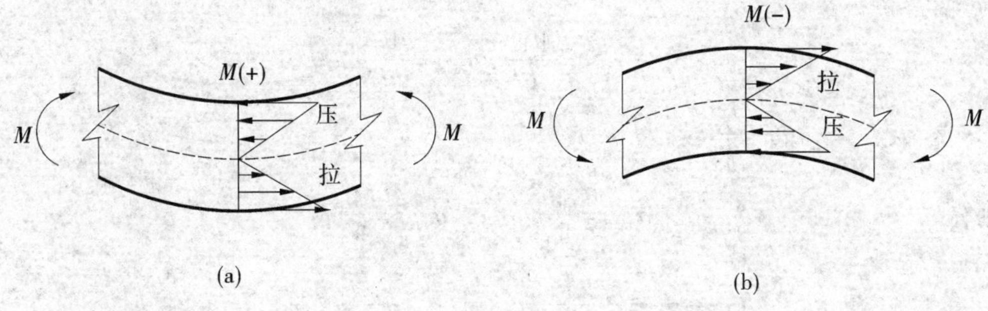

图6.25

由式(6.6)可知，对于同一截面，M、I_z 为一个常量，所以，截面上任意一点处的正应力大小与该点到中性轴的距离 y 成正比。在中性轴上，由于 $y=0$，则有 $\sigma=0$；在横截面上、下边缘处的点离中性轴 z 最远，所以截面上、下边缘处正应力的绝对值最大；整个截面上的正应力大小沿截面高度呈线性变化。

当 $y=y_{\max}$，即横截面上离中性轴距离最远的各点处，弯曲正应力达到最大值。

$$\sigma_{\max}=\frac{My_{\max}}{I_z}=\frac{M}{\dfrac{I_z}{y_{\max}}}$$

令 $W_z=\dfrac{I_z}{y_{\max}}$，$W_z$ 称为弯曲截面系数，只与横截面的形状、尺寸有关，常用单位为 m^3 或 mm^3，是截面的几何性质之一。

梁横截面上的最大正应力可用下式计算

$$\sigma_{\max}=\frac{M}{W_z} \tag{6.7}$$

矩形截面的 W_z（图6.26a）

$$W_z=\frac{I_z}{y_{\max}}=\frac{\dfrac{bh^3}{12}}{\dfrac{h}{2}}=\frac{bh^2}{6}$$

圆形截面的 W_z（图6.26b）

$$W_z=\frac{I_z}{y_{\max}}=\frac{\dfrac{\pi d^4}{64}}{\dfrac{d}{2}}=\frac{\pi d^3}{32}$$

型钢的截面几何性质参数，可从型钢表中查出。

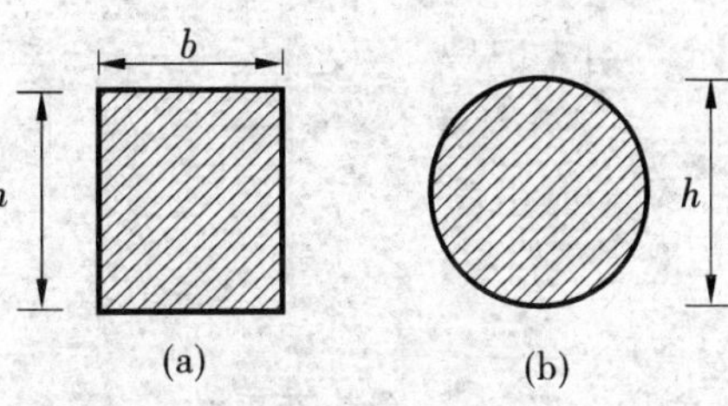

图6.26

如中性轴是对称轴时,例如矩形、工字形、圆形等,其最大拉、压应力在数值上相等。对于中性轴不是截面对称轴的梁,如图 6.27 所示的 T 形梁,其最大拉、压应力不相等,在正弯矩 M 作用下,梁的下边缘处产生最大拉应力,上边缘产生最大压应力,其工作应力计算表达式为

$$\sigma_{\max}^{-} = \frac{My_1}{I_z}, \sigma_{\max}^{+} = \frac{My_2}{I_z}$$

令 $W_1 = \frac{I_z}{y_1}, W_2 = \frac{I_z}{y_2}$

则有

$$\sigma_{\max}^{-} = \frac{M}{W_1} \qquad \sigma_{\max}^{+} = \frac{M}{W_2}$$

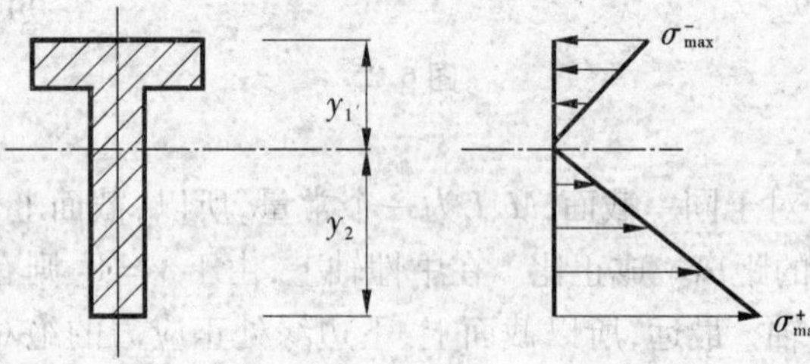

图 6.27

6.3.2 纯弯曲理论在横力弯曲中的推广

通常在梁弯曲时,横截面上既有弯矩又有剪力,这种弯曲称为横力弯曲。正应力计算公式是在纯弯曲情况下导出的,而工程中最常见的问题是横力弯曲。对横力弯曲的梁,当跨度与横截面高度之比大于5时,计算出的正应力误差不超过1%,已经能够满足工程上的精度要求。而且工程实际中的梁大多数高跨比大于5,所以纯弯曲时正应力公式可以推广应用于横力弯曲中。

纯弯曲正应力公式推广应用于横力弯曲时,有

$$\sigma = \frac{M(x) \cdot y}{I_z} \tag{6.8}$$

式中 $M(x)$ 为距坐标原点距离为 x 的横截面上的弯矩。

全梁的最大正应力,可用下式计算

$$\sigma_{\max} = \frac{M_{\max} y_{\max}}{I_z} \tag{6.9}$$

引入记号

$$W_z = \frac{I_z}{y_{\max}}$$

$$\sigma_{\max} = \frac{M_{\max}}{W_z}$$

式中 W_z 为抗弯截面系数(m^3)

讨论：

(1)对等直梁而言，σ_{max} 发生在最大弯矩作用面距中性轴最远处。

(2)对于变截面梁不应只注意最大弯矩 M_{max} 作用截面，而应综合考虑弯矩和抗弯截面系数 W_z 两个因素。

6.3.3 强度条件

为了使梁具有足够的强度，必须使梁危险截面上的最大正应力不超过材料的允许应力[σ]。只要梁截面上产生的最大工作应力 σ_{max} 不超过材料的允许应力[σ]，梁就能不发生正截面强度破坏。这即为正应力强度条件，其表达式为

$$\sigma_{max}=\frac{M_{max}}{W_z}\leqslant[\sigma] \tag{6.10}$$

(1)对抗拉抗压强度相同的材料

$$|\sigma|_{max}\leqslant[\sigma]$$

(2)对抗拉抗压强度不等的材料(如铸铁)，则应同时满足

$$\left.\begin{aligned}\sigma_{tmax}\leqslant[\sigma_t]\\ \sigma_{cmax}\leqslant[\sigma_c]\end{aligned}\right\}$$

根据强度条件可解决有关强度的三类计算问题：

(1)强度校核　在已知梁的材料和截面的形状、尺寸(即已知[σ]、W_z)以及荷载(即可计算 M_{max})的情况下，可检查梁是否满足正应力强度条件

$$\sigma_{max}=\frac{M_{max}}{W_z}\leqslant[\sigma]$$

(2)计算截面　当已知荷载和所用的材料(即已知 M_{max} 、[σ])，可根据强度条件，计算所需的抗弯截面系数

$$W_z\geqslant\frac{M_{max}}{[\sigma]}$$

然后根据梁的抗弯截面系数，进一步确定截面尺寸。

(3)确定许用荷载　如已知梁的材料和截面尺寸(即已知[σ]、W_z)，则根据强度条件计算出梁能承受的最大弯矩

$$M_{max}\leqslant W_z[\sigma]$$

然后由 M_{max} 与荷载间的关系计算出许用荷载。

例6.12　已知矩形截面简支梁受力如图 6.28(a)所示，$q=4$ kN/m，$b\times h=200$ mm×400 mm，求(1)距 A 端 1.5 m 的 C 截面上 a,b,c 三点处的正应力；(2)梁的最大正应力 σ_{max} 值及其位置。

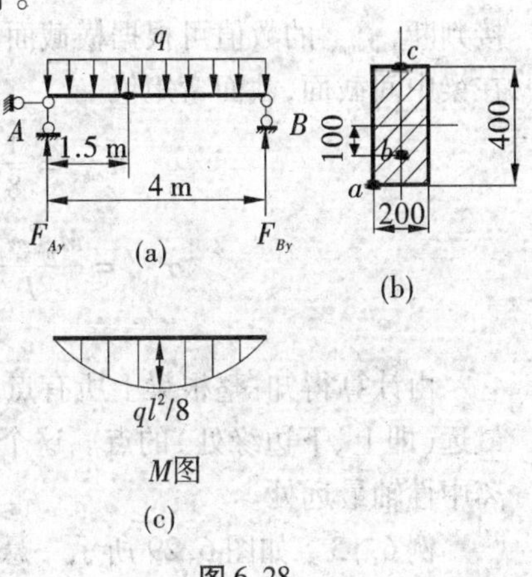

图 6.28

解　(1)求支座反力

受力图如图 6.28(a)所示

由 $\sum F_x = 0$,有 $F_{Ax} = 0$

由 $\sum M_B = 0$,有 $4 \times 4 \times 2 - F_{Ay} \times 4 = 0$,有 $F_{Ay} = 8\ \text{kN}$

由 $\sum F_y = 0$,有 $F_{By} + F_{Ay} - 4 \times 4 = 0$,有 $F_{By} = 8\ \text{kN}$

画出梁弯矩图如图6.28(c)所示。

(2)求 C 截面应力,先求出 C 截面弯矩 M_{CA}

$$M_{CA} = F_{Ay} \times 1.5 - 4 \times 1.5 \times \frac{1.5}{2} = 8 \times 1.5 - 4 \times 1.5 \times 0.75 = 7.5\ \text{kN} \cdot \text{m}$$

由于弯矩图画在梁下部,故可断定中性轴以下点是受拉,中性轴以上点是受压。

$$\sigma_a = \frac{My_a}{I_z} = \frac{7.5 \times 10^6 \times 200}{\frac{1}{12} \times 200 \times 400^3} = 1.41\ \text{MPa}$$

$$\sigma_b = \frac{My_b}{I_z} = \frac{7.5 \times 10^6 \times 100}{\frac{1}{12} \times 200 \times 400^3} = 0.70\ \text{MPa}$$

$$\sigma_c = \frac{My_c}{I_z} = \frac{-7.5 \times 10^6 \times 200}{\frac{1}{12} \times 200 \times 400^3} = -1.41\ \text{MPa}$$

从以上计算可看出离中性轴等距离(如 a 点和 c 点距中性轴均为200 mm)的点,受到的应力绝对值是相同的,结果中的 $\sigma_a = 1.41$ MPa 表示 a 点是拉应力,$\sigma_c = -1.41$ MPa 表示 c 点是压应力,且离中性轴越远(a 点比 b 点离中性轴远)的点,正应力 σ 绝对值越大。

(3)最大正应力 $\sigma_{\max}$

从正应力计算公式 $\sigma = \frac{My}{I_z}$ 可知,对于等截面梁来说,每个截面的惯性矩 I_z 都是相同的,故要得到 $\sigma_{\max}$,就是要找到产生最大弯矩 $M_{\max}$ 的截面以及离该截面中性轴最远的距离 $y_{\max}$ 的点上的应力。

产生最大弯矩 $M_{\max}$ 的截面称为危险截面,危险截面的位置及 $M_{\max}$ 值可由梁弯矩图直接判断,$y_{\max}$ 的数值可根据横截面上中性轴位置直接判断。因此,可知道简支梁危险截面在梁中间截面,截面弯矩值

$$M_{\max} = \frac{1}{8}ql^2 = \frac{1}{8} \times 4 \times 4^2 = 8\ \text{kN} \cdot \text{m}$$

$$\sigma_{\max} = \frac{M_{\max}y_{\max}}{I_z} = \frac{8 \times 10^6 \times 200}{\frac{1}{12} \times 200 \times 400^3} = 1.5\ \text{MPa}$$

由计算得知:整根梁上所有点中,受力最大的点(危险点)是在跨中截面上离中性轴最远(即上、下边缘处)的点。这个经验告诉我们,梁上正应力危险点发生在危险截面上离中性轴最远处。

例6.13 如图6.29所示一悬臂梁长 $l = 1.5$ m,自由端受集中力 $P = 20$ kN,梁采用 N_O22a 工字钢制成,查型钢表得自重 $q = 0.33$ kN/m,抗弯截面系数 $W_z = 309 \times 10^3\ \text{mm}^3$,材料的允许应力$[\sigma] = 160$ MPa,试校核该梁的正应力强度。

解　$|M|_{max} = pl + \frac{1}{2}ql^2$

$= 20 \times 1.5 + \frac{1}{2} \times 0.33 \times 1.5^2$

$= 33.37\ kN \cdot m$

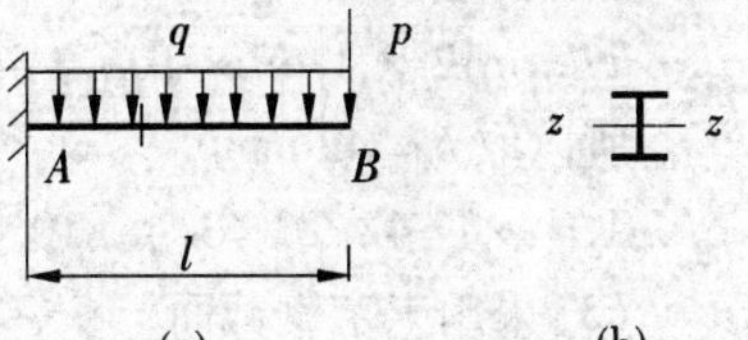

(a)　(b)

图6.29

$$\sigma_{max} = \frac{M_{max}}{W_Z} = \frac{33.37 \times 10^6}{309 \times 10^3} = 108\ MPa < [\sigma] = 160\ MPa$$

该梁满足强度条件。

例6.14　图6.30(a)所示为一根简支梁,受 $q = 15\ kN/m$ 均布荷载作用,梁的允许应力$[\sigma] = 160\ MPa$,试选择图6.30(c)所示三种截面尺寸并比较这三种情况的用料有何不同。

(a)　(c)　(b)

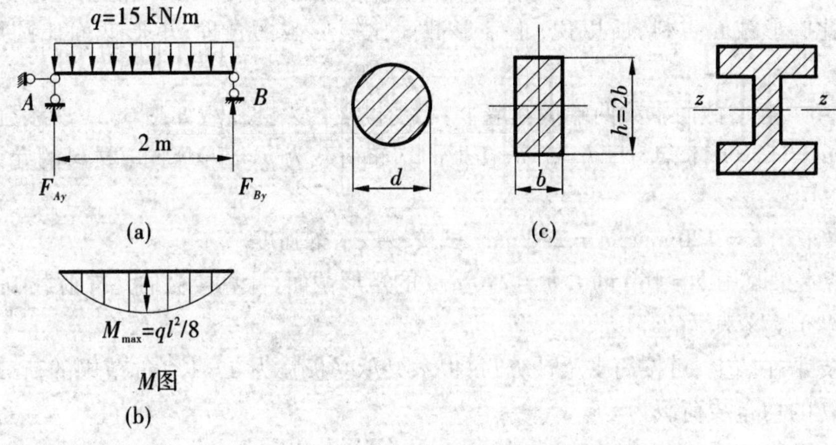

图6.30

解　$M_{max} = \frac{1}{8}ql^2 = \frac{1}{8} \times 15 \times 2^2 = 7.5\ kN \cdot m$

根据强度条件,求得所需抗弯截面系数

$$W_z \geqslant \frac{M_{max}}{[\sigma]} = \frac{7.5 \times 10^6}{160} = 4.69 \times 10^4\ mm^3$$

(1)用圆截面

$$W_z = \frac{\pi d^2}{32} \geqslant 4.69 \times 10^4$$

$$d \geqslant \sqrt{\frac{32}{\pi} \times 4.69 \times 10^4} = 78\ mm$$

$$A_1 = \frac{\pi d^2}{4} = \frac{1}{4}\pi \times 78^2 = 4.78 \times 10^3\ mm^2$$

(2)采用矩形截面

$$W_z = \frac{1}{6}bh^2 = \frac{1}{12}h^3 \geqslant 4.69 \times 10^4$$

$h \geqslant \sqrt[3]{12 \times 4.69 \times 10^4} = 83\ \text{mm}$

所以取 $b = 42$ mm

$A_2 = b \times h = 42 \times 83 = 3.48 \times 10^3\ \text{mm}^2$

(3)采用工字钢截面

因为 $W_z = 4.69 \times 10^4\ \text{mm}^3$,从型钢表中查得应选用10号工字钢,其抗弯截面系数 $W_z = 4.9 \times 10^4\ \text{mm}^3$ 满足强度要求。查表得其10号工字钢横截面面积 $A = 1.43 \times 10^3\ \text{mm}^2$。

(4)用料比较

由于材料相同,故圆形截面,矩形截面与工字形截面三种情况用料之比等于相应横截面面积之比。

$$A_1 : A_2 : A_3 = 1 : 0.73 : 0.30$$

从这个比较中,可看出在完成同一工作的条件下,型钢工字型截面比矩形截面省料,矩形截面比圆形截面省料,所以说,工字形截面比矩形截面合理,矩形截面比圆形截面合理。

例6.15 矩形截面木梁两端搁在墙上,承受楼板传来的荷载如图6.31所示,已知木梁的间距 $a = 1.2$ m,木梁跨度 $l = 5$ m,楼板的均布荷载为 $p = 3\ \text{kN/m}^2$,材料的允许应力 $[\sigma] = 10$ MPa。

(1)梁采用 $b = 120$ mm, $h = 240$ mm,试校核该木梁强度。

(2)若木梁改用 $b = 140$ mm, $h = 210$ mm 的矩形截面,计算楼板的允许荷载 $[p]$。

解 (1)校核木梁的强度

木梁支承在墙上,可按简支梁计算,每根木梁承受板宽为 $a = 1.2$ m 范围的荷载,所以每根梁承受的均布线荷载为

$$q = pa = 3 \times 1.2 = 3.6\ \text{kN/m}$$

最大弯矩发生在跨中截面

$M_{\max} = \frac{1}{8}ql^2 = \frac{1}{8} \times 3.6 \times 5^2 = 11.25\ \text{kN} \cdot \text{m}$

$W_z = \frac{1}{6}bh^2 = \frac{1}{6} \times 120 \times 240^2 = 1.152 \times 10^6\ \text{mm}^3$

$\sigma_{\max} = \frac{M_{\max}}{W_z} = \frac{11.25 \times 10^6}{1.152 \times 10^6} = 9.8\ \text{MPa} < [\sigma] = 10\ \text{MPa}$

满足强度要求。

(2)求楼板的许用荷载 $[p]$

当木梁的截面尺寸为 $b = 140$ mm, $h = 210$ mm 时抗弯截面系数:

$$W_z = \frac{1}{6}bh^2 = \frac{1}{6} \times 140 \times 210^2 = 1.029 \times 10^6\ \text{mm}^3$$

木梁能承受的最大弯矩为

$M_{\max} \leqslant W_z[\sigma] = 1.029 \times 10^6 \times 10 = 10.29 \times 10^6\ \text{N} \cdot \text{mm} = 10.29\ \text{kN} \cdot \text{m}$

而 $M_{\max} = \frac{1}{8}ql^2 = \frac{1}{8}(pa)\,l^2$

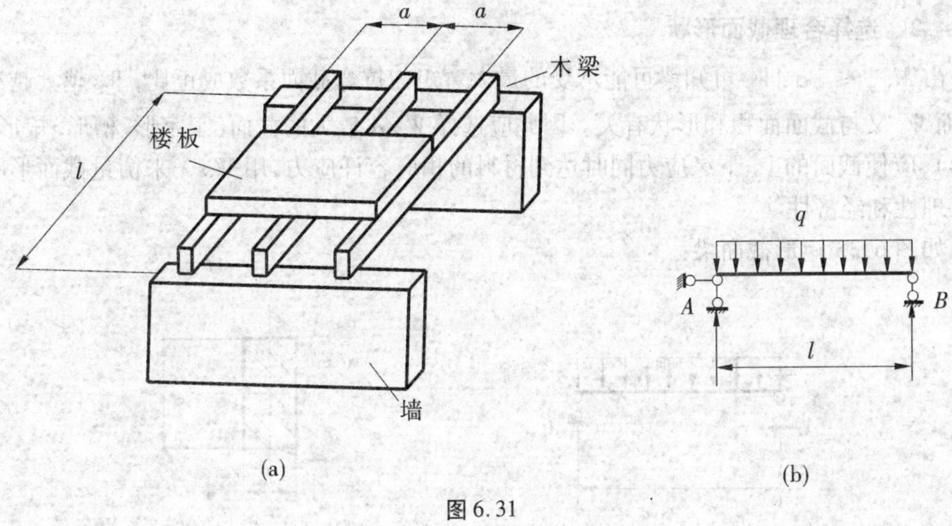

图6.31

即
$$\frac{1}{8}(pa)\,l^2 \leqslant 10.29$$

$$p \leqslant \frac{8 \times 10.29}{al^2} = \frac{8 \times 10.29}{1.2 \times 5^2} = 2.74\ \mathrm{kN/m^2}$$

故
$$[p] = 2.74\ \mathrm{kN/m^2}$$

6.3.4　提高弯曲强度的措施

6.3.4.1　合理安排梁的受力情况

梁的弯矩与载荷的作用位置和梁的支承方式有关，适当调整载荷或支座的位置，可以降低梁的最大弯矩 M_{max} 的数值。如图6.32，在(a)图中，支座在端部，梁跨中最大弯矩为 $0.125ql^2$，当两端支座分别往中部移动 $0.2l$ 后，梁跨中最大弯矩降为 $0.025ql^2$。

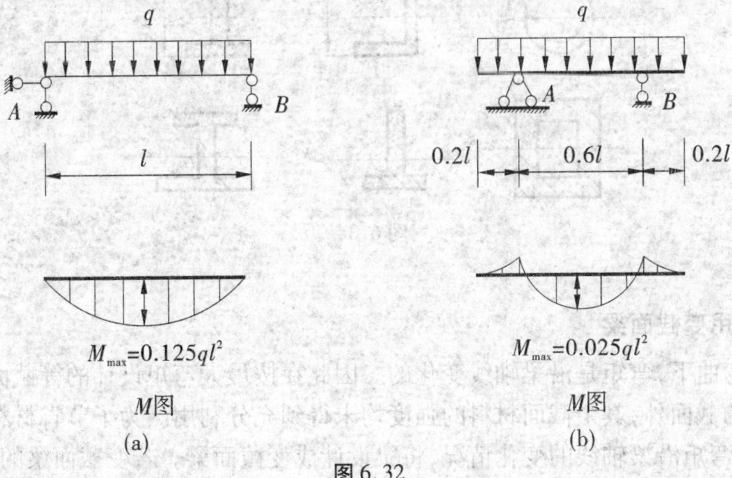

图6.32

6.3.4.2 选择合理截面形状

由 $M_{\max} \leqslant [\sigma] W_z$ 可知梁可能承受的最大弯矩与抗弯截面系数成正比，W_z 越大越有利，而 W_z 又与截面面积和形状有关。因此应选择 W_z/A 较大的截面（工字形、槽形>矩形>圆形），应使截面的上、下缘应力同时达到材料的相应容许应力，用 W_z/A 来衡量截面形状的合理性和经济性。

如图 6.33 矩形截面梁：

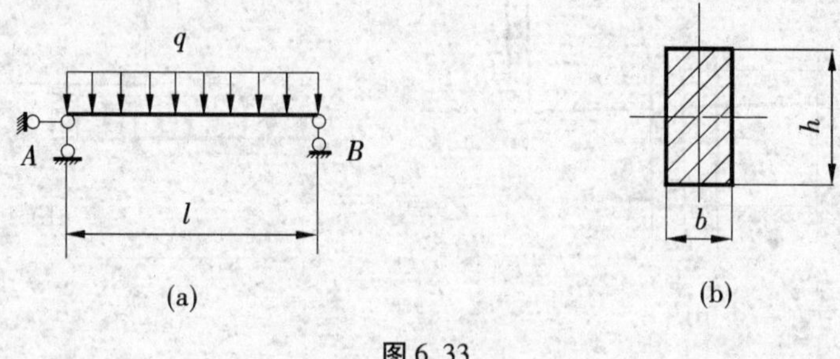

图 6.33

矩形截面梁　$K=\dfrac{W_z}{A}$

竖放　$W_z=\dfrac{bh^2}{6}$，由 $A=bh$，$K_1=\dfrac{W_z}{A}=\dfrac{h}{6}=0.167h$

平放　$W_z=\dfrac{hb^2}{6}$，由 $A=bh$，$K_2=\dfrac{W_z}{A}=\dfrac{b}{6}=0.167b$

显然：因为 $h>b$，故 $K_1>K_2$，所以，矩形截面梁竖放比平放要好。

同理可以分析下图各截面梁放置的合理性。

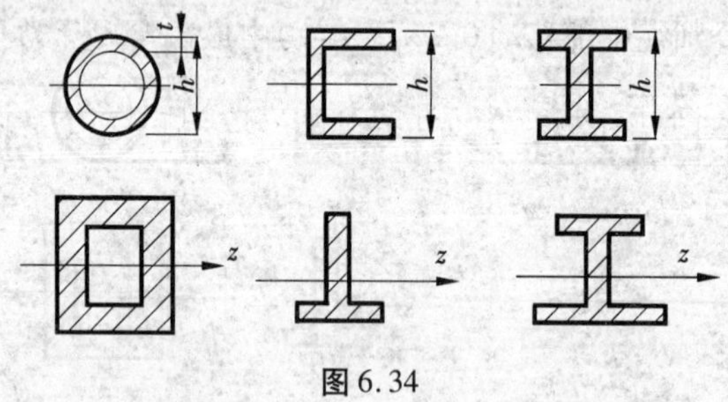

图 6.34

6.3.4.3 采用变截面梁

在横力弯曲下，弯矩是沿梁轴线变化的。因此在按最大弯矩设计的等截面梁中，除最大弯矩所在的截面外，其余截面材料的强度均未得到充分利用。为了节省材料，减轻梁的重量，可根据弯矩沿梁轴线的变化情况，将梁设计成变截面梁。若变截面梁的每一横截面上的最大正应力均等于材料的许用应力，这种梁就称为等强度梁。

在工程实践中，由于构造和加工的关系，很难做到理论上的等强度梁，但在很多情况下，都利用了等强度梁的概念，即在弯矩大的梁段使其横截面相应大一些。例如厂房建筑中广泛使用的鱼腹梁和机械工程中常见的阶梯轴等。

6.4 梁的剪应力及其强度计算

在横力弯曲情况下，梁横截面上同时存在弯矩和剪力。因此，在横截面上不仅有正应力 σ，还有剪应力 τ。前面讨论了与弯矩对应的正应力计算公式，现在来讨论与剪力对应的剪应力计算公式，从而建立剪应力强度条件。横截面上的弯矩 M 是横截面正应力的合成结果，同理，剪力也是横截面上剪应力的合力。如果横截面上某一点的剪应力过大，则将导致梁发生剪切破坏。所以除进行正应力强度计算外，还要进行剪应力的强度计算。下面介绍矩形截面、圆形截面、工字形截面梁上剪应力的计算公式。

6.4.1 矩形截面梁剪应力计算

如图6.35(a)所示，某根梁的计算截面宽度为 b，高度为 h，计算截面剪力为 F_S，惯性矩为 I_z，现计算梁截面上任意一点（该点离开中性轴的距离为 y）的剪应力 τ。

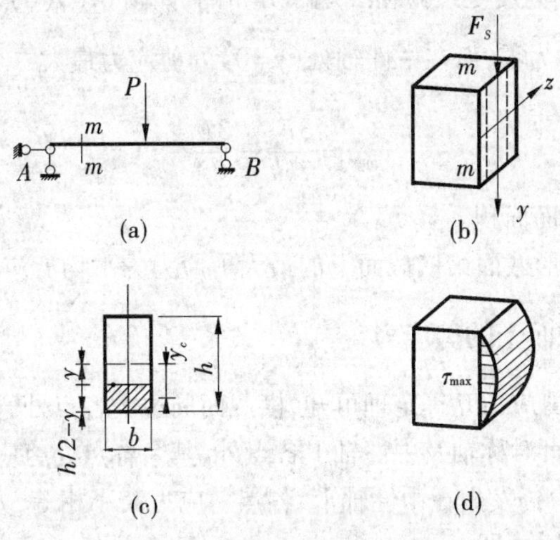

图6.35

理论证明，剪应力分布规律满足如下两个假设：①横截面上各点处剪应力 τ 的方向都与剪力 F_S 的方向一致[图6.35(b)]；②梁横截面上距中性轴等距离处各点的剪应力数值相等，即剪应力的大小只与 y 坐标有关。

矩形梁横截面上剪应力的计算公式为

$$\tau = \frac{F_S S_z^*}{I_z b} \tag{6.11}$$

τ ——剪应力，常用单位：MPa(N/mm^2)；

F_S——横截面剪力，常用单位：N；

S_z^* ——横截上过需求剪应力处平行线以下（或以上）部分的面积 A^* 对中性轴的静

矩,常用单位:mm^3;

I_z ——整个横截面对中性轴的惯性矩,常用单位:mm^4;

b ——需求剪应力处的横截面宽度,常用单位:mm。

现在讨论剪应力 τ 沿截面高度的分析规律。由剪应力计算公式(6.11)可知,$\tau = \frac{F_S S_z^*}{I_z b}$,对于确定的矩形截面,$F_S$、$I_z$、$b$ 都是常量,因此截面上的剪应力是随静矩 S_z^* 的变化而变化的,只要求出 S_z^* 的变化规律,就可以求出剪应力沿横截面高度的分布规律。

对于矩形截面图 6.35(c)有

$$S_z^* = A^* \cdot y_c = b\left(\frac{h}{2} - y\right)\left[y + \frac{1}{2}\left(\frac{h}{2} - y\right)\right] = \frac{bh^2}{8}\left(1 - \frac{4y^2}{h^2}\right)$$

又有矩形截面惯性矩 $I_z = \frac{bh^3}{12}$,将 S_z^* 和 I_z 计算结果代入公式(6.11)得

$$\tau = \frac{3F_S}{2bh}\left(1 - \frac{4y^2}{h^2}\right) \tag{6.12}$$

由上式可知,矩形截面梁横截面上的剪应力是与高度变量 y 呈二次函数关系,说明剪应力 τ 的大小沿着梁的高度是按抛物线规律分布的,如图 6.35(d)。在截面的上、下边缘 $\left(y = \pm\frac{h}{2}\right)$ 处的剪应力为零,而在中性轴处($y=0$)的剪应力最大

$$\tau_{max} = \frac{3F_S}{2bh} = \frac{3F_S}{2A} \tag{6.13}$$

其中 $A = bh$,即为横截面面积。

由(6.13)可知,矩形截面梁横截面上的最大剪应力为平均剪应力的 1.5 倍。

6.4.2 圆形与圆环截面上的剪应力

对于圆形截面,由剪应力互等定理可知,横截面周边上各点处弯曲剪应力必与周边相切,故在横截面上除竖直对称轴及中性轴上各点外,其余各点处剪应力方向不再平行于剪力 F_S。最大弯曲剪应力仍发生在中性轴上,各点剪应力大小相等,方向平行于剪力 F_S,其值仍可用公式(6.11)计算,即

$$\tau_{max} = \frac{F_S S_{zmax}^*}{I_Z b} \tag{6.14}$$

式中 b ——横截面在中性轴处的宽度;

I_z ——整个横截面对中性轴的惯性矩;

S_{zmax}^* ——中性轴一侧的截面对中性轴的静矩。

对直径为 R 的圆形截面[图 6.36(a)],按式(6.11)计算其最大弯曲剪应力时,$b = d$,$I_z = \pi d^4/64$,S_{zmax}^* 为半圆截面对中性轴的静矩,其值为

$$S_{zmax}^* = \frac{\pi(d/2)^2}{2} \cdot \frac{2d}{3\pi} = \frac{d^3}{12}$$

于是有

$$\tau_{\max} = \frac{4F_S}{3A} \tag{6.15}$$

式中 $A = \frac{\pi d^2}{4}$，为圆截面的面积。

对于圆环形截面[图 6.36(b)]，薄壁环形截面梁，环壁厚度为 δ，环的平均半径为 r_0，由于 δ 与 r_0 相比很小，故可假设：横截面上剪应力的大小沿壁厚无变化，剪应力的方向与圆周相切，其 $\tau_{\max}$ 仍在中性轴上，可用下式计算

$$\tau_{\max} = 2\frac{F_S}{A} \tag{6.16}$$

式中 A 为环形截面的面积，$A = 2\pi r_0 \delta$。

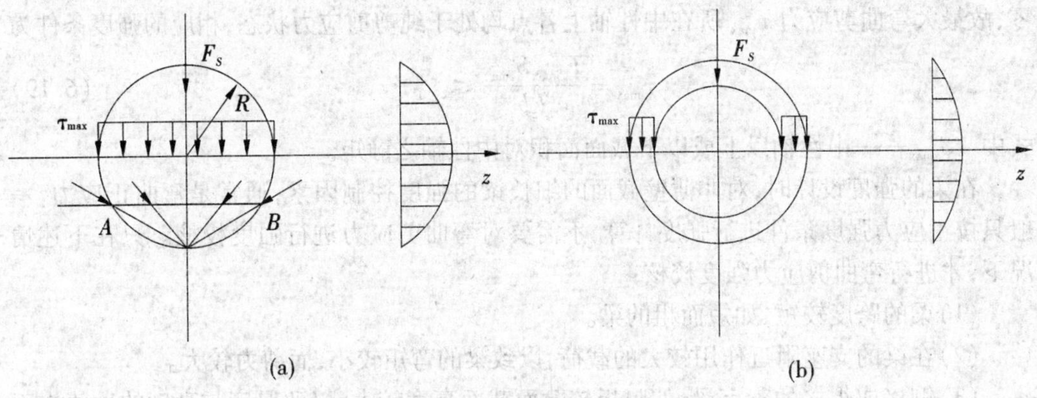

图 6.36

6.4.3 工字形截面梁

工字形截面梁由腹板和翼缘组成，计算表明：截面上剪力 F_S 的 95% ~97% 由腹板承担，故只考虑腹板上的剪应力分布规律，而腹板是一个狭长矩形，矩形截面剪应力两个假设均适用(τ 方向与 F_S 一致，沿宽度均布)，采用矩形截面方法可得

$$\tau = \frac{F_S S_z^*}{I_z b_0} \tag{6.17}$$

式中 S_z^* 为距中性轴为 y 的横线以外部分的横截面面积(图 6.37 中阴影面积)对中性轴面积矩。

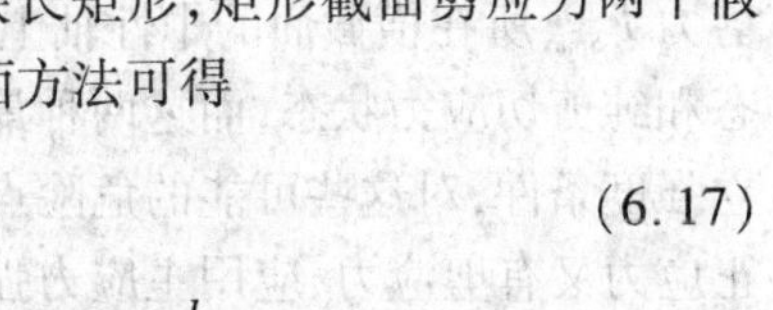

$$\tau = \frac{F_S}{I_z b_0}\left[\frac{b}{8}(h^2 - h_0^2) + \frac{b_0}{2}\left(\frac{h_0^2}{4} - y^2\right)\right]$$

图 6.37

以 $y = 0$，$y = \pm\frac{h_0}{2}$ 代入上式得

$$\tau_{\max} = \frac{F_S}{I_z b_0}\left[\frac{bh^2}{8} - (b - b_0)\frac{h_0^2}{8}\right]$$

$$\tau_{\min} = \frac{F_S}{I_z b_0}\left[\frac{bh^2}{8} - \frac{bh_0^2}{8}\right]$$

由于 $b_0<b$，可以近似认为

$$\tau_{max}=\frac{F_S}{b_0 h} \tag{6.18}$$

翼缘中剪应力分布比较复杂，且数量很小，无实际意义，不予讨论。而工字梁翼缘的各点都距中性轴较远，每一点的正应力都很大，所以工字梁的最大特点是，用翼缘承担大部分弯矩，腹板承担大部分剪力。

6.4.4 弯曲剪应力的强度校核

一般情况下，等直梁在横力弯曲时，最大弯曲剪应力 τ_{max} 发生在最大剪力 F_S所在截面（称为危险截面）的中性轴上各点（称危险点）处，而中性轴上各点处的弯曲正应力为零，故最大弯曲剪应力 τ_{max} 所在中性轴上各点均处于纯剪剪应力状态，相应的强度条件为

$$\tau_{max}=\frac{F_{Smax}S_{zmax}^*}{I_z b}\leqslant[\tau] \tag{6.19}$$

式中　S_{zmax}^*——中性轴以上或以下截面面积对中性轴之静矩。

在梁的强度设计时，对非薄壁截面的细长梁的强度控制因素，通常是弯曲正应力，一般只按正应力强度条件进行强度计算，不需要对弯曲剪应力进行强度校核。只在下述情况下，才进行弯曲剪应力强度校核：

(1)梁的跨度较短，如短而粗的梁。

(2)在梁的支座附近作用较大的载荷，以致梁的弯矩较小，而剪力较大。

(3)铆接或焊接的工字梁，如腹板较薄而截面高度较大，以致厚度与高度的比值小于型钢的相应比值，这时应对腹板进行剪应力校核。

(4)经焊接、铆接或胶合而成的梁，对焊缝、铆钉或胶合面一般进行剪切计算。

如前所述，按正应力强度条件进行梁的强度计算时，以最大弯矩 M_{max} 所在横截面上距中性轴最远的各点处的 σ_{max} 为依据；而按剪应力强度条件进行强度校核时，则以最大剪力 F_{Smax} 所在横截面的中性轴上各点的 τ_{max} 为依据。由于这些点分别处于单向应力状态和纯剪切应力状态，而这两种最大应力并不在同一点处，故可分别按正应力和剪应力建立强度条件，对这些可能的危险点进行强度计算。此外，在梁的横截面上其他各点处既有正应力又有剪应力，应用主应力强度理论加以讨论（可参考别的教材）。

例 6.16　求图 6.38 所示矩形截面上 a 点的剪应力。已知截面剪力 $F_S=100\ \text{kN}$，阴影面积的形心记为 c。

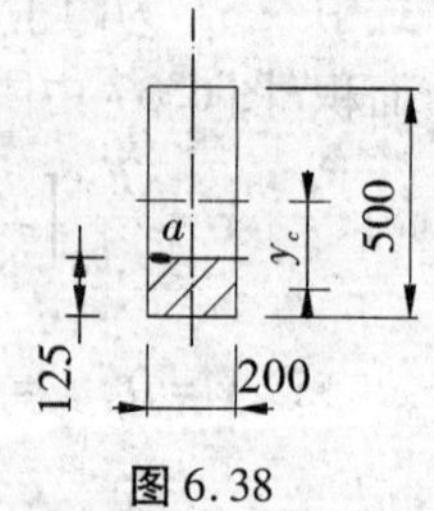

图 6.38

解　阴影面积

$$A=200\times125=25\ 000(\text{mm}^2)$$

阴影面积的形心到中性轴的距离

$$y_c=250-\frac{125}{2}=187.5(\text{mm})$$

阴影面积对中性轴 z 的面积矩为

$$S_z^*=Ay_c=25\ 000\times187.5=4.69\times10^6(\text{mm}^3)$$

截面关于中性轴 z 的惯性矩 I_z 为

$$I_z = \frac{bh^3}{12} = \frac{200 \times 500^3}{12} = 20.83 \times 10^8 (\text{mm}^4)$$

计算 a 点处截面宽度 $b = 200$ mm，截面剪力 $F_S = 100$ kN

$$\tau_a = \frac{F_S S_z^*}{I_z b} = \frac{100 \times 10^3 \times 4.69 \times 10^6}{200 \times 20.83 \times 10^8} = 1.1 (\text{MPa})$$

例 6.17 图 6.39 所示外伸梁，许可正应力 $[\sigma] = 10$ MPa，许可剪应力 $[\tau] = 2$ MPa，试确定梁截面高度。

解 先按正应力强度条件确定截面高度 h，然后再按剪应力强度条件进行验算。

由弯矩图可看出，梁的正应力危险截面是 B 截面，截面弯矩 $M = 8$ kN·m。由正应力强度条件得

$$W_z = \frac{bh^2}{6} \geqslant \frac{M}{[\sigma]}$$

$$h \geqslant \sqrt{\frac{6M}{b[\sigma]}} = \sqrt{\frac{6 \times 8 \times 10^6}{150 \times 10}} = 179 \text{ mm}$$

可取 $h = 180$ mm。

对梁的剪应力强度进行校核。梁的剪应力危险截面是 B 右截面，危险截面上剪力 $F_S = 8$ kN，梁的截面积 $A = 150 \times 180 \text{ mm}^2$，由剪应力强度条件得

$$\tau_{max} = \frac{3F_S}{2A} = \frac{3 \times 8 \times 10^3}{2 \times 150 \times 180} = 0.44 \text{ MPa} < [\tau]$$

所以，取 $h = 180$ mm 满足强度条件。

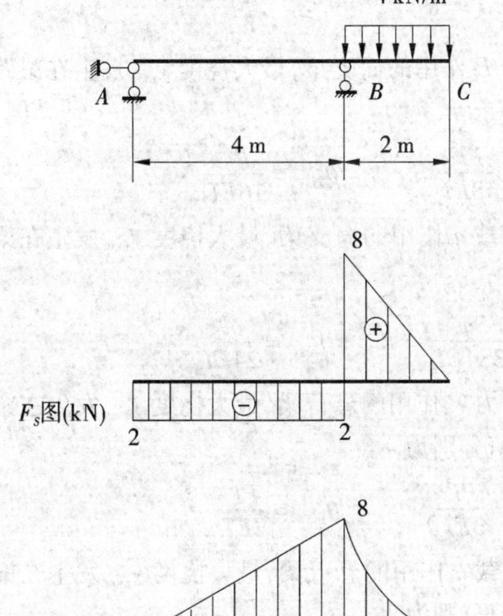

图 6.39

6.5 梁的变形

构件不仅要满足强度条件,还要满足刚度条件。对梁而言,校核梁的刚度是为了检查梁在荷载作用下产生的位移是否超过容许值。当梁的变形过大时,会影响结构的正常使用。例如,当吊车梁变形过大时,吊车难以正常运行;门窗洞口过梁变形过大时,会引起门窗的变形,从而影响其正常使用。

6.5.1 挠度和转角

梁在荷载作用下弯曲变形后,其轴线为一条光滑的平面曲线,称为梁的挠曲线。如图6.40 所示,实线为变形前的轴线,虚线为变形后的轴线。

(1)挠度　任一横截面形心的竖向位移,称为该横截面的挠度。一般用 y 表示,单位是 mm,并规定向下为正。

(2)转角　任一横截面绕中性轴转动的角度,称为该横截面的转角。一般用 θ 表示,单位是 rad(弧度),并规定顺转为正。

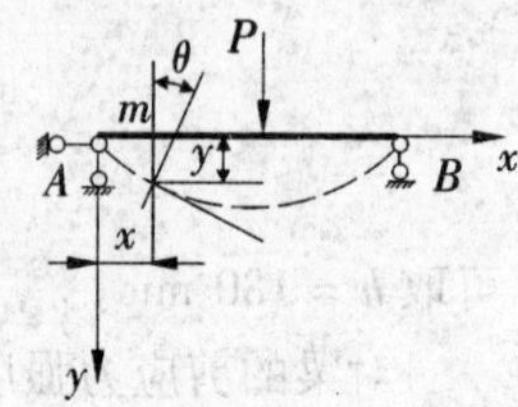

图 6.40

6.5.2 叠加法求梁的变形

由于梁的变形与荷载呈线性关系,可以用叠加法计算梁的变形。即先分别计算每一种荷载单独作用下的挠度和转角,然后再将它们代数相加,就能得到梁在多种荷载共同作用下的挠度和转角。这种方法称为叠加法。

下面给出简单荷载下梁挠度和转角的常用数据,利用叠加法和数据,可以方便地求出梁的变形。

(1)跨度为 l,跨中承受集中力 P 作用的简支梁,最大挠度 y_{max} 发生在梁跨中,最大转角 θ_{max} 发生在梁两端,其值分别为

$$y_{max}=\frac{Pl^3}{48EI_z}\qquad \theta_{max}=\frac{Pl^2}{16EI_z}$$

(2)跨度为 l,跨中承受均布荷载 q 作用的简支梁,最大挠度 y_{max} 发生在梁跨中,最大转角 θ_{max} 发生在梁两端,其值分别为

$$y_{max}=\frac{5ql^4}{384EI_z}\qquad \theta_{max}=\frac{ql^3}{24EI_z}$$

(3)跨度为 l,自由端承受集中力 P 作用的悬臂梁,最大挠度 y_{max} 发生在梁自由端,最大转角 θ_{max} 也发生在梁自由端,其值分别为

$$y_{max}=\frac{Pl^3}{3EI_z}\qquad \theta_{max}=\frac{Pl^2}{2EI_z}$$

(4)跨度为 l,满跨承受均布荷载 q 作用的悬臂梁,最大挠度 y_{max} 发生在梁自由端,最大转角 θ_{max} 也发生在梁自由端,其值分别为

$$y_{max}=\frac{ql^4}{8EI_z}\qquad \theta_{max}=\frac{ql^3}{6EI_z}$$

例6.18　试用叠加法计算图6.41所示简支梁的跨中挠度 y_C 和 A 截面的转角 θ_A（EI_Z 为定值）。

解　先分别计算 q 和 P 单独作用下的跨中挠度和转角，由基本数据有：

$$y_{C1}=\frac{5ql^4}{384EI_z}\qquad y_{C2}=\frac{Pl^3}{48EI_z}$$

$$\theta_{A1}=\frac{ql^3}{24EI_z}\qquad \theta_{A2}=\frac{Pl^2}{16EI_z}$$

则 q 和 p 共同作用下的跨中挠度为

$$y_C=y_{C1}+y_{C2}=\frac{5ql^4}{384EI_z}+\frac{Pl^3}{48EI_z}\ (\downarrow)$$

同理可求出 A 截面的转角 θ_A 为：

$$\theta_A=\theta_{A1}+\theta_{A2}=\frac{ql^3}{24EI_z}+\frac{Pl^2}{16EI_z}$$

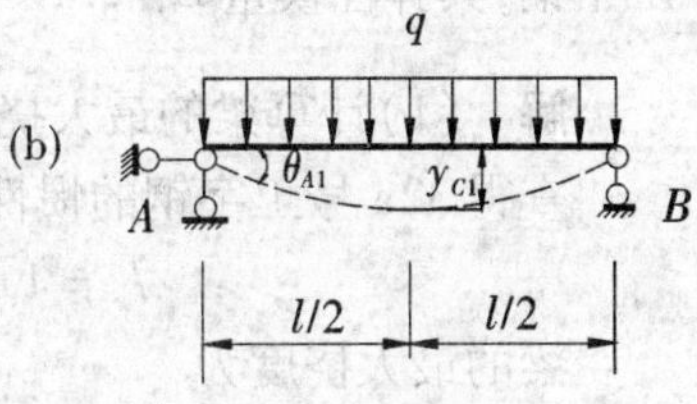

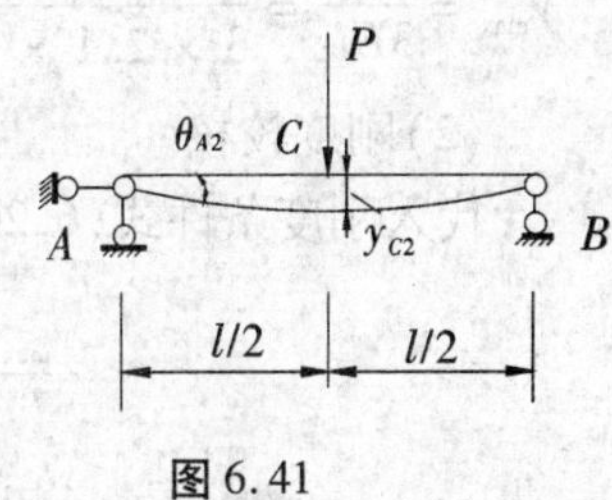

图6.41

例6.19　试用叠加法计算图6.42所示悬臂梁上 C 截面的挠度 y_C 和转角 θ_C（EI_Z 为定值）。

解　先分别计算 q 和 P 单独作用下 C 截面的挠度和转角，由基本数据有：

$$y_{C1}=\frac{Pl^3}{3EI_z}\qquad \theta_{C1}=\frac{Pl^2}{2EI_z}$$

$$y_B=-\frac{q\,(l/2)^4}{8EI_z}=-\frac{ql^4}{128EI_z}\qquad \theta_B=-\frac{q\,(l/2)^3}{6EI_z}=-\frac{ql^3}{48EI_z}$$

由于 $\theta_{C2}=\theta_B=-\dfrac{ql^3}{48EI}$

则有 $y_{C2}=y_B+\theta_B l/2=-\dfrac{7ql^4}{384EI_z}$

叠加可求 C 截面的挠度 y_C 和转角 θ_C

$$y_C=y_{C1}+y_{C2}=\frac{Pl^3}{3EI_z}-\frac{7ql^4}{384EI_z}$$

$$\theta_C=\theta_{C1}+\theta_{C2}=\frac{Pl^2}{2EI_z}-\frac{ql^3}{48EI_z}$$

图6.42

6.5.3　梁的刚度条件和刚度校核

在建筑工程中，一般只校核在荷载作用下梁截面的最大竖向位移，即最大挠度。与梁的强度校核一样，梁的刚度校核也有相应标准，这个标准就是挠度的容许值 f 与跨度 l 的比值 $[f/l]$。梁在荷载作用下产生的最大挠度 y_{max} 与跨度 l 的比值不能超过 $[f/l]$，即

$$\frac{y_{max}}{l}\leqslant\left[\frac{f}{l}\right]\tag{6.20}$$

为梁的刚度条件。

根据不同的工程用途,在有关规范中,$[f/l]$ 值均有具体的规定。一般情况下,钢筋混凝土梁的 $\left[\frac{f}{l}\right]=\frac{1}{300}\sim\frac{1}{200}$,钢筋混凝土吊车梁的 $\left[\frac{f}{l}\right]=\frac{1}{600}\sim\frac{1}{500}$。

例 6.20 图 6.43 所示悬臂梁,在自由端承受集中力 $P=10$ kN 的作用,梁采用 32a 号工字钢,其弹性模量 $E=2.1\times10^5$ MPa。已知 $l=4$ m,$\left[\frac{f}{l}\right]=\frac{1}{500}$,试校核梁的刚度。

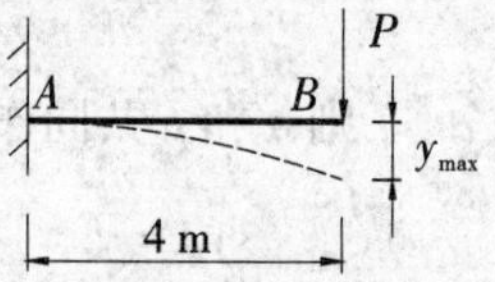

解 (1)计算梁的最大挠度

查得 32a 号工字钢的惯性矩为

$$I_x=1.11\times10^{-4}\ \text{m}^4$$

图 6.43

梁的最大挠度为

$$y_{max}=\frac{Pl^3}{3EI_z}=\frac{10\times10^3\times4^3}{3\times2.1\times10^{11}\times1.11\times10^{-4}}=0.92\times10^{-2}(\text{m})$$

(2)刚度校核

代入刚度条件式(6.20)得

$$\frac{y_{max}}{l}=\frac{0.92\times10^{-2}}{4}=0.0023>\frac{1}{500}=0.002$$

所以不满足刚度要求。

6.5.4 提高梁刚度的措施

在对梁进行刚度校核后,如果发现梁的变形太大而不能满足刚度要求时,就要设法减小梁的变形,提高梁的刚度。以承受满跨均布荷载的简支梁为例,梁跨中的最大挠度为

$$y_{max}=\frac{5ql^4}{384EI}\tag{6.21}$$

从式中看到,梁的最大挠度决定于截面惯性矩 I、弹性模量 E、跨度 l 及材料的荷载。因此,要提高梁的刚度,应该从以下几方面考虑。

(1)提高梁的抗弯刚度 EI 梁的变形与 EI 成反比,增大梁的 EI 可以使梁的变形减小。由于同类材料的弹性模量相同,可以设法增大梁横截面的惯性矩 I。在面积不变的情况下,采用合理的截面形状,如箱型、环形、工字形等截面,可以提高截面的惯性矩,从而可以提高梁的刚度。当采用矩形截面时,由于梁的惯性矩与截面高度的三次方成正比,应尽量增加梁高,以减小挠度。

(2)减少梁的跨度 式(6.21)中,挠度与跨度 l 的四次方成正比,说明跨度 l 对梁的变形影响很大。因而,减小梁的跨度或在梁的中间增加支座,将是减小变形的有效措施。

(3)改善荷载的分布情况 从式(6.21)中,可以看出,荷载越大,挠度越大。在总荷载不变的情况下,可以改善荷载的分布情况来减少变形程度。如将集中力分散作用,或改为分布荷载都可以降低弯矩,减少变形。

至于材料的弹性模量 E,虽然也与挠度成反比,但由于同类材料的 E 值相差不多,故从材料方面来提高刚度的作用不大。例如,普通钢材与高强度钢材的 E 值基本相同,从刚度角度上看,采用高强度材料是没有什么意义的。

章后小结

梁的弯曲是力学研究中的基础性内容,也是非常重要的内容,既是静定结构计算的核心和重点,也是超静定结构计算的基础,因而掌握好本章的内容,对后期的学习有着重要的意义。

1. 平面弯曲是弯曲变形中最简单的一种,也是最常见的一种。梁是工程中发生平面弯曲最典型的构件,其变形特点是在位于纵向对称面内的横力作用下,梁的轴线变成纵向对称面内的一条平面曲线。其内力形式主要有弯矩和剪力,求解内力的方法仍为截面法,简便方法为直接计算法。

2. 绘制梁内力图的方法主要有:内力方程法和微分关系法、叠加法,前者为基本方法,后者为简便方法。为了灵活使用简便方法,必须熟记荷载与内力的微分关系对应的特征图,搞清叠加法绘弯矩图的基本原理。绘内力图时应注意正负号的标注要求,剪力图需要标正负号,弯矩图直接画在受拉侧。

3. 平面弯曲梁横截面上任一点的正应力计算公式为:$\sigma = \frac{m_y}{I_z}$ 。正应力强度条件可表示为:$\sigma_{\max} = \frac{M_{\max}}{W_Z} \leqslant [\sigma]$ 。利用强度条件可解决强度校核、设计截面尺寸、确定允许荷载问题。

4. 矩形梁横截面上剪应力的计算公式为:$\tau = \frac{F_S S_z^*}{I_z b}$,剪应力强度条件为 $\tau_{\max} \leqslant [\tau]$。

5. 工程设计中,构件和结构不但要满足强度条件,还应满足刚度条件,把位移控制在允许的范围内,满足:$\frac{y_{\max}}{l} \leqslant \left[\frac{f}{l}\right]$ 。

思考题

1. 试叙述平面弯曲梁的受力特点和变形特点。
2. 弯矩图和其他三种内力图相比较,在作法上有哪些不同之处?
3. 叙述求梁指定横截面内力的方法步骤。
4. 什么叫梁的纵向对称面?
5. 叙述用内力方程法和微分关系法求解梁内力图的一般步骤,二者有何不同?
6. 叙述用区段叠加法求解梁的弯矩图的一般步骤。
7. 梁的控制截面有哪些?
8. 梁内力值符号“F_{SA}”“M_{AB}”“M_{BA}”的含义是什么?
9. 什么叫某段梁的相应简支梁?

10. 叙述求极值弯矩的步骤。

11. 为何要对梁进行强度校核？简述基本思路。

12. 如何提高梁的弯曲强度和梁的刚度？

习 题

1. 对图 6.44 所示梁 1-1 截面使用截面法，分别取左段及右段为隔离体画出隔离体的受力图，写出平衡方程式，并求出该截面的剪力和弯矩。

2. 不画隔离体图，不写隔离体的平衡方程，用截面上内力值的特点直接由截面一侧的外力计算出如图 6.45 所示各指定截面上的剪力和弯矩。

图(a)：求 F_{SA}、F_{SB}、M_A、M_B；

图(b)：求 F_{SAD}、F_{SE}、M_D、M_B；

图(c)：求 F_{SCA}、F_{SCD}、M_{CA}、M_C、M_{CD}；

图(d)：求 F_{SC}、F_{SCB}、M_{CA}、M_{CB}。

3. 用写方程法作图 6.46 所示各梁的内力图。

4. 用区段叠加法作图 6.47 所示各梁的内力图。

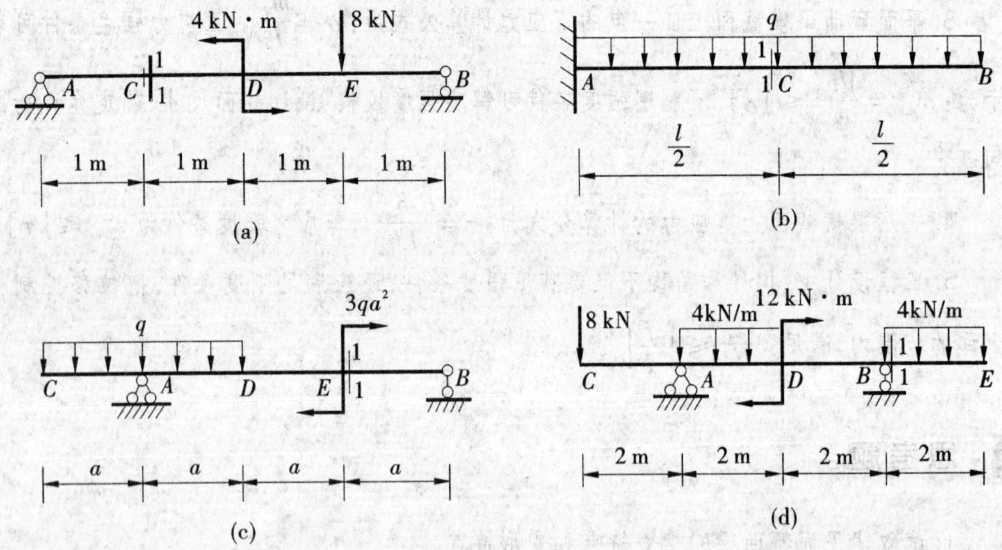

图 6.44

M1
q
q
P
A
C
B
a
a
(a)
M1
q
P1
q
M2
q
P2
C
A
D
E
B
F
a
a
2a
a
a
(b)
6 kN/m
15 kN
30 kN · m
A
C
D
B
2 m
2 m
2 m
(c)
12 kN · m
3 kN/m
12 kN
3 kN/m
A
C
B
D
2 m
4 m
2 m
(d)

图 6.45

3 kN/m
A
B
1.2 m
(a)
5 kN · m
A
B
2 m
(b)
q
A
B
L
(c)
30 kN
15 kN/m
A
C
B
1 m
3 m
(d)
20 kN · m
A
B
4 m
(e)
3 kN/m
75 kN
A
C
B
4 m
8 m
(f)
0.2 kN/m
4 kN · m
A
C
B
2 m
10a
(g)
5 kN · m
20 kN
20 kN · m
A
C
B
1 m
3a
(h)
P
P
A
C
D
B
a
a
5a
(i)
q
A
C
B
a
5a
(j)
P
A
C
B
L/2
L
(k)
30 kN · m
40 kN
A
C
D
B
1 m
1.5 m
4 m
(l)

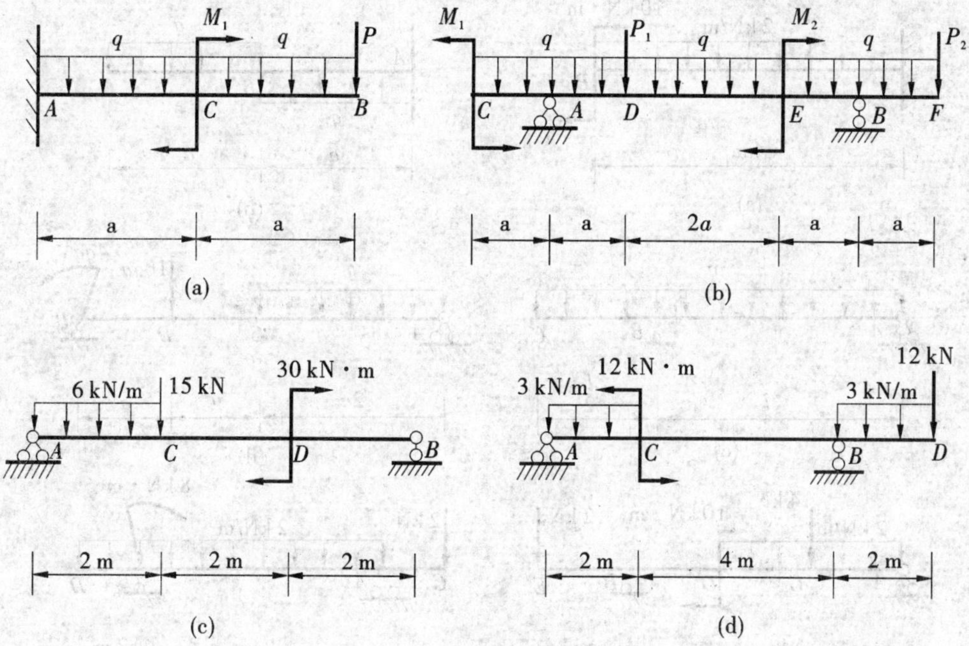

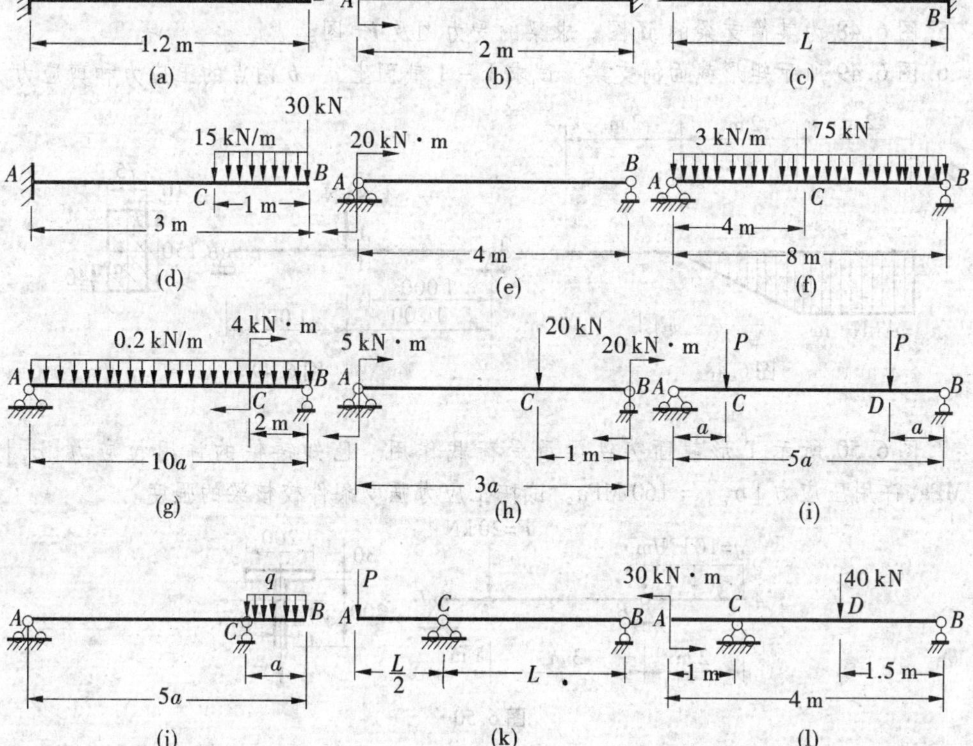

图 6.46

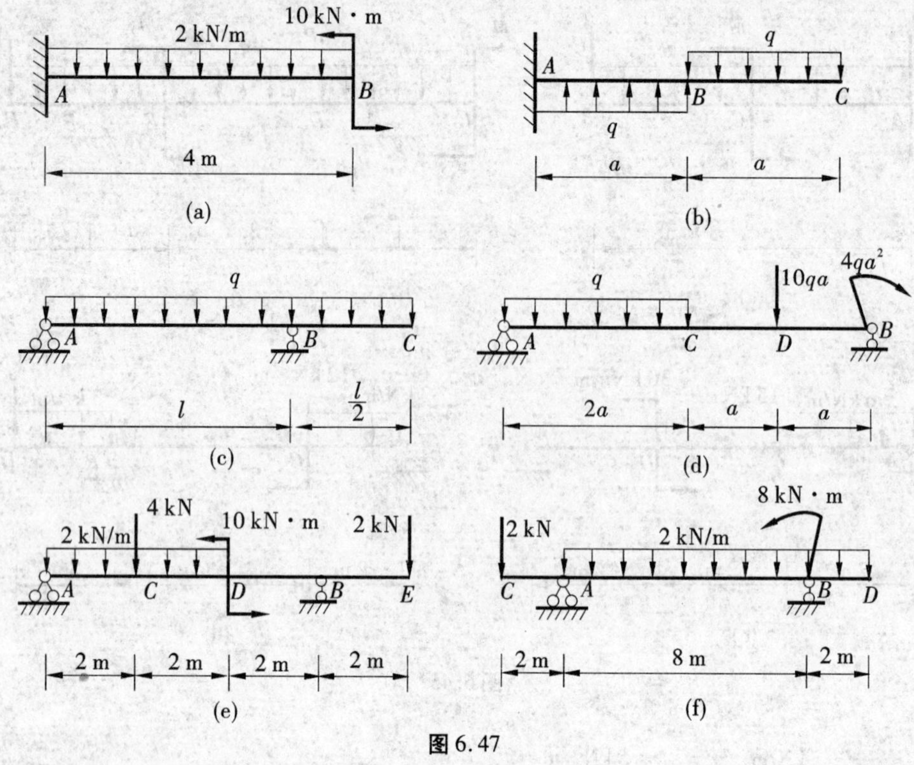

图 6.47

5. 图 6.48 为某简支梁的 M 图。求梁的受力图及 F_S 图。

6. 图 6.49 所示矩形截面简支梁。试求 1－1 截面上 a、b 两点的正应力和剪应力。

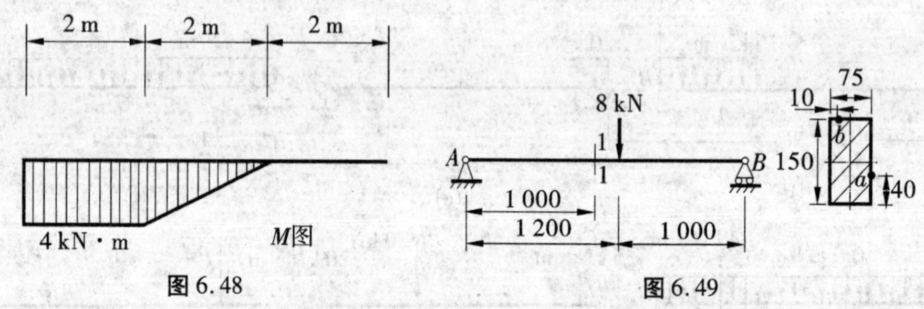

图 6.48　　图 6.49

7. 图 6.50 所示 T 形截面铸铁梁承受荷载作用。已知铸铁的许用拉应力 $[\sigma_t]$ = 40 MPa，许用压应力 $[\sigma_c]$ = 160 MPa。试按正应力强度条件校核梁的强度。

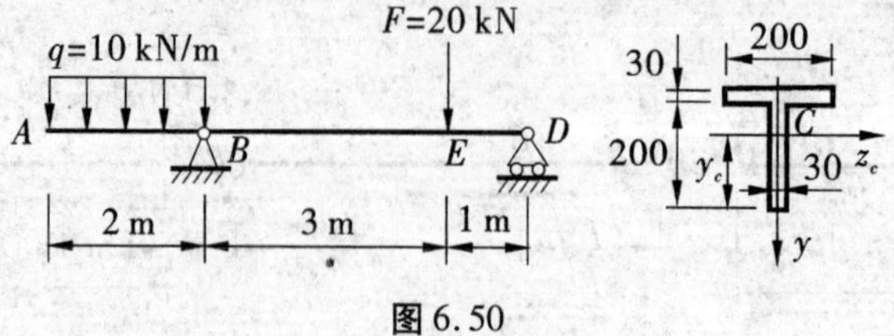

图 6.50

8. 若图 6.51 所示梁的许用应力 $[\sigma]=160$ MPa,许用剪应力 $[\tau]=100$ MPa,试选择工字钢的型号。

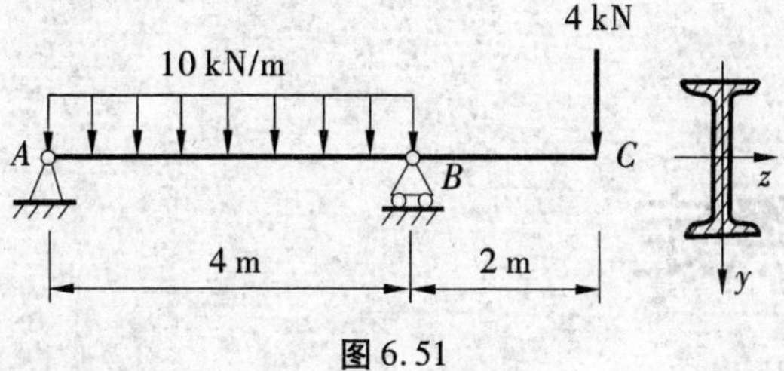

图 6.51

9. 一工字形钢简支梁,梁上荷载如图 6.52 所示,已知 $\left[\frac{f}{l}\right]=\frac{1}{400}$,工字钢的型号为 20b, $I=2.5\times10^{-5}\ \mathrm{m}^4$,钢材的弹性模量 $E=200$ GPa,试校核梁的刚度。

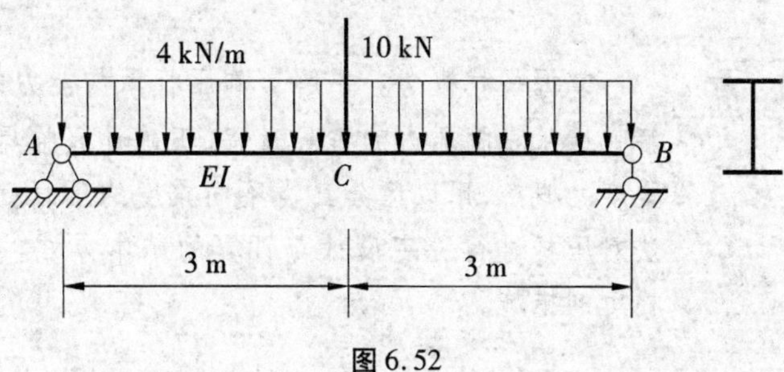

图 6.52

第7章 压杆稳定

教学提示 掌握失稳概念。了解影响压杆承载能力的因素，正确理解弹性压杆临界力的推导过程，正确计算临界力。确切掌握柔度的概念，用以区分三类不同柔度的压杆。掌握折减系数法对压杆进行稳定设计与计算的基本方法。熟悉提高压杆稳定的措施。

工程中把承受轴向压力的杆件称为压杆。如桁架中的受压杆，桥梁中使用的柱，脚手架中的受压杆等。前面杆件强度计算时，我们从强度的观点出发，认为压杆在其横截面上的工作应力超过材料的极限应力（σ_s 或 σ_b）时，就会因其强度不足而失去承载能力。这种观点对于始终能够保持其原有直线状态的短粗杆而言是正确的；对于细长杆是不正确的。历史上由于对这一问题认识不清，造成许多大桥坍塌的事故。那么，细长杆在承受轴向压力时会出现什么情况呢？让我们来做一个简单的实验。取一根长为 300 mm 的矩形截面钢尺，横截面尺寸 20 mm×1 mm，材料的屈服应力 σ_s =235 MPa，承受轴向压力作用。按照强度条件，此压杆的屈服压力 $F_S=\sigma_S A=235\times20\times1=4\ 700$ N，实际上，当压力不足 40 N 时，钢尺就沿厚度方向突然弯曲而丧失承载能力。但对于用材料相同截面尺寸长为 10 mm 的矩形截面钢尺，它们的承载力能相差 100 余倍。由此可见，细长压杆的承载力并不取决于轴向压缩的抗压强度，而是压杆在一定压力作用下突然变弯而导致的破坏。我们把这种不能保持其原有直线状态的平衡而突然发生弯曲的现象，称为丧失稳定，简称失稳。由上可见，强度问题与稳定问题其性质迥然不同。失稳是在骤然间发生的，因此更具危险性。目前高强度和超高强度钢的广泛使用，使压杆的稳定问题显得尤为突出。

7.1 压杆稳定的概念

为了便于理解三种平衡状态，首先以图 7.1 所示小球的三种位置来说明这三种平衡状态的特点。图 7.1(a)表示稳定平衡，使小球偏离平衡位置的 F 力撤销后，球将回到原始平衡位置;图7.1(c)表示不稳定平衡,球受微小干扰力作用一旦偏离原始平衡位置,便滑下去了;图7.1(b)表示随遇平衡,干扰力 F 使小球偏离原始位置,如果干扰力 F 撤销,球停留在后来的位置上仍保持平衡。图7.1(b)的随遇平衡可以说是处于稳定平衡与不稳定平衡之间的一种过渡或临界状态。

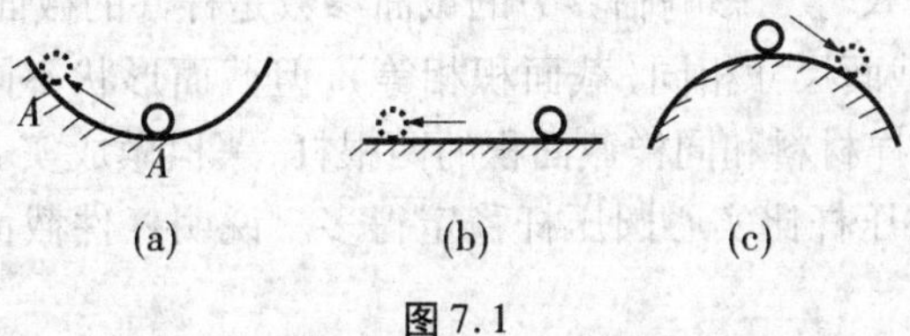

图7.1

与图7.1所示的情况相对应,压杆的三种平衡状态如图7.2所示。设有一弹性的等直杆,受毫无偏心的轴向压力作用(所谓理想压杆)。要判断这种直线轴向压缩变形状态的稳定性,可加一微小的横向干扰力 F,使杆轴到达一个十分邻近于直线的微弯曲线位置,然后撤销干扰力 F,看杆轴能否回到直线位置。若杆轴最终能回到直线位置,则直线位置的平衡状态是稳定的;如果它不能回位,而继续加大弯曲到一个新的曲线位置去平衡或者干脆被压断了,则直线位置的平衡状态是不稳定的;如果它停留在干扰力给它的微弯曲线位置不动,则直线位置的平衡状态是随遇平衡状态。

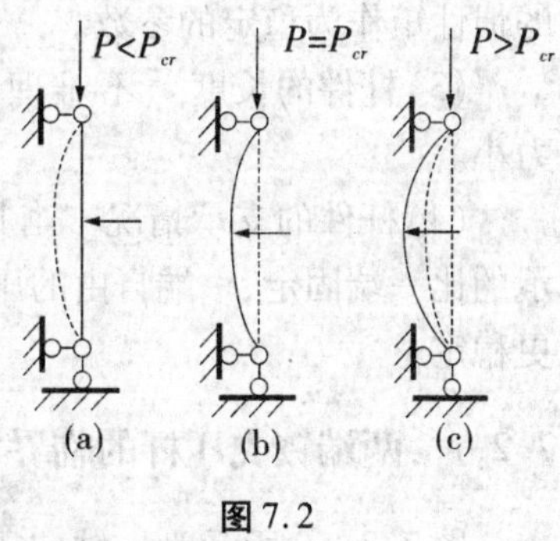

图7.2

实际上,同一杆件,其直线位置的平衡状态是否稳定,视所受轴向压力 P 的大小是否超过某一定值 P_{cr},而定值仅与杆件的材料、尺寸和支承方式有关。设轴向压力 P 从零逐渐增大,则杆件在直线位置的平衡状态为:

当 $P<P_{cr}$,时,是稳定平衡状态(图7.2a)。

当 $P=P_{cr}$时,是随遇平衡状态,这种状态称为临界平衡状态(图7.2b)

当 $P>P_{cr}$时,是不稳定平衡状态(图7.2c)。

当 $P=P_{cr}$时,压杆的平衡状态是介于稳定和不稳定之间的临界平衡状态,因此定值 P_{cr},称为此压杆的临界力。当 $P=P_{cr}$时,若不加干扰力、压杆可在直线位置平衡,若稍加干扰,又可在干扰力给予的微弯曲位置平衡。这种"两可性"是临界平衡的一种特殊表现,也是弹性稳定问题的重要特点。

理论分析和实践都证明,导致压杆失稳的临界力 P_{cr}要比发生强度破坏的容许压力小得多,压杆在远低于比例极限的弹性范围内就失稳破坏了,而且出现失稳往往是在一个微小干扰力为 F 下突然发生,所以失稳问题特别严重。因此,对于细长压杆,必须进行稳定性计算。

7.2 细长压杆的临界力公式

实践表明,细长压杆的临界压力 P_{cr}不仅与杆的材料、横截面形状及尺寸等因素有关,而且与杆的长度及两端支承情况也有关。分别叙述如下：

(1)杆件材料　如有两根杆件，其截面和长度以及两端支承完全相同，材料分别是钢和木。受轴向压力后，木杆首先失稳，也就是说，木杆的临界力比钢杆的小，表明了弹性模量 E 小的材料，其临界力也小。

(2)杆的截面形状尺寸　影响临界力的截面参数是杆件的截面惯性矩，惯性矩越大，就越不容易失稳。当截面尺寸相同(截面积相等)，但截面形状不同时，其临界力也不相同。如取同样长度、同样材料和同样截面积的两根杆，一根做成实心圆杆，另一根做成空心圆杆(厚壁)，则空心压杆比实心圆压杆稳定得多。说明杆件截面的惯性矩大，临界力也大。

需要注意的是，当杆件截面关于各个方向主轴(形心轴)的惯性矩不同时，应以最小的惯性矩作为稳定的参数。

(3)杆件的长度　不难理解，当其他条件相同时，长杆比短杆容易失去稳定，临界力小。

(4)杆件的支承情况　当其他条件完全相同时，约束条件不同的两根杆件，两端铰支承的比一端固定、一端自由的压杆要稳定；而一端固定、一端铰支的压杆又比两端铰支的更稳定。

7.2.1　两端铰支压杆的临界力

图7.3(a)所示为一轴向压力 F 达到临界力 F_C，在微弯状态下保持平衡的两端铰支压杆。

取其上半部为分离体(图7.3b)，在任一截面上存在弯矩 M，由平衡条件可知

$$M = -Fy \tag{a}$$

微弯杆的挠曲线近似微分方程为

$$\frac{d^2y}{dx^2} = \frac{M}{EI} = -\frac{Fy}{EI}$$

即

$$\frac{d^2y}{dx^2} + \frac{Fy}{EI} = 0 \tag{b}$$

令 $k^2 = \frac{F}{EI}$，则式(b)可改写为

$$\frac{d^2y}{dx^2} + k^2y = 0 \tag{c}$$

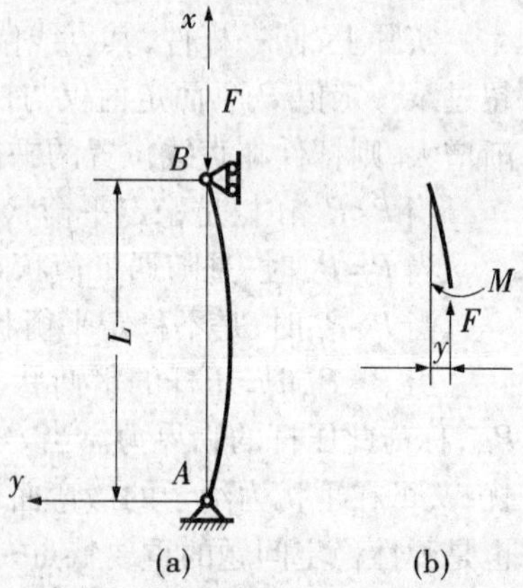

图7.3

(c)式为常系数线性二阶齐次微分方程，其通解为

$$y = C_1\sin kx + C_2\cos kx \tag{d}$$

式中　C_1、C_2 为积分常数，可由压杆的边界条件确定。系统的边界条件为

$$y_A = y|_{x=0} = 0$$

$$y_B = y|_{x=L} = 0$$

将它们分别代入(d)式，得

$$C_2 = 0$$

$$C_1 \sin kL = 0 \tag{e}$$

若 $C_1 = 0$，则由式(d)得 $y \equiv 0$，表示压杆任一截面挠度皆为零，这与压杆处于微弯平衡状态的前提不符，因此 $C_1 \neq 0$，只能有 $\sin kL = 0$，满足此式的 kL 值为

$$kL = n\pi \qquad (n = 1, 2, \cdots)$$

将 $k^2 = \dfrac{F}{EI}$ 代入上式得

$$F = \frac{n^2 \pi^2 EI}{L^2} \tag{f}$$

显然式(f)中 n 不能取为零，否则 $F = 0$，这与题设不符。而 $n = 1$ 所对应的 F 值即为压杆在微弯状态下平衡的最小压力，即临界压力，故有

$$F_C = \frac{\pi^2 EI}{L^2} \tag{7.1}$$

该式即为两端铰支细长杆的临界压力计算公式，又称为欧拉公式。

应注意的是，杆的弯曲必然发生在抗弯能力最小的平面内，所以，式(7.1)中的惯性矩 I 应为压杆横截面的最小惯性矩。

$L = \mu l$ 称为压杆的计算长度，μ 称为长度系数，是与杆端支承情况有关的量。

7.2.2 其他支承形式压杆的临界力

长度系数 μ 反映了杆端约束情况对临界力的影响(表7.1)。当其他条件完全相同时，两端固定的压杆临界力最大，也就是说稳定性最好。

表7.1 不同支座的长度系数和临界力

杆端支座	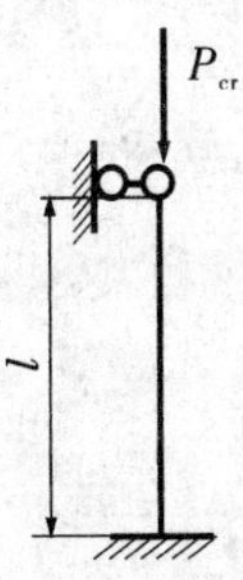	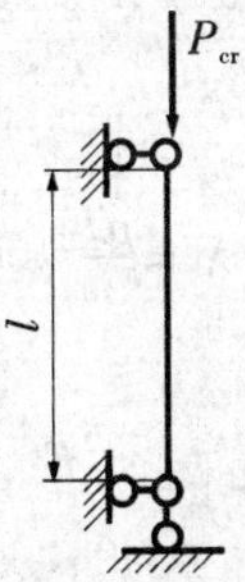	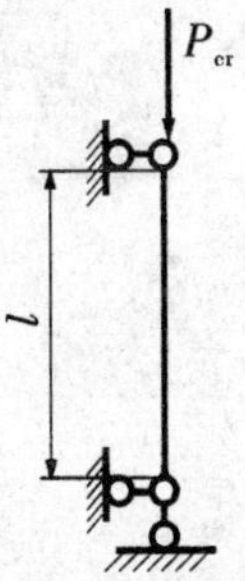	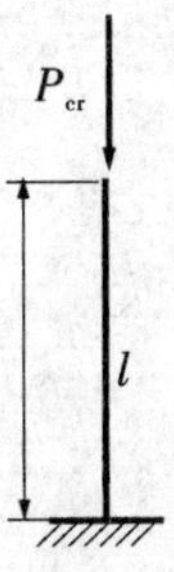
	两端固定	一端固定 一端铰支	两端铰支	一端固定 一段自由
长度系数	0.5	0.7	1	2
临界力 P_{cr}	$\dfrac{\pi^2 EI}{(0.5l)^2}$	$\dfrac{\pi^2 EI}{(0.7l)^2}$	$\dfrac{\pi^2 EI}{l^2}$	$\dfrac{\pi^2 EI}{(2l)^2}$

例7.1 两端铰支的矩形截面木杆，$l = 1.4$ m，$a = 10$ m，$b = 25$ m，$E = 10^4$ MPa，

$[\sigma_c]=8$ MPa，试求临界力，并与按强度条件求得的许用压力比较。

解 由式(7.1) $P_{cr}=\dfrac{\pi^2 EI}{(\mu l)^2}$ 可得，其中惯性矩 I 应以最小惯性矩代入，得

$$P_{cr}=\frac{\pi^2 EI_{min}}{(\mu l)^2}=\frac{3.14^2\times 10^4\times\dfrac{25\times 10^3}{12}}{(1\times 1.4\times 10^3)^2}=105\ \text{N}$$

由强度条件可得许用应力为

$$[P]=A[\sigma_C]=10\times 25\times 8=2\ 000\ \text{N}$$

临界力只是许用应力的1/19，表明压杆在远未达到强度允许的承压力之前就已经失稳破坏了。

7.3 欧拉公式的适用范围与经验公式

7.3.1 临界应力

细长压杆处于临界状态时，横截面上的正应力称为临界应力，即

$$\sigma_{cr}=\frac{P_{cr}}{A}=\frac{\pi^2 EI}{(\mu l)^2 A}$$

引入截面的惯性半径 i

$$i=\sqrt{\frac{I}{A}}$$

于是临界应力可写为

$$\sigma_{cr}=\frac{\pi^2 EI}{(\mu l)^2 A}=\frac{\pi^2 E}{\left(\dfrac{\mu l}{i}\right)^2}$$

令

$$\lambda=\frac{\mu l}{i} \tag{7.2}$$

则有

$$\sigma_{cr}=\frac{\pi^2 E}{\lambda^2} \tag{7.3}$$

上式为计算细长压杆临界应力的欧拉公式，式中 λ 称为压杆的柔度（又称为长细比）。柔度是量纲为1的量，它综合反映了压杆的支承情况、杆长及横截面的形状和尺寸等因素对临界应力的影响。由式(7.3)可知，压杆的柔度越大，其临界应力越小，压杆越容易失稳。所以，柔度是衡量压杆稳定性的一个重要参数。

7.3.2 欧拉公式的适用范围

欧拉公式是根据挠曲线近似微分方程导出的，而应用此微分方程时，材料必须服从胡克定律。因此，欧拉公式的适用范围是压杆的临界应力 σ_{cr} 不超过材料的比例极限

σ_P，即

$$\sigma_{cr} = \frac{\pi^2 E}{\lambda^2} \leqslant \sigma_P$$

即得

$$\lambda \geqslant \pi \sqrt{\frac{E}{\sigma_P}} \tag{7.4}$$

令 $\lambda_P = \pi \sqrt{\dfrac{E}{\sigma_P}}$，则欧拉公式的适用范围为

$$\lambda \geqslant \lambda_P \tag{7.5}$$

$\lambda \geqslant \lambda_P$ 的压杆为大柔度杆，或称为细长压杆。从式(7.5)中可以看出，不同材料 λ_P 的值不同，欧拉公式的适用范围也不同。例如 Q235 钢，$\sigma_P = 200$ MPa，$E = 200$ GPa，其 λ_P 值为

$$\lambda_P = \pi \sqrt{\frac{E}{\sigma_P}} = \pi \sqrt{\frac{200 \times 10^3}{200}} \approx 100$$

因此，对 Q235 刚来说，只有 $\lambda \geqslant \lambda_P$ 时，才能使用欧拉公式。

例 7.2 一中心受压木柱，长 $l = 8$ m，矩形截面 $b \times h = 120$ mm × 200 mm，柱的支承情况是：在最大刚度平面弯曲时（中性轴为 y 轴），两端铰支，如图 7.4(a)所示。在最小刚度平面弯曲时（中性轴为 z 轴），两端固定，如图 7.4(b)所示。木材的弹性模量 $E =$ 10 MPa，$\lambda_P = 110$，求木柱的临界力和临界应力。

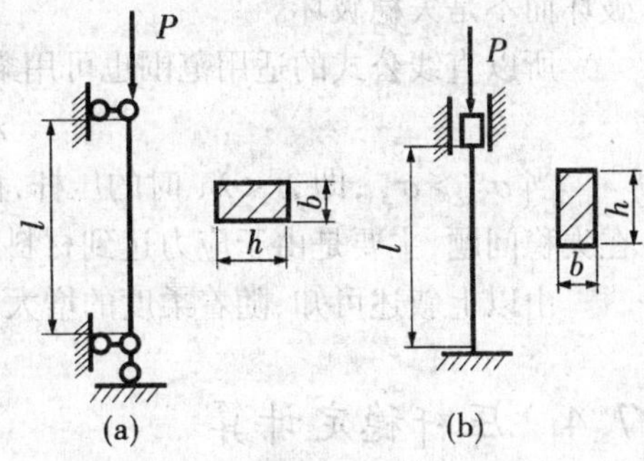

图 7.4

解 (1)计算最大刚度平面内的临界应力和临界力

矩形截面的惯性半径

$$i_y = \sqrt{\frac{I_y}{A}} = \frac{h}{\sqrt{12}} = \frac{200}{\sqrt{12}} = 57.7 \text{ mm}$$

在此平面内，柱子两端铰支，所以长度因数 $\mu = 1$，柔度为

$$\lambda_y = \frac{\mu l}{i_y} = \frac{1 \times 8 \times 10^3}{57.7} = 139 > \lambda_P = 110$$

根据欧拉公式，其临界应力

$$\sigma_{cr} = \frac{\pi^2 E}{\lambda_y^2} = \frac{\pi^2 \times 10 \times 10^3}{139^2} = 5.10 \text{ kPa}$$

临界力为

$$P_{cr} = \sigma_{cr} \cdot A = 5.10 \times 120 \times 200 = 122.4 \text{ N}$$

(2)计算最小刚度平面内的临界应力和临界力

矩形截面的惯性半径

$$i_z = \sqrt{\frac{I_z}{A}} = \frac{b}{\sqrt{12}} = \frac{120}{\sqrt{12}} = 34.6 \text{ mm}$$

在此平面内，柱子两端固定，所以长度因数 $\mu = 0.5$，柔度为

$$\lambda_z = \frac{\mu l}{i_z} = \frac{0.5 \times 8 \times 10^3}{34.6} = 115.6 > \lambda_P = 110$$

根据欧拉公式，其临界应力

$$\sigma_{cr} = \frac{\pi^2 E}{\lambda_z^2} = \frac{\pi^2 \times 10 \times 10^3}{115.6^2} = 7.38\ \text{kPa}$$

临界力为

$$P_{cr} = \sigma_{cr} \cdot A = 7.38 \times 120 \times 200 = 177.1\ \text{N}$$

计算结果表明：木柱的最大刚度平面内的临界力比最小刚度平面内的临界力小。说明：当压杆在两个方向平面内支承情况不同时，不能光从刚度来判断失稳与否，而应分别计算后才能确定在哪个方向失稳。

7.3.3 欧拉经验公式

当压杆的柔度 λ 小于 λ_P 时，称为中长杆或中柔度杆。这类压杆其临界应力 σ_{cr} 大于材料的比例极限 σ_P，这时欧拉公式已不能使用。工程中对这类压杆的计算，一般使用以实验结果为依据的经验公式。

临界应力 σ_{cr} 与 $\lambda_{柔度}$ 呈正比直线关系，其表达式为

$$\sigma_{cr} = a - b\lambda \tag{7.6}$$

其中 a、b 为与材料有关的常数，由试验确定。例如 Q235 钢，$a=30$ MPa，$b=1.12$ MPa。

实际上，式(7.6)在 $\sigma_P < \sigma_{cr} \leqslant \sigma_S$ 范围内成立。因为当 $\sigma_{cr} > \sigma_S$ 时，压杆将发生强度破坏而不是失稳破坏。

所以直线公式的适用范围也可用柔度表示，即

$$\lambda_P > \lambda > \lambda_S \tag{7.7}$$

当 $\sigma_{cr} > \sigma_S$，即 $\lambda < \lambda_S$ 时的压杆，称为小柔度杆或粗短杆。实验证明，小柔度杆不存在失稳问题，主要是由于应力达到材料的极限应力时因压缩强度不足而发生失效。

由以上叙述可知，随着柔度的增大，压杆的失效逐渐由强度失效向稳定失效转化。

7.4 压杆稳定计算

轴向受压杆，当轴向压力 P 达到临界力时，杆件将失稳。为保证压杆的稳定，压杆的工作应力不能超过稳定许用应力，即

$$\sigma = \frac{P}{A} \leqslant [\sigma_{st}]$$

由于压杆的柔度越大，临界应力越低，压杆越容易失稳。因此，在设计压杆时稳定许用应力$[\sigma_{st}]$也应随柔度的增大而降低。在土建工程中，常将稳定许用应力$[\sigma_{st}]$写作材料的强度许用应力$[\sigma]$乘以一个随柔度 λ 而改变的折减因数 $\varphi = \varphi(\lambda)$，即

$$[\sigma_{st}] = \varphi[\sigma]$$

于是压杆的稳定条件为

$$\sigma = \frac{P}{A} \leqslant \varphi[\sigma]$$

式中 A——压杆的横截面面积；

$[\sigma]$——压杆材料的许用应力；

φ——材料的折减系数。当材料一定时，折减因数 φ 的值取决于柔度 λ，λ 值越大 φ 值越小，且 φ 值在 0 ~ 1 之间变化。表 7.2 给出了几种材料的折减因数。

按压杆的稳定条件，我们可对压杆进行稳定校核、截面的设计、确定容许荷载的计算。

表 7.2 压杆的折减系数 φ

λ	φ 值				
	Q215、Q235 钢	16 锰钢	铸铁	木材	混凝土
0	1.000	1.000	1.000	1.000	1.000
20	0.981	0.973	0.91	0.392	0.96
40	0.927	0.895	0.69	0.822	0.83
60	0.842	0.776	0.44	0.658	0.70
70	0.789	0.705	0.34	0.575	0.63
80	0.731	0.627	0.26	0.460	0.57
90	0.669	0.546	0.20	0.371	0.46
100	0.604	0.462	0.16	0.300	
110	0.536	0.384		0.248	
120	0.466	0.325		0.209	
130	0.401	0.279		0.178	
140	0.349	0.242		0.153	
150	0.306	0.213		0.134	
160	0.272	0.188		0.117	
170	0.243	0.168		0.102	
180	0.218	0.151		0.093	
190	0.197	0.136		0.083	
200	0.180	0.124		0.075	

例 7.3 一圆形木柱高 6 m，直径 $d = 20$ cm，两端铰支，承受轴向压力 $P = 50$ kN，木材的许可应力 $[\sigma] = 10$ MPa，校核该柱的稳定性。

解 (1)计算截面的惯性半径

$$i = \sqrt{\frac{I}{A}} = \sqrt{\frac{\frac{\pi d^4}{64}}{\frac{\pi d^2}{4}}} = \frac{d}{4} = 5\ \text{cm}$$

(2)计算柔度 λ　因两端铰支，$\mu = 1$，所以

$$\lambda = \frac{\mu l}{i} = \frac{1 \times 600}{5} = 120$$

(3)查折减系数 φ　从表 7.2 中查得 $\varphi = 0.209$。

(4)稳定校核

$$\sigma = \frac{P}{A} = \frac{50 \times 10^3}{\frac{\pi \times 200^2}{4}} = 1.59\ \frac{\text{N}}{\text{mm}^2} = 1.59\ \text{MPa}$$

$\varphi[\sigma] = 0.209 \times 10 = 2.09\ \text{MPa}$

因此 $\sigma' < \sigma < \varphi[\sigma]$，木柱满足稳定条件。

7.5 提高压杆稳定性的措施

由压杆的稳定条件

$$\sigma = \frac{P}{A} \leqslant \varphi[\sigma]$$

可见，增大 φ 值就相当于提高了压杆的承载能力，即提高了压杆的稳定性。而 φ 值又决定于柔度 λ，由表 7.2 可知，要想使 φ 增大就应使 λ 减小。又由公式

$$\lambda = \frac{\mu l}{i}$$

可知：要想使柔度 λ 小，相当长度要尽量小，而惯性半径 i 要尽量大。下面我们来具体讨论。

(1)合理选择材料　对于 $\lambda \geqslant \lambda_P$ 的大柔度压杆，其临界应力与材料的弹性模量 E 成正比，所以宜选用 E 值较大的材料，以提高压杆的稳定性。钢的弹性模量比铝合金、钢合金、铸铁等材料都大，所以细长压杆大多采用钢材制造。但由于各种钢材的 E 值大致相同，因此选用高强度钢并不能提高临界应力；对于 $\lambda < \lambda_P$ 的中柔度压杆，其临界应力 $\sigma_{cr} = a - b\lambda$，由于钢的质量越好，$a$ 值及 σ_S 越大，σ_{cr} 值也就越高，故用高强度钢能提高其稳定性。

(2)选择合理的截面形状　压杆的临界应力随柔度 λ 的减小而增大，因此减小压杆柔度可以有效地提高压杆的稳定性。由于

$$\lambda = \frac{\mu l}{i},\ i = \sqrt{\frac{I}{A}}$$

所以，在不增加截面面积的条件下，增大惯性矩 I，可使 i 增大，λ 减小。如图 7.5(a)所示的空心环形截面要比实心截面更为合理。对两根槽钢组成的压杆，应采用如图 7.5(b)所示的方式放置，以增大惯性矩 I。

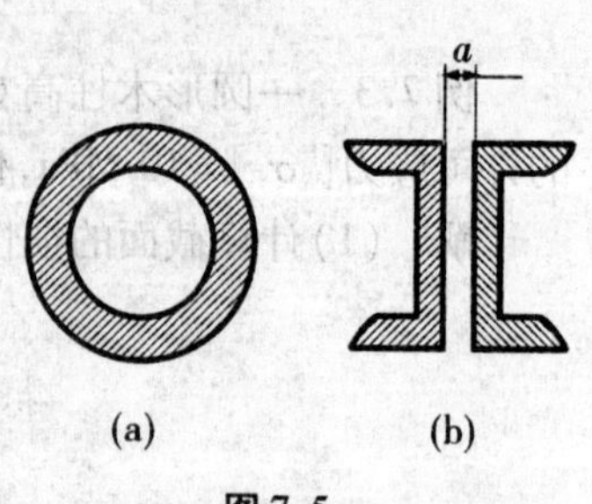

图 7.5

压杆总是在柔度大的纵向平面内失稳，为充分利用压杆的抗失稳能力，应使其各个纵向平面内的柔度相同或接近。当压杆在各纵向平面内的支承情况相同时(如球铰链

和固定端),则应使截面的最大和最小惯性矩相等,这时宜采用圆形或方形截面比较合理。若压杆在两个相互垂直的平面内支承情况不同(如圆柱铰链),宜采用工字形、矩形等截面,使压杆在两个纵向对称面内有大致相同的柔度和稳定性。

(3)改善支承情况　压杆端部支承形式不同,长度系数不同,柔度也将随着改变,降低长度因数μ可使λ减小。由表7.1可知,在各种支承形式中,以两端固定的支承形式的牢固性最好,一端固定,一端自由最差。因此,压杆与其他构件连接时,应尽可能做成刚性连接或采用铰紧密的配合,以加强杆端约束的牢固性。

(4)减小压杆的长度　减小压杆长度可降低柔度λ,从而提高稳定性。工程中常用增加中间支座的办法来减小压杆长度。

章后小结

1. 细长压杆在一定的轴向压力作用下,突然丧失其原有的直线平衡状态的现象叫压杆失稳。

2. 细长压杆的临界力(临界应力)用欧拉公式计算。欧拉公式是材料服从胡克定律的条件下导出的,所以,只有当$\sigma_{cr} \leqslant \sigma_P$,即$\lambda \geqslant \lambda_P$时,欧拉公式才能适用。

$$\sigma_{cr} = \frac{\pi^2 E}{\lambda^2}, \lambda_P = \pi\sqrt{\frac{E}{\sigma_P}}$$

3. 柔度是压杆稳定计算中的重要参数,它综合反映了压杆的长度、支承情况、截面形状及尺寸对压杆稳定性的影响。

$$\lambda = \frac{\mu l}{i}, i = \sqrt{\frac{I}{A}}$$

4. 压杆稳定计算,工程中常采用折减系数法进行计算。压杆的稳定条件是

$$\sigma = \frac{P}{A} \leqslant \varphi[\sigma]$$

折减系数φ因材料而不同,随柔度而变化。

5. 提高压杆的稳定性可采用以下措施:(1)选择合理的截面形状;(2)减小压杆长度;(3)改善支承情况;(4)选择适当的材料。

思考题

1. 压杆的稳定平衡与不稳定平衡是指什么状态?

2. 细长压杆的长度增大一倍而其他条件不变时,其临界力有何变化?圆形截面细长压杆直径增大一倍而其他条件不变时,其临界力有何变化?

3. 图7.6中四根细长压杆材料的截面均相同,哪一根临界力最大?哪一根临界力最小?

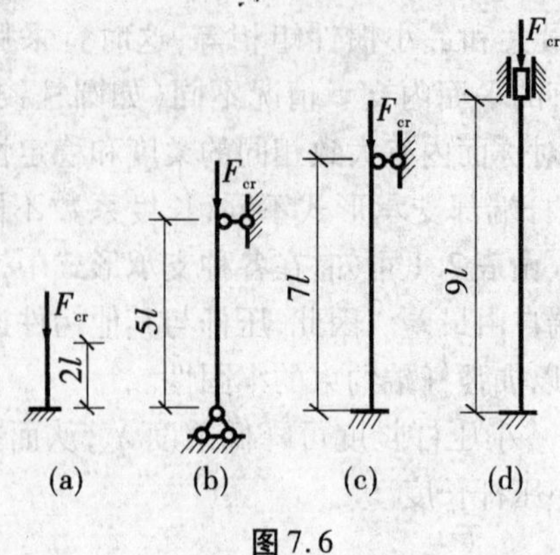

图 7.6

4. 什么叫柔度？它与哪些因素有关？它怎样影响压杆的稳定性？

习　题

1. 一圆形截面细长压杆，$L=4$ m，直径 $d=200$ m，材料的弹性模量 $E=10$ GPa。若(1)两端铰支；(2)一端固定、一端自由。求杆的临界力和临界应力。

2. 一矩形截面木柱高 $L=4$ m，$h=240$ mm，材料的许应用力 $[\sigma]=10$ MPa 。当承受的轴向压力 $P=135$ kN 时，试校核该柱的稳定性。

3. 图 7.7 托架中斜撑 CD 杆为圆木，直径 $d=160$ mm，两端铰支，横木 AB 承受均布荷载 $q=50$ kN/m。若木材的许用应力 $[\sigma]=10$ MPa，试校核斜撑 CD 杆的稳定性。

4. 结构的受力情况如图 7.8 所示。梁 ABC 为工字钢 I22b，$[\sigma]=160$ MPa；柱 BD 为圆木，直径 $d=160$ mm，　$[\sigma]=10$ MPa，两端铰支。试校核梁的强度及柱的稳定性。

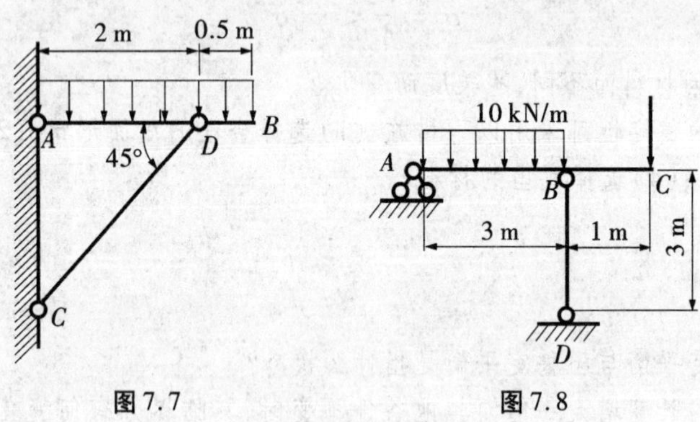

图 7.7　　图 7.8

第8章 平面体系的几何组成分析

教学提示 了解几何不变、几何可变体系的概念，了解几何组成分析的目的；掌握自由度、约束的概念及几何不变体系的基本组成规则；能熟练进行体系的几何组成分析。

杆件结构通常是由若干杆件相互连接而组成的体系，并与地基连接成一体，用来承受荷载的作用，但并不是任意组合都能作为工程结构使用的。一般工程结构都必须是几何不变体系，而不能采用几何可变体系，否则将不能承受任意荷载而维持平衡。因此，在进行结构设计和选择计算简图之前，必须首先分析它是否几何不变，从而才能决定是否可以使用。这种分析体系是几何不变体系还是几何可变体系的方法称几何组成分析或机动分析。

8.1 几何组成分析的基本概念

8.1.1 几何不变体系与几何可变体系

(1)几何不变体系　如果忽略材料变形引起的位移，在任何外荷载作用下都能保持其原有的几何形状和位置不变，这类体系称为几何不变体系。如图8.1(a)所示的平面体系。

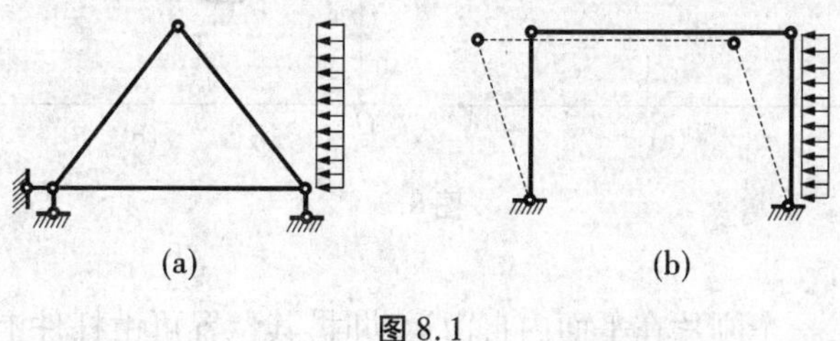

图8.1

(2)几何可变体系　在不考虑材料应变的条件下，即使不大的荷载作用，也会产生机械运动而不能保持其原来形状和位置的体系,这类体系称为几何可变体系。如图 8.1(b)所示的平面体系,显然几何可变体系不能用来承受荷载,所以几何可变体系不能作为建筑结构使用,建筑结构必须是几何不可变的。

8.1.2 几何组成分析的目的

几何组成分析,又称几何构造分析,是对体系中各杆间及体系与基础之间连接方式进行分析,从而确定体系是几何不可变体系还是几何可变体系。几何组成分析的目的主要包括以下三个方面:

(1)判别某体系是否为几何不变体系,以决定其能否作为工程结构使用。

(2)研究并掌握无多余约束的几何不变体系的组成规则,以便合理布置构件,使所设计的结构在荷载作用下能够维持平衡。

(3)根据体系的几何组成状态,确定结构是静定的还是超静定的,以便选择相应的计算方法。

8.2 刚片、自由度、约束的概念

8.2.1 刚片

在几何组成分析中,由于忽略了材料的变形,所以可将体系中的杆件视为刚体。进行平面几何组成分析时,将平面内的刚体称为刚片。分析时,一根梁、一根杆件以及几何不变部分、地基、基础等均可视为刚片。

8.2.2 自由度

自由度是指体系在运动时用来确定体系在平面内的位置所需的独立坐标的个数。

点的自由度:平面内的一动点 A ,其位置可用两个相对独立的坐标 x 和 y 来确定,如图 8.2(a)所示。所以一个点在平面内有两个自由度。

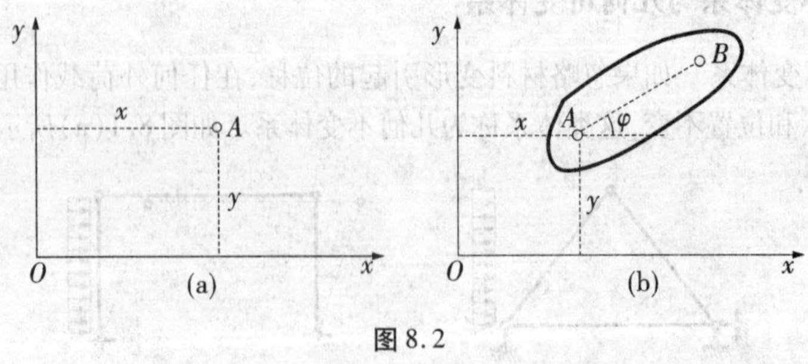

图 8.2

刚片的自由度:一个刚片在平面内自由运动时,其位置可由杆件上任一直线 AB 的位置来确定。而线段 AB 的位置可由点 B 的坐标 x 和 y 及直线 AB 与 x 轴的夹角 φ 来确定。如图 8.2(b)所示,即三个相互独立的参数 x 、y 、φ 就能确定一个刚片在平面内的位置。

因此,一个刚片在平面内有 3 个自由度。

地基的自由度:地基就是一个大的几何不变体系,即为一个大刚片。但是,在进行几何组成分析时,通常是将基础作为参照物,因此,其自由度一般不考虑,即认为地基的自由度为零。

8.2.3　约束

约束是减少自由度的因素(又称连系)。当对刚片施加约束时,其运动受限制,自由度将减少。对体系施加约束则会限制体系中刚片间的相对运动,即约束的个数就是体系自由度的改变量(如减少体系一个自由度的约束称为一个约束)。下面讨论几种常见的约束,如链杆、铰接节点和刚接节点。

图 8.3(a)所示的刚片 AB,在平面内有三个自由度。用刚性链杆 AC 与基础相连,此时要刚片 AB 的位置需要 AC 的转角 α 与 AB 的转角 φ 两个独立参数确定,即自由度数减少了一个。显然,链杆使刚片减少了一个自由度,故一根链杆相当于一个约束。

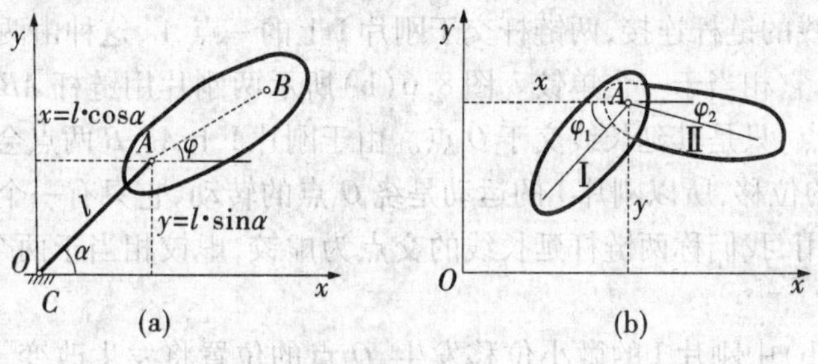

图 8.3

连接两个刚片的铰称为单铰。图 8.3(b)所示两刚片Ⅰ、Ⅱ用一简单铰 A 连接构成一个体系。要确定该体系在平面内的位置,首先由 x、y、φ_1 三个独立参数确定刚片Ⅰ的位置,然后由刚片Ⅱ绕 A 转动的转角 φ_2 即可完全确定体系的位置。刚片Ⅰ、Ⅱ在各自独立时共计有 6 个自由度,用单铰 A 连接后只有 4 个自由度(x、y、φ_1、φ_2)。即一个单铰使体系减少了 2 个自由度,相当于 2 个约束。

连接 3 个或 3 个以上的刚片的铰称为复铰。当 n 个刚片用一个复铰连接在一起时,从减少自由度的观点来看,此复铰相当于 $n-1$ 个单铰。图 8.4 所示 4 个刚片由一个铰 A 连接成一个体系,在平面中,A 点的位置由 x、y 两个独立参数确定,各刚片的转动则由 4 个转角参数确定,此时的体系有 6 个自由度。而各自独立的 4 个刚片共计有 12 个自由度,增加复铰 A 后减少了 6 个自由度,复铰 A 相当于 3 个单铰的作用。由此可见,连接 n 个刚片的复合铰相当于 $n-1$ 单铰,也相当于 $2(n-1)$ 个约束。

图 8.5 所示的两刚片Ⅰ、Ⅱ通过刚性连接后,两刚片中的任意直线 AB 和 CD 的夹角 φ 将保持不变,这种刚性连接称为刚接节点。两刚片通过刚接节点连接后,构成了一个整体刚片,自由度由连接前的 6 个减少为 3 个。所以,一个刚接节点相当于 3 个约束。

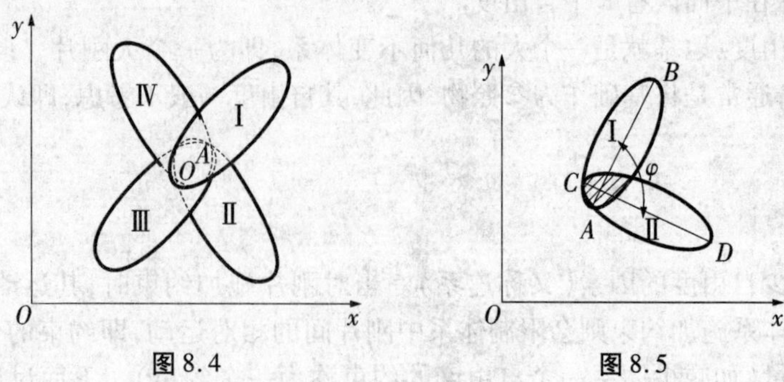

图 8.4　　图 8.5

8.2.4 虚铰/瞬铰

一个铰相当于两个约束,也相当于两根不共线的链杆。反之,两根不共线的链杆可构成一个简单铰,但两根不共线的链杆构成一个铰的形式不是唯一的。图 8.6(a)所示的两刚片用两根不共线的链杆连接,两链杆交于刚片Ⅰ上的一点 A,这种由两根链杆交于一点构成的铰为实铰,它相当于一个单铰。图 8.6(b)所示两刚片用链杆 AB 、CD 连接,但两根链杆不交于一点,只是其延长线交于 O 点。由于刚片Ⅰ上 A 、B 两点会发生分别垂直于 AB 、CD 两链杆的位移,所以刚片Ⅰ的运动是绕 O 点的转动,它只有一个自由度。O 点起到了一个铰的作用,我们称两链杆延长线的交点为虚铰,虚铰相当于两个约束,这一点与实铰是相同的。

随着图 8.6(b)中刚片Ⅰ的微小位移发生,O 点的位置将发生改变,O 点也称为刚片Ⅰ、Ⅱ的瞬时转动中心或瞬铰。

如图 8.6(c)所示,如果用两根平行的链杆连接两刚片时,则两根链杆的交点在无穷远处。因此,两根链杆所起的约束作用相当于无穷远处的虚铰(瞬铰)所起的约束作用。由于虚铰在无穷远处,因此绕虚铰的微小转动就退化为平动,即沿两根链杆的正交方向产生平动。

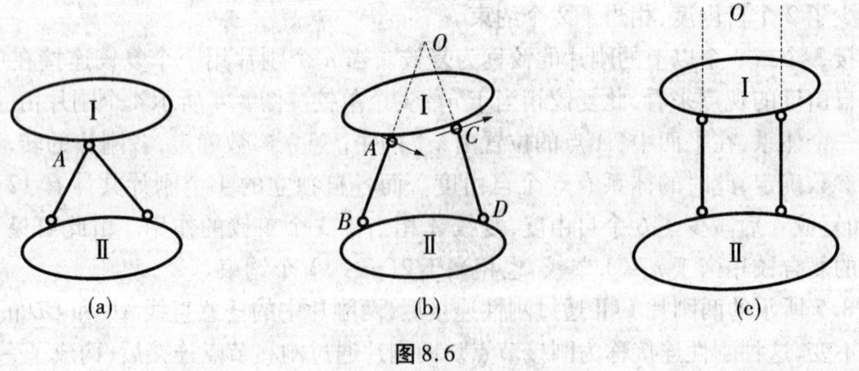

图 8.6

在几何组成分析中应用无穷远处虚铰的概念时,可以采用射影几何中关于 ∞点和 ∞线的下列四点结论:

(1)每个方向有一个 ∞点(即该方向各平行线的交点)。

(2)不同方向有不同的 ∞点。

(3)各点都在同一条直线上,此直线成为 ∞线。

(4)各有限点都不在 ∞线上。

8.2.5 自由度计算公式

上面给出了不同约束对体系自由度的影响,下面给出计算体系自由度的公式

$$W = 3m - 2n - c \tag{8.1}$$

式中 m——体系中的刚片数(不包括地基);

n——连接刚片的单铰数,1 个连接 n 根杆件的复铰相当于 $n-1$ 个单铰;

c——连接刚片的链杆数(包括体系与地基连接的支座链杆数),1 个固定端支座和刚节点相当于 3 根链杆。

$$W = 2j - (b + r) \tag{8.2}$$

式中 j——体系中的铰接节点;

b——体系中的链杆数;

r——支座链杆数。

此公式可简化铰接链杆体系的自由度。

任何平面体系的计算自由度,按式(8.1)或式(8.2)计算的结果,将有三种情况出现:

(1) $W > 0$, 说明体系缺少足够的连系,因此体系是几何可变的;

(2) $W = 0$, 说明体系具有成为几何不变所必需的最少连系数目;

(3) $W < 0$, 说明体系具有多余约束。

因此,一个几何不变体系必须满足 $W \leqslant 0$ 的条件。

显然,几何不变体系的自由度数按式(8.1)和式(8.2)计算时必然等于或小于零。但这只是体系为几何不变体系的必要条件而并非充分条件,因为有可能某个体系的自由度按式(8.1)和式(8.2)计算等于或小于零,但由于约束布置位置不当,体系仍然是几何可变的。能够使体系自由度数减少为零所需的最少约束称为必要约束,只要去掉其中任意一个约束就会使体系变成几何可变体系。而对体系自由度没有影响的约束称为多余约束,在体系几何组成分析时,必须分清哪些是必要约束,哪些是多余约束。

8.3 几何不变体系的组成规则

平面体系的组成方式很多,也比较复杂,但几何不变体系的组成有着其内在的规律。下面讨论的无多余约束几何不变体系的组成规律,也是构成几何不变体系的最基本规则。

8.3.1 无多余约束的几何不变体系的组成规则

8.3.1.1 一个点与一个刚片间的连接

图 8.7 所示不在同一直线上的三个点 A 、B 、C 用三根链杆连接,视任一链杆 BC 为刚片,则点 A 与刚片 BC 用交于 A 点的两链杆 AB 、AC 相连。现在分析 A 点的运动,由于 A

点分别由两链杆与 BC 相连，所以 A 点不仅要做以链杆 AB 为半径的弧线 1 运动，同时还要以链杆 AC 为半径做弧线 2 的运动。由于两弧线只有一个交点，所以 A 点既不能沿弧绒 1 运动，也不能沿弧线 2 运动，显然是一个被固定的点。若视刚片 BC 不动，则点 A 没有自由度，体系内没有多余约束。由以上分析可得点与刚片的组成规则：

规则Ⅰ 一个点与一个刚片之间用两根不在同一条直线上的链杆相连，则组成的体系是几何不变的，且无多余约束。

两根不在同一直线上的链杆连接一个新节点的装置称为二元体，图 8.7 中的 BAC 为一典型的二元体。由前面分析可知，不在同一直线上的两根链杆连接一个点，能使点的自由度为零，是点的必要约束。所以，在体系中增加一个点的同时，再增加两个交于该点的两根不共线的链杆，不会改变原体系的自由度数。由此可得规则Ⅰ的推论

推论Ⅰ 在一已知体系中增加或减去二元体，不改变原体系几何性质。这个结论也称为二元体规则，利用二元体规则能大大地简化几何组成分析的过程。

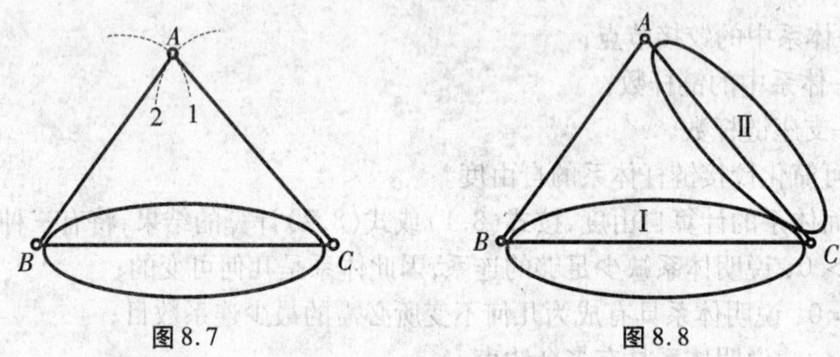

图 8.7　　图 8.8

8.3.1.2 两刚片之间的连接

对图 8.7 所示三链杆组成的体系，若将 BC、AC 分别视为刚片Ⅰ、Ⅱ，可得图 8.8 所示由两刚片构成的体系。由规则Ⅰ可知图 8.7 是一个无多余约束的几何不变体系，那么图 8.8 所示的两刚片体系也是没有多余约束的几何不变体系。由此可得两刚片的组成规则：

规则Ⅱ 两刚片之间用一个铰及一根不通过该铰的链杆相连，则组成的体系是几何不变的，且无多余约束。

由于一个单铰的作用相当于两根不共线的链杆，将图 8.8 中的单铰 C 用两根链杆替代，可得图 8.9 所示的两种形式，显然他们也是没有多余约束的几何不变体系。由此可得规则Ⅱ的推论。

推论Ⅱ 两刚片用三根既不交于一点，也不互相平行的链杆相连，则组成的体系是几何不变的，且无多余约束。

8.3.1.3 三个刚片之间的连接

将图 8.7 所示的几何不变且无多余约束体系中的三根链杆 AB、AC、BC 分别视为刚片Ⅰ、Ⅱ、Ⅲ，可得几何不变且无多余约束的三刚片体系，如图 8.10 所示。这样就得到三刚片体系的组成规则：

规则Ⅲ　三个刚片用三个铰两两相连,且三个铰不在同一直线上,则组成的体系是几何不变的,且无多余约束。

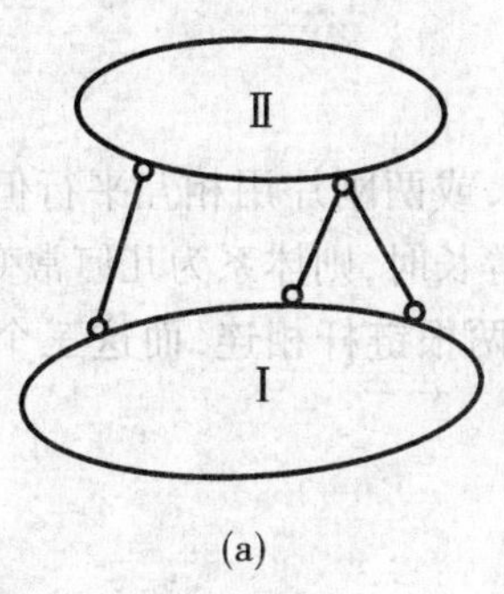

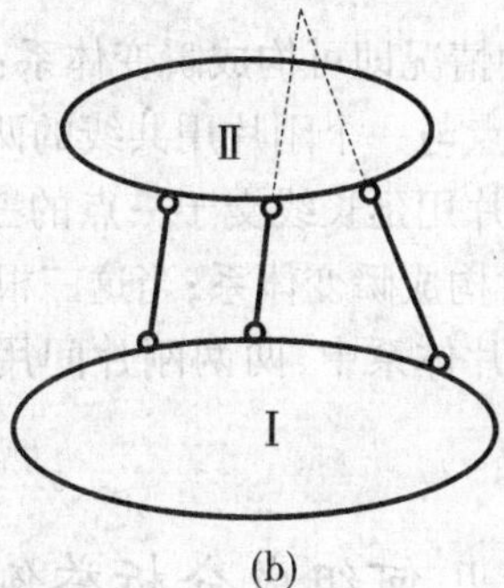

图8.9

若将任意两刚片间的铰都用两根链杆替代,只要连接两刚片间的两两链杆组成的三个虚铰不在同一直线上,那么三个刚片由六根链杆相连的体系仍是几何不变的,且无多余约束,如图8.10(b)所示。如果三刚片体系中同时有虚铰和实铰,只要三个铰不在同一直线上,组成的体系也是几何不变体系,如图8.10(c)所示。

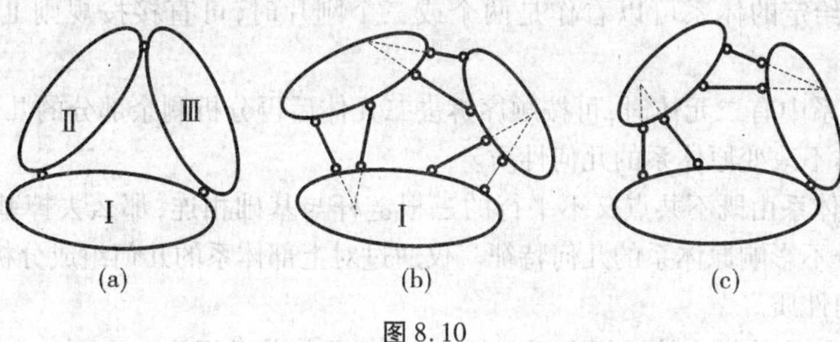

图8.10

应用上述简单规则,就可进一步组成更为一般的几何不变体系。同样也可用基本规则来判断体系是否几何不变。

8.3.2　瞬变体系的概念

按上述组成规则构成的体系是无多余约束的几何不变体系。现在我们来分析图8.11所示的体系。图中,平面上的一点 A 由两根共线的链杆相连,那么 A 点将以 AB 为半径绕 B 点做圆弧1运动,同时 A 点还以 AC 为半径绕 C 点做圆弧2运动。由于 A、B、C 三铰共线,则圆弧1、2在 A 点相切,A 点的运动是沿该公切线的移动,此时该体系是几何可变体系。但 A 点经微小移动后,A、B、C 三铰不再共线,此时,该体系又成为几何不变体系。这种本来是几何可变,经微小位移

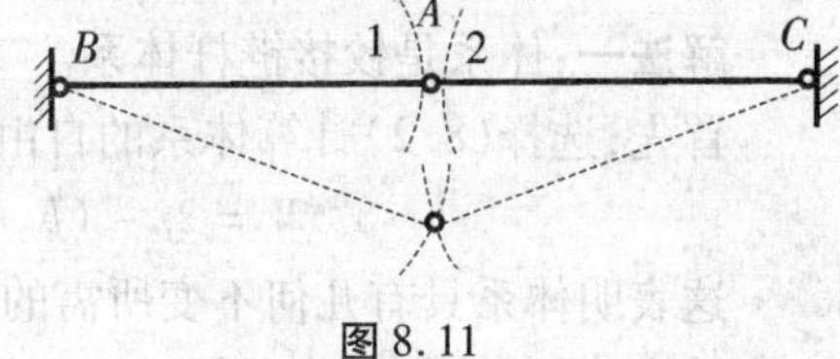

图8.11

后又成为几何不变的体系称为瞬变体系。如果一个几何可变体系能发生较大的位移,则称为常变体系。瞬变体系和常变体系统称为几何可变体系,它们都不能作为实际工程中的结构使用。

以下几种情况即可构成瞬变体系:

(1)一个点与一个刚片用共线的两根链杆相连。

(2)两刚片用延长线交于一点的三根链杆相连,或两刚片用相互平行但不等长的三根链杆相连时构成瞬变体系;当这三根链杆平行且等长时,则体系为几何常变体系。

(3)三刚片体系中,两两刚片间用一个单铰或两根链杆相连,而这三个单铰或虚铰共线。

8.4 平面几何组成分析举例

8.4.1 平面几何组成分析的一般方法

无多余约束的几何不变体系的组成规则是进行平面体系组成分析的基础,在对较复杂的平面体系进行组成分析时,应灵活运用这三个基本规则。分析时,一般可从以下几个方面入手:

(1)如果给定的体系可以看作是两个或三个刚片时,可直接按规则Ⅱ或规则Ⅲ来判断。

(2)当体系中有二元体时,可按顺序拆去二元体后再分析剩余部分的几何特征,去掉或增加二元体不改变原体系的几何性质。

(3)如果体系由既不共点又不平行的三根链杆与基础相连,那么去掉基础及基础与体系连接部分不影响原体系的几何特征。仅通过对上部体系的几何组成分析即可确定整个体系的几何性质。

(4)体系与基础相连的链杆多于三根时,一般要将基础视为一个刚片,对整个体系进行几何组成分析。

(5)在体系中有几何不变部分的,可先将该部分视作刚片,这样可有效地将复杂体系简化。

8.4.2 几何组成分析举例

例 8.1 试对图 8.12(a)所示体系进行几何组成分析。

解法一:体系是铰接链杆体系。

首先,选择(8.2)计算体系的自由度:

$$W = 2j - (b + r) = 2 \times 8 - (13 + 3) = 0$$

这表明体系具有几何不变所需的最少连系数目。

其次,进行几何组成分析。上部体系与基础间用既不平行也不交于一点的三根链杆相连,这三根链杆满足规则Ⅱ,故在分析时去掉基础部分及这三根链杆而不会改变原体系的几何性质,仅对上部体系进行几何组成分析,如图 8.12(b)。

根据推论Ⅰ,先拆除二元体1、2和3、4;然后按顺序拆除5、6、7、8、9、10,最后剩余三个链杆11、12、13所构成的三角形,所以原体系为无多余约束的几何不变体系。

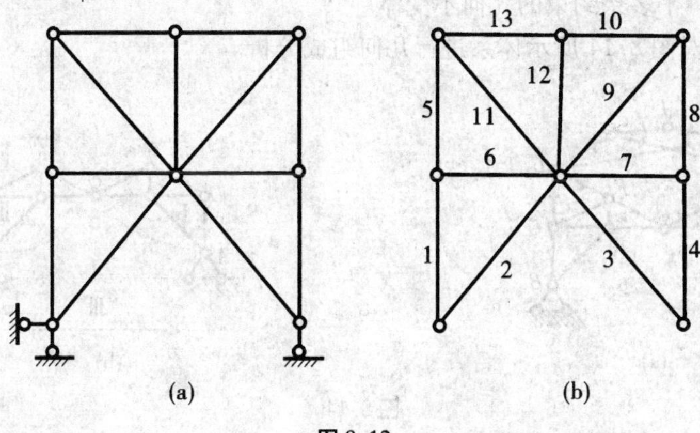

图8.12

解法二:体系是铰接链杆体系。

首先,选择(8.2)计算体系的自由度

$$W = 2j - (b + r) = 2 \times 8 - (13 + 3) = 0$$

这表明体系具有几何不变所需的最少连系数目。

其次,进行几何组成分析将体系中的11、12、13组成的无多余约束的三角形铰接体视为刚片,在其上按顺序增加二元体9、10,5、6,7、8,1、2,3、4,增加二元体不改变体系的几何性质,则组成的上部体系为一无多余约束的几何不变体,该不变体由三根既不交于一点又不互相平行的链杆相连,所以原体系为无多余约束的几何不变体系。

例8.2 试对图8.13所示体系进行几何组成分析。

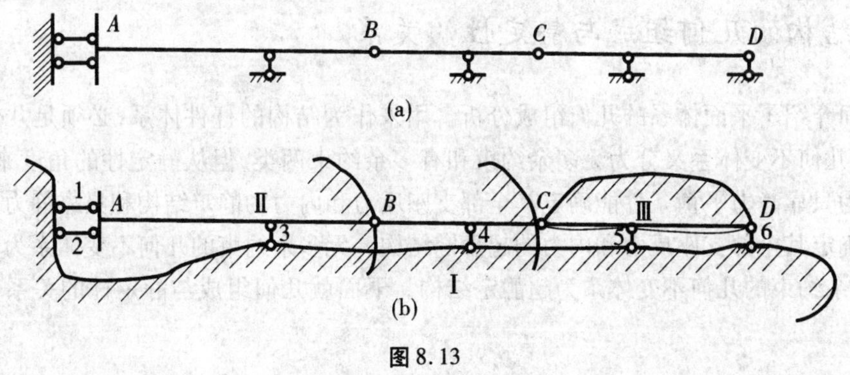

图8.13

解 首先,选择(8.1)计算体系的自由度

$$W = 3m - 2n - c = 3 \times 3 - 2 \times 2 - 6 = -1$$

这表明体系具有几何不变所需的连系数目。

再在对体系进行在几何组成分析,首先视基础为刚片Ⅰ,AB 为刚片Ⅱ,根据规则Ⅱ,

两刚片之间由三根既不相交又不互相平行的链杆相连,组成无多余约束的几何不变体。将该不变体视为刚片,CD 视为刚片Ⅲ,之间用四根既不互相平行又不交于一点的链杆相连,此体系为有一个多余约束的几何不变体。

例 8.3　试对图 8.14 所示体系进行几何组成分析。

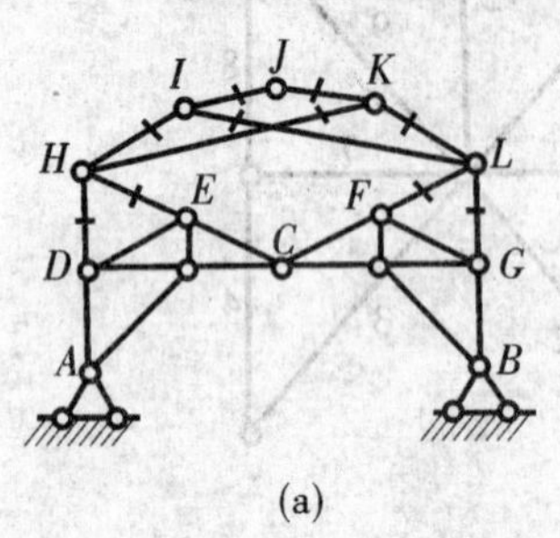

(a)

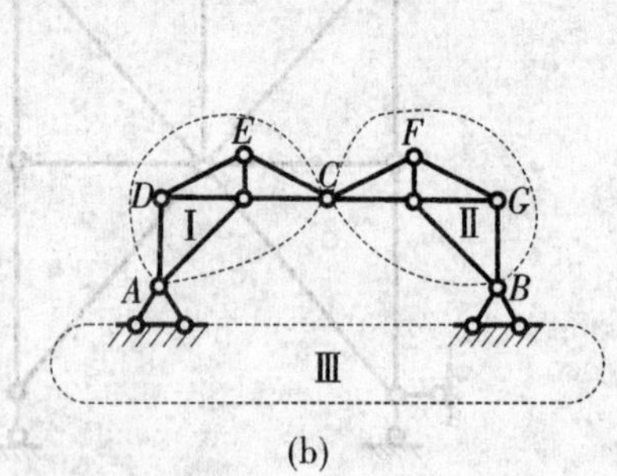

(b)

图 8.14

解　体系是铰接链杆体系。

首先,选择(8.2)计算体系的自由度

$$W = 2j - (b + r) = 2 \times 14 - 24 - 4 = 0$$

这表明体系具有几何不变所需的最少连系数目。

再在对体系进行在几何组成分析,根据推论Ⅰ,首先去除二元体如图 8.14(a)所示,得到(b)图所示部分。该部分与大地相连的链杆多余三个,所以可将基础视为一个刚片与上部体系一起分析。另外,上部结构中的两个三角形铰接体可分别看成两个刚片,如图(b)所示。三刚片由三个铰 A、B、C 相连,由规则Ⅲ可知,组成一个无多余约束的几何不变体。因而整体系是无多余约束的几何不变体系。

8.5　结构的几何组成与静定性的关系

上面介绍了平面体系的几何组成分析。用来作为结构的杆件体系,必须是几何不变体系,而几何不变体系又分为无多余约束和有多余约束两类,但从静定性的角度来看,结构可分为只靠静力平衡条件能确定其全部支座反力和内力的静定结构和只靠静力平衡条件不能确定其全部支座反力和内力的超静定结构。无多余约束的几何不变体系为静定结构,有多余约束的几何不变体系为超静定结构。下面就几何组成与静定性的关系作以简单说明。

8.5.1　几何可变体系

图 8.15(a)所示为一几何可变体系,在节点 2 承受一水平荷载。根据节点 3 的平衡条件,杆 2-3 的内力为零,而根据节点 2 的平衡条件,杆 2-3 的内力为 $-P$,所得结果矛盾。这是因为体系为几何可变,在受力方向可以自由运动,体系不能维持平衡。对图 8.15(b)和图 8.15(c)所示情形,虽然用静力平衡条件可以求得各杆的内力和支座反力,

但一旦荷载作用方向稍有改变,体系即不能维持平衡。由此可知,几何可变体系在任意荷载作用下不能维持平衡,其平衡方程或者没有解答,或者只是在某种特殊情形下才有解答。

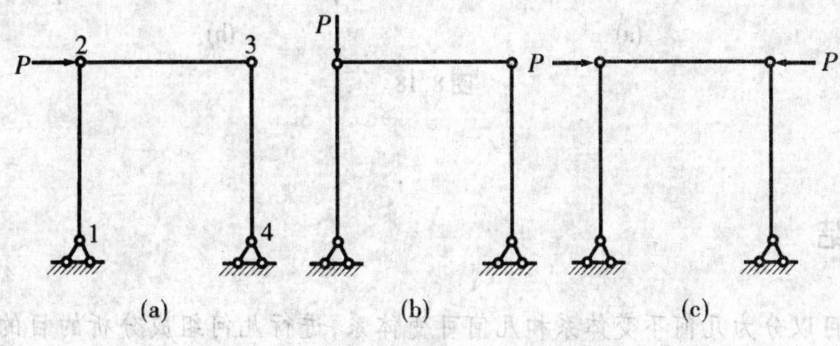

图8.15

8.5.2　几何瞬变体系

图8.16所示的梁,其三根链杆的延长线交于一点 O,属于几何瞬变体系。当对 O 点取矩列出平衡条件求支座链杆中反力时,求出的值为无穷大。当体系产生微小变形后即转变为几何不变体系,但由于其仍处于邻近瞬变的状态,其反力必然仍很大。若荷载的作用线通过 O,则可维持原来位置的平衡,但反力、内力为不定值。所以,对于几何瞬变体系,其平衡方程或者没有有限值的解,或者在特殊荷载作用下解答为不定值。

8.5.3　具有多余约束的几何不变体系

对于图8.17所示的有多余约束的几何不变体系,在荷载作用下,其未知的支座反力有四个,而独立静力平衡方程只有三个,显然,解答有无穷多组。

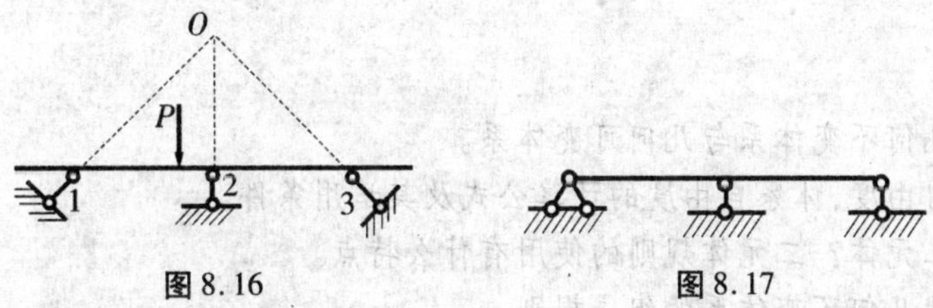

图8.16　　图8.17

8.5.4　无多余约束的几何不变体系

图8.18所示为无多余约束的简支梁。将梁与地基相连的三个支座链杆切断,代以相应的约束反力,在荷载与约束反力的共同作用下,梁处于平衡状态。此时,可建立三个静力平衡方程,正好可以唯一地确定三个支座反力的值。求得支座反力后,梁的内力可根据隔离体平衡条件唯一地确定。显然,对于静定结构,其静力解答是唯一的。

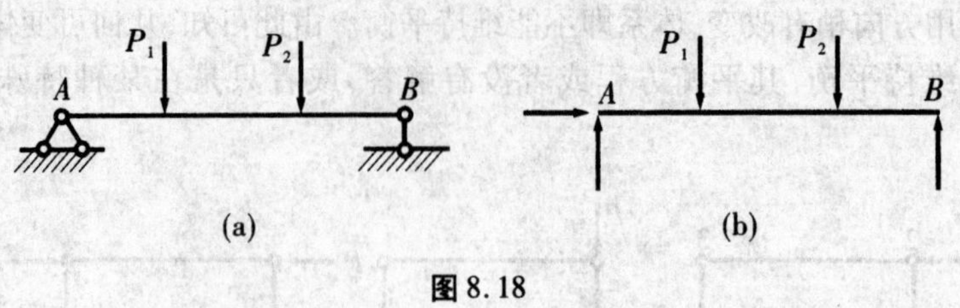

图8.18

章后小结

1. 体系可以分为几何不变体系和几何可变体系，进行几何组成分析的目的就是判断体系是几何可变的还是几何不变的。只有几何不变体系才能用作结构，几何可变及瞬变体系不能用作结构。

2. 自由度是确定体系位置时所需的独立参数的数目，平面内一个点的自由度为2，一个刚片的自由度为3，基础和地基的自由度为0。

3. 约束是减少自由度的装置。体系的自由度数小于等于零是几何不变体系的必要条件，但不是充分条件。判断体系的几何可变性要用几何不变体系的组成规则。

4. 几何不变体系的组成规则是以三角形稳定性为核心的，几个规律间有着内在的联系。几何不变体系的组成规则是几何组成分析的基础，对各种体系要能灵活使用这三个规则。

5. 几何组成连接了前面章节的静定结构以及后续章节的超静定结构，因此弄清几何组成与结构之间的关系对确定结构计算起了十分重要的作用。

思考题

1. 什么是几何不变体系与几何可变体系。
2. 什么是自由度，体系自由度的计算公式及其适用条件。
3. 什么是二元体？二元体规则的使用有什么特点。
4. 简单叙述几何不变体系的组成规则。
5. 几何组成与静定结构和超静定结构的关系。
6. 简单叙述判断体系几何组成的一般步骤。

习　题

对图8.19各体系进行几何组成分析。

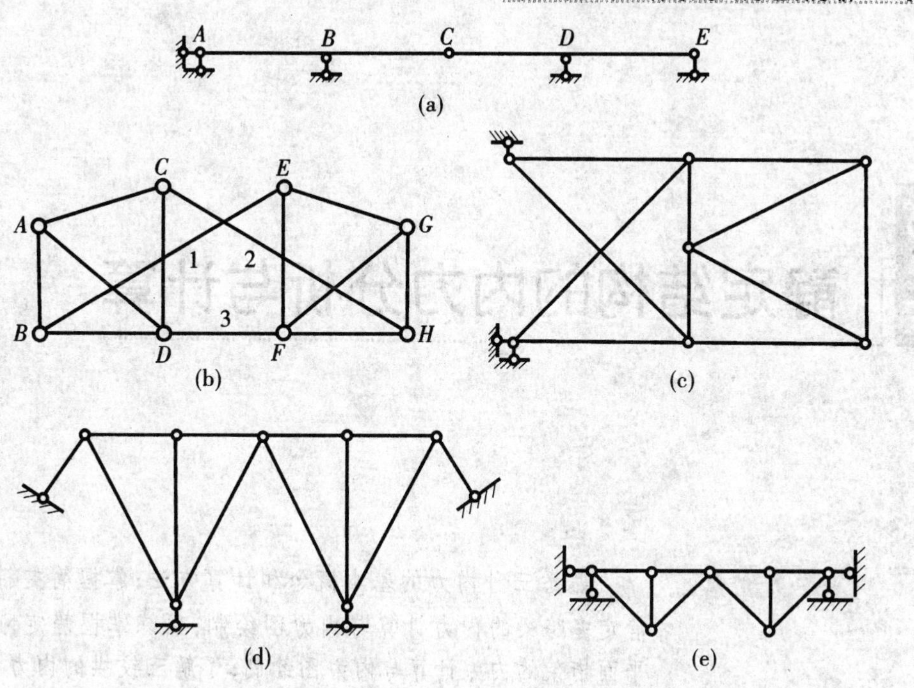

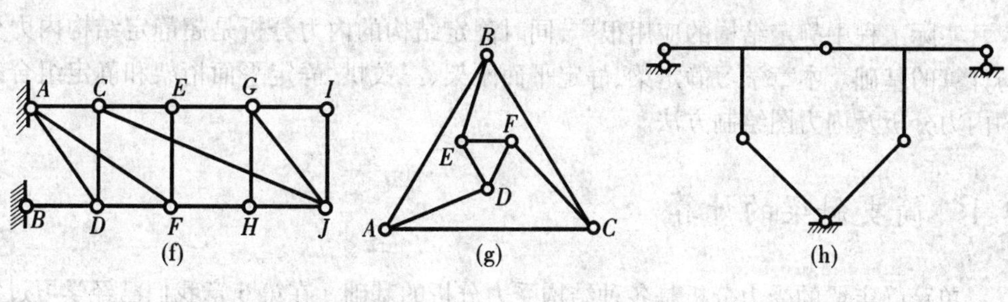

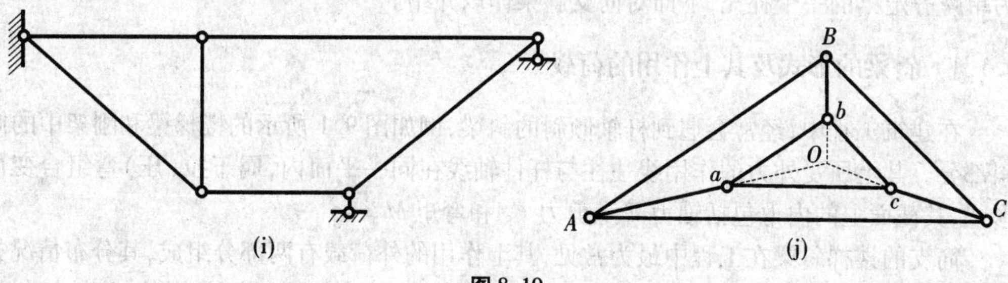

图 8.19

第9章 静定结构的内力分析与计算

教学提示 熟悉三种内力的基本概念和计算方法；掌握简支斜梁、静定多跨梁的内力计算与内力图绘制；熟练掌握静定刚架、平面桁架的内力计算与内力图绘制；了解三铰拱的内力计算方法；掌握组合结构的内力计算与内力图绘制。

实际工程中静定结构的应用很广，同时静定结构的内力分析是超静定结构内力分析与计算的基础。本章学习静定梁、静定平面刚架、三铰拱、静定平面桁架和静定组合结构的内力分析及内力图绘制方法。

9.1 简支斜梁的计算

单跨静定梁的受力分析是各种结构受力分析的基础。在第6章我们已经学习过常用的单跨静定梁即简支梁、悬臂梁和外伸梁的内力计算和内力图的绘制，这里不再叙述。作为单跨静定梁的一个补充，下面对简支斜梁作以介绍。

9.1.1 斜梁的形式及其上作用的荷载

在建筑工程中，经常会遇到杆轴倾斜的斜梁，例如图9.1所示的楼梯梁和刚架中的倾斜部分。其上所受外力的作用线往往与杆件轴线在同一平面内，属于拉(压)弯组合变形形式，其截面上的内力包括轴力 F_N、剪力 F_S 和弯矩 M。

简支的楼梯斜梁在工程中最为常见，其上作用的外荷载有两部分组成，其分布情况如图9.2所示。在图9.2(a)中，q_1 为楼梯上的人群荷载，沿水平方向均布；q_2 为楼梯斜梁的自重荷载，沿楼梯梁轴线方向均布。为了计算上的方便，一般将沿楼梯梁轴线方向均布的荷载 q_2 换算成沿水平方向均布的荷载 q_0，$q_0 = \dfrac{q_2}{\cos\alpha}$ 如图9.2(b)所示，此时，沿水平方向均布的总荷载 $q = q_1 + q_0$。

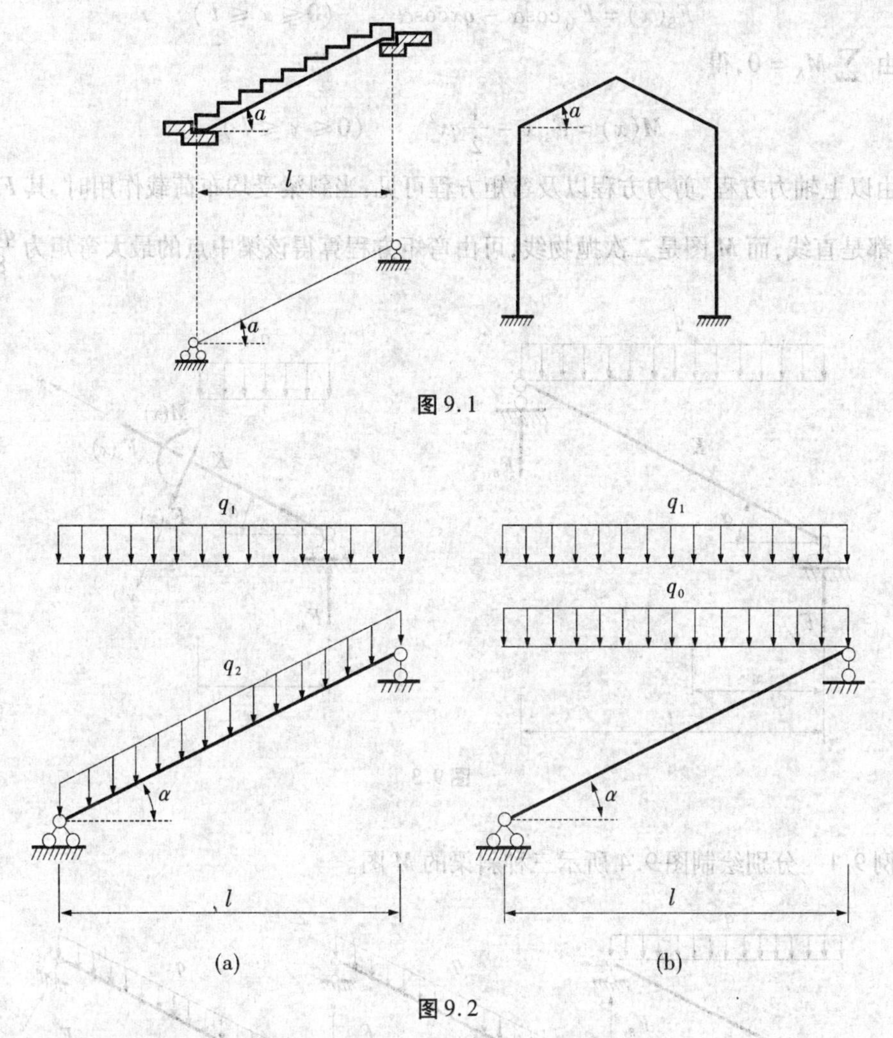

图 9.1

图 9.2

9.1.2　简支斜梁的内力及内力图

计算简支斜梁内力的方法仍然是截面法，即利用整体平衡条件求支座反力，选取局部梁段为隔离体，用静力平衡条件求截面内力，进而绘制内力图。由于斜梁的横截面是倾斜的，故轴力应垂直于梁的横截面，即沿杆轴方向作用；剪力应平行于梁的横截面，即垂直于杆轴作用；弯矩应为截面一侧所有外力对待求截面中心的力矩代数和。下面讨论图 9.3 所示斜梁的内力方程。

首先求得两端支座反力为　$F_{Ay} = F_{By} = \dfrac{ql}{2}$

然后取任意 x 横截面以左的隔离体如图 9.3 所示。由隔离体的平衡方程 $\sum F_x = 0$，得

$$F_N(x) = -F_{Ay}\sin\alpha + qx\sin\alpha \qquad (0 \leqslant x \leqslant l)$$

由 $\sum F_y = 0$，得

$$F_S(x)=F_{Ay}\cos\alpha - qx\cos\alpha \qquad (0\leqslant x\leqslant l)$$

由 $\sum M_K=0$,得

$$M(x)=F_{Ay}x-\frac{1}{2}qx^2 \qquad (0\leqslant x\leqslant l)$$

由以上轴力方程、剪力方程以及弯矩方程可见:当斜梁受均布荷载作用时,其 F_N 图和 F_S 图都是直线,而 M 图是二次抛物线,可由弯矩方程算得该梁中点的最大弯矩为 $\frac{ql^2}{8}$。

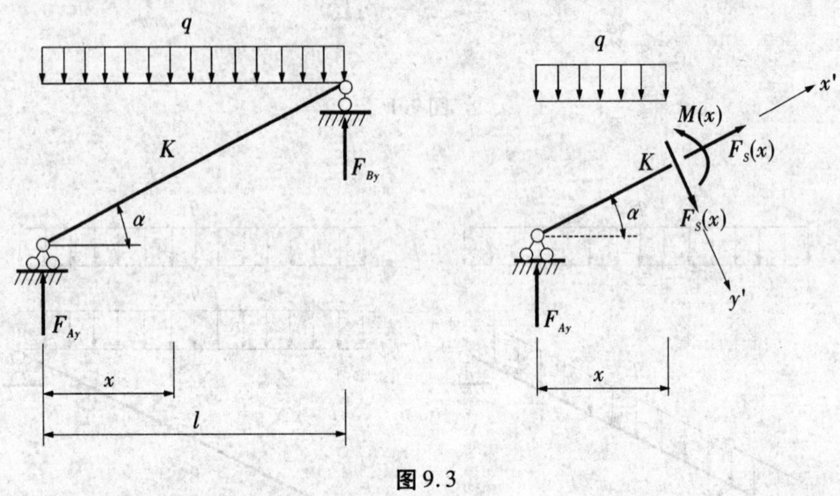

图 9.3

例 9.1 分别绘制图 9.4 所示三种斜梁的 M 图。

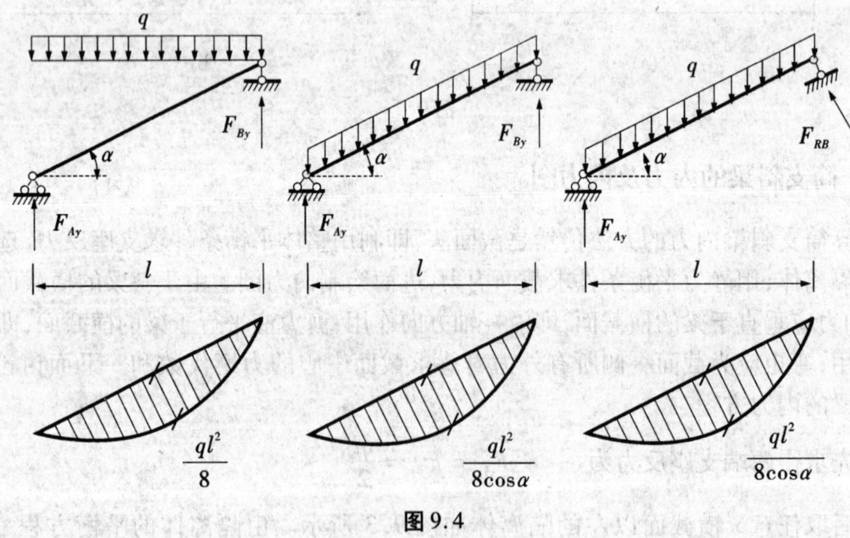

图 9.4

解 (1)图 9.4(a)中的斜梁和图 9.3 所示斜梁完全相同,可由上面所求的弯矩方程直接绘制 M 图。

(2)图9.4(b)中的斜梁和图9.4(a)所示斜梁的不同之处,在于其上的均布荷载 q 是沿斜梁轴线方向作用的。梁两端的支座反力为

$$F_{Ay} = F_{By} = \frac{ql}{2\cos\alpha}$$

弯矩方程为

$$M(x) = F_{Ay}x - \frac{q}{2\cos\alpha}x^2 \qquad (0 \leqslant x \leqslant l)$$

跨中最大弯矩为

$$M_{\max} = \frac{ql^2}{8\cos\alpha}$$

(3)图9.4(c)中的斜梁和图9.4(b)所示斜梁的不同之处,在于其右端支座与梁轴线垂直,从而使得左端支座有水平反力 F_{Ax}。由 $\sum M_A = 0$,求得梁右端的 B 支座反力为

$$F_{By} = \frac{ql}{2}$$

则从 B 支座向左取水平距离为 x 处截面的弯矩方程为

$$M(x) = F_{By}\frac{x}{\cos\alpha} - \frac{q}{2\cos\alpha}x^2 \qquad (0 \leqslant x \leqslant l)$$

跨中最大弯矩为

$$M_{\max} = \frac{ql^2}{8\cos\alpha}$$

上述三根斜梁的弯矩图如图9.4所示,可见图(b)和(c)所示斜梁弯矩图完全相同。今后,有时会遇到含斜杆的结构。当用区段叠加法作弯矩图时,对于这种受均布荷载 q 作用的斜杆区段,可把图9.4的斜梁理解为它们的相应简支梁,即以斜杆两端截面弯矩纵标的虚线连线为基线,以 $\frac{ql^2}{8}$ 或 $\frac{ql^2}{8\cos\alpha}$ 作为区段中点的弯矩叠加值进行叠加即成。

9.2　多跨静定梁的计算

9.2.1　多跨静定梁的组成

若干根梁彼此用铰相连,并用若干支座与基础相连而组成的静定结构称为多跨静定梁。在工程结构中,常用它来跨越几个相连的跨度。

例如公路桥梁的主要承重结构和房屋建筑中的木檩条常采用这种结构形式,图9.5(a)为一用于房屋建筑中木檩条的多跨静定梁,在各梁的接头处采用斜搭接加螺栓系紧。由于接头处不能抵抗弯矩,因而视为铰接节点,其计算简图如图9.5(b)所示。

从几何组成来看,多跨静定梁可以分为基本部分和附属部分,如图9.5(c)所示。其中 AC、DG 和 HJ 部分各有三根支座链杆与基础(屋架)相连构成几何不变体系,称为基本部分。短梁 CD 和 GH 则支撑在 AC、DG 和 HJ 梁上,它们需要依靠基本部分的支撑才能保持其几何不变性,故称为附属部分。当竖向荷载作用于基本部分上时,只有基本部分受力。当荷载作用在附属部分时,除附属部分承受力外,基本部分也同时承受由附属部分传来的支座反力。这种相互传力的关系可见图9.5(c)所示,称为层次图。

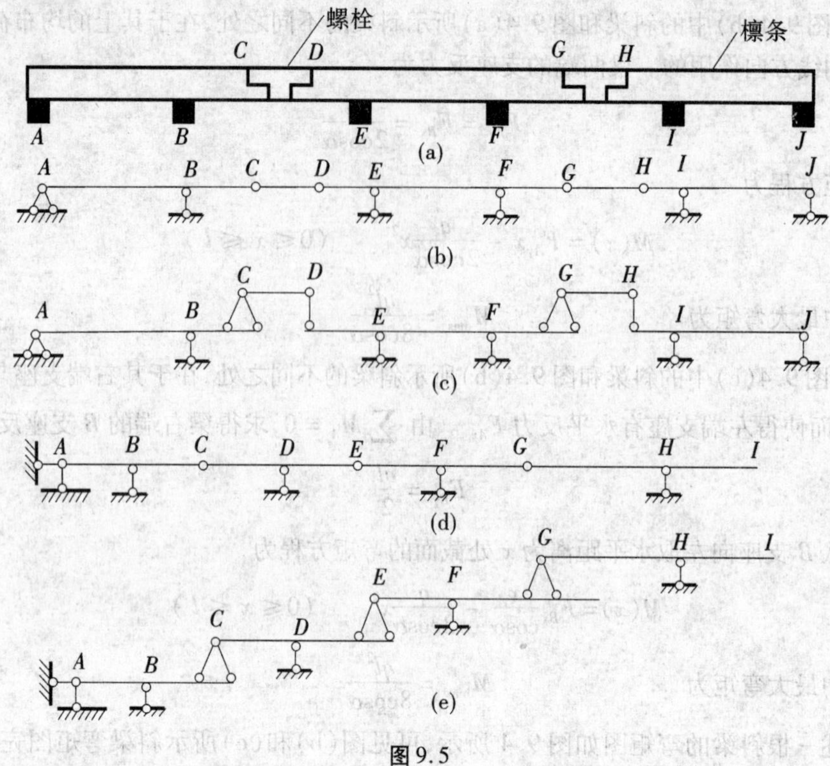

图 9.5

常见的多跨静定梁有图 9.5(b)、(d)两种形式,图 9.5(d)所示多跨静定梁除左边第一跨为基本部分外,其余各跨均分别为其左边部分的附属部分,其层次图如图 9.5(e)所示。由上述基本部分与附属部分力的传递关系可知,多跨静定梁的计算顺序应该是先附属部分,后基本部分。

9.2.2 多跨静定梁的内力计算

只要先分析出多跨静定梁的层次图,然后依次绘出各单跨梁的内力图,再连成一体,就可得到多跨静定梁的内力图。

例 9.2 试作图 9.6 所示多跨静定梁的内力图。

解 首先分析力的传递关系,画出该多跨静定梁的层次图,如图 9.6(b)所示。

然后按先附属部分,后基本部分的顺序计算各单跨梁,如图 9.6(c)所示。

$$DF\text{段}\quad F_{Ey}=\frac{4}{3}qa\ (\uparrow)$$

$$F_{Dy}=\frac{1}{3}qa\ (\downarrow)$$

将 F_{Dy} 反向作用于 BD 梁上,连同在 G 点的荷载 $2qa$ 和 CD 段的荷载 q 来计算 BD 简支梁。此时为求 $M_{\max}$ 值,可由图 9.6(c)得:

$$F_S(x)=-\frac{1}{3}qa+qx=0$$

$$x = \frac{1}{3}a$$

所以

$$M_{\max} = \frac{1}{3}qa \times \frac{1}{3}a - \frac{1}{2}q\left(\frac{a}{3}\right)^2 = \frac{1}{18}qa^2$$

然后依次计算 AB 梁，得到诸约束反力，如图 9.6(c)所示，由图 9.6(c)不难绘出各跨梁的剪力图和弯矩图，然后连成一体得到最终剪力图和弯矩图，如图 9.6(d)、(e)所示。

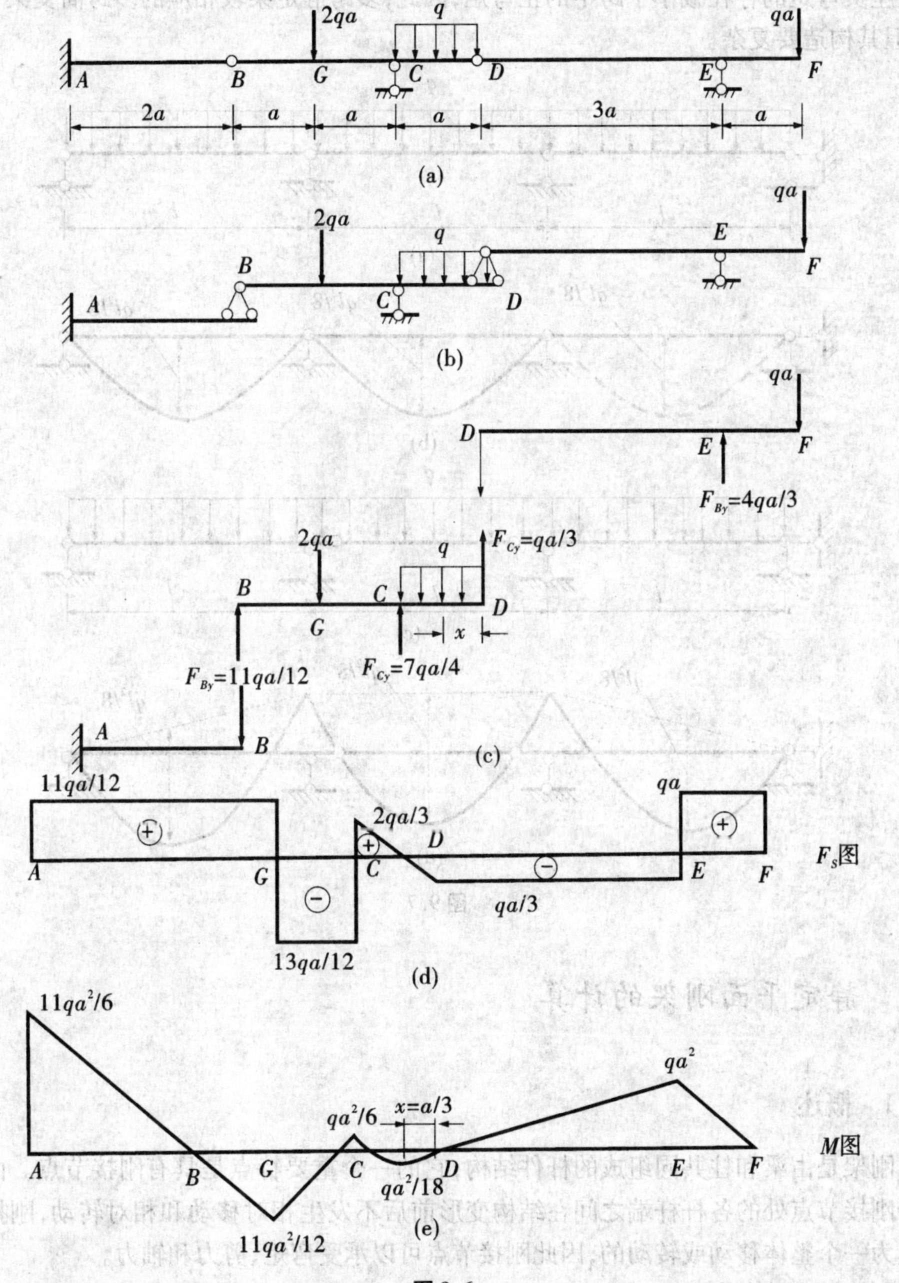

图 9.6

9.2.3 多跨静定梁的受力特征

图9.7(a)所示为一多跨简支梁，在均布荷载 q 作用下，支座处的弯矩为零，跨中弯矩最大值为 $ql^2/8$；弯矩图如图9.7(b)所示，若用同样跨度的多跨静定梁如图9.7(c)所示代替图9.7(a)所示的多跨简支梁，在同样的荷载作用下，其弯矩图则如图9.7(d)所示。将这一弯矩图与图9.7(b)比较，可见它的弯矩分布比较均匀，中间支座处有负弯矩。由于支座负弯矩的存在减小了跨中的正弯矩，因此，多跨静定梁较相应的多跨简支梁节省材料，但其构造要复杂。

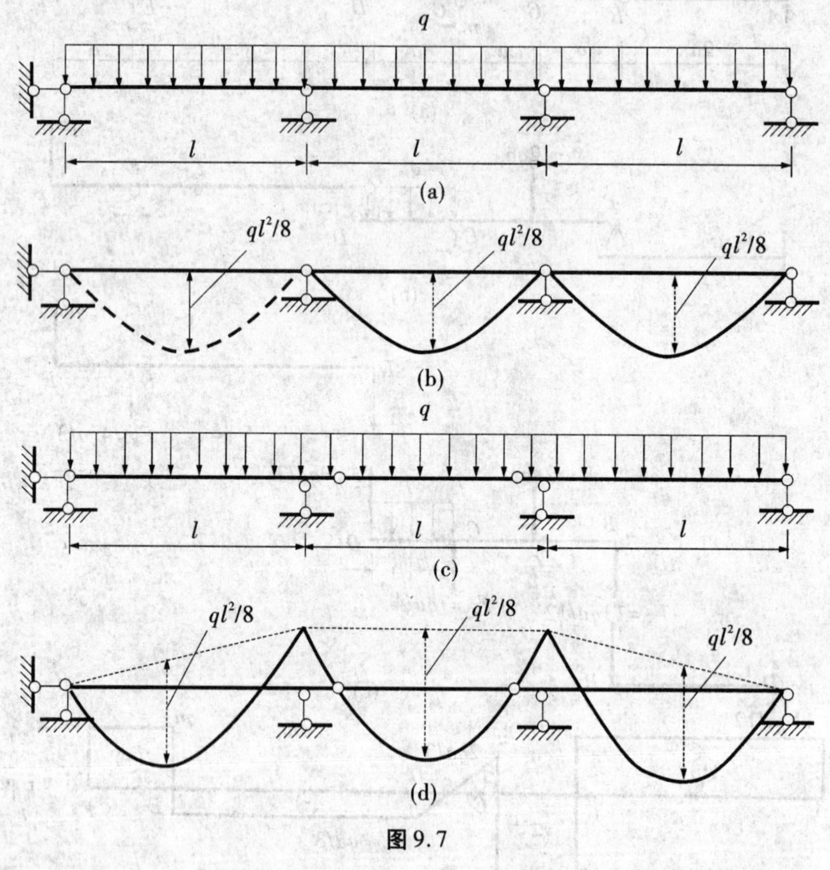

图9.7

9.3 静定平面刚架的计算

9.3.1 概述

刚架是由梁和柱共同组成的杆件结构，它的一个重要特点是具有刚接节点。由于汇交于刚接节点处的各杆杆端之间在结构变形前后不发生相对移动和相对转动，刚接节点是作为一个整体移动或转动的，因此刚接节点可以承受弯矩、剪力和轴力。

刚接节点的存在，使刚架在受力和变形上有一些不同于其他类型结构的特点。如图

9.8(a)、(b)所示结构，尽管其跨度、高度和所承受的荷载完全相同，但两个结构上所产生的内力和变形却是不同的。图9.8(a)中梁 BC 的跨中最大弯矩值为 $\frac{1}{8}ql^2$，最大挠度值为 $\frac{5ql^4}{384EI}$，而图9.8(b)中因 B、C 为刚接节点，可以承受弯矩，所以梁 BC 的跨中最大弯矩值为 $\frac{1}{8}ql^2 - M$，最大挠度值为 $\frac{5ql^4}{384EI} - \frac{1}{8EI}Ml^2$，由此可知，刚架的梁、柱被刚接节点连成一刚性整体，不仅增强了结构的刚度，而且使其内力分布和变形分布较为均匀合理，从而用材也较为经济。

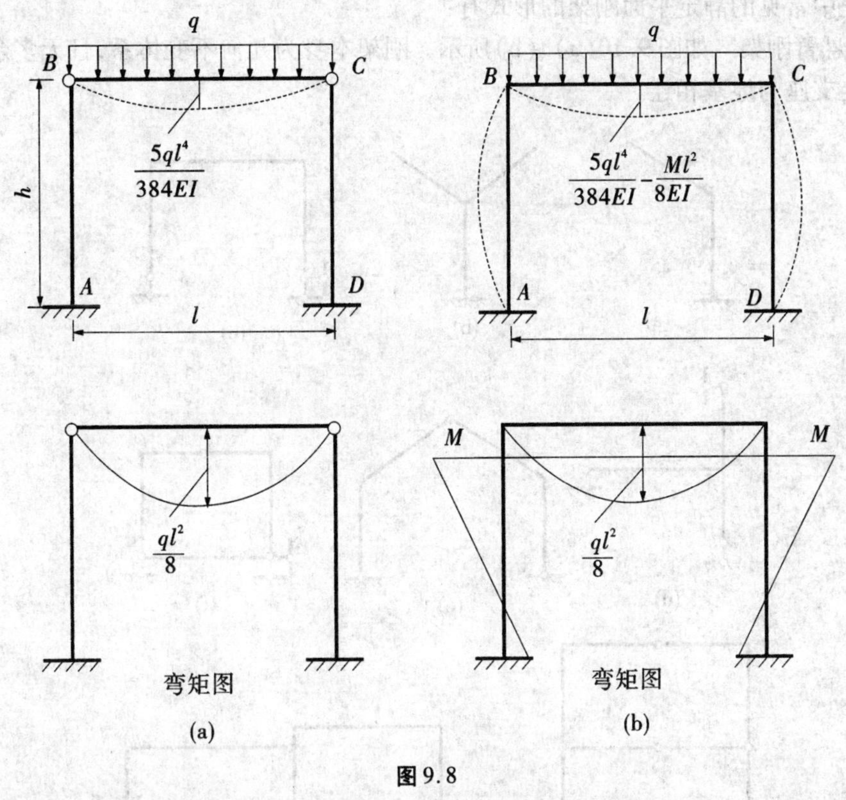

图9.8

对图9.9(a)所示几何可变体系，可通过加一斜杆使其成为静定桁架，如图9.9(b)所示。也可将其中一个铰接节点处理成刚接节点使其成为一刚架，如图9.9(c)所示。

显然，尽管都是几何不变体系，但图9.9(b)的建筑空间不好使用，而图9.9(c)因具有较大净空便于使用。所以刚接节点的存在，既维持了静定刚架的几何不变性又增大了结构的使用空间。刚架的这些优点，使得它在建筑工程中得到了广泛的应用。

各杆轴线都在同一平面内且外力也可简化到该平面内的刚架，称为平面刚架；而各杆轴线或外力不能简化到同一平面内的刚架称为空间刚架。若刚架的反力、内力仅由静力平衡条件就能完全确定，即为静定刚架，本章只讨论静定平面刚架的内力分析。

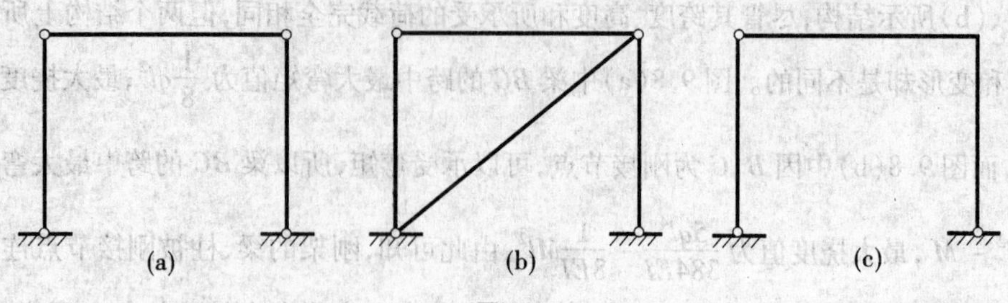

图9.9

工程中常见的静定平面刚架的形式有：

(1)悬臂刚架　如图9.10(a)、(b)所示。刚架本身为几何不变体系，且无多余约束，它用固定支座与地基相连。

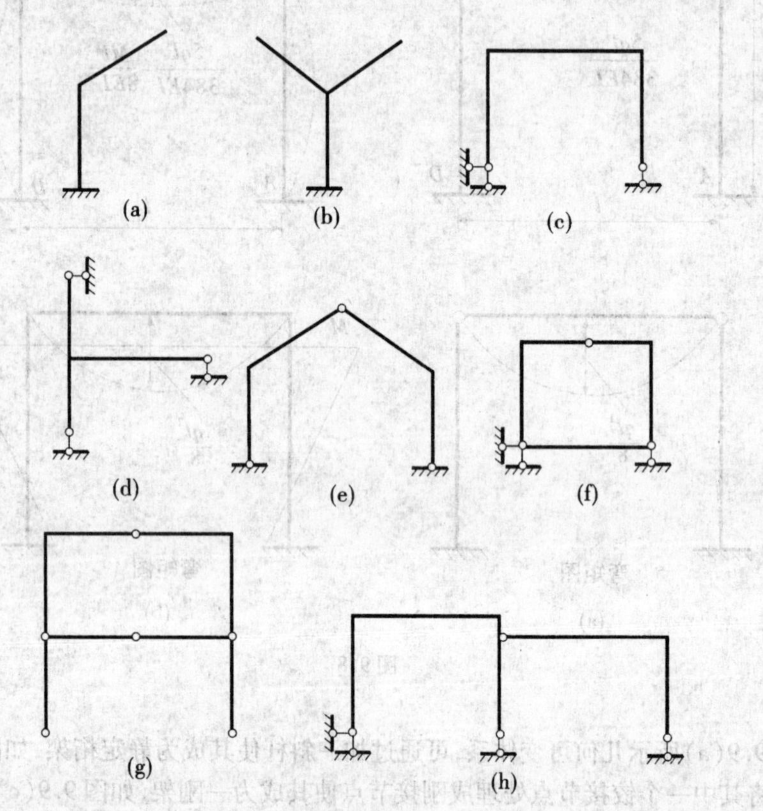

图9.10

(2)简支刚架　如图9.10(c)、(d)所示。刚架本身为几何不变体系，且无多余约束，它用一个固定铰支座和一个可动铰支座与地基相连或用三根既不平行，也不相交于一点的链杆与地基分别相连。

(3)三铰刚架　如图9.10(e)、(f)所示。刚架本身由两构件组成，中间用铰相连，其底部用两个固定铰支座与地基相连，从而形成没有多余连系的几何不变体系。

(4)组合刚架　如图9.10(g)、(h)所示,也称多层多跨刚架,在此刚架中,一般有前述3种刚架的一种作为基本部分,另一部分是根据几何不变体系的组成规则连接上去的,作为附属部分,就整体结构而言它仍是一个无多余约束的几何不变体系。

当然,在实际工程中大量采用的是超静定平面刚架,而静定平面刚架一般仅用于荷载较小,结构形式较简单的情况。但静定刚架的内力分析是超静定刚架内力分析的基础,所以掌握好静定平面刚架的内力计算仍是十分必要和重要的。

刚架是由若干单个杆件连接而成的,因此,刚架的内力分析仍要以单个杆件的内力分析为基础。计算时,除悬臂刚架之外,其余各类刚架均必须先确定出支座反力,然后才能求出内力图。因此,下面首先介绍刚架支座反力的计算。

9.3.2　刚架的支座反力

通常利用结构的整体平衡条件或某些特定部分的平衡条件求解支座反力或铰接处的约束力。

对于悬臂刚架和简支刚架,可由刚架的整体平衡条件,直接求出三个支座反力。一般悬臂刚架在计算内力之前并不需要先求出支座反力。

例9.3　计算图9.11(a)所示刚架的支座反力。

解　该刚架的三个支座反力,可由整体平衡条件直接求出。先假定支座反力的方向,当计算结果为正时,说明实际方向与假定方向相同,否则相反。

假定支座反力方向,如图9.11(a)所示,考虑结构的整体平衡条件,有

$$\sum F_x = 0 \qquad F_{Ax} - 20 \times 2 = 0 \qquad F_{Ax} = 40\ \text{kN}(\leftarrow)$$

$$\sum F_y = 0 \qquad F_{Cy} - 40 = 0 \qquad F_{Cy} = 40\ \text{kN}(\uparrow)$$

$$\sum M_B = 0 \qquad F_{Ax} \times 2 + F_{Cy} \times 2 - 20 \times 2 \times 1 - M_C = 0$$

$$M_C = 80\ \text{kN} \cdot \text{m}(\text{顺时针})$$

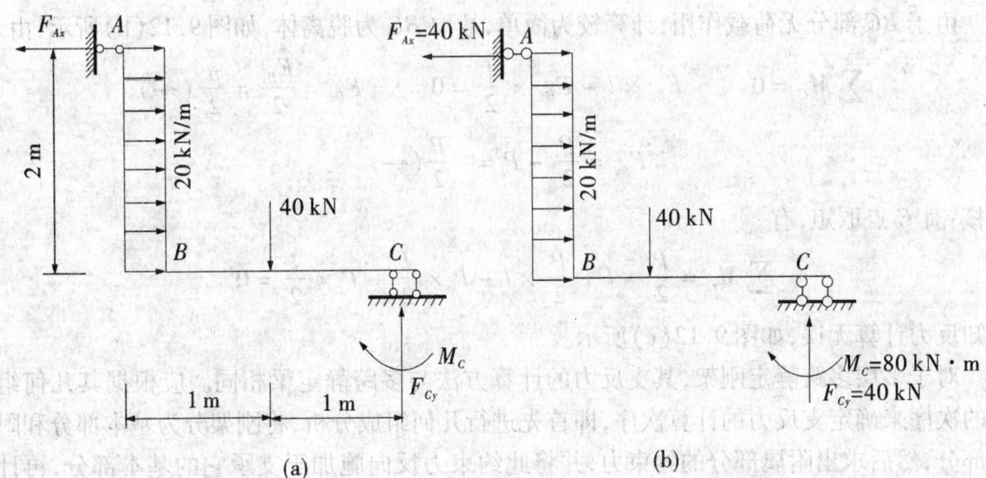

图9.11

校核:对 A 点取矩,有

$$\sum M_A = 20 \times 2 \times 1 + 40 \times 2 - 40 \times 1 - 80 = 0$$

故反力计算无误,如图 9.11(b)所示。

当静定刚架的支座反力多于三个时,例如三铰刚架,除了利用整体平衡条件建立的三个方程外,还必须根据某些特定截面内力已知条件,取刚架的一部分为隔离体,并根据隔离体的平衡条件建立补充方程,才能解出全部内力。

例 9.4 求图 9.12(a)所示三铰刚架的支座反力。

解 三铰刚架有四个支反力,如图 9.12(a)所示 F_{Ax}、F_{Bx}、F_{By}、F_{Ay},这时应利用结构的整体平衡和中间铰 C 处弯矩为零这两个条件,方能确定四个支反力。由结构的整体平衡条件,有

$$\sum M_A = 0 \qquad F_{By} \times l - P \times l = 0 \qquad F_{By} = P\ (\uparrow)$$

$$\sum M_B = 0 \qquad F_{Ay} \times l + P \times l = 0 \qquad F_{Ay} = -P\ (\downarrow)$$

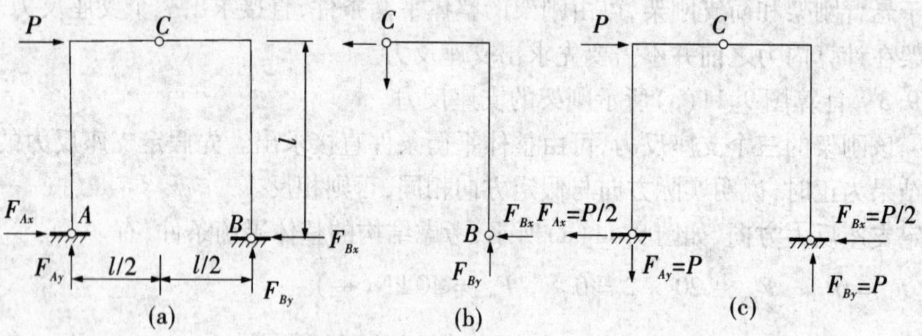

图 9.12

$$\sum F_x = 0 \qquad P + F_{Ax} - F_{Bx} = 0 \qquad F_{Ax} = F_{Bx} - P$$

由于 BC 部分无荷载作用,计算较为简单,故取 BC 为脱离体,如图 9.12(b)所示,由

$$\sum M_C = 0 \qquad F_{Bc} \times l - F_{By} \times \frac{l}{2} = 0 \qquad F_{Bx} = \frac{F_{By}}{2} = \frac{p}{2}\ (\leftarrow)$$

$$F_{Ax} = \frac{P}{2} - P = -\frac{P}{2}(\leftarrow)$$

校核:对 C 点取矩,有

$$\sum M_C = \frac{P}{2} \times l + \frac{P}{2} \times l - P \times \frac{l}{2} - P \times \frac{l}{2} = 0$$

可知反力计算无误,如图 9.12(c)所示。

对于多层多跨静定刚架,其支反力的计算方法与多跨静定梁相同。应根据其几何组成的次序来确定支反力的计算次序,即首先进行几何组成分析,将刚架分为基本部分和附属部分,然后求出附属部分的约束力,并将此约束力反向施加于支承它的基本部分,再计算基本部分的支反力。

例 9.5 求图 9.13(a)所示刚架的支反力。

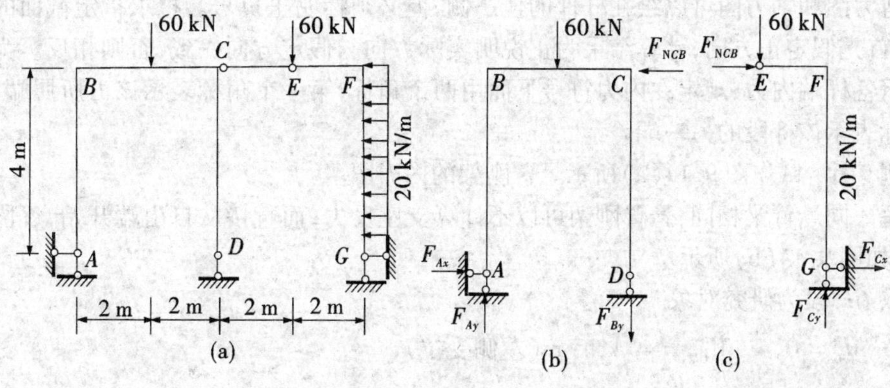

图 9.13

解　由几何组成分析可知，*ABCD* 为基础部分，*EFG* 为附属部分。先计算附属部分 *EFG* 的支反力：因 *CE* 杆两端铰接且其上无外荷载的作用，所以是二力杆。

取 *EFG* 为隔离体，并作受力图，如图 9.13(c)所示，由

$\sum F_y = 0$　　　$F_{Gy} - 60 = 0$

$F_{Gy} = 60\ \text{kN}\ (\uparrow)$

$\sum M_E = 0$　　　$20 \times 4 \times 2 - F_{Gy} \times 2 - F_{Gx} \times 4 = 0$

$F_{Gx} = 10\ \text{kN}\ (\rightarrow)$

$\sum F_x = 0$　　　$F_{NEC} - 20 \times 4 + F_{Gx} = 0$

$F_{NEC} = 70$ kN(压力)

再计算基本部分 *ABCD* 的支反力，将 *CE* 杆的约束反力反向作用于 *ABCD* 上，作出其受力图如图 9.13(b)所示，由

$\sum F_x = 0$　　　$F_{Ax} - 70 = 0$

$F_{Ax} = 70\ \text{kN}\quad(\rightarrow)$

$\sum M_E = 0$　　　$60 \times 2 + F_{Dy} \times 4 - 70 \times 4 = 0$

$F_{Dy} = 40\ \text{kN}\quad(\downarrow)$

$\sum F_y = 0$　　　$F_{Ay} - 60 - 40 = 0$

$F_{Ay} = 100\ \text{kN}\ (\uparrow)$

9.3.3　静定平面刚架的内力分析

从力学角度来看，静定平面刚架与前面学过的静定梁相同。其解题步骤通常如下：

(1)由整体或某些部分的平衡条件求出支座反力或连接处的约束反力。

(2)根据荷载情况，将刚架分解成若干杆段，由平衡条件求出各杆端内力。

(3)由杆端内力并运用叠加原理逐杆绘制内力图，从而得到整个刚架的内力图。

在刚架的运算过程中，规定弯矩以对杆端顺时针(对节点逆时针)为正，反之为负。弯矩图一律画在杆件受拉一侧，图中不标正负号。剪力和轴力的正负号规定与静定梁相

同。剪力图和轴力图可以绘在杆件的任一侧，但必须标明正负号。拟求指定截面的内力时，均首先假定正方向，计算结果为正说明实际方向与假定方向一致，否则相反。为了明确表示各杆端内力，规定在内力符号下面用两个角标，第一个角标表示该力所属端，第二个角标表示该杆段的另一端。

例 9.6 试作图 9.14(a)所示悬臂刚架的内力图。

解 同悬臂梁相同，悬臂刚架可以不计算支座反力，而直接从自由端开始，逐段计算内力，如图 9.14(b)所示。

取 CD 段为研究对象

$\sum M_C = 0 \qquad M_{CD} = 40\ \text{kN}\cdot\text{m}$(左侧受拉)

$\sum F_x = 0 \qquad F_{SCD} = -20\ \text{kN}$(压力)

$\sum F_y = 0 \qquad F_{NCD} = 0$

取节点 C 为研究对象

$\sum M_C = 0 \qquad M_{CB} = -40\ \text{kN}\cdot\text{m}$(上侧受拉)

$\sum F_x = 0 \qquad F_{NCB} = -20\ \text{kN}$ (压力)

$\sum F_y = 0 \qquad F_{SCB} = 0$

取 CB 段为研究对象

$\sum M_B = 0 \qquad M_{BC} = 120\ \text{kN}\cdot\text{m}$(上侧受拉)

$\sum F_x = 0 \qquad F_{NBC} = -20\ \text{kN}$ (压力)

$\sum F_y = 0 \qquad F_{SBC} = -40\ \text{kN}$

取节点 B 为研究对象

$\sum M_B = 0 \qquad M_{BA} = -120\ \text{kN}\cdot\text{m}$(右侧受拉)

$\sum F_x = 0 \qquad F_{SBA} = 20\ \text{kN}$

$\sum F_y = 0 \qquad F_{NBA} = -40\ \text{kN}$ (压力)

取 BA 段为研究对象

$\sum M_A = 0 \qquad M_{AB} = 20\ \text{kN}\cdot\text{m}$(右侧受拉)

$\sum F_x = 0 \qquad F_{SAB} = 20\ \text{kN}$

$\sum F_y = 0 \qquad F_{NAB} = -40\ \text{kN}$ (压力)

然后作内力图：先画 M 图，求得杆端弯矩值后，在无荷载段，按照同一适当比例先标出两杆端弯矩的竖标，然后用直线连接两竖标顶点，即得该无荷载段的 M 图。在 BC 段，由于有外荷载作用，因而在作其 M 图时，首先标出杆端弯矩 M_{BC} 和 M_{CB} 的竖标，将这两竖标的顶点用虚线相连，然后以此虚线为基线叠加相应简支梁在均布荷载作用下的 M 图，如图 9.14(c)所示。

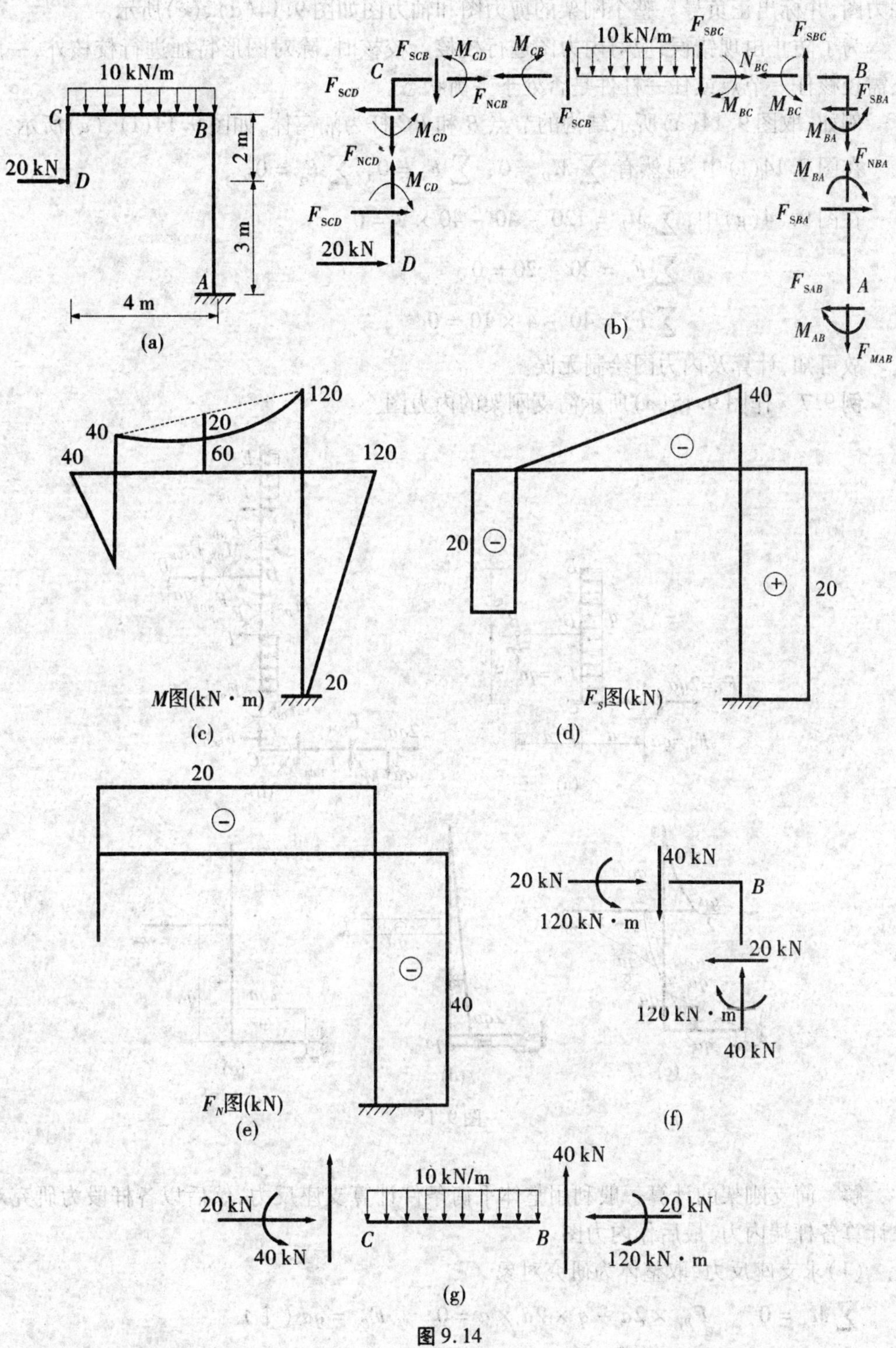

图 9.14

接下来画 F_S 图和 F_N 图，根据上面求得的杆端剪力值和轴力值，逐杆作出其剪力图和轴力图,并标出正负号。整个刚架的剪力图和轴力图如图 9.14(d)、(e)所示。

为了防止出现错误,应对内力图进行校核。校核时,除对图形特征进行校核外,一般还需校核任一节点或任一杆件是否处于平衡状态。

例如,取图 9.14(a)所示结构的节点 B 和 BC 杆为隔离体,如图 9.14(f)、(g)所示。

在图 9.14(f)中,显然有 $\sum M_D = 0$, $\sum F_x = 0$, $\sum F_y = 0$。

在图 9.14(g)中,$\sum M_B = 120 - 40 - 40 \times 2 = 0$

$$\sum F_x = 20 - 20 = 0$$

$$\sum F_y = 40 - 4 \times 10 = 0$$

故可知,计算及内力图绘制无误。

例 9.7 作图 9.15(a)所示简支刚架的内力图。

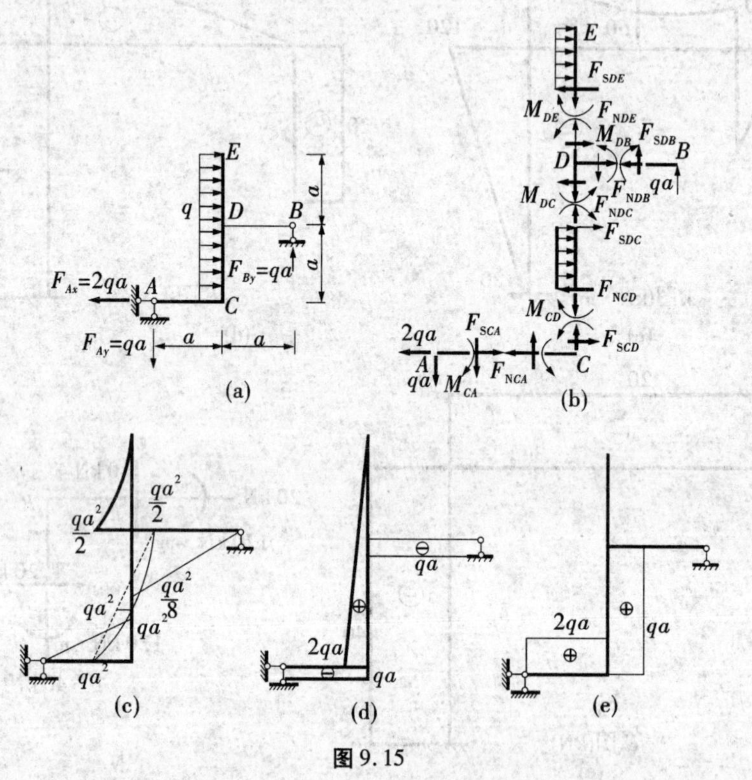

图 9.15

解 简支刚架的计算一般利用整体平衡条件计算支座反力,然后以各杆段为研究对象计算各杆端内力,最后作内力图。

(1)求支座反力,取整体为研究对象

$\sum M_A = 0 \qquad F_{By} \times 2a - q \times 2a \times a = 0 \qquad F_{By} = qa\ (\uparrow)$

$\sum F_x = 0 \qquad F_{Ax} - q \times 2a = 0 \qquad F_{Ax} = 2qa\ (\leftarrow)$

$\sum F_y = 0 \qquad F_{Ay} - F_{By} = 0 \qquad F_{Ay} = qa\ (\downarrow)$

(2)求杆端内力

取 ED 杆为研究对象,如图 9.15(b)所示,由平衡条件

$\sum M_D = 0 \qquad M_{DE} = -\frac{1}{2}qa^2$(左侧受拉)

$\sum F_x = 0 \qquad F_{SDE} = qa$

$\sum F_y = 0 \qquad F_{NDE} = 0$

取 AC 杆为研究对象,由平衡条件

$\sum M_C = 0 \qquad M_{CA} = qa^2$(上侧受拉)

$\sum F_x = 0 \qquad F_{NCA} = 2qa$

$\sum F_y = 0 \qquad F_{SCA} = -qa$

A 为铰支座

$M_{AC} = 0 \qquad F_{SAC} = -qa \qquad F_{NCA} = F_{NAC}$

取 BD 杆为研究对象,由平衡条件

$\sum M_D = 0 \qquad M_{DB} = qa^2$(下侧受拉)

$\sum F_y = 0 \qquad F_{SDB} = -qa$

$\sum F_x = 0 \qquad F_{NDB} = 0$

B 为悬臂自由端,故有 $M_{BD} = 0, F_{SBD} = -qa, F_{NBD} = 0$。

取节点 D 为研究对象,由平衡条件

$\sum M_D = 0 \qquad M_{DC} = -M_{DE} - M_{DB} = -\frac{1}{2}qa^2$(右侧受拉)

$\sum F_y = 0 \qquad F_{NDC} = -F_{SDB} = qa$

$\sum F_x = 0 \qquad F_{SDC} = qa$

同理,取节点 C 为研究对象,由平衡条件

$\sum M_C = 0 \qquad M_{CD} = -M_{CA} = -qa^2$(左侧受拉)

$\sum F_y = 0 \qquad F_{NCD} = -F_{SCA} = qa$

$\sum F_x = 0 \qquad F_{SCD} = F_{NCA} = 2qa$

(3)作内力图

①作弯矩图:根据以上求得的杆端弯矩,在无荷载段直接利用杆端弯矩作弯矩图,在有荷载段应用叠加法作弯矩图,如图 9.15(c)所示。

②作剪力图和轴力图:根据以上求得的杆端剪力和轴力值描点连线,如图 9.15(d)、(e)示。

(4)校核:取 CDE 为研究对象作出受力图,如图 9.16 所示。

由 $\sum F_x = q \times 2a - 2qa = 0 \qquad \sum F_y = qa - qa = 0$

$$\sum M_D = qa\times\frac{a}{2} - qa\times\frac{a}{2} + 2qa^2 - qa^2 - qa^2 = 0$$

满足平衡条件，故内力计算无误。

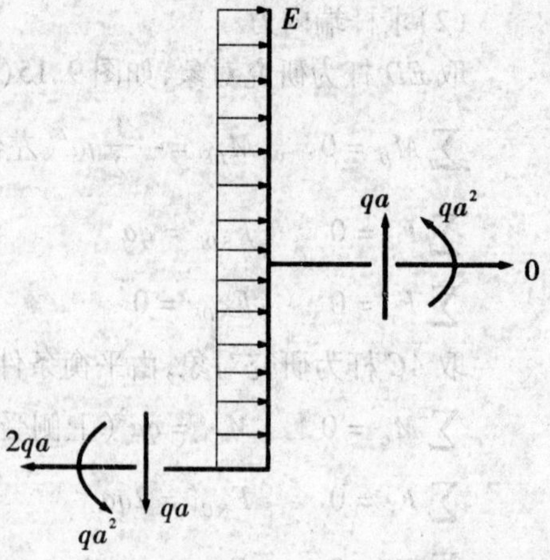

例 9.8　作图 9.17(a)所示三铰刚架的内力图。

解　三铰刚架有四个未知的支座反力，除取刚架整体为研究对象建立三个平衡方程外，还要以半刚架为研究对象，利用中间铰不承受弯矩这一已知条件，再建立一个补充方程，从而求得全部支座反力。

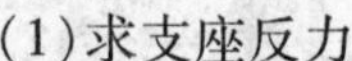

图 9.16

(1)求支座反力

取整体为研究对象

$\sum M_A = 0 \qquad F_{By} = 1.5\ \text{kN}\ (\uparrow)$

$\sum F_x = 0 \qquad F_{Bx} = F_{Ax}$

$\sum F_y = 0 F_{Ay} = 4.5\ \text{kN}\ (\uparrow)$

取铰 C 右边部分为研究对象

$\sum M_C = 0 \qquad F_{Ax} = F_{Bx} = 1.38\ \text{kN}\ (\rightarrow\leftarrow)$

(2)求杆端内力

取 AD 为研究对象，如图 9.17(e)所示。

$\sum M_D = 0 \qquad M_{DA} = 1.38 \times 4.5 = 6.23\ \text{kN}\cdot\text{m}$(左侧受拉)

$\sum F_x = 0 \qquad F_{SDA} = -1.38\ \text{kN}$

$\sum F_y = 0 \qquad F_{NDA} = -4.5\ \text{kN}$(压力)

同理，取 BE 为研究对象得 $M_{EB} = 6.23\ \text{kN}\cdot\text{m}$(外侧受拉)，$F_{SEB} = 1.38\ \text{kN}$，$F_{NEB} = -1.5\ \text{kN}$(压力)。

取节点 D 为研究对象，如图 9.17(f)所示。

$\sum M_D = 0 \qquad M_{DC} = -6.23\ \text{kN}\cdot\text{m}$(外侧受拉)

沿 F_{NDC} 方向应用投影方程有：

$$F_{NDC} = F_{NDA}\sin\alpha + F_{SDA}\cos\alpha = -4.5\times\frac{1}{\sqrt{10}} - 1.38\times\frac{3}{\sqrt{10}} = -2.74\ \text{kN}\ (\text{压力})$$

沿 F_{SDC} 方向应用投影方程有：

$$F_{SDC} = F_{SDA}\sin\alpha - F_{NDA}\cos\alpha = -1.38\times\frac{1}{\sqrt{10}} + 4.5\times\frac{3}{\sqrt{10}} = 3.83\ \text{kN}$$

同理，取节点 E 为研究对象得：

$M_{EC} = 6.23$(外侧受拉)

$F_{SEC} = -0.99\ \text{kN}$

$F_{NEC} = -1.79\ \text{kN}$（压力）

取 DC 段为研究对象，如图 9.17(g)　所示，利用平衡条件得：

$$F_{NCD} = -2.74 + 1.0 \times 6\sin\alpha = 2.74 + 1.0 \times 6 \times \frac{1}{\sqrt{10}} = -0.84\ \text{kN}\quad（压力）$$

$$F_{SCD} = 3.83 - 1.0 \times 6\sin\alpha = 3.83 - 1.0 \times 6 \times \frac{1}{\sqrt{10}} = -1.86\ \text{kN}$$

C 为铰节点，故 $M_{CD} = 0$

同理　取 EC 段为研究对象得：

$F_{NCE} = F_{NEC} = -1.79\ \text{kN}$（压力）

$F_{SCE} = F_{SEC} = -0.99\ \text{kN}$

(3)作内力图。根据以上求得的各杆端内力，作出各内力图，如图 9.17(b)、(c)、(d)所示。

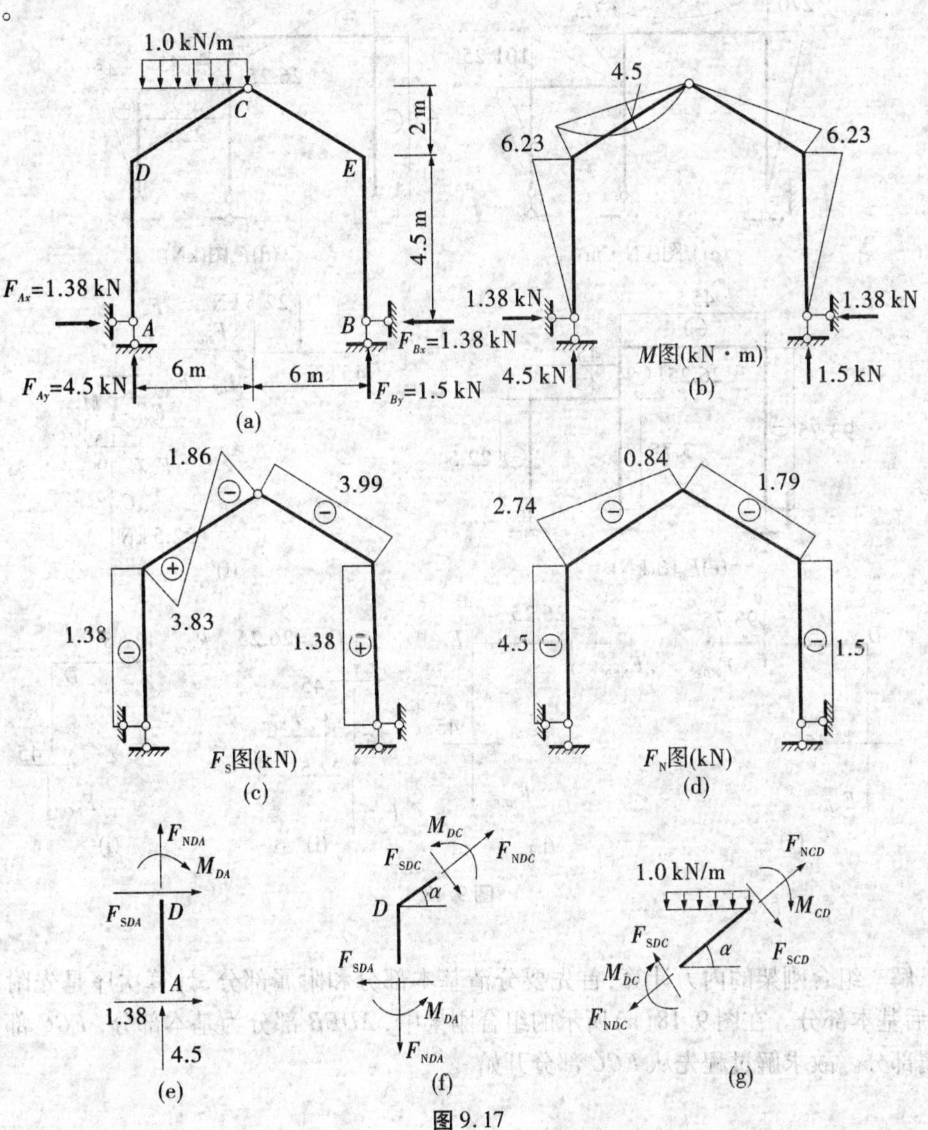

图 9.17

例 9.9　试作图 9.18(a)所示刚架的弯矩图。

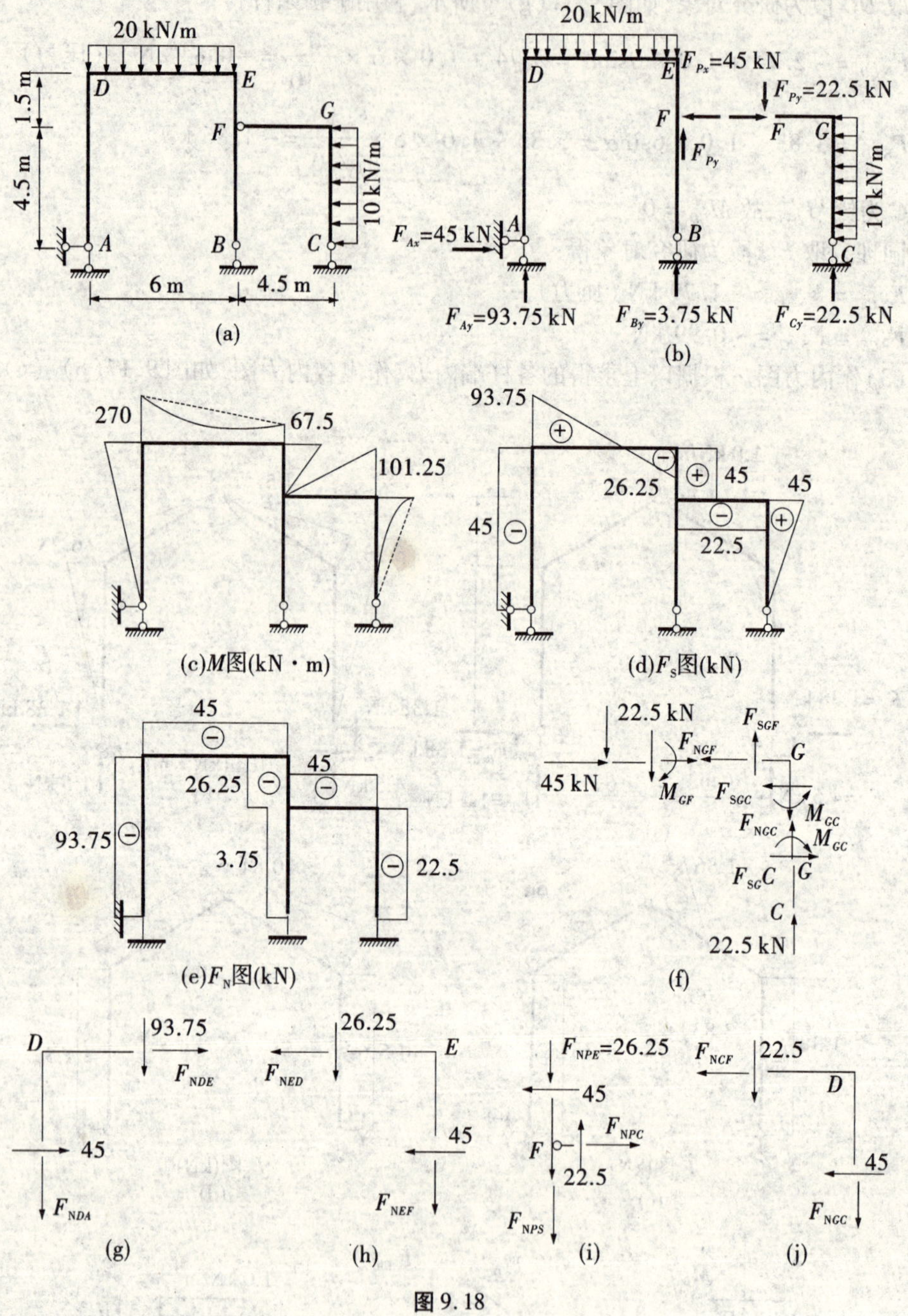

图 9.18

解　组合刚架的内力计算,首先要分清基本部分和附属部分,计算次序是先附属部分,后基本部分。在图 9.18(a)所示的组合刚架中,*ADEB* 部分为基本部分,*FGC* 部分为附属部分。故求解过程先从 *FGC* 部分开始。

(1)分析附属部分

①求附属部分的支座反力

取 FGC 为研究对象,如图 9.18(b)所示。

$\sum M_F = 0 \qquad F_{Cy} = 22.5 \text{ kN} (\uparrow)$

$\sum F_x = 0 \qquad F_{Fx} = 45 \text{ kN} (\rightarrow)$

$\sum F_y = 0 \qquad F_{Fy} = 22.5 \text{ kN} (\downarrow)$

②求附属部分各杆端内力

分别取 GC 段、节点 C 为研究对象,如图 9.18(f)所示,利用平衡条件:

$M_{CG} = 0 \qquad M_{GC} = 101.25 \text{ kN} \cdot \text{m}$(右侧受拉)

$M_{FG} = 0 \qquad M_{GF} = 101.25 \text{ kN} \cdot \text{m}$(上侧受拉)

(2)分析基本部分

此时,将附属部分与基本部分连接处的支座反力反向后作为外荷载作用于基本部分上。

①求基本部分的支座反力

图 9.22(b)所示,取 $ADEB$ 为研究对象。

$\sum M_A = 0 \qquad F_{By} = 3.75 \text{ kN} (\uparrow)$

$\sum F_x = 0 \qquad F_{Bx} = 45 \text{ kN} (\rightarrow)$

$\sum F_y = 0 \qquad F_{Ay} = 93.75 \text{ kN} (\uparrow)$

②求基本部分各杆端内力

AD 段　$M_{AD} = 0 \qquad M_{DA} = 270 \text{ kN} \cdot \text{m}$(外侧受拉)

DE 段　$M_{DE} = 270 \text{ kN} \cdot \text{m}$(外侧受拉)

$M_{ED} = 67.5 \text{ kN} \cdot \text{m}$(外侧受拉)

EF 段　$M_{EF} = 67.5 \text{ kN} \cdot \text{m}$(外侧受拉)

$M_{FE} = 0$

③作弯矩图

根据以上计算的各杆端内力,绘制弯矩图,如图 9.18(c)所示。

前面介绍了静定刚架的一般求解方法,即求出支座反力后,由静力平衡条件,逐段计算各杆杆端内力值,然后绘制内力图。

下面介绍另一种作法:首先,按照上述作法绘制出刚架的弯矩图。然后,根据求得的杆端弯矩及杆件上的荷载,利用式(9.1)求出各杆端剪力,从而绘制剪力图。式(9.1)称为剪力计算公式。

$$\left.\begin{aligned} F_{Sij} &= F_{S\,ij}^{\ 0} - \frac{M_{ij} + M_{ji}}{l} \\ F_{Sji} &= F_{S\,ji}^{\ 0} - \frac{M_{ij} + M_{ji}}{l} \end{aligned}\right\} \tag{9.1}$$

其中, $F_{S\,ij}^{\ 0}$ 和 $F_{S\,ji}^{\ 0}$ 分别是 ij 杆相应简支梁在杆上荷载作用下, i 端和 j 端的剪力,如图 9.

19(b)所示。M_{ij} 和 M_{ji} 分别是 ij 杆 i 端和 j 端的弯矩。绕杆端顺时针转动取正值,逆时针转动取负值,l 为 ij 杆的长度,如图 9.19(a)所示。最后根据剪力图,取刚架节点为研究对象,求各杆端轴力,进而绘出轴力图。

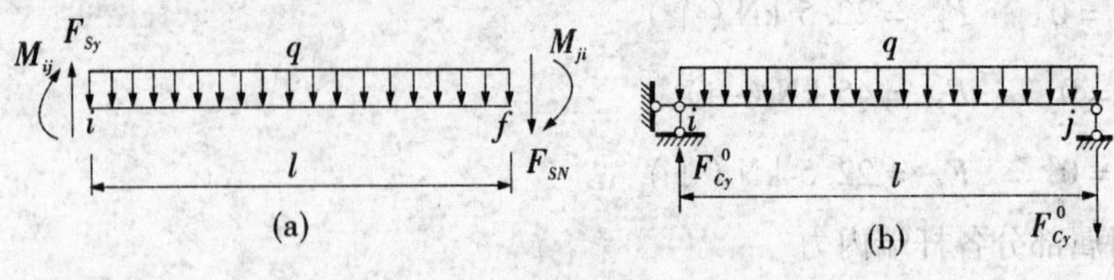

图 9.19

例 9.10 试用上述方法作图 9.18(a)所示刚架的剪力图和轴力图。

解 (1)作剪力图

利用例 9.10 计算结果和式(9.2)分别计算各杆杆端剪力。

CG 杆 $F_{SCG} = -\frac{1}{2} \times 10 \times 4.5 - \frac{0 - 101.25}{4.5} = -22.5 + 22.5 = 0$

$F_{SGC} = \frac{1}{2} \times 10 \times 4.5 - \frac{0 - 101.25}{4.5} = 22.5 + 22.5 = 45 \text{ kN}$

FG 杆 $F_{SFG} = 0 - \frac{0 + 101.25}{4.5} = -22.5 \text{ kN}$

$F_{SGF} = 0 - \frac{0 + 101.25}{4.5} = -22.5 \text{ kN}$

FE 杆 $F_{SFE} = 0 - \frac{0 - 67.5}{1.5} = 45 \text{ kN}$

$F_{SEF} = 0 - \frac{0 - 67.5}{1.5} = 45 \text{ kN}$

DE 杆 $F_{SDE} = \frac{1}{2} \times 20 \times 6 - \frac{-270 + 67.5}{6} = 60 + 33.75 = 93.75 \text{ kN}$

$F_{SED} = -\frac{1}{2} \times 20 \times 6 - \frac{-270 + 67.5}{6} = -60 + 33.75 = -26.25 \text{ kN}$

AD 杆 $F_{SAD} = 0 - \frac{0 + 270}{6} = -45 \text{ kN}$

$F_{SDA} = 0 - \frac{0 + 270}{6} = -45 \text{ kN}$

故可作剪力图如图 9.18(d)所示。

(2)作轴力图

取节点 D、E、F、G 为研究对象,如图 9.18(g)、(i)所示。

$M_C = F_{Ay}l_1 - P_1(l_1 - a_1) - P_2(l_1 - a_2) - Hf = 0$ $F_{NDE} = -45 \text{ kN}$ (压力)

$F_{NGF} = -45 \text{ kN}$ $F_{NGC} = -22.5 \text{ kN}$ (压力)

$F_{NEF} = -26.25 \text{ kN}$ $F_{NFB} = -(26.25 - 22.5)$

$= -3.75 \text{ kN}$ (压力)

故可作轴力图如图9.18(e)所示。

上述由弯矩图作剪力图和轴力图的方法,不仅在静定刚架中适用,在后面介绍的超静定刚架中也同样适用。

9.4 三铰拱

9.4.1 概述

拱在房屋建筑、桥梁建筑以及水工水利建筑中均被广泛采用。拱式结构是指杆轴为曲线且在竖向荷载作用下会产生水平反力的结构,这种水平反力又称推力。如图9.20(a)所示结构杆轴虽为曲线,但在竖向荷载作用下,不会产生水平反力,故属于曲梁而不属于拱。图9.20(b)所示的结构,在竖向荷载作用下,将产生水平反力,故属拱式结构。

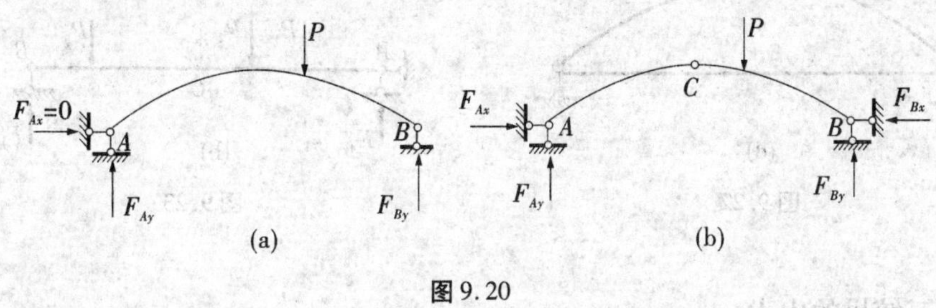

图9.20

拱的各部分名称如图9.21所示,拱身各横截面的形心的连线叫拱轴线,拱身的外边缘线叫外缘。拱身的内边缘线叫内缘。拱的两端支座处叫拱趾。两拱趾间的水平距离叫拱的跨度,轴最高处称为拱顶。拱顶至两支座连线的竖直距离f称为拱高,拱高f与跨度l之比f/l称高跨比,它是最影响拱受力性能的几何参数。

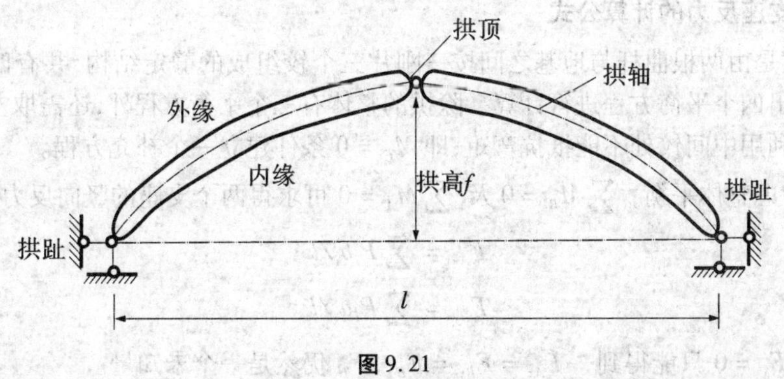

图9.21

拱的常用形式有无铰拱、两铰拱和三铰拱等几种。拱的轴线形状常用的有抛物线、圆弧线和悬链线等,拱轴形状的选择需视荷载情况而定。如图9.22(a)、(b)所示,分别为无铰拱和两铰拱,它们是超静定结构。图9.22(c)、(d)所示为三铰拱,它们是静定的。

三铰拱多用于房屋屋面承重结构。

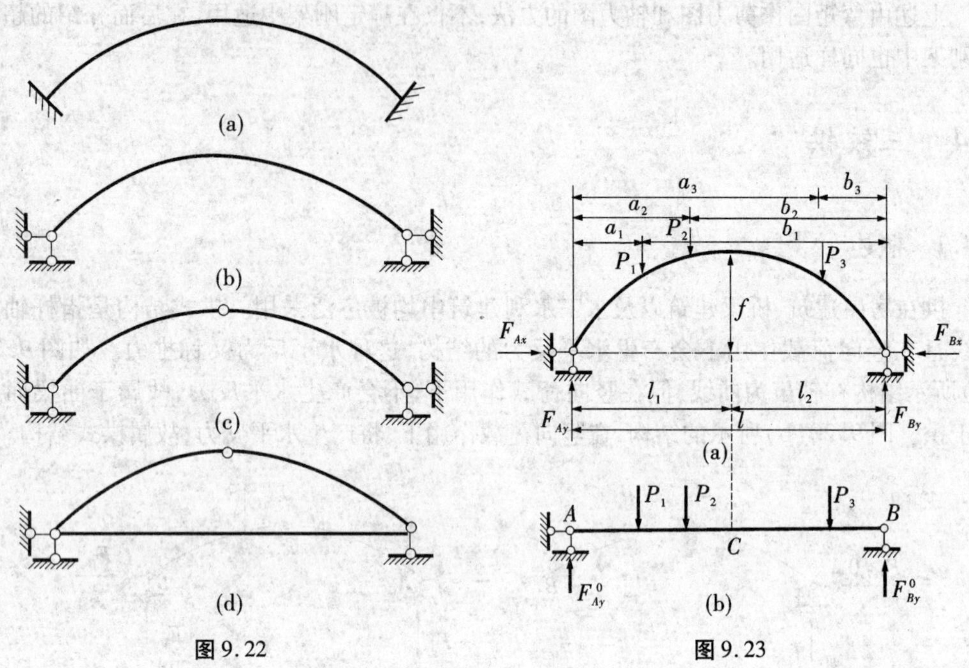

图 9.22　　　　图 9.23

9.4.2　三铰拱的内力

现以竖向荷载作用下的三铰拱如图 9.23(a)为例导出支座反力和截面内力的计算公式。

在计算三铰拱时,常将其与同跨简支梁如图 9.23(b)相比较,分析二者在相同荷载作用下,支反力与内力计算公式有何异同点。以下将这一简支梁简称为相应简支梁。

9.4.2.1　支座反力的计算公式

三铰拱是由两根曲杆与地基之间按三刚片三个铰组成的静定结构,共有四个未知反力,故需列出四个平衡方程进行计算。除拱的整体有三个平衡方程外,还需取左或右半拱为隔离体,利用中间铰处不能抵抗弯矩,即 $M_C = 0$ 条件建立一个补充方程。

首先考虑整体平衡, $\sum M_B = 0$ 及 $\sum M_A = 0$ 可求得两个支座的竖向反力。

$$F_{Ay} = \sum P_i b_i / l \tag{9.2a}$$

$$F_{By} = \sum P_i a_i / l \tag{9.2b}$$

由 $\sum F_x = 0$ 只能得到 $F_{Ax} = F_{Bx} = F_H$, F_H 仍然是一个未知量。

再取左半拱即拱顶铰 C 以左部分为研究对象,对 C 点取矩,利用 $\sum M_C = 0$ 即

$$M_C = F_{Ay} l_1 - P_1(l_1 - a_1) - P_2(l_1 - a_2) - F_H f = 0$$

求得

$$F_H = [F_{Ay} l_1 - P_1(l_1 - a_1) - P_2(l_1 - a_2)]/f \tag{9.3}$$

考察式(9.2a)、式(9.2b)可知其恰等于图9.23(b)所示的相应简支梁的支座竖向反力 ${F_{Ay}}^0$，${F_{By}}^0$。

而式(9.3)右边的分子恰等于相应简支梁上与拱的中间铰处对应的截面 C 的弯矩 ${M_C}^0$ 以上各式可写成

$$\left.\begin{aligned} F_{Ay} &= {F_{Ay}}^0 \\ F_{By} &= {F_{By}}^0 \\ F_H &= {M_C}^0/f \end{aligned}\right\} \tag{9.4}$$

由式(9.4)的第三式可知，推力 F_H 等于相应简支梁截面 C 的弯矩 ${M_C}^0$ 除以拱高 f。当荷载和拱的跨度 l 一定时，${M_C}^0$ 为定值，拱高 f 给定时 F_H 即可确定。可见推力 F_H 只与荷载及三个铰的位置有关，而与拱轴形状无关。当荷载及拱跨不变时，推力 F_H 与拱高成反比，拱高 f 愈大，F_H 愈小，反之 f 愈小，则 F_H 愈大。若 $f=0$ 则 $F_H=\infty$，此时三个铰位于同一直线上，根据几何构造分析可知，拱已成为瞬变体系。

9.4.2.2 内力计算公式

在求得支座反力后，用截面法可求出任一截面的弯矩、剪力和轴力。如图9.24(a)所示，取截面 k 以左部分为研究对象，如图9.24(b)所示，该截面形心的坐标 x_k，y_k 表示；该形心处拱轴线切线的倾角以 α_k 表示。下面分别求解 M_k、F_{Sk} 和 F_{Nk} 三个内力分量。

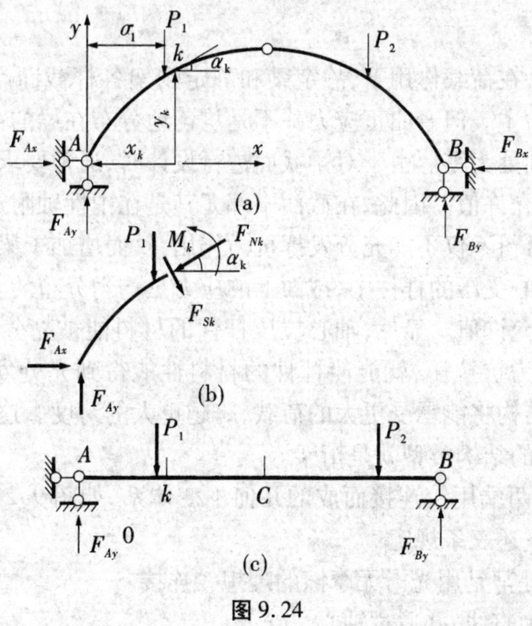

图9.24

(1)计算弯矩 M_k　弯矩的符号规定以使拱内侧纤维受拉者为正，由隔离体图的平衡条件可求得

$$M_k = \left[F_{Ay}x_k - \sum P_i(x_k - a_i)\right] - x_k y_k$$

由于 $F_{Ay} = {F_{Ay}}^0$，上式方括号内之值等于相应简支梁图9.24(c)截面 k 的弯矩 ${M_k}^0$，故

上式可写成

$$M_k = M_k^0 - F_H y_k \tag{9.5}$$

可见拱内任一截面的弯矩 M_k 等于相应简支梁对应截面的弯矩 M_k^0 减去推力所引起的弯矩 $F_H y_k$，由此可见，由于水平推力的存在，使得拱的弯矩比相应梁式结构的弯矩要小得多。

(2)计算剪力 F_{Sk} 剪力的符号仍规定使所取隔离体顺时针转动者为正。根据隔离体的平衡条件可知，任一截面的剪力等于该截面一侧所有外力在该截面方向上投影的代数和，即

$$F_{Sk} = \left(F_{Ay} - \sum P_i\right)\cos\alpha_k - F_H \sin\alpha_k$$

由 $F_{Ay} = F_{Ay}^0$ 可知，上式圆括号内之值即等于相应简支梁在截面是的剪力 F_{Sk}^0，故上式可写成

$$F_{Sk} = F_{Sk}^0 \cos\alpha_k - F_H \sin\alpha_k \tag{9.6}$$

9.5 静定平面桁架和组合结构

9.5.1 桁架的特点和组成分类

9.5.1.1 概述

由前面内容可知，在荷载作用下，静定梁和静定刚架各杆截面产生的内力为弯矩、剪力和轴力，且以弯矩为主。但弯曲正应力并不是均匀地分布在梁的截面上，而是在杆件截面边缘最大，在中性轴处为零。由于对梁截面进行设计时，通常要求截面最外纤维处的工作应力不超过某一个允许值。因此，在截面中部尤其是在中性轴附近，应力必然小于允许值，这样截面中部的材料不仅不能充分发挥抗力作用，反而增加了梁的自重。

在轴心受拉或轴心受压的杆件中，截面上的应力是均匀分布的。因此，截面上各点的应力将同时达到它的允许值。显然，轴心拉压杆件的材料能被充分利用。倘若能把梁的受力状态从抗弯剪变为抗拉压，就能使杆件的材料性能得到充分发挥，从而可以节约材料，减轻自重，因此，结构将能承受更大的荷载，跨越更大的跨度。这种把梁的抗弯剪性质变为各杆抗拉或抗压的结构类型就是桁架。

桁架是若干直杆两端用铰连接而成的几何不变体系，如图 9.25(a)所示。在桁架的计算简图中，通常作下述三条规定：

(1)各杆在节点处都是用光滑无摩擦的理想铰连接。

(2)各杆轴线均为直线，并通过轴心。

(3)荷载和支座反力都作用在节点上，并通过铰心。

凡是符合上述假定的桁架称为理想桁架，理想桁架的各杆内力只有轴力。从图 9.25(a)中任取一杆如图 9.25(b)所示，由于杆件只在两端受力，因此要使杆件平衡，此二力就必须平衡，即大小相等，方向相反，并共同作用于杆轴线，故杆件只产生轴力。

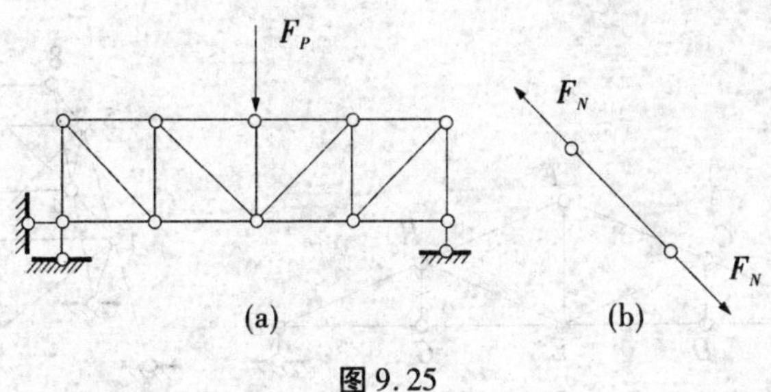

图9.25

然而，实际工程中的桁架与上述假定并不完全吻合。首先要得到一个光滑无摩擦的理想铰接结构是不可能的。例如，在钢结构中，节点通常都是铆接或焊接的，有些杆件在节点处是连续的，这就使得节点具有一定刚性，在钢筋混凝土结构中，由于整体浇注，因此节点具有更大的刚性；在木结构中，虽然各杆之间是用榫接或螺栓连接，各杆在节点处可做一些转动，但仍与理想铰的情况有出入。其次，要求各杆轴线绝对平直，节点上各杆轴线准确地交于一点，在工程中也不易做到。再有，桁架也不可能只受节点荷载的作用。例如风荷载、杆件自重等都是作用于杆件上的。这些情况都可能使杆件在产生轴力的同时还产生其他内力，如弯矩。

在工程设计中，把按理想桁架计算所得的轴力称为主内力（或相应的主内力），把由于不满足理想桁架假定而产生的附加内力称为次内力（或相应的次内力）。计算与实验结果表明，一般情况下，次应力的影响是不大的，可忽略不计。若设计必须考虑其影响时，请读者参阅有关书籍，本章只介绍主内力的计算问题。

9.5.1.2　桁架的几何组成及分类

桁架的杆件包括弦杆和腹杆两类。弦杆分为上弦杆和下弦杆。腹杆则分为竖杆和斜杆。弦杆上相邻两节点的距离 d 称为节间距离。两支座间的水平距离 l 称为跨度。支座连线至桁架最高点的距离 H 称为桁架高度，或称桁架高，如图9.26所示。桁高与跨度之比称为高跨比，屋架常用高跨比在1/2～1/6之间，桥梁的高跨比常在1/6～1/10之间。

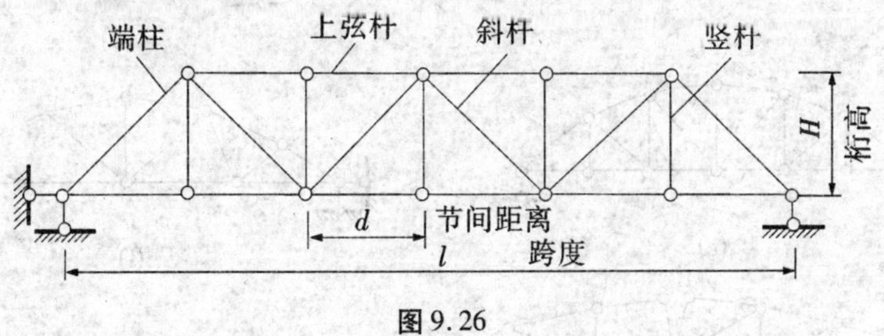

图9.26

在实际工程中，桁架的种类很多，按照不同特征可以有不同的分类。

(1)按照空间观点，桁架可分为平面桁架和空间桁架。

平面桁架——若一空间桁架体系在分析时可忽略各榀平面桁架之间的连系杆件的空间受力作用，将原空间桁架分离成一榀平面桁架进行计算，该榀桁架就称为平面桁架，如

图 9.27(a)所示。

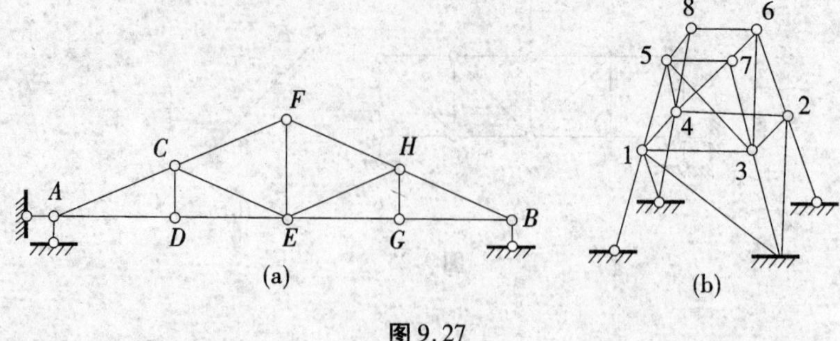

图 9.27

空间桁架——各杆轴线及荷载不在同一平面内,且必须按照空间力系进行计算的桁架,称为空间桁架如图 9.27(b)所示。

(2)按几何组成方式可分为简单桁架、联合桁架和复杂桁架。

简单桁架——在一个基本铰接三角形的基础上,依次增加二元体形成的桁架。如图 9.28(a)、(b)、(e)、(f)所示。

联合桁架——由几个简单桁架按几何不变体系的组成规则而构成的桁架,如图 9.28(c)、(g)所示。

复杂桁架——不按上述两种方式组成的其他形式的桁架,如图 9.28(d)。

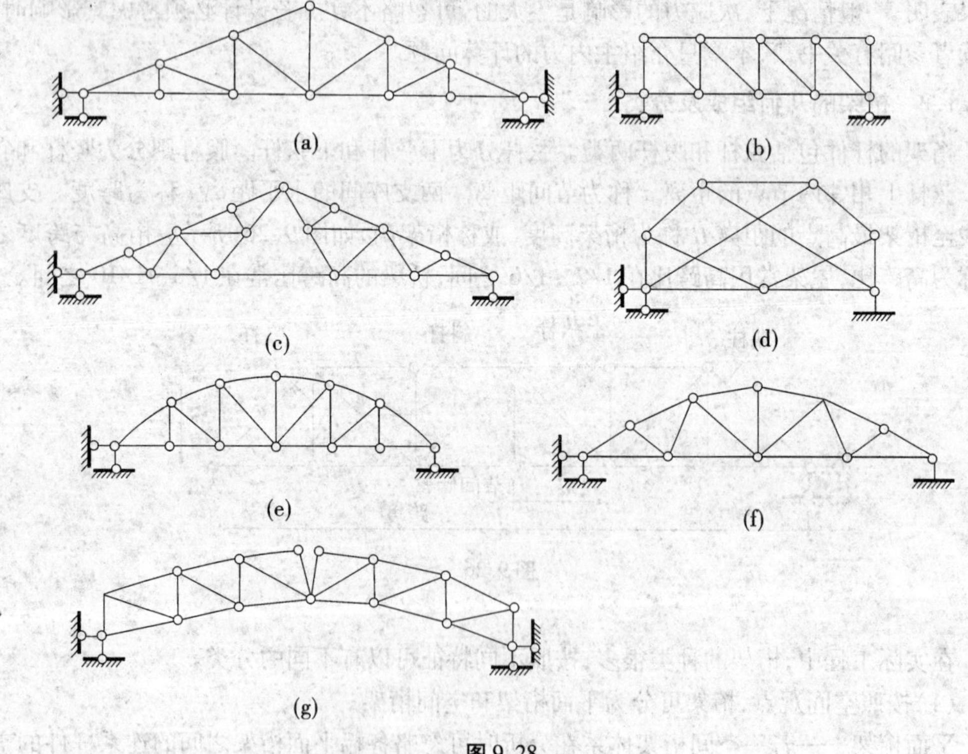

图 9.28

(3)按其外形的特点,桁架可分为平行弦桁架,如图9.5(b)、(d),三角形桁架如图9.28(a)、(c),抛物线或折曲弦桁架,如图9.28(e)、(f)、(g)。

(4)按支座反力的性质,桁架可分为梁式桁架和拱式桁架,梁式桁架或称无推力桁架,如图9.28(a)、(b)、(c)、(d)、(e)、(f),拱式桁架或称有推力桁架,如图9.28(g)。

9.5.2 平面桁架的数解法

桁架内力分析的方法有数解法和图解法两大类,目前计算静定平面桁架的反力和内力主要采用数解法,对大型桁架则常采用矩阵位移法进行计算。

用数解法对桁架进行内力分析,通常先求出桁架的支反力(悬臂梁桁架可除外),然后用假想的截面将桁架截开,并取出一部分作为隔离体,最后考虑隔离体的静力平衡条件求解杆件轴力。由于所截取的隔离体可能形成两类力系,因此,桁架内力数解法也有节点法和截面法之分,下面分别进行介绍。

9.5.2.1 节点法

所谓节点法就是用一闭合截面截取桁架的某一节点为隔离体,然后根据该节点的平衡条件建立平衡方程,从而求出未知的杆件轴力。

由于理想桁架的外力、反力和杆件轴力均作用于节点上且过铰心,形成平面汇交力系,所以对每一节点仅能建立两个独立的平衡方程。因此,在用节点法计算杆件轴力时,每次截取的节点上未知的轴力应不多于两根。

这一要求对于简单桁架显然能够实现。由于简单桁架是从基础(或基本铰接三角形)依次加二元体后形成的,而每个二元体所构成的节点只有两根杆件。因此只要依照与桁架构成相反的顺序截取节点为隔离体,就可以计算出简单桁架中任一杆件的内力。最后一个节点则可用来进行校核。

例如图9.29(a)所示桁架,可从节点1开始依次取2、3、4、5、6,最终算出全部杆件的轴力。而对图9.29(b)所示桁架在求出支座反力后,仍可按图中节点编码从1~6求出全部杆件的轴力。

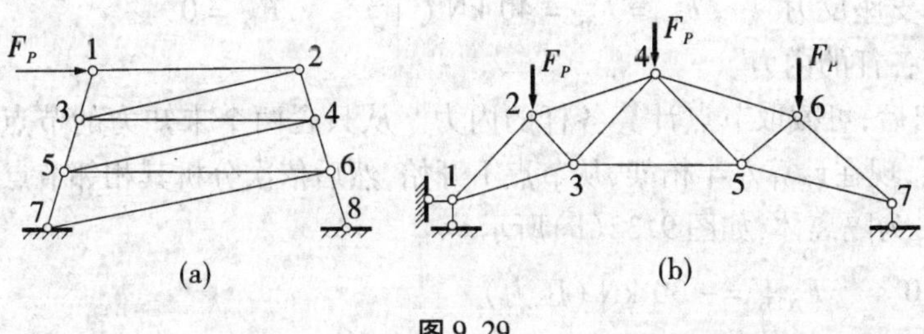

图9.29

一般来说,当节点连接了三根杆件且均是轴力未知的杆件时,我们不能直接用节点法求解出杆件的轴力,而需先用其他方法确定出其中一根杆件的内力,然后才可以用节点法求出余下杆件的轴力。但若三杆中的两根处于同一直线上,则第三根杆的轴力仍可用节点法求出。例如图9.30(a)所示隔离体。若垂直于F_{N1}、F_{N2}所在直线作一投影方程,则

方程中将不出现 F_{N1}、F_{N2}，由此即可求出 F_{N3}。

在计算中，我们可以采用水平轴和竖直轴作为投影轴；也可采用既不水平也不竖直的投影轴。在计算时应选择最方便的一种使用。当然，使用较多的是相互垂直的投影轴。

杆件的轴力以 F_{Nij} 表示，ij 为该杆两端节点号。在进行桁架内力分析时，一般先假定杆件的未知轴力为拉力，计算结果为正值，说明该力即为拉力；若为负值，则为压力。

此外，在建立节点平衡方程时，常需要将斜杆轴力 F_N 分解为水平分力 X 和竖直分力 Y，若该斜杆杆长 l 的水平投影为 l_x，竖向投影为 l_y，则根据相似三角形的比例关系如图9.31可知

$$\frac{F_N}{l}=\frac{X}{l_x}=\frac{Y}{l_y} \tag{9.7}$$

利用这个比例关系由 F_N 推算 X、Y 或由 X、Y 推算 F_N，比使用三角函数更为简便。

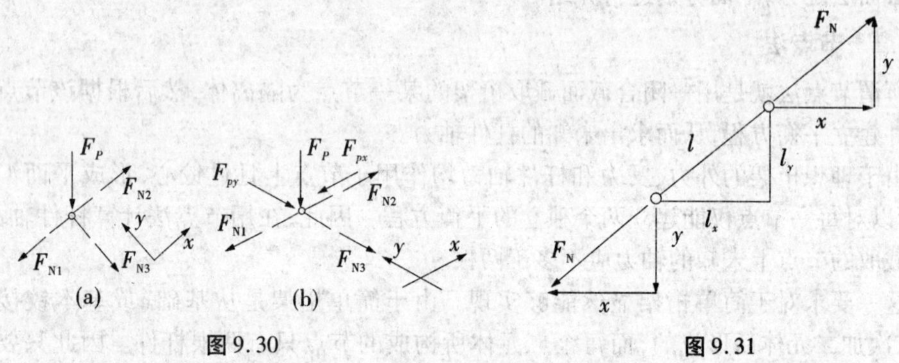

图9.30　　　　图9.31

下面举例说明节点法的应用。

例9.11　试用节点法计算图9.32(a)所示桁架中各杆的内力。

解　由于桁架和荷载都是对称的。相应的杆件内力和支座反力也必然是对称的，故取半个桁架计算即可。

(1)计算支座反力　　$F_{1y}=F_{8y}=40\text{ kN}(\uparrow)$　　$F_{1x}=0$

(2)计算各杆的内力

反力求出后，可截取节点计算各杆的内力。从只含两个未知力的节点开始，这里有1、8两个节点，现在计算左半桁架，从节点1开始，然后依次分析其相邻节点。

取节点1为隔离体，如图9.32(b)所示。

$\sum F_y=0$　　$F_{N13y}=-30\text{ kN}$ (压力)

利用比例关系

$$F_{N13x}=\frac{2}{1}\times Y_{13}=2\times(-30)=-60\text{ kN}\ (压力)$$

$$F_{N13}=\frac{\sqrt{5}}{1}\times Y_{13}=\sqrt{5}\times(-30)=-67.1\text{ kN}\quad(压力)$$

$$\sum F_x=0\qquad F_{N12}=-F_{N13x}=-(-60)=60\text{ kN}\ (拉力)$$

取节点2为隔离体，如图9.32(c)所示。

$\sum F_y = 0 \qquad F_{N23} = 0$

$\sum F_x = 0 \qquad F_{N25} = 60\ \text{kN}$ (拉力)

取节点3为隔离体，如图9.32(d)所示。

$\sum F_x = 0 \qquad F_{N34x} + F_{N35x} + 60 = 0$

$\sum F_y = 0 \qquad F_{N34y} - F_{N35y} - 20 + 30 = 0$

利用比例关系

$F_{N34y} = \dfrac{F_{N34x}}{2}$，$F_{N35y} = \dfrac{F_{N35x}}{2}$ 代入(b)式，然后联立(a)、(b)两式求解，即可得到

$$F_{N34x} = -40\ \text{kN}\ (\text{压力}) \quad F_{N35x} = -20\ \text{kN}\ (\text{压力})$$

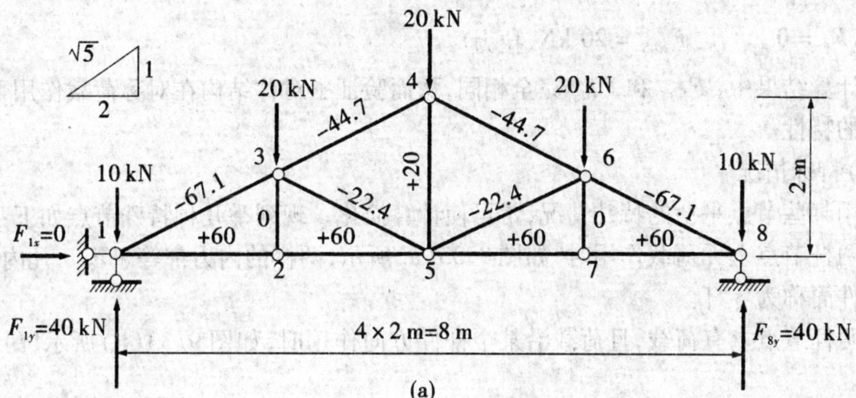

(a)

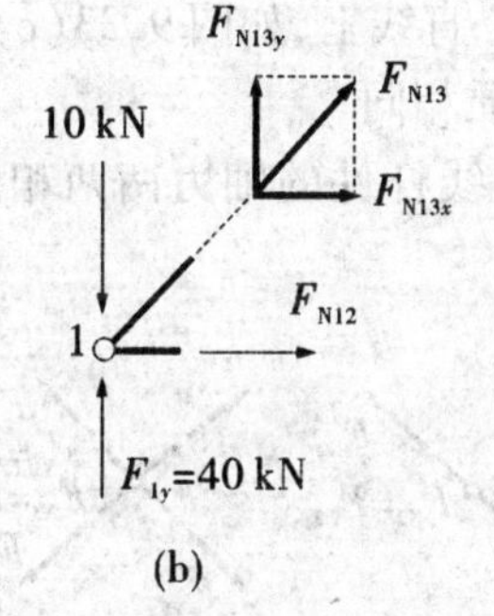

(b)

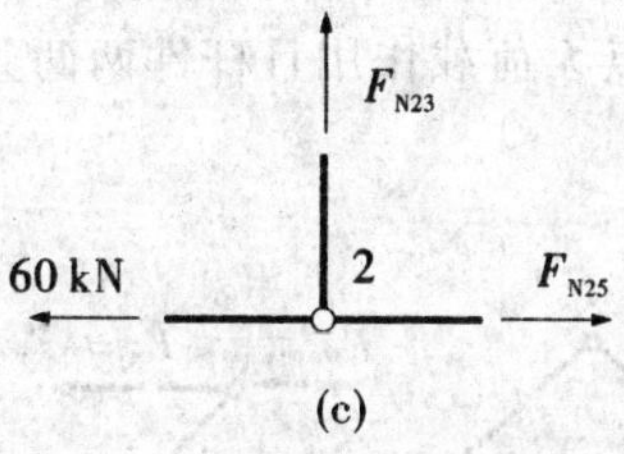

(c)

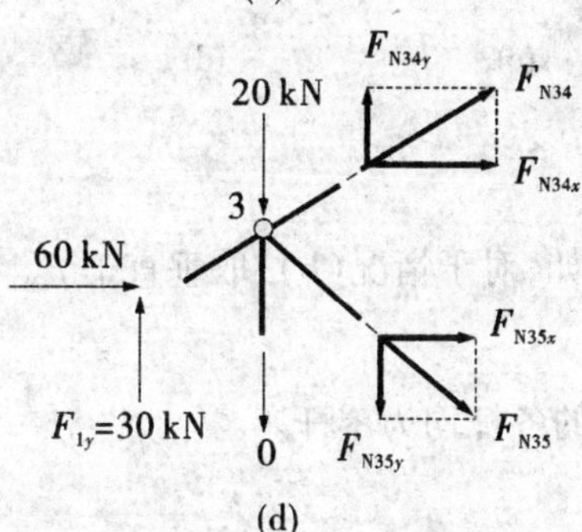

(d)

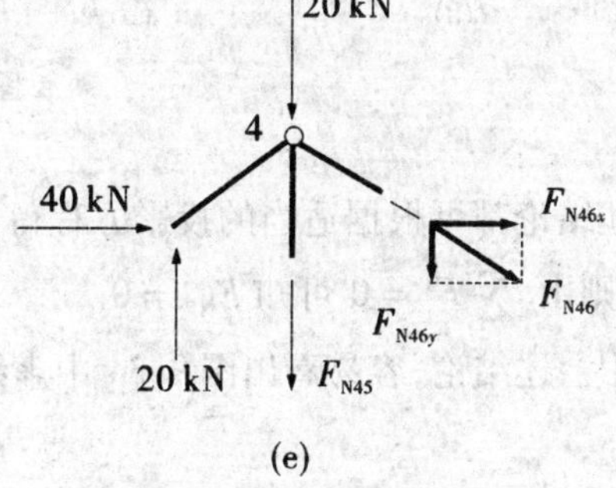

(e)

图9.32

利用比例关系

$$F_{N34y}=-20\ \text{kN}\qquad F_{N34}=\sqrt{5}\times\frac{(-40)}{2}=-44.7\ \text{kN}\ (\text{压力})$$

$$F_{N35y}=-10\ \text{kN}\qquad F_{N35}=\sqrt{5}\times\frac{(-20)}{2}=-22.4\ \text{kN}\ (\text{压力})$$

取节点 4 为隔离体，如图 9.32(e)所示。

$$\sum F_x=0\qquad F_{N46x}=-40\ \text{kN}\ (\text{压力})$$

利用比例关系：

$$F_{N46y}=\frac{(-40)}{2}=-20\ \text{kN}\ (\text{压力})$$

$$F_{N46}=\frac{\sqrt{5}}{2}\times(-40)=-44.7\ \text{kN}\ (\text{压力})$$

$$\sum F_y=0\qquad F_{N45}=20\ \text{kN}(\text{拉力})$$

在计算结果中，F_{N34} 和 F_{N46} 完全相同，从而验证了对称结构在对称荷载作用下，内力也对称的特性。

(3)特殊情况

利用某些节点平衡的特殊情况，常可使计算简化。现列举几种特殊节点如下：

①两杆节点上无荷载作用时，如图 9.33(a)所示，两杆的内力都等于零。凡内力等于零的杆件简称为零杆。

②两杆节点上有荷载，且荷载沿某个杆件方向作用时，如图 9.33(b)所示，另一杆件为零杆。

③三杆节点上无荷载作用时，若其中有两杆在一直线上，如图 9.33(c)所示，则另一杆必为零杆，而在同一直线上的两杆内力相等，且性质相同。

④四杆节点无荷载作用且杆件两两共线，则共线杆件的轴力两两相同，如图 9.33(d)。

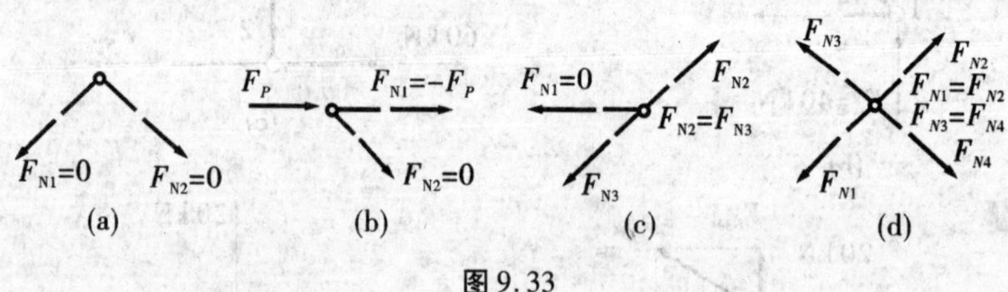

图 9.33

上述结论都可根据适当的投影方程得出。例如，对于情况(b)，取垂直于 F_{N1} 的方向作 x 轴，则由 $\sum F_y=0$ 可知 $F_{N2}=0$。

应用上述结论，容易看出图 9.34 中虚线所示的各杆均为零杆。

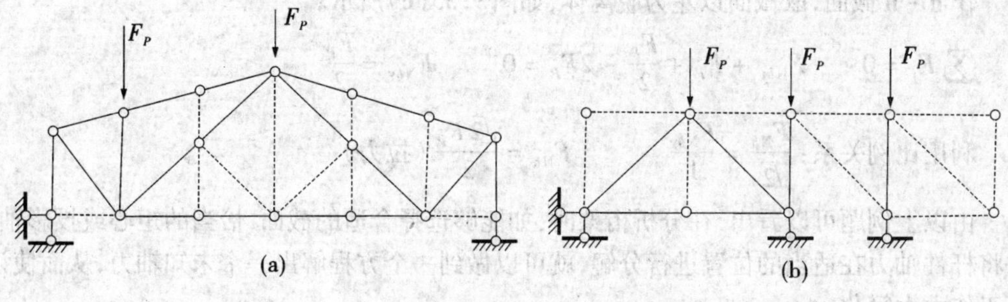

图9.34

9.5.2.2 截面法

所谓截面法,就是用一适当的截面,截取桁架的某一部分(至少包括两个节点)为隔离体,根据它的平衡条件去求未知的杆件内力。由于隔离体包含两个以上的节点,故作用在截面任一侧的所有各力,在通常情况下,将构成平面一般力系。因此,若隔离体上未知力数目不多于三个,且它们既不相交于一点,也不平行的话,则可以利用平面一般力系的三个平衡方程直接把这一截面上的全部未知力求出。

截面法适用于联合桁架的计算以及简单桁架中只需求出少数指定杆件内力的情况。

例9.12 求图9.35所示桁架指定杆件内力。

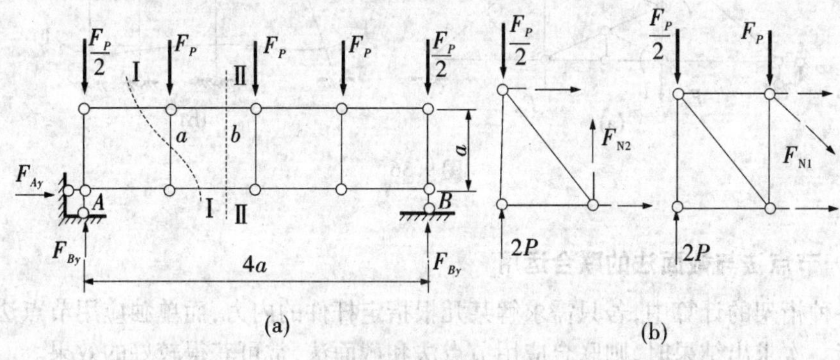

图9.35

解 (1)计算支座反力

$\sum F_y = 0 \qquad F_{Ay} = 2F_P \quad (\uparrow)$

$\sum F_x = 0 \qquad F_{Ax} = 0$

$\sum M_A = 0 \qquad F_{By} = 2F_P \quad (\uparrow)$

(2)计算指定杆件的内力

作Ⅰ-Ⅰ截面,并取截面以左为隔离体,如图9.35(b)所示。

$\sum F_y = 0 \qquad F_{Na} + \dfrac{F_P}{2} - 2F_P = 0 \qquad F_{Na} = -\dfrac{3F_P}{2}$(压力)

作Ⅱ-Ⅱ截面,取截面以左为脱离体,如图9.35(c)所示。

$$\sum F_y = 0 \qquad F_{Nby} + F_P + \frac{F_P}{2} - 2F_P = 0 \qquad F_{Nby} = \frac{F_P}{2}$$

利用比例关系:$\dfrac{F_{Nb}}{\sqrt{2}} = \dfrac{F_{Nby}}{1}$ $\qquad F_{Nb} = \dfrac{\sqrt{2}F_P}{2}$(拉力)

由以上例题可以看出,在分析桁架时,如能够选择合适的截面,恰当的矩心或投影轴,并将杆件轴力在适当的位置进行分解,就可以做到一个方程解出一个未知轴力,从而使计算工作大大简化。

在比较复杂的桁架中,有时所作截面可能切断三根以上的杆件,但如果被切断各杆中,除一根外,其余均平行或均交于一点,则该杆的内力仍可用垂直于其余各杆的投影方程或以其余各杆的交点为矩心的力矩方程求出。

例如图9.36(a)所示桁架,欲求 F_{N2},可取截面Ⅰ-Ⅰ以左为隔离体,并以 a 为矩心,由 $\sum F_x = 0$,即可求出 F_{N2}。

又如图9.36(b)所示桁架,欲求 F_{N2},可取截面Ⅰ-Ⅰ以上为隔离体,由 $\sum F_x = 0$,即可求出 F_{N2}。

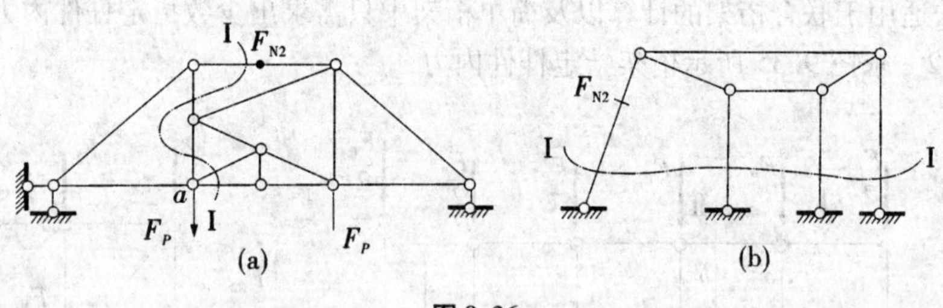

图9.36

9.5.2.3 节点法与截面法的联合运用

在各种桁架的计算中,若只需求解某几根指定杆件的内力,而单独应用节点法或截面法又不能一次求出结果时,则联合应用节点法和截面法,常可获得较好的效果。

例如,在图9.37(a)所示的桁架中,拟求斜杆内力 F_{Na},单独使用截面法或节点法,都难以一次求出结果。这时,可先采用节点法,由节点1的水平投影方程 $\sum F_x = 0$,可写出 F_{Na} 与 F_{Nb} 的第一个关系式;然后采用截面法,取截面Ⅰ-Ⅰ的右侧为隔离体,则竖向投影方程 $\sum F_y = 0$,可写出 F_{Na} 和 F_{Nb} 的第二个关系式,从而可联立求解 F_{Na}。

又如图9.37(b)所示的联合桁架中,拟求杆 c 的内力 F_{Nc}。如果单独用截面法,则至少要截断四根杆件,且对 F_{Nc} 无共同的力矩点或投影轴可用,所以求不出结果;若单独用节点法,则节点1或节点5的隔离体上,未知力都超过两个,也难一次求解。对于这种联合桁架,一般需先求出两简单桁架间的连系杆件(杆a)的内力 F_{Na}。用截面Ⅱ-Ⅱ截取桁架左半部分为隔离体,由力矩方程上 $\sum M_3 = 0$ 可求得 F_{Na};再用截面Ⅲ-Ⅲ截取桁架右半部分为隔离体,由力矩方程 $\sum M_5 = 0$ 可求得 F_{Nb};最后取节点1为隔离体,由竖向投影

方程 $\sum F_y = 0$，即可求得 F_{Nc}。

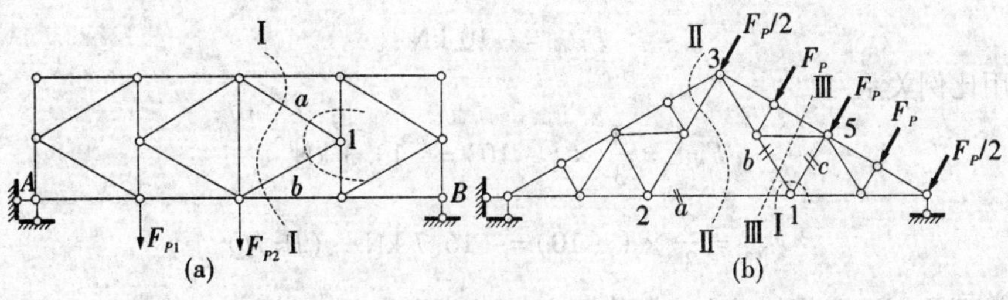

图 9.37

例 9.13　试求图 9.38(a)所示桁架中杆 a 和杆 b 的内力。

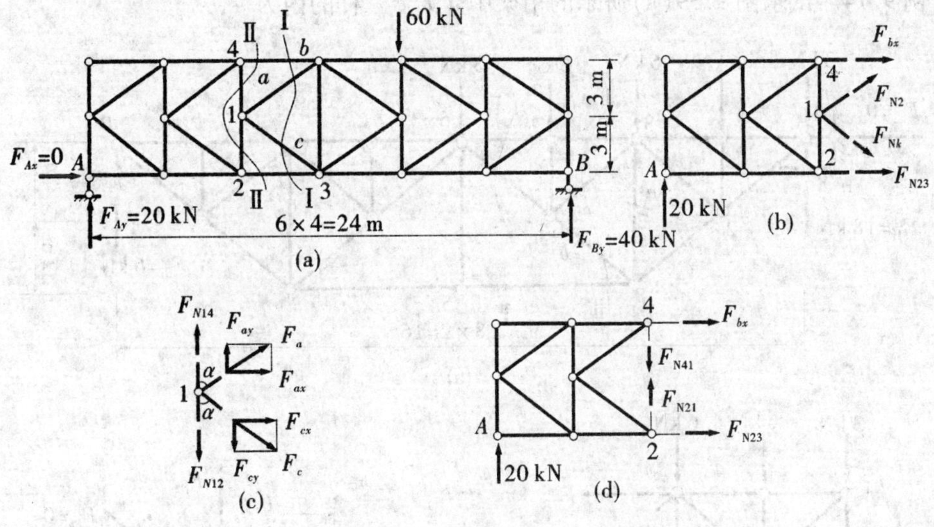

图 9.38

解　这是一简单桁架，用节点法可以求出全部杆件的内力。但现在只求杆 a 和杆 b 的内力，所以联合应用截面法和节点法求解更为方便。

(1)求支座反力

$$F_{Ay} = 20\text{ kN}(\uparrow)\quad F_{By} = 40\text{ kN}(\uparrow)\quad F_{Ax} = 0$$

(2)求杆 a 和杆 b 的内力

作截面Ⅰ-Ⅰ，取桁架的左半部分为隔离体，如图 9.38(b)所示。

$$\sum F_y = 0\qquad 20 - F_{Ncy} + F_{Nay} = 0$$

再取节点 1 为隔离体，如图 9.38(c)所示。

$$\sum F_x = 0\qquad F_{Ncx} + F_{Nax} = 0$$

则有

$$F_{Ncx} = - F_{Nax}$$

又因杆 a 和杆 c 具有相同的交角 α，故

$$F_{\mathrm{N}cy}=-F_{\mathrm{N}ay}$$

得

$$F_{\mathrm{N}ay}=-10\ \mathrm{kN}$$

利用比例关系

$$F_{\mathrm{N}ax}=\frac{4}{3}\times(-10)=-13.3\ \mathrm{kN}$$

$$F_{\mathrm{N}a}=\frac{5}{3}\times(-10)=-16.7\ \mathrm{kN}\quad（压力）$$

作截面Ⅱ-Ⅱ，取桁架的左半部为隔离体，如图 9.38(d)所示，由于除了杆 b 外，其余三杆都通过 2 杆，故可用力矩方程。

$\sum M_2=0\qquad F_{\mathrm{N}b}=-26.7\ \mathrm{kN}$ （压力）

例 9.14 试求图 9.39(a)所示的桁架中 a、b、c 三杆的内力。

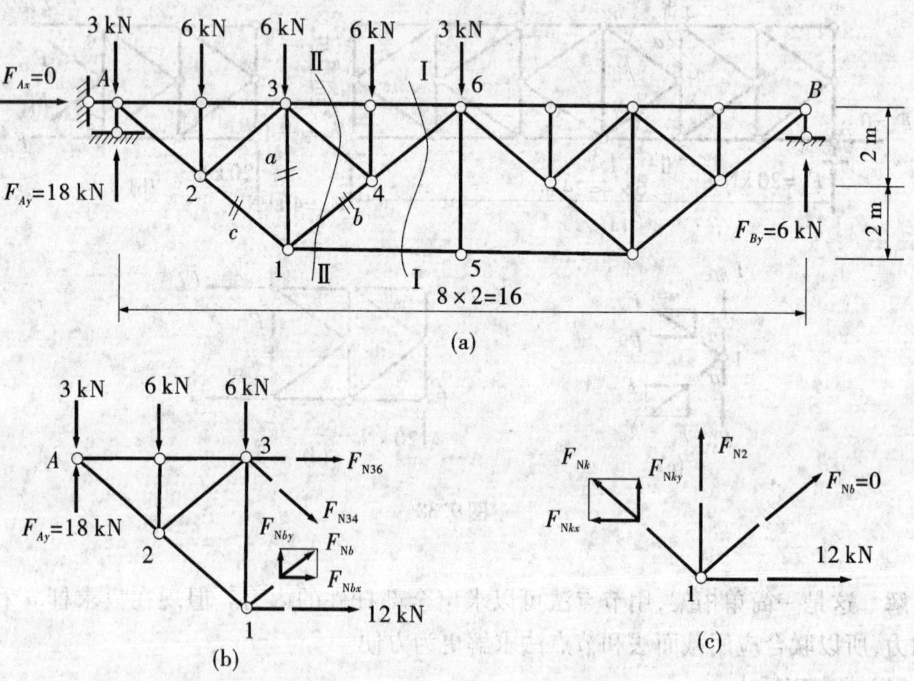

图 9.39

解 这是一个联合桁架，单用节点法很不方便。对此，联合应用截面法和节点法求解。

(1)求支座反力

$F_{Ay}=18\ \mathrm{kN}(\uparrow)\qquad F_{By}=6\ \mathrm{kN}(\uparrow)\qquad F_{Ax}=0$

(2)求 a、b、c 三杆的内力

作截面Ⅰ-Ⅰ，取桁架右部分为隔离体(隔离体图省略)并以节点 6 为矩心，

$\sum M_6=0\qquad F_{N15}=12\ \mathrm{kN}$ (拉力)

再作截面Ⅱ-Ⅱ,取截面左半部分为隔离体,如图9.39(b)所示,以节点3为矩心,并将F_{Nb}在节点1处分解为F_{Nbx}和F_{Nby}

$\sum M_3 = 0 \qquad F_{Nbx} = 0 \qquad F_{Nby} = 0 \qquad F_{Nb} = 0$

再取节点1为隔离体,如图9.39(c)所示。

$\sum F_x = 0 \qquad F_{Ncx} = 12\ \text{kN}$

利用比例关系

$F_{Ncy} = 12\ \text{kN} \qquad F_{Nc} = 16.97\ \text{kN}$(拉力)

由$\sum F_y = 0 \qquad F_{Na} = -F_{Ncy} = -12\ \text{kN}$(压力)

9.5.3 梁式桁架的形式与受力特点的比较

为了更好地理解各种桁架的受力性能,以便在设计中能视工程的具体情况选择合理的桁架形式。下面对三种有代表性的桁架的受力性能进行分析比较。这三种桁架是:①平行弦桁架;②抛物线形桁架;⑧三角形桁架。为方便起见,三种桁架的跨度、节间数目和节间长度均相同,桁架中央的高度也相等,并承受相同的均布荷载(为计算方便,图9.16中用单位等效荷载代替)。

9.5.3.1 平行弦桁架

图9.40(a)为一上弦承受均布节点荷载的平行弦桁架,图9.40(b)为与该桁架等跨且受相同荷载作用的简支梁(相应简支梁),图9.40(c)、(d)分别为相应简支梁的弯矩图和剪力图。

上、下弦杆的轴力可由力矩法计算,其公式为

$$F_N = \pm \frac{M^0}{h} \tag{9.8}$$

式中 M^0——相应简支梁中对应力矩点的弯矩;

h——平行弦桁架的高度。

显然,由于平行弦桁架的高度为一定值,所以其上、下弦杆的轴力变化与弯矩M^0的变化相同,即两端小、中间大,且下弦杆受拉,上弦杆受压。

腹杆(包括竖杆和斜杆)的轴力可用投影法计算,其公式为

$$F_{Ny} = \pm F_S{}^0 \tag{9.9}$$

式中 $F_S{}^0$——相应简支梁上对应于桁架节间的剪力;

F_{Ny}——竖杆轴力或斜杆的竖向分力。

由上式和图9.40(d)可知,平行弦桁架腹杆的轴力是中间小、两端大。腹杆的拉压性质则取决于斜杆的布置。图9.40(a)中斜杆布置,使该桁架的竖杆受压、斜杆受拉;若各斜杆布置方向均与图9.40(a)所示方向相反,则斜杆受压,竖杆受拉,图9.40(a)中$P = 1$时,各杆轴力如图9.41(a)所示。

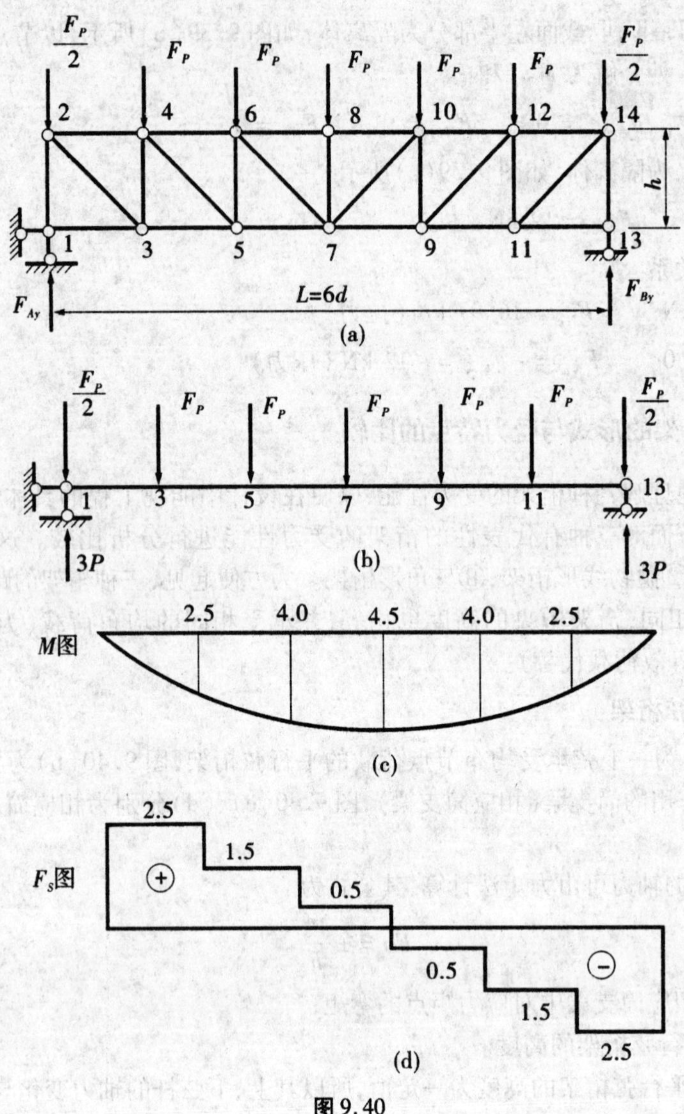

图 9.40

9.5.3.2 **抛物线形桁架**

图 9.41(b)所示抛物线形桁架，其上、下弦杆的轴力公式也可由力矩法得到，即

$$F_N = \pm \frac{M^0}{r} \tag{9.10}$$

式中 M^0——相应简支梁中对应力矩点的弯矩；

r——弦杆至力矩点的力臂。

桁架的外形为一抛物线，相应简支梁的弯矩图也为一抛物线，因此桁架竖杆的高度和相应简支梁弯矩图的竖标均按抛物线规律变化。由于 M^0 和 r 两者的增减相同，因而按式（ $F_N = \pm \frac{M^0}{r}$ ）进行计算，各下弦杆轴力和各上弦杆的水平分力大小相等。又因上弦杆倾斜角度变化不大,所以上弦杆轴力也相差很小。至于腹杆,由上弦节点的平衡条件($\sum F_x = 0$)可知,各斜杆内力均为零。从而竖杆的内力也等于零(当荷载作用于上弦节点时)或等于所承受的荷载(当荷载作用于下弦节点时)。

9.5.3.3 **三角形桁架**

图9.41(c)所示,三角形桁架的弦杆轴力计算公式亦为

$$F_{\mathrm{N}} = \pm\frac{M^0}{r} \tag{9.11}$$

式中 M^0、r 的含义与前述相同。

在三角形桁架中,各弦杆对应的 r 值从中间向两端按直线递减,而与各节点对应的弯矩值 M^0 则按抛物线变化。由于力臂 r 的减小比弯矩 M^0 快,因而弦杆的轴力中间小、两端大。而腹杆的轴力,由截面法可知,为中间大、两端小。当斜杆按图9.41(c)布置时,斜杆受压、竖杆受拉;当斜杆均反向布置时,斜杆受拉,竖杆受压。

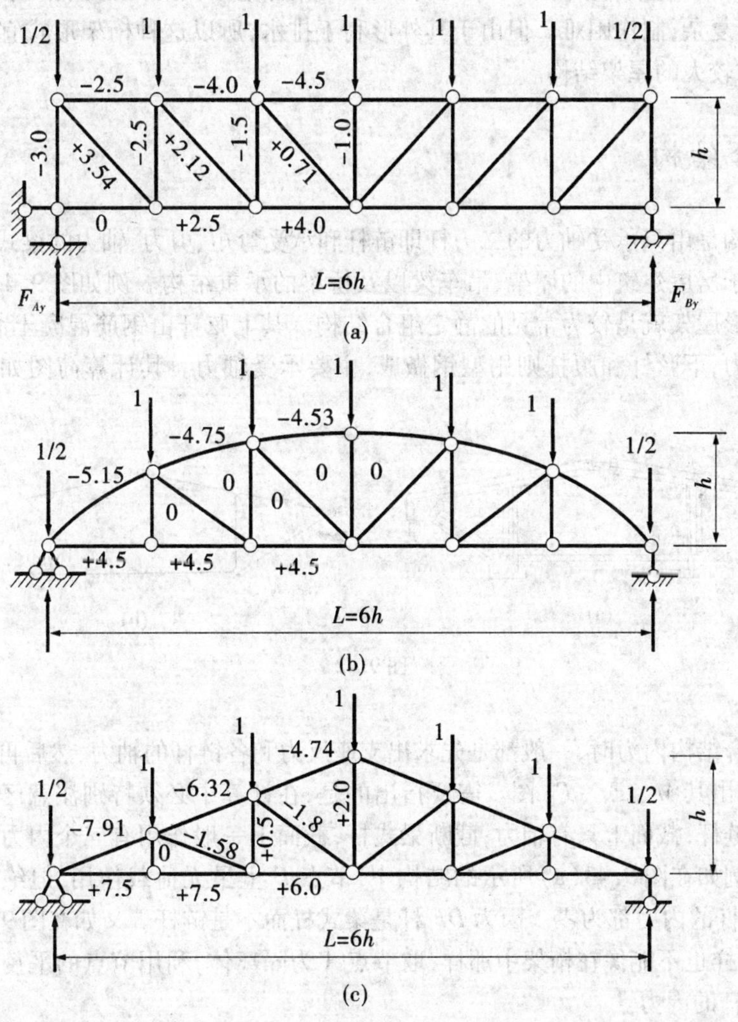

图9.41

上述分析表明,桁架各杆的内力分布及腹杆的内力性质不仅与荷载有关,同时还与桁架的外形、斜杆的倾斜方向有关。当桁架的外形和斜杆的倾斜方向改变后,桁架各杆之间的内力分布和腹杆的符号也将随之改变。

根据对上述三种不同外形的桁架的分析结果,可得出如下结论:

第一,平行弦桁架弦杆轴力中间大、两端小,而腹杆的轴力中间小、两端大。因此,若每一弦杆采用不同的截面会增加拼接困难;若采用同一截面又浪费材料。但是,由于采用相同截面在构造上有其优点,如节点构造统一,杆件类型少,便于制造和施工,因而平行弦桁架仍得到广泛应用。不过一般限于轻型桁架,以避免因弦杆采用一致的截面带来的过大浪费。

第二,抛物线形桁架弦杆轴力变化不大,因而在材料使用上最为经济。但上弦杆转折太多,构造复杂,施工困难。在大跨度屋架(18 ~ 300 m)和大跨度桥梁(100 ~ 150 m)中,因节约材料意义较大故常被采用。

第三,三角形桁架的内力分布不均匀,支座处弦杆轴力较大。端节点处杆件之间的夹角很小,构造复杂,制作困难。但由于其外形利于排水,所以这种桁架形式宜用于跨度较小,坡度要求较大的屋架结构。

9.6 组合结构

组合结构是由只承受轴力的二力杆即链杆和承受弯矩、剪力、轴力的梁式杆件组合而成。它常用于房屋建筑中的屋架、吊车梁以及桥梁的承重结构。例如图 9.42(a)所示的下撑式五角形屋架就是较为常见的静定组合结构。其上弦杆由钢筋混凝土制成,主要承受弯矩和剪力;下弦杆和腹杆则用型钢做成,主要承受轴力。其计算简图如图 9.42(b)所示。

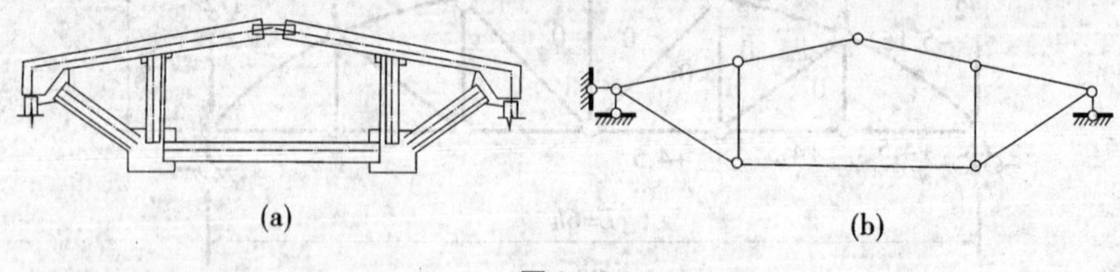

图 9.42

计算组合结构内力时,一般都是先求出支座反力和各链杆的轴力,然后再计算梁式杆的内力,并作出其 M 、F_S 、F_N 图。需要指出的是,在计算中必须特别注意区分链杆和梁式杆。截断链杆,截面上只有轴力;截断梁式杆,截面上一般作用有三个内力,即弯矩、剪力和轴力。例如在图 9.43(a)所示的结构中,节点 D 上虽无荷载作用,但绝对不能认为 DE 和 DF 两杆的内力都为零。因为 DF 杆是梁式杆而不是链杆。又如在图 9.43(b)所示的结构中,同样也不能像在桁架中那样,取节点 A 为隔离体,利用节点的平衡条件来计算 AD 和 AF 两杆的内力。

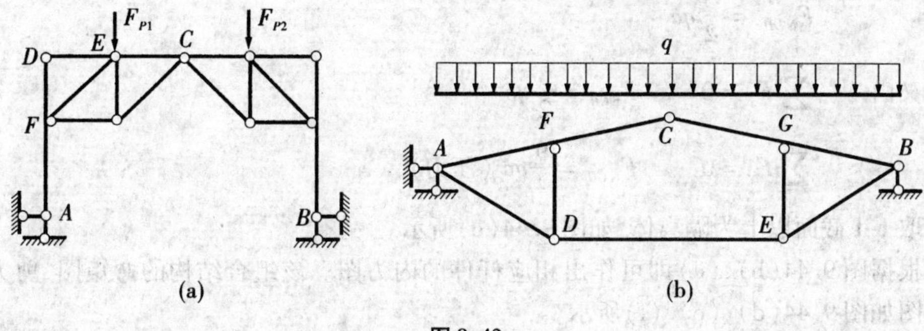

图 9.43

例 9.15　求图 9.44 所示组合结构的内力，并绘内力图。

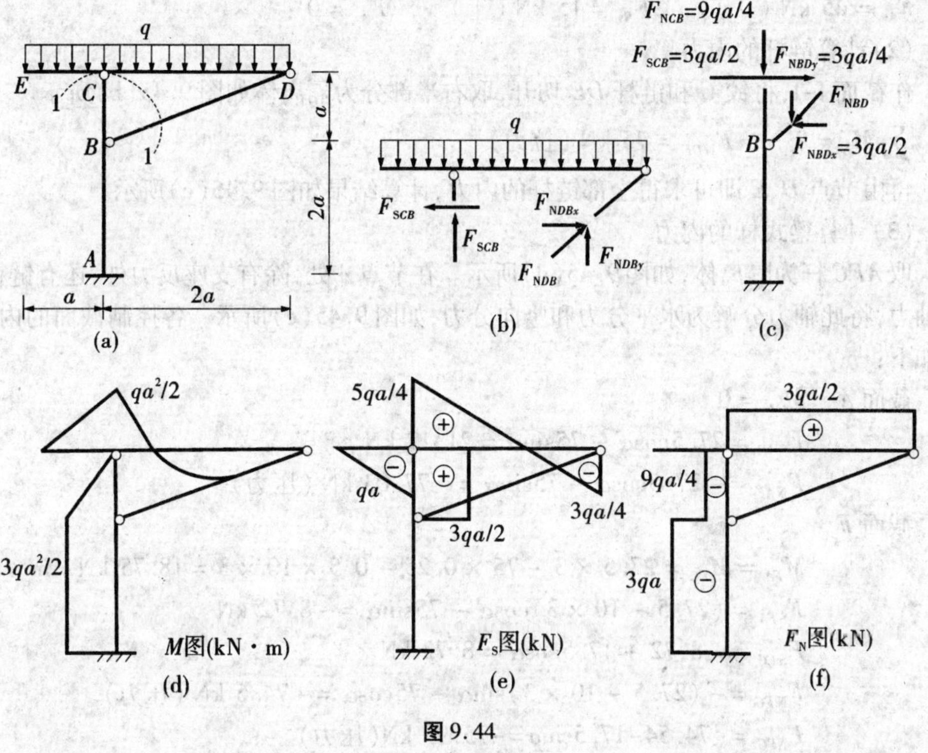

图 9.44

解　作截面Ⅰ-Ⅰ，并取上部为隔离体，如图 9.44(b)。

$\sum M_C = 0 \quad q \times 2a \times a - q \times a \times \dfrac{a}{2} - F_{NDBy} \times 2a = 0 \quad F_{NDBy} = \dfrac{3qa}{4}$

由比例关系 $\dfrac{F_{NDB}}{\sqrt{5}} = \dfrac{F_{NDBy}}{1} = \dfrac{F_{NDBx}}{2}$

所以　　$F_{NDB} = \dfrac{3\sqrt{5}}{4}qa$（压力）

$$F_{NDBx} = \frac{3}{2}qa$$

又由 $\sum F_x = 0 \qquad F_{SCB} = \frac{3}{2}qa$

$\sum F_y = 0 \qquad F_{NCB} = \frac{9}{4}qa$（压力）

取 I–I 截面以上为隔离体，如图 9.44(c)所示。

根据图 9.44(b)、(c)即可作出相应杆件的内力图。该组合结构的弯矩图、剪力图、轴力图如图 9.44(d)、(e)、(f)所示。

例 9.16 试求解图 9.45(a)所示屋架，并绘出梁式杆的内力图。

解 这是一组合结构。先求支座反力，再求链杆内力，最后求梁式杆的内力。

(1)求支座反力

$F_{Ay} = 45\ \text{kN}\ (\uparrow) \qquad F_{By} = 15\ \text{kN}\ (\uparrow) \qquad F_{Ax} = 0$

(2)计算链杆的内力

作截面 I–I，将铰 C 和链杆 DE 切开，取右半部分为隔离体如图 9.45(b)所示。

$\sum M_C = 0 \qquad F_{NDE} = 75\ \text{kN}$（拉力）

再由节点 D、E 即可求得全部链杆的内力，计算结果如图 9.45(c)所示。

(3)计算梁式杆的内力

取 AFC 杆为隔离体，如图 9.45(d)所示。在节点 A 处，除有支座反力外，还有链杆 AD 的轴力，将此轴力分解为水平分力和竖向分力，如图 9.45(e)所示。各控制截面的内力计算如下：

截面 A $\quad M_{AF} = 0$

$F_{SAF} = 27.5\cos\alpha - 75\sin\alpha = 21.17\ \text{kN}$

$F_{NAF} = -27.5\cos\alpha - 75\sin\alpha = -77.03\ \text{kN}$（压力）

截面 F

$M_{FA} = M_{FC} = 27.5 \times 3 - 75 \times 0.25 - 0.5 \times 10 \times 3 = 18.75\ \text{kN}\cdot\text{m}$

$F_{SFA} = (27.5 - 10 \times 3)\cos\alpha - 75\sin\alpha = -8.72\ \text{kN}$

$F_{SFC} = -8.72 + 17.5\cos\alpha = 8.72\ \text{kN}$

$F_{NFC} = -(27.5 - 10 \times 3)\sin\alpha - 75\cos\alpha = -74.5\ \text{kN}$（压力）

$F_{NFC} = -74.54 - 17.5\sin a = -75.99\ \text{kN}$(压力)

截面 C $\quad M_{CF} = 0$

$F_{SCF} = -15\cos\alpha - 75\sin\alpha = -21.18\ \text{kN}$

同理，可求出 CGB 杆各控制截面的内力(过程从略)。梁式杆的 M、F_S、F_N 图分别如图 9.45(f)、(g)、(h)所示。

10 kN/m
I
C
F
G
A
B
D
E
I
3 m
3 m
3 m
3 m
(a)
F_{Cy}
F_{Cx}
0.5 m
0.7 m
C
G
B
F_{NED}
15 kN
E
(b)
F
C
G
A
B
−1.75
−1.75
+77
+75
+77
D
E
(c)
10 kN/m
F_{Cx}=75 kN
C
F
A
77 kN
17.5 kN
F_{Cy}=15 kN
45 kN
75 kN
17.5 kN
77 kN
(d)
10 kN/m
C F_{Cx}=75 kN
F
75 kN
A
α
17.5 kN
F_{Cy}=15 kN
27.5 kN
(e)
26.25
F 9.38 C
A
9.38
G
B
11.25
11.25
18.75
M图(kN · m)
(f)
27.17
8.72
C
G
8.72
F
A
8.72
21.18
8.72
B
F_S图(kN)
(g)
76.00
77.03
74.54
75.99
73.50
76.00
74.54
74.54
C
F
G
A
B
F_N图(kN)
(h)

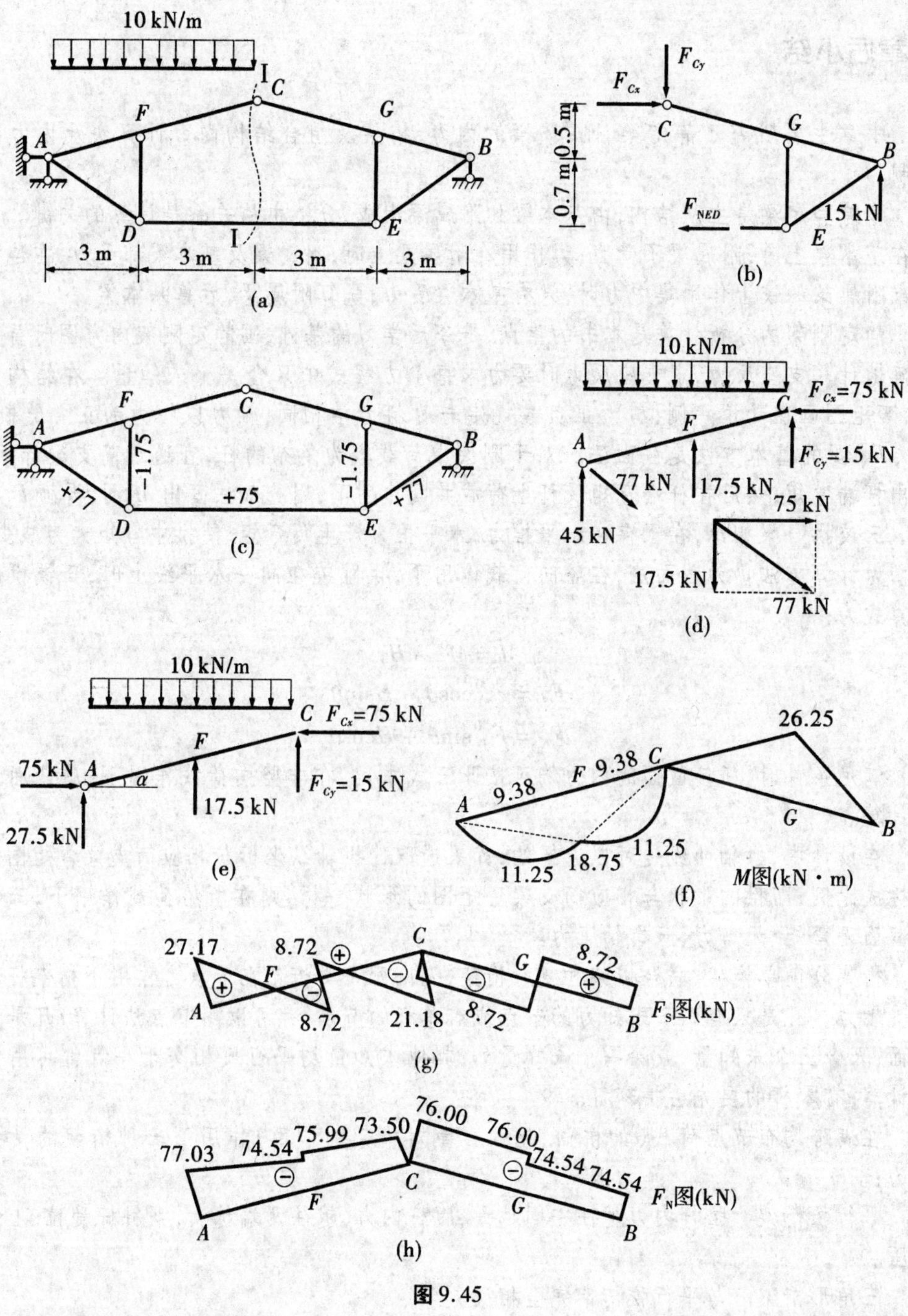

图 9.45

章后小结

本章主要研究了静定梁、刚架、拱的内力、桁架及组合结构内力计算法及内力图的绘制。

多跨静定梁是主从结构，由基本梁和附属梁组成，分清主从关系是计算的关键。力作用在基本梁上时，附属梁不受力；力作用在附属梁上时，附属梁及基本梁都受力，在连接基本梁附属梁的铰上作用集中力时，只有基本梁受力；先算附属梁，后算基本梁。

静定刚架的分析计算是本书的重点，是今后学习的基础，画静定刚架内力图时首先要正确地计算支座反力，求支座反力时要力求每个方程式中只含一个未知量。在结构力学中，弯矩图画在受拉一侧，剪力正负号规定与材料力学相同，轴力以拉力为正。绘制 M、F_S、F_N 图的基本方法是截面法。对于刚架中荷载较为复杂的杆，宜通过简支梁计算，先求出杆端弯矩，然后在杆端弯矩及杆上荷载共同作用下，用叠加法画出 M 图，再画 F_S 图。

三铰拱与梁相比，在于存在水平推力，水平推力产生负弯矩，使拱中弯矩大为减少，拱的内力计算方法仍为截面法，在竖向荷载作用下，拱趾铰在同一水平线上时，三铰拱的内力算式为：

$$M = M^0 - Hy$$

$$F_S = F_S^0\cos\theta - H\sin\theta$$

$$F_N = F_S^0\sin\theta + H\cos\theta$$

满足条件时，任何截面的内力均可按此三式求出，在非竖向荷载作用下，用截面法直接计算。

在设计中，拱轴曲线是可以选择的，如果选取的拱轴纵坐标与相应简支梁弯矩图的纵坐标成比例，即拱的形状与相应简支梁弯矩图的形状一样，则在所给荷载作用下，三铰拱各截面无弯矩、无剪力，只有轴压力。

桁架分简单桁架、联合桁架和复杂桁架，无论哪一类桁架在节点力作用下桁架杆件只承受轴力。凡是只有两个未知力的节点或有单杆的节点，都可以用节点法计算；凡是一个截面，只含三个未知量，或除一个未知量外，其他未知量均平行或相交于一点都可用截面法计算；有零杆的要先去掉零杆。

在满跨均布节点荷载（如桥面、屋面自重对桁架的作用）作用下三种桁架的受力特性为：

平行弦桁架　弦杆内力越往中间越大，腹杆内力，越往两端越大，下斜杆受拉，上斜杆受压。

三角形桁架　与平行弦桁架完全相反。

抛物线桁架　腹杆不受力，各下弦杆内力相同，各上弦杆内力的水平分力相等，也等于下弦杆内力。

上述简单梁式桁架都是上弦受压，下弦受拉，竖杆同斜杆内力符号相反。

由桁架类杆和刚架类杆组成的组合结构，计算时要分清两类杆件，计算顺序是先轴力杆后刚架类杆，取隔离体时，不要丢力，也可由几何组成寻找计算途径。

思考题

1. 简支楼梯斜梁上有什么荷载作用？如何进行转化？

2. 斜梁上的均布荷载 q 有哪两种画法？它们的意义有何不同？

3. 斜梁的弯矩图能否用叠加法绘制？应注意什么问题？

4. 荷载作用在多跨静定梁的基本部分上时，在附属部分是否引起内力？为什么？

5. 多跨静定梁与对应的多跨简支梁在受力性能上有何差别？

6. 刚架的刚接节点处内力图有何特点？

7. 如何根据刚架的弯矩图作出它的剪力图，又如何根据剪力图作出它的轴力图？

8. 曲梁与拱有何区别？

9. 三铰拱式结构用作屋架时，为什么常加拉杆？

10. 什么叫合理拱轴？如何找出三铰拱的合理拱轴？在什么条件下，三铰拱的合理拱轴才是二次抛物线？

11. 为什么能采用理想桁架作为实际桁架的计算简图？对理想桁架做了哪些假定？

12. 在某一荷载作用下，桁架中可能存在零杆，由于零杆表示该杆不受力，因此该杆可以拆去。此种说法是否正确？

13. 用截面法计算桁架内力时，有哪些简化计算的做法？

14. 简单桁架与联合桁架有何区别？

15. 在分析桁架内力时，如何利用其几何组成特点来简化计算。

16. 组合结构有哪些构造上的特点？

17. 组合结构计算与桁架计算有何不同？两类杆件的受力性能如何？分析时应注意什么？

习　题

1. 试作图9.46所示单跨静定梁的内力图。

2. 试作图9.47所示斜梁的内力图。

3. 试作图9.48所示多跨静定梁的内力图。

4. 试选择铰的位置 x，使中间一跨的跨中弯矩与支座弯矩的绝对值相等（如图9.49）。

5. 试作图9.50所示刚架的内力图。

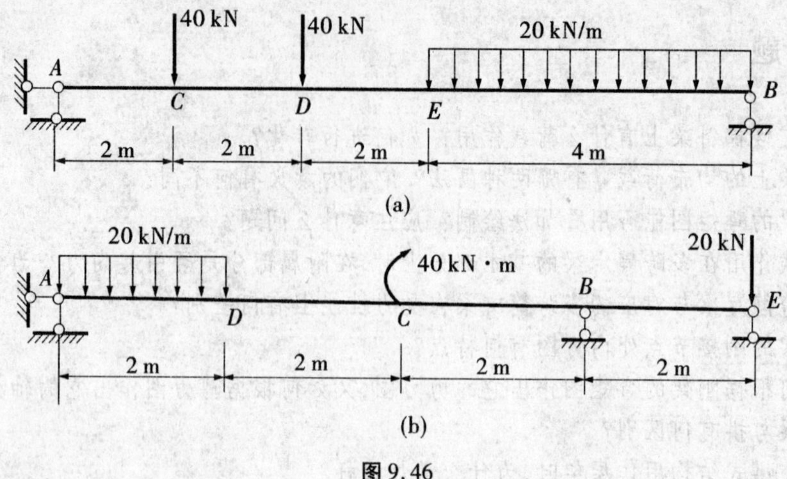

图 9.46

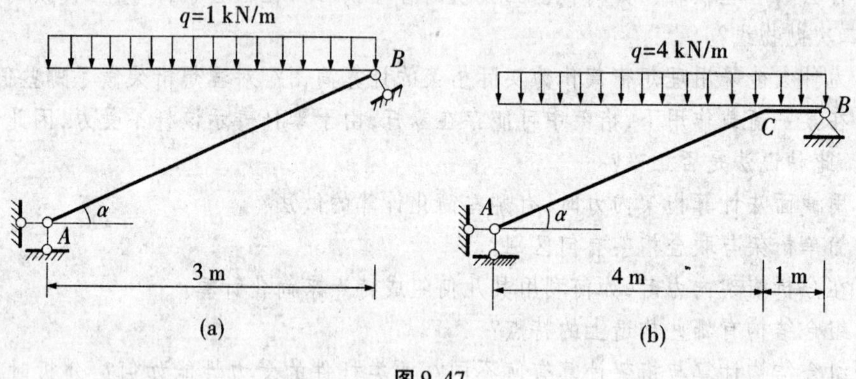

图 9.47

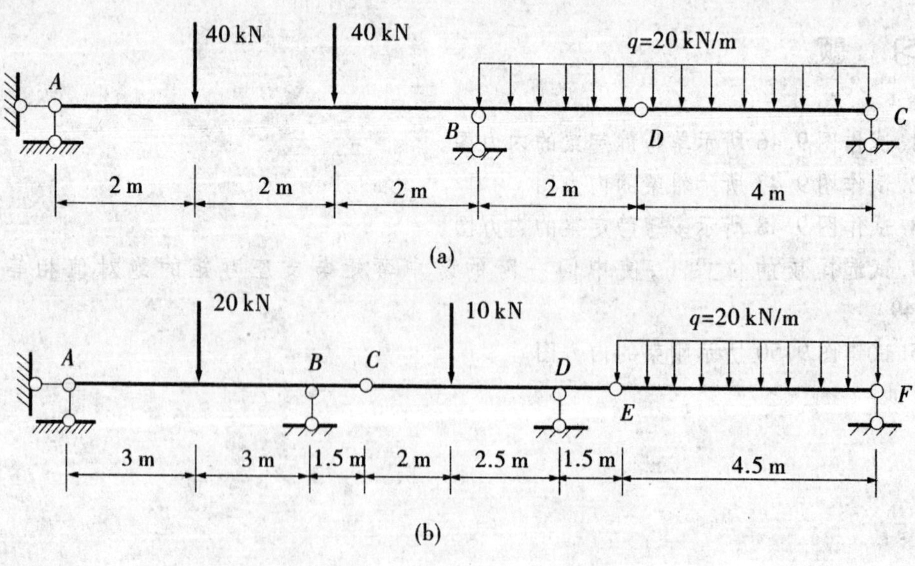

图 9.48

q
A
B
E
F
C
D
x
x
l
l
l
ql
C
D
q
B
E
A
l
l
2l/3
2l/3
(a)
50 kN
C
2 m
A
B
1.5 m
(b)
3 kN/m
C
B
1 m
3 m
A
2 m
(c)
2 kN
4 kN · m
B
C
1 kN/m
6 m
A
D
3 m
3 m
(d)
20 kN/m
D
C
40kN
B
2 m
2 m
A
4 m
(e)
12kN · m
B
C
3 m
4 kN
E
3 m
A
D
6 m
2 m
(f)
10kN · m
B
C
2 m
4 kN
D
20 kN/m
4 m
A
E
4 m
(g)

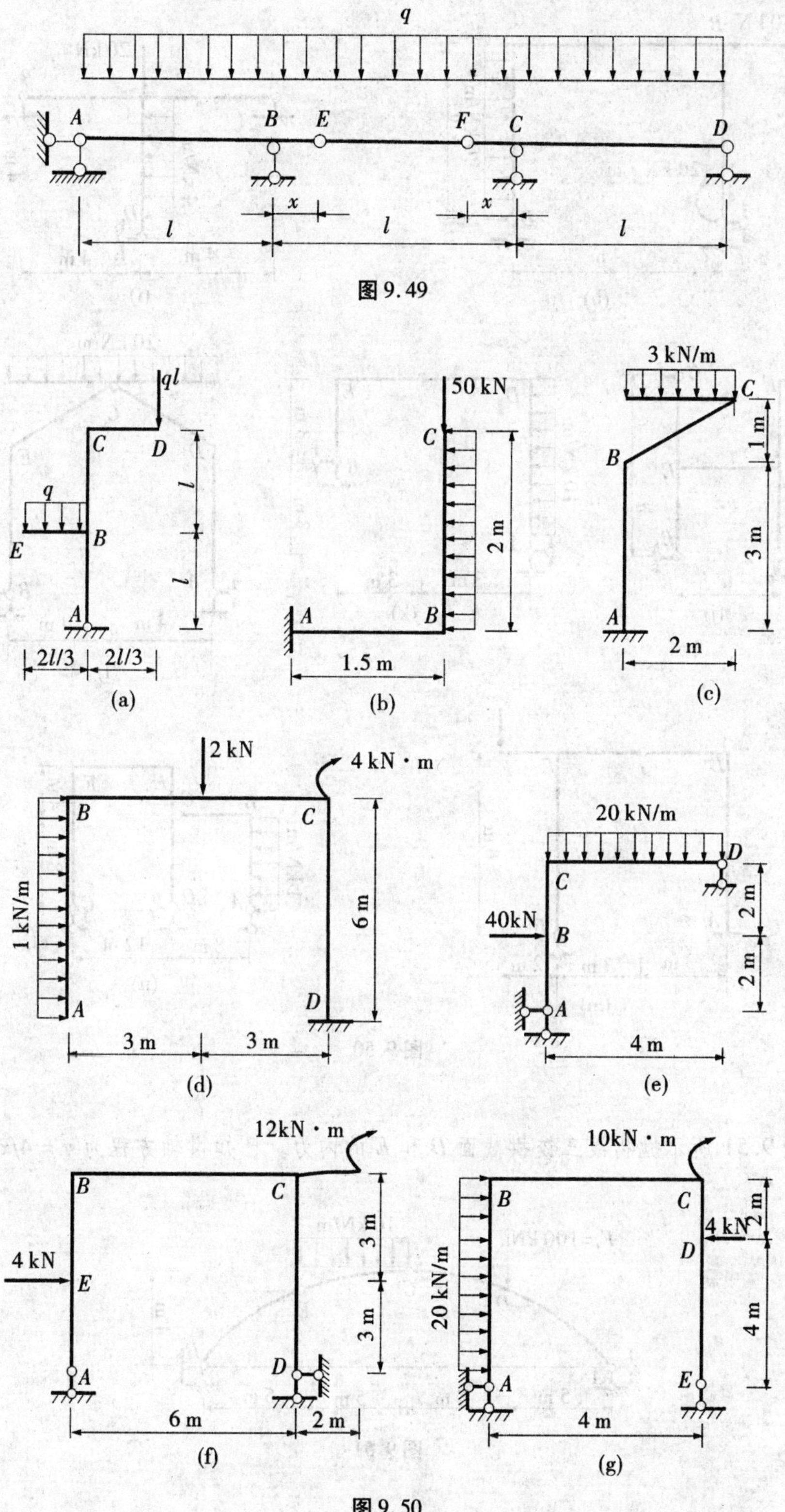

图 9.49

图 9.50

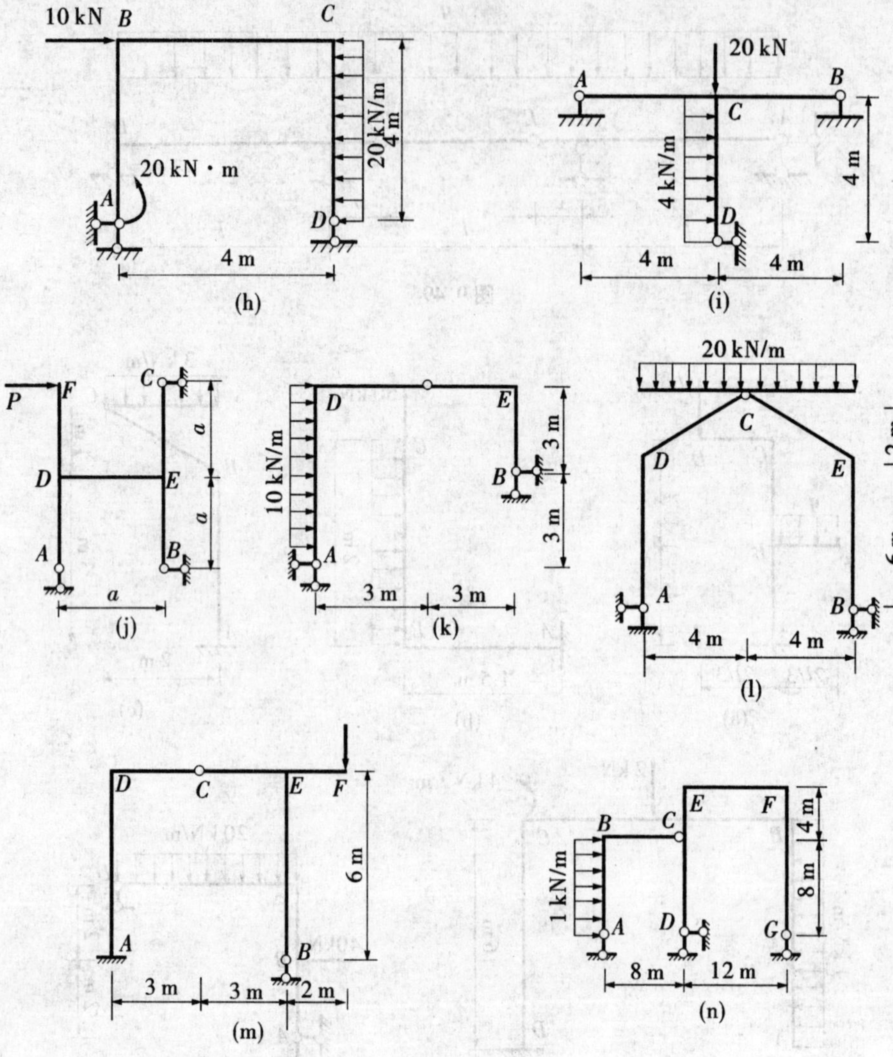

图 9.50

6. 试求图 9.51 所示抛物线三铰拱截面 D 和 E 的内力。已知拱轴方程为 $y = 4fx\dfrac{l-x}{l^2}$

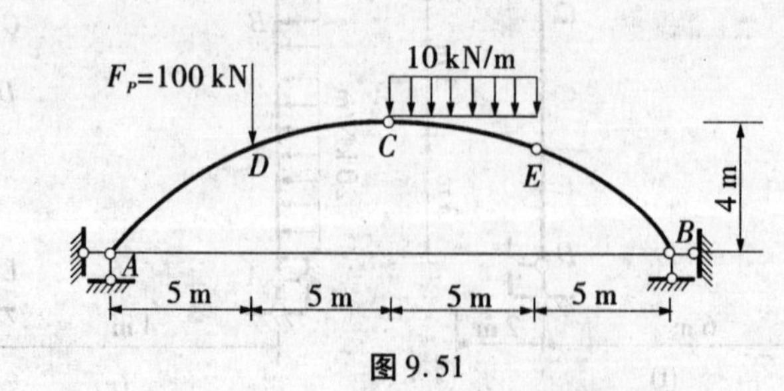

图 9.51

7. 试求图9.52所示带拉杆圆弧形三铰拱截面 K 的内力。

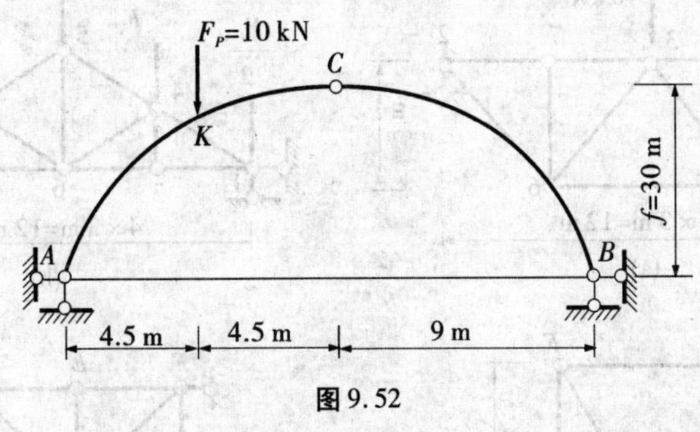

图9.52

8. 指出图9.53所示各桁架中的零杆。

9. 试用节点法计算图9.54所示桁架各杆的内力。

10. 试用较简捷的方法计算图9.55所示桁架中各杆件的内力。

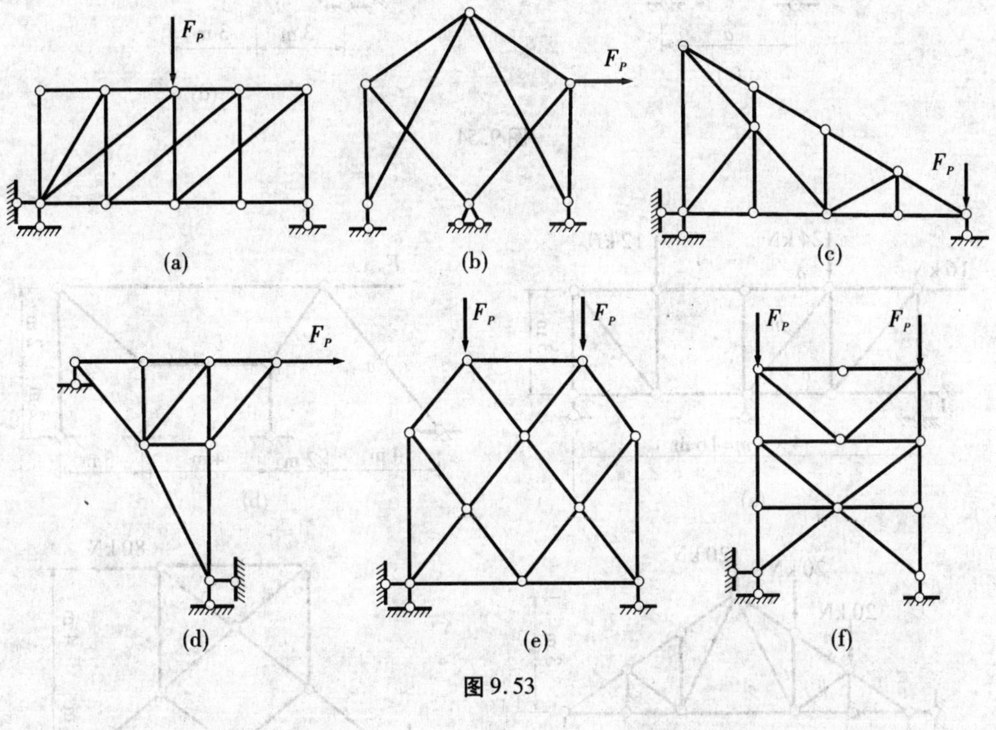

图9.53

40 kN
1
4
3
7
2
3 m
5
6
4×3 m=12 m
(a)
F_P
$\frac{F_P}{2}$
5
4
7
1
3
6
8
2
3 m
4×3 m=12 m
(b)
E
F
F_P
a
C
D
a
A
B
a
(c)
7 kN
F
E
C
3 m
D
B
4 m
A
3 m
3 m
(d)

图 9.54

16 kN
24 kN
12 kN
a
b
c
3 m
4×4 m=16 m
(a)
F_P
a
b
2 m
2 m
4 m
2 m
4 m
3 m
(b)
20 kN
20 kN
20 kN
a
c
3 m
6×2 m=12 m
(c)
80 kN
4 m
2 m
4×2 m=8 m
(d)

图 9.55

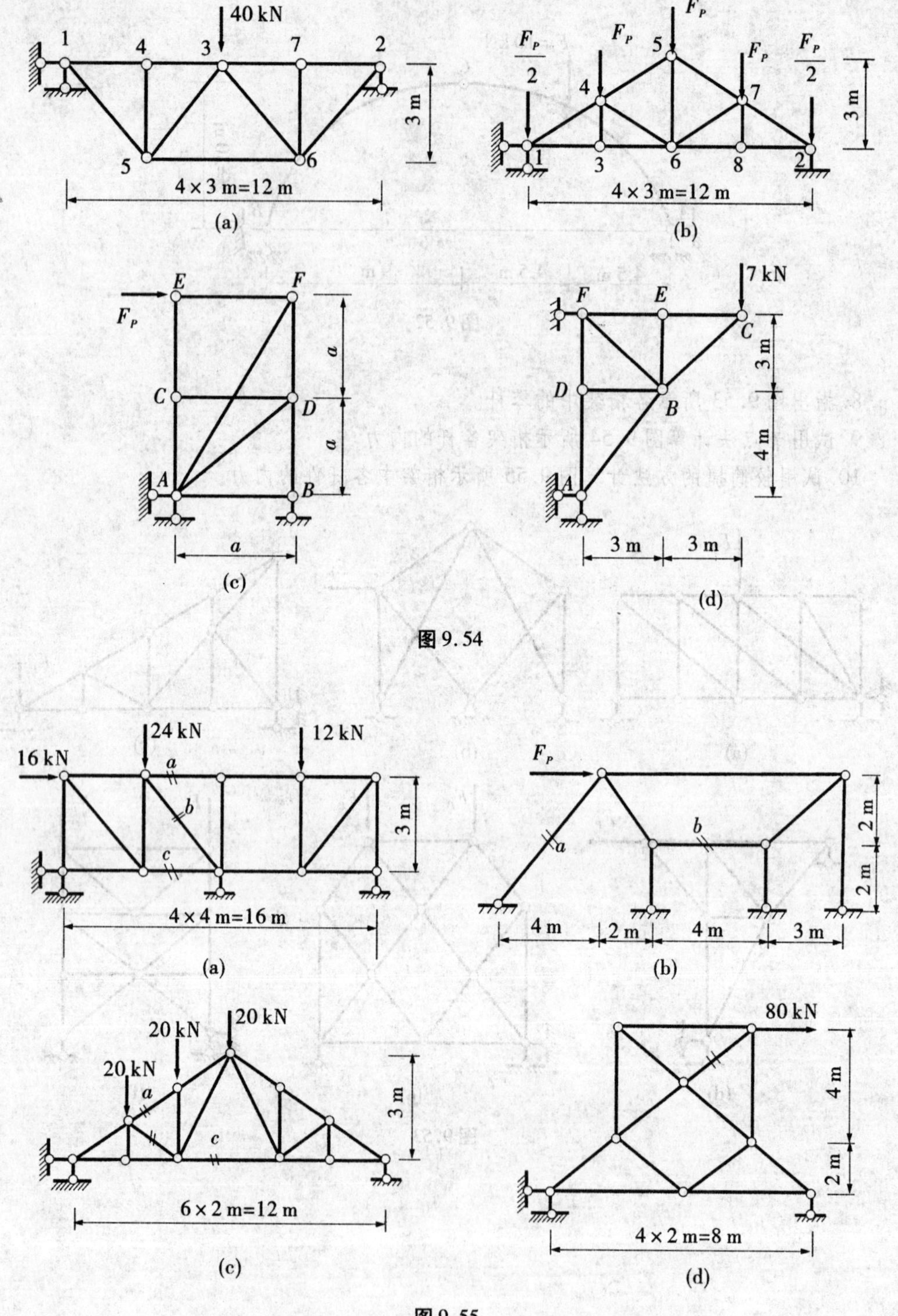

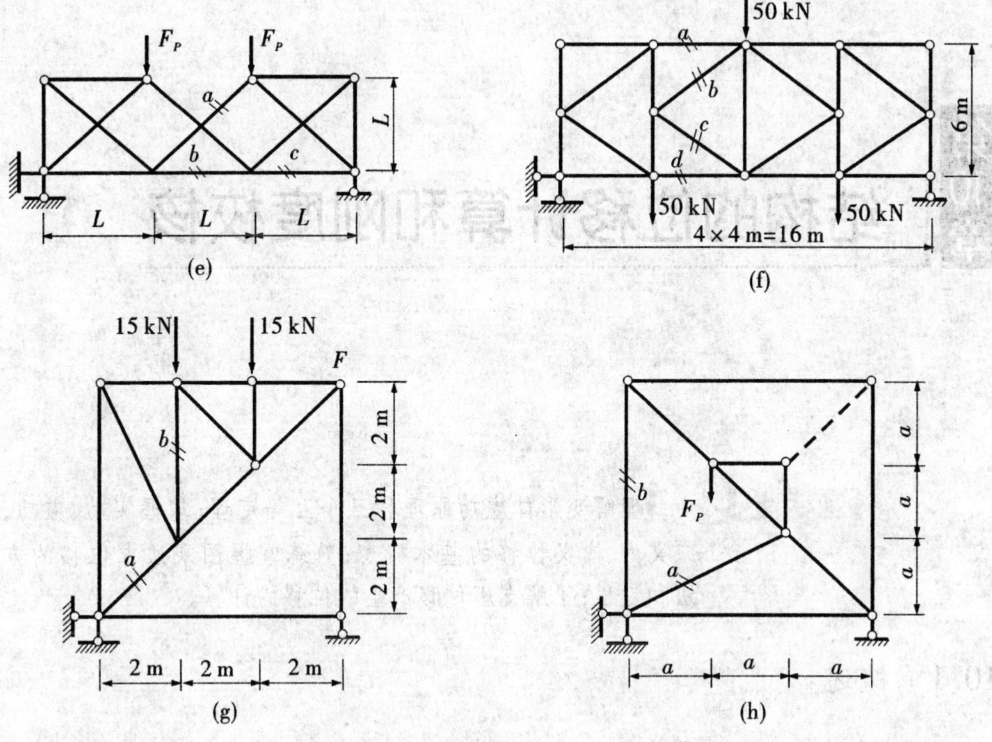

图9.55

11.试计算图9.56所示组合结构,在二力杆旁标明轴力并绘出梁式杆件的内力图。

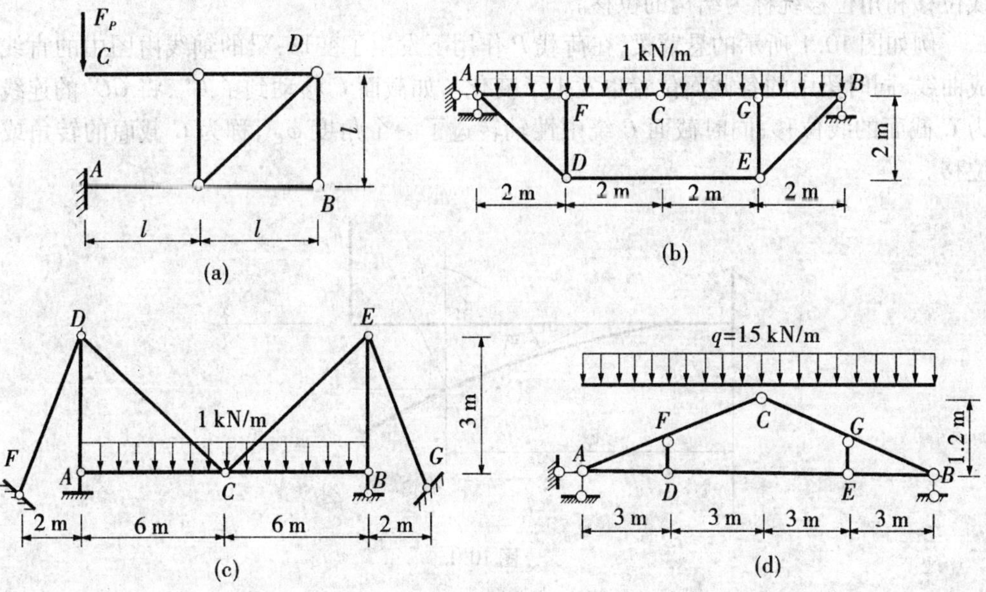

图9.56

第10章 结构的位移计算和刚度校核

教学提示 理解变形体虚功原理和三个互等定理；掌握实功、虚功、广义力、广义位移的基本概念；熟练掌握图乘法求位移的方法和过程；了解支座位移产生的位移的计算。

10.1 概述

结构在荷载作用下会产生内力，同时结构也发生变形，变形是指结构及构件的形状发生变化。由于变形，结构上各点位置将发生移动，各截面将发生转动。通常用构件轴线上各点位置的变化表示移动，称为线位移；用横截面绕中性轴的转角表示转动，称为角位移。线位移和角位移统称为结构的位移。

例如图10.1所示的悬臂梁，在荷载P作用下发生了变形，梁的轴线由图中的直线变成曲线，同时梁中的各截面位置也发生了变化。如截面C移动到了C'，将CC'的连线称为C截面的线位移；同时截面C绕中性轴转过了一个角度φ_C，称为C截面的转角或角位移。

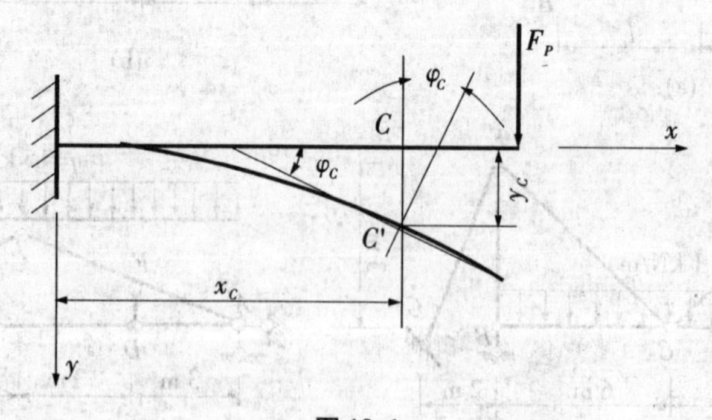

图10.1

又如图10.2所示刚架，在荷载作用下发生虚线所示变形。CD两点的水平线位移Δ_C

和 Δ_D，它们之和 $(\Delta_{CD})_H = \Delta_C + \Delta_D$ 称为 CD 两点的相对水平线位移。A、B 两个截面的转角 φ_A 和 φ_B，它们之和 $\varphi_{AB} = \varphi_A + \varphi_B$ 称为 A、B 两个截面的相对转角。

除荷载外，还有其他一些因素如温度变化、支座移动、材料膨缩、制造误差等，也会使结构产生变形和位移。

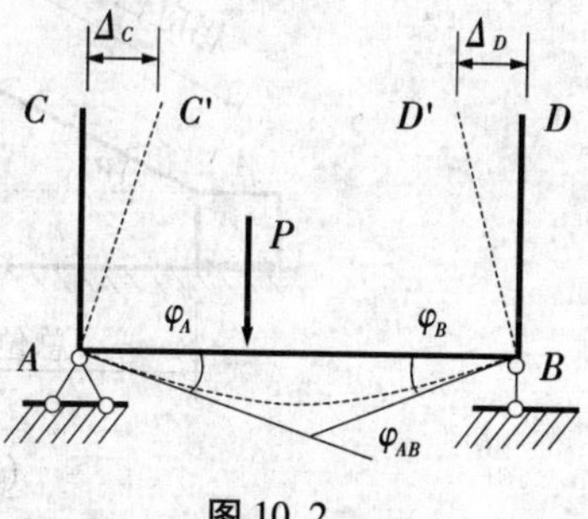

图 10.2

为了保证结构的正常工作，除满足强度要求外，结构还需满足刚度要求。刚度要求就是控制结构的变形和位移，使之不能过大。例如，楼板变形过大，会使下面的灰层开裂、脱落；吊车梁的变形过大，将影响吊车的正常运行；桥梁的变形过大会影响行车安全并引起很大的震动。因此，在工程中，根据不同的用途，对结构的变形和位移给以一定的限制，使之不能超过一定的容许值，即要对结构刚度进行校核。此外，在计算超静定结构的内力时，除了平衡条件外还必须利用结构的变形和位移条件建立补充方程，故位移计算也是计算超静定结构的基础。

10.2　变形体虚功原理

虚功原理是结构位移计算的基础，位移计算就是利用虚功原理建立虚功方程，从而来求解位移。

10.2.1　功、实功和虚功

功与力和位移两个因素有关，它等于物体上作用力和沿力方向的相应位移的乘积。

例如图 10.3(a) 中物体的位移为 $\overline{AA'}$，力 F_P 作用线方向的位移分量为 $\overline{AA'}\cos\alpha$，所以，力 F_P 的相应位移 $\Delta = \overline{AA'}\cos\alpha$，力 F_P 所做的功 $T = F_P \times \overline{AA'}\cos\alpha$。又如图 10.3(b) 所示一转盘受力偶 $M = F_P \times D$ 作用，设转盘在力偶作用平面内沿力偶转动方向有微小转角 $\mathrm{d}\theta$，则此力偶所做的功应为

$$\mathrm{d}T = F_P \overline{AA'} + F_P P \overline{BB'} = F_P (\overline{AA'} + \overline{BB'})$$

其中

$$\overline{AA'} = \overline{OA}\mathrm{d}\theta,\ \overline{BB'} = \overline{OB}\mathrm{d}\theta$$

$$\overline{AA'} + \overline{BB'} = (\overline{OA} + \overline{OB})\mathrm{d}\theta = D\mathrm{d}\theta$$

所以

$$\mathrm{d}T = F_P D\mathrm{d}\theta = M\mathrm{d}\theta$$

$$T = \int \mathrm{d}T = \int M\mathrm{d}\theta = M\theta \tag{10.1}$$

式(10.1)说明，力偶所做的功等于力偶矩 M 与角位移 θ 的乘积。

由上述两例可见，做功的“力”可以是一个力，也可以是一个力偶，甚至还可以是一对力或一个力系，我们可以用一个公式来统一表达力或力偶做功

$$T = F_P \Delta \tag{10.2}$$

式中　F_P 称为广义力，Δ 称为广义位移，它与广义力相对应，例如集中力时，代表线位移；力偶时代表角位移。广义力与广义位移的乘积具有功的量纲。

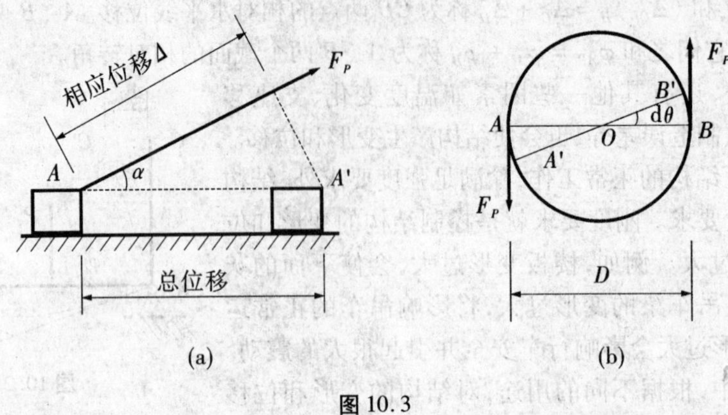

图 10.3

需要指出的是，在定义"功"时，我们对产生位移的原因并未给予任何限制。也就是说，位移可以是由于做功的力 F_P 产生的，也可以是由于其他原因产生的。

力在自身所引起的位移上做功，称为实功。如图 10.4(a)所示简支梁，设其在 P_1 作用下达到平衡时，P_1 作用点沿 P_1 方向上产生的位移为 Δ_{11}。这里 Δ_{11} 用了两个角标，第一个角标"1"代表位移发生的地点和方向，即此位移是 P_1 作用点沿 P_1 方向上的位移；第二个角标"1"代表引起位移的原因，即此位移是 P_1 作用而引起的。荷载 P_1 在位移 Δ_{11} 上所做的功用 T_{11} 表示，则

$$T_{11} = \frac{1}{2}P_1\Delta_{11} \tag{10.3}$$

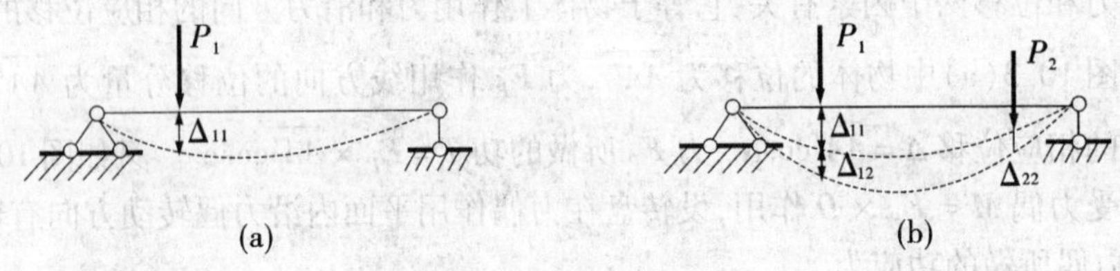

图 10.4

式(10.3)含系数"$\frac{1}{2}$"是因为当荷载从零逐渐增大到最后值 P_1 时，由它引起的位移从零逐渐增大到最后值 Δ_{11}，两者呈线性函数关系。

力在沿其他因素引起的位移上所做的功，称为虚功。其他因素如另外的荷载作用、温度变化或支座移动等。在虚功中，力与位移分别属于同一体系的两种彼此无关的状态。如图 10.4(b)，当第一组荷载 P_1 作用于结构达到稳定平衡后，再加上第二组荷载 P_2，这时结构将继续变形，而引起 P_1 作用点沿 P_1 方向产生新的位移 Δ_{12}，因而 P_1 将在 Δ_{12} 位移上做功，这时所做的功即为虚功。由于位移 Δ_{12} 由零增加至最终值的过程中，P_1 保持不变是常力，因此 P_1 沿 Δ_{12} 做功为

$$T_{12} = P_1\Delta_{12} \tag{10.4}$$

所谓虚功并非不存在的意思，"虚"字强调做功过程中位移与力相互独立无关的

特点。

应该指出,当其他因素引起的位移与力方向一致时虚功为正值,反之则为负值。而实功由于力自身所引起的相应位移总是与力的作用方向相一致,故总为正值。

10.2.2 变形体的虚功原理

在荷载作用等因素影响下会产生变形的结构称为变形体。

变形体的虚功原理可概括表述为

$$\text{外力虚功 } W = \text{内力虚功 } W' \tag{10.5}$$

具体地说,就是变形体上第一状态中的外力沿第二状态中的位移所做的外力虚功等于变形体上第一状态中的内力沿第二状态中的变形所做的内力虚功。这里,做功的外力和内力称为力状态或第一状态,它们必须满足平衡条件;位移和变形称为位移状态或第二状态,它们必须满足变形和支座约束条件。两者是属于同一体系的两种彼此独立无关的状态。式(10.5)又称为虚功方程。

在虚功方程中,若取第一状态为实际状态,第二状态为虚拟状态,也就是虚功中力状态是实际的,位移状态是虚拟的,这时,虚功原理也称为虚位移原理;反之,若取第一状态为虚拟状态,第二状态为实际状态,也就是虚功中力状态是虚拟的,位移状态是实际的,这时,虚功原理也称为虚力原理。

计算结构位移时,需要用到的是虚力原理,不过习惯上称它为虚功原理,以下我们仍沿用这一称呼。

10.3 荷载作用下结构位移计算的一般公式

现在来讨论如何应用虚功原理求结构在荷载作用下引起的位移。

图10.5(a)所示结构在荷载 q 作用下发生了如图中虚线所示变形。下面来求结构上任一截面沿任一指定方向上的位移,如 K 截面的水平位移 Δ_K。

由于所求为实际荷载 q 作用下结构的位移,故应以图10.5(a)为结构的位移状态(即实际状态)。为了建立虚功方程,需要人为地另建立一个虚拟的力状态,为此,在 K 点上作用一个水平的单位荷载 $P_K=1$,它应与 Δ_K 相对应,如图10.5(b)所示。

虚拟状态中的外力所做虚功

$$W = P_K \cdot \Delta_K = \Delta_K \tag{10.6}$$

式(10.6)说明,当 $P_K=1$ 时外力虚功在数值上恰好等于所要求的位移 Δ_K。

现在来计算虚拟状态中的内力所做的虚功 W'

$$\Delta_K = \sum\int_l \frac{M_p\overline{M}}{EI}\mathrm{d}s + \sum\int_l \frac{kF_{SP}\overline{F_S}}{GA}\mathrm{d}s + \sum\int_l \frac{F_{NP}\overline{F_N}}{EA}\mathrm{d}s \tag{10.7}$$

式中右边第一、二、三项分别是弯矩、剪力、轴力所引起的位移。这就是变形体在荷载作用下,位移计算的一般公式。它只要求结构处于平衡状态和变形是微小的两个条件,既适用于弹性材料,也适用于非弹性材料。它可以用于静定的或超静定的梁、刚架、桁架、拱等结构的位移计算。

这种方法用虚设单位荷载产生的内力，在实际状态荷载所引起的位移上做虚功，可以利用虚功原理计算结构的位移，称为单位荷载法。

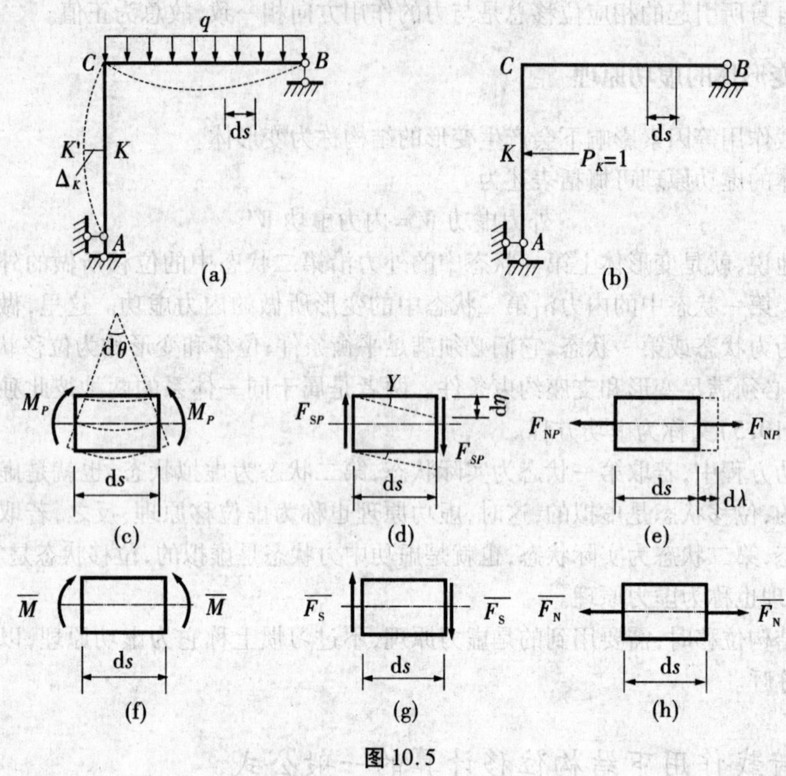

图 10.5

10.4 静定结构在荷载作用下的位移计算

利用式(10.7)计算静定结构在荷载作用下的位移时，应根据结构的具体情况，只保留其中的一项或两项。例如梁和刚架以弯曲变形为主，而剪切变形和轴向变形的影响很小，故可略去，式(10.7)简化为

$$\Delta = \sum \int_l \frac{M_p \overline{M}}{EI} \mathrm{d}s \tag{10.8}$$

而在桁架中，只存在轴力，且同一杆件的轴力 $\overline{F_N}$、F_{NP} 及 EA 沿杆长 l 均为常数，故式(10.8)简化为

$$\Delta = \sum \int_l \frac{F_{NP} \overline{F_N}}{EA} \mathrm{d}s = \sum \frac{F_{NP} \overline{F_N}}{EA} l \tag{10.9}$$

应特别强调的是：单位荷载必须据所求位移而假设，亦即虚设单位荷载必须是与所求广义位移相应的广义力。例如图 10.6(a)所示悬臂刚架，横梁上作用有竖向荷载 q，当求此荷载作用下的不同位移时，其虚设单位荷载有以下几种不同情况：

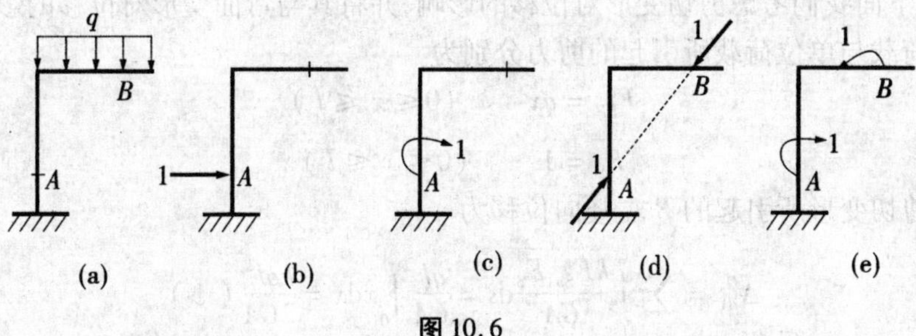

图 10.6

(1)欲求 A 点的水平线位移时,应在 A 点沿水平方向加一单位集中力,如图 10.6(b)所示;

(2)欲求 A 点的角位移时,应在 A 点加一单位力偶,如图 10.6(c)所示;

(3)欲求 A 、B 两点的相对线位移(即 A 、B 两点间相互靠拢或拉开的距离),应在 A 、B 两点沿 AB 连线方向加一对反向的单位集中力,如图 10.6(d)所示;

(4)欲求 A 、B 两截面相对角位移,应在 A 、B 两截面处加一对反向的单位力偶,如图 10.6(e)所示。

利用单位荷载法计算结构位移的步骤是:

(1)根据欲求位移选定相应的虚拟状态;

(2)列出结构各杆段在虚拟状态下和实际荷载作用下的内力方程;

(3)将各内力方程分别代入位移计算公式,分段积分求总和即可计算出所求位移。

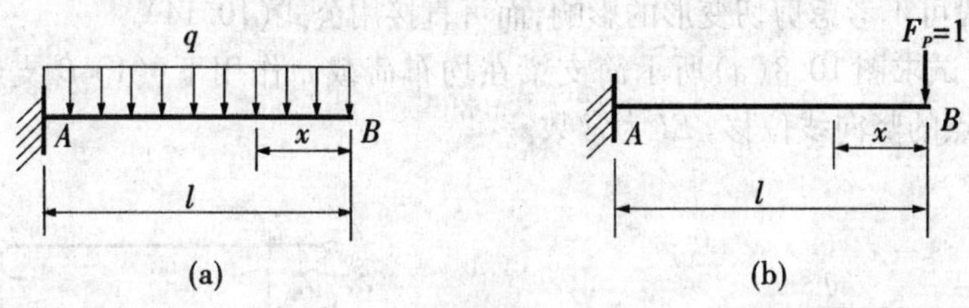

图 10.7

例 10.1 求图 10.7(a)所示悬臂梁 B 端的竖向位移 Δ_{BV} 。EI 为常数。

解 (1)取图 10.7(b)所示虚力状态。

(2)实际荷载与单位荷载所引起的弯矩分别为(以下侧受拉为正, B 为原点)

$$M_P = -\frac{1}{2}qx^2 \qquad (0 \leqslant x \leqslant l)$$

$$\overline{M} = -x \qquad (0 \leqslant x \leqslant l)$$

(3)将 M_P 及 $\overline{M}$ 代入位移公式,得

$$\Delta_{BV} = \sum \int_l \frac{M_p \overline{M}}{EI} \mathrm{d}s = \sum \int_l \left(-\frac{1}{2}qx^2\right)(-x)\mathrm{d}s = \frac{1}{EI}\left[\frac{qx^4}{8}\right]_0^l \mathrm{d}x = \frac{ql^4}{8EI}(\downarrow)$$

计算结果为正,说明 Δ_{BV} 的方向与虚设单位力方向一致。

说明:下面我们考虑剪切变形对位移的影响,并将其与弯曲变形对位移的影响加以比较。实际荷载与单位荷载所引起的剪力分别为

$$F_{SP} = qx \qquad (0 \leqslant x \leqslant l)$$

$$\overline{F_S} = 1 \qquad (0 \leqslant x \leqslant l)$$

则由剪切变形所引起的 B 端竖向位移为

$$\Delta_{BV}^{Q} = \sum \int_l \frac{kF_{Sp}\overline{F_S}}{GA} ds = \frac{qk}{GA}\int_0^l x dx = \frac{kql^2}{2GA} (\downarrow)$$

它与弯曲变形所引起的 B 端竖向位移 Δ_{BV}^{M} 的比值为(设该梁为矩形截面, $k=1.2$)

$$\frac{\Delta_{BV}^{Q}}{\Delta_{BV}^{M}} = \frac{\frac{kql^2}{2GA}}{\frac{ql^4}{8EI}} = 4.8\frac{EI}{GAl^2}$$

设梁的泊松比 $v=\frac{1}{3}$,则 $\frac{E}{G}=2(1+v)=\frac{8}{3}$;设梁高为 h,对于矩形截面,$\frac{I}{A}=\frac{h^2}{12}$。代入上式即得

$$\frac{\Delta_{BV}^{Q}}{\Delta_{BV}^{M}} = 4.8\frac{EI}{GAl^2} = 4.8\frac{E}{G}\frac{I}{A}\frac{1}{l^2} = 4.8\times\frac{8}{3}\times\frac{1}{12}\left(\frac{h}{l}\right)^2 = 1.07\left(\frac{h}{l}\right)^2$$

当梁的高跨比 $\frac{h}{l}=\frac{1}{10}$ 时,$\frac{\Delta_{BV}^{Q}}{\Delta_{BV}^{M}}=1.07\%$,即剪切变形引起的位移仅为弯曲影响的 1.07%,故可略去不计。由上述分析可知,在计算梁的位移时,对于截面高度远小于跨度的梁来说,一般可不考虑剪切变形的影响,而可直接用公式(10.14)。

例 10.2 试求图 10.8(a)所示简支梁在均布荷载 q 作用下:(1) B 支座处的转角;(2)梁跨中 C 点的竖向线位移。EI 为常数。

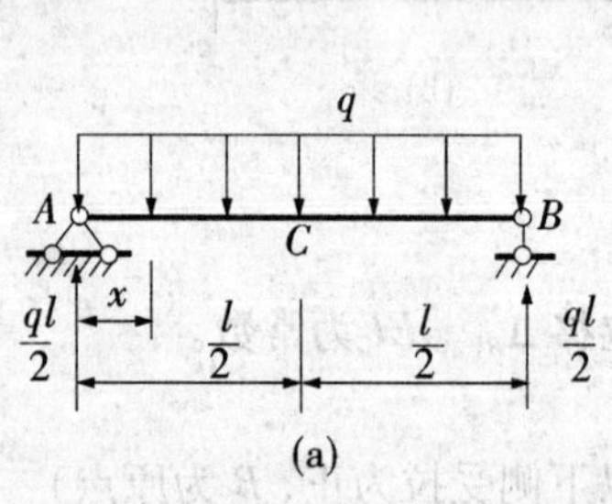

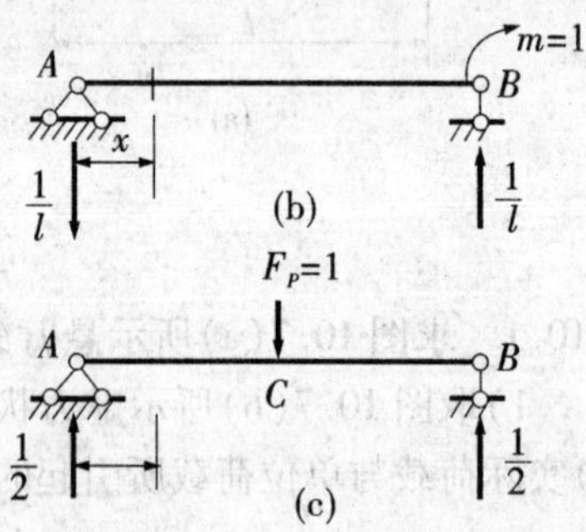

图 10.8

解 (1)求 B 截面的角位移。

在 B 截面处加一单位力偶 $m=1$,建立虚力状态如图 10.8(b)。实际荷载与单位荷载所引起的弯矩分别为(以 A 为原点)

$$M_P = \frac{ql}{2}x - \frac{q}{2}x^2$$

$$\overline{M} = -\frac{1}{l}x$$

将 M_P、$\overline{M}$ 代入位移公式得

$$\varphi_B = \sum\int_0^l \frac{M_p\overline{M}}{EI}\mathrm{d}x = \int_0^l \frac{\left(\frac{-x}{l}\right)\left(\frac{qlx}{2}-\frac{qx^2}{2}\right)}{EI}\mathrm{d}x = \frac{1}{EI}\int_0^l\left(-\frac{qx^2}{2}+\frac{qx^3}{2l}\right)\mathrm{d}x = -\frac{ql^3}{24EI}\text{（逆时针）}$$

φ_B 的结果为负值,表示其方向与所加的单位力偶方向相反,即 B 截面逆时针转动。

(2)求跨中 C 点的竖向线位移

在 C 点加一单位力 $F_P=1$,建立虚力状态如图 10.8(c)所示。实际荷载与单位荷载所引起的弯矩分别为(A 以为原点):当 $0\leqslant x\leqslant\frac{l}{2}$ 时,有

$$M_p = \frac{ql}{2}x - \frac{q}{2}x^2,\overline{M} = \frac{1}{2}x$$

因为对称关系,因此得

$$\Delta_{CV} = 2\int_0^{\frac{l}{2}} \frac{\left(\frac{x}{2}\right)\left(\frac{qlx}{2}-\frac{qx^2}{2}\right)}{EI}\mathrm{d}x = \frac{q}{2EI}\int_0^{\frac{l}{2}}(lx^2-x^3)\,\mathrm{d}x = \frac{5ql^4}{384EI}\,(\downarrow)$$

Δ_{CV} 的计算结果为正值,表示 C 点竖向线位移方向与单位力方向相同,即 C 点线位移向下。

例 10.3 求图 10.9(a)所示悬臂刚架 C 截面的角位移 φ_C。刚架 EI 为常数。

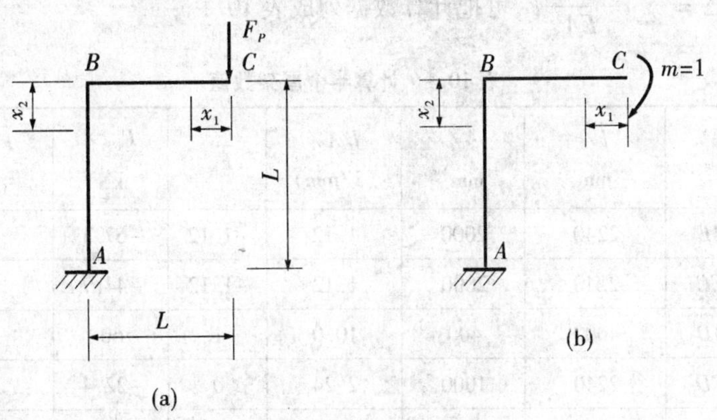

图 10.9

解 (1)取图 10.9(b)所示虚力状态。

(2)实际荷载与单位荷载所引起的弯矩分别为(以内侧受拉为正)

横梁 BC(以 C 为原点)

$$M_p = -px_1 \qquad (0\leqslant x_1\leqslant l)$$

$$\overline{M} = -1 \qquad (0\leqslant x_1\leqslant l)$$

竖柱 BA(以 B 点为原点)

$$M_p = -pl \qquad (0\leqslant x_2\leqslant l)$$

$$\overline{M} = -1 \qquad (0 \leqslant x_2 \leqslant l)$$

(3)将 M_p、$\overline{M}$ 代入位移公式

$$\varphi_C = \sum \int_l \frac{M_p \overline{M}}{EI} dx = \int_0^l \frac{(-px_1)(-1)}{EI} dx + \frac{1}{EI}\int_0^l (-pl)(-1)\, dx = \frac{pl^2}{2EI} + \frac{pl^2}{EI} = \frac{3pl^2}{2EI} \text{(顺时针)}$$

例 10.4 计算图 10.10(a)所示屋架 D 点的竖向位移 Δ_{DV}。图中右半部分括号内数值为杆件的截面面积 A (cm^2),设 $E = 2.1 \times 10^2$ kN/m^2。

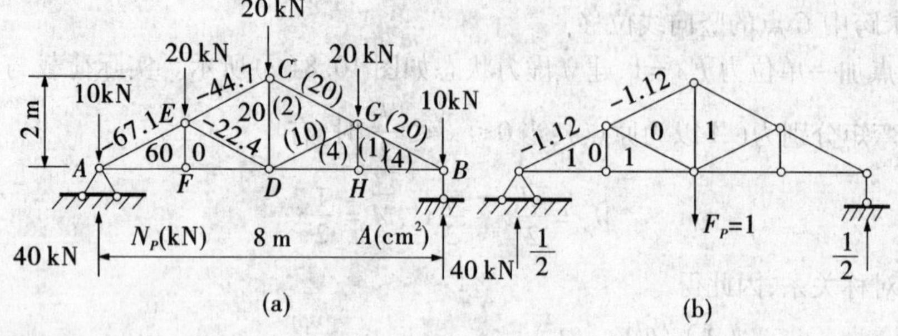

图 10.10

解 (1)取图 10.10(b)所示虚力状态。

(2)实际荷载和单位荷载所引起的各杆内力分别如图 10.10(a)左半部和 10.10(b)左半部所示。

(3)根据 $\Delta = \sum \frac{F_{NP}\overline{F}_N}{EA} l$,可把计算数据列成表 10.1。

表 10.1 计算半个屋架数值

杆件		l/mm	A/mm^2	l/A/(1/mm)	$\overline{F}_N$	F_{NP}/kN	$\overline{F}_N F_{NP} l/A$/(kN/mm)
上弦	AE	2240	2000	1.12	-1.12	-67.1	84.2
	EC	2240	2000	1.12	-1.12	-44.7	56.1
下弦	AD	4000	400	10.0	1	60	600
斜 杆	ED	2240	1000	2.24	0	-22.4	0
竖杆	EF	1000	100	10.0	0	0	0
	CD	2000	200	10.0	1	20	200
$\sum$							940.3

由此求得 D 点竖向位移

$$\Delta_{DV} = \frac{2 \times 940.3 - 200}{2.1 \times 10^2} = 8.0 \text{ mm} (\downarrow)$$

结果为正,表示 D 点位移向下。

10.5 图乘法

在计算梁和刚架的位移时,经常要为每一杆件作如下积分

$$\Delta = \sum \int_l \frac{M_p \overline{M}}{EI} ds \tag{10.10}$$

当荷载较复杂或数目较多时,计算工作相当烦琐。但当组成结构各杆段符合下述条件:①杆轴为直线;② EI 为常数;③ $\overline{M}$ 与 M_p 两个弯矩图中至少有一个是直线图形时,则可用下述图乘法来代替积分运算,使计算得到简化。

如图 10.11 所示,设结构上 AB 杆段为等截面直杆, EI 为常数, $\overline{M}$ 图为一段直线,而 M_p 图为任意形状。现以 $\overline{M}$ 图的基线为 x 轴,以 $\overline{M}$ 图的延长线与 x 轴的交点 O 为原点,建立 xOy 坐标系,则积分式(10.10)可写成

$$\Delta = \int_A^B \frac{M_p \overline{M}}{EI} dx \tag{10.11}$$

式中 $\overline{M}$ 因系直线变化,故有

$$\overline{M} = x \cdot \tan\alpha$$

用 dx 代替 ds , EI 为常量,可提到积分号外面,故(10.11)式可写成

$$\Delta = \int_A^B \frac{M_p \overline{M}}{EI} dx = \frac{1}{EI} \int_A^B x\tan\alpha \times M_p \times dx = \frac{\tan\alpha}{EI} \int_A^B x dw \tag{10.12}$$

式中 $dw = M_P dx$ 为 M_p 图中阴影线的微面积。故 $x dw$ 是这个微面积 dw 对 y 轴的一次矩。因而 $\int_A^B x dw$ 为整个 M_p 图的面积对 y 轴的一次矩。根据面积矩定理,它应等于 M_p 图的面积 w 乘以其形心 C 到 y 轴的距离 x_C ,即

$$\int_A^B x dw = w \cdot x_C$$

代入(10.12)式,则有

$$\int_A^B \frac{M_p \overline{M}}{EI} dx = \frac{\tan\alpha}{EI} w x_C \tag{10.13}$$

但 $x_C \tan\alpha = y_C$,这里 y_C 为 M_p 图的形心 C 处所对应的 $\overline{M}$ 图的竖标,故(10.13)式又可写成

$$\int_A^B \frac{M_p \overline{M}}{EI} dx = \frac{1}{EI} w \times y_C \tag{10.14}$$

由此可知,计算位移的积分就等于一个弯矩图的面积 w 乘以其形心所对应的另一个直线弯矩图上的竖标 y_C ,再除以 EI,于是积分运算转化为数值乘除运算,此法即称图乘法。

如果结构上各杆段均可图乘,则位移计算公式(10.14)可写成

$$\Delta = \sum \int_l \frac{\overline{M}M_p}{EI}dx = \sum \frac{wy_C}{EI} \tag{10.15}$$

若面积 w 与 y_C 在杆件同一侧，则乘积取正号，否则取负号。

下面指出应用图乘法计算位移的几个具体问题。

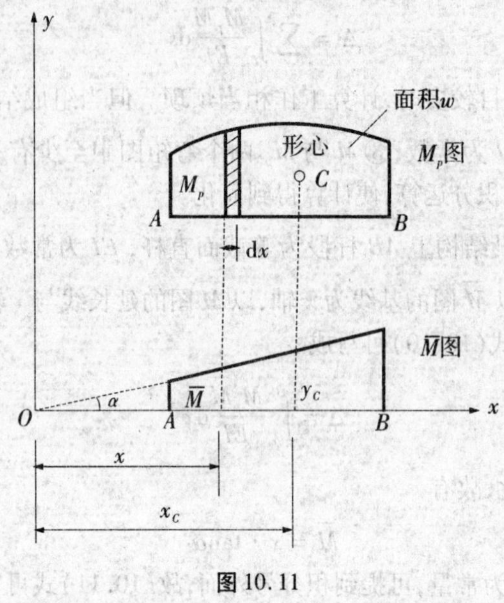

图 10.11

当结构某一根杆件的 $\overline{M}$ 图为折线形时，或者各杆段的截面不相等时，均应分段图乘，然后进行叠加。

竖标 y_C 只能由直线弯矩图中取值。如果 M_p 与 $\overline{M}$ 图都是直线，则 y_C 可取自其中任一个图形。

当图形比较复杂，其面积或形心位置不易直接确定时，可采用叠加法。将图形分解成几个易于确定各自面积或形心位置的部分，然后将这些部分与另一图形作图乘运算，再将所得结果相叠加。例如，图 10.15(a)所示两个梯形应用图乘法，可不必求梯形的形心位置，而将其中一个梯形（设为 M_p 图）分成两个三角形，分别图乘后再叠加。这时，$M_p = M_{p1} + M_{p2}$，故

$$\begin{aligned}\Delta &= \sum \int_l \frac{\overline{M}M_p}{EI}dx = \sum \int_l \frac{\overline{M}(M_{p1} + M_{p2})}{EI}dx = \frac{1}{EI}\left(\int_l \overline{M}M_{p1}dx + \int_l \overline{M}M_{p2}dx\right) \\ &= \frac{1}{EI}(w_1y_1 + w_2y_2)\end{aligned} \tag{10.16}$$

其中

$$\left.\begin{aligned}\omega_1 = \frac{1}{2}al \qquad \omega_2 = \frac{1}{2}bl \\ y_1 = \frac{2}{3}c + \frac{1}{3}d \qquad y_2 = \frac{1}{3}c + \frac{2}{3}d\end{aligned}\right\} \tag{10.17}$$

将式(10.17)代入式(10.16)并整理，可得

$$\sum \int_l \frac{\overline{M}M_p}{EI}\mathrm{d}x = \frac{l}{6EI}(2ac + 2bd + ad + bc) \tag{10.18}$$

当 M_p 和 $\overline{M}$ 图都是直线图形时，可以广泛地直接应用式(10.18)。若 a 、b 、c 、d 四个竖标位于基线两侧，在计算时可以规定基线某一侧为正，另一侧即为负。例如图 10.12(b)所示两个图形采用图乘法，在应用式(10.18)计算时，取上侧为正，下侧为负，即竖标 a 、d 取正值，b 、c 取负值。在图 10.12(b)中的 M_p 和 $\overline{M}$ 图上，分别以虚线作辅助线，可将 M_p 图分为 ABC 和 ABD 两个三角形，与其形心相对应的 $\overline{M}$ 图上的竖标不难求出，即可对图 10.12(b)作图乘运算，从而检验式(10.18)的正确性。如果相乘的两个图形中有一个为三角形，也可以应用式(10.18)计算，这时只需取相应的三角形角点处的竖标为零即可。

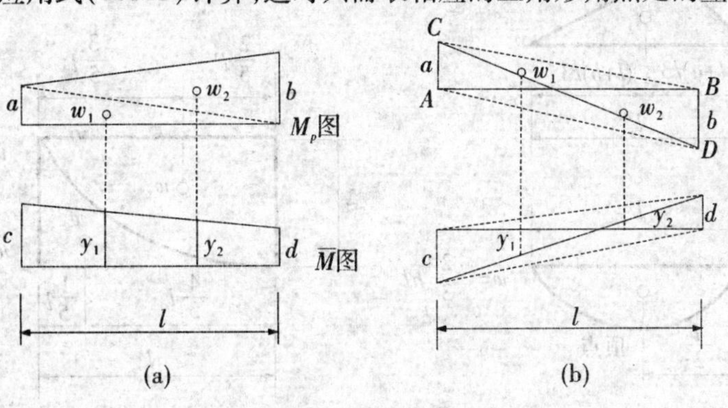

图 10.12

对于图 10.13 所示由于均布荷载 q 所引起的 M_p 图，可以把它看作是两端弯矩竖标所连成的梯形 $ABCD$ 与相应简支梁在均布荷载作用下的弯矩图叠加而成，后者即为虚线 CD 与曲线之间所围部分。将 M_p 图分解成上述两个简单图形后，分别与 $\overline{M}$ 图作图乘运算，再相叠加，即得所求结果。

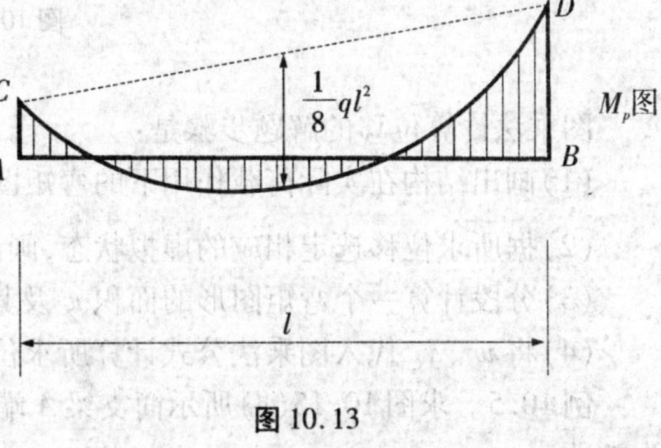

图 10.13

图 10.14 给出了位移计算时常见的几种曲线的面积和形心的位置。在应用抛物线图形的公式时，必须注意图形在顶点处的切线应与基线平行。

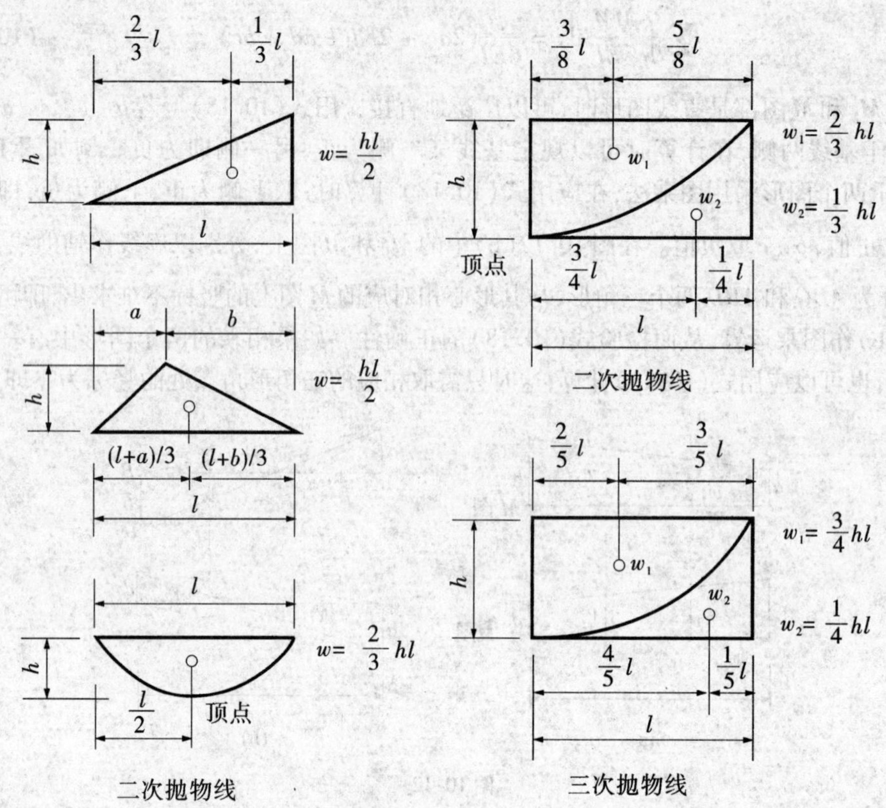

图 10.14

图乘法计算位移的解题步骤是：

(1)画出结构在实际荷载作用下的弯矩图 M_p；

(2)据所求位移选定相应的虚拟状态，画出单位弯矩图 $\overline{M}$；

(3)分段计算一个弯矩图形的面积 w 及其形心所对应的另一个弯矩图形的竖标 y_C；

(4)将 w、y_C 代入图乘法公式计算所求位移。

例 10.5 求图 10.15(a)所示简支梁 A 端角位移 φ_A 及跨中 C 点的竖向位移 Δ_{CV}。EI 为常数。

解 (1)求 φ_A

①实际荷载作用下的弯矩图 M_p 如图 10.15(b)所示；

②在 A 端加单位力偶 $m=1$，其单位弯矩图 $\overline{M}$ 如图 10.15(c)所示；

③ M_p 图面积及其形心对应 $\overline{M}$ 图竖标分别为

$$w=\frac{2}{3}\times\frac{1}{8}ql^2\times l=\frac{ql^3}{12},\ y_C=\frac{1}{2}$$

④计算 φ_A

$$\varphi_A=\frac{1}{EI}w\,y_C=\frac{1}{EI}\times\frac{ql^3}{12}\times\frac{1}{2}=\frac{ql^3}{24EI}\text{（顺时针）}$$

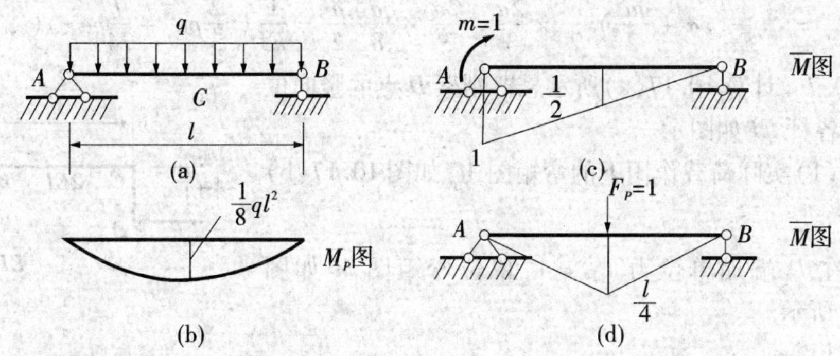

图 10.15

(2)求　Δ_{CV}

① M_p 图仍如图 10.15(b)所示;

②在 C 点加单位力 $F_P=1$,单位弯矩图 $\overline{M}$ 如图 10.15(d)所示;

③计算 w 、y_C 。由于 $\overline{M}$ 图是折线形,故应分段图乘再叠加。因两个弯矩图均对称,故计算一半取两倍即可。

$$w=\frac{2}{3}\times\frac{1}{8}ql^2\times\frac{l}{2}=\frac{ql^3}{24},\ y_c=\frac{5}{8}\times\frac{l}{4}=\frac{5}{32}l$$

④ Δ_{CV}

$$\Delta_{CV}=2\frac{1}{EI}wy_C=2\times\frac{1}{EI}\times\frac{ql^3}{24}\times\frac{5l}{32}=\frac{1}{EI}\frac{5}{384}ql^4\ (\downarrow)$$

例 10.6　试求图 10.16(a)所示的梁在已知荷载作用下,A 截面的角位移 φ_A 及 C 点的竖向线位移 Δ_{CV} 。EI 为常数。

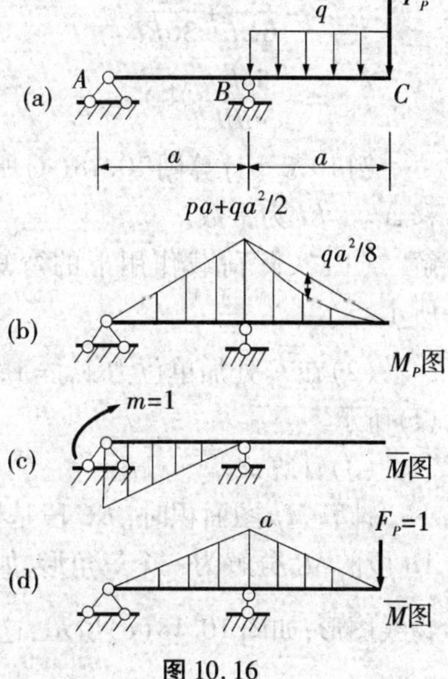

图 10.16

解　(1)分别建立在 $m=1$ 及 $F_P=1$ 作用下的虚设状态,如图 10.16(c)、(d)所示。

(2)分别作荷载作用和单位力作用下的弯矩图,如图 10.16(b)、(c)、(d)。

(3)图形相乘。将图(b)与图(c)相乘,则得

$$\varphi_A=\frac{1}{2}a(pa+qa^2)\left(\frac{1}{3}\times\frac{1}{EI}\right)$$

$$=-\frac{1}{EI}\left(\frac{pa^2}{6}+\frac{qa^3}{12}\right)(逆时针)$$

结果为负值,表示 φ_A 的方向与 $m=1$ 的方向相反。

计算 Δ_{CV} 时,将图(b)与图(d)相乘,这里必须注意的是 M_p 图 BC 段的弯矩图是非标准的抛物线,所以图乘时不能直接代入公式,应将此部分面积分解为两部分,然后叠加,则得

$$\Delta_{CV} = \frac{1}{EI}(pa + \frac{qa^2}{2})\ \frac{a}{2} \times \frac{2a}{3} - \frac{2a}{3} \times \frac{qa^2}{8}\ \frac{a}{2} = \frac{1}{EI}(\ \frac{2}{3}pa^3 + \frac{7}{24}qa^4\ )(\downarrow)$$

例 10.7 计算 10.17(a)所示悬臂刚架 D 点的竖向位移 Δ_{DV}。各杆 EI 如图示。

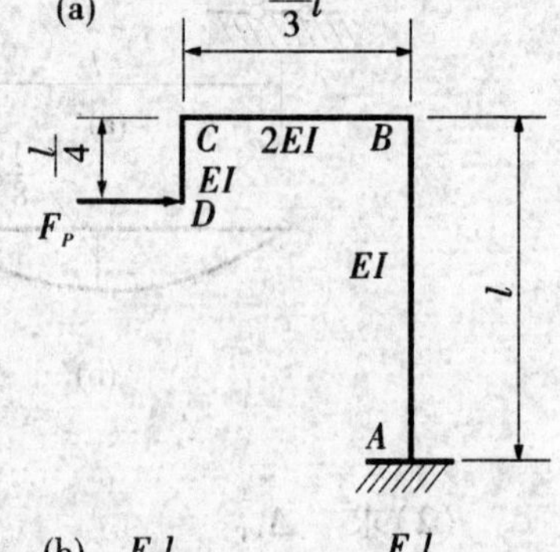

解 (1)实际荷载作用下的弯矩图 M_p 如图 10.17(b)所示。

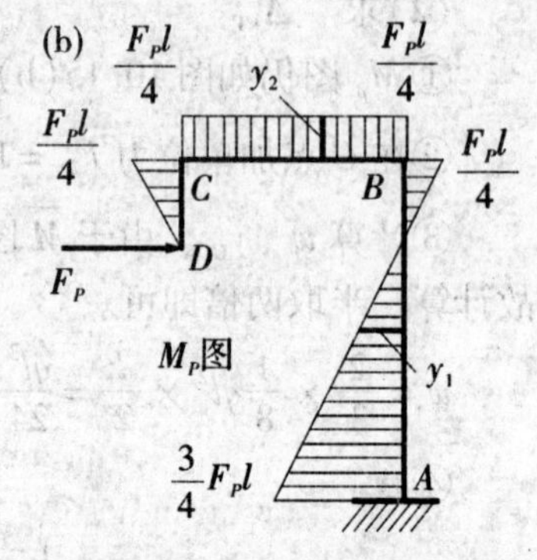

(2)在 D 端加单位力 $F_P = 1$,单位弯矩图 $\overline{M}$ 如图 10.17(c)所示。

(3)计算 w、y_C

图乘时应分 AB、BC、CD 三段进行,由于 CD 段 $\overline{M} = 0$,可不必计入。故只计算 AB、BC 两段。

AB 段: $w_1 = l \times \frac{2}{3}l = \frac{2}{3}l^2$(取自 $\overline{M}$ 图),$y_1 = \frac{F_Pl}{4}$

BC 段: $w_2 = \frac{1}{2} \times \frac{2}{3}l \times \frac{2}{3}l = \frac{2}{9}l^2$,$y_2 = \frac{F_Pl}{4}$

(4)计算 Δ_{DV}

$$\Delta_{DV} = \frac{1}{EI}(\ w_1 y_{C_1}) + \frac{1}{2EI}(\ w_2 y_{C2}\ )$$

$$= -\frac{1}{EI}(\frac{2}{3}l^2 \times \frac{F_Pl}{4}) + \frac{1}{2EI}(\frac{2}{9}l^2 \times \frac{F_Pl}{4})$$

$$= -\frac{pl^3}{6EI} + \frac{pl^3}{36EI}$$

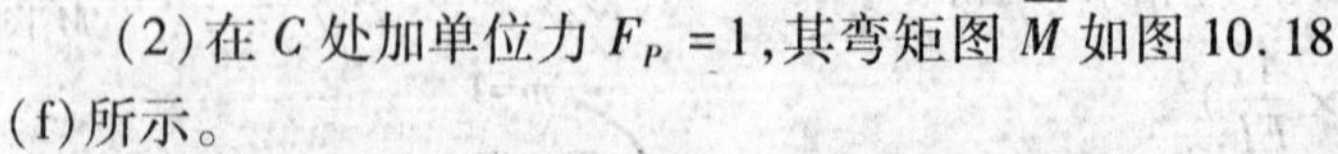

$$= -\frac{5pl^3}{36EI}(\uparrow)$$

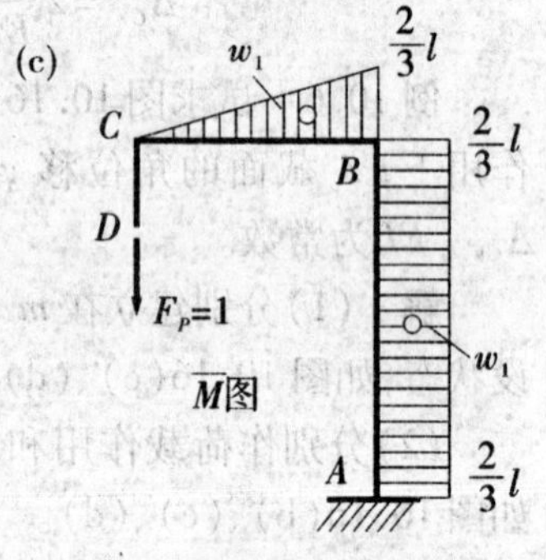

图 10.17

例 10.8 计算图 10.18(a)所示外伸梁 C 点的竖向位移 Δ_{CV}。EI 为常数。

解 (1)实际荷载作用下的弯矩图 M_p 如图 10.18(b)所示。

(2)在 C 处加单位力 $F_P = 1$,其弯矩图 $\overline{M}$ 如图 10.18(f)所示。

(3)计算 w、y_C

计算 M_P 图面积时,BC 段是标准二次抛物线,而 AB 段不是标准抛物线。为此,可将 AB 段的 M_P 分解为一个三角形,如图 10.18(d)所示,和一个顶点在 AB 跨中的标准二次抛物线图形,如图 10.18(e)所示,这相当于把 BC 段切断,并以相应的剪力 $F_{SBA} = \frac{1}{2}ql$,弯矩 $M_{BA} = \frac{1}{8}ql^2$ 作用于 AB 段的 B 端,在 AB 全跨作用有均布荷载 q 的简支梁如图 10.18(c)所示,因此,其弯矩图形面积和形心位置均易确定。分别计算如下:

BC：$w_1 = \frac{1}{3} \times \frac{1}{8}ql^2 \times \frac{l}{2} = \frac{ql^3}{48}$，$y_1 = \frac{3}{8}l$

AB 段：$w_2 = \frac{1}{2} \times \frac{1}{8}ql^2 \times l = \frac{ql^3}{16}$，$y_2 = \frac{1}{3}l$，$w_3 = \frac{2}{3} \times \frac{1}{8}ql^2 \times l = \frac{ql^3}{12}$，$y_3 = \frac{1}{4}l$

(4)计算 Δ_{CV}

$$\begin{aligned}\Delta_{CV} &= \frac{1}{EI}(w_1y_1 + w_2y_2 + w_3y_3) \\ &= \frac{1}{EI}\left(\frac{ql^3}{48} \times \frac{3}{8}l + \frac{ql^3}{16} \times \frac{1}{3}l + \frac{ql^3}{12} \times \frac{1}{4}l\right) \\ &= \frac{ql^4}{128EI}(\downarrow)\end{aligned}$$

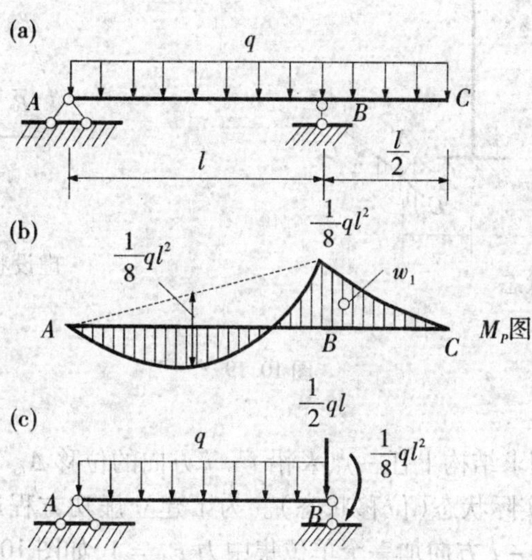

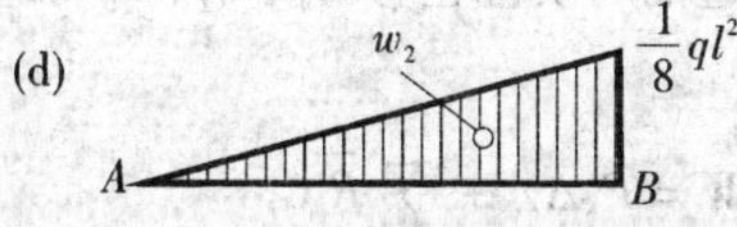

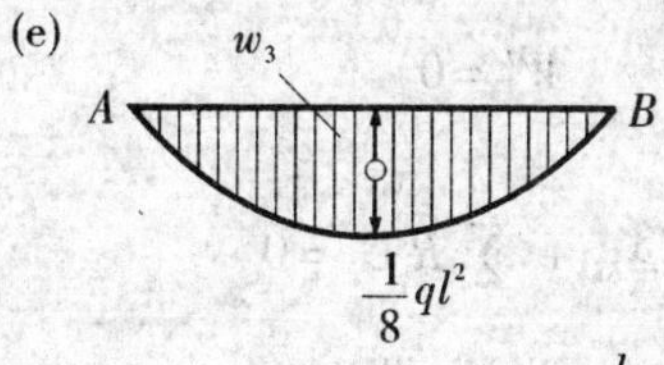

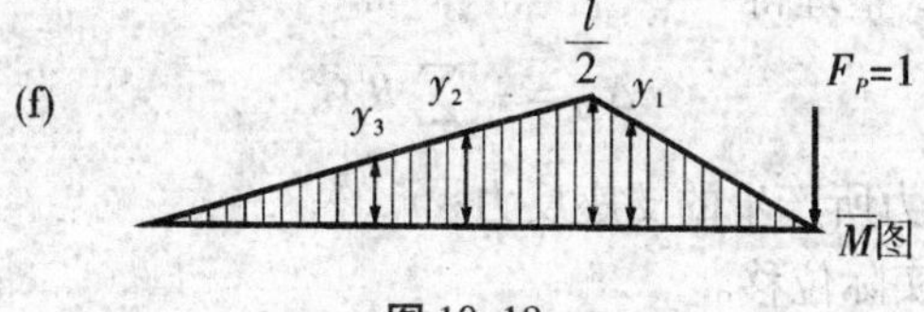

图 10.18

10.6 静定结构在支座移动时的位移计算

静定结构由于支座移动或制造误差，不引起任何内力，且其内部亦不产生变形，但整个结构产生位移（属刚体位移）。如图10.19(a)所示刚架，支座移动为C_1、C_2、C_3，致使整个结构移动到了虚线位置如图10.19(a)所示。

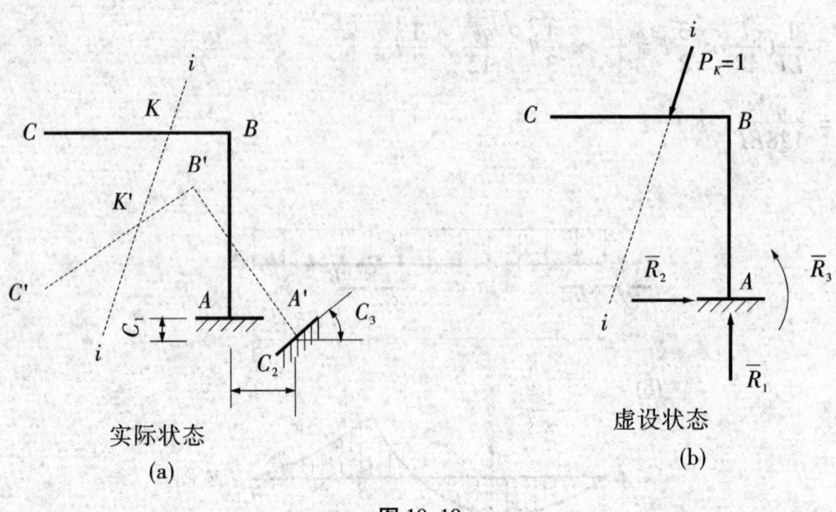

图10.19

下面利用虚功原理求结构上任一点K沿$i-i$方向的位移Δ_{Ki}。

以图10.19(a)为实际状态（位移状态）。为了建立虚功方程还需选取虚拟状态（力状态），为此在K点沿$i-i$方向加一个单位集中力$P_K=1$，如图10.19(b)所示。

容易计算出由于$P_K=1$而引起的与实际位移C_1、C_2、C_3相应的支座反力$\overline{R_1}$、$\overline{R_2}$、$\overline{R_3}$。外力虚功为

$$W=P_K\Delta_{Ki}+\sum\overline{R}_iC_i \tag{10.19}$$

而内力虚功应等于零，即

$$W'=0 \tag{10.20}$$

由虚功原理$W=W'$，即

$$P_K\Delta_{Ki}+\sum\overline{R}_iC_i=0$$

而$P_K=1$，代入上式整理得

$$\Delta_{Ki}=-\sum\overline{R}_iC_i \tag{10.21}$$

式中 $\overline{R}$——虚设单位力所产生的支座反力；

C——支座处的实际位移。

式(10.21)就是静定结构在支座移动时的位移计算公式。当$\overline{R}$与C的方向一致时，两者乘积取正值，否则取负值。应注意式(10.21)本身由于移项而带有一个负号，计算时

不可遗漏。

例 10.9　已知简支梁 AB 跨度为 l，右支座 B 竖直下沉 Δ，如图 10.20(a)所示。试求梁中点 C 的竖向位移 Δ_{CV}。

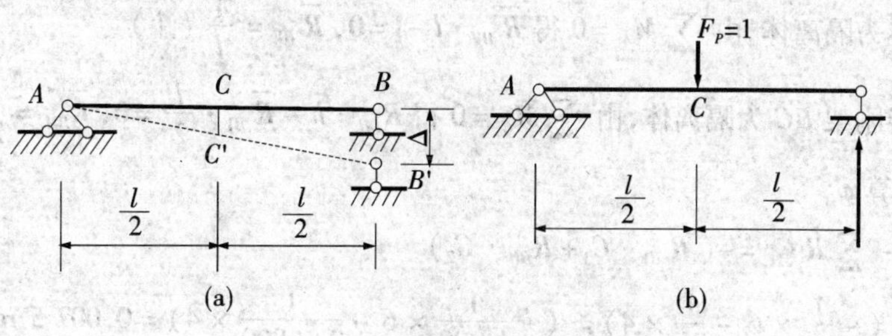

图 10.20

解　(1)在梁中点 C 处加单位力 $F_P=1$，如图 10.20(b)所示。

(2)计算单位荷载作用下的支座反力

由于 A 支座无位移，故只需计算 B 支座反力 $\overline{R}_B$ 即可。

由于对称，B 支座反力

$$\overline{R}_B=\frac{1}{2}(\uparrow)$$

(3)计算 Δ_{CV}

$$\Delta_{CV}=-\sum\overline{R}_iC_i=-\left(-\frac{1}{2}\Delta\right)=\frac{\Delta}{2}(\downarrow)$$

计算结果为正，说明 Δ_{CV} 与虚设单位力的方向一致。

例 10.10　三铰刚架的跨度 $l=12$ m，高为 $h=8$ m。已知右支座 B 发生了竖直沉陷 $C_1=6$ cm，同时水平移动了 $C_2=4$ cm(向右)，如图 10.21(a)所示。试求由此引起的左支座 A 处的杆端转角 φ_A。

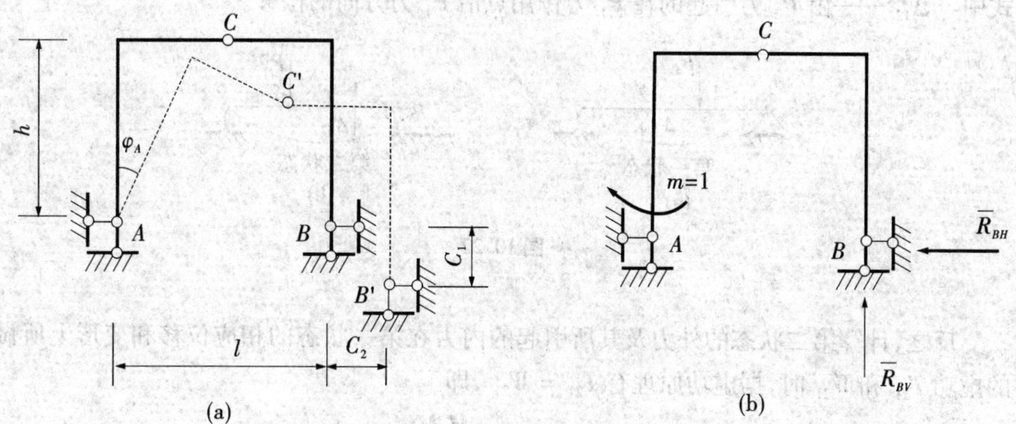

图 10.21

解 (1)在 A 处虚设单位力偶 $m=1$,如图 10.21(b)所示。

(2)计算单位荷载作用下的支座反力

由于 A 支座无位移,故只需计算 B 支座反力即可。

取整体为隔离体,由 $\sum M_A=0$ 得 $\overline{R}_{BV}\cdot l-1=0$, $\overline{R}_{BV}=\dfrac{1}{l}(\uparrow)$

取右半刚架 BC 为隔离体,由 $\sum M_C=0$ 得 $\overline{R}_{BH}\cdot h-\overline{R}_{BV}\cdot\dfrac{l}{2}=0$, $\overline{R}_{BH}=\dfrac{1}{2h}(\leftarrow)$

(3)计算 φ_A

$$\varphi_A=-\sum\overline{R}_iC_i=-(\overline{R}_{BV}\cdot C_1+\overline{R}_{BH}\cdot C_2)$$

$$=-\left(-\frac{1}{l}\times6-\frac{1}{2h}\times4\right)=\left(-\frac{1}{1\ 200}\times6-\frac{1}{2\times800}\times4\right)=0.007\ 5\ \text{rad}(\text{顺时针})$$

计算结果为正,说明 φ_A 与虚设单位力偶 $m=1$ 的转向一致。

10.7 线弹性体系的互等定理

线弹性体有三个互等定理:功的互等定理,位移互等定理,反力互等定理。其中功的互等定理是最基本的互等定理,后两个都是在特定的条件下由它导出的。这些互等定理在超静定结构的内力计算中将得到应用。

10.7.1 功的互等定理

如图 10.22 所示简支梁,分别作用两组外力 P_1 与 P_2,并分别称为第一状态(图 10.22a)和第二状态(图 10.22b)。计算第一状态的外力及其所引起的内力在第二状态的相应位移和变形上所做的虚功 T_{12} 和 W_{12} 时,据虚功原理有 $T_{12}=W_{12}$,即

$$p_1\Delta_{12}=\sum\int\frac{M_1M_2}{EI}\text{d}x \tag{10.22}$$

式中 Δ_{12} ——由 P_2 力引起的在 P_1 力作用点沿 P_1 力方向的位移。

图 10.22

反之,计算第二状态的外力及其所引起的内力在第一状态的相应位移和变形上所做的虚功 T_{21} 和 W_{21} 时,据虚功原理有 $T_{21}=W_{21}$,即

$$P_2\Delta_{21}=\sum\int\frac{M_2M_1}{EI}\text{d}x \tag{10.23}$$

式中 Δ_{21} ——由 P_1 力引起的在 P_2 力作用点沿 P_2 力方向的位移。

比较(10.22)、(10.23)两式,有

$$P_1\Delta_{12} = P_2\Delta_{21} \tag{10.24}$$

亦可写为

$$T_{12} = T_{21} \tag{10.25}$$

上式表明:第一状态的外力在第二状态的位移上所做的虚功,等于第二状态的外力在第一状态的位移上所做的虚功。这就是功的互等定理。

10.7.2　位移互等定理

在功的互等定理中,假如两个状态中的荷载是单位力时(即 $P_1=1$, $P_2=1$),为了明显起见,由单位力所引起的位移,用小写字母 δ_{12}、δ_{21} 表示,如图10.23所示。代入功的互等定理式(10.25),则有 $1\times\delta_{12}=1\times\delta_{21}$ 即

$$\delta_{12} = \delta_{21} \tag{10.26}$$

这就是位移互等定理。它表明:第二个单位力($P_2=1$)在第一个单位力作用点沿其方向所引起的位移(δ_{12}),等于第一个单位力($P_1=1$)在第二个单位力作用点沿其方向所引起的位移(δ_{21})。

应当注意:这里的单位力是广义力,位移是相应的广义位移。例如图10.24所示的两个状态中,根据位移互等定理,应有 $\varphi_A=\Delta_C$。其中

$$\varphi_A = \frac{Pl^2}{16EI},\quad \Delta_C = \frac{Ml^2}{16EI}$$

当 $P_1=1$, $M=1$ 时, $\varphi_A=\Delta_C=\dfrac{l^2}{16EI}$。可见,尽管 φ_A 是单位力引起的角位移, Δ_C 是单位力偶引起的线位移,物理意义不同,但两者在数值上是相等的,量纲也相同。

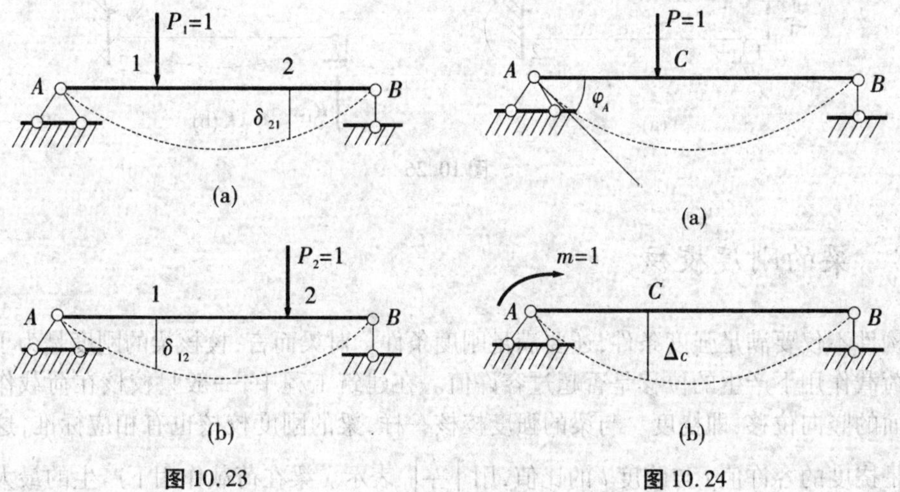

图10.23　　图10.24

10.7.3　反力互等定理

此定理也是功的互等定理的一个特殊情况:并且只适用于超静定结构。如图10.25

(a)、(b)是同一结构,处在两个不同的状态。图10.25(a)中1支座发生单位位移,即$\Delta_1=1$,在2支座引起的支座反力以R_{21}表示;图10.25(b)中2支座发生单位位移,即$\Delta_2=1$,在1支座引起的支座反力以R_{12}表示。

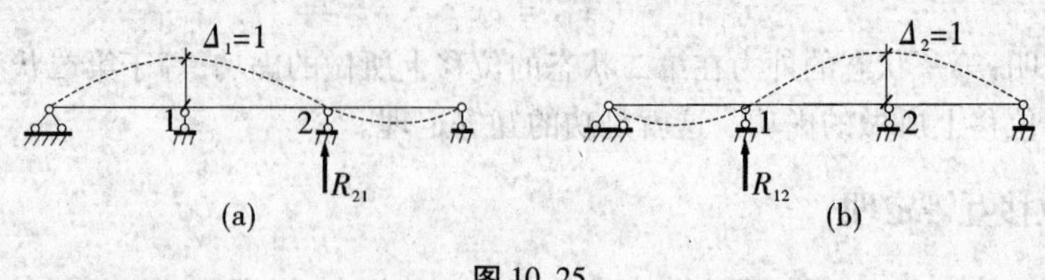

图10.25

由功的互等定理可得

$$R_{21}\Delta_2=R_{12}\Delta_1$$

因为$\Delta_1=\Delta_2=1$,故

$$R_{21}=R_{12} \tag{10.27}$$

上式称为反力互等定理,即支座1发生单位位移,在支座2处引起的反力,等于支座2发生单位位移,在支座1处引起的反力。

这一定理对结构上任何两个支座都适用,但应注意反力与位移在做功的关系上应相对应,力对应于线位移,力偶对应于角位移。

图10.26(a)、(b)中所示,表示反力互等第一个例子。应用上述定理可知反力R_{12}与反力偶R_{21}相等,虽然它们一个代表力,一个代表力偶,两者含义不同,但在数值上是相等的。

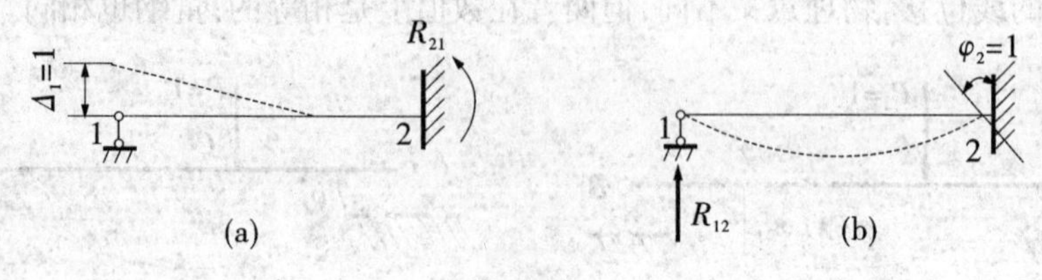

图10.26

10.8 梁的刚度校核

构件不仅要满足强度条件,还要满足刚度条件。对梁而言,校核梁的刚度是为了检查梁在荷载作用下产生的位移是否超过容许值。在建筑工程中,一般只校核在荷载作用下梁截面的竖向位移,即挠度。与梁的强度校核一样,梁的刚度校核也有相应标准,这个标准就是挠度的容许值f与跨度l的比值,用$\left[\frac{f}{l}\right]$表示。梁在荷载作用下产生的最大挠度y_{max}与跨度l的比值不能超过$\left[\frac{f}{l}\right]$,即

$$\frac{y_{max}}{l}\leqslant\left[\frac{f}{l}\right] \tag{10.28}$$

式(10.28)就是梁的刚度条件。根据不同的工程用途,在有关规范中,$\left[\frac{f}{l}\right]$ 值均有具体的规定。

在对梁进行刚度校核后,当发现梁的变形太大而不能满足刚度要求时,就要设法减小梁的变形。以承受满跨均匀荷载的简支梁为例,梁跨中的最大挠度为

$$y_{\max}=\frac{5ql^4}{384EI}$$

从式中看到,当荷载 q 一定时,梁的最大挠度决定于截面惯性矩 I 、跨度 l 及材料的弹性模量 E 。挠度与截面惯性矩 I 成反比,I 愈大,梁产生的变形就愈小。因此,采用惯性矩比较大的工字形、槽形等截面是合理的。当采用矩形截面时,由于梁的惯性矩与截面高度的三次方成正比,应尽量增加梁高,以减小挠度。挠度与跨度 l 的四次方成正比,说明跨度 l 对梁的变形影响很大。因而,减小梁的跨度或在梁的中间增加支座,将是减小变形的有效措施。至于材料的弹性模量 E ,虽然也与挠度成反比,但由于同类材料的 E 值相差不多,故从材料方面来提高刚度的作用不大。例如,普通钢材与高强度钢材的 E 值基本相同,从刚度角度上看,采用高强度材料是没有什么意义的。

例 10.11　图 10.27 所示悬臂梁,在自由端承受集中力 $P=10$ kN 的作用,梁采用 32a 号工字钢,其弹性模量 $E=2.1\times10^5$ MPa 。已知 $l=4$ m , $\left[\frac{f}{l}\right]=\frac{1}{400}$,试校核梁的刚度。

解　(1)计算梁的最大挠度

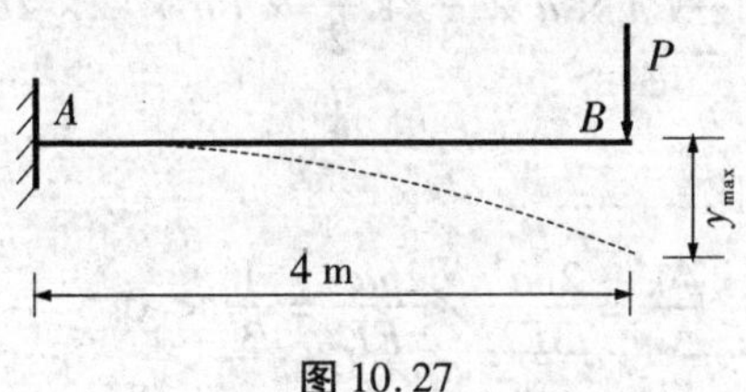

图 10.27

查得 32a 号工字钢的惯性矩为

$$l_z=1.11\times10^{-4}\ \mathrm{m}^4$$

梁的最大挠度为

$$y_{\max}=\frac{Pl^3}{3EI_z}=\frac{10\times10^3\times4^3}{3\times2.1\times10^{11}\times1.11\times10^{-4}}=0.92\times10^{-2}\ \mathrm{m}$$

(2)刚度校核

代入刚度条件式(10.34)得

$$\frac{y_{\max}}{l}=\frac{0.92\times10^{-2}}{4}=0.0023<\frac{1}{400}=0.002\,5$$

满足刚度要求。

例 10.12　图 10.28(a)所示悬臂刚架,在 D 端受水平力 P 的作用,要求节点 B 的水平位移 Δ_B 与 Δ_D 之比小于 0.5,试校核这一刚度条件是否满足。EI =常数。

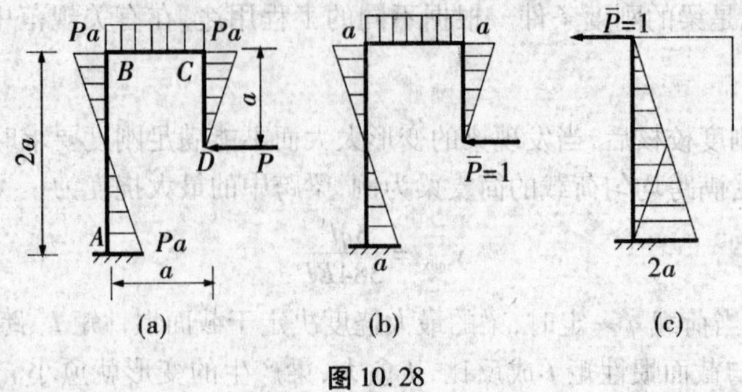

(a) (b) (c)

图 10.28

解 (1)求 D、B 点的水平位移

作 M_P 图如图 10.28(a)所示。

为求 D 点水平位移 Δ_D，在点 D 加水平力 $\overline{P}=1$，弯矩图如图 10.28(b)所示。分段进行图乘，有

$$\Delta_D = \frac{1}{EI} \times \frac{1}{2} Pa \times a \times \frac{2a}{3} \times 3 + \frac{1}{EI} \times Pa \times a \times a = \frac{2pa^3}{EI}$$

为求 B 点水平位移 Δ_B，在点 B 加水平力 $\overline{P}=1$，弯矩图如图 10.28(c)所示。将立柱分上、下两段进行图乘，有

$$\Delta_B = \frac{1}{EI} \times \left(-\frac{1}{2} Pa \times a \times \frac{a}{3} + \frac{1}{2} \times Pa \times a \times 2a \times \frac{5}{6}\right) = \frac{2pa^3}{3EI}$$

(2)刚度条件校核

B、D 两点水平位移之比

$$\frac{\Delta_B}{\Delta_D} = \frac{2pa^3}{3EI} \Big/ \frac{2pa^3}{EI} = \frac{1}{3} < 0.5$$

满足刚度要求。

章后小结

在静定与超静定分析中，本章内容起着承上启下的作用：它既是静定部分的结尾，又是超静定部分的先导。因而掌握好本章的内容，有着重要的意义。

1. 虚功原理有两种应用：虚设位移求约束力，虚设力系求位移。本章着重讨论后一用法。位移计算的基本方法是单位荷载法，单位荷载法的基本环节是根据拟求位移虚设相应的单位荷载。

对位移计算的基本公式的正确理解和灵活运用是本章的主要内容，应掌握以下几点：

(1)分清公式中包含的两套物理量，一套是给定的，另一套是虚设的。

(2)了解公式在各种具体条件下的简化形式。

(3)了解图乘法的应用条件，熟练掌握计算方法。

(4)在虚功计算中，位移计算问题主要归结为内力计算问题。因此，在学习位移计算

的同时应提高内力计算的能力。

对这些内容应通过一定量的习题，以求切实掌握。

2. 线性弹性体系互等定理是力学的基本原理。首先要熟悉它的内容和适用条件，然后在运用中逐步加深理解。

3. 工程设计中，构件和结构不但要满足强度条件，还应满足刚度条件，把位移控制在允许的范围内。

思考题

1. 试说明结构在荷载作用下或支座移动时位移计算公式中各项的物理意义。

2. 计算位移时为什么要虚设单位力？应根据什么原则虚设单位力？试举例说明。

3. 应用单位荷载法求位移时，如何确定所求位移的方向？

4. 图乘法的应用条件是什么？利用图乘法计算位移时，正负号如何确定？

5. 下列各图是否正确？如不正确应如何改正(图 10.29)？

6. 功的互等定理指哪两种虚功相等？位移互等定理应如何理解？

7. 如何有效提高梁的刚度？

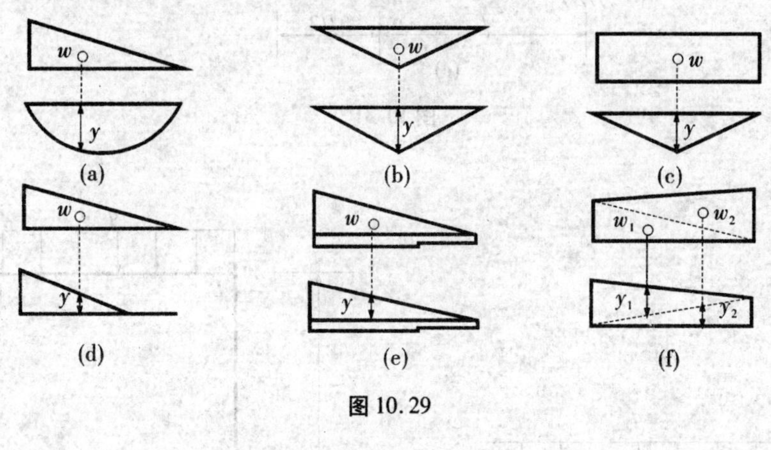

图 10.29

习　题

1. 如图 10.30 所示结构，当：(1) 支座 A 向左移动 10 mm 时；(2) 支座 A 下沉 10 mm 时；(3) 支座 B 下沉 10 mm 时。分别求 D 点的水平位移。

2. 用积分法求下列结构中 B 处的转角和 C 点的竖向位移。EI = 常数。

3. 试分别用积分法和图乘法求图 10.32 所示悬臂梁 B 端的竖向位移 Δ_{BV}。梁的 EI = 常数。

4. 试分别用积分法和图乘法求图 10.33 所示悬臂刚架 C 端竖向位移 Δ_{CV}。刚架各杆 EI = 常数。

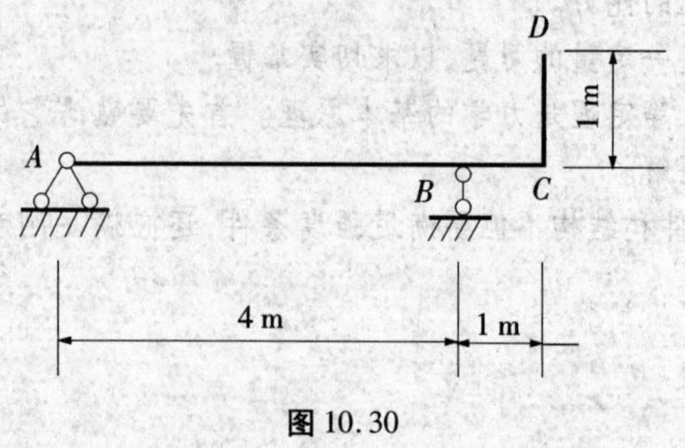

图 10.30

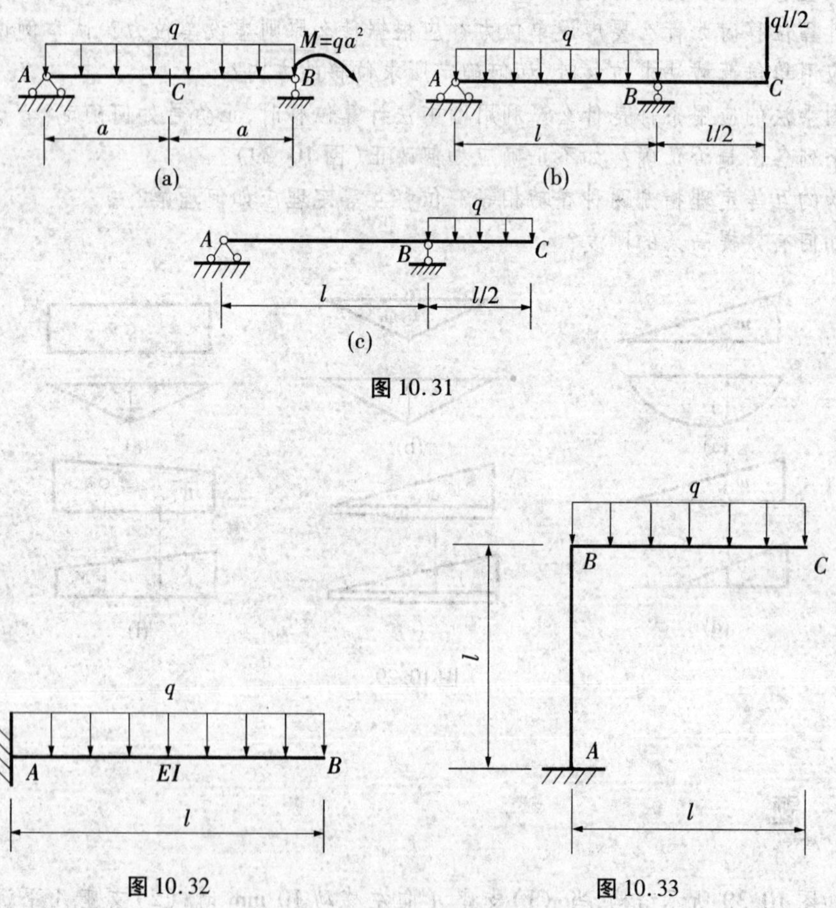

图 10.31

图 10.32

图 10.33

5. 试分别用积分法和图乘法求图 10.34 所示简支梁跨中截面 C 的竖向位移 Δ_{CV} 和 A 截面转角 φ_A 。梁的 EI=常数。

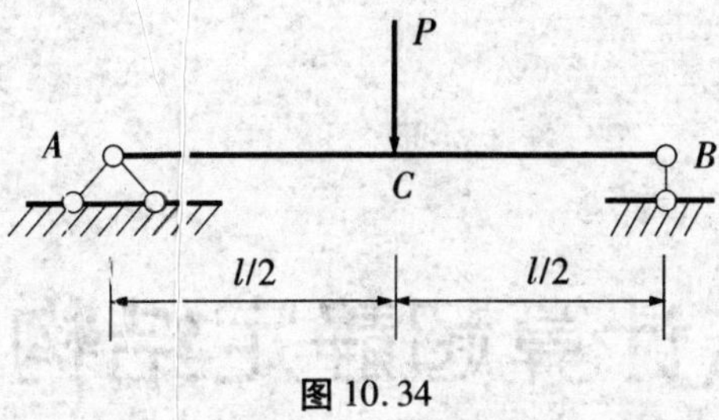

图10.34

6. 试求图10.35所示桁架节点 C 的竖向位移 Δ_{CV}。已知各杆截面均为 $A=20\ \text{cm}^2$，$E=2.1\times10^4\ \text{kN/cm}^2$，$P=40\ \text{kN}$，$d=2\ \text{m}$。

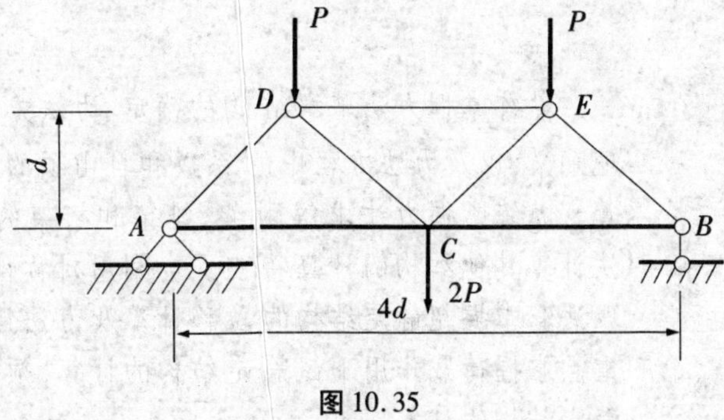

图10.35

7. 试用图乘法计算图10.36所示刚架截面 D 的竖向位移 Δ_{DV}。刚架各杆 EI = 常数。

8. 试用图乘法计算图10.37所示刚架 B 点水平位移 Δ_{BH} 和 A 截面转角 φ_A。刚架各杆 EI = 常数。

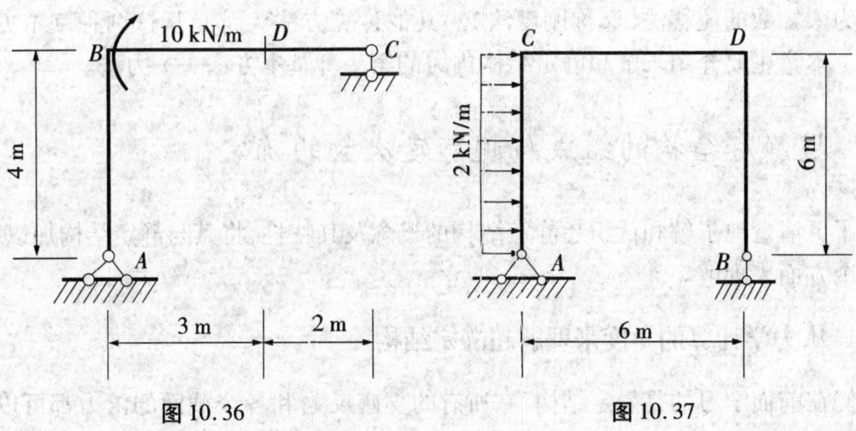

图10.36 图10.37

第11章 用力法计算超静定结构

教学提示 熟练掌握力法基本结构的确定、力法方程的建立及其物理意义，以及力法方程中的系数和自由项的物理意义及其计算。熟练掌握力法求解刚架、排架和桁架的内力，了解用力法计算其他结构的计算特点。会利用对称性，掌握半结构的取法。掌握超静定结构的位移计算及力法计算结果的校核。重点掌握荷载作用下超静定结构的计算，领会其他因素下超静定结构的计算。

超静定结构是工程实践中常见的一类结构。在前面章节中已给出了静定结构与超静定结构的基本概念，在具体求解超静定结构的内力时，根据计算途径的不同，归纳起来，基本上可以分为两类：一类是以多余未知力为未知数的力法（又称柔度法）；另一类是以节点位移为未知数的位移法（又称刚度法）。其他计算方法大都是从这两种基本方法演变而来的。本章主要介绍求解超静定结构内力的第一种基本方法——力法。

11.1 超静定结构的组成与超静定次数的确定

为了更清楚地了解和认识超静定结构的概念及其特性，将其与静定结构加以对比，从以下两个方面来理解。

11.1.1 从力学计算的角度来理解超静定结构

我们在前面学习的是静定结构，它所有的支座反力和各个截面的内力都可以用静力学平衡条件来确定。如图 11.1 所示简支梁就是一个典型的例子。

图 11.1

但是在工程实际中,有许多结构,它们的反力和内力不能够完全由静力平衡条件来确定,例如图示11.2(a)所示的梁,利用静力平衡条件只能够求出其中一个支座的水平反力,但是却不能够求出竖向反力和反力矩。又如图11.2(b)所示的混合结构,利用静力平衡条件可以求出全部支座反力,但是却不能求出全部杆件内力。

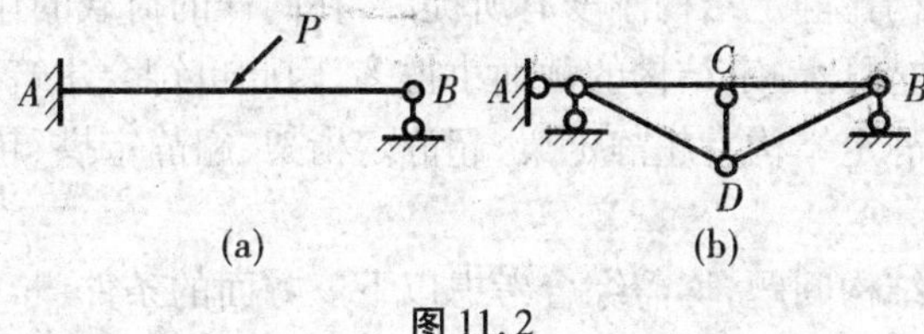

图11.2

因此,像这种不能够仅仅凭借静力平衡条件确定全部反力和内力的结构我们就称之为超静定结构。

11.1.2 从结构的几何组成分析来理解超静定结构

静定结构是没有多余连系的几何不变体系。若去掉其中任何一个连系,即成为几何可变体系。从另一个方面来讲,在静定结构中,任何一个连系,对维持其几何不变性都是必要的,我们称之为必要连系。对于超静定结构来说,若去掉某一个或某几个连系后,仍然可以是一个几何不变体系。如图11.2(a)所示超静定梁,去掉支座B处的链杆,就变成为静定悬臂梁,是几何不变体系。如图11.2(b)所示混合结构去掉内部任意一根链杆,仍为几何不变体系。对于以上两种情况,去掉的杆件我们就视为对维持原体系几何不变是多余的,称之为多余连系。与多余连系相对应的反力称为多余反力。

因此,具有多余约束(或多余未知力)的结构我们就称其为超静定结构。

有多余连系是超静定结构区别于静定结构的基本特性,从静力学方面来考虑就是具有多余约束力。

综合以上分析,超静定结构较之静定结构具有以下一些重要的性质:

(1)超静定结构具有多余约束力　静定结构的内力仅由静力平衡条件就可以全部确定下来,与组成结构的材料性质以及截面形状尺寸无关。超静定结构的内力不能够由静力平衡条件全部确定下来,需要补充变形条件,因此,超静定结构的内力与结构的材料性质以及截面形状尺寸有关。

(2)荷载不是引起超静定结构变形的唯一条件　静定结构当有支座移动、温度改变、制造误差等因素影响时,不会产生内力,而超静定结构由于具有多余连系,将阻碍由于上述原因而引起的结构变形,从而使结构产生内力。也就是说"无荷载,无内力"只适用于静定结构,而不适用于超静定结构。

(3)超静定结构增强了结构稳定性　静定结构当其任一连系被破坏后即变为几何可变体系,而不能够继续承受荷载。而超静定结构任一多余连系遭到破坏后,仍可能为几何不变体系,因而仍能够继续承受荷载,具有较强的防护能力。因此在设计工作中,应注意考虑这一特性。

(4)超静定结构的内力和变形相对分布比较均匀,峰值比较小　在局部荷载的作用下,超静定结构较之静定结构影响范围大,其峰值比较小,从而可以减小局部较大的内力和位移。

从结构刚度来进行考虑,在均布荷载的作用下,简支梁的最大挠度为两端固定梁的五倍。这说明超静定结构比静定结构刚度有所提高,在同样的荷载的作用下,在进行梁截面的设计时,超静定结构要比静定结构的截面小得多,因此也符合建筑上的经济性原则。

工程中常见的超静定结构有超静定梁、超静定桁架、超静定拱、超静定刚架等,在本章中将逐一介绍。

求解任何超静定结构问题,均需综合考虑以下三方面的条件:

(1)平衡条件　平衡条件即结构的整体及任何一部分的受力状态都应满足平衡方程。

(2)几何条件　几何条件也称为变形条件或位移条件、协调条件、相容条件等,即结构的变形和位移必须符合约束条件和各部分之间的变形连续条件。

(3)物理条件　物理条件即变形或位移与力之间的物理关系。

11.1.3 超静定结构次数的确定

在超静定结构中,由于具有多余未知力,使得平衡方程的数目少于未知力的数目,单靠平衡条件无法确定其全部反力和内力,还必须考虑位移条件以建立补充方程。一个超静定结构有多少个多余约束,相应便有多少个多余未知力,也就需要建立同样数目的补充方程,才能求解。因此,用力法计算超静定结构时,首先必须确定多余约束或多余未知力的数目。

多余约束或多余未知力的数目,称为超静定结构的超静定次数。

要确定超静定结构的次数必须先确定超静定结构的多余连系(或多余未知力的数目),由于超静定结构可以看作是在静定结构的基础上增加若干多余连系而构成,因此,确定超静定结构次数的方法是,去掉超静定结构的多余连系,使之变成静定结构,在变化的过程中,所去掉的多余连系的个数,或者多余未知力的个数就是超静定结构的次数。这种方法主要分为如下几种:

(1)去掉支座处的支杆或切断一根链杆,相当于去掉一个连系。

如图 11.3(a)所示连续梁,去掉 B 支座处链杆,变成对应的图 11.3(b)的简支梁,相当于去掉一个连系,所以是一次超静定结构;如图 11.3(c)所示混合结构,切断链杆 CD,变成 11.3(d)所示静定结构,相当于在刚片 AB 上增加一个二元体,相当于去掉一个连系,所以是一次超静定结构。

图 11.3(a)所示连续梁,还有另外去多余未知力的方法,如将支座 C 处链杆视为多余连系去掉,变成图 11.4(a)的外伸梁。也可以在连续杆上加一个铰,变成图 11.4(b)所示的多跨静定梁。所以是一次超静定结构。

显然,从上述的分析可以看出,超静定结构去掉多余连系的方式不止一种,但是必须注意不能够去掉必要连系,否则将变成几何可变体系。如图 11.3(a)所示不能去掉支座 A 处的水平链杆,因为去掉 A 支座水平链杆以后,将 AC 梁视为刚片Ⅰ,大地视为刚片Ⅱ,

两刚片由三根完全平行的链杆相连接，组成几何可变体系，而几何可变体系不能够在工程中使用。因此超静定结构的必要连系绝对不能够去掉。

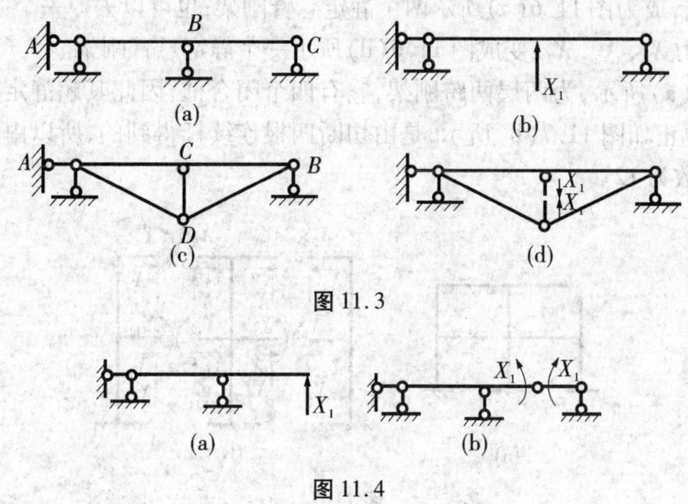

图11.3

图11.4

(2)去掉一个铰支座或去掉一个单铰，相当于去掉两个连系。

图11.5(a)所示刚架，可去掉C截面的单铰，代之以相应多余未知力X_1，X_2，变成图11.5(b)所示静定悬臂刚架。

(3)将一个刚节点变为单铰，将一根链杆切断，或者是将一个固定端支座位改为固定铰支座，相当于去掉一个连系。

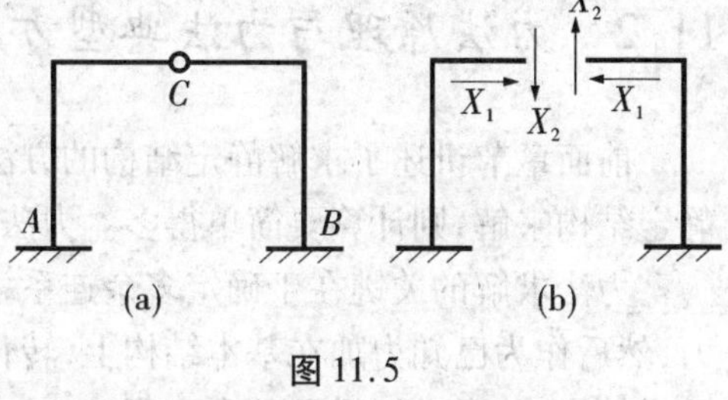

图11.5

如图11.6(a)所示刚架，可在连续杆CD，固定端支座A、B处分别加一个单铰，代之以相应多余力X_1，X_2，X_3，(由于相当于去掉一个限制转动的力，所以三个多余未知力都为力矩)，变成11.6(b)所示静定三铰刚架。所以本结构为三次超静定结构。

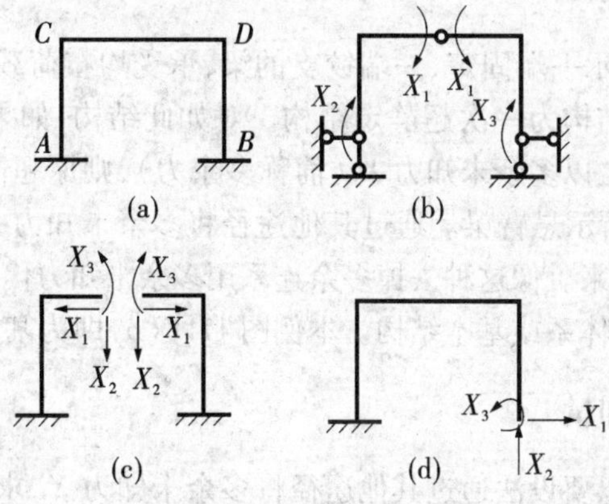

图11.6

(4)切断连续杆或者去掉一个固定端支座相当于去掉三个连系。

如图11.6(a)所示刚架(也可以称为无铰闭合框),可以将连续杆切断,代之以多余未知力 X_1, X_2, X_3,成为图11.6(c)所示两个静定悬臂刚架;也可以去掉一个固定端支座,代之以多余未知力 X_1, X_2, X_3,变成图11.6(d)所示一个静定悬臂刚架。

如图11.7(a)所示,为两层两跨刚架,它有四个闭合框,因此其超静定结构次数等于3×4=12次。也正如图11.7(b)所示,是由切断四根连续杆得到的,所以由此也可知道其多余连系的个数为12。

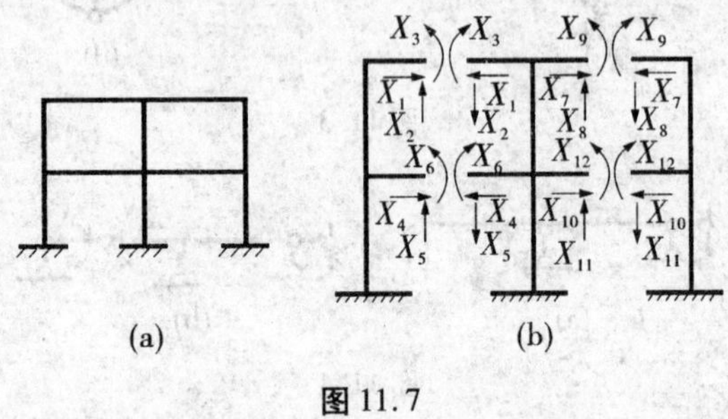

图11.7

综上所述,超静定结构次数=多余连系的个数=将原结构变为静定结构时需要撤掉的连系个数。

11.2 力法原理与力法典型方程

前面章节讲述了求解静定结构的方法,而求解超静定结构时,如果能够通过转化变为静定结构来解,则计算要简单得多。力法是超静定结构中最基础的解题方法。

力法求解的关键在于确定多余连系,根据位移变形条件建立力法基本方程,解出多余力,然后作为已知力加在基本结构上,转化为求解静定结构。下面就结合实例理解力法的基本结构、基本未知量和基本方程。

11.2.1 力法的基本结构

以图11.8(a)中所示一端固定、一端铰支的梁,承受均布荷载 q 的作用,EI 为常数,经过几何组成分析,该结构为一次超静定结构。对如此结构,如果能够将一端铰支 B 作为多余连系去掉,并代之以多余未知力 X_1(简称多余力),则原超静定结构就转化成为静定结构,如图11.8(b)所示悬臂梁。通过其他途径将多余未知力 X_1 求出来,就可以将整个结构的支座反力求出来。像这种去掉多余连系用多余未知力代替后得到的静定结构就称为按力法计算的基本体系或基本结构。本例图11.8(b)即为基本体系。

11.2.2 力法基本未知量

从基本体系来看,只要设法通过其他途径将多余未知力 X_1 求出来,则就可以通过静力平衡条件将整个结构的支座反力求出来,从而求得整个结构的反力和内力。因此多余未知力就是最基本的未知力，又可称为力法的基本未知量。但是这个基本未知量不能够通过静力平衡条件求出，而必须根据基本结构的受力和变形与原结构相同的原则（即变形协调条件）来确定。

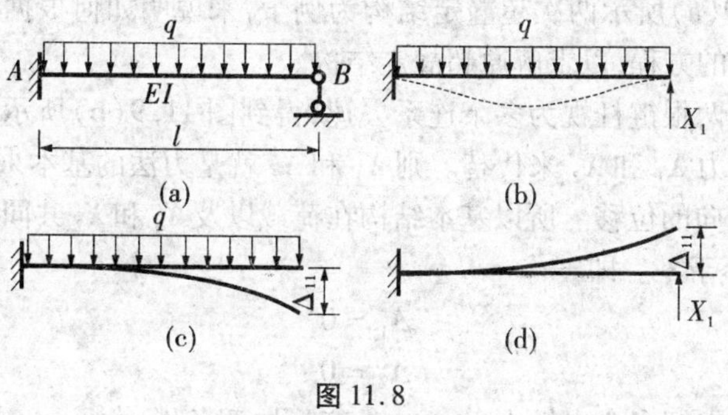

图 11.8

11.2.3 力法基本方程

对比原结构与基本结构的变形情况可知，原结构在支座 B 处由于有多余连系（竖向支杆）而不可能有竖向位移；而基本结构则因为该连系已经去掉，在 B 处可能产生位移；只有当 X_1 的数值与原结构支座链杆 B 实际发生的反力相等时，才能够使基本结构在原有荷载 q 和多余未知力 X_1 共同作用下，B 点的竖向位移等于零。所以，用来确定 X_1 的条件是：基本结构在原有荷载和多余未知力共同作用下，在去掉多余连系处的位移应该与原结构中相应的位移相等。由上述可见，为了唯一确定超静定结构的反力与内力，必须同时考虑静力平衡条件和变形协调条件，即 $\Delta_1 = 0$。

如图 11.8(c)、(d)所示，设以 Δ_{11} 和 Δ_{1p} 分别表示多余力 X_1 和荷载 q 单独作用在基本结构时，B 点沿 X_1 方向上的位移。符号 Δ 右下方两个角标的含义是：第一个角标表示位移的位置和方向；第二个角标表示产生位移的原因。例如 Δ_{11} 是在 X_1 作用点沿 X_1 方向由 X_1 所产生的位移；Δ_{1p} 是在 X_1 作用点沿 X_1 方向由外荷载 q 所产生的位移。为了求得 B 点的竖向位移，根据叠加原理，应有

$$\Delta_1 = \Delta_{11} + \Delta_{1p} = 0$$

若以单位力表示（即 $X_1 = 1$）时，基本结构在 X_1 作用点沿 X_1 方向产生的位移为 δ_{11}，则有 $\Delta_{11} = \delta_{11} X_1$

于是上式写成

$$\delta_{11} X_1 + \Delta_{1p} = 0 \tag{11.1}$$

$$X_1 = -\frac{\Delta_{1P}}{\delta_{11}} \tag{11.2}$$

由于 δ_{11} 和 Δ_{1p} 都是已知力作用在静定结构上的相应位移，故均可用静定结构求位移的方法求得，从而多余未知力的大小和方向，即可由式(11.2)确定。

式(11.1)就是根据原结构的变形条件建立的用以确定 X_1 的变形协调方程，即为力法的基本方程。

综上所述，力法的基本结构是静定结构，力法的基本未知量是多余未知力，力法的实

质是变形协调条件。

11.2.4 力法典型方程

下面以图 11.9(a)所示两次超静定结构为例子,来说明如何根据变形协调条件来建立求解多余未知力的方程,以求解原超静定结构。

将支座 A 处的两根链杆视为多余连系去掉,得到图 11.9(b)所示基本结构。被去掉的支座链杆以多余力 X_1 和 X_2 来代替。则 X_1 和 X_2 就是力法的基本未知量。由于原结构的 B 点没有任何方向的位移。所以基本结构在荷载以及 X_1 和 X_2 共同作用下,A 点沿 X_1、X_2 方向的位移都等于零。即

$$\Delta_1 = 0$$

$$\Delta_2 = 0$$

上述式子便是求解多余未知力 X_1、X_2 的变形协调条件。

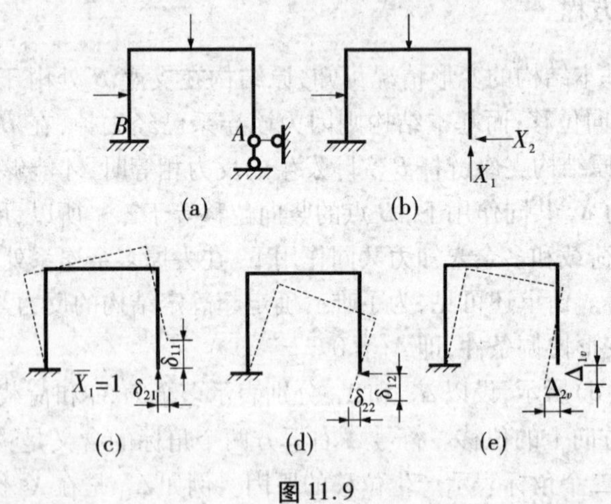

图 11.9

根据叠加原理,位移 Δ_1、Δ_2 应该是多余未知力 X_1、X_2 和荷载分别作用在基本结构上时,B 点沿 X_1、X_2 方向的位移的叠加。即

$$\Delta_1 = \delta_{11}X_1 + \delta_{12}X_2 + \Delta_{1p} = 0$$

$$\Delta_2 = \delta_{21}X_1 + \delta_{22}X_2 + \Delta_{2p} = 0$$

δ_{11} 表示 $X_1 = 1$ 单独作用在基本结构上时 X_1 作用点处(A 点)沿 X_1 方向的位移,如图 11.9(c);δ_{12} 表示 $X_2 = 1$ 单独作用在基本结构上时,X_1 作用点沿 X_1 方向的位移,如图 11.9(d);Δ_{1p} 表示荷载单独作用在基本结构上时,X_1 作用点沿 X_1 方向的位移,如图 11.9(e);δ_{21} 表示 $X_1 = 1$ 单独作用在基本结构上时,X_2 作用点沿 X_2 方向上的位移;δ_{22} 表示当 $X_2 = 1$ 单独作用在基本结构上时,X_2 作用点沿 X_2 方向上的位移。

上述式子的物理意义是:在基本结构中,在多余未知力 X_1、X_2 以及已知荷载的共同作用下,在去掉多余连系处的位移与原结构中的相应位移相等。

同理,对于 N 次超静定结构,它有 N 个多余未知力,对应有 N 个已知的位移条件,能够建立 N 个方程,可以解出 N 个多余未知力。其 N 个多余未知力的方程是:

$$\Delta_1 = \delta_{11}X_1 + \delta_{12}X_2 + \cdots + \delta_{1i}X_i \cdots + \delta_{1n}X_n + \Delta_{1P}$$
$$\Delta_2 = \delta_{21}X_1 + \delta_{22}X_2 + \cdots + \delta_{2i}X_i \cdots + \delta_{2n}X_n + \Delta_{2p}$$
$$\cdots\cdots$$
$$\Delta_i = \delta_{i1}X_1 + \delta_{i2}X_2 + \cdots + \delta_{ii}X_i \cdots + \delta_{in}X_n + \Delta_{ip}$$
$$\cdots\cdots$$
$$\Delta_n = \delta_{n1}X_1 + \delta_{n2}X_2 + \cdots + \delta_{ni}X_i \cdots + \delta_{nn}X_n + \Delta_{np}$$

如果沿所有多余力的位移均等于零时,则上述式子为

$$\Delta_1 = \delta_{11}X_1 + \delta_{12}X_2 + \cdots + \delta_{1i}X_i \cdots + \delta_{1n}X_n + \Delta_{1P} = 0$$
$$\Delta_2 = \delta_{21}X_1 + \delta_{22}X_2 + \cdots + \delta_{2i}X_i \cdots + \delta_{2n}X_n + \Delta_{2p} = 0$$
$$\cdots\cdots$$
$$\Delta_i = \delta_{i1}X_1 + \delta_{z2}X_2 + \cdots + \delta_{ii}X_i \cdots + \delta_{in}X_n + \Delta_{ip} = 0$$
$$\cdots\cdots$$
$$\Delta_n = \delta_{ni}X_1 + \delta_{n2}X_2 + \cdots + \delta_{ni}X_i \cdots + \delta_{nn}X_n + \Delta_{np} = 0 \tag{11.3}$$

此式子就称为力法典型方程。式中,δ_{ii} 称为主系数,表示 $X_i = 1$ 作用在基本结构上时,作用点沿 X_i 方向的位移。由于 δ_{ii} 是 $X_i = 1$ 引起的自身方向上的位移,故都是为正,且不为零。

$\delta_{ij}(i \neq j)$ 称为副系数,表示当 $X_i = 1$ 作用在基本结构上时,X_i 作用点沿 X_i 方向的位移,可能为正、为负或为零。由位移互等定理,有

$$\delta_{ij} = \delta_{ji}$$

式中　Δ_{ip} 称为自由项。

以上各系数均为基本结构在已知荷载和多余未知力的作用下的位移。由于基本结构是静定结构,所以可用前一章求静定结构位移的公式进行计算,即

$$\delta_{ii} = \sum \int \frac{\overline{M_i}^2}{EI} ds$$

$$\delta_{ij} = \sum \int \frac{\overline{M_i}\,\overline{M_j}}{EI} ds$$

$$\delta_{ip} = \sum \int \frac{\overline{M_i}\,\overline{M_p}}{EI} ds$$

式中　$\overline{M_i}$、$\overline{M_j}$ 和 M_p 分别表示当 $X_i = 1$、$X_j = 1$ 和荷载分别作用在基本结构上时,基本结构的弯矩和弯矩图。将求得的各系数和自由项代入式子中,便可求出多余力。然后就可以按照静定结构求其反力和内力。力法中常用叠加方法求出弯矩、绘制弯矩图。即

$$M = \overline{M_1}X_1 + \overline{M_2}X_2 + \cdots + \overline{M_n}X_n + M_p$$

11.3　力法的计算步骤与示例

本节将通过计算例题来说明用力法计算超静定结构的过程。

用力法解超静定结构的过程可以按以下步骤进行:

(1)定 分析确定超静定结构的次数,去掉相应的多余连系,代之以相应多余未知力,得到基本结构。

(2)列 根据原结构中多余连系处的位移情况,根据位移情况,按照变形协调条件,列力法典型方程。

(3)求 根据基本结构的受力情况,画出多余未知力单位弯矩图,实际荷载弯矩图,用图乘法求出所有系数与自由项。

(4)解 把所求系数和自由项代入方程,解出所有多余力。

(5)画 用叠加法画出弯矩图、剪力图、轴力图。

下面就从举例说明力法的解题步骤:

11.3.1 超静定梁的计算

例 11.1 如图 11.10(a)所示超静定梁,刚度为 EI,承受均布荷载 q 作用,试用力法作梁的弯矩图。

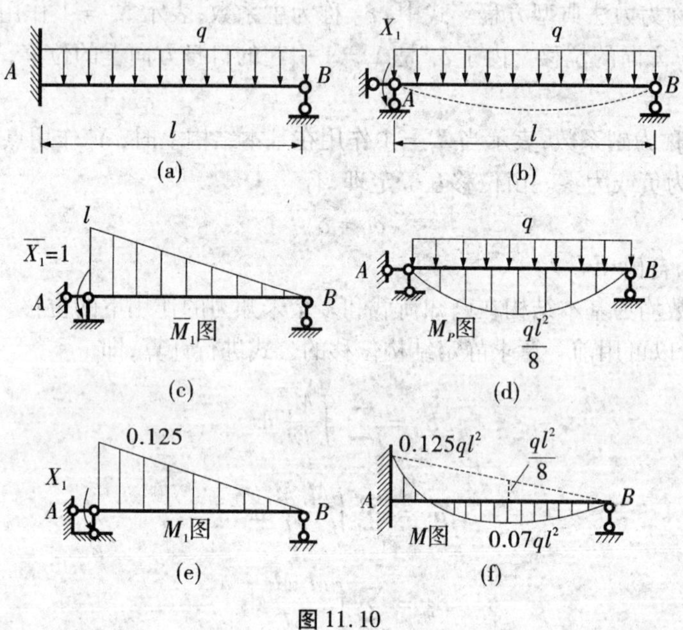

图 11.10

解 (1)定 分析确定超静定结构的次数,去掉相应的多余连系,代之以相应多余未知力,得到基本结构。

由几何组成分析,此梁具有一个多余连系,为 1 次超静定。选定梁固端 A 处的转角约束为多余约束。去掉固端 A 处的转角约束,并以相应的多余力 X_1(集中力偶)代替所去约束的作用,取基本结构如图 11.10(b)所示。图中虚线部分为梁变形后的实际变形状态。

(2)列 根据原结构中多余连系处的位移情况,按照变形协调条件,列力法典型方程。

力法的典型方程即为 A 处的变形条件,表现为 A 处的转角等于零。列力法方程:

$$\delta_{11}X_1 + \Delta_{1p} = 0$$

(3)求 根据基本结构的受力情况，画出多余未知力单位弯矩图、实际荷载弯矩图，首先作 $\overline{X}_1 = 1$ 单独作用于基本结构的弯矩图($\overline{M_1}$ 图)，如图 11.10(c)所示。作荷载单独作用于基本结构的弯矩图(M_P 图)，如图 11.10(d)所示。然后利用图乘法计算系数和自由项为

$$\delta_{11} = \frac{1}{EI}(\frac{1}{2} \times l \times \frac{2}{3}) = \frac{l}{3EI}$$

$$\Delta_{1p} = -\frac{1}{EI}(\frac{2}{3} \times l \times \frac{ql^2}{8} \times \frac{1}{2}) = -\frac{ql^2}{24EI}$$

(4)解 把所求系数和自由项代入方程，解出所有多余力。

将 δ_{11} 与 Δ_{1p} 代入典型方程，可得

$$\frac{l}{3EI}X_1 - \frac{ql^2}{24EI} = 0$$

解得

$$X_1 = \frac{ql}{8}$$

其符号位正，说明 X_1 的实际方向与基本结构图中假设的 X_1 方向相同，即逆时针转向。其 M_1 图如图 11.10(e)所示，其中 $M_1 = X_1\,\overline{M_1}$ 。

(5)画 用叠加法画出 M 图，如图 11.10(f)所示。

$$M = X_1\,\overline{M_1} + M_P$$

例 11.2 如图 11.11(a)所示两端固定梁，承受均布荷载 $q = 10$ kN/m，梁跨度为 $l = 6$ m，用力法求解，并画 M 图。其中 EI 为常数。

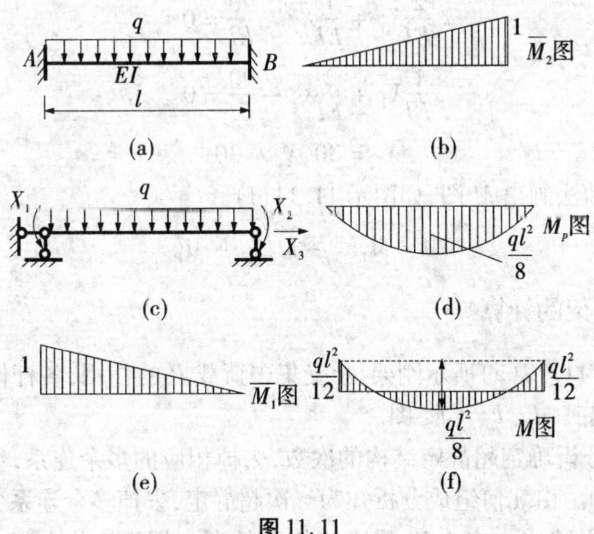

图 11.11

解 (1)定 分析确定超静定结构的次数，去掉相应的多余连系，代之以相应多余未知力，得到基本结构。

由几何组成分析，此梁具有三个多余连系，为三次超静定。取基本结构如图 11.11(c)所示。注意，本例选取基本结构并不单一，但是只要是几何不变体系就可以了，一般情况下要尽量选取便于计算的基本结构。

(2)列　根据原结构中多余连系处的位移情况，按照变形协调条件，列力法典型方程。

在小变形假设的前提下，两端固定端的单跨梁受垂直于梁轴荷载作用时，轴向多余力 $X_3=0$，因此可当作两次超静定结构来计算。列力法方程：

$$\delta_{11}X_1+\delta_{12}X_2+\Delta_{1p}=0$$
$$\delta_{21}X_1+\delta_{22}X_2+\Delta_{2P}=0$$

(3)求　根据基本结构的受力情况，画出多余未知力单位弯矩图，实际荷载弯矩图，如图 11.11(b)、(d)、(e)，用图乘法求出所有系数与自由项。

$$\delta_{11}=\frac{1}{EI}\left[\left(\frac{1}{2}\times1\times l\right)\times\left(\frac{2}{3}\times1\right)\right]=\frac{l}{3EI}=\frac{6}{3EI}=\frac{2}{EI}$$

$$\delta_{12}=\delta_{21}=\frac{1}{EI}\left[\left(\frac{1}{2}\times1\times l\right)\times\frac{1}{3}\right)\right]=\frac{l}{6EI}=\frac{6}{6EI}=\frac{1}{EI}$$

$$\delta_{22}=\frac{1}{EI}\left(\frac{1}{2}\times1\times l\times\frac{1}{3}\right)=\frac{l}{3EI}=\frac{6}{3EI}=\frac{2}{EI}$$

$$\Delta_{1p}=-\frac{2}{3}\times\frac{1}{8}ql^2\times l\times\frac{1}{2}=-\frac{ql^3}{24EI}=-\frac{10\times6\times6\times6}{24EI}=-\frac{90}{EI}$$

$$\Delta_{2p}=-\frac{ql^3}{24EI}=-\frac{90}{EI}$$

(4)解　把所求系数和自由项代入方程，解出所有多余力。

$$\frac{2}{EI}X_1+\frac{1}{EI}X_2-\frac{90}{EI}=0$$
$$\frac{1}{EI}X_1+\frac{2}{EI}X_2-\frac{90}{EI}=0$$
$$X_1=30,X_2=30$$

(5)画　用叠加法画出 M 图，如图示 11.11(f)。

$$M=\overline{M}_1X_1+\overline{M}_2X_2+M_P$$

11.3.2 超静定刚架的计算

例 11.3　如图 11.12(a)所示刚架，承受集中荷载 P 的作用，各杆件刚度和长度见图上标示，用力法画出其 M、F_{N}、F_{S} 图。

解　(1)定　分析确定超静定结构的次数，去掉相应的多余连系，代之以相应多余未知力，得到基本结构。由几何组成分析知为二次超静定，去掉多余连系变为简支刚架。

(2)列　根据原结构中多余连系处的位移情况，按照变形协调条件，列力法典型方程。

$$\delta_{11}X_1+\delta_{12}X_2+\Delta_{1P}=0$$
$$\delta_{21}X_1+\delta_{22}X_2+\Delta_{2P}=0$$

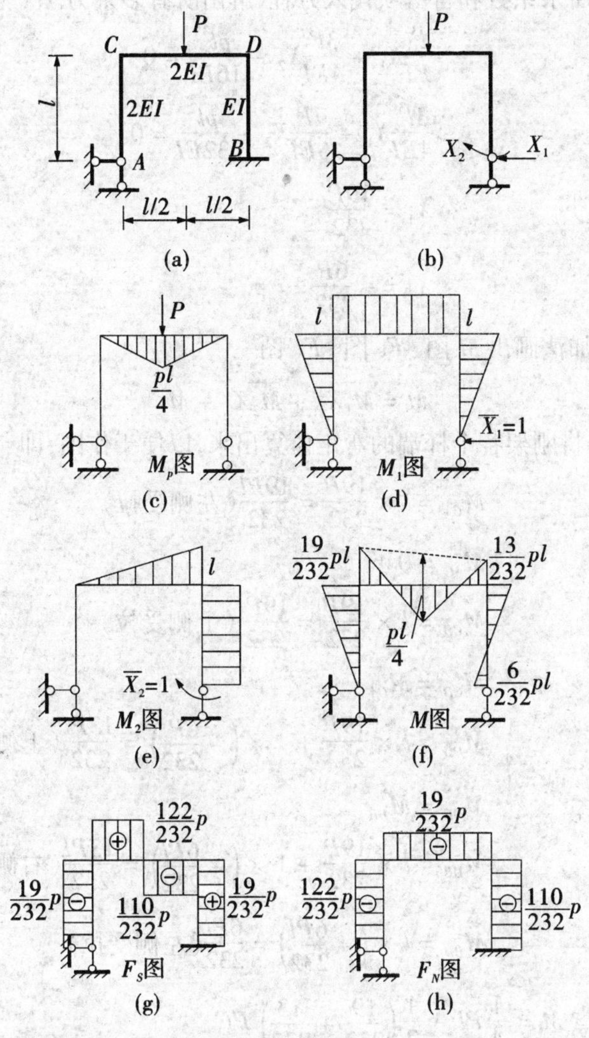

图 11.12

(3)求　根据基本结构的受力情况，画出多余未知力单位弯矩图 $\overline{M_1}$ 、$\overline{M_2}$ ，实际荷载弯矩图 M_P ，用图乘法求出所有系数与自由项。

$$\delta_{11} = \frac{1}{2EI}(l \times l \times l) + \frac{1}{2EI}(\frac{1}{2} \times l \times l \times \frac{2}{3}l) + \frac{1}{EI}(\frac{1}{2} \times l \times l \times l) = \frac{l^3}{EI}$$

$$\delta_{12} = \delta_{21} = \frac{1}{2EI}(\frac{1}{2} \times 1 \times l) \times l + \frac{1}{EI}(\frac{1}{2} \times l \times l) \times 1 = \frac{3l^2}{4EI}$$

$$\delta_{22} = \frac{1}{2EI}(\frac{1}{2} \times l \times l \times 1) \times \frac{2}{3} + \frac{1}{EI}(1 \times l) \times 1 = 0$$

$$\Delta_{1P} = -\frac{1}{2EI}(\frac{1}{2} \times \frac{Pl}{4} \times 4) \times l = -\frac{Pl^3}{16EI}$$

$$\Delta_{2P} = -\frac{1}{2EI}(\frac{1}{2} \times \frac{Pl}{4} \times l) \times \frac{1}{2} = -\frac{Pl^3}{32EI}$$

(4)解　把所求系数和自由项代入方程,解出所有多余力。

$$\frac{l^3}{EI}X_1 + \frac{3l^3}{4EI}X_2 - \frac{pl^3}{16EI} = 0$$

$$\frac{3l^3}{4EI}X_1 + \frac{7l^3}{6EI}X_2 - \frac{pl^2}{32EI} = 0$$

$$X_1 = \frac{19P}{232}$$

$$X_2 = -\frac{6P}{232}$$

(5)画　用叠加法画出 M 图、F_S 图、F_N 图

$$M = \overline{M_1}X_1 + \overline{M_2}X_2 + M_P$$

根据上式要先将刚架各个杆端的弯矩值算出来,以便于作图,即

$$M_{CA} = l \times \frac{19P}{232} = \frac{19Pl}{232}(\text{左侧受拉})$$

$$M_{AC} = 0$$

$$M_{CD} = l \times \frac{19P}{232} = \frac{19Pl}{232}(\text{上侧受拉})$$

$$M_{CD} = M_{CA}$$

$$M_{DC} = l \times \frac{19P}{232} + 1 \times \left(-\frac{6Pl}{232}\right) = \frac{13Pl}{232}(\text{上侧受拉})$$

$$M_{DC} = M_{DB}$$

$$M_{DB} = l \times \frac{19P}{232} + 1 \times \left(-\frac{6Pl}{232}\right) = \frac{13Pl}{232}(\text{右侧受拉})$$

$$M_{BD} = l \times \left(-\frac{6Pl}{232}\right) = \frac{6Pl}{232}(\text{左侧受拉})$$

CD 杆 P 作用点 $M = \frac{1}{4}Pl - \frac{1}{2}\left(\frac{19}{232} + \frac{13}{232}\right)Pl$

根据计算的弯矩值,以及荷载和弯矩的微分关系,画出结构的弯矩图,如图 11.12(f)所示。之后按照静定结构的求法来求剪力和轴力,绘剪力图和轴力图,如图 11.12(g)、(h)所示。

从例 11.2 可以看出,在荷载作用下,结构的多余未知力以及内力的大小与杆件的绝对刚度值无关(EI 在解力法方程的过程中被消掉),但与各杆的相互之间的刚度比值有关系。因此,当结构是同一种材料制成时,其多余未知力和内力的大小只与杆件之间惯性矩 I 的相对比值有关。

11.3.3　超静定桁架的计算

用力法解超静定桁架的方法步骤与刚架相同,但是由于桁架的内力只有轴力,因此基本结构的位移仅由杆件的轴向变形引起。

其力法典型方程中的系数和自由项不能够再用图乘法计算,应该按照下式进行计算

$$\delta_{ii}=\sum\frac{\overline{F}_{Ni}^{\ 2}}{EA}L$$

$$\delta_{ij}=\sum\frac{\overline{F}_{Ni}\overline{F}_{Nj}}{EA}L$$

$$\Delta_{ip}=\sum\frac{\overline{F}_{Ni}\overline{F}_{Np}}{EA}L$$

桁架各杆最后内力值仍旧按叠加法计算，即

$$F_N=\overline{F}_{N1}X_1+\overline{F}_{N2}X_2+\cdots+\overline{F}_{Nn}X_n+F_{Np}$$

例 11.4 如图 11.13(a)所示桁架，用力法计算其内力，设各杆件 EA 为常数。

解 (1)选取力法基本结构

此桁架支座处没有多余连系，桁架内部以任意铰接三角形为一个刚片，增加一个二元体得到静定桁架后多余一根链杆，切断链杆 CD 后代之以多余未知力 X_1 得到基本结构，如图 11.13(b)。桁架的这种超静定称为内部超静定。本例桁架为一次内部超静定。

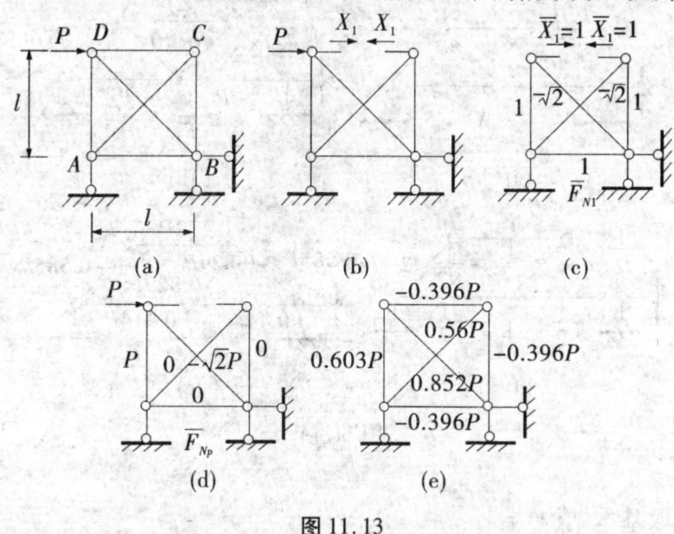

图 11.13

(2)建立力法典型方程

根据基本结构切开后两侧截面在 X_1 和荷载共同作用下沿杆轴方向的相对线位移与原桁架相应线位移相同。即 $\Delta_1=0$(切口两侧原来是同一截面)，建立力法典型方程

$$\delta_{11}X_1+\Delta_{1p}=0$$

(3)分别求出 $X_1=1$、荷载 P 单独作用下基本结构的各杆轴力如图 11.13(c)、(d)，然后利用桁架的位移公式求出自由项和系数：

$$\delta_{11}=\frac{l}{EA}(1\times1\times4)+\frac{\sqrt{2}}{EA}l\times[(-\sqrt{2})^2\times2]=\frac{4l}{EA}(1+\sqrt{2})$$

$$\Delta_{1P}=\frac{l}{EA}(1\times P)+\frac{\sqrt{2}}{EA}l[(-\sqrt{2})(-\sqrt{2}P)]=\frac{Pl}{EA}(1+2\sqrt{2})$$

(4)把所求系数和自由项代入方程，解出所有多余力

$$X_1 = \frac{\Delta_{1P}}{\delta_{11}} = -\frac{(1+2\sqrt{2})P}{4(1+\sqrt{2})} = -0.396P$$

(5)用叠加法求各杆轴力

$$F_{\mathrm{N}} = \overline{F}_{\mathrm{N1}} X_1 + F_{\mathrm{N}P}$$

求得桁架各杆轴力如图 11.13(e)

例 11.5 用力法计算图 11.14(a)所示桁架,EA=常数。

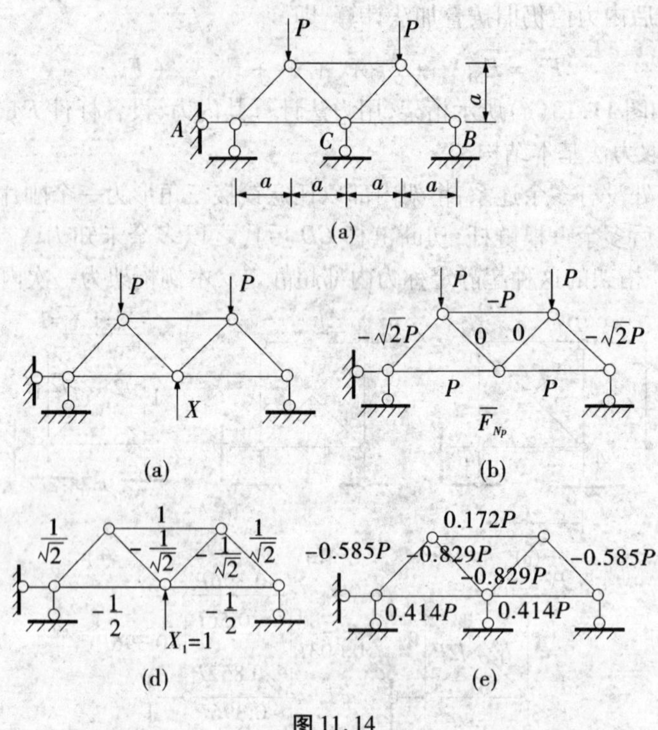

图 11.14

解 (1)选取基本结构

由几何组成分析可以看出,此结构支座上部是由以杆件 AC 为基础,依次增加二元体得到的,因此上部为静定结构,视为一个大刚片与基础相连,则由图上可以看出,它的支座处具有一个多余连系。将 C 处的支座去掉,代之以多余未知力 X_1,便得到图 11.14(b)所示的基本结构。

(2)建立力法典型方程

$$\delta_{11}X_1 + \Delta_{1p} = 0$$

(3)分别计算在荷载以及 $X_1=1$ 分别作用下的各杆轴力,如图 11.14(c)、(d)所示

(4)求出系数和自由项

$$\delta_{11} = \frac{1}{EA}\left[\left(\frac{1}{\sqrt{2}}\right)^2 \times \sqrt{2}a \times 2 + \left(-\frac{1}{\sqrt{2}}\right)^2 \times \sqrt{2}a \times 2 + \left(-\frac{1}{2}\right)^2 \times 2a \times 2 + 1^2 \times 2a\right]$$

$$= 5.828\,\frac{a}{EA}$$

$$\Delta_{1p}=\frac{1}{EA}[(1-\sqrt{2}P)\times\frac{1}{\sqrt{2}}\times\sqrt{2}a\times 2+P\times(-\frac{1}{2})\times 2a\times 2+(-P)\times 1\times 2a]$$

$$=-6.828\frac{Pa}{EA}$$

(5)根据所求数值,代入力法基本方程,求出 X_1

$$X_1=-\frac{\Delta_{1P}}{\delta_{11}}=1.172P$$

(6)按照叠加法求出各杆内力

$$F_N=\overline{F}_{N1}X_1+F_{NP}$$

各杆轴力如图 11.14(e)所示。

由以上例题可知,超静定结构在荷载作用下,多余力表达式中不含刚度 EI(EA),但当各杆刚度的比值不同时,多余力的值也不同。这说明超静定结构的内力与各杆刚度的绝对值无关,只与其相对值有关。所以,在设计超静定结构时,与设计静定结构不同,要预先给定各构件的刚度比。待求出多余力后才能选定截面,并确定实际采用的构件刚度。

11.3.4 铰接排架的计算

图 11.15(a)所示为一装配式单层厂房的横剖面结构示意图。与框架结构有所不同,多采用吊装装配施工。它的主要承重结构是由屋架(或者是屋面大梁),柱子和基础组成的横向排架。柱子与基础之间为刚接,屋架和柱顶可视为铰接。在屋面荷载作用下,屋架按桁架计算。上述结构中,排架的计算就是柱子内力的计算。而屋架可以视为一根刚度无限大的刚性链杆(即 $EA=\infty$),称其为横梁。排架的形状多为牛腿柱,在上面放置吊车梁。由于铰接排架为超静定结构,因此也可用力法计算。计算简图如图 11.15(b)所示,称为铰接排架。

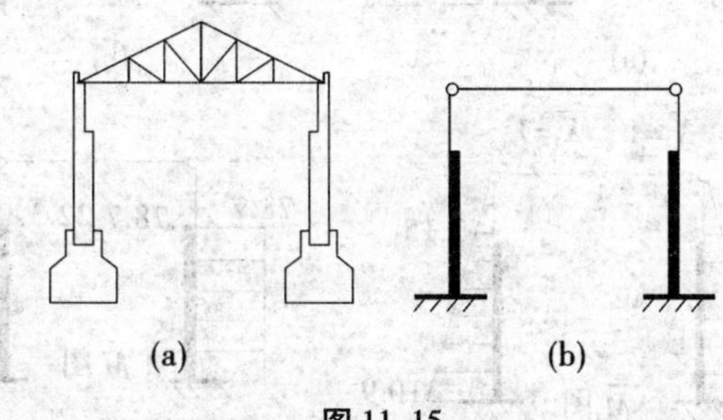

图 11.15

例 11.6 如图 11.16(a)所示排架,上柱抗拉刚度为 EI_1,下柱抗拉刚度为 EI_2,设 $\frac{I_2}{I_1}=5.77$,受力如图所示,用力法计算,并作其弯矩图。

解:(1)由结构几何组成分析,该排架为一次超静定。截断横梁 CD,代之以多余未知力 X_1,得到基本结构如图 11.16(b)所示

(2)列力法典型方程

$\delta_{11}X_1+\Delta_{1P}=0$

(3)分别画出单位弯矩图和荷载弯矩图，如图 11.16(c)(d)，根据图乘法求系数和自由项如下：

$$\delta_{11} = \frac{2}{EI_1}\left[\left(\frac{1}{2} \times 3.15 \times 3.15\right) \times \left(\frac{2}{3} \times 3.15\right)\right] + \frac{2}{EI_2}\left[\left(\frac{1}{2} \times 3.15 \times 7.75\right) \times \left(\frac{1}{3} \times 10.9 + \frac{2}{3} \times 3.15\right) + \left(\frac{1}{2} \times 10.9 \times 7.75\right) \times \left(\frac{1}{3} \times 3.15 + \frac{2}{3} \times 10.9\right)\right]$$

$$= 962.91 \frac{1}{EI_2}$$

$$\Delta_{1P} = \frac{1}{EI_2}\left[78.7 \times 7.75 \times \frac{1}{2} \times (3.15 + 10.9) + 22.3 \times 7.75 \times \frac{1}{2} \times (3.15 + 10.9)\right]$$

$$= 5\,498.8 \frac{1}{EI_2}$$

(3)将系数和自由项代入，求解未知数

$$X_1 = -\frac{\Delta_{1P}}{\delta_{11}} = -5.7 \text{ kN}$$

(4)根据叠加法画弯矩图，如图 11.16(e)所示。

$$M = \overline{M}_1 X_1 + M_P$$

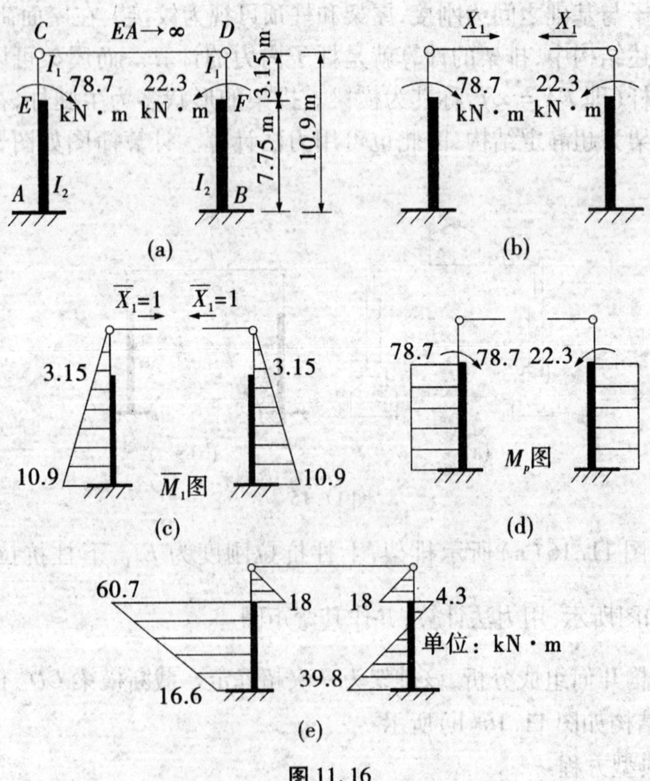

图 11.16

现将用力法计算超静定结构的步骤总结如下：

(1)首先去掉多余约束代之以多余未知力，得到静定的基本结构，并确定基本未知量的数目。

(2)根据原结构在去掉多余约束处的位移与基本结构在多余未知力和荷载作用下相应处的位移具有相同的变形条件，建立相应的力法典型方程。

(3)分别作基本结构的单位内力图和荷载内力图，求出力法方程的系数和自由项。

(4)解力法典型方程，求出多余未知力，用叠加法绘制弯矩图。

(5)按分析静定结构的方法，作出原结构的剪力图和轴力图。

11.4 结构对称性的利用

建筑工程中，有很多结构是对称的。所谓的对称性是指：①结构的几何形状和支承情况对称；②杆件截面和材料性质也对称。利用结构的对称性可以使计算得到简化。

利用对称性之前，需要明确对称结构、正对称、反对称荷载的概念。

(1)对称结构　是指相对于它的对称轴，结构的支座是左右对称的，各杆的刚度(EI)也是左右对称的。简单地说，就是将整体的结构沿对称轴对折，则左右两部分完全重合，这样的结构就称为对称结构。如图 11.17(a)所示结构的几何形状是对称图形。

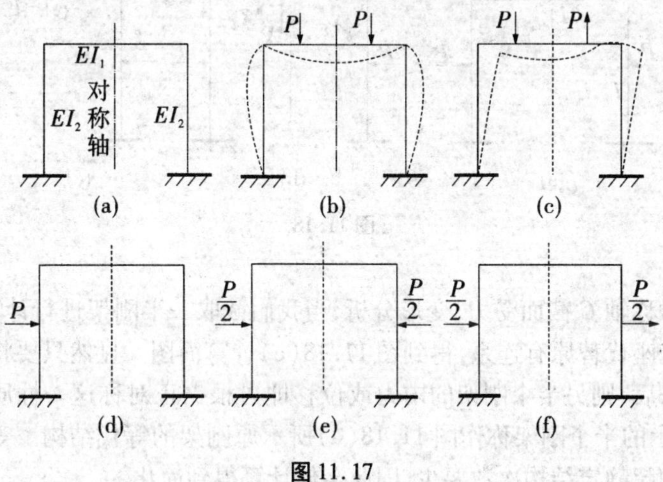

图 11.17

(2)正对称荷载　如果对称轴两边的荷载大小相等，绕对称轴对折后，荷载作用点重合而且指向相同，如图 11.17(b)，称为正对称荷载。

(3)反对称荷载　若对称轴两边的荷载大小相等，绕对称轴对折后，荷载作用点重合但是指向相反，如图 11.17(c)，称为反对称荷载。

但是有时候作用在对称结构上的荷载不是正对称荷载也不是反对称荷载，称之为一般荷载，如图 11.17(d)，则可将一般荷载分解为正对称和反对称，如图 11.17(e)和 11.17(f)两组。

可以证明，对称结构在正对称荷载的作用下，其内力和变形都是正对称的，在反对称荷载的作用下，其内力和变形都是反对称的。利用这一性质，当对称结构承受正对称荷载或反对称荷载时，我们可以取结构的一半进行计算。当对称结构承受一般荷载作用时，分解成正对称、反对称两组，分别取结构的一半计算，然后叠加。这种“半个结构”就称为原结构的等代结构。下面就奇数跨和偶数跨两种对称结构为代表加以说明。

11.4.1 奇数跨对称刚架

11.4.1.1 荷载正对称

将图 11.18(a)所示刚架沿对称轴切开，跨中截面 C 暴露出了三对未知力 X_1、X_2、X_3，图 11.18(b)。由于对称结构承受正对称荷载作用时其内力和变形是正对称的，那么从力这个角度说，处于对称轴 C 截面上的内力也应该是正对称的。将刚架连同其上作用的荷载沿对称轴对折，多余未知力 X_3 作用点重合，指向相反，图 11.18(b)，是反对称的；多余未知力 X_1、X_2 是正对称的。因此截面 C 的反对称的多余未知力 X_3 必为零。再从变形角度说，由于变形是正对称的，所以对称轴上的 C 截面既不能向右移也不能向左移，同时既不能顺时针转，也不能逆时针转，否则变形就不对称。但对称轴 C 截面可以有上下方向的位移。

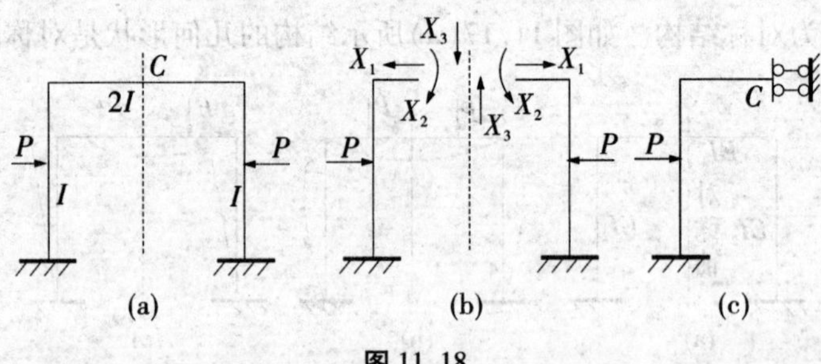

图 11.18

根据以上对称轴 C 截面受力、变形分析，当我们截取一半刚架进行计算时，可在 C 截面处用一定向支座代替原有连系，得到图 11.18(c)计算简图。显然只要将半个刚架的内力或位移求出来后，则另半个刚架的内力或位移即可根据正对称这一性质确定。我们将图 11.18(c)所示的半个刚架称作图 11.18(a)所示原刚架的等代结构。等代结构的超静定次数比原结构超静定结构次数要少，因此会使计算得到简化。

11.4.1.2 荷载反对称

对于图 11.19(a)所示刚架，根据对称结构在反对称荷载作用下其内力和变形都是反对称这一性质，在对称轴的 C 截面只有反对称的多余未知力 X_3，而正对称的未知力 X_1、X_2 都等于零。C 截面的位移情况是能发生水平方向的侧移和转角，但不能发生竖向位移。不能发生竖向位移的原因是由于变形反对称，对称轴 C 截面两侧竖向位移应大小相等，方向相反，而对称轴的 C 截面既属于左侧又属于右侧，所以对称轴 C 截面的竖向位移为零。我们可以用竖向链杆代替其原有连系，得等代结构如图 11.19(b)所示。

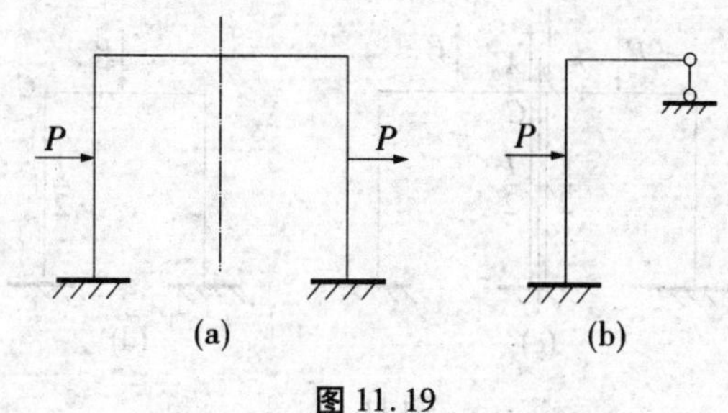

图 11.19

11.4.2 偶数跨对称刚架

11.4.2.1 荷载正对称

相对于图 11.18(a)所示的奇数跨正对称荷载的刚架,图 11.20(a)所示的偶数跨正对称荷载刚架在对称轴处有一根竖柱,因此对称轴 C 截面位移较之图 11.18(a)所示刚架除没有水平线位移和转角之外,其竖向线位移因竖柱的存在而等于零(不考虑竖柱轴向变形),此时,截面 C 相当于固定端约束。等代结构如图 11.20(b)。

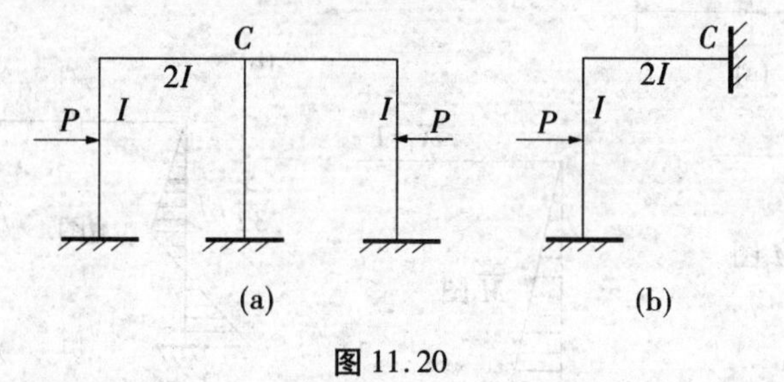

图 11.20

11.4.2.2 荷载反对称

对于图 11.21(a)所示偶数跨反对称荷载刚架,为了取出半个刚架,设想对称轴 C 截面的竖柱是由两根惯性矩为 $I/2$ 的竖柱组成,如图 11.21(b)。将其沿对称轴切开,由于荷载是反对称的,则对称轴 C 截面上只有反对称的多余未知力 X_3,如图 11.21(c),这一对多余未知力 X_3 的作用只能使对称轴两侧的两根竖柱产生轴向拉力和压力。

而对于整个中间竖柱,由这一对多余未知力 X_3 产生的轴力的合力为零。即这一对多余未知力 X_3 对原结构的内力和变形没有影响,由此我们可以略去多余未知力 X_3,取出原刚架的一半作为它的等代结构,如图 11.21(d)所示。

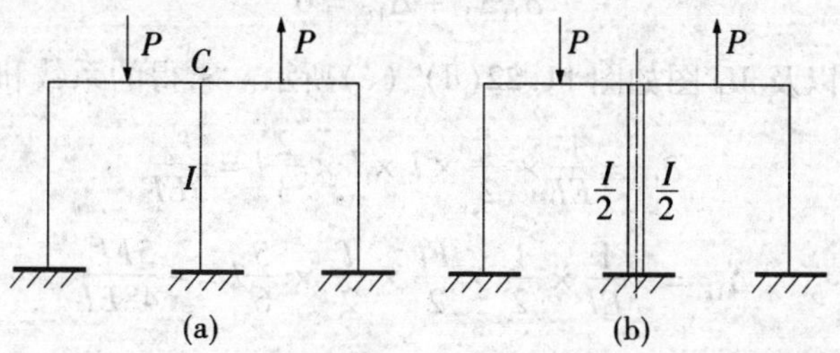

图 11.21

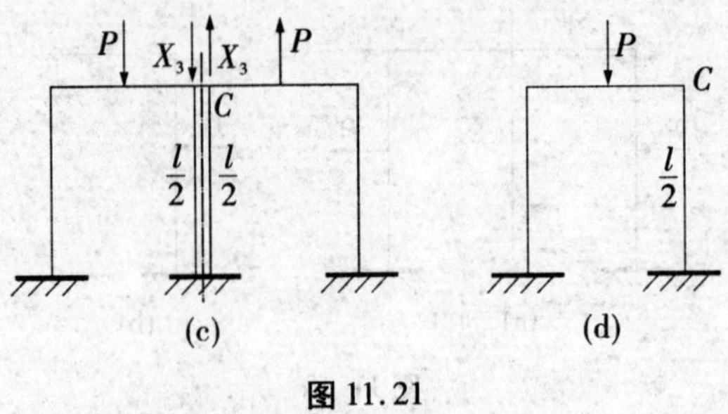

图 11.21

例 11.7 利用对称性作图 11.22(a)所示结构的弯矩图。

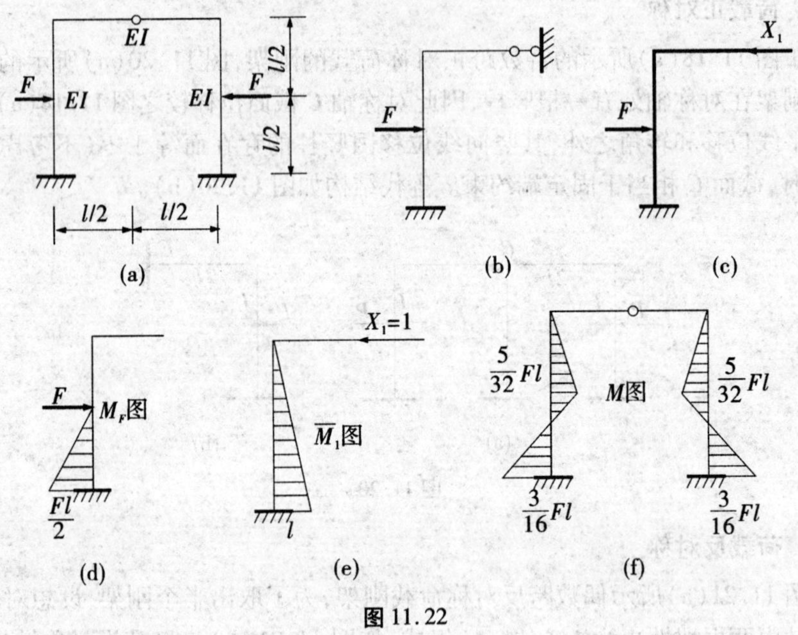

图 11.22

解 图示刚架在对称荷载作用下,只会产生对称未知力.反对称未知力等于零。因此半结构的切开截面处是一水平链杆支座,该处可有转角,不产生弯矩,等代结构如图 11.22(b)所示。取基本结构示于图 11.22(c)中、基本未知量只有对称未知力 X_1。

建立力法典型方程:

$$\delta_{11}X_1 + \Delta_{1F} = 0$$

绘得的 M_F 图以及 $\overline{M_1}$ 图如图 11.22(d)、(e)所示。求得的系数和自由项为:

$$\delta_{11} = \frac{1}{EI} \times \frac{1}{2} \times l \times l \times \frac{2}{3}l = \frac{l^3}{3EI}$$

$$\Delta_{1F} = -\frac{1}{EI} \times \frac{1}{2} \times \frac{Fl}{2} \times \frac{l}{2} \times \frac{5}{6}l = -\frac{5Fl^3}{48EI}$$

解方程,求出的 X_1 为:

$$X_1 = -\frac{\Delta_{1F}}{\delta_{11}} = \frac{5}{16}F$$

求出 X_1 后，用叠加法

$$M = \overline{M_1}X_1 + M_F$$

绘出结构弯矩图如图 11.22(f)所示，其中右半部结构的弯矩图是按图形对称性绘出的。

例 11.8 利用等代结构计算图 11.23(a)所示结构，绘弯矩图，EI = 常数。

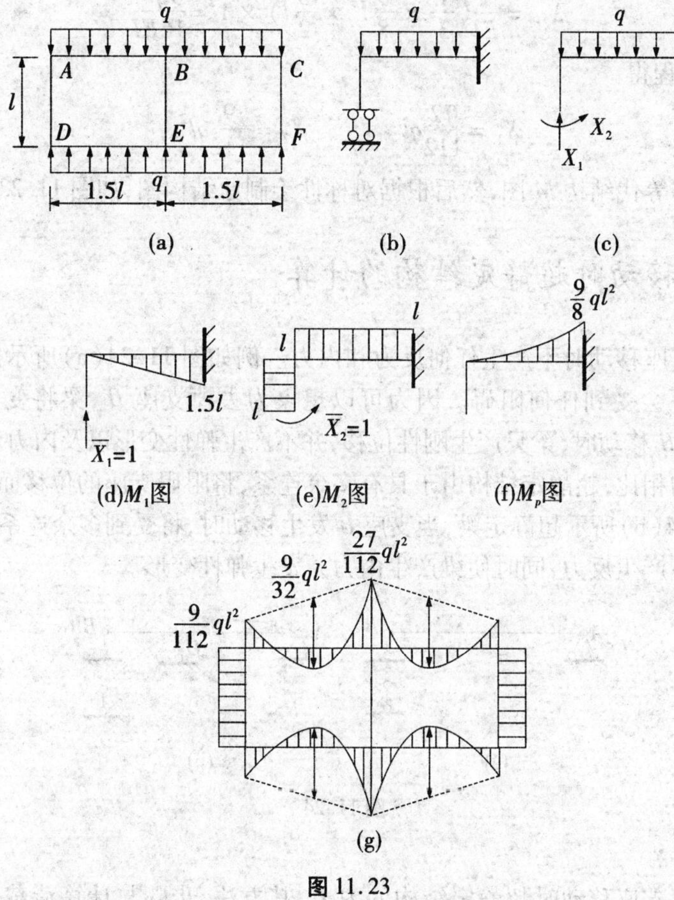

图 11.23

解 本结构有两个对称轴，而且荷载对两个轴都是正对称的，所以取四分之一结构计算即可。取等代结构如图 11.23(b)所示，经几何组成分析得为2次超静定，而原结构为6次超静定。

(1)选取力法基本结构如图 11.23(c)，建立力法典型方程

$$\delta_{11}X_1 + \delta_{12}X_2 + \Delta_{1p} = 0$$

$$\delta_{21}X_1 + \delta_{22}X_2 + \Delta_{2P} = 0$$

(2)绘制 $\overline{M_1}$、$\overline{M_2}$、M_p 图，如图 11.23(d)(e)(f)所示，求出的系数和自由项为

$$\delta_{11}=\frac{1}{EI}(\frac{1}{2}\times\frac{3}{2}l\times\frac{3}{2}l)\times\frac{2}{3}\times\frac{3}{2}l=\frac{9l^3}{8EI}$$

$$\delta_{12}=\delta_{21}=\frac{1}{EI}(1\times\frac{3}{2}l)\times\frac{1}{2}\times\frac{3}{2}l=\frac{9l^2}{8EI}$$

$$\delta_{22}=\frac{1}{EI}[(1\times\frac{3}{2}l)\times 1+(1\times\frac{1}{2}l)\times 1]=\frac{2l}{EI}$$

$$\Delta_{1P}=-\frac{1}{EI}(\frac{1}{3}\times\frac{9}{8}ql^2\times\frac{3}{2}l)\times\frac{3}{4}\times\frac{3}{2}l=-\frac{81ql^4}{128EI}$$

$$\Delta_{2P}=\frac{1}{EI}(\frac{1}{3}\times\frac{9}{8}l^2\times\frac{3}{2}l)\times 1=\frac{9ql^3}{16EI}$$

(3)代入方程得

$$X_1=\frac{72}{112}ql \qquad X_2=\frac{9}{112}ql^2$$

用叠加法作等代结构 M 图,然后根据对称性绘制原结构图,如图 11.23(g)。

11.5 支座移动时超静定结构的计算

静定结构支座移动时不产生任何反力和内力。例如图 11.24(a)所示简支梁 AB,当支座 B 下移时不会受到任何阻碍。因为可以想象为去掉支座 B,梁将变成几何可变体系,所以当支座 B 移动时,梁只产生刚性位移,并不产生弹性变形以及内力。

与静定结构相比,超静定结构由于具有多余连系,将阻碍支座的位移而使结构产生内力,例如图 11.24(b)所示超静定梁,当支座 B 发生移动时,将受到多余连系 C 支座处链杆的阻碍使各支座产生反力,同时使梁产生内力并发生弹性变形。

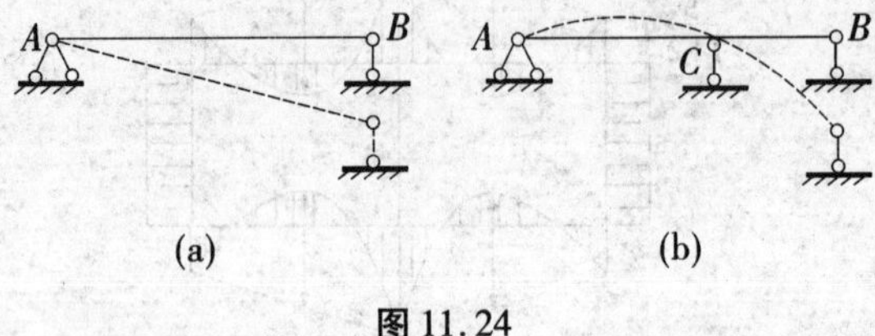

图 11.24

用力法计算支座移动时超静定结构的内力,其方法、步骤与计算荷载作用下是相同的,有所区别的是力法典型方程式中自由项的计算,下面具体分析。

如图 11.25(a)所示刚架,支座 A 由于某种原因产生水平位移 α 和转角 θ,用力法求解时,选取图 11.25(b)为其基本结构。基本结构在多余未知力 X_1 和 X_2 以及支座 A 位移的共同作用下,沿多余未知力 X_1 和 X_2 方向的位移应该与原结构相应位移相等,即 $\Delta_1=0$, $\Delta_2=0$,力法典型方程为

$$\delta_{11}X_1+\delta_{12}X_2+\Delta_{1C}=0$$
$$\delta_{21}X_1+\delta_{22}X_2+\Delta_{2C}=0$$

典型方程中的主、副系数均是基本结构(静定刚架)由单位荷载引起的位移,计算方

法同前；Δ_{1C} 表示基本结构由于支座移动引起的 X_1 作用点沿 X_1 方向的位移；Δ_{2C} 表示基本结构由于支座移动时引起的 X_2 作用点沿 X_2 方向的位移。由于基本结构是静定结构，故 Δ_{iC} 按下式计算

$$\Delta_{iC} = -\sum \overline{R}C$$

参见图 11.25(c)、(d)所示虚拟反力，求得自由项为

$$\Delta_{1C} = -\theta l$$

$$\Delta_{2C} = -(\theta l + 1 \times a) = -\theta l - a$$

系数和自由项求出来之后，与前面荷载作用时一样，代入典型方程求出多余反力。用叠加法绘制弯矩图，即 $M = \overline{M}_1 X_1 + \overline{M}_2 X_2$。注意，叠加法绘制弯矩图时没有叠加由支座移动引起的弯矩。因为基本结构是静定的，如前所述其位移是刚性的，不产生内力。

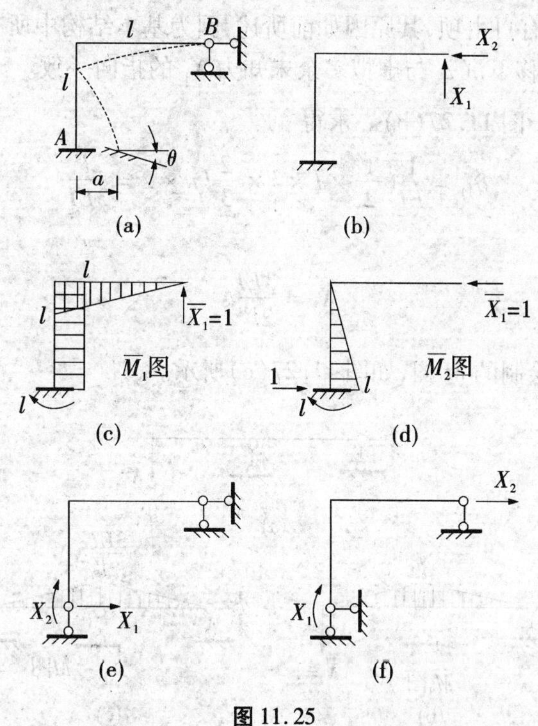

图 11.25

我们也可以将支座 A 处有位移的连系去掉，得基本结构如图 11.25(e)所示。其变形条件是，基本结构在多余未知力 X_1、X_2 的作用下，沿 X_1、X_2 方向的位移与原结构相同。即 $\Delta_1 = a, \Delta_2 = \theta$。力法典型方程为

$$\delta_{11} X_1 + \delta_{12} X_2 = a$$

$$\delta_{21} X_1 + \delta_{22} X_2 = \theta$$

力法典型方程中不含有自由项，这是因为基本结构中已经不存在发生位移的连系了。

我们还可以选取如图 11.25(f)所示结构为基本结构。其力法典型方程为

$$\delta_{11} X_1 + \delta_{12} X_2 + \Delta_{1C} = \theta$$

$$\delta_{21}X_1 + \delta_{22}X_2 + \Delta_{2C} = 0$$

例 11.9 图 11.26 所示连续梁,其支座 C 下沉 Δ,求由此引起的弯矩。各杆 EI 常量。

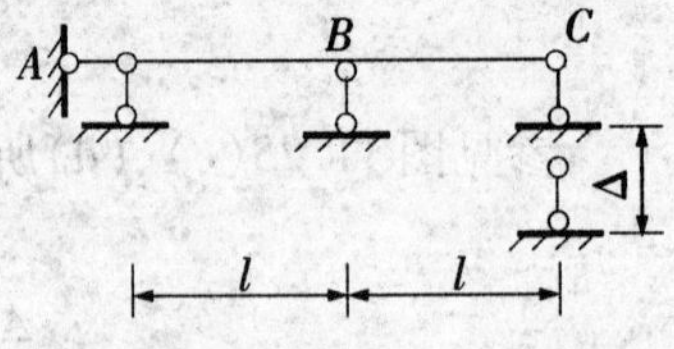

解 这是个一次超静定结构,我们采用两个基本结构分别进行计算。

图 11.26

(1)选外伸梁为基本结构

①去掉支座 C 处链杆,得基本结构如图 11.27(a)所示。

②根据基本结构在 X_1 作用下沿 X_1 方向的位移应与原结构相应位移相等的变形条件,建立力法典型方程

$$\delta_{11}X_1 = \Delta$$

典型方程中不含有自由项,其原因如前所述,因为基本结构中所有连系均无位移。位移 Δ 取正号是由于位移下沉 Δ 与虚拟多余未知力 X_1 的指向一致。

③画出 $\overline{M_1}$ 图示于图 11.27(b)。求得

$$\delta_{11} = \frac{1}{EI}\left(\frac{1}{2} \times l \times l \times \frac{2}{3}l\right) \times 2 = \frac{2l^3}{3EI}$$

④解方程,求出

$$X_1 = \frac{3EI}{2l^3}\Delta$$

⑤按 $M = \overline{M_1}X_1$ 绘制的 M 图,如图 11.27(c)所示。

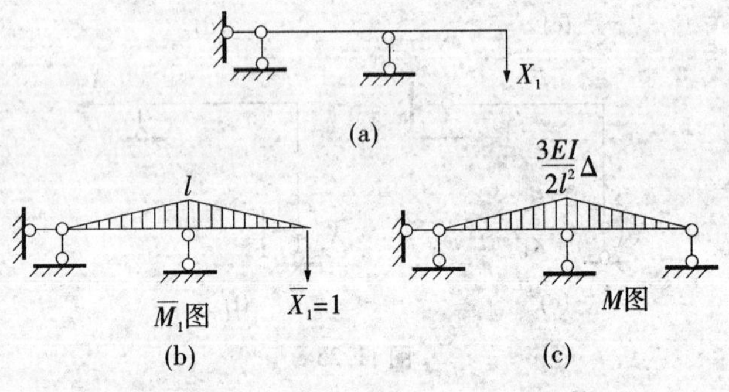

图 11.27

(2)选取简支梁为基本结构

①将支座 B 处链杆视为多余连系去掉,得基本结构如图 11.28(a)。

②该基本结构包含了发生位移的支座 C,因此变形条件是基本结构在多余未知力 X_1 与支座 C 下沉的共同作用下,在多余未知力 X_1 处沿 X_1 方向的位移与原结构相等,即 $\Delta_1 = 0$。力法典型方程为:

$$\delta_{11}X_1 + \Delta_{1C} = 0$$

③绘出 $\overline{M_1}$ 图以及计算出虚拟反力图 11.28(b)。由此求出

$$\delta_{11} = \frac{2}{EI}\left[\left(\frac{1}{2} \times l \times \frac{1}{2}l\right)\left(\frac{2}{3} \times \frac{1}{2}l\right)\right] = \frac{l^3}{6EI}$$

$$\Delta_{1C} = -\sum RC = -\left(\frac{1}{2} \times \Delta\right) = -\frac{\Delta}{2}$$

④解方程,求出多余未知力 X_1

$$X_1 = -\frac{\Delta_{1C}}{\delta_{11}} = \frac{3EI}{l^3}\Delta$$

⑤按 $M = \overline{M}_1 X_1$,绘制 M 图如图 11.28(c)所示。

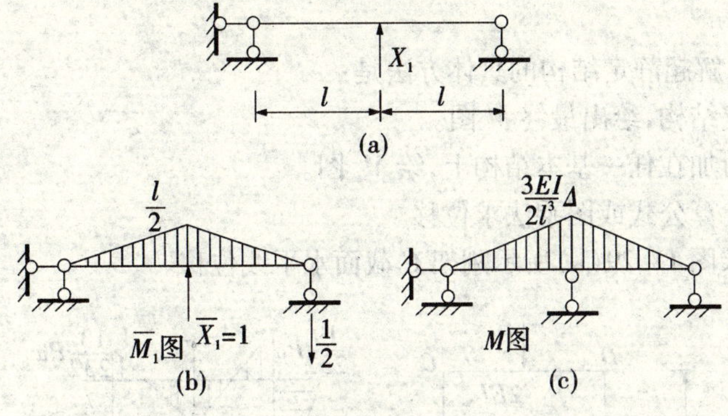

图 11.28

由本例可以看出,选取的基本结构不同,相应的力法典型方程不同,但最后内力图是相同的。

11.6　超静定结构的位移计算

对于超静定结构,位移计算也是一个比较重要的部分,其主要目的是检验结构设计是否满足刚度要求,结构变形是否在许可范围内。

如前所述,用力法解超静定结构是在它的基本结构上进行的。因为基本结构的受力和变形完全与原结构等效。由此可知,超静定结构的位移计算完全可以在它的基本结构上进行。这样,超静定结构的位移计算即可以转化为静定结构的位移计算问题了。

在静定结构中

$$\Delta_P = \sum\int \frac{\overline{M}M_P}{EI}\mathrm{d}x + \sum\int \frac{\overline{F}_N F_{NP}}{EA}\mathrm{d}x + \int \frac{k\overline{F}_S F_{Sp}}{GA}\mathrm{d}x$$

对于超静定结构,只要求出多余力,将其作为已知力作用在基本结构上,则基本结构的位移也就是原超静定结构的位移。因此超静定结构的位移计算也就转化成为静定结构的位移计算。则上述式子中的 M 、F_N 、F_S 变成基本结构在外荷载和多余未知力的作用下的内力,$\overline{M}$ 、$\overline{F}_N$ 、$\overline{F}_S$ 为基本结构在所求位移点处的虚拟单位力或单位力矩的作用引起的虚拟状态的力。因此,在忽略剪切变形和轴向变形的情况下,超静定结构的位移计算公

式为(一般适用于梁和刚架)

$$\Delta_{iP} = \sum \int \frac{\overline{M_i} M}{EI} ds$$

式中 M ——原超静定结构的最终弯矩。

$\overline{M_i}$ ——单位荷载弯矩。

需要说明的是:由于超静定结构的内力并不因为所取基本结构的不同而不同,因此,我们可以认为超静定结构的内力是从任一形式的基本结构求得的。这样,计算超静定结构位移时,可以取任意一基本结构作为虚拟状态。一般情况下,取单位内力图比较简单的基本结构。

综上所述,求解超静定结构的具体方法是:

(1)解超静定结构,绘出最终 M 图。

(2)将单位力加在任一基本结构上,绘 M_i 图。

(3)按位移计算公式或图乘法求位移。

例 11.10 求图 11.29(a)所示刚架 C 截面水平线位移。

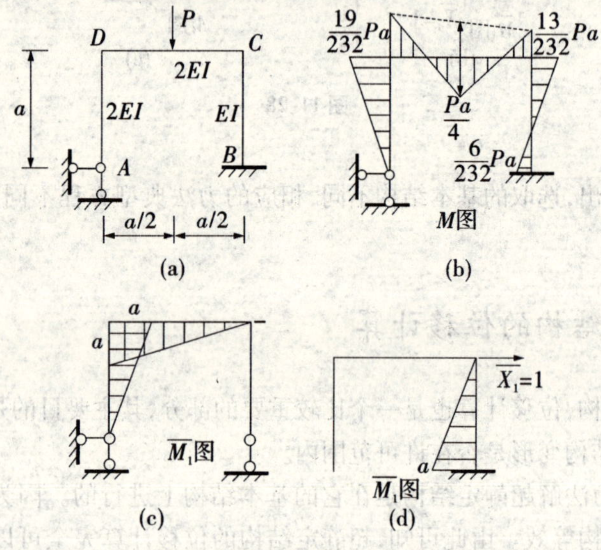

图 11.29

解 (1)解算超静定刚架,绘出最终 M 图

选取简支刚架作为基本结构,最终弯矩图示于图 11.29(b)。

(2)将单位荷载加在基本结构 C 节点上,绘 $\overline{M_1}$ 图(图 11.29(c))。由图乘法求出点 C 水平线位移。

$$\Delta_C = -\frac{1}{2EI}\left(\frac{1}{2} \times a \times a\right)\left(\frac{2}{3} \times \frac{19Pa}{232}\right) - \frac{1}{2EI}\left[\left(\frac{1}{2} \times a \times a\right)\left(\frac{2}{3} \times \frac{19Pa}{232} + \frac{1}{3} \times \frac{13Pa}{232}\right)\right] + \frac{1}{2EI}\left(\frac{1}{2} \times a \times \frac{Pa}{4}\right) \times \frac{1}{2}a$$

$$= -\frac{19Pa^3}{EI\times 6\times 232} - \frac{17Pa^3}{EI\times 4\times 232} + \frac{Pa^3}{EI\times 32}$$

$$= -\frac{Pa^3}{1392EI}(\leftarrow)$$

计算结果为负值,表示 C 点位移方向与所设单位力的方向相反,即实际方向应水平相左。

为使计算简化,亦可选取图 11.29(d)所示的基本结构作为虚拟状态。用图乘法求得

$$\Delta_C = \frac{1}{EI}\left(\frac{1}{2}\times a\times a\right)\left(\frac{2}{3}\times\frac{6Pa}{232} - \frac{1}{3}\times\frac{13Pa}{232}\right) = -\frac{Pa^3}{1392EI}(\leftarrow)$$

选取两种基本结构作为虚拟状态,计算结果完全相同。但后一种计算要简单得多。

章后小结

力法是计算超静定结构的基本方法之一,是位移法的基础,应该熟练掌握。

1. 力法的基本结构是静定结构。力法是以多余力作为基本未知量,由满足原结构的位移变形条件来求解多余力,然后通过静定结构来计算超静定结构的内力,将超静定问题转化为静定问题来处理。这是力法的基本思想。

2. 力法的基本结构是将原结构解除多余约束后所得的静定结构,几何可变或瞬变体系都不能作为基本结构。

3. 力法方程是一组变形协调方程,其物理意义是基本结构在多余力和荷载的共同作用下,多余力作用处的位移与原结构相应处的位移相同。在计算超静定结构时,要同时运用平衡条件和变形条件,这是求解静定结构与求解超静定结构的根本区别。

4. 利用对称性:对称结构在对称荷载作用下变形、反力和 M 图、F_N 图正对称,F_S 图反对称;在反对称荷载作用下变形、反力和 M 图、F_N 图反对称,F_S 图正对称。可用半结构法简化计算。

思考题

1. 静定结构与超静定结构有何区别?

2. 什么是力法的基本结构? 力法基本结构的形式是否是唯一的? 选择力法基本结构需注意什么问题? 为什么要首先计算未知量,力法的基本结构与原结构有什么区别?

3. 什么是力法的基本未知量? 如何求得力法的基本未知量? 如何建立力法的典型方程?

4. 说明力法典型方程的系数、自由项的物理意义,如何求解这些系数和自由项?

5. 在力法中主、副系数的取值情况如何?

6. 说明力法的基本概念,用力法解超静定结构的步骤。

7. 在什么情况下,超静定结构的内力与结构各杆件 EI 的相对比值有关? 在什么情况下,超静定结构的内力与各杆的实际 EI 值有关?

8. 什么叫作等代结构？确定等代结构的原则是什么？如何运用结构的对称性进行简化计算？

9. 如何计算超静定结构的位移？虚拟单位力为什么可以加在任一基本结构上？

10. 力法的实质是什么？

11. 超静定结构的位移与静定结构的位移有什么不同？

习　题

1. 确定图 11.30 所示结构的超静定次数。

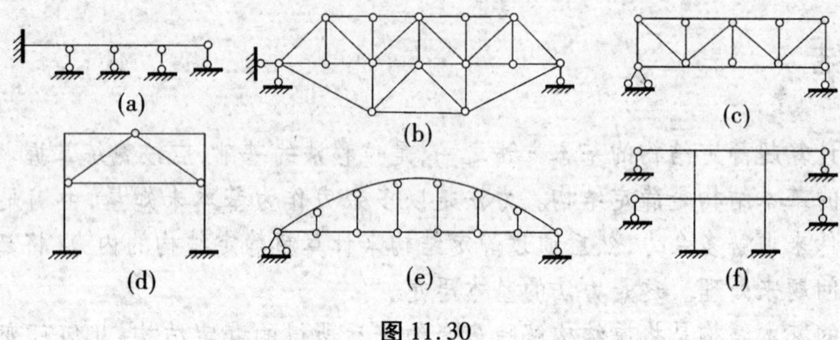

图 11.30

2. 用力法计算图 11.31 超静定梁。

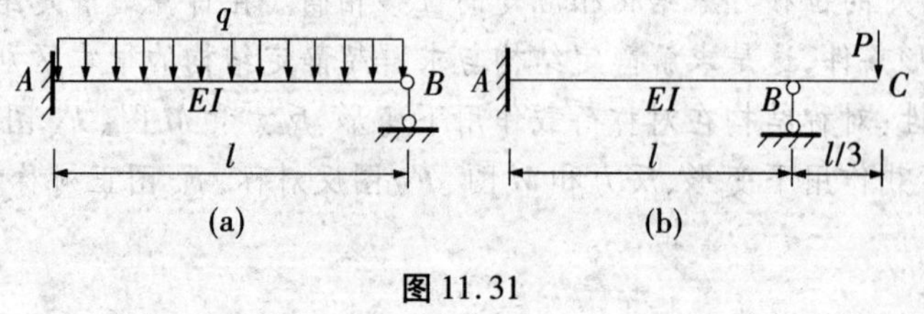

图 11.31

3. 试用力法计算下图示超静定梁(图 11.32)。

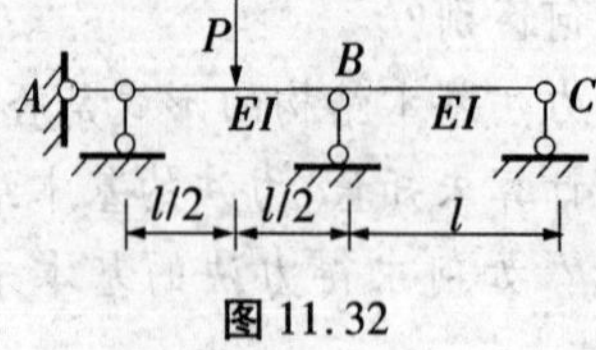

图 11.32

4. 试用力法计算如图 11.33 所示刚架,作出内力图。

5. 试用力法计算如图 11.34 所示刚架,并作弯矩图。

6. 试用力法计算如图 11.35 所示桁架。

7. 已知图 11.36 所示桁架中各杆 EA 相同,试求桁架中各杆的轴力。

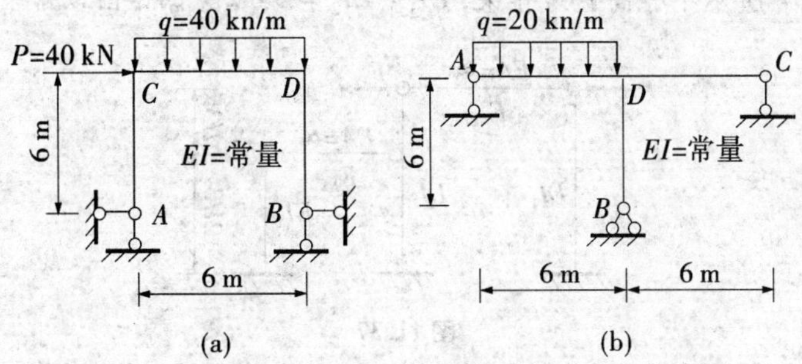

图 11.33

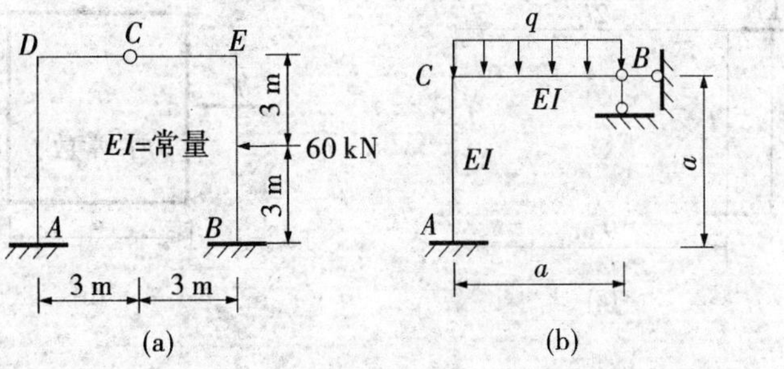

图 11.34

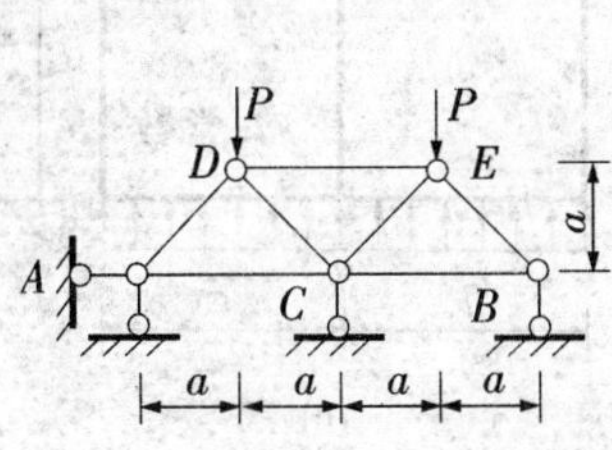

图 11.35

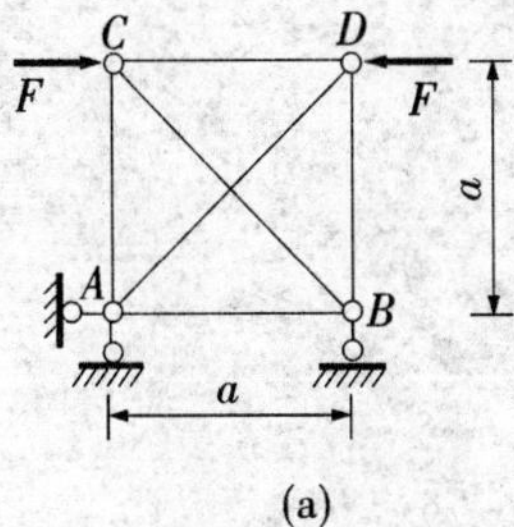

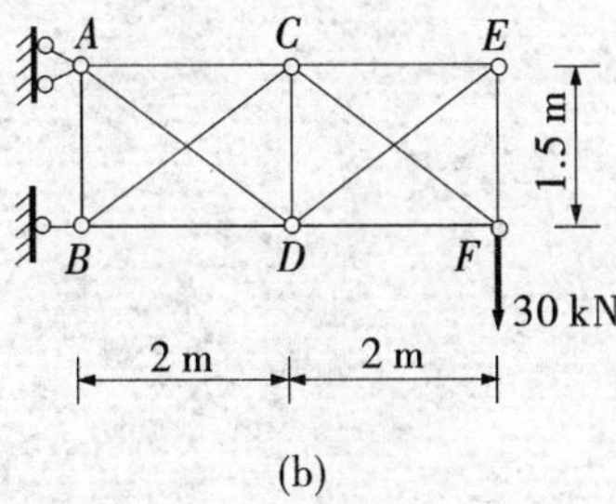

图 11.36

8. 如图 11.37 所示不等高两跨排架，$EI_1 : EI_2 = 3 : 2$。试作出该排架的弯矩图。

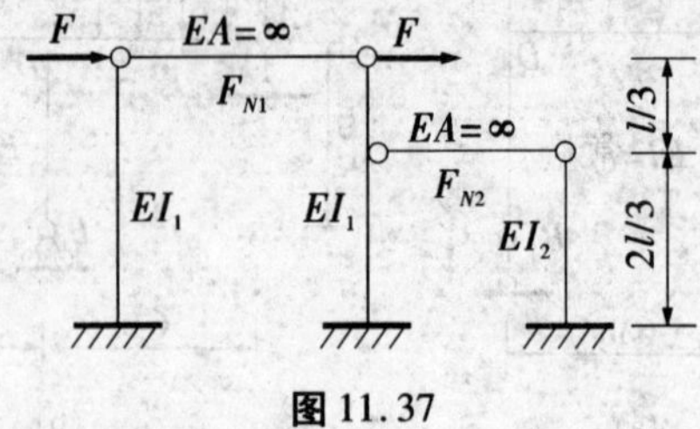

图 11.37

9. 作图 11.38 所示对称结构的弯矩图。

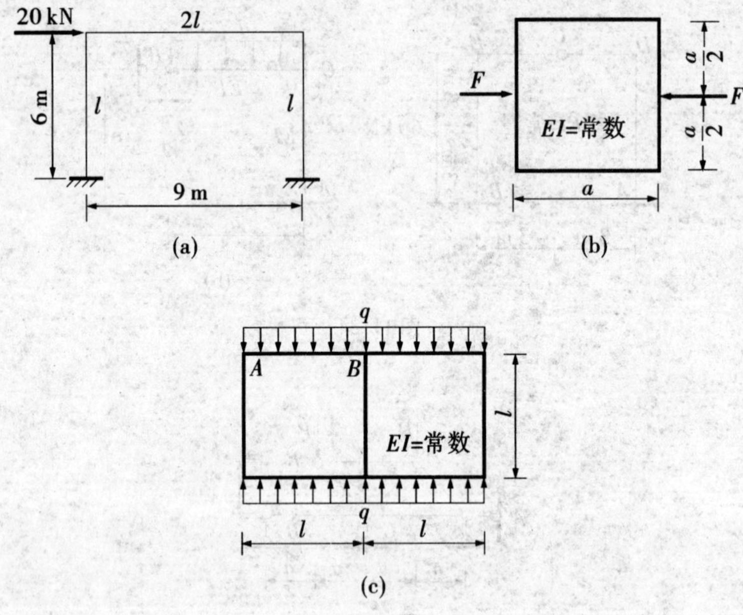

图 11.38

第12章 位移法计算超静定结构

教学提示 熟练掌握位移法基本未知量的确定和基本结构的建立、位移法的典型方程及其物理意义、位移法方程中的系数和自由项的物理意义及其计算以及弯矩图的绘制。掌握由弯矩图绘制剪力图和轴力图的方法。掌握利用对称性简化计算的方法。重点掌握荷载作用下超静定结构的内力计算,了解其他因素下的计算。掌握位移法方程的两种建立方法(写典型方程法和写平衡方程法)。

力法和位移法是计算超静定结构的两个基本方法。力法是把结构的多余力作为基本未知量,将超静定结构转变为静定结构,按位移条件建立力法方程求解的。而位移法则是以结构的节点位移作为基本未知量,将结构分解为单个杆件,先求出位移的大小,再进而求出结构的内力和其他位移。由位移法的基本原理,可衍生出其他几种在工程实际中应用十分普遍的计算方法,例如力矩分配法和迭代法等。因此,本章内容的学习,不仅是为了掌握位移法计算超静定的基本原理,还为以后学习其他计算方法打下良好的基础。此外,应用计算机进行结构内力计算所用的直接刚度法也是由位移法而来,所以,本章的内容也是学习电算应用的一个基础。

12.1 位移法基本原理

图12.1(a)所示结构在给定荷载 q 的作用下,将产生如图中虚线所示的变形。由于杆 AB 与 BC 在节点 B 处刚性连接,根据变形协调条件,杆 AB 、BC 在节点 B 处的杆端转角是相等的,即 $\varphi_{BA}=\varphi_{BC}=\varphi_{B}$ 。用位移法计算时,以刚接节点 B 的角位移 φ_B 作为基本未知量。

图12.1(a)所示的刚架中各杆的变形情况,相当于图12.1(b)所示各根梁的变形。其中 BC 杆相当于左端固定右端铰支的梁,其上承受荷载 q 的作用,且在左端发生了转角

φ_B；AB 杆则相当于上端固定下端铰支的梁，固定端发生转角 φ_B。如果将节点 B 的转角 φ_B 当作支座移动，则上述刚架即可转化为两个单跨超静定梁来计算。只要求出转角 φ_B 的大小，则按力法即可求得这两个单跨超静定梁的全部反力和内力，因而图 12.1(a)所示的刚架的计算问题便可解决。由以上分析可知，问题的关键在于确定未知量 φ_B 的大小。

为了将图 12.1(a)转化为图 12.1(b)，我们设想在刚节点 B 处加一个附加刚臂[以符号 表示，如图 12.1(c)所示]，其作用是控制节点 B 不发生转动(但不能阻止节点 B 的线位移)。由于节点 B 无线位移，故加入附加刚臂后，B 就变成了固定端，原结构变成了由 AB 和 BC 这样两根一端固定另一端铰支的单跨超静定梁的组合体，如图 12.1(b)所示，其中每一根单跨超静定梁都是独立的。这一组合体称为原结构按位移法计算时的基本体系。将外荷载 q 作用于基本体系，并迫使基本体系的附加刚臂发生与实际情况相同的转角 φ_B(用未知量 Z_1 表示)，则图 12.1(c)中基本体系的受力和变形情况与图 12.1(a)所示的原结构完全相同。为此，我们可用基本体系的计算来代替原结构的计算。

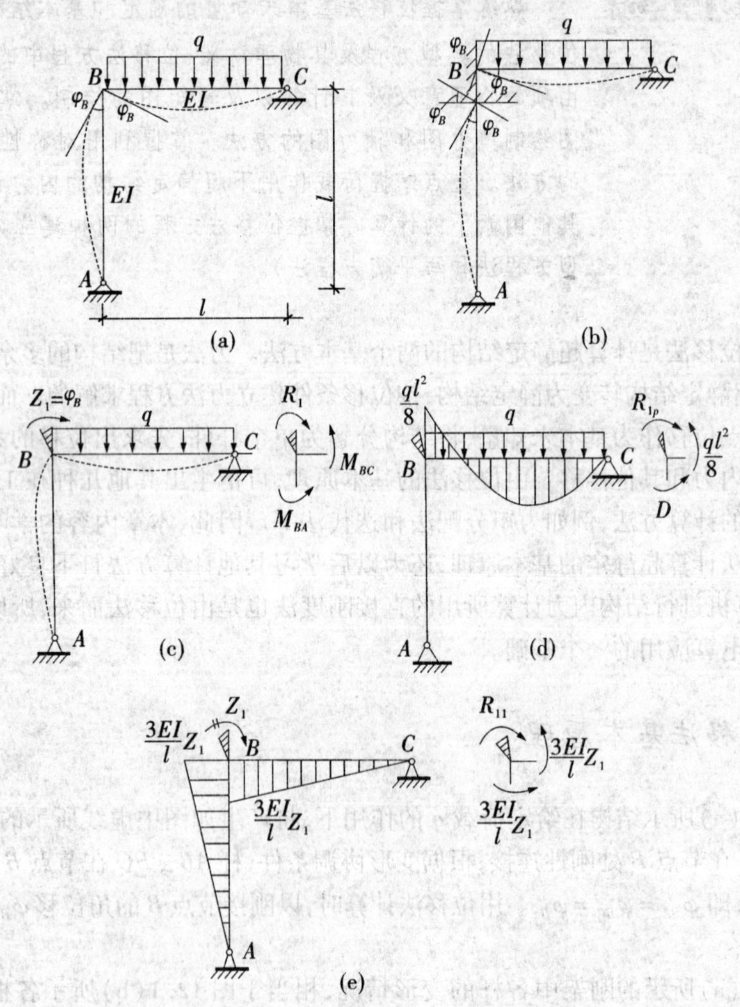

图 12.1

根据叠加原理,可将图12.1(c)所示的基本体系分解成两部分:一部分是图12.1(d)所示的基本体系单独受荷载作用的情况,另一部分是图12.1(e)所示的基本体系发生节点位移φ_B的情况。以下可分别计算。

图12.1(d)中,AB杆上无荷载作用,内力为零;而在荷载q作用下的BC杆的弯矩图可由力法求解。图12.1(e)中,杆AB、BC均相当于一端固定一端铰支的梁在其固定端B处发生支座转角位移Z_1,其弯矩图同样可由力法求解。

用R_{1p}表示基本体系由于荷载单独作用时在附加刚臂上产生的反力偶,如图12.1(d)所示,R_{11}表示基本体系由于发生转角Z_1时在附加刚臂上产生的反力偶,如图12.1所示。则当荷载q与转角Z_1共同作用下,基本体系的附加刚臂上的反力偶R_1应等于上述两项之和,即$R_1 = R_{11} + R_{1p}$。而此时基本体系的受力变形情况与原结构是相同的,为此,基本体系节点B处附加刚臂上的反力偶应等于零,即

$$R_{11} + R_{1p} = 0$$

如令r_{11}表示当$Z_1 = 1$时附加刚臂上的反力偶,则有$R_{11} = r_{11}Z_1$(如图12.2所示),故上述方程可写为

$$r_{11}Z_1 + R_{1p} = 0$$

这一方程称为位移法的典型方程。式中r_{11}和R_{1p}分别称为位移法方程的系数与自由项,规定r_{11}和R_{1p}与Z_1方向相同时为正,反之为负。显然r_{11}总是正值。为求解典型方程,须分别求其系数和自由项。

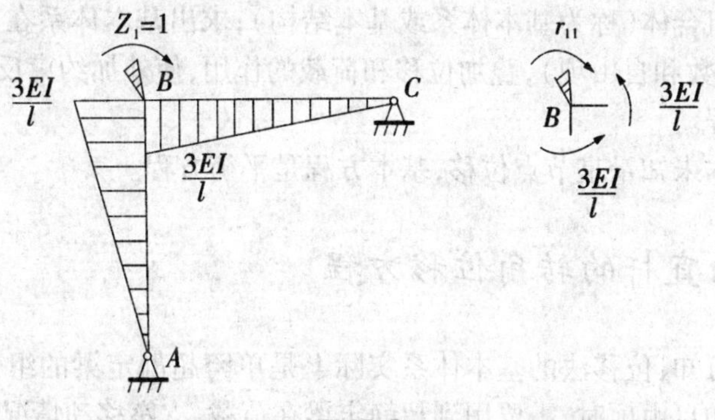

图12.2

取图12.2中节点B为隔离体,由节点B的力矩平衡条件可求

$$r_{11} = \frac{3EI}{l} + \frac{3EI}{l} = \frac{6EI}{l}$$

取图12.1(d)中节点B为隔离体,由节点B的力矩平衡条件可求

$$R_{1p} = -\frac{ql^2}{8}$$

负号表示R_{1p}的方向与Z_1方向相反。

将系数和自由项代入位移法典型方程

$$\frac{6EI}{l}Z_1 - \frac{ql^2}{8} = 0$$

解得

$$Z_1 = \frac{ql^3}{48EI}$$

求出 Z_1 以后,将图 12.1(d)和图 12.1(e)两种情况叠加,即得图 12.3(a)所示原结构的弯矩图,根据弯矩图及静力平衡条件可作出剪力图(如图 12.3b)。

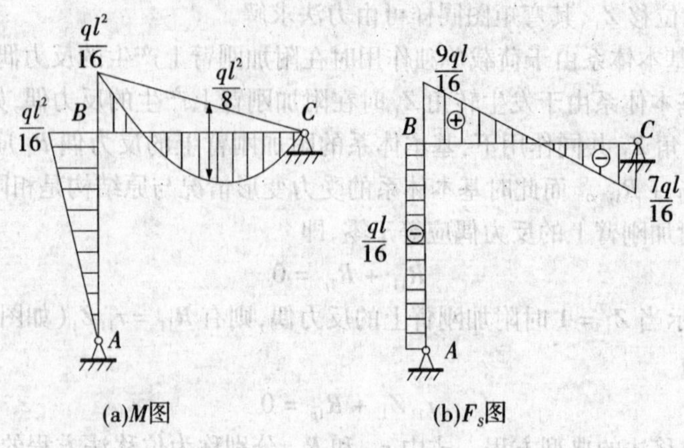

图 12.3

位移法的基本思路是:首先将节点约束住(控制节点 B 的转动),使结构转化为若干单跨超静定梁的组合体(称为基本体系或基本结构);求出基本体系在节点位移及荷载作用下的内力(求系数和自由项),叠加位移和荷载的作用,使外加约束反力(矩)等于零,即得位移法基本方程。

位移法的基本未知量是节点位移,基本方程是平衡方程。

12.2 等截面直杆的转角位移方程

由上节讨论可知,位移法的基本体系实际上是单跨超静定梁的组合体。在计算位移法方程中的系数和自由项时,需要用到超静定梁在荷载、支座移动情况下的杆端弯矩。例如求系数 r_{11} 时,需知道 AB 、BC 杆在支座移动下的杆端弯矩;求 R_{1p} 时,又需要知道 BC 杆在荷载作用下的杆端弯矩。所以,我们有必要讨论单跨超静定梁的杆端弯矩与荷载、杆端位移之间的关系,这种关系的数学表达式,称为转角位移方程。

12.2.1 杆端位移和杆端力的正负号规定

推导转角位移方程之前,我们首先说明杆端弯矩及杆端位移的表示方法及正负号规定。

图 12.4 所示为一两端固定的等截面梁 AB 。A 、B 两端的弯矩及剪力分别用 M_{AB} 、M_{BA} 、F_{SAB} 、F_{SBA} 表示,A 、B 两端的转角用 φ_A 、φ_B 表示;A 、B 两端在垂直于杆轴方向的相对线位移用 Δ_{AB} 表示($\Delta_{AB} = v_B - v_A$),也可用 $\beta = \frac{\Delta_{AB}}{l}$ 表示,β_{AB} 称为弦转角。由小变形

假设,可以认为直杆两端间距不发生改变,即两杆端之间无相对水平位移,故有 $u_A = u_B$。关于它们的正负号规定如下:

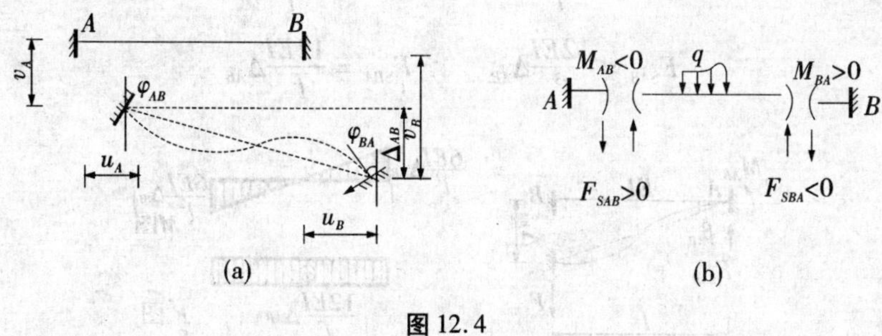

图 12.4

(1)杆端转角 φ_A、φ_B 以顺时针转动为正;弦转角 β_{AB}(或相对线位移 Δ_{AB})以使杆件顺时针方向转动为正,如图 12.4(a)所示。

(2)对杆端而言,杆端弯矩以顺时针方向为正;对支座或节点而言,杆端弯矩以逆时针方向为正,如图 12.4(b)所示。

(3)杆端剪力以对作用截面产生顺时针方向转动趋势的为正,如图 12.4(b)所示。

12.2.2 几种特殊情形下的杆端力表达式

(1)两端固定梁的一端发生转动　图 12.5(a)中,A 端发生顺时针方向转角 φ_A,B 端不动。则由力法可求得其内力图如图 12.5(b)所示。其杆端力为

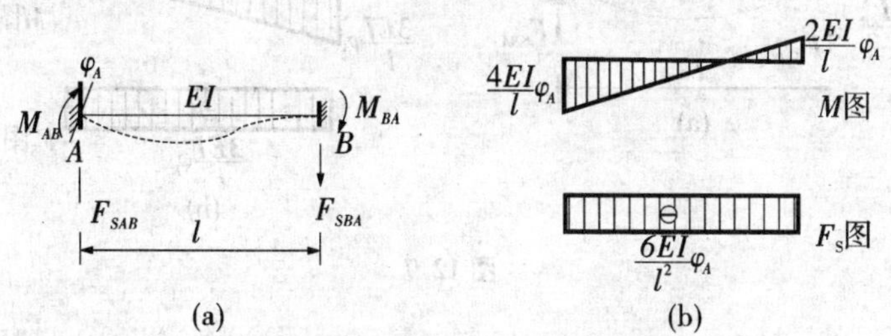

图 12.5

$$M_{AB} = \frac{4EI}{l}\varphi_A \qquad M_{BA} = \frac{2EI}{l}\varphi_A \tag{a}$$

$$F_{SAB} = -\frac{6EI}{l^2}\varphi_A \qquad F_{SBA} = -\frac{6EI}{l^2}\varphi_A \tag{b}$$

若设 AB 梁 A 端不动,B 端顺时针转动 φ_B,同理可得

$$M_{AB} = \frac{2EI}{l}\varphi_B \qquad M_{BA} = \frac{4EI}{l}\varphi_B \tag{c}$$

$$F_{SAB} = -\frac{6EI}{l^2}\varphi_B \qquad F_{SBA} = -\frac{6EI}{l^2}\varphi_B \tag{d}$$

(2)两端固定梁两端发生相对线位移的情形　图 12.6(a)中,A、B 两端相对线位移

为 Δ_{AB}，用力法求得其内力图如图 12.6(b)所示，其杆端内力为

$$M_{AB}=-\frac{6EI}{l^2}\Delta_{AB} \qquad M_{BA}=-\frac{6EI}{l^2}\Delta_{AB} \tag{e}$$

$$F_{SAB}=\frac{12EI}{l^3}\Delta_{AB} \qquad F_{SBA}=\frac{12EI}{l^3}\Delta_{AB} \tag{f}$$

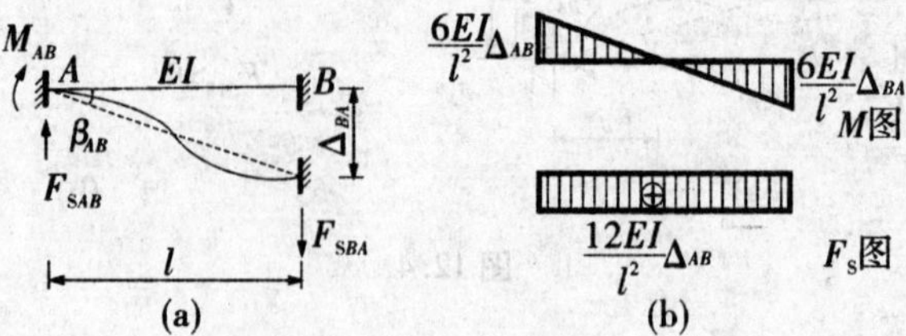

图 12.6

(3)一端固定另一端铰支梁的固定端发生转角的情形　图 12.7(a)中，设固定端 A 端发生顺时针方向转角 φ_A，则由力法可求得内力图如图 12.7(b)所示，其杆端力为

$$M_{AB}=\frac{3EI}{l}\varphi_A \qquad M_{BA}=0 \tag{g}$$

$$F_{SAB}=F_{SBA}=-\frac{3EI}{l^2}\varphi_A \tag{h}$$

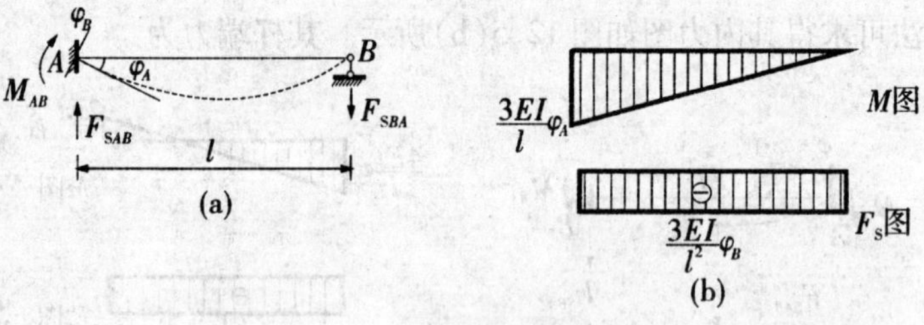

图 12.7

(4)一端固定另一端铰支梁两端发生相对线位移的情形　如图 12.8(a)中，一端固定另一端铰支梁两端发生相对线位移 Δ_{AB}，由力法可求得其内力图如图 12.8(b)所示，其杆端力为

$$M_{AB}=-\frac{3EI}{l^2}\Delta_{AB} \qquad M_{BA}=0 \tag{i}$$

$$F_{SAB}=F_{SBA}=-\frac{3EI}{l^3}\Delta_{AB} \tag{j}$$

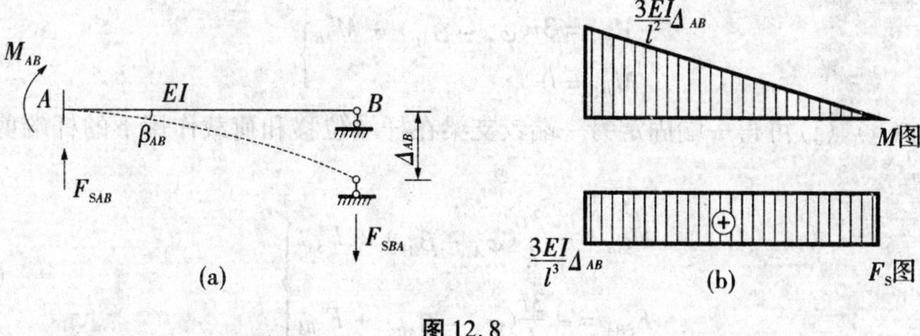

图 12.8

12.2.3 单跨超静定梁由荷载引起的杆端力

图 12.9(a)、(b)分别为两端固定梁和一端固定另一端铰支梁在荷载作用下的情形。杆端弯矩用 M_{AB}^g、M_{BA}^g 表示,称为固端弯矩;杆端剪力用 F_{SAB}^g、F_{SBA}^g 表示,称为固端剪力,其正负号规定与前述相同。不同荷载作用下的固端弯矩与固端剪力均可由力法求得。

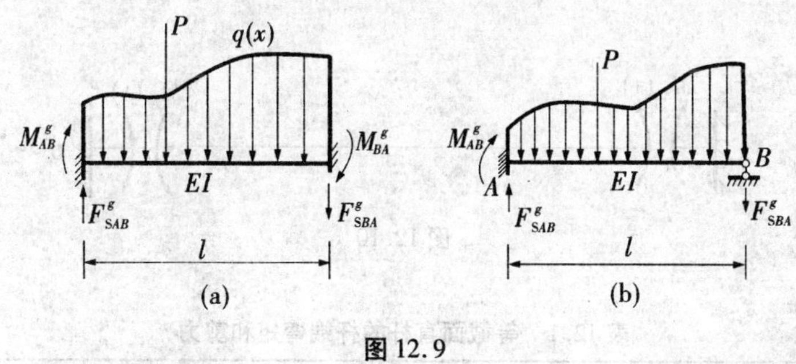

图 12.9

12.2.4 等截面直杆的转角位移方程

由叠加原理将式(a)、(c)、(e)叠加,可得等截面两端固定梁同时受杆端位移和荷载共同作用时的杆端弯矩一般公式

$$\left.\begin{aligned} M_{AB} &= 2i(2\varphi_A + \varphi_B - 3\beta_{AB}) + M_{AB}^g \\ M_{BA} &= 2i(2\varphi_B + \varphi_A - 3\beta_{AB}) + M_{BA}^g \end{aligned}\right\} \tag{12.1}$$

叠加(b)、(d)、(f),可得等截面两端固定梁同时受杆端位移和荷载共同作用时的杆端剪力的一般公式

$$\left.\begin{aligned} F_{SAB} &= -\frac{6i}{l}(\varphi_A + \varphi_B - 2\beta_{AB}) + F_{SAB}^g \\ F_{SBA} &= -\frac{6i}{l}(\varphi_A + \varphi_B - 2\beta_{AB}) + F_{SBA}^g \end{aligned}\right\} \tag{12.1a}$$

式 12.1 称为两端固定梁的转角位移方程。

同理,叠加式(g)、(i)可得一端固定另一端铰支梁在杆端位移和荷载作用下的杆端

弯矩的一般公式

$$\left.\begin{aligned} M_{AB} &= 3i(\varphi_A - \beta_{AB}) + M_{AB}^g \\ M_{BA} &= 0 \end{aligned}\right\} \tag{12.2}$$

叠加(h)、(j)可得一端固定另一端铰支梁在杆端位移和荷载作用下的杆端剪力的一般公式

$$\left.\begin{aligned} F_{SAB} &= -\frac{3i}{l}(\varphi_A - \beta_{AB}) + F_{SAB}^g \\ F_{SBA} &= -\frac{3i}{l}(\varphi_A - \beta_{AB}) + F_{SBA}^g \end{aligned}\right\} \tag{12.2a}$$

式 12.2 称为一端固定另一端铰支梁的转角位移方程。

显然,根据杆端转角和相对线位移即可由转角位移方程求出杆端弯矩和剪力。为方便使用,将单跨超静定梁在各种荷载作用下的杆端弯矩与杆端剪力列于表 12.1 中。

在表 12.1 中, $i = EI/l$,称为杆件的线刚度。表 12.1 中杆端弯矩的正、负号规定为:对杆端而言弯矩以顺时针转向为正(对支座或节点而言,则以逆时针转向为正),反之为负(图 12.10)。至于剪力的正、负号仍与以前规定相同。转角以顺时针转动为正,反之为负。

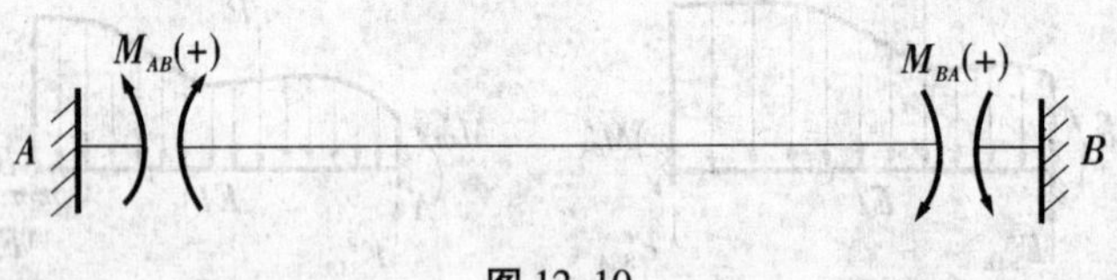

图 12.10

表 12.1　等截面直杆的杆端弯矩和剪力

编号	简图	杆端弯矩	杆端剪力
1	$\varphi=1$, A, B, l	$M_{AB}=\frac{4EI}{l}=4i$ $M_{BA}=\frac{2EI}{l}=2i$	$F_{SAB}=F_{SBA}=-\frac{6EI}{l^2}=-\frac{6i}{l}$
2	A, B, B', $\Delta=1$, l	$M_{AB}=M_{BA}=-\frac{6EI}{l^2}=-\frac{6i}{l}$	$F_{SAB}=F_{SBA}=\frac{12EI}{l^2}=\frac{12i}{l^2}$
3	$\varphi=1$, A, B, l	$M_{AB}=\frac{3EI}{l}=3i$ $M_{BA}=0$	$F_{SAB}=F_{SBA}=-\frac{3EI}{l^3}=-\frac{3i}{l}$
4	A, B, B', $\Delta=1$, l	$M_{AB}=-\frac{3EI}{l^2}=-\frac{3i}{l}$ $M_{BA}=0$	$-F_{SAB}=F_{SBA}=\frac{3EI}{l^3}=\frac{3i}{l^2}$

续表 12.1

编号	简图	杆端弯矩	杆端剪力
5	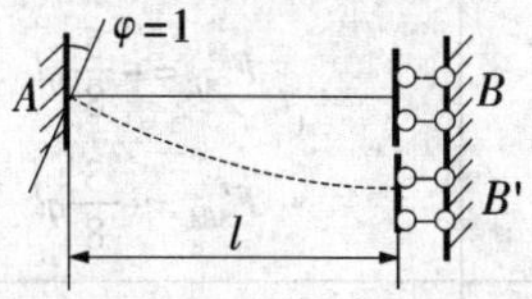	$M_{AB}=i$ $M_{BA}=-i$	$F_{SAB}=F_{SBA}=0$
6	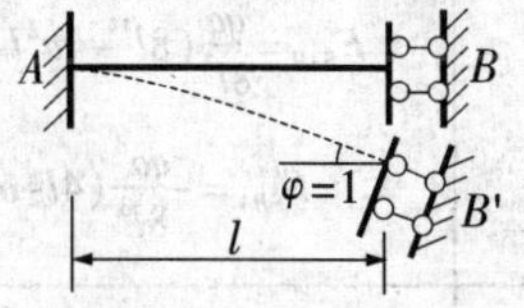	$M_{AB}=-\frac{EI}{l}=-i$ $M_{BA}=\frac{EI}{l}=i$	$F_{SAB}=F_{SBA}=0$
7	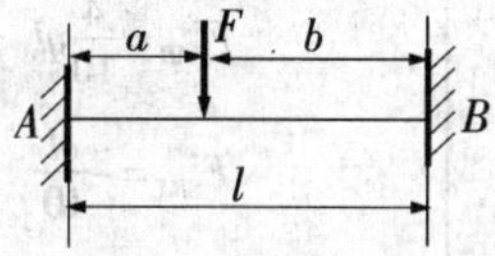	$M_{AB}^{F}=-\frac{Fab^{2}}{l^{2}}$ $M_{BA}^{F}=\frac{Fa^{2}b}{l^{2}}$	$F_{SAB}^{F}=\frac{Fb^{2}(l+2^{a})}{l^{2}}$ $F_{SBA}^{F}=-\frac{Fa^{2}(l+2b)}{l^{2}}$
8	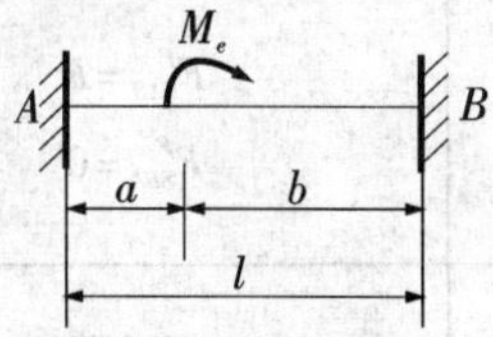	$M_{AB}^{F}=\frac{b(3a-l)}{l^{2}}M_{e}$ $M_{BA}^{F}=\frac{a(3b-l)}{l^{2}}M_{e}$	$F_{SAB}^{F}=F_{SBA}^{F}=-\frac{6ab}{l^{3}}M_{e}$
9	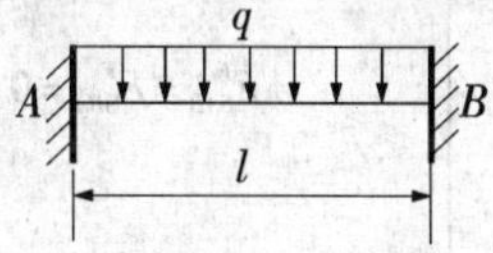	$M_{AB}^{F}=\frac{ql^{2}}{12}$ $M_{BA}^{F}=\frac{ql^{2}}{12}$	$F_{SAB}^{F}=\frac{ql}{2}$ $F_{SRA}^{F}=-\frac{ql}{2}$
10	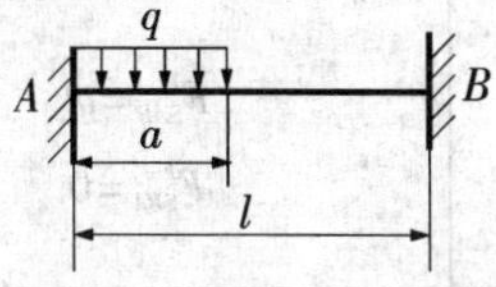	$M_{AB}^{F}=-\frac{9a^{2}}{12l^{2}}(6l^{2}-8la+3a^{2})$ $M_{BA}^{F}=\frac{qa}{12l^{2}}(4l-3a)$	$F_{SAB}^{F}=\frac{qa}{2l^{3}}(2l^{3}-2la^{2}+a^{3})$ $F_{SBA}^{F}=\frac{qa^{3}}{2l^{3}}(2l-a)$
11	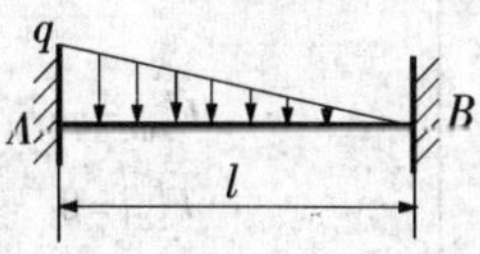	$M_{AB}^{F}=\frac{ql^{2}}{20}$ $M_{BA}^{F}=\frac{ql^{2}}{30}$	$F_{SAB}^{F}=\frac{7}{20}ql$ $F_{SBA}^{F}=-\frac{3}{20}ql$
12	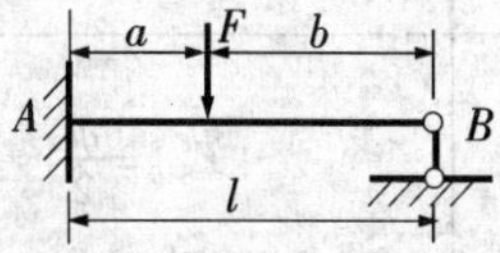	$M_{AB}^{F}=-\frac{Fab(l+b)}{2l^{2}}$ $M_{BA}^{F}=0$	$F_{SAB}^{F}=\frac{Fb(3l^{2}-b^{2})}{2l^{3}}$ $F_{SBA}^{F}=-\frac{Fa^{2}(2l+b)}{2l^{3}}$
13	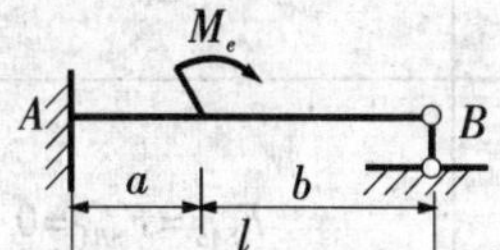	$M_{AB}^{F}=\frac{l^{2}-3b^{2}}{2l^{2}}M_{e}$ $M_{BA}^{F}=0$	$F_{SAB}^{F}=F_{SBA}^{F}=-\frac{3(l^{2}-b^{2})}{2l^{3}}M_{e}$

续表 12.1

编号	简图	杆端弯矩	杆端剪力
14	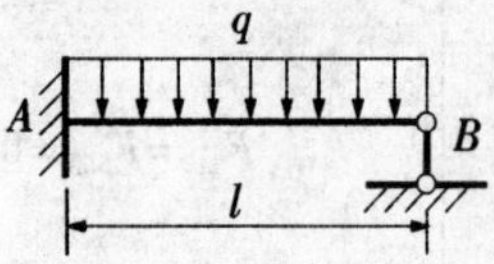	$M_{AB}^{F}=-\frac{ql^2}{8}$ $M_{BA}^{F}=0$	$F_{SAB}^{F}=-\frac{5}{8}ql$ $F_{SBA}^{F}=-\frac{3}{8}ql$
15	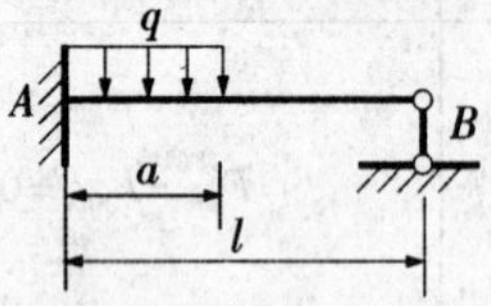	$M_{AB}^{F}=-\frac{qa^2 1}{8l^2}(4l^2-4al+a^2)$ $M_{BA}^{F}=0$	$F_{SAB}^{F}=\frac{qa}{8l^3}(8l^3-4a^2l+a^3)$ $F_{SBA}^{F}=-\frac{qa^3}{8l^3}(4l-a)$
16	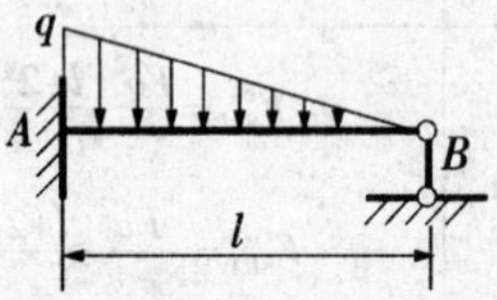	$M_{AB}^{F}=-\frac{1}{15}ql^2$ $M_{BA}^{F}=0$	$F_{SAB}^{F}=\frac{4}{10}ql$ $F_{SBA}^{F}=-\frac{ql}{10}$
17	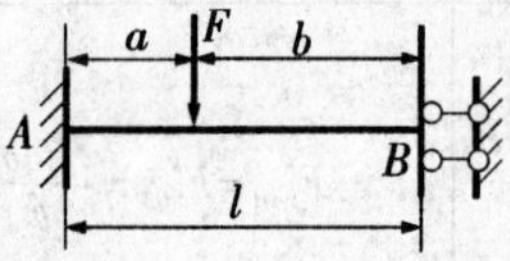	$M_{AB}^{F}=-\frac{Fa(l+b)}{2l}$ $M_{BA}^{F}=-\frac{Fa^2}{2l}$	$F_{SAB}^{F}=F$ $F_{SBA}^{F}=0$
18	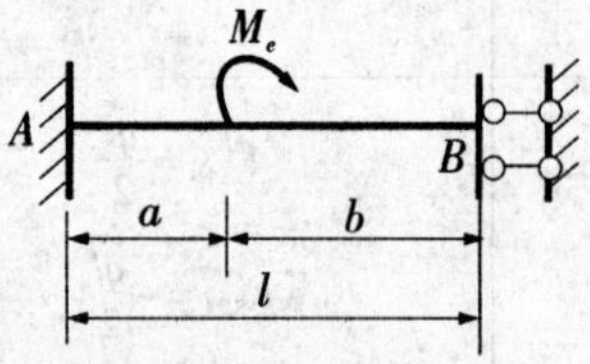	$M_{AB}^{F}=-\frac{M_b}{l}$ $M_{BA}^{F}=-\frac{M_a}{l}$	$F_{SAB}^{F}=F_{SBA}^{F}=0$
19	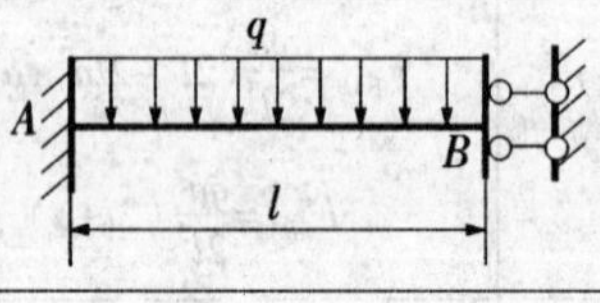	$M_{AB}^{F}=-\frac{ql^2}{3}$ $M_{BA}^{F}=-\frac{ql^2}{6}$	$F_{SAB}^{F}=ql$ $F_{SBA}^{F}=0$
20	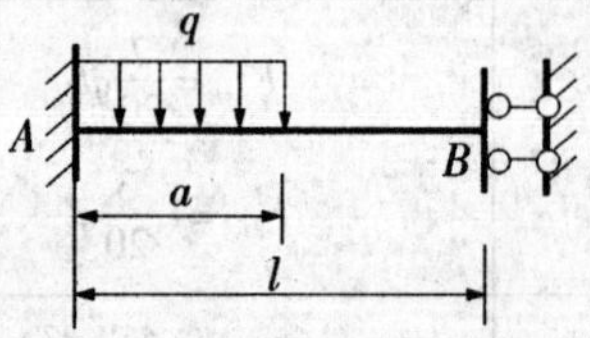	$M_{AB}^{F}=-\frac{qa^2}{6l}(3l-a)$ $M_{BA}^{F}=-\frac{qa^3}{6l}$	$F_{SAB}^{F}=qa$ $F_{SBA}^{F}=0$
21	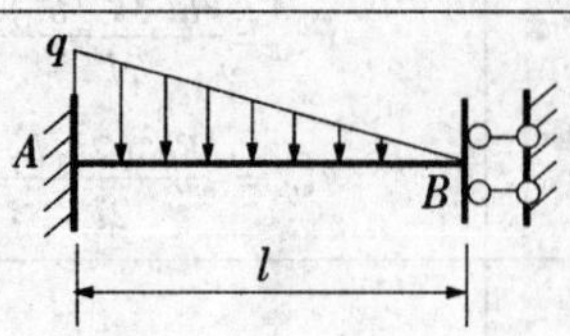	$M_{AB}^{F}=-\frac{ql^2}{8}$ $M_{BA}^{F}=-\frac{ql^2}{24}$	$F_{SAB}^{F}=\frac{ql}{2}$ $F_{SBA}^{F}=0$
22	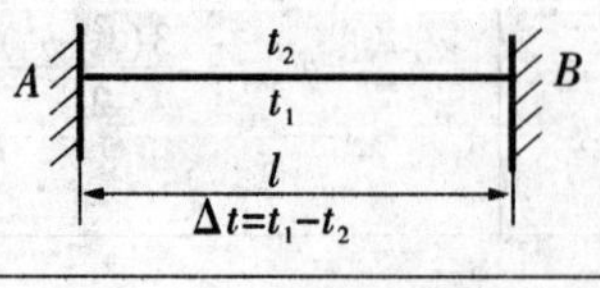	$M_{AB}=-\frac{EIa\Delta t}{h}$ $M_{BA}=\frac{EIa\Delta t}{h}$	$F_{SAB}=F_{SBA}=0$

续表 12.1

编号	简图	杆端弯矩	杆端剪力
23	A t_2 t_1 B; l; $\Delta t=t_1-t_2$	$M_{AB}=-\dfrac{3EIa\Delta t}{2h}$ $M_{BA}=0$	$F_{SAB}=F_{SBA}=\dfrac{3EIa\Delta t}{2hl}$
24	A t_2 t_1 B; l; $\Delta t=t_1-t_2$	$M_{AB}=-\dfrac{EIa\Delta t}{h}$ $M_{BA}=\dfrac{EIa\Delta t}{h}$	$F_{SAB}=F_{SBA}=0$

12.3 位移法基本未知量数目的确定

位移法的基本未知量是节点位移,其中包含节点角位移和节点线位移。位移法的基本体系是单跨超静定结构的组合体,需要在原结构上施加附加刚臂(限制节点转角)和附加链杆(限制节点线位移),从而将原结构变成位移法的基本结构(单跨超静定结构的组合体)。形成基本体系所需附加的约束(刚臂和链杆)数目,就是位移法基本未知量数。下面讨论如何确定基本未知量数目。

12.3.1 附加刚臂

如图 12.11(a)所示刚架在荷载作用下将发生图中虚线所示的变形。位移法计算时,只要将节点 C 的转角位移约束住,即可得到由两端固定梁 AC 和一端固定一端铰支梁 CB 组成的组合体。为限制节点 C 的转角位移,在 C 处附加一个刚臂(如图 12.11b 所示),刚臂的作用是限制节点的转动但不限制节点的线位移,位移法的基本体系如图 12.11(b)所示。此刚架的基本未知量只有一个转角位移。

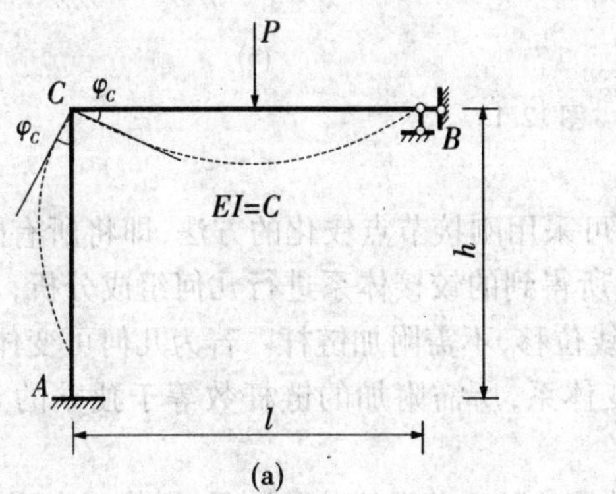

(a)

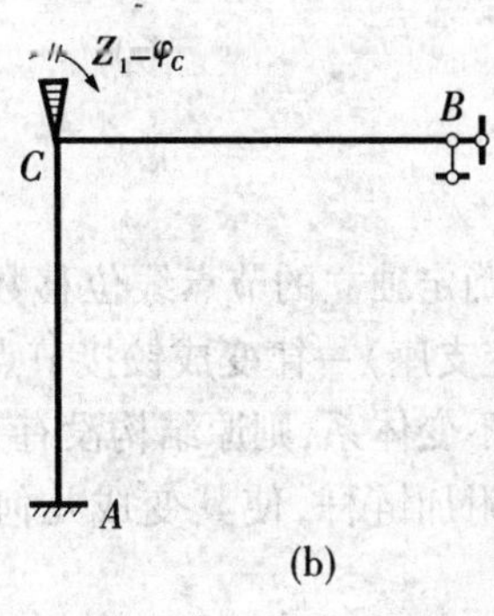

(b)

图 12.11

图 12.12 所示的连续梁，在荷载作用下发生如图中虚线所示的变形。位移法计算时，为了将结构变成超静定梁的组合体，需将 B 、C 处转角位移限制住，为此在 B 、C 节点处附加刚臂，位移法基本体系如图 12.12(b)所示。此结构的基本未知量为两个。

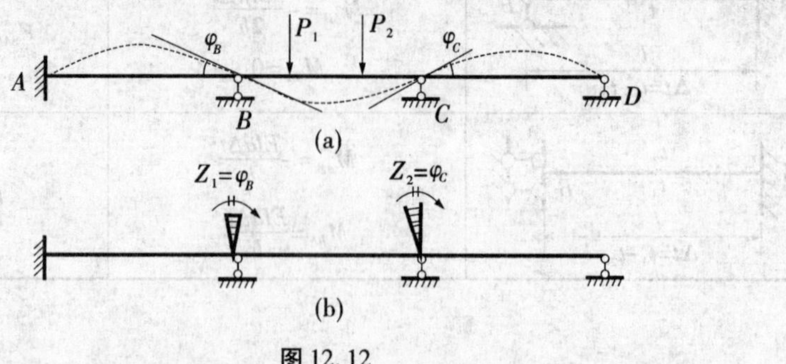

图 12.12

由以上分析可知，位移法计算时，节点角位移的数目等于结构刚接节点的数目。

12.3.2 附加链杆

为使计算简化，通常忽略结构中杆件轴力引起的轴向变形，且变形符合小变形假设，即变形前后各杆长度不变。

如图 12.13(a)所示排架结构，受荷载作用横梁的长度不发生变化，各柱顶发生相同的水平位移，为将结构转化为单跨超静定结构的组合体，只需附加一个水平链杆就可以限制各节点的水平线位移，基本体系如图 12.13(b)所示。

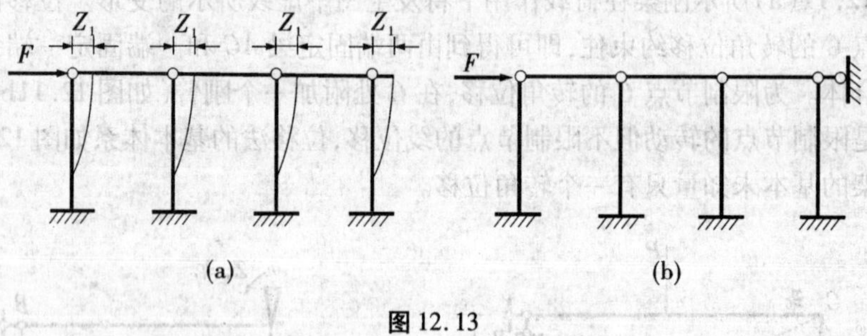

图 12.13

为了确定独立的节点线位移数目，可采用刚接节点铰化的方法，即将所有刚接节点(包括固定支座)一律变成铰接节点，对所得到的铰接体系进行几何组成分析，若该铰接体为几何不变体系，则原结构没有节点线位移，不需附加链杆。若为几何可变体系，则需在节点上附加链杆，使其变成几何不变体系，所需附加的链杆数等于独立的节点线位移数。

例如，为确定如图 12.14(a)所示结构的独立节点线位移数目，需将四个刚接节点用铰接节点代替，将三个固定支座用固定铰支座代替，得到图中的铰接体系。该体系是几何可变的，需在节点上加两个支座链杆(如图 12.14c 所示)，才能使其成为几何不变体系。

由此可知，该体系的独立线位移数为 2，位移法基本体系如图 12.14(d)所示，其基本未知量共有六个。

综上所述，用位移法计算时，作为基本未知量的节点角位移数目等于结构刚接节点数目，节点线位移数目等于附加链杆的数目。

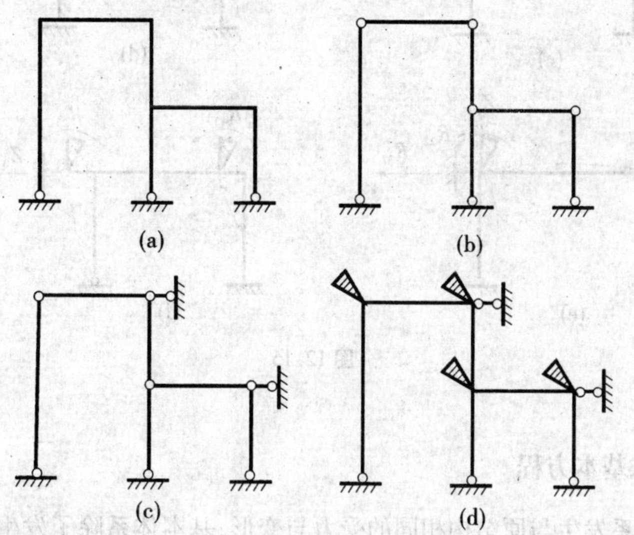

图 12.14

12.4 位移法典型方程

在 12.1 节中，通过简单的例子说明了位移法的基本概念。下面将举例进一步说明用位移法求解超静定结构的原理和方法，并导出位移法典型方程。

12.4.1 位移法基本体系

如图 12.15(a)所示刚架在荷载作用下发生虚线所示变形。用 Z 表示结构位移，刚接节点 B 、C 的转角及柱端线位移分别为 Z_1、Z_2、Z_3，在刚接节点 B 、C 处各加一个刚臂，在节点 C 处加一个支座链杆，即形成图 12.15(b)所示的位移法基本体系。

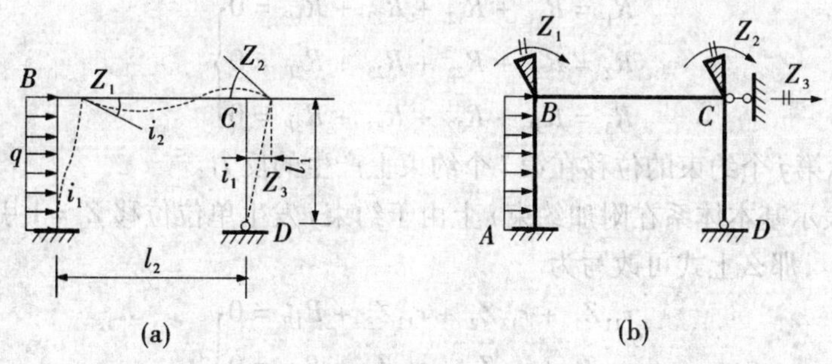

图 12.15

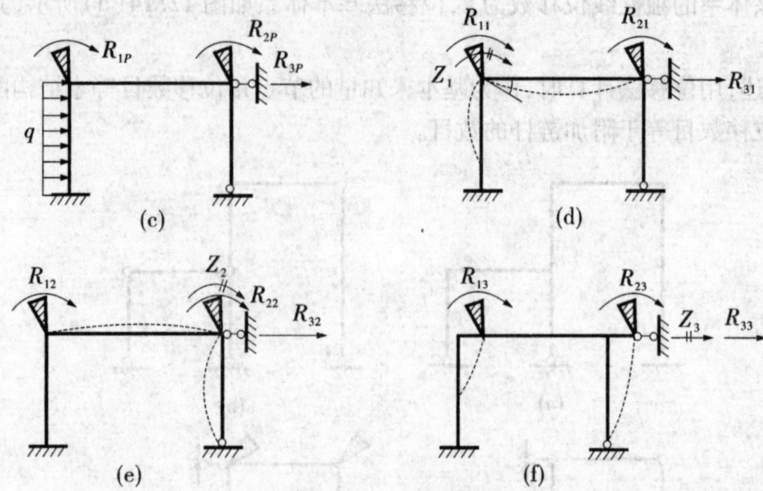

图 12.15

12.4.2 位移法基本方程

为使基本体系发生与原结构相同的受力与变形,基本体系除了发生与原结构相同的变形外,还应受荷载作用。

基本体系在荷载作用下,在节点 B 、C 的附加刚臂上分别产生约束反力矩 R_{1P} 、R_{2P} ;在节点 C 处产生约束反力 R_{3P} ,如图 12.15(c)所示。同理附加约束 Z_1 发生与原结构相同的位移,分别在附加刚臂和链杆上产生约束反力 R_{11} 、R_{21} 、R_{31} ,如图 12.15(d)所示;附加约束 Z_2 发生与原结构相同的位移,分别在附加刚臂和链杆上产生约束反力 R_{12} 、R_{22} 、R_{32} ,如图 12.15(e)所示;附加约束 Z_3 发生与原结构相同的位移,分别在附加刚臂和链杆上产生约束反力 R_{13} 、R_{23} 、R_{33} (如图 12.15f 所示)。

由于节点位移等于原结构在荷载作用下的实际位移,基本体系的受力和变形就与原结构在荷载作用下的受力与变形完全一致。即基本体系在荷载和节点位移 Z_1、Z_2、Z_3 的共同作用下,各约束反力均为零。以 R_i 表示由荷载和附加约束共同作用在第 i 个附加约束上引起的反力,则按上述分析应有

$$\left.\begin{aligned} R_1 = R_{11} + R_{12} + R_{13} + R_{1P} = 0 \\ R_2 = R_{21} + R_{22} + R_{23} + R_{2P} = 0 \\ R_3 = R_{31} + R_{32} + R_{33} + R_{3P} = 0 \end{aligned}\right\} \quad \text{(a)}$$

其中, R_{ij} 表示第 j 个约束的位移在第 i 个约束上产生的反力。

若用 r_{ij} 表示基本体系在附加约束 i 上由于约束 j 发生单位位移 $Z_j = 1$ 引起的反力,显然有 $R_{ij} = r_{ij}Z_j$,那么上式可改写为

$$\left.\begin{aligned} r_{11}Z_1 + r_{12}Z_2 + r_{13}Z_3 + R_{1P} = 0 \\ r_{21}Z_1 + r_{22}Z_2 + r_{23}Z_3 + R_{2P} = 0 \\ r_{31}Z_1 + r_{32}Z_2 + r_{33}Z_3 + R_{3P} = 0 \end{aligned}\right\} \quad \text{(b)}$$

式(b)为求解基本未知量 Z_1、Z_2、Z_3 的位移法基本方程。方程中 r_{ii} 称为位移法方程的主系数，r_{ij} 称为位移法方程的副系数，R_{iP} 称为自由项。以下仍以图 12.15(a)为例说明各系数、自由项的求解。

(1)基本体系在 $Z_1=1$ 作用下的弯矩图 $\overline{M}_1$ 如图 12.16 所示，求解 r_{i1}

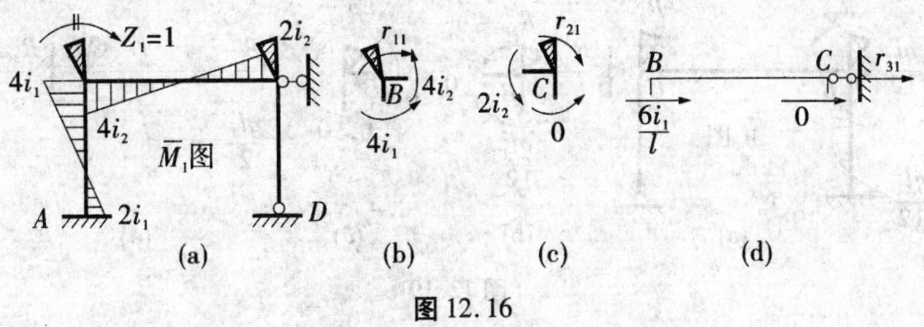

图 12.16

分别取节点 B 、C 及横梁 BC 为隔离体，由平衡方程求得

$$r_{11}=4i_1+4i_2\ ,\ r_{21}=2i_2\ ,\ r_{31}=-\frac{6i_1}{l_1} \tag{c}$$

(2)基本体系在 $Z_2=1$ 作用下的弯矩图 $\overline{M}_2$ 如图 12.17 所示，求解 r_{i2}

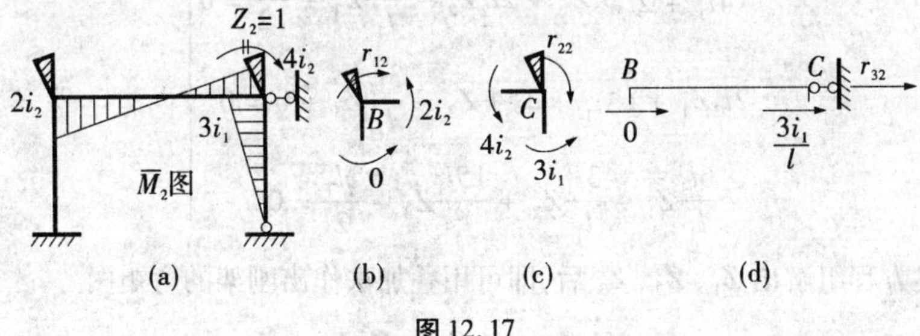

图 12.17

分别取节点 B 、C 及横梁 BC 为隔离体，由平衡方程求得

$$r_{12}=2i_2\ ,\ r_{22}=3i_1+4i_2\ ,\ r_{32}=-\frac{3i_1}{l_1} \tag{d}$$

(3)基本体系在 $Z_3=1$ 作用下的弯矩图 $\overline{M}_3$ 如图 12.18 所示，求解 r_{i3}

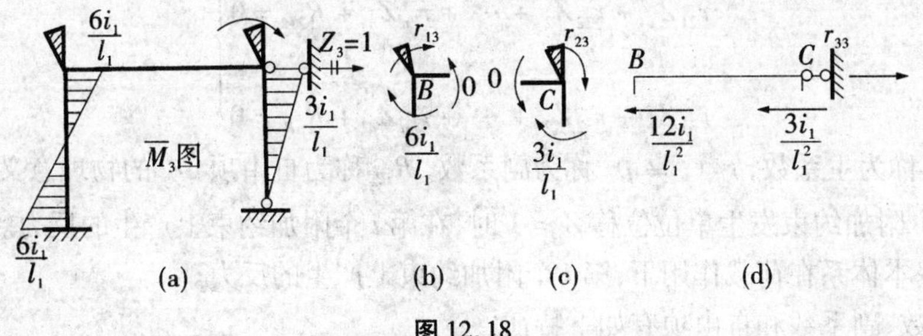

图 12.18

分别取节点 B 、C 及横梁 BC 为隔离体，由平衡方程求得

$$r_{13}=-\frac{6i_1}{l_1}\text{，}r_{23}=-\frac{3i_1}{l_1}\text{，}r_3=\frac{15i_1}{l_1^2} \tag{e}$$

(4) 基本体系在荷载作用下的弯矩图 M_P 如图 12.19 所示，求解 R_{iP}

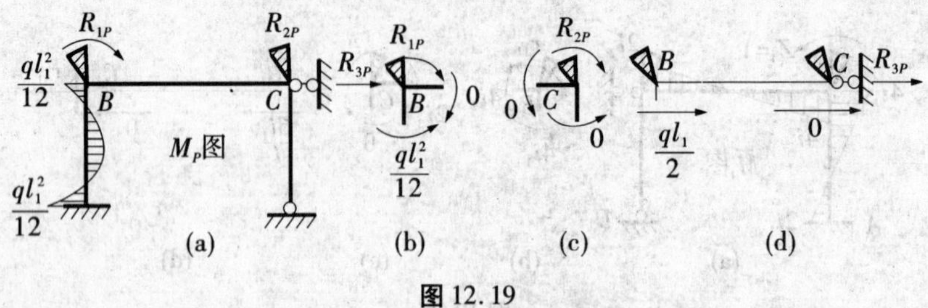

图 12.19

分别取节点 B 、C 及横梁 BC 为隔离体，由平衡方程求得

$$R_{1P}=\frac{ql_1^2}{12}\text{，}R_{2P}=0\text{，}R_{3P}=-\frac{ql_1}{2} \tag{f}$$

将求出的所有系数、自由项代入基本方程(b)中，即可得到下列方程组

$$\left.\begin{aligned}(4i_1+2i_2)Z_1+2i_2Z_2-\frac{6i_1}{l_1}Z_3+\frac{ql_1^2}{12}=0\\2i_2Z_1+(3i_1+4i_2)Z_2-\frac{3i_1}{l_1}Z_3+0=0\\-\frac{6i_1}{l_1}Z_1-\frac{3i_1}{l_1}Z_2+\frac{15i_1}{l_1^2}Z_3-\frac{ql_1}{2}=0\end{aligned}\right\} \tag{g}$$

由上述方程组解出 Z_1、Z_2、Z_3 后，即可用叠加法作出刚架的弯矩图

$$M=\overline{M}_1Z_1+\overline{M}_2Z_2+\overline{M}_3Z_3+M_P \tag{h}$$

12.4.3 位移法典型方程

对于具有 n 个基本未知量的结构，考虑每个约束的总反力偶或总反力为零的平衡条件，可得位移法的典型方程如下

$$\left.\begin{aligned}r_{11}Z_1+r_{12}Z_2+\cdots+r_{1n}Z_n+R_{1P}=0\\r_{21}Z_1+r_{22}Z_2+\cdots+r_{2n}Z_n+R_{2P}=0\\\cdots\cdots\qquad\qquad\qquad\qquad\\r_{n1}Z_1+r_{n2}Z_2+\cdots+r_{nn}Z_n+R_{nP}=0\end{aligned}\right\} \tag{12.3}$$

方程中 r_{ii} 称为主系数，r_{ij}（$i\neq j$）称为副系数，R_{iP} 称为自由项。r_{ij} 的物理意义是：基本体系的第 j 个附加约束发生单位位移 $Z_j=1$ 时，在第 i 个附加约束上产生的反力。R_{iP} 的物理意义是：基本体系在荷载作用下，第 i 个附加约束上产生的反力。

主系数、副系数和自由项有如下特征：

(1) 主系数、副系数与外荷载无关，为结构常数，自由项随荷载的变化而变化；

(2)主系数恒为正值,副系数与自由项可正可负,也可能为零;

(3)由反力互等定理可知,副系数满足互等关系:$r_{ij} = r_{ji}$。

12.5 位移法计算超静定结构

位移法计算超静定结构的步骤:

(1)确定基本体系;

(2)据平衡条件建立位移法典型方程;

(3)绘出基本体系的 $\overline{M}_i$ 图与 M_P 图,利用平衡条件求系数、自由项;

(4)将系数、自由项代入位移法方程并求解基本未知量;

(5)按叠加公式 $M = \overline{M}_1 Z_1 + \overline{M}_2 Z_2 + \cdots + \overline{M}_n Z_n + M_P$ 求各杆弯矩并作出 M 图;

(6)由 M 图,取杆件及节点为隔离体,按平衡条件求解杆端剪力及轴力并作出 F_S 图及 F_N 图。

例 12.1 试用位移法计算图 12.20(a)所示连续梁。

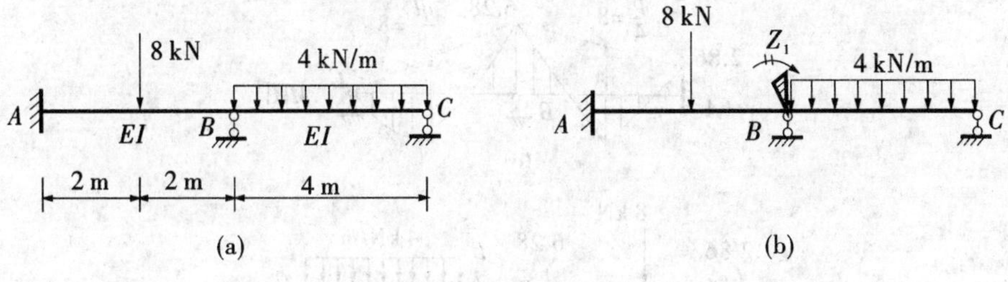

图 12.20

解 (1)确定基本体系

该连续梁只有一个刚接节点 B,没有节点线位移。在节点 B 上附加刚臂得到基本体系如图 12.20(b)所示。

(2)建立位移法方程

使基本体系承受原有荷载,并使刚臂 Z_1 发生与原结构相同的位移。据附加刚臂上反力偶为零,可建立位移法方程

$$r_{11} Z_1 + R_{1P} = 0$$

(3)作出基本体系的单位弯矩图 $\overline{M}_1$ 及荷载弯矩图 M_P,并求系数、自由项

令 $i = \dfrac{EI}{4}$,查表 12.1 可作出 $\overline{M}_1$ 及 M_P 图,如图 12.21(a)、(b)所示。

由 $\overline{M}_1$ 图,取节点 B 为隔离体,据 $\sum M_B = 0$ 可直接求出

$$r_{11} = 7i$$

由 M_P 图,取节点 B 为隔离体,据 $\sum M_B = 0$ 可直接求出

$$R_{1P} = -4$$

(4)将系数、自由项代入位移法方程求解未知量

$$7iZ_1 - 4 = 0$$

解得

$$Z_1 = \frac{4}{7i}$$

(5)据叠加公式 $M = \overline{M}_1 Z_1 + M_P$，由叠加法作弯矩图，如图 12.21(c)所示。

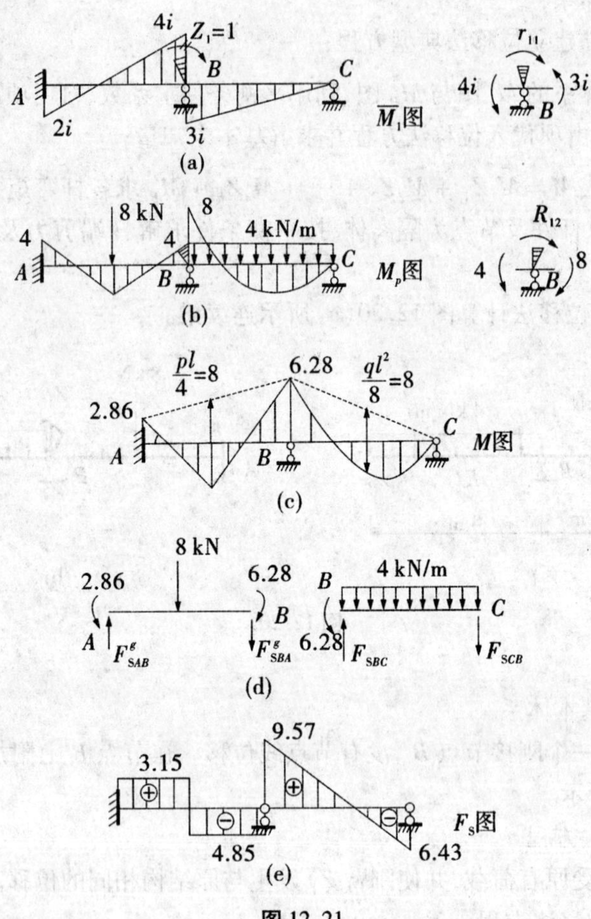

图 12.21

(6)作剪力图

取 AB 为隔离体，画出其受力图，如图 12.21(d)所示。

由 $\sum M_B = 0$，　　$F_{SAB} = \frac{16 + 2.86 - 6.28}{4} = 3.15\ \text{kN}$

由 $\sum M_A = 0$，　　$F_{SBA} = \frac{-16 - 6.28 + 2.86}{4} = -4.855\ \text{kN}$

取 BC 为隔离体，画出其受力图，如图 12.20(e)所示。

由 $\sum M_C = 0$，　　$F_{SBC} = \frac{6.28 + 4 \times 4 \times 2}{4} = 9.57\ \text{kN}$

由 $\sum M_B = 0$, $\quad F_{SCB} = \dfrac{6.28 - 4 \times 4 \times 2}{4} = -6.43$

(7)校核

由节点平衡条件可对内力图进行校核,建议读者自行完成,以资练习。

例 12.2 用位移法计算图 12.22(a)所示刚架,并绘制 M 图。

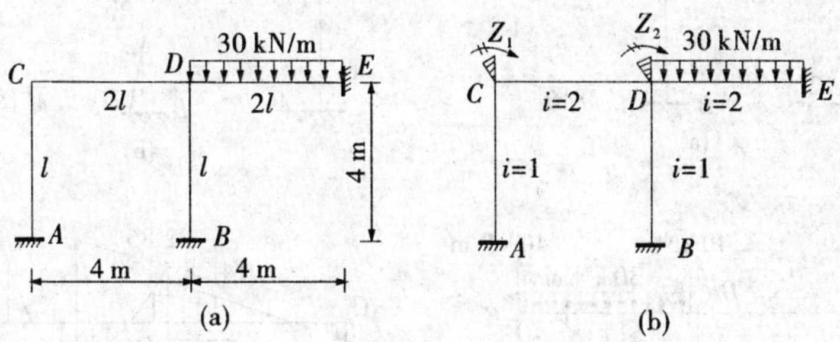

图 12.22

解 (1)确定基本体系

图示刚架有 C、D 两个刚接节点,无节点线位移。在 C、D 处附加刚臂,即可得到图 12.22(b)所示的基本体系。

(2)建立位移法方程

使基本体系承受原有荷载,并使 Z_1、Z_2 发生与原结构相同的位移。据附加刚臂上反力偶为零,建立位移法方程

$$\begin{cases} r_{11}Z_1 + r_{12}Z_2 + R_{1P} = 0 \\ r_{21}Z_1 + r_{22}Z_2 + R_{2P} = 0 \end{cases}$$

(3)作基本体系的单位弯矩图 $\overline{M}_1$、$\overline{M}_2$ 及荷载弯矩图 M_P,求系数、自由项

设 $i = \dfrac{EI}{4}$,查表 12.1 作出 $\overline{M}_1$、$\overline{M}_2$、M_P 图,如图 12.23(a、b、c)所示。

由 $\overline{M}_1$ 图取节点 C、D 为隔离体,据 $\sum M_C = 0$, $\sum M_D = 0$ 可直接求出

$$r_{11} = 12i, \quad r_{21} = 4i$$

由 $\overline{M}_2$ 图取节点 D 为隔离体,据 $\sum M_D = 0$ 可直接求出

$$r_{22} = 20i$$

由 M_P 图取节点 C、D 为隔离体,据 $\sum M_C = 0$, $\sum M_D = 0$ 可直接求出

$$R_{1P} = 0, \ R_{2P} = -40$$

(4)将系数、自由项代入位移法方程

$$\begin{cases} 12iZ_1 + 4iZ_2 = 0 \\ 4iZ_1 + 20iZ_2 - 40 = 0 \end{cases}$$

解得

$$Z_1 = -\frac{5}{7i}, \quad Z_2 = \frac{15}{7i}$$

(5)据叠加公式 $M=\overline{M}_1Z_1+\overline{M}_2Z_2+M_P$,由叠加法绘制弯矩图,如图 12.23(d)所示。

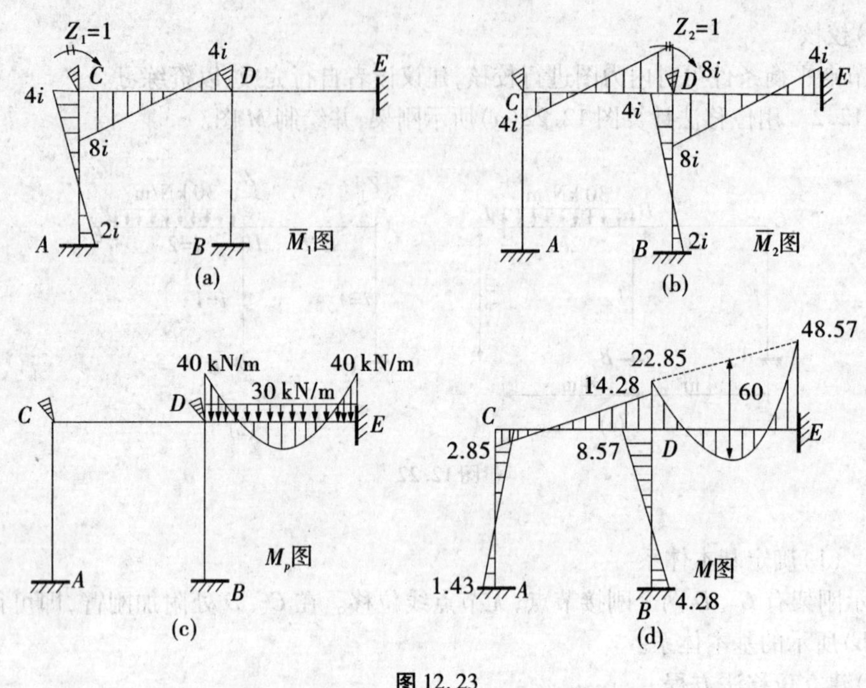

图 12.23

例 12.3 试用位移法绘制图 12.24(a)所示刚架的弯矩图,各杆 EI 相同。

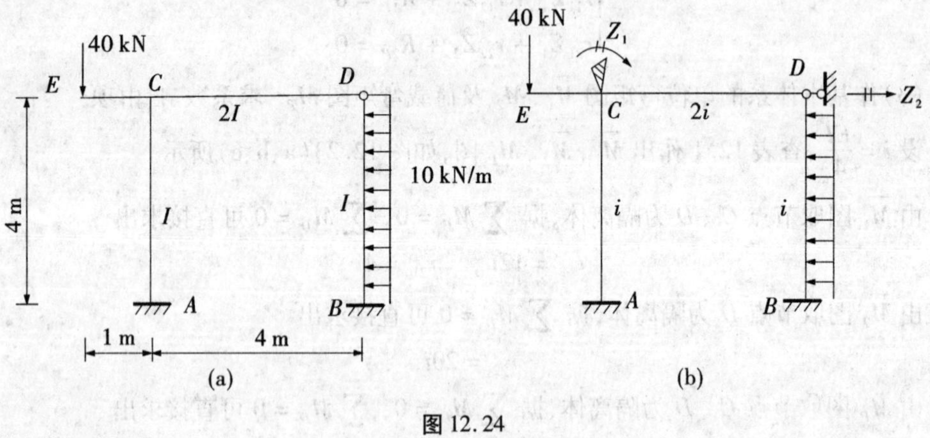

图 12.24

解 (1)确定基本体系

此刚架有两个节点位移,一个是刚接节点 C 的转角位移,一个是节点 C 或 D 的线位移。在节点 C 上附加刚臂,在节点 D 上附加链杆,以阻止节点 C 的转动与节点 C 、D 的线位移。基本体系如图 12.24(b)所示。

(2)建立位移法方程

使基本体系承受原有荷载作用,并使 Z_1、Z_2 发生与原结构相同的位移,据附加刚臂上反力偶与附加链杆上反力为零,可以建立位移法方程

$$\begin{cases} r_{11}Z_1 + r_{12}Z_2 + R_{1P} = 0 \\ r_{21}Z_1 + r_{22}Z_2 + R_{2P} = 0 \end{cases}$$

(3)作基本体系的单位弯矩图 $\overline{M}_1$、$\overline{M}_2$ 及荷载弯矩图 M_P,求系数、自由项

设 $i = \dfrac{EI}{4}$,查表12.1作出 $\overline{M}_1$、$\overline{M}_2$、M_P 图,如图12.25(a)、(b)、(c)所示。

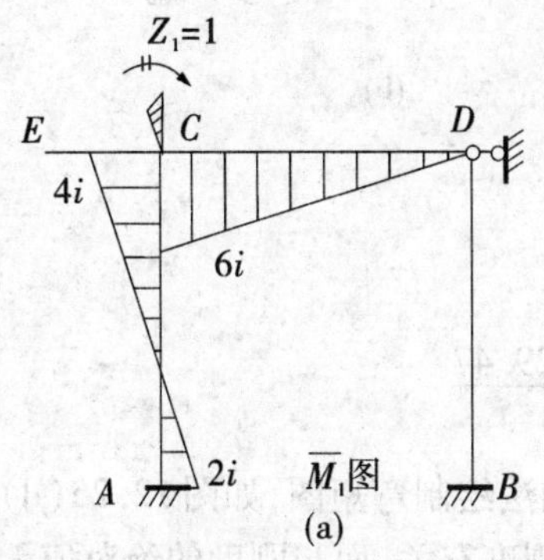

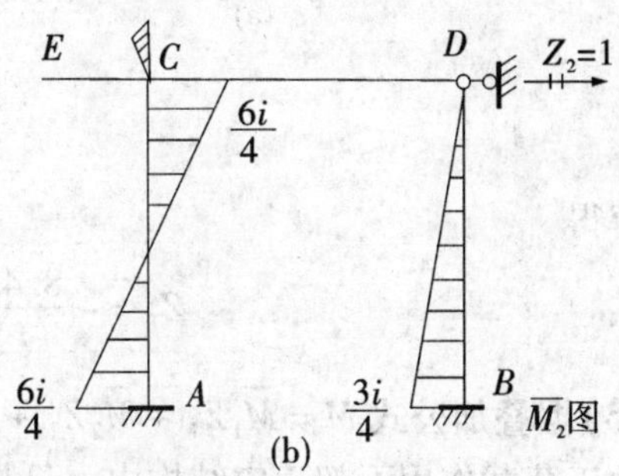

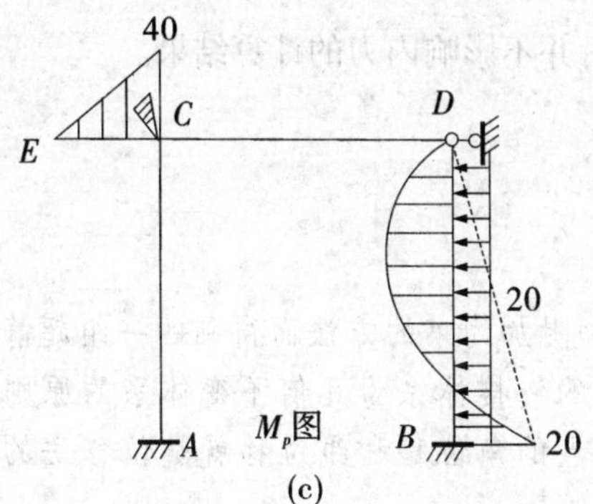

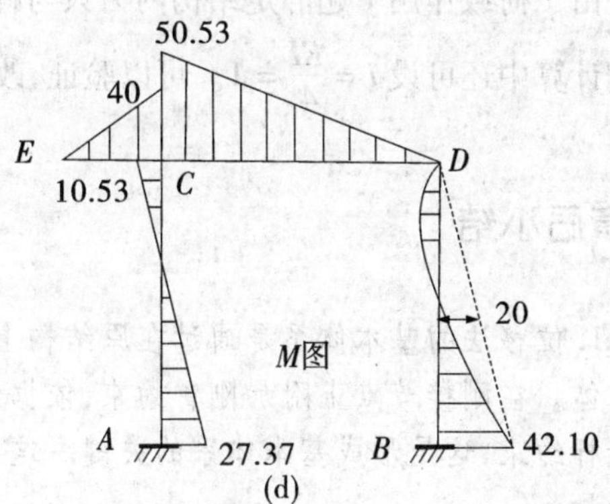

图12.25

由 $\overline{M}_1$ 图取节点 C 为隔离体(如图12.26所示),据 $\sum M_C = 0$

$$r_{11} = 10i$$

由 $\overline{M}_2$ 图,取节点 C、杆件 CD 为隔离体(如图12.26所示),据 $\sum M_C = 0$, $\sum X = 0$

$$r_{12} = -\frac{6i}{4} = r_{21}, \quad r_{22} = \frac{15i}{16}$$

由 M_P 图,取节点 C、杆件 CD 为隔离体(如图12.26所示),据 $\sum M_C = 0$, $\sum X = 0$

$$R_{1P} = 40, \quad R_{2P} = 15$$

(4)将系数、自由项代入位移法方程

$$\begin{cases} 40iZ_1 - 6iZ_2 + 160 = 0 \\ -24iZ_1 + 15iZ_2 + 240 = 0 \end{cases}$$

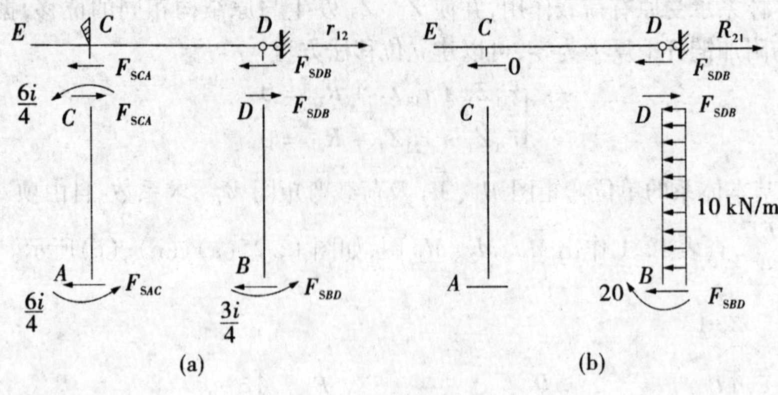

图 12.26

解得

$$Z_1 = -\frac{8.42}{i}, \quad Z_2 = \frac{29.47}{i}$$

(5)据叠加公式 $M = \overline{M}_1 Z_1 + \overline{M}_2 Z_2 + M_P$，由叠加法绘制弯矩图，如图 12.25(d)所示。

由于荷载作用下超静定结构内力只与杆件相对刚度有关，而与刚度的绝对值无关，故本例计算中还可设 $i = \frac{EI}{4} = 1$。可以验证，改动后并不影响内力的计算结果。

章后小结

1. 位移法的基本体系是通过在原结构上施加附加约束的方法而得到的一组超静定梁组合体。在刚接节点上附加刚臂约束，依据结构的铰接体系为几何不变体系的原则加支座链杆约束，这是形成基本体系的关键。这些节点的角位移和线位移就是位移法的基本未知量。

2. 对于超静定结构，只要能求出其节点位移，就可以确定杆件的杆端力，用位移法求解超静定结构的关键是求出节点位移。

3. 位移法典型方程的物理意义是：基本结构在荷载和节点位移共同作用下，与原结构的受力和变形状态相同，附加约束无约束作用，即附加约束的约束反力全部等于零。位移法典型方程的每个方程或表示刚臂约束力矩为零的节点力矩平衡方程，或表示支座链杆约束力为零的截面投影平衡方程。

4. 熟练地选取基本体系，熟练地计算位移法方程中的主、副系数和自由项，是掌握和运用位移法的关键。必须准确地理解主、副系数和自由项的物理意义，并在此基础上加深理解位移法的基本思想。

5. 计算过程中，节点位移和附加约束的反力一律按规定的正向画出。

思考题

1. 位移法的基本体系是怎样形成的？与力法的基本体系有什么不同？

2. 等截面直杆的转角位移方程中，杆端力与杆端(节点)位移的正负号是怎么规定的？

3. 位移法的基本未知量有几种？其数目怎么确定？

4. 试解释位移法方程中的系数、自由项的物理意义。

5. 位移法方程是怎么建立的？为什么说位移法方程的实质是平衡方程？

6. 用位移法能否计算静定结构？

7. 力法与位移法在原理与步骤上有何异同？试将两者从基本未知量、基本结构、典型方程的意义、每一系数和自由项的含义和求法等方面作一全面比较。

习 题

1. 确定位移法计算图12.27所示下列结构时的基本未知量。

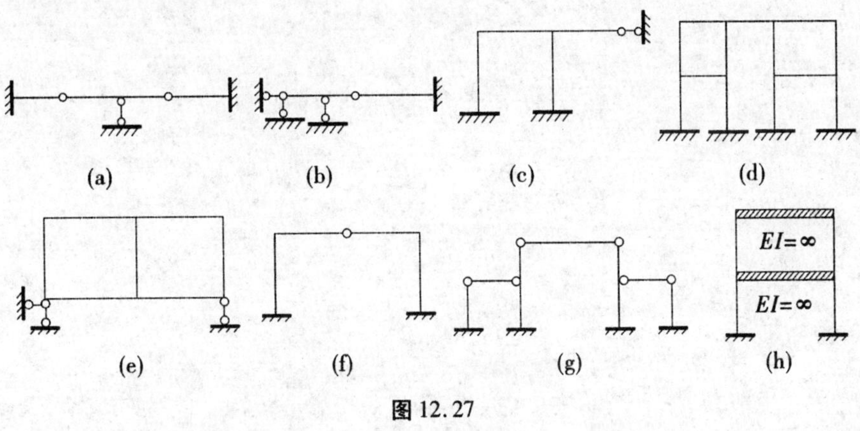

图12.27

2. 用位移法计算图12.28所示结构，并作出 M 、F_S 、F_N 图。

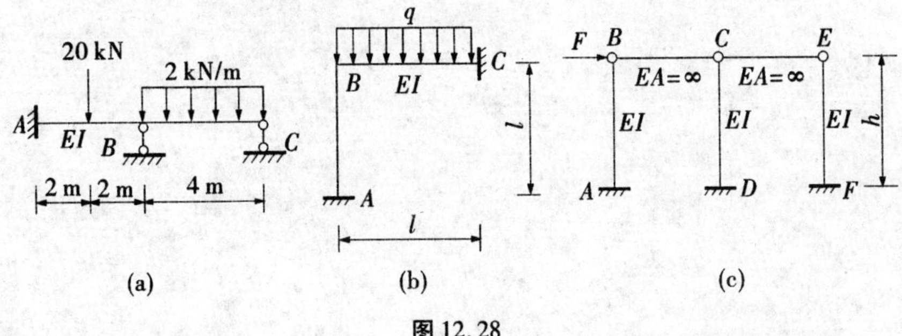

图12.28

3. 用位移法计算图 12.29 所示结构，并作 M 图。

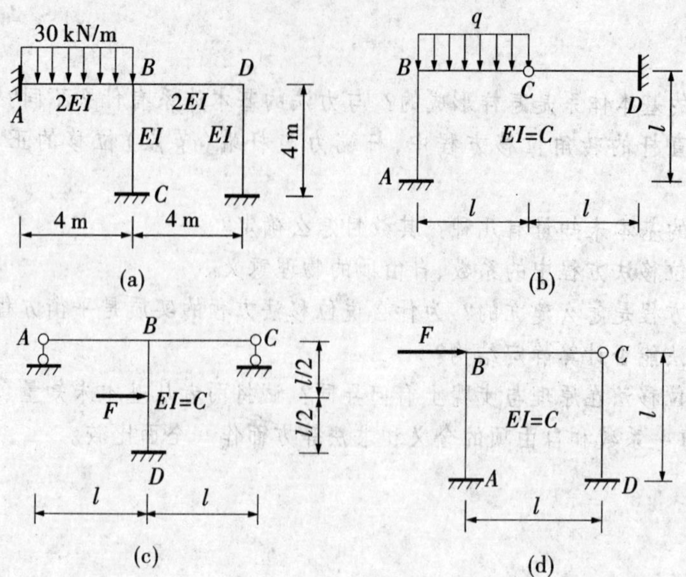

图 12.29

第13章 力矩分配法

教学提示 理解力矩分配法的基本概念，熟悉转动刚度、分配系数、传递系数、固端弯矩的概念；能熟练使用力矩分配法求解单节点和多节点无侧移连续梁、刚架。

力法和位移法是计算超静定结构的两种基本方法，这两种方法都要求建立和求解联立方程。当未知量较多时，计算工作量较大；并且在求得基本未知量后，还要利用叠加原理才能求出最终内力；当超静定次数或节点位移较多时，计算量很大。为满足工程的要求，在力法和位移法的基础上建立了许多实用的计算方法。

力矩分配法求解连续梁和无侧移刚架十分方便。

13.1 力矩分配法的基本概念

13.1.1 正负号规定

力矩分配法中对杆端转角、杆端弯矩、固端弯矩的正负号规定与位移法相同，即都假定绕杆端顺时针转动为正号。作用于节点上的杆端弯矩，作用于转动约束的约束力矩也假定对节点或约束逆时针转动为正号。

13.1.2 转动刚度 S

转动刚度表示杆端对转动的抵抗能力。它在数值上等于使杆端产生单位转角时，在杆端所施加的力矩。如图13.1(a)所示，当只在 A 端（也称近端）产生单位转角时，在 A 端所需施加的力矩称为该杆端的转动刚度，用 S_{AB} 表示。显然，从力法的计算成果中很容易查出等截面直杆的转动刚度，如图13.1中所注明。可见，S_{AB} 的大小与杆件的线刚度 $i = EI/l$（材料的性质、横截面的形状和尺寸、杆长）和杆件另一端（远端）的支承情况有关。S_{AB} 共有四种情况：

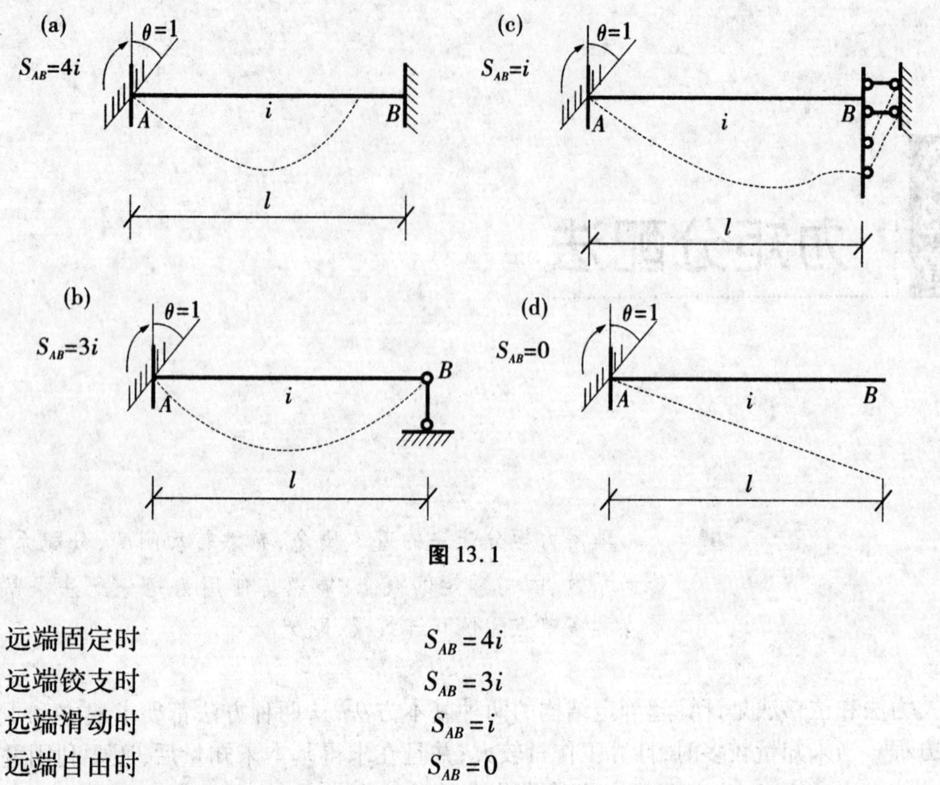

图 13.1

远端固定时	$S_{AB}=4i$
远端铰支时	$S_{AB}=3i$
远端滑动时	$S_{AB}=i$
远端自由时	$S_{AB}=0$

13.1.3 杆端分配系数 μ

选择图 13.2(a)所示刚架作为典型刚架来分析它的受力情况。该刚架无线位移,只有一个刚接节点有基本位移,且只受一外力偶 m 作用在此节点上。此刚架只有一个位移基本未知量 θ_A,用位移求解很方便。依杆端转动刚度 S 的定义,对于图 13.2(a)有

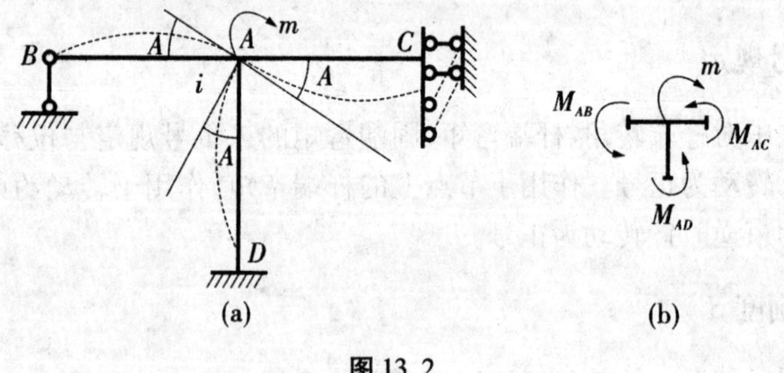

图 13.2

$$M_{AB}=S_{AB}\cdot\theta_A\text{ , }M_{AC}=S_{AC}\cdot\theta_A\text{ , }M_{AD}=S_{AD}\cdot\theta_A$$

取具有基本位移的节点 A 分析,如图 13.2(b)所示,建立位移法基本方程,由 $\sum M_A=0$ 得

$$M_{AB}+M_{AC}+M_{AD}-m=0$$

$$(S_{AB}+S_{AC}+S_{AD})\cdot\theta_A-m=0$$

$$\theta_A=\frac{m}{\sum_A S}$$

由此即可求出各杆端弯矩：

(1)分配弯矩(近端弯矩)

$$M_{AB}=\frac{S_{AB}}{\sum_A S}\cdot m\quad=\mu_{AB}\cdot m$$

$$M_{AC}=\frac{S_{AC}}{\sum_A S}\cdot m\quad=\mu_{AC}\cdot m$$

$$M_{AD}=\frac{S_{AD}}{\sum_A S}\cdot m\quad=\quad\mu_{AD}\cdot m$$

取
$$\mu_{AB}=\frac{S_{AB}}{\sum_A S};\quad\mu_{AC}=\frac{S_{AC}}{\sum_A S};\quad\mu_{AD}=\frac{S_{AD}}{\sum_A S}$$

则可得计算通式为

$$\mu_{AJ}=\frac{S_{AJ}}{\sum_A S}\tag{13.1}$$

$$M_{AJ}=\mu_{AJ}\cdot m\tag{13.2}$$

μ_{AJ}——杆件 AJ 在 A 端的分配系数，是将节点 A 作用的外力偶荷载 M 分配给各杆的 A 端弯矩的比例。其中，J 可以是 B，C，D 等。

同一个节点各杆端分配系数之间存在下列关系，易推得

$$\sum_A\mu_{AJ}=\mu_{AB}+\mu_{AC}+\mu_{AD}=\frac{S_{AB}}{\sum_A S}+\frac{S_{AC}}{\sum_A S}+\frac{S_{AD}}{\sum_A S}=1$$

即同一节点各杆端的分配系数之和等于1。

(2)传递弯矩(远端弯矩)　查表可得

$$\left.\begin{aligned}M_{AB}&=3i\cdot\theta_A\\M_{BA}&=0\end{aligned}\right\}\Rightarrow M_{BA}=0\cdot M_{AB}$$

$$\left.\begin{aligned}M_{AC}&=i\cdot\theta_A\\M_{CA}&=-i\cdot\theta_A\end{aligned}\right\}\Rightarrow M_{CA}=(-1)\cdot M_{AC}$$

$$\left.\begin{aligned}M_{AD}&=4i\cdot\theta_A\\M_{DA}&=2i\cdot\theta_A\end{aligned}\right\}\Rightarrow M_{DA}=0.5\cdot M_{AD}$$

(3)传递系数 C　当杆件 AJ 在 A 端(近端)有转角时，引起 J 端(远端)的弯矩 M_{JA} 为传递弯矩，远端弯矩与近端弯矩的比值，称为该杆从 A 端传至 J 端的弯矩传递系数，用符号 C_{AJ} 表示。即

$$C_{AJ}=\frac{M_{JA}}{M_{AJ}}=\frac{\text{远端弯矩}}{\text{近端弯矩}}$$

它只与杆件的远端支承有关。

远端是固定端：$C = 0.5$

远端是铰支座：$C = 0$

远端是定向支座：$C = -1$

在上面传递弯矩的计算中，容易得出 M_{BA} 、M_{CA} 、M_{DA} 的计算通式为

$$M_{JA} = C_{AJ} \cdot M_{AJ} \tag{13.3}$$

综上，当节点 A 作用有力偶荷载 M 时，节点 A 上各杆近端得到按各杆的分配系数乘以 M 的近端弯矩，也称分配弯矩 M^{μ} ；各杆的远端则有传递系数 C 乘以近端弯矩的远端分配弯矩，也称传递弯矩 M^{C} 。以上过程可以简称“近端分配，远端传递”。

13.2 力矩分配法的基本原理

对于只有一个刚接节点的连续梁，符合上节所述典型刚架的条件，也可以使用力矩分配法，简单地计算出杆端弯矩。现以求解图 13.3(a)所示的连续梁为例，来说明力矩分配法的基本原理。

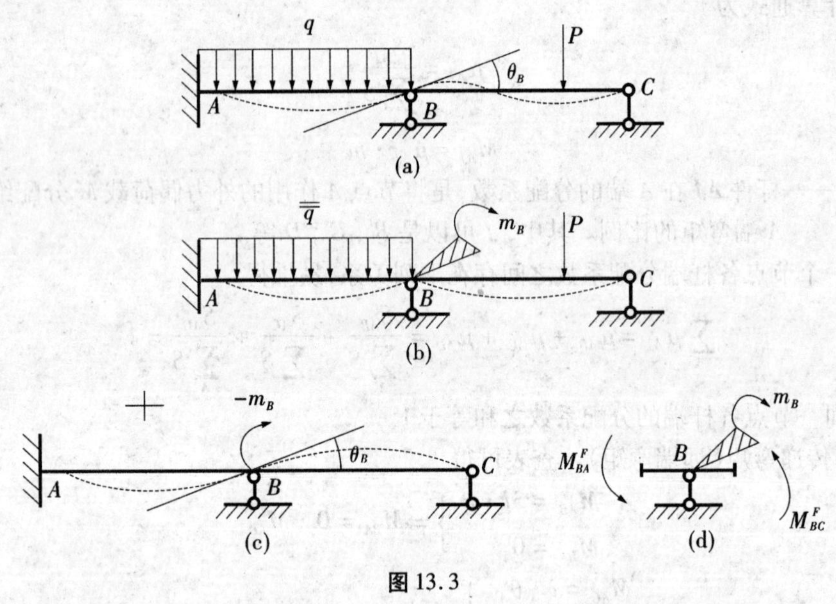

图 13.3

(1)固定刚接节点求约束力矩　如图 13.3(b)，用表示只控制转动的附加刚臂，用它来固定刚接节点 B 不许转动。这样图 13.3(b)的连续梁，就被分隔成为互不干扰的单跨超静定梁，可以利用力法计算成果查出它们的固端弯矩。此时无疑必须依赖附加刚臂的反力来保持 B 节点固定不动。取图 13.3(d)的受力图，可知在三力作用下刚接节点保持不动。

附加刚臂：

不平衡力矩(约束力矩):$m_B = M_{BA}^F + M_{BC}^F$

(2)放松刚接节点求分配弯矩和传递弯矩　为了使 B 点恢复到原来的状态,固定之后还应放松,而这里的放松不是指松开,而是加上一个反力矩($-m_B$),使节点产生其本应有的转角 θ_B。

由此可见,原连续梁的受力和变形情况等于后两图所示情况的叠加。

(3)叠加

$M_{AB} = M_{AB}^F + M_{AB}^{传递}$

$M_{BA} = M_{BA}^F + M_{BA}^{分配}$

……

通式:
$$M_{IJ} = M_{IJ}^F + M_{IJ}^{\mu} + M_{IJ}^C \tag{13.4}$$

注:对于一个杆端 M_{IJ}^F、$M_{IJ}^{分配}$、$M_{IJ}^{传递}$ 可能只有一项,缺项用零代替,上式具有通用性。

例 13.1　两跨连续梁如图 13.4(a)所示,试用力矩分配法,绘出它的弯矩图和剪力图,并计算出梁各支座的反力。

解　(1)分配系数　应放松的刚接节点只有 B 节点,先求相交于节点 B 的各杆的转动刚度,按图 13.1 可知有

$$S = 4\left(\frac{EI}{8}\right) = 0.5EI$$

$$S_{BC} = 3\left(\frac{2EI}{12}\right) = 0.5EI$$

于是按公式(13.1)可得分配系数 μ

$$\mu_{BA} = \frac{S_{BA}}{\sum_B S} = \frac{0.5EI}{0.5EI + 0.5EI} = 0.5$$

$$\mu_{BC} = \frac{S_{BC}}{\sum_B S} = \frac{0.5EI}{0.5EI + 0.5EI} = 0.5$$

(2)固端弯矩 M^F　用刚臂固定刚接节点,本例只要固定唯一的刚接节点 B,即可查表得各杆的固端弯矩

$$M_{AB}^F = -M_{BA}^F = \frac{-ql^2}{12} = -192\ \text{kN} \cdot \text{m}$$

$$M_{BC}^F = -\frac{-3pl}{16} = -225\ \text{kN} \cdot \text{m}$$

(3)分配弯矩　先求放松节点 B 的不平衡弯矩

$$m_B = 192 + (-225) = -33\ \text{kN} \cdot \text{m}$$

(4)传递弯矩　节点 B 处各杆得分配弯矩后,可分别向杆件的邻端(远端)传递。由公式(13.3)可得传递弯矩

$M_{AB}^{传递} = C_{BA}M_{BA}^{分配} = (0.5) \times 33 = 16.5\ \text{kN} \cdot \text{m}$

$M_{BC}^{传递} = C_{BC}M_{BC}^{分配} = (0) \times 33 = 0\ \text{kN} \cdot \text{m}$

由于向铰接端传递的传递弯矩总为零,故也可省略向铰接端传递。

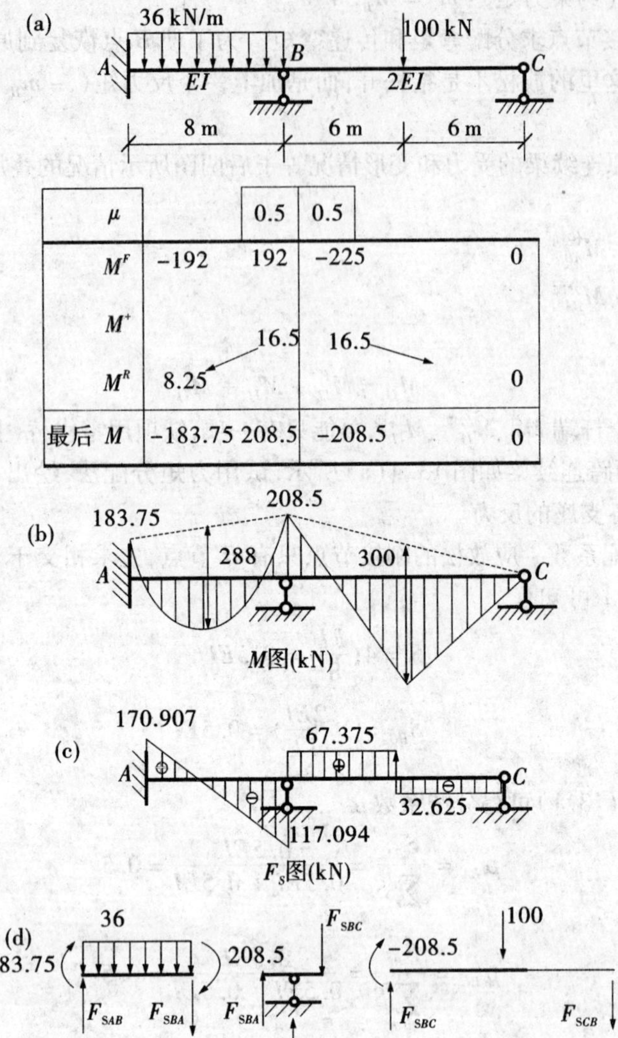

μ		0.5	0.5	
M^F	-192	192	-225	0
M^+		16.5	16.5	
M^R	8.25			0
最后 M	-183.75	208.5	-208.5	0

图 13.4

(5)叠加求杆端的最后弯矩　利用式(13.4)计算,结果列于最后的一栏。据此,可以绘出连续梁的弯矩图,如图 13.4(b)所示。剪力图绘于图 13.4(c)。

(6)各跨梁的剪力计算　由各跨梁的受力图,如图 13.4(d)所示,可求出各跨的杆端剪力

$$F_{SAB} = 170.907\ \text{kN} \qquad F_{SBA} = -117.094\ \text{kN}$$

$$F_{SBC} = 63.375\ \text{kN} \qquad F_{SCB} = -32.625\ \text{kN}$$

再由节点的受力图可求出连续梁反力

$$R_A = 170.907\ \text{kN}(\uparrow),\ F_{SC} = 32.625\ \text{kN}(\uparrow)$$

$$R_B = -F_{SBA} + F_{SBC} = 117.094 + 67.375 = 185.25(\uparrow)$$

例 13.2　两跨连续梁如图 13.5(a)所示,试用力矩分配法绘出它的弯矩图,$EI=C$ 。

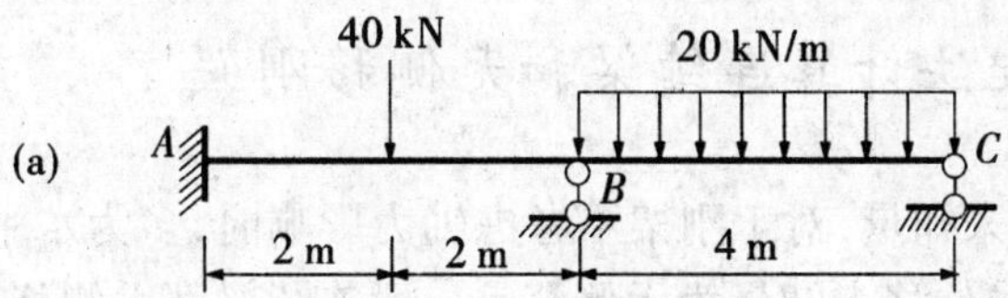

		4/7	3/7	
M^F	−20	20	−40	
$M^{分}$		11.43	8.57↘	
$M^{传}$	57↙			0
最后 M	−14.29	31.43	−31.43	0

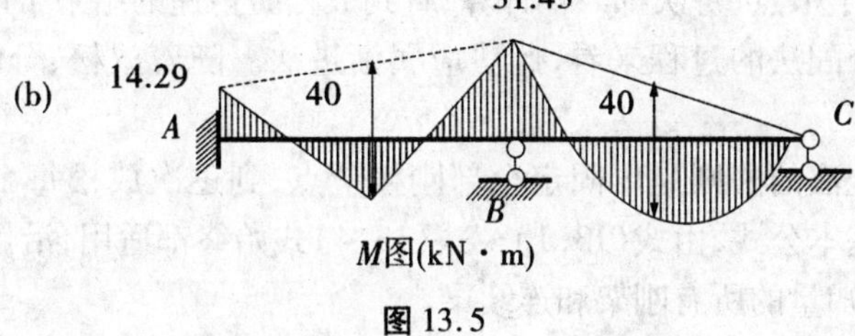

M图(kN·m)

图 13.5

解　(1)分配系数(近端 B)令 $i=\dfrac{EI}{4}$

$$S_{BA}=4i \qquad S_{BC}=3i$$

于是按公式(13.1)可得分配系数 μ

$$\mu_{BA}=\frac{S_{BA}}{S_{BA}+S_{BC}}=\frac{4i}{4i+3i}=\frac{4}{7} \qquad \mu_{BC}=\frac{S_{BC}}{S_{BA}+S_{BC}}=\frac{3i}{4i+3i}=\frac{3}{7}$$

(2)固端弯矩 M^F (近端 B 和远端 A 和 C)

$$M_{AB}^F=-\frac{pl}{8}=-\frac{40\times4}{8}=-20\ \text{kN}\cdot\text{m} \qquad M_{BA}^F=\frac{pl}{8}=\frac{40\times4}{8}=20\ \text{kN}\cdot\text{m}$$

$$M_{BC}^F=-\frac{ql^2}{8}=-40\ \text{kN}\cdot\text{m},$$

$$M_{CB}^F=0$$

(3)分配弯矩　　先求放松节点 B 的不平衡弯矩

$$m_B=20+(-40)=-20\ \text{kN}\cdot\text{m}$$

(4)传递弯矩　节点 B 处各杆得分配弯矩后,可分别向杆件的邻端(远端)传递。由公式(13.3)可得传递弯矩

$$M_{AB}^C=C_{BA}M_{BA}^{\mu}=(0.5)\times11.43=5.71\ \text{kN}\cdot\text{m}$$

$$M_{BC}^C=C_{BC}M_{BC}^{\mu}=(0)\times8.57=0\ \text{kN}\cdot\text{m}$$

由于向铰接端传递的传递弯矩总为零,故也可省略向铰接端传递,弯矩图如图 13.5

(b)所示。

13.3 用力矩分配法计算连续梁和无侧移刚架

结构的节点线位移未知量,对于刚架不考虑轴力影响时,多为水平方向,常称侧向。所以,习惯上称无节点线位移未知量为无侧移。一般连续梁都无侧移;对于刚架则应注意,用力矩分配法只能计算无侧移的刚架。

上节讨论了具有一个节点转角未知量的结构,这是一种符合 13.1 节典型条件的结构,具有放松节点转动时的分配和传递公式,分析这种结构是力矩分配法的基本问题。

对于具有一个以上节点转角未知量的结构,也是力矩分配法研讨的重要问题。对此先要固定全部刚接节点,于是结构也被分隔成一些单跨超静定梁,可以查表求出全部杆件的固定弯矩。然后逐次放松每个节点,同样符合典型结构,可以同样分配和传递。如此逐一地每次只放松一个节点,每次都一样计算,直到放松时传递的结果可以忽略不计时才停止。这样,从力矩分配法的过程来看,此法应属渐进法。随着放松、分配、传递的次数愈多,计算就愈精确。

总之,力矩分配法的法则是由固定全部刚接节点,到逐次放松每个节点的过程。故此,力矩分配法的基本公式,由式(13.1)~式(13.4)式始终都适用,沿用这些公式可以计算只有节点转角未知量的所有刚架和连续梁。

例 13.3 用力矩分配法计算 13.6(a)所示的连续梁,画出弯矩图。

解 用力矩分配法计算的过程,列在图 13.6 的附表中,简要说明如下。

(1)固定所有的刚接节点。可以计算各杆的固端弯矩

$$M_{AB}^{F}=-M_{BA}^{F}=M_{BC}^{F}=-M_{CB}^{F}=\frac{-pl}{8}=\frac{-100\times 6}{8}=-75\ \text{kN}\cdot\text{m}$$

$$M_{CD}^{F}=\frac{-ql^{2}}{8}=\frac{-20\times 16}{8}=-40\ \text{kN}\cdot\text{m}$$

结果列入附表中的第二栏最上一行。

(2)逐次放松 C 和 B 节点:

①只放松 B 时的分配系数,由 $S_{BA}=4(2)=8$, $S_{BC}=4(2)=8$

得 $\mu_{CB}=\dfrac{8}{8+8}=0.5$, $\mu_{CD}=\dfrac{8}{8+8}=0.5$

②只放松 C 结合的分配系数,由 $S_{CB}=4(2)=8$, $S_{CD}=3\left(\dfrac{2}{3}\right)=2$

得 $\mu_{CB}=\dfrac{8}{8+2}=0.8$, $\mu_{CD}=\dfrac{8}{8+2}=0.2$

将 μ 注明在图 13.6 附表上的第一栏内。

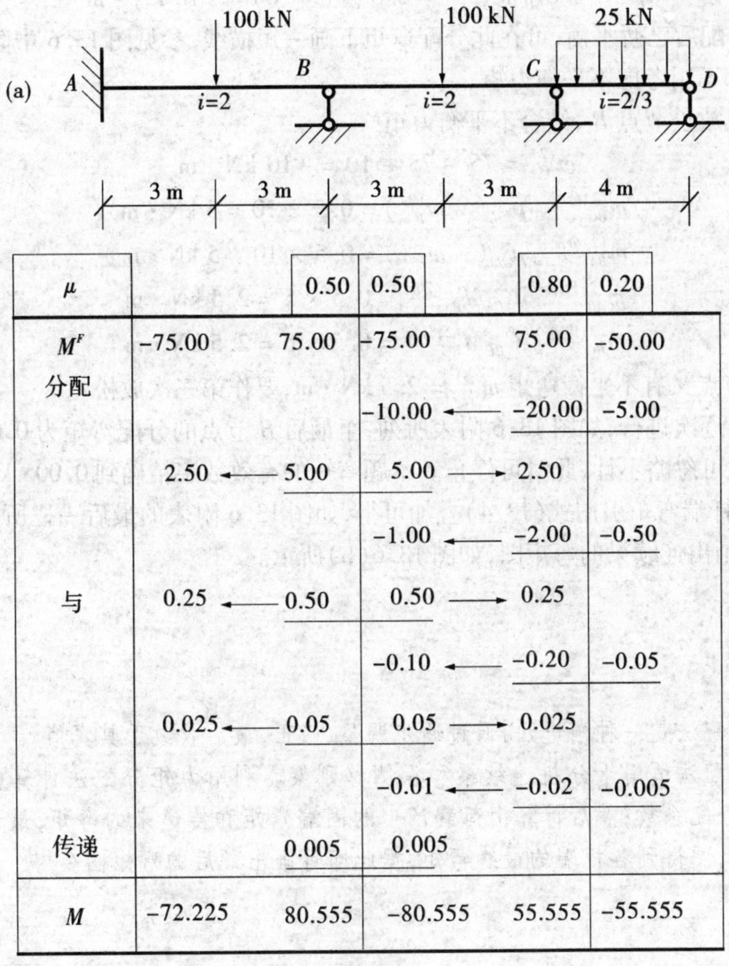

μ		0.50	0.50	0.80	0.20
M^F	-75.00	75.00	-75.00	75.00	-50.00
分配			-10.00	-20.00	-5.00
	2.50	5.00	5.00	2.50	
			-1.00	-2.00	-0.50
与	0.25	0.50	0.50	0.25	
			-0.10	-0.20	-0.05
	0.025	0.05	0.05	0.025	
			-0.01	-0.02	-0.005
传递		0.005	0.005		
M	-72.225	80.555	-80.555	55.555	-55.555

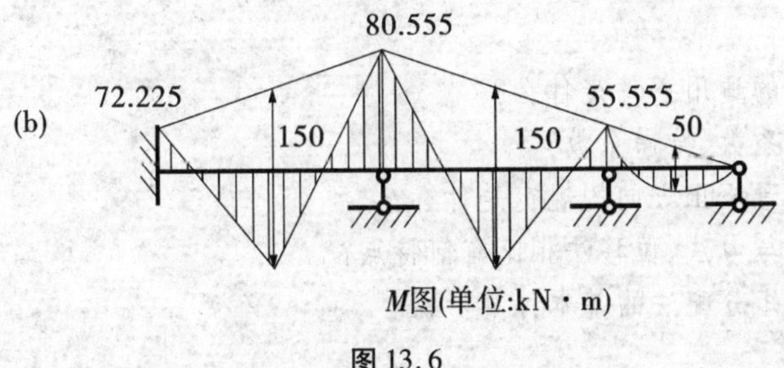

M图(单位:kN·m)

图 13.6

③逐次放松一个节点,放松后的分配与传递弯矩,分先后列在附表的第二栏内。

第一次放松时,考虑到 B 和 C 两节点上, C 节点不平衡力矩偏大,故第一次放松 C 节点

$$m_{CB}^{(1)} = 75 + (-50) = 25\ \text{kN}\cdot\text{m}$$

$$m_{CB}^{(1)分配} = \mu_{CB}(-m_C^{(1)}) = 0.8\times(-25) = -20\ \text{kN}\cdot\text{m}$$

$$m_{CD}^{(1)分配} = \mu_{CD}(-m_C^{(1)}) = 0.2\times(-25) = -5\ \text{kN}\cdot\text{m}$$

$$m_{BC}^{(1)传递}=C_{CB}M_{CB}^{(1)分配}=0.5\times(-20)=-10\ \text{kN}\cdot\text{m}$$

C 节点分配后已暂平衡,可在此分配弯矩下画一短横线,参见图 13.6 中附表,此后凡短横线以上都不用考虑不平衡力矩。

第二次只放松节点 B ,结合不平衡力矩

$$m_B^{(2)}=75-75-10=-10\ \text{kN}\cdot\text{m}$$

有

$$m_{BC}^{(2)分配}=\mu_{BC}(-m_B^{(2)})=0.5\times10=5\ \text{kN}\cdot\text{m}$$

$$m_{BA}^{(2)分配}=\mu_{BA}(-m_B^{(2)})=0.5\times10=5\ \text{kN}\cdot\text{m}$$

$$m_{AB}^{(2)传递}=C_{BA}M_{BA}^{(2)分配}=0.5\times5=2.5\ \text{kN}\cdot\text{m}$$

$$m_{BC}^{(2)传递}=C_{BC}M_{BC}^{(2)分配}=0.5\times5=2.5\ \text{kN}\cdot\text{m}$$

于是 C 节点又有不平衡弯矩 $m_C^{(3)}=2.5\ \text{kN}\cdot\text{m}$,要作第三次放松。

类似这样逐次进行,如图 13.6 附表所列,至最后 B 节点的分配弯矩为 0.005,再传递时传递弯矩就可忽略不计,此时可停止。本题弯矩的有效数字精确到 0.005 kN · m。

(3)最后杆端弯矩引用式(13.4)叠加可得,如图 13.6 附表的最后一栏所列。由最后的杆端弯矩,画出连续梁的弯矩图,如图 13.6(b)所示。

章后小结

1. 力矩分配法是一种渐进法,通过逐步调整、修正,最后收敛于其真值。

2. 力矩分配法适用于分析连续梁和无侧移刚架。利用力矩分配法计算超静定结构时,首先计算分配系数;然后计算由荷载产生的固端弯矩和传递来的弯矩,最后将各对应杆端弯矩相加,便得到各杆端的最终弯矩,据此即可画出最后的弯矩图。

思考题

1. 力矩分配法的适用条件是什么?
2. 什么是分配系数、传递系数?
3. 力矩分配中弯矩正方向的规定是什么?
4. 力矩分配法与力法、位移法相比有何特点?
5. 简单叙述力矩分配法的基本计算步骤。

习 题

1. 用力矩分配法计算图 13.7 中超静定梁,并画出弯矩图。

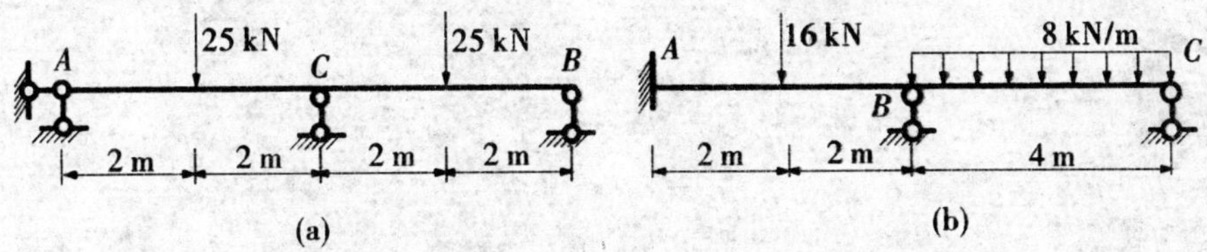

图 13.7

2. 用力矩分配法计算图 13.9 超静定刚架,并画出弯矩图。

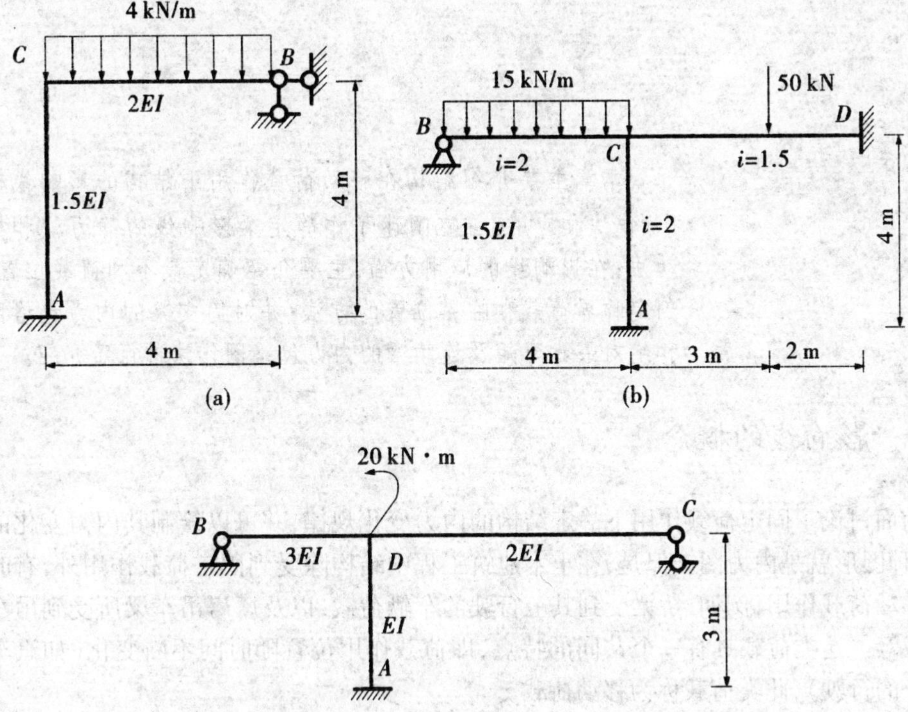

图 13.8

图 13.9

第14章 影响线及其应用

教学提示 本章主要介绍结构在移动荷载作用下结构的影响线概念、作法和应用，着重阐述了作静定梁影响线的静力法和机动法；在影响线的应用方面，主要介绍确定最不利荷载位置、判定临界荷载和临界位置的方法；并对简支梁的内力包络图和绝对最大弯矩及连续梁的内力包络图作法进行了介绍。

14.1 影响线的概念

前面讨论了固定荷载作用下静定结构的内力变化规律，并可以绘制其内力变化的图形，这种图形就是内力图。但是，在土木建筑工程中结构除受到固定荷载作用外，有时还受到移动荷载作用，例如，桥梁受到其上行驶的车辆荷载，以及厂房吊车梁所受到吊车车轮荷载等。这类荷载具有一个共同的特点，即荷载作用位置随时间不断变化（如汽车在桥梁上的行驶），此类荷载称为移动荷载。

要保证结构的安全，在强度设计中必须首先找出所关心的某力学量值（如反力或内力）随荷载作用位置不同时的变化规律，并进而确定使该量值为最大值时的荷载位置，以及相应于该位置所产生的最大影响量值，供设计时应用。解决这些问题的重要工具就是影响线。

如图 14.1(a)所示的桥式吊车，由大车桥梁和起重小车组成。大车桥梁通过每端的两个轮子将荷载传递给支撑在牛腿上的吊车梁，如图 14.1(b)所示。当起重小车负载时，吊车梁的计算简图如图 14.1(c)所示，图中 F_P 是大车桥梁通过轮子传给吊车梁的集中荷载，由于大车桥梁上轮子的间距不变，所以两个集中力 F_P 保持固定的距离。当吊车自左向右运动时，吊车梁中的内力和支座反力都将发生变化。仅对计算简图中的支座反力而言，当吊车自左向右行驶时，左支座反力 F_{Ay} 逐渐减少，右支座反力 F_{By} 逐渐增大；反之，当吊车自右向左行驶时，左支座反力 F_{Ay} 逐渐增大，右支座反力 F_{By} 逐渐减少。支座反力 F_{Ay} 和 F_{By} 有着不同的变化规律。

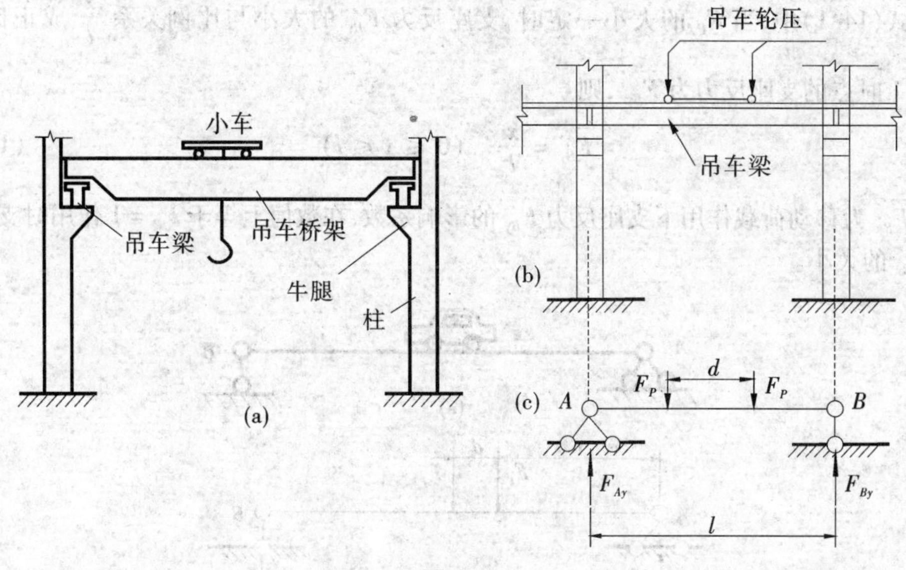

图 14.1

在移动荷载作用下,梁的设计要比恒载作用下的梁复杂得多。移动荷载作用下对梁进行分析要考虑以下问题:一是梁支座反力与内力的最大值和最小值发生在梁的哪个截面上;二是移动荷载作用在什么位置时会产生支座反力与内力的最大值和最小值;三是支座反力与内力的最大值和最小值是多少。

显然,要求出某一反力或内力的最大值,就必须先确定产生此相应力学量最大值的对应移动荷载位置,这一荷载位置称为最不利荷载位置。求出最不利荷载位置后,就可以按一定法则计算出所关心的某一个反力或指定的梁截面在移动荷载作用下的内力最大值。它们就是设计桥台和梁的重要数据之一。

通常,土木工程中移动荷载的类型是多种多样的,如图 14.2 所示在桥梁上行驶的汽车等也是移动荷载,在此不可能逐一加以讨论,但它们一般均由多个按一定间距排列的竖向行列荷载组成。因此,为简化分析可只研究一种最简单的荷载,即单位竖向集中力荷载 $F_P=1$ 沿结构移动时,对某一指定力学量(反力或内力)所产生的影响量,按线性叠加原理进一步可求出实际的行列荷载产生的影响量值。

综上所述,当一个指向不变的单位集中力沿结构移动时,所描述的某指定力学量(如反力或弯矩等)随单位荷载位置不同而变化的图形,称为该相应力学量的影响线。

下面举例说明影响线的概念。

图 14.3 所示简支梁上作用有单个竖向移动荷载 F_P。取 A 点为坐标原点,用 x 表示移动荷载的作用位置。下面讨论 B 点支座反力 F_{By} 随移动荷载位置 x 变化的规律。

当 F_P 作用在任一点 C 时,对 A 点取矩建立平衡方程

$$F_{By}\cdot l-F_P\cdot x=0$$

$$F_{By}=\frac{x}{l}F_P\quad(0\leqslant x\leqslant l)\tag{14.1}$$

式(14.1)中,当 F_P 的大小一定时,支座反力 F_{By} 的大小与比例关系 $\frac{x}{l}$ 成正比,令 $F_P=1$ 时点的支座反力为 $\overline{F}_{By}$,则

$$\overline{F}_{By}=\frac{x}{l}\quad(0\leqslant x\leqslant l)\tag{14.2}$$

$\overline{F}_{By}$ 为移动荷载作用下支座反力 F_{By} 的影响系数,在数值上等于 $F_P=1$ 作用时支座反力 F_{By} 的大小。

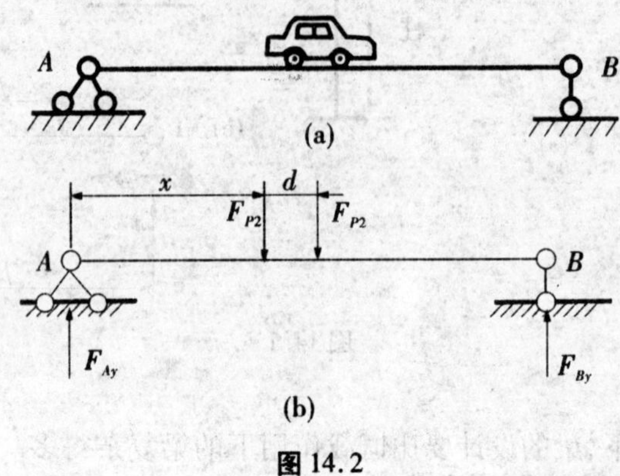

图 14.2

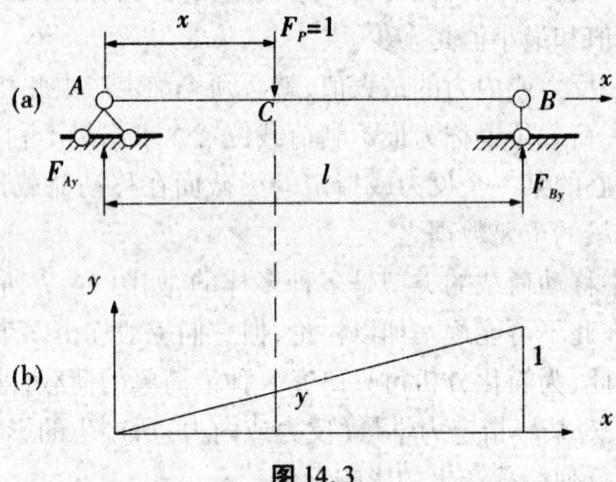

图 14.3

由式(14.2)可知,支座反力 $\overline{F}_{By}$ 是关于单位移动荷载 $F_P=1$ 作用位置 x 的一次函数,任意找出两点即可绘制相应的函数曲线。

$$当\ x=0\ 时,\ \overline{F}_{By}=0$$

$$当\ x=l\ 时,\ \overline{F}_{By}=1$$

确定上述两点,再将两点连成直线即得支座反力 F_{By} 随 $F_P=1$ 作用位置的变化线,如图 14.3(b)所示。

式(14.2)称为支座反力 F_{By} 的影响线方程,其相应的图形称为 F_{By} 的影响线,即图

14.3(b)所示。影响线中的横坐标 x 表示荷载的位置，纵坐标 y 表示荷载作用于此点时 F_{By} 的大小。F_{By} 影响线清楚地说明了支座反力 F_{By} 随移动荷载 $F_P = 1$ 的移动而变化的规律，当 $F_P = 1$ 自左向右移动时，支座反力 F_{By} 从零开始逐渐增大，当 $F_P = 1$ 移至支座 B 点时，达到最大值 $F_{By} = 1$。

影响线的概念：当单位集中荷载 $F_P = 1$ 在结构上移动时，表示结构的一个力学量（如支座反力或指定截面上的弯矩、剪力、轴力等）变化规律的图线，称为这个力学量的影响线。

若已知某量的影响线，利用叠加原理可以求出多个移动荷载作用下该量的值。

如果求图 14.4(a)所示吊车梁的支座反力 F_{By}，先绘制支座反力 F_{By} 的影响线，如图 14.4(b)所示。

其中 y_1、y_2 分别为 $F_P = 1$ 作用在荷载 F_{P_1}、F_{P_2} 位置时产生的支座反力 F_{By} 的大小值，根据倍数关系和叠加原理，可求出 F_{P_1} 和 F_{P_2} 在相应位置时产生的支座反力。

$$F_{By} = F_{P_1} y_1 + F_{P_2} y_2 \tag{14.3}$$

影响线是研究移动荷载作用下，结构反力或内力最大值计算的重要工具，必须给予足够重视，要从移动荷载位置变化的特点去理解，注意与前面所学内容的不同。

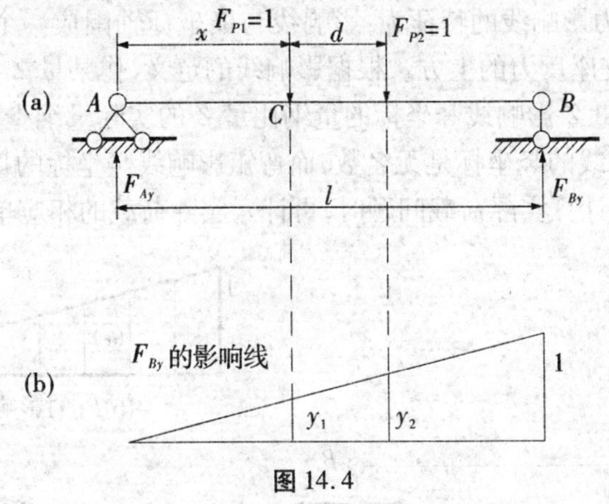

图 14.4

14.2 静定梁的影响线

绘制静定结构的支座反力和内力影响线的常用方法有静力法和机动法。

14.2.1 静力法作静定梁的影响线

用静力法作影响线就是先设置横坐标 x 轴，并将单位荷载 $F_P = 1$ 放置在距原点 x 的一般位置，暂视为固定荷载。然后，通过建立静力平衡方程，找出所确定的某力学量与 $F_P = 1$ 荷载作用位置 x 的函数关系，这种函数关系称为相应力学量的影响线方程。这种方法就是静力法。根据 x 的取值范围，按影响线方程所绘制的图线就是影响线。

静力法是作影响线的基本方法之一。本节讨论用静力法作静定梁的支座反力、弯矩和剪力影响线的方法。

14.2.1.1 支座反力影响线

试作图 14.5(a)所示简支梁 AB 在移动荷载 $F_P = 1$ 作用下,支座反力 F_{Ay} 的影响线。

取 A 点为坐标原点,将移动荷载 $F_P = 1$ 设置在距 A 点为 x 的任意位置上,暂视为固定荷载,根据平衡条件,对 B 点取矩

$$\sum M_B = 0 \quad F_{Ay}l - 1 \cdot (l - x) = 0$$

$$F_{Ay} = \frac{l - x}{l} \quad (0 \leqslant x \leqslant l) \tag{14.4}$$

上式为支座反力 F_{Ay} 的影响线方程,由此可知 F_{Ay} 的影响线是一条直线。为确定该直线,只需定出两个控制点即可。为此

当 $x = 0$ 时, $F_{Ay} = 1$

当 $x = l$ 时, $F_{Ay} = 0$

利用上述参数可以绘制支座反力 F_{Ay} 的影响线,如图 14.5(b)所示。简支梁支座反力 F_{By} 的影响线作法和支座反力 F_{Ay} 的影响线的作法类似,见图 14.5(c)所示。从图中可以看出,简支梁支座反力影响线的特征为:影响线与横坐标轴围成一个直角三角形,最大坐标值为 1,就在所求支座反力的上方。根据影响线的定义,作某量 Z 影响线时的移动荷载 $F_P = 1$ 没有量纲,故量 Z 影响线竖坐标的量纲比量 Z 的实际量纲少一个力的量纲。简支梁支反力或剪力影响线的竖坐标是无名数,而弯矩影响线竖坐标的量纲是长度,单位是米(m)。在利用影响线计算实际荷载问题时,再计入实际荷载的相应单位。

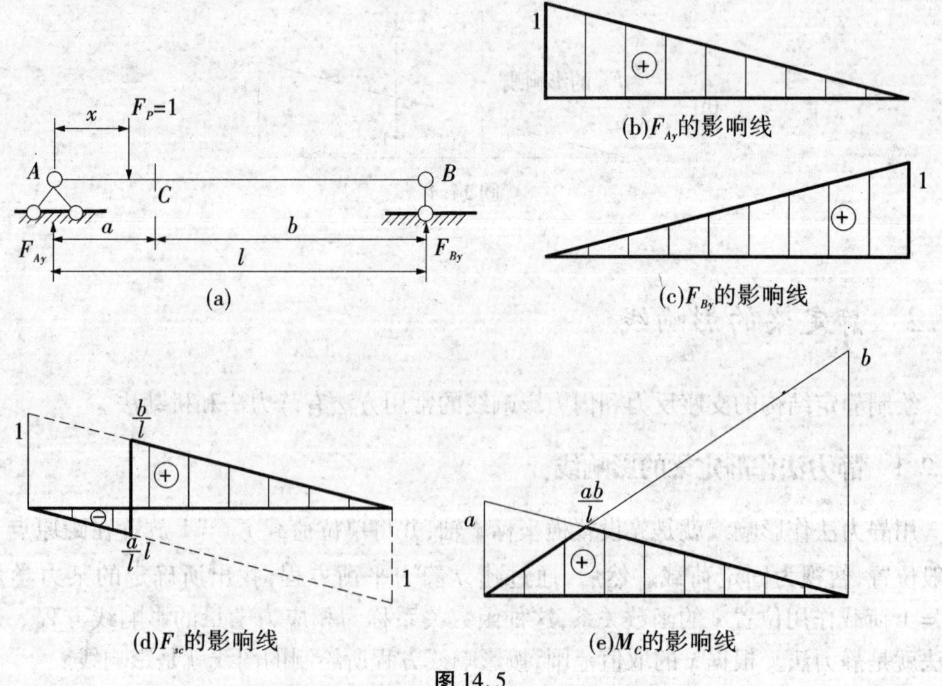

图 14.5

14.2.1.2 剪力影响线

试在图14.5(a)所示简支梁上任意指定截面C,求C点剪力F_{SC}的影响线。由于$F_P=1$作用在C点左侧或右侧时,采用静力平衡条件会得到剪力F_{SC}影响线方程的不同表达式,当$F_P=1$作用在C点以左或以右时,剪力F_{SC}的影响系数具有不同的表示式,应当分别考虑。剪力的正负号规定:以使隔离体有顺时针转动趋势的剪力为正,反之则为负号。

(1)当$F_P=1$在AC段上移动时,为计算方便取CB段为隔离体,由平衡条件$\sum F_y=0$得剪力F_{SC}的影响线方程

$$F_{SC}=-F_{By}=-\frac{x}{l}\quad(0\leqslant x<a)\tag{14.5}$$

由上式可知,当$F_P=1$在AC段移动时,F_{SC}的影响线为一直线段,并与支座反力F_{By}的影响线相同但符号相反。将支座反力F_{By}的影响线乘以-1后画在基线下方并保留AC段,即得$F_P=1$作用在AC段时剪力F_{SC}的影响线。在C截面左侧,求得C点的竖距为$-\frac{a}{l}$。

(2)当$F_P=1$作用在CB段时,取AC段为隔离体,由平衡条件$\sum F_y=0$得剪力F_{SC}的影响线方程

$$F_{SC}=F_{Ay}=\frac{l-x}{l}\quad(a<x\leqslant l)\tag{14.6}$$

同样,$F_P=1$在CB段移动时,剪力F_{SC}的影响线也为一直线段,并与支座反力F_{Ay}的影响线相同,但仅适用于CB段。将F_{Ay}的影响线绘出并保留CB段即得$F_P=1$作用在CB段时剪力F_{SC}的影响线。在C截面右侧时,求得C点的竖距为$\frac{b}{l}$。

简支梁AC上任一点剪力F_{SC}的影响线如图14.5(d)所示,它由两根平行线和一根竖直线组成,在C点有剪力突变,突变值为1。剪力F_{SC}的影响线可由简支梁的两个支座反力影响线绘制,要注意移动荷载$F_P=1$的作用范围。

剪力影响线的量纲是[1]。

14.2.1.3 弯矩影响线

求图14.5(a)所示简支梁上任意指定截面C弯矩M_C的影响线类似于求剪力F_{SC}的影响线,要分AC、CB两段建立M_C的影响线方程。规定:以使梁下面的纤维受拉的弯矩为正。

(1)当$F_P=1$在AC段上移动时,为计算方便取CB段为隔离体,由平衡条件$\sum M_C=0$得

$$M_C=F_{By}\cdot b=\frac{x}{l}b\quad(0\leqslant x\leqslant a)\tag{14.7}$$

此式为$F_P=1$在AC段移动时,C截面弯矩M_C的影响线方程,它等于支座反力F_{By}影

响系数乘 b 。由此可知，弯矩 M_C 的影响线为一直线段，上式只适用于 $0 \leqslant x \leqslant a$ 的范围。将支座反力 F_{By} 影响线的竖距乘以 b 并保留 AC 段，即得 $F_P = 1$ 在 AC 段上移动时 M_C 的影响线。当 $x = a$ 时，C 点的竖距为 $\frac{ab}{l}$ 。

(2)当 $F_P = 1$ 作用在 CB 段时，取 AC 段为隔离体，由平衡条件 $\sum M_C = 0$ 得

$$M_C = F_{Ay} \cdot a = \frac{l-x}{l}a \quad (a \leqslant x \leqslant l) \tag{14.8}$$

此式为 $F_P = 1$ 在 CB 段移动时 C 截面弯矩 M_C 的影响线方程，它等于支座反力 F_{Ay} 影响系数乘 a 。M_C 的影响线也是一直线段。绘制这段 M_C 的影响线，只需将 F_{Ay} 的影响线竖距乘以 a 并保留 CB 段即可。当 $x = a$ 时，C 点的竖距为 $\frac{ab}{l}$ 。

简支梁 AB 上任意截面上弯矩 M_C 的影响线如图 14.5(e)所示。用简支梁支座反力 F_{Ay} 、F_{By} 影响线绘制弯矩 M_C 影响线的方法为：分别将 F_{Ay} 、F_{By} 的影响线竖距乘以 a 、b ，然后画在基线上方，此时两个影响线的重叠部分为 M_C 的影响线。

简支梁弯矩影响线是一个三角形，当 $F_P = 1$ 作用在 C 点时有最大的弯矩 M_C ，其值为 $\frac{ab}{l}$ ；当 $F_P = 1$ 作用在两支座处，弯矩 M_C 为零。

由于移动单位荷载是量纲为 1 的数，反力也是量纲为 1 的数，则弯矩影响线的量纲必然为长度单位。按简捷法求得弯矩使梁下侧受拉为正弯矩，但作为影响线仍习惯画在横轴上方，并标上正号。

14.2.2 内力影响线与内力图的比较

由于内力影响线与内力图二者基本含义的不同，使它们存在着本质上的区别。

图 14.6(a)给出了简支梁 C 截面上剪力 F_{SC} 与弯矩 M_C 的影响线，图 14.6(b)给出了单位荷载 $F_P = 1$ 作用在简支梁 C 点时简支梁的剪力图和弯矩图。二者的主要区别在于：

(1)作用荷载的性质不同　影响线所涉及的荷载是移动荷载，而内力图涉及的是恒载。

(2)函数关系中的自变量不同　影响线表示梁中指定截面上某内力随移动荷载 $F_P = 1$ 作用位置变化的规律，这里的内力所在截面是确定的，其自变量是 $F_P = 1$ 作用位置参数 x ；而内力图表示在固定荷载作用下，不同截面上的内力分布规律，这里的荷载作用位置是确定的，其自变量是内力所在截面的位置参数 x 。

(3)图形中竖距的意义不同　内力影响线的竖距表示对应于不同荷载作用位置时梁中确定截面上某一内力的大小；内力图竖距却表示荷载在某一确定位置时梁中某一截面上内力的大小。

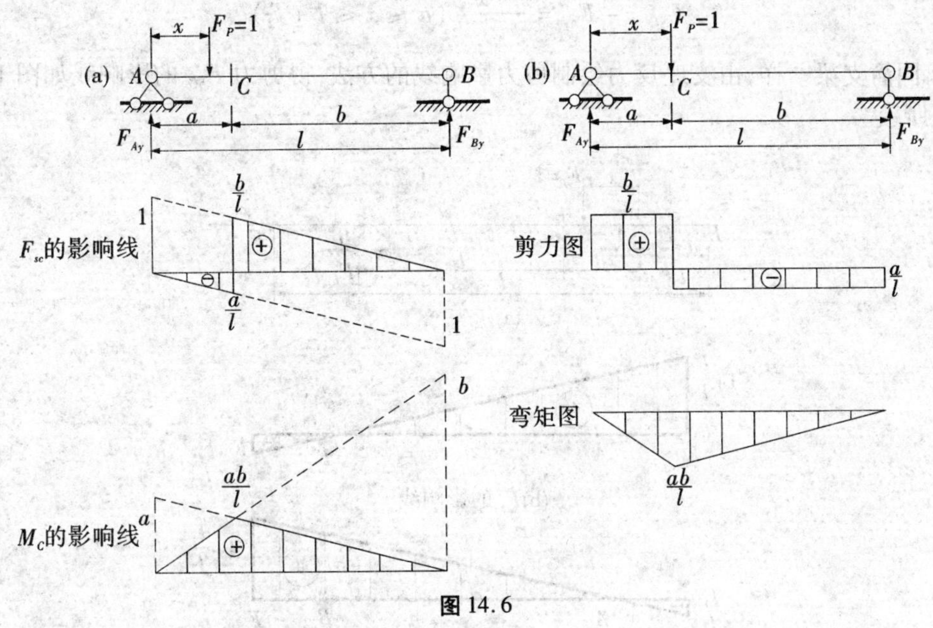

图 14.6

例 14.1　试作图 14.7(a)所示外伸梁 F_{Ay}、F_{By}、F_{SC}、F_{SD} 及 M_D 的影响线。

解　(1)作支座反力 F_{Ay}、F_{By} 的影响线。

取 A 点为坐标原点，横向坐标 x 以自左向右为正。当荷载 $F_P=1$ 移至距 A 为 x 的位置时，对 B 点取矩建立静力平衡方程，求得支座反力 F_{Ay} 的影响线方程为

$$F_{Ay}=\frac{l-x}{l}\quad(-l_1\leqslant x\leqslant l+l_2)$$

上式与简支梁支座反力 F_{Ay} 的影响线方程形式相同，但移动荷载 $F_P=1$ 的作用范围有所扩大。移动荷载作用下外伸梁支座反力 F_{Ay} 的影响线仍为一直线，任意找出两点即可绘制影响线图形。当 $x=-l_1$ 时，$F_{Ay}=1+\frac{l_1}{l}$，当 $x=l+l_2$ 时，$F_{Ay}=-\frac{l_2}{l}$，用直线连接两竖距即可得外伸梁支座反力 F_{Ay} 的影响线，如图 14.7(b)所示。

实际上，若取 $0\leqslant x\leqslant l$ 则用上式可得简支梁支座反力 F_{Ay} 的影响线，因为外伸部分的存在，只需将相应简支梁的 F_{Ay} 影响线延长即可。

在建立支座反力 F_{Ay} 的影响线方程时，假定支座反力向上为正，当 $F_P=1$ 作用在 BF 段上时会产生向下的负向支座反力 F_{Ay}，其影响线在这一段也出现在基线的下侧。

参照上述讨论，可先作出简支梁支座反力 F_{By} 的影响线，然后将其向外伸部分延长即可得到外伸梁支座反力 F_{By} 的影响线，如图 14.7(c)所示。

(2)作剪力 F_{SC} 的影响线。

当荷载 $F_P=1$ 作用在 EC 段时，取 CF 段为隔离体，则

$$F_{SC}=-F_{By}=-\frac{x}{l}\quad(-l_1\leqslant x\leqslant a)$$

当荷载 $F_P=1$ 作用在 CF 段时，取 EC 段为隔离体，则

$$F_{SC} = - F_{Ay} = \frac{l-x}{l} \quad (a \leqslant x \leqslant l + l_2)$$

同简支梁一样，由支座反力绘制剪力影响线的方法，得剪力 F_{SC} 的影响线如图 14.7(d)所示。

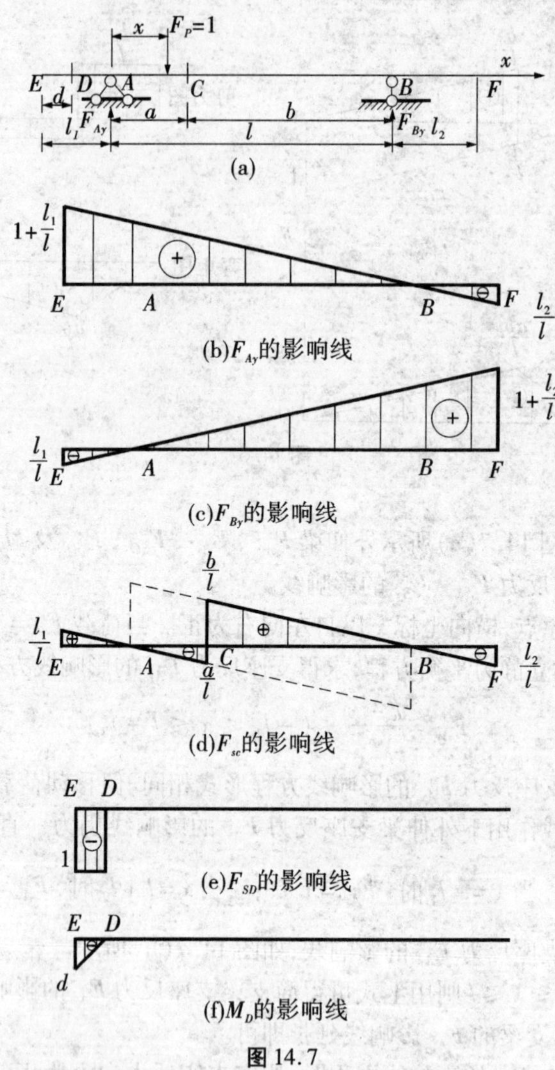

图 14.7

(3)作剪力 F_{SD} 的影响线。

当荷载 $F_P = 1$ 作用在 ED 段时，取 ED 段为隔离体，则

$$F_{SD} = -1 \quad (-l_1 \leqslant x \leqslant -d)$$

当荷载 $F_P = 1$ 作用在 DF 段时，取 ED 段为隔离体，则

$$F_{SD} = 0 \quad (-d \leqslant x \leqslant l + l_1)$$

绘制剪力 F_{SD} 的影响线如图 14.7(e)所示。图中 DF 段的竖距为零，说明当荷载 $P =$

1 作用在此段时对 D 点不产生剪力。

(4)作弯矩 M_D 的影响线。

当荷载 $F_P = 1$ 作用在 E 点时，$M_D = -d$。

当荷载 $F_P = 1$ 作用在 D 点及 D 点以右时，$M_D = 0$。由此可得，弯矩 M_D 的影响线如图 14.7(f)所示。

14.2.3　机动法作静定梁的影响线

用静力法绘制影响线往往难以预先知道影响线的形状或零点位置。而用机动法作影响线时不必先计算影响线方程可直接画出影响线的轮廓形状图，这为结构设计中考虑最不利荷载位置提供了很大的方便。此外，还可以用它对静力法绘出的影响线进行校核。

机动法是以虚功原理为基础，将静定梁的支座反力和内力影响线问题转化为位移图的几何问题，可使影响线的绘制大大简化。对于具有理想约束的刚体体系，其虚功原理可表述为：设体系上作用任意的平衡力系，又设体系发生符合约束条件的无限小刚体体系位移，则主动力在位移上所做的虚功总和恒等于零。机动法有一个明显的优点：应用机动法不需经过计算就可以很容易画出某指定量的轮廓。

14.2.3.1　机动法作影响线的概念

用机动法作图 14.8(a)所示简支梁支座反力 $Z = F_{By}$ 的影响线。

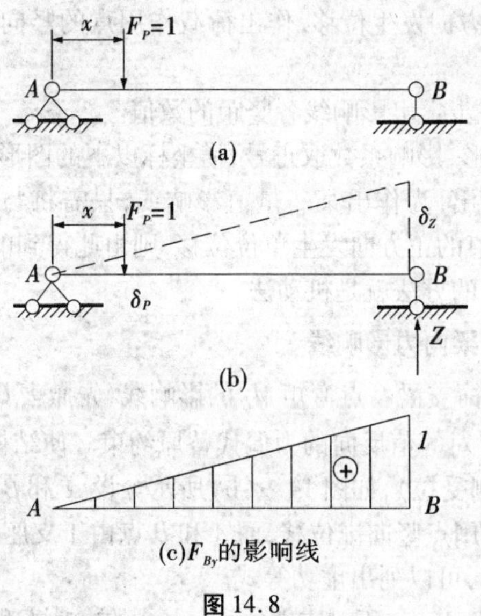

(c)F_{By}的影响线

图 14.8

先解除 B 点的支座约束，代之以支座反力 Z，此时原结构便成为具有一个自由度、可以绕 A 点转动的几何可变结构，并形成图 14.8(b)所示的系统。然后，使该结构发生任意微小的虚位移，即使刚片 AB 绕 A 点做微小转动。

根据虚功原理，有

$$Z \cdot \delta_Z + F_P \cdot \delta_P = 0 \tag{14.9}$$

这里，δ_P 是与荷载 $F_P=1$ 相应的位移，由于 F_P 以向下为正，故 δ_P 也以向下为正；δ_Z 是与未知力 Z 相应的位移，δ_Z 以与 Z 正方向一致者为正。由式(14.9)求得

$$\overline{Z}=-\frac{\delta_P}{\delta_Z} \tag{14.10}$$

当 $F_P=1$ 移动时，位移 δ_P 随着变化，是荷载位置参数 x 的函数；而位移 δ_Z 则与 x 无关，是一个常量。因此，式(14.10)可表示为

$$\overline{Z}(x)=\left(-\frac{1}{\delta_z}\right)\cdot\delta_P(x) \tag{14.11}$$

这里，函数 $\overline{Z}(x)$ 表示 Z 的影响线，函数 $\delta_P(x)$ 表示荷载作用点的竖向位移图（参见图14.8）。由此可知，Z 的影响线与荷载作用点的竖向位移图成正比。也就是说，根据位移 δ_P 图就可以得出影响线的轮廓。

如果还要确定影响线各竖距的数值，则应将位移 δ_P 图除以 δ_Z（或在位移图中设 $\delta_Z=1$），由此得到的图14.8就是从形状上和数值上完全确定了 Z 的影响线。

至于影响线竖距的正负号可规定如下：当 δ_Z 为正值时，由式(14.11)得知 Z 与 δ_P 的正负号正好相反，又 δ_P 以向下为正。因此，如果位移图在横坐标上方，则 δ_P 值为负，因而影响系数为正。

总结起来，机动法作静定内力或支座反力的影响线的步骤如下：

(1)撤去与 Z 相应的约束，代以未知力 Z。

(2)使体系沿 Z 的正方向发生位移，作出荷载作用点的竖向位移图（δ_P 图），由此可定出 Z 的影响线的轮廓。

(3)令 $\delta_Z=1$，可进一步定出影响线各竖距的数值。

(4)横坐标以上的图形，影响系数取正号；横坐标以下的图形，影响系数取负号。

由上面的讨论可以看出，为作出某一量值影响线，只需将与所求量值相应的约束去掉，并使所得结构沿该量值的正方向发生单位位移，则由此得到的虚位移图即代表该量值影响线。这种绘制影响线的方法就是机动法。

14.2.3.2 机动法作静定梁内力影响线

为求图14.9(a)所示简支梁 C 点弯矩 M_C 的影响线，先撤去 C 截面对应于 M_C 的约束，将截面 C 变为铰接并以一对等值反向的力偶代替原约束。使结构发生沿 M_C 正方向的虚位移（M_C 正方向使梁下侧受拉），如图14.9(b)所示。设 α 和 β 为两个梁段产生的微小虚转角，δ_P 为移动荷载作用点竖向虚位移，而 A 和 B 点由于支座约束限制不产生虚位移。由于原结构处于平衡状态，可以列出虚功等式。

由虚功原理，成对力偶 M_C 与所对应虚位移 α、β 的虚功方程为

$$M_C\alpha+M_C\beta-F_P\cdot\delta_P=0$$

则

$$M_C=\frac{1}{\alpha+\beta}\cdot\delta_P=\frac{1}{\delta_Z}\delta_P \tag{14.12}$$

式中　$\alpha+\beta=\delta_Z$ 是铰 C 左右两侧截面的相对转角，由于 α、β 是微小变形，为方便计算，若令 $\delta_Z=1$，则 $B_1B=\delta_Z\cdot b=b$。这样，得到的竖向位移图即代表 M_C 的影响线，如图14.9

(c)所示。这实际上相当于把图 14.9(b)的虚位移图的竖标除以 $\alpha + \beta = \delta_Z$ 。按几何关系可以求得影响线各点竖距值。显然,它与静力法的结果是一致的。

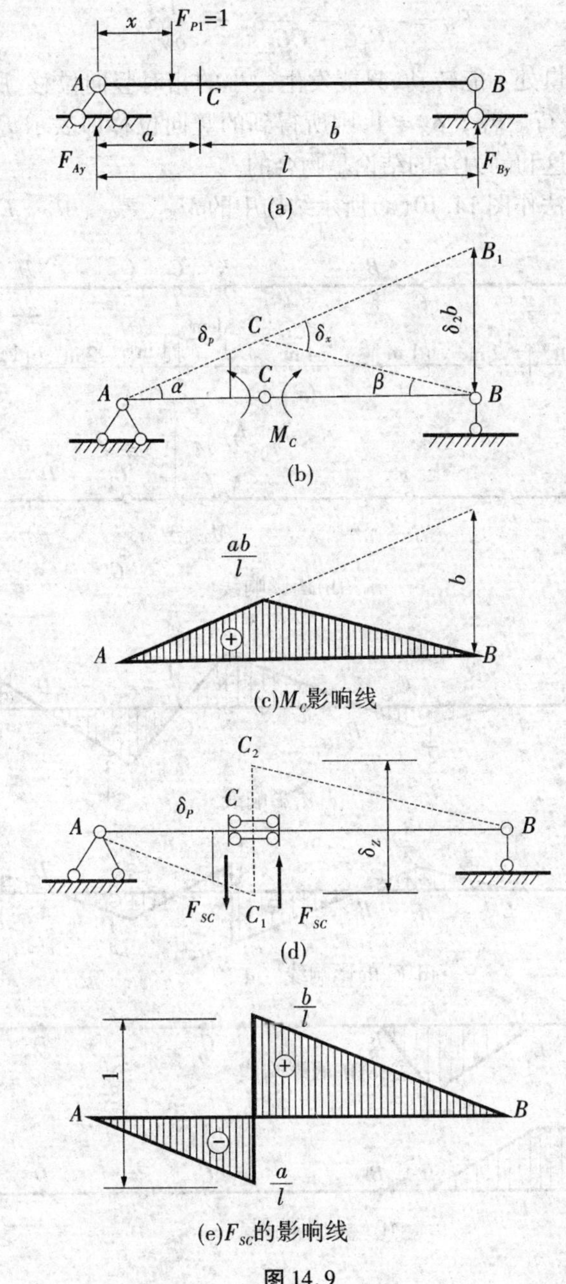

图 14.9

同理,求作 C 点剪力 F_{SC} 的影响线时,先解除与剪力相应的约束,改为定向连接,并以一对等值反向的剪力 F_{SC} 代替,使结构发生沿 F_{SC} 正方向的虚位移,如图 14.9(d)所示。建立虚功方程

$$F_{SC} \cdot C_1C + F_{SC} \cdot CC_2 + F_P \cdot \delta_P = 0$$

得

$$F_{SC} = -\frac{1}{C_1C + CC_2}\delta_P = -\frac{1}{\delta_Z}\delta_P \tag{14.13}$$

由于梁上 C 点切口处不能转动，只能发生微小的相对竖向位移，所以变形后的梁轴线 AC_1、C_2B 仍保持平行。若令 $\delta_Z = 1$，则所得到的竖向位移即表示 F_{SC} 的影响线，如图 14.9(e)所示。显然，这和静力法的结论是吻合的。

例 14.2 用机动法作图 14.10(a)所示结构中的 M_K、F_{SK}、M_B、F_{SL}、F_{Cy} 的影响线。

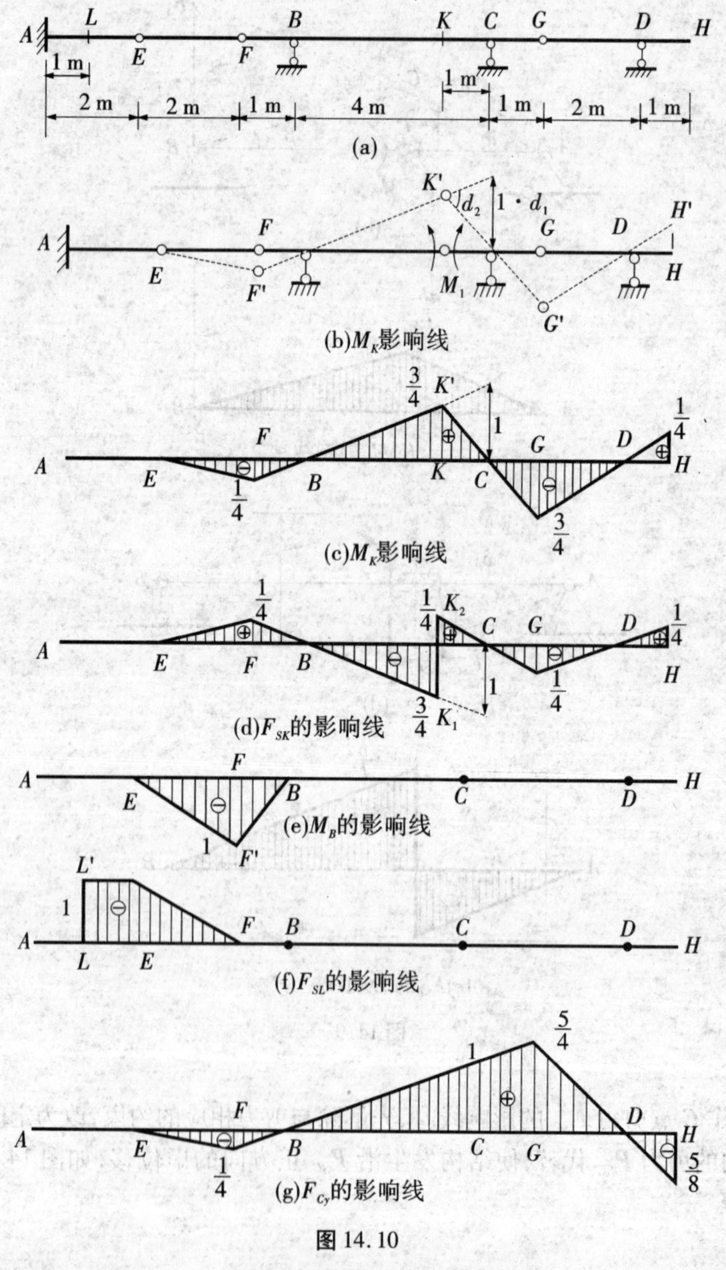

图 14.10

解 (1) M_K 的影响线

在截面K加铰并产生如图14.10(b)所示的虚位移，AE作为梁的基本部分不能转动。铰K两侧截面相对转角为δ_Z，$CC'=1\cdot\delta_Z$。若令$\delta_Z=1$即得M_K的影响线，如图14.10(c)所示，各控制点的竖距由比例关系求出。

(2) F_{SK} 的影响线

撤去K点上对应剪力F_{SK}的约束，使K左、右截面发生相对竖向位移K_1K_2，令$K_1K_2=\delta_Z=1$，即得F_{SK}的影响线，如图14.10(d)所示。

(3) M_B 的影响线

在B点加铰后，由于BG杆不能转动，FB杆的转角即为δ_Z，$FF'=1\cdot\delta_Z$。令$\delta_Z=1$，得M_B的影响线，如图14.10(e)所示。

(4) F_{SL} 的影响线

由于A端固接，AL段不能变形，所以截面L发生的相对竖向位移实际是杆件LE段作向上的平移。令$L'L=\delta_Z=1$，即得F_{SL}的影响线，如图14.10(f)所示。

(5) F_{Cy} 的影响线

撤去C点支杆后，FG杆可以转动，基本部分AE段不动。令C点发生向上的单位位移，得F_{Cy}的影响线，如图14.10(g)所示。

14.3 影响线的应用

14.3.1 集中荷载与分布荷载的影响

移动荷载可能是多个集中荷载，也可能是分布荷载。影响线是研究移动荷载作用下结构计算的工具，虽然作影响线采用的是单位移动荷载，但根据叠加原理可用影响线求出其他荷载作用下对结构的影响。

(1)研究集中荷载的影响　如图14.11(a)所示简支梁，受一组集中荷载F_{P1}、F_{P2}、F_{P3}作用，若分析该组集中荷载在某一已知位置时产生的简支梁C截面弯矩M_C的值，首先令移动荷载在该瞬时停止移动，暂可视为固定荷载，再绘制M_C的影响线并确定各荷载作用点处影响线的竖距y_1、y_2、y_3，则按影响线的定义和应用叠加原理可得这组荷载作用下M_C的值为

$$M_C=F_{P1}y_1+F_{P2}y_2+F_{P3}y_3 \tag{14.14}$$

其中$F_{P3}y_1$、$F_{P2}y_2$、$F_{P3}y_3$分别为F_{P1}、F_{P2}、F_{P3}产生的M_C值。

可以将上述结果推广到一般情况：若一组集中荷载F_{P1}，F_{P2}，…，F_{Pn}作用于结构上，结构中某量Z的影响线已知，各集中荷载点对应的影响线的竖距为y_1、y_2、y_3，…，y_n，那么这组荷载作用下某量Z的数值为

$$Z=F_{P1}y_1+F_{P2}y_2+\cdots+F_{Pn}y_n=\sum_{i=1}^{n}F_{Pi}y_i \tag{14.15}$$

应用上式要注意竖距y_i的正负号，y_i的正负号与影响线的正、负号相同。F_{Pi}与画影响线所用的单位移动荷载同向为正。

按上式计算,当集中力个数较多时就显得很麻烦。事实上当影响线某一直线坡段内若有多个集中力作用时,可以应用其合力产生的影响量值来代替它们所产生的影响量值。

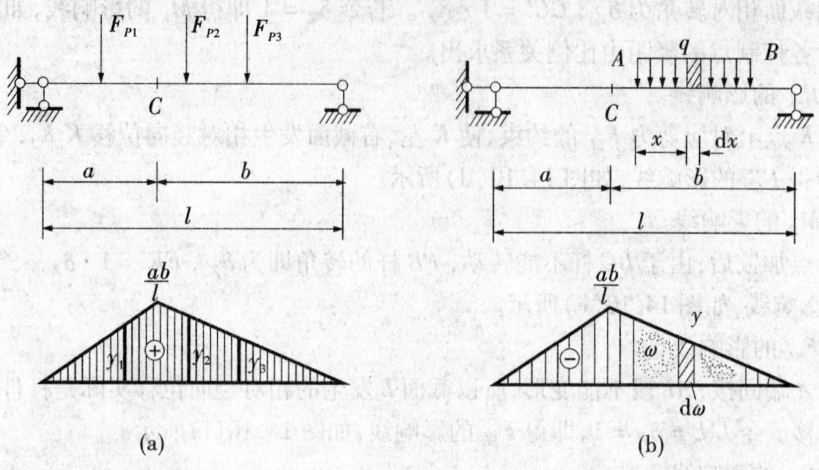

图 14.11

(2)均布荷载的影响　如果结构在 AB 范围受到图 14.11(b)所示的均布荷载作用,在均布荷载作用范围内取一微元段 $\mathrm{d}x$,其荷载 $q\mathrm{d}x$ 可视为集中荷载,它对结构中某量值 Z 产生的值为 $yq\mathrm{d}x$,若研究整段均布荷载 q 作用下的 Z 值,则

$$Z = \int_A^B yq\mathrm{d}x = q\int_A^B y\mathrm{d}x = q \cdot \omega \tag{14.16}$$

式中　ω 表示 Z 影响线图形在均布荷载作用范围的面积。若该区段内影响线坐标有正有负,则此 ω 应为均布荷载所覆盖区段内正负面积的代数和。均布荷载作用下结构中某量 Z 的大小等于荷载集度 q 乘以该影响线在荷载作用范围内的面积。应用时要注意 ω 的正负号。

例 14.3　用影响线计算图 14.12(a)所示简支梁在图示荷载作用下剪力 F_{SC} 的值。

解　先作出 F_{SC} 的影响线如图 14.12(b)所示。

剪力 F_{SC} 影响线中负号部分的面积为 ω_1,正号部分的面积为 ω_2。集中荷载 F_{P1} 对应的竖距为$\frac{1}{3}$; F_{P2} 所对应的竖距为 $-\frac{2}{9}$。

由上面的公式得

$$F_{SC} = q\omega_1 + q\omega_2 + P_1y_1 + P_2y_2$$

$$= 15 \times \frac{1}{2} \times \left(-\frac{1}{3}\right) \times 1.5 + 15 \times \frac{1}{2} \times \frac{2}{3} \times 3 + 20 \times \frac{1}{3} + 10 \times \left(-\frac{2}{9}\right)$$

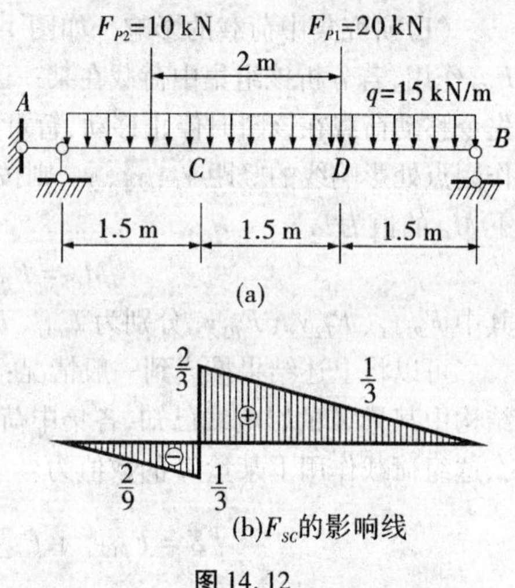

(b)F_{SC}的影响线

图 14.12

$= 15.69(kN)$

14.3.2　确定最不利荷载位置

如果移动荷载到达某个位置时，使某量 Z 产生最大正值或最大负值，则此位置为荷载最不利位置。确定移动荷载的最不利位置是影响线的一个重要用途。

简单情况下，荷载的最不利位置可通过简单的观察和分析确定。但是在多个荷载的情况下，则应当用函数极值的概念来确定最不利荷载位置。下面从简到繁逐一加以讨论。

(1)单个集中移动荷载情况和一组集中移动荷载情况　根据式(14.1)可知，单个荷载作用时，这个荷载作用在影响线竖距最大处即为它的最不利位置。如果移动荷载是一组集中荷载，则必有一个集中荷载作用在影响线的顶点，如图 14.13 所示。

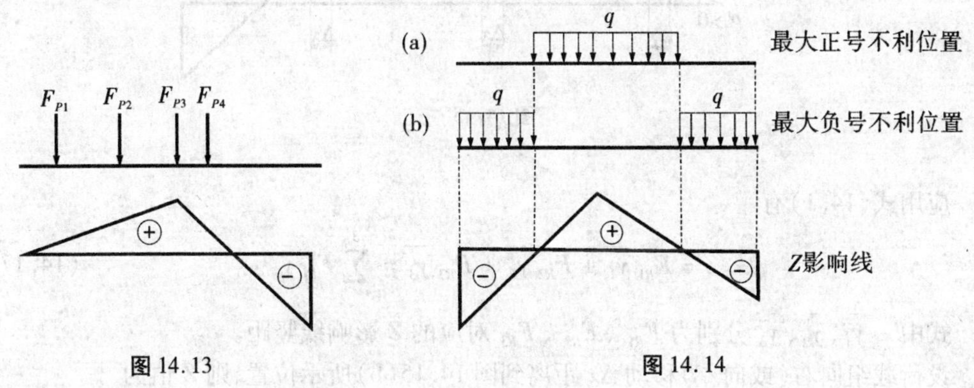

图 14.13　　图 14.14

(2)移动荷载为均布荷载而且可以任意分布的情况　由式(14.16)可知，将均布荷载布满某量 Z 影响线的正号区，即为该量 Z 的最大正值的不利位置，如图 14.14(a)所示。反之，将均布荷载布满该影响线的负号区，即为其最大负值的不利位置，如图 14.14(b)所示。

14.3.3　临界位置的判定

如果移动荷载是一组间距一定的集中荷载，确定结构中某量 Z 的最不利位置较复杂。

第一步，要先求出使 Z 达到极值的荷载位置，也叫临界位置。

第二步，从临界位置中选出使 Z 达到最大值的最不利位置。这就是从 Z 的极大值中选出最大值，从极小值中选出最小值。

图 14.15(c)所示是某量 Z 的影响线，它是多边形的，各段影响线的倾角为 α_1、α_2、α_3。设一组集中荷载作用在图 14.15(a)所示位置，F_{R1}、F_{R2}、F_{R3} 是对应于影响线各直线段内集中荷载的合力。由叠加原理，荷载在此位置产生的 Z 值可用各段影响线内集中荷载的合力计算。

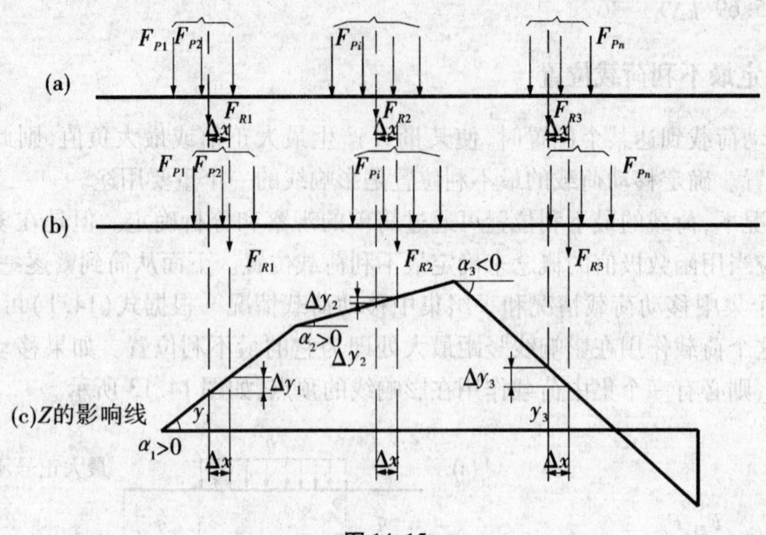

图 14.15

应用式(14.1)有

$$Z = F_{R1}\overline{y_1} + F_{R2}\overline{y_2} + F_{R3}\overline{y_3} = \sum_{i=1}^{3} F_{Ri}\overline{y_i} \tag{14.17}$$

式中 $\overline{y}_1$、$\overline{y}_2$、$\overline{y}_3$ 分别为 F_{R1}、F_{R2}、F_{R3} 对应的 Z 影响线竖距。

设荷载组向右(或向左)移动 Δx 距离到图 14.15(b)所示位置,则 Z 值为

$$Z = F_{R1}(\overline{y_1} + \Delta\overline{y_1}) + F_{R2}(\overline{y_2} + \Delta\overline{y_2}) + F_{R3}(\overline{y_3} + \Delta\overline{y_3})$$

$$= \sum_{i=1}^{3} F_{Ri}(\overline{y_i} + \Delta\overline{y_i}) = Z_1 + \sum_{i=1}^{3} F_{Ri}\Delta\overline{y_i}$$

荷载组向右移动引起 Z 的增量为

$$\Delta Z = Z - Z_1 = \sum_{i=1}^{3} F_{Ri}\Delta\overline{y_i} \tag{a}$$

式中 $\Delta\overline{y}_i$ 是合力 F_{Ri} 所对应的影响线竖距 $\overline{y}_i$ 的增量

$$\Delta\overline{y}_i = \Delta x \cdot \tan\alpha_i \tag{b}$$

将式(b)代入式(a)中,得

$$\Delta Z = \sum_{i=1}^{3} F_{Ri}\Delta x\tan\alpha_i = \Delta x\sum_{i=1}^{3} F_{Ri}\tan\alpha_i \tag{c}$$

当 Z 为极大值时,其荷载位置为临界位置。根据极值的概念,此时荷载自临界位置向右或向左移动时 Z 都不可能增加,其增量 $\Delta Z \leqslant 0$,即

$$\Delta x\sum_{i=1}^{3} F_{Ri}\tan\alpha_i \leqslant 0 \tag{d}$$

由式(d)可推导出 Z 为极大值的条件

当荷载稍向右移($\Delta x > 0$)时 $\sum_{i=1}^{3} F_{Ri}\tan\alpha_i \leqslant 0$

当荷载稍向左移($\Delta x < 0$)时 $\sum_{i=1}^{3} F_{Ri}\tan\alpha_i \geqslant 0$ (e)

同理,当 Z 为极小值时,其荷载自临界位置向右或向左移动, Z 都不能减少,增量 $\Delta Z \geqslant 0$ 。可得 Z 为极小值的条件:

当荷载稍向右移($\Delta x > 0$)时 $\sum_{i=1}^{3} F_{Ri}\tan\alpha_i \geqslant 0$

当荷载稍向左移($\Delta x < 0$)时 $\sum_{i=1}^{3} F_{Ri}\tan\alpha_i \leqslant 0$ (f)

所以,使某量 Z 为极大值或极小值必须满足的条件是:当荷载组稍向左、右移动时, $\sum_{i=1}^{3} F_{Ri}\tan\alpha_i$ 的正负号发生改变。

在应用上述条件判断临界位置时,为使 $\sum_{i=1}^{3} F_{Ri}\tan\alpha_i$ 有变号的可能,一般选择一个集中荷载 F_{PK} 作用于影响线第 i 段和第 $i+1$ 段间的顶点上,当荷载组稍向左移时, F_{PK} 计入合力 F_{R_i} ;当荷载组稍向右移时, F_{PK} 计入合力 $F_{R_{i+1}}$ 。由于 $\tan\alpha_i$ 为常数,所以合力 F_{Ri} 的改变可能使 $\sum_{i=1}^{3} F_{Ri}\tan\alpha_i$ 正负号改变。我们将这个使 $\sum_{i=1}^{3} F_{Ri}\tan\alpha_i$ 变号的荷载称为临界荷载,用 F_{Pcr} 表示。

当某量 Z 的影响线为图 14.16(b)所示的三角形时,上述判别式可得到简化。选择荷载 F_{PK} 在三角形影响线的顶点上,用 $\sum F_R^L$ 表示 F_{Pcr} 左侧荷载的合力; $\sum F_R^R$ 表示 F_{Pcr} 右侧荷载的合力。发生 Z 极大值的条件可由式(e)导出。

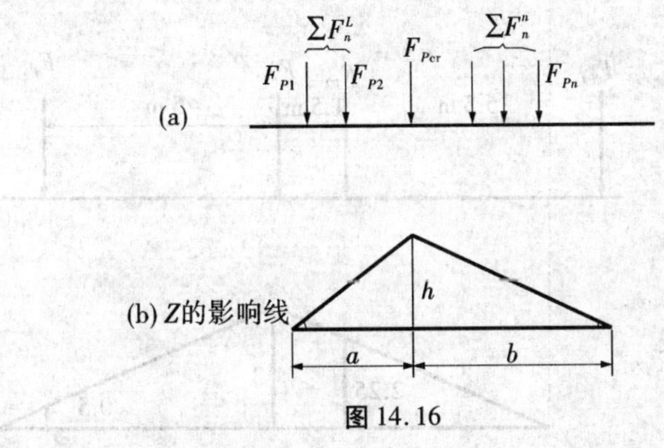

图 14.16

荷载右移 $\sum F_R^L\tan\alpha - (F_{Pcr} + \sum F_R^R)\tan\beta \leqslant 0$

荷载左移 $(\sum F_R^L + F_{Pcr}) - \sum F_R^R\tan\beta \geqslant 0$

由于 $\tan\alpha = \dfrac{h}{a}$, $\tan\beta = \dfrac{h}{b}$ 则

$$\left.\begin{aligned}\frac{\sum F_R^L}{a} &\leqslant \frac{F_{Pcr}+\sum F_R^R}{b}\\ \frac{\sum F_R^L + F_{Pcr}}{a} &\geqslant \frac{\sum F_R^R}{b}\end{aligned}\right\} \qquad (14.18)$$

式(14.18)为三角形影响线临界荷载判别式,满足判别式的荷载 F_{Pcr} 为临界荷载。该式表明:将临界荷载放在哪一边,哪一边荷载的平均集度要大些。

例 14.4 试求图 14.17(a)所示简支梁在 4 个集中力构成的移动荷载组作用下跨中 C 点的弯矩最大值。其中 $F_{P1}=F_{P2}=500$ kN, $F_{P3}=F_{P4}=350$ kN。

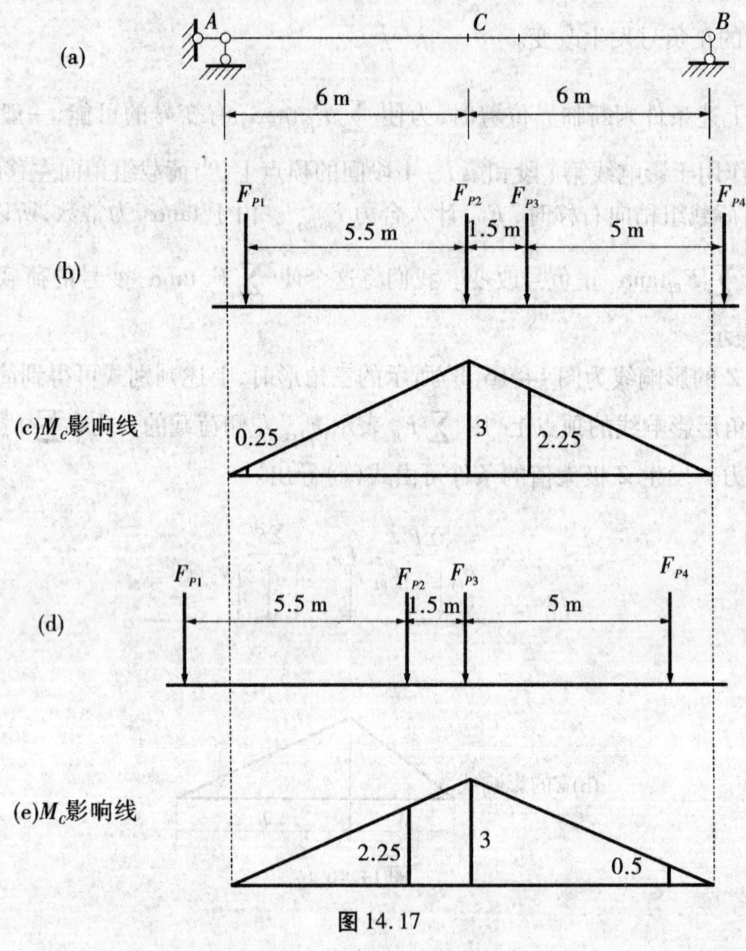

图 14.17

解 (1)作简支梁 M_C 的影响线如图 14.17(c)所示。

(2)判断临界荷载位置。

由于 M_C 影响线为三角形影响线,荷载 P_1 和 P_4 在影响线顶点时不会产生 $M_{C(\max)}$,故只需按式(14.5)计算 F_{P2} 和 F_{P3} 位于 C 点的情况。

如图 14.17(b)所示,荷载 F_{P2} 在 C 点左、右侧时

$$\frac{2\times500}{6}>\frac{350}{6}$$

$$\frac{500}{6}<\frac{500+350}{6}$$

可见，F_{P2} 为一临界荷载。

如图14.17(d)所示，荷载 F_{P3} 在 C 点左、右侧时

$$\frac{500+350}{6}>\frac{350}{6}$$

$$\frac{500}{6}<\frac{2\times350}{6}$$

可见，P_3 也为一临界荷载。

(3)求最大弯矩 $M_{C\max}$。

分别求出上述两种临界位置对应的 M_C 极值，通过比较确定 $M_{C\max}$。

F_{P2} 在 C 点时

$$M_C=500\times3+500\times0.25+350\times2.25=2\ 412.5\ \text{kN}\cdot\text{m}$$

F_{P3} 在 C 点时

$$M_C=500\times2.25+350\times3+350\times0.5=2\ 350\ \text{kN}\cdot\text{m}$$

比较可知，F_{P2} 在 C 点时为 M_C 的最不利位置，此时有 $M_{C\max}=2\ 414.5\ \text{kN}\cdot\text{m}$。

例14.5 求出车队荷载在影响线 Z 上的最不利位置和 Z 的最大绝对值。$F_{P1}=F_{P2}=F_{P3}=F_{P4}=F_{P5}=F_{P6}=120$ kN。

解 (1)计算影响线各段的 $\tan\alpha_i$ 值

由图14.18(a)影响线可知

$$\tan\alpha_1=\frac{1}{3},\ \tan\alpha_2=-1,\ \tan\alpha_3=-\frac{1}{4},\ \tan\alpha_4=\frac{1}{2}$$

(2)判定临界荷载位置

由于要求荷载组在结构上产生 Z 的最大绝对值，所以当 $F_{P1},F_{P2},F_{P3},F_{P4}$ 同时作用在影响线 BC 时有产生 Z 最大绝对值的可能。

将 F_{P2} 放在 E 点的影响线最高点，荷载位置如图14.18(b)所示。

如果整个荷载稍向右移，各段荷载合力为

$$F_{R1}=0,F_{R2}=0$$

$$F_{R3}=120\ \text{kN}\quad F_{R4}=3\times120=360\ \text{kN}$$

因此

$$\sum F_{Ri}\tan\alpha_i=120\times\left(-\frac{1}{4}\right)+360\times\left(\frac{1}{2}\right)=150>0$$

如果整个荷载稍向左移，各段荷载合力为

$$F_{R1}=0,F_{R2}=0$$

$$F_{R3}=240\ \text{kN}\quad F_{R4}=2\times120=240\ \text{kN}$$

$$\sum F_{Ri}\tan\alpha_i=240\times\left(-\frac{1}{4}\right)+240\times\left(\frac{1}{2}\right)=60>0$$

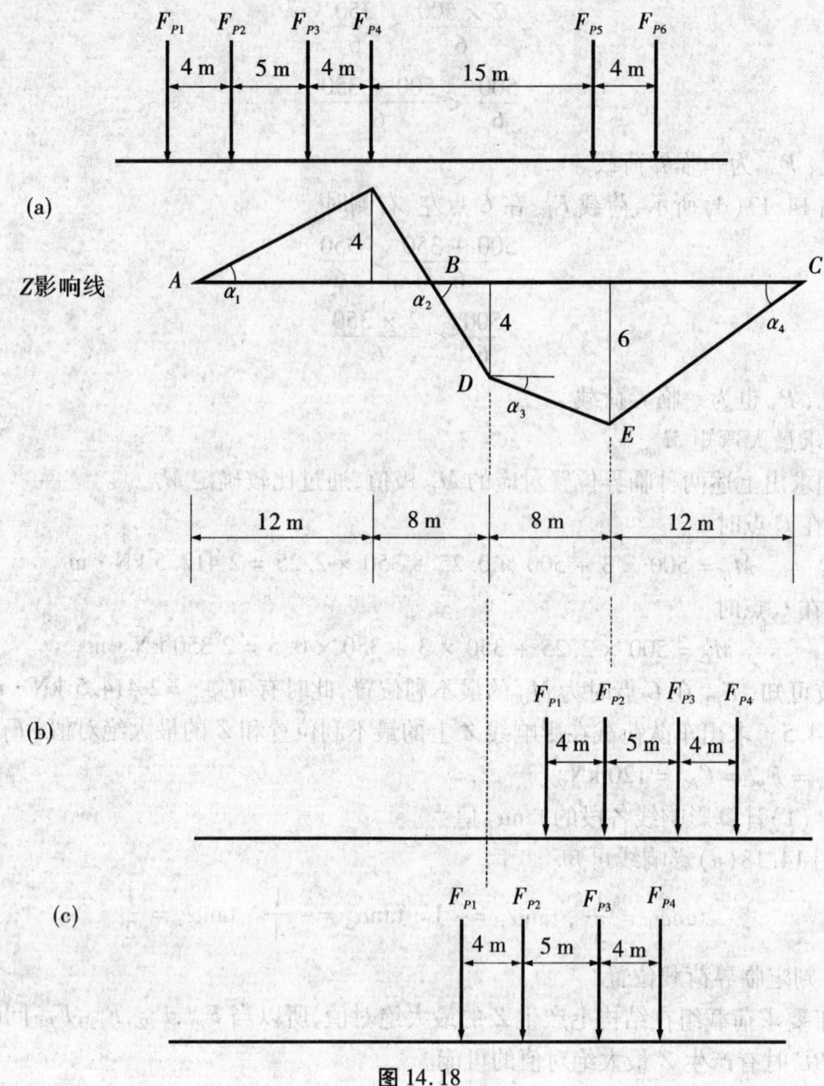

图 14.18

由于 $\sum F_{Ri}\tan\alpha_i$ 不变号,此位置不是临界位置。

同样可判断出当 F_{P3} 作用在影响线 E 点,F_{P1} 在影响线 E 点均不是临界位置。

将 F_{P1} 作用在影响线 D 点,荷载位置如图 14.18(c)所示。

如果整个荷载稍向右移,各段荷载合力为

$$F_{R1} = 0, F_{R2} = 0$$

$$F_{R3} = 2 \times 120 = 240 \text{ kN}$$

$$F_{R4} = 2 \times 120 = 240 \text{ kN}$$

则

$$\sum F_{Ri}\tan\alpha_i = 240 \times \left(-\frac{1}{4}\right) + 240 \times \left(\frac{1}{2}\right) = 60 > 0$$

如果整个荷载稍向左移,各段荷载合力为

$$R_1 = 0,\quad R_2 = 120\ \text{kN}$$

$$R_3 = 120\ \text{kN},\quad R_4 = 240\ \text{kN}$$

则

$$\sum F_{Ri}\tan\alpha_i = 120 \times (-1) + 120 \times \left(-\frac{1}{4}\right) + 240 \times \left(\frac{1}{2}\right) = -30 < 0$$

由于 $\sum F_{Ri}\tan\alpha_i$ 变化,故此位置为临界位置。经分析可认为它是最不利荷载位置。

(3)计算 $Z_{\max}$ 的值

根据比例关系求出各集中荷载对应的影响线竖距,则

$$Z_{\max} = -120 \times 4 - 120 \times 5 - 120 \times \frac{6}{12} \times 11 - 120 \times \frac{6}{12} \times 7 = -2\ 160\ \text{kN}$$

14.4 简支梁的内力包络图和绝对最大弯矩

14.4.1 内力包络图

设计承受移动荷载的结构时,通常需要求出各截面内力的最大值和最小值,并以此作为依据来进行截面设计,使之满足安全和经济的要求。移动荷载作用下简支梁(如吊车梁、桥梁及楼盖的连续梁等)在设计时必须计算出每一截面上的最大内力值。将简支梁某种内力在各截面上的最大值按比例绘出并连成的曲线,称为该内力的包络图。包络图表示了各截面内力的最大值,它反映了各截面可能产生内力值的变化范围。在简支梁中有弯矩包络图和剪力包络图。

由于简支梁有无数个截面,在实际应用中不可能求出每个截面上的内力最大值。一般将简支梁等分为有限个等分段,然后用影响线求出每个等分截面的最大内力值。

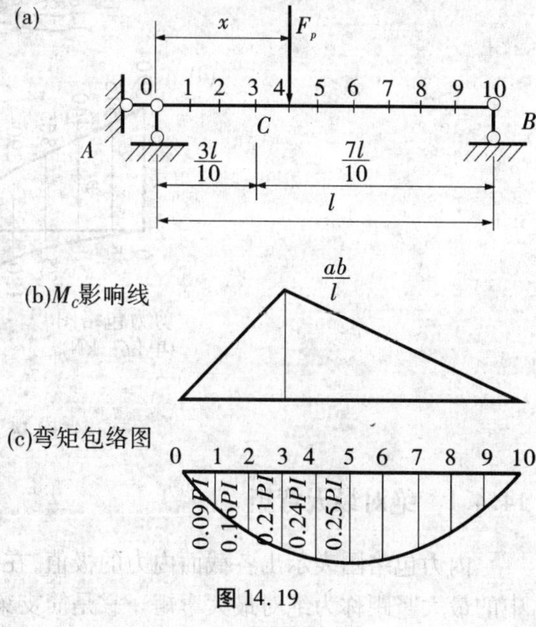

图 14.19

如求图 14.19(a)所示简支梁在移动荷载 F_P 作用下的弯矩包络图时,先将梁 AB 按长度均分为 10 段,再分别求出每个等分点上由 F_P 引起的最大弯矩值。例如 C 点距 A 、B 的距离分别为 $\frac{3l}{10}$ 和 $\frac{7l}{10}$,作出 C 截面弯矩 M_C 的影响线,如图 14.19(b)所示。由于只有一个集中荷载,那么 F_P 作用在 C 点时将产生该截面的最大弯矩 $M_{C\max} = 0.21Pl$ 。同样,逐个求出每个截面的弯矩影响线,将 F_P 作用在影响线顶点即可得各截面的最大弯矩值。连接各等分点截面上的弯

矩最大值可得该梁的弯矩包络图,如图 14.19(c)所示。

图 14.20(a)为一 14 m 跨的吊车梁,所受吊车荷载如图 14.20(b)所示。吊车传来的轮压为 250 kN,轮距为 4.8 m,两台吊车并行的最小间距 1.44 m。采用前面的作法,将吊车 10 等分,并求出每个等分点截面上的弯矩最大值和剪力值,就能得到图 14.20(c)、(d)所示的弯矩包络图和剪力包络图。

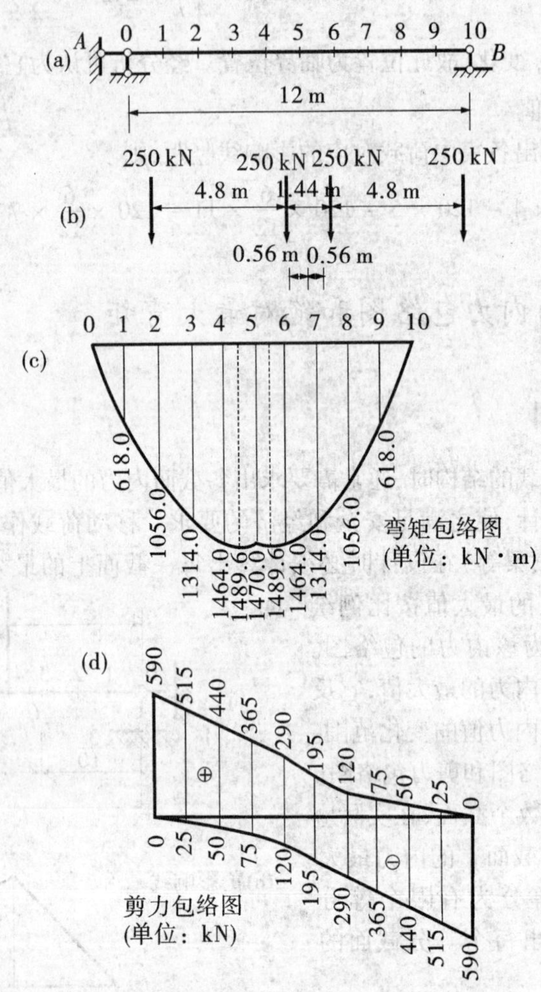

图 14.20

14.4.1 绝对最大弯矩

内力包络图表示出各截面内力的极值,在结构设计中有着重要的意义。弯矩包络图中的最大竖距称为绝对最大弯矩。它是简支梁中所用各截面最大弯矩值中的最大值。也是简支梁在某种移动荷载作用下整个梁所可能出现的最大弯矩值。

由于简支梁在集中荷载作用下,其弯矩图为折线形,梁中最大弯矩总是发生在某一集中荷载所在的截面内,因此绝对最大弯矩也发生在某一集中力所在的截面内。

下面介绍简支梁在一组移动荷载作用下绝对最大弯矩的求法。

对图14.21所示的简支梁,任意选定一个荷载 F_{PK},分析 F_{PK} 作用在什么位置时,在 F_{PK} 作用截面上产生最大弯矩值。用 x 表示荷载 F_{PK} 至支座 A 的距离, F_R 表示作用在梁上全部荷载的合力, a 表示 F_{PK} 与合力 F_R 的距离。此时合力 F_R 在 F_{PK} 的右侧。

由 $\sum M_B = 0$,有

$$F_{Ay} = \frac{F_R}{l}(l - x - a)$$

由 F_{Ay} 可求出 F_{PK} 作用点处截面上的弯矩 M_K

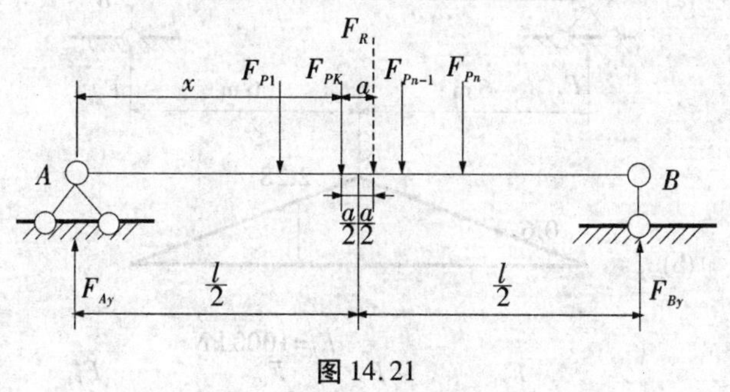

图14.21

$$M_K = F_{Ay} \cdot x - M_i = F_R\left(\frac{l - x - a}{l}\right) - M_i$$

式中　M_i 为集中力 F_{PK} 左侧的全部荷载对 F_{PK} 作用点处的力矩之和,它是一个与 x 无关的常数。

若令

$$\frac{\mathrm{d}M}{\mathrm{d}x} = \frac{R}{l}(l - 2x - a) = 0$$

得

$$x = \frac{1}{2}(l - a)$$

上式表明,当 F_R 与 F_{PK} 的间距 a 恰好被梁中心平分时, F_{PK} 作用点处的弯矩为最大值。此时的最大弯矩为

$$M_{K\max} = \frac{F_R}{4l}(l - a)^2 - M_i \tag{14.19}$$

值得注意的是,无论集中荷载组有多少个荷载,合力 F_R 都是指作用在梁上的荷载合力,移到梁以外的集中荷载不计算在 F_R 内。如果合力 F_R 在 F_{PK} 的左侧,用支座反力 F_{By} 计算 M_K 会容易一些。

在实际分析时,可应用上述结论分别求出各荷载作用点处的弯矩最大值,通过比较大小确定简支梁的绝对最大弯矩。经验表明,绝对最大弯矩常发生在使梁中央截面弯矩取得最大的临界荷载作用下的截面。

例14.6　试求图14.22(a)所示吊车梁的绝对最大弯矩。已知吊车轮传来的荷载 $F_{P1} = F_{P2} = F_{P3} = F_{P4} = 250\ \mathrm{kN}$。

解 (1)求使跨中截面 C 发生最大弯矩的临界荷载

绘制 M_C 影响线如图 14.22(b)所示。用前面的公式分析可知,虽然 F_{P1}、F_{P2}、F_{P3}、F_{P4} 都是 M_C 的临界荷载,但只有 F_{P2}、F_{P3} 作用在截面 C 时才产生最大弯矩 $M_{C\max}$。如图 14.22(a)所示,当 F_{P3} 作用在截面 C 时,可求出

$$M_{C\max} = 250 \times 2.28 + 250 \times 3 + 250 \times 0.6 = 1470\ \text{kN} \cdot \text{m}$$

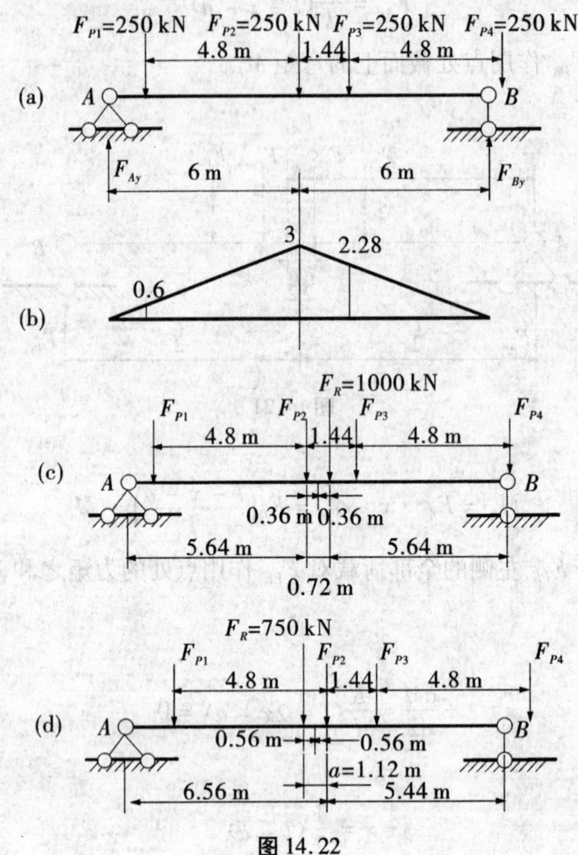

图 14.22

由于对称性,当 F_{P2} 作用在截面 C 时,$M_{C\max} = 1470\ \text{kN} \cdot \text{m}$。

荷载 F_{P2}、F_{P3} 可产生 $M_{C\max}$,因此 F_{P2}、F_{P3} 是产生绝对最大弯矩的临界荷载。

(2)求绝对最大弯矩

现以 F_{P2} 为例计算最大弯矩。根据前面的公式,使梁上荷载合力 F_R 与 F_{P2} 的间距 a 被梁中心线平分,但这时梁上可能有三个集中荷载也可能有四个集中荷载。

先考察梁上有四个荷载的情况,如图 14.22(c)所示。梁上全部荷载的合力

$$F_R = 250 \times 4 = 1\,000\ \text{kN}$$

由于四个集中力的合力 F_R 作用线正好在 F_{P2} 与 F_{P3} 之间,则

$$a = \frac{1.44}{2} = 0.72\ \text{m}$$

F_{P2} 至支座 A 的距离为

$$x=\frac{12-0.72}{2}=5.64\ \text{m}$$

因为合力 F_R 在 F_{P2} 的右侧,用前面的公式可计算 F_{P2} 作用点处弯矩 $M_{K\max}$

$$M_{K\max}=\frac{F_R}{4l}(l-a)^2-M_i=\frac{1000}{4\times 12}\times(12-0.72)^2-250\times 4.8=1\ 450.8\ \text{kN}\cdot\text{m}$$

它比 $M_{C\max}$ 小,显然不是绝对最大弯矩。

再考察梁上有三个荷载的情况,如图14.22(d)所示。梁上全部荷载的合力为:

$$F_R=250\times 3=750\ \text{kN}$$

合力 F_R 与 F_{P2} 之间的距离,可通过对 F_{P2} 作用点取矩求得

$$F_R\cdot a=F_{P1}\times 4.8-F_{P3}\times 1.44$$

则

$$a=\frac{250\times 4.8-250\times 1.44}{250\times 3}=1.12\ \text{m}$$

F_{P2} 至支座 A 的距离为

$$x=\frac{l}{2}+\frac{a}{2}=\frac{12}{2}+\frac{1.12}{2}=6.56\ \text{m}$$

由于合力 F_R 在 F_{P2} 的左侧,取 F_{P_2} 右侧的荷载计算较简单。

由 $\sum M_A=0$ 有

$$l\cdot F_{By}=(x-a)\cdot F_R$$

$$F_{By}=\frac{F_R}{l}(x-a)$$

则 F_{P2} 作用点处弯矩

$$M_{K\max}=F_{By}(l-x)-F_{P3}\times 1.44=\frac{F_R}{l}(x-a)(l-x)-F_{P3}\times 1.44$$

$$=\frac{750}{2}(6.56-1.12)\times(12-6.56)-250\times 1.44=1\ 489.6\ \text{kN}\cdot\text{m}$$

显然,该弯矩为绝对最大弯矩,即 $M_{\max}=1\ 489.6\ \text{kN}\cdot\text{m}$。由于对称,$F_{p3}$ 为临界荷载时产生的绝对最大弯矩值也为1 489.6 kN·m。

14.5 连续梁的内力包络图

梁板式楼面中的板、次梁和主梁一般都按连续梁计算。在结构设计时,求出各截面内力的可能最大值和最小值是保证结构在正常荷载作用下安全工作的前提。楼面板通常受恒载和活载作用,由于恒载是固定不变的,它产生的内力也是固定不变的;而活载随着作用位置的变化,会造成内力的变化。

连续梁的内力包络图是表示各种可能荷载作用下梁内各截面上内力最大值和最小值的曲线。与简支梁单根曲线形式的内力包络图有所不同,连续梁内力包络图要反映出各截面上内力的最大值和最小值范围,它不是单根曲线形式。

下面以连续梁弯矩包络图为例介绍求作连续梁内力包络图的方法。

图 14.23(a)所示连续梁任一截面 K 弯矩 M_K 的影响线，如图 14.23(b)所示。根据影响线很容易确定 M_K 的最不利荷载位置：将均布活载布满影响线的正号部分即为 M_K 最大值的荷载不利位置，如图 14.23(c)所示；将均布活载布满影响线的负号部分即为 M_K 最小值的荷载不利位置，如图 14.23(d)所示。

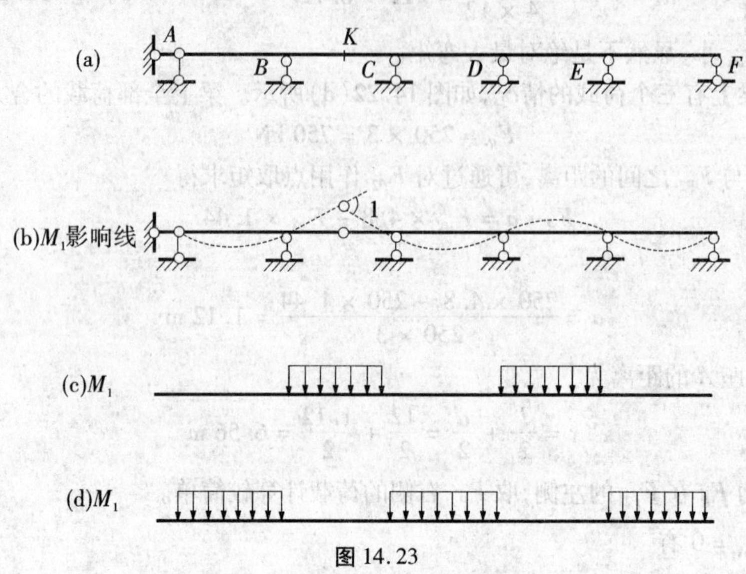

图 14.23

由此可知，受均布活载作用的连续梁，其各截面弯矩的最不利位置是在某些跨中布满活载。因此，在求连续梁内各截面弯矩最大值、最小值时，可逐个在连续梁的每一单跨布满活载并作出单跨布满活载时整个连续梁的弯矩图，然后将某截面对应在单跨布满活载弯矩图中的正弯矩和负弯矩分别相加，即得该截面在活载作用下的最大正弯矩值和最大负弯矩值。

在实际计算中，一般将连续梁各跨等分若干段，按上述方法求出每一等分点截面上的最大正弯矩值和最大负弯矩值，再分别将其与恒载作用下连续梁弯矩图中相应截面的弯矩值相加，得到的是在恒载与活载共同作用下各分点截面上的最大弯矩值和最小弯矩值。将这些值按同一比例绘出竖距，就是该连续梁的弯矩包络图。连续梁在恒载与活载共同作用下的剪力包络图也可用上述方法求得。连续梁的内力包络图反映了梁上各截面内力变化的极值情况，可以用它作为选择截面、准确布置钢筋的重要依据。

弯矩包络图的绘制步骤见下例。

例 14.7 试作图 14.24(a)所示三跨连续梁的弯矩包络图和剪力包络图。已知恒载 $q_1 = 25$ kN/m，活载 $q_2 = 46.88$ kN/m。

解 (1)作弯矩包络图

①用力矩分配法(或其他方法)作连续梁在恒载作用下的弯矩图，将每一跨 4 等分并求出各等分点截面上的弯矩竖距，如图 14.24(b)所示。

②将连续梁每一跨单独布满荷载，逐个用力矩分配法求出弯矩图，并求出各等分点截面上的弯矩竖距，如图 14.24(c)、(d)、(e)所示。

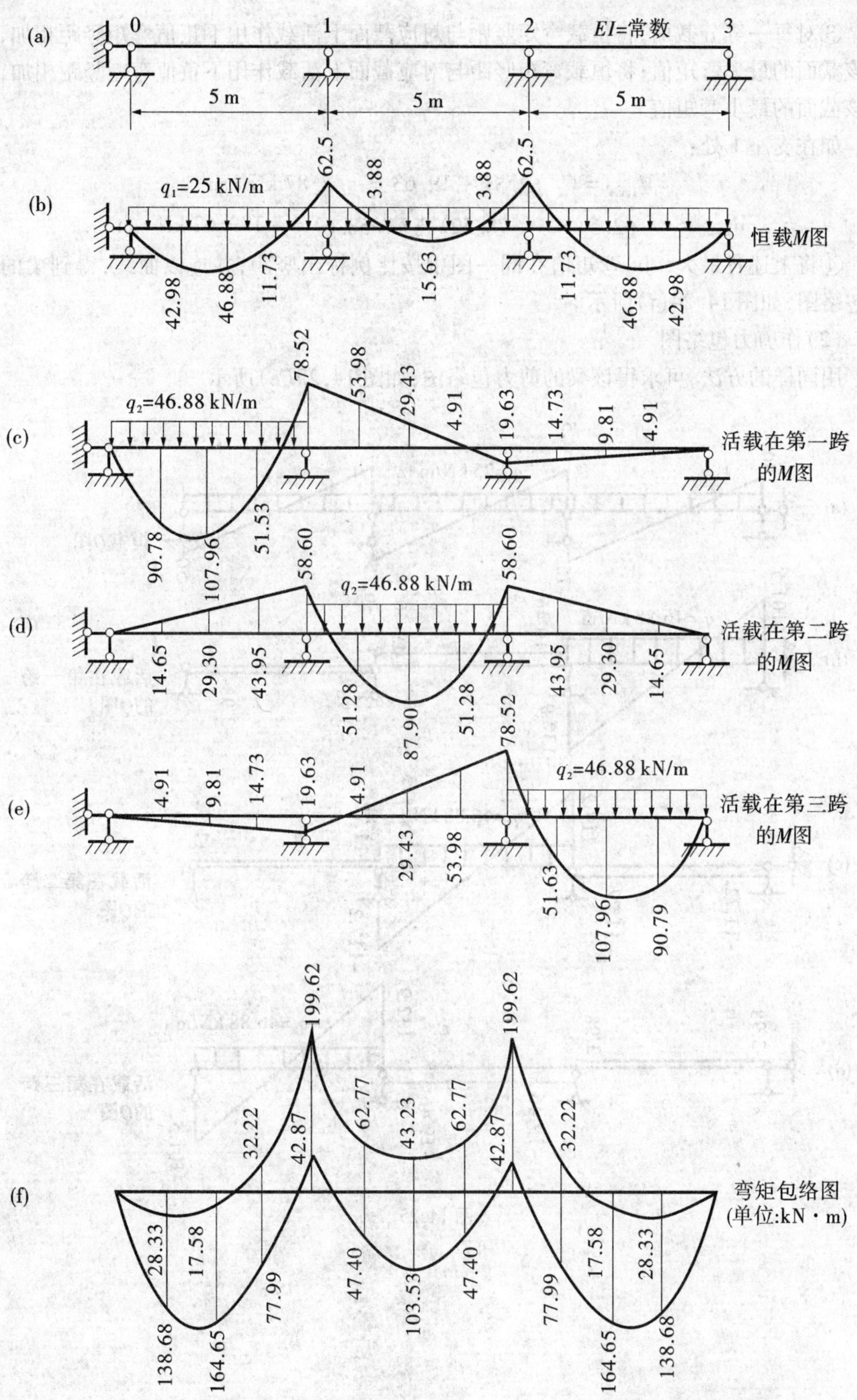

(a)
0
1
2
3
EI=常数
5 m
5 m
5 m
(b)
q1=25 kN/m
62.5
3.88
3.88
62.5
恒载M图
42.98
46.88
11.73
15.63
11.73
46.88
42.98
(c)
q2=46.88 kN/m
78.52
53.98
29.43
4.91
19.63
14.73
9.81
4.91
活载在第一跨
的M图
90.78
107.96
51.53
(d)
58.60
q2=46.88 kN/m
58.60
活载在第二跨
的M图
14.65
29.30
43.95
51.28
87.90
51.28
43.95
29.30
14.65
(e)
4.91
9.81
14.73
19.63
4.91
78.52
q2=46.88 kN/m
活载在第三跨
的M图
29.43
53.98
51.63
107.96
90.79
(f)
199.62
199.62
32.22
42.87
62.77
43.23
62.77
42.87
32.22
弯矩包络图
(单位:kN · m)
28.33
17.58
77.99
47.40
103.53
47.40
77.99
17.58
28.33
138.68
164.65
164.65
138.68

图 14.24

③对每一等分截面，将恒载弯矩竖距与对应截面上活载作用下正值弯矩竖距相加，即得该截面的最大弯矩值；将恒载弯矩竖距与对应截面上活载作用下负值弯矩竖距相加，即得该截面的最小弯矩值。

如在支座1处：

$$M_{1\max} = (-62.5) + 19.63 = -42.87\ \text{kN} \cdot \text{m}$$

$$M_{1\min} = (-62.5) + (-78.52) + (-58.6) = -199.62\ \text{kN} \cdot \text{m}$$

④将上述各最大（小）弯矩值在同一图中按比例标出竖距，并连以曲线，得到梁的弯矩包络图，如图14.24(f)所示。

(2)作剪力包络图

用同样的方法，可求得该梁的剪力包络图，如图14.25(e)所示。

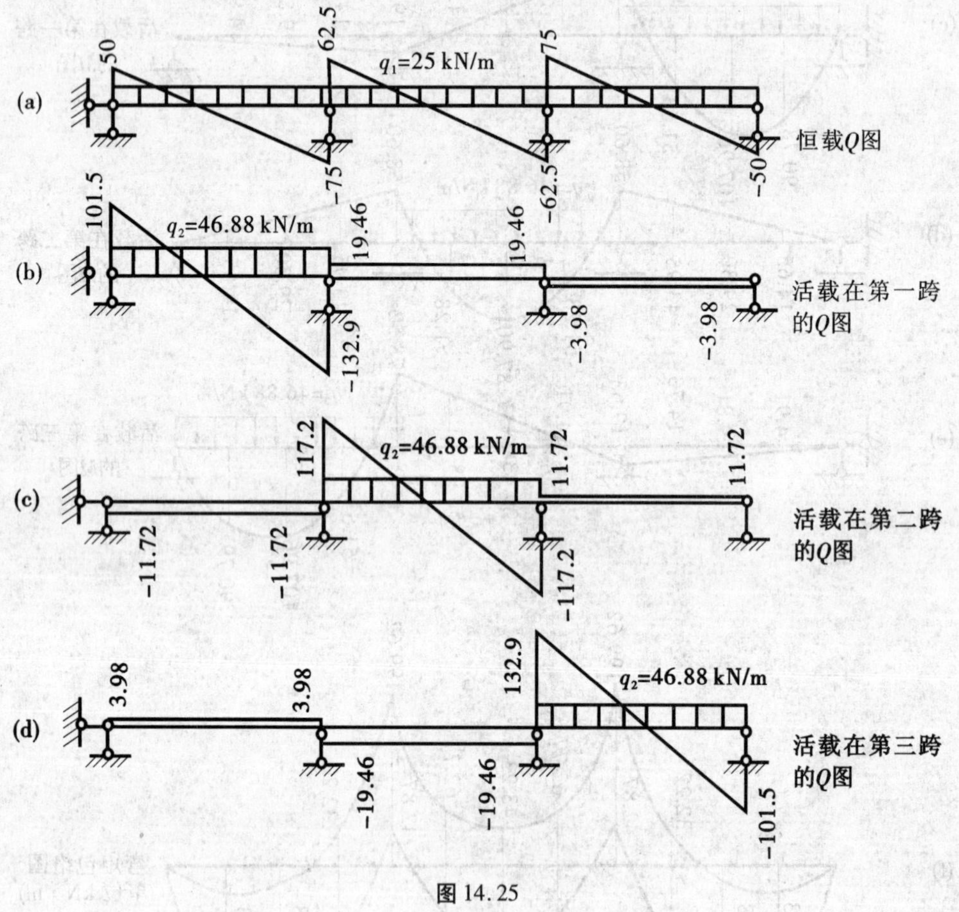

图14.25

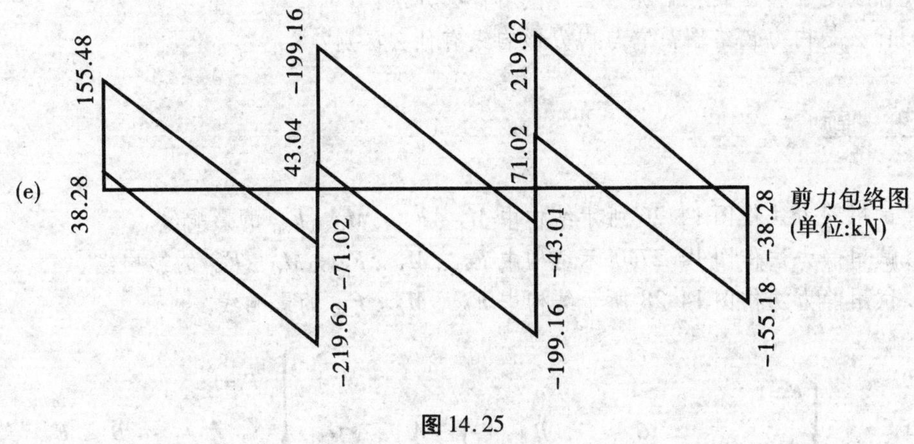

图 14.25

章后小结

本章主要介绍了静定结构内力(反力)影响线的作法和应用。

影响线影响系数 $\overline{Z}$ 与荷载位置 x_i 间的关系曲线,它与内力分布图是有区别的。内力图是描述在固定荷载作用下,内力沿结构各个截面的分布;而影响线是描述单位集中荷载在不同位置作用时对结构中某固定处某量的影响。可以通过简支梁内力图与影响线的比较讨论加深对影响线概念的理解。

静力法是绘制影响线的最基本方法,它是将单位移动荷载作用在结构上,将荷载位置坐标看作变量,然后按移动荷载的范围取隔离体,利用平衡方程列出内力或支座反力的影响线方程。每个隔离体应分别列出影响线方程。

机动法可以迅速地绘出影响线的形状轮廓,对校核静力法的结果十分有用。机动法是建立在虚功原理基础上的。正确撤除与所求某内力或支座反力影响线相应的约束并令去掉约束处产生相应的单位位移,是机动法绘制影响线的关键。

利用叠加原理,根据影响线可以确定各种荷载作用时的影响值,并用以确定移动荷载的不利位置。对于直线图形构成的影响线,为了确定荷载的不利位置,要掌握如何判定临界荷载和临界位置。

本章介绍了简支梁和连续梁的包络图的作法。包络图是结构截面设计的一个重要依据。

思考题

1. 影响线的概念是什么?它与内力图的区别有哪些?
2. 在一定的情况下影响线的方程为什么必须分段列出?
3. 利用机动法作影响线时,位移图与影响线有什么关系?

4. 什么是临界荷载和临界位置？使用什么方法？

5. 什么是内力包络图？它与内力影响线有什么区别？

习　题

1. 试用静力法作图 14.26 所示结构中 M_A、F_{SA}、M_C、F_{SC} 的影响线。

2. 试用静力法作图 14.27 所示结构中 F_{Ay}、M_E、F_{SE}、M_C、F_{SC} 的影响线。

3. 试用静力法作图 14.28 所示结构中 F_{By}、M_C、F_{SC} 的影响线。

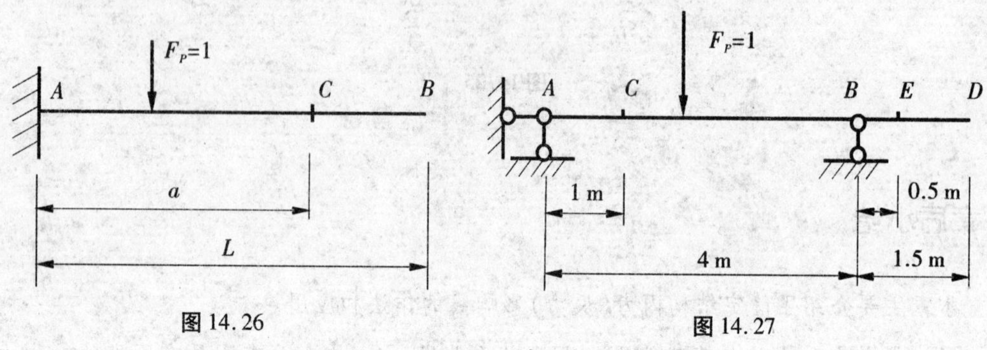

图 14.26　　图 14.27

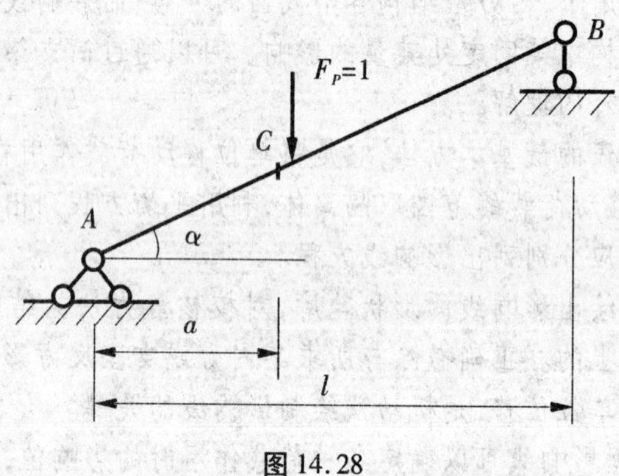

图 14.28

4. 用机动法作静定多跨梁（图 14.29）支座反力 F_{Ay}、F_{By} 及内力 M_G、F_{SG}、M_H、F_{SH} 的影响线。

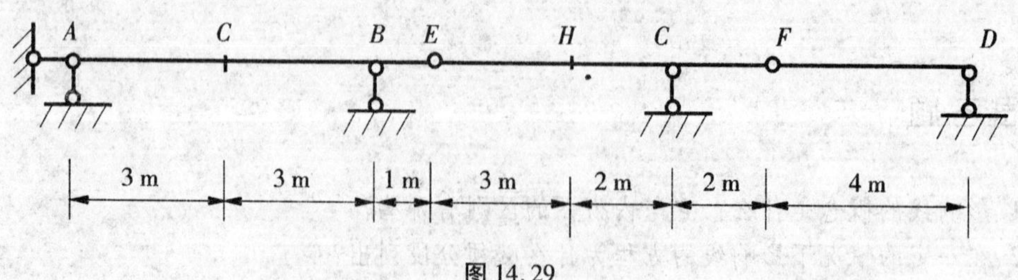

图 14.29

5. 试用机动法作图14.30所示结构 F_{Ay}、F_{Cy}、F_{SB}^{L}、F_{SB}^{R} 和 M_F、F_{SF}、M_G、F_{SG} 的影响线。

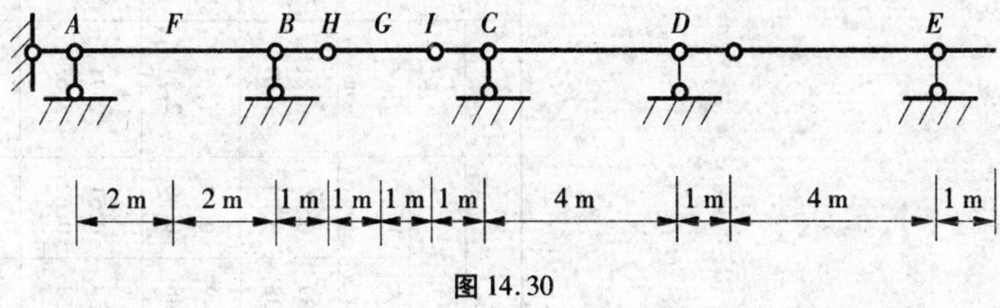

图14.30

6. 试用影响线求图14.31所示荷载作用下结构 M_C、F_{SC} 的大小。

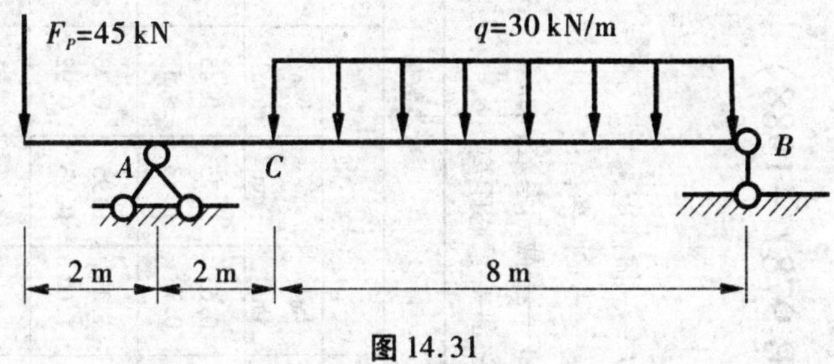

图14.31

7. 试用影响线求图14.32所示荷载作用下结构指定量 ME、F_{SD}的大小。

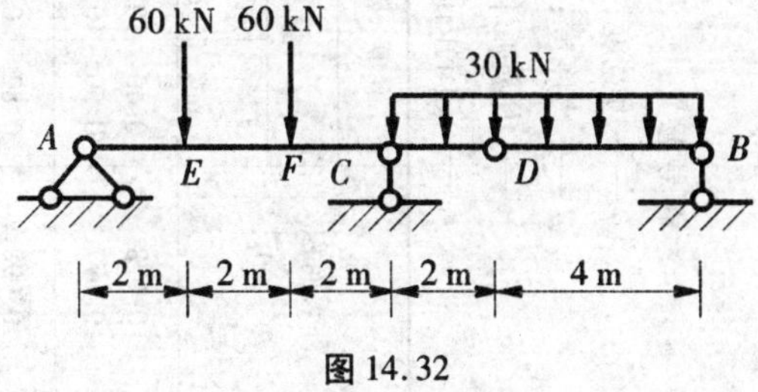

图14.32

8. 试求两台吊车作用下图14.33所示吊车梁 M_C、F_{SC} 的最不利位置，并计算 $M_{C\max}$、$F_{SC\max}$ 和 $F_{SC\min}$ 的值。

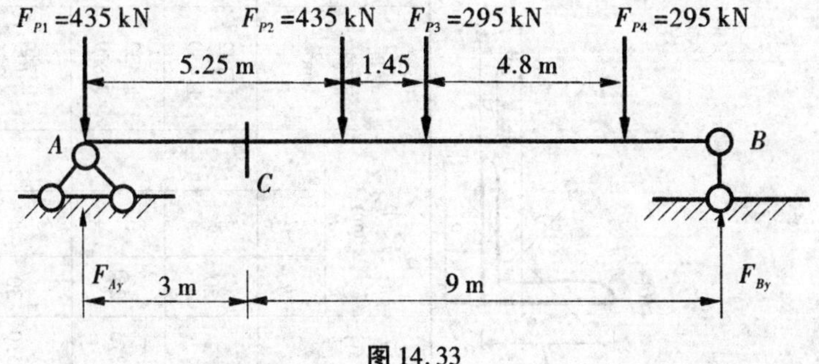

图14.33

附录　型钢规格表

表 1　热轧等边角钢(GB 9787—1988)

符号意义：

b——边宽度；　I——惯性矩；

d——边厚度；　i——惯性半径；

r——内圆弧半径；　W——截面系数；

r_1——边端内圆弧半径；　z_0——重心距离。

角钢号数	尺寸/mm			截面面积/cm^2	理论重量/(kg·m^{-1})	外表面积/(m^2·m^{-1})	参考数值										z_0/cm
							$x-x$			x_0-x_0			y_0-y_0			x_1-x_1	
	b	d	r				I_x/cm^4	i_x/cm	W_x/cm^3	I_{x0}/cm^4	i_{x0}/cm	W_{x0}/cm^3	I_{y0}/cm^4	i_{y0}/cm	W_{y0}/cm^3	I_{x1}/cm^4	
2	20	3 4	3.5	1.132 1.459	0.889 1.145	0.078 0.077	0.40 0.50	0.59 0.58	0.29 0.36	0.63 0.78	0.75 0.73	0.45 0.55	0.17 0.22	0.39 0.38	0.20 0.24	0.81 1.09	0.60 0.64
2.5	25	3 4		1.432 1.859	1.124 1.459	0.098 0.097	0.82 1.03	0.76 0.74	0.46 0.59	1.29 1.62	0.95 0.93	0.73 0.92	0.34 0.43	0.49 0.48	0.33 0.40	1.57 2.11	0.73 0.76
3.0	30	3 4 5	4.5	1.749 2.276	1.373 1.786	0.117 0.117	1.46 1.84	0.91 0.90	0.68 0.87	2.31 2.92	1.15 1.13	1.09 1.37	0.61 0.77	0.59 0.58	0.51 0.62	2.71 3.63	0.85 0.89
3.6	36	3 4 5	4.5	2.109 2.756 3.382	1.656 2.163 2.654	0.141 0.141 0.141	2.58 3.29 3.95	1.11 1.09 1.08	0.99 1.28 1.56	4.09 5.22 6.24	1.39 1.38 1.36	1.61 2.05 2.45	1.07 1.37 1.65	0.71 0.70 0.70	0.76 0.93 1.09	4.68 6.25 7.84	1.00 1.04 1.07

续表 1

角钢号数	尺寸/mm			截面面积/cm^2	理论重量/($kg \cdot m^{-1}$)	外表面积/($m^2 \cdot m^{-1}$)	参考数值										z_0/cm
							$x-x$			x_0-x_0			y_0-y_0			x_1-x_1	
	b	d	r				I_x/cm^4	i_x/cm	W_x/cm^3	I_{x0}/cm^4	i_{x0}/cm	W_{x0}/cm^3	I_{y0}/cm^4	i_{y0}/cm	W_{y0}/cm^3	I_{x1}/cm^4	
4.0	40	3	5	2.359	1.852	0.157	3.59	1.23	1.23	5.69	1.55	2.01	1.49	0.79	0.96	6.41	1.09
		4		3.086	2.422	0.157	4.60	1.22	1.60	7.29	1.54	2.58	1.91	0.79	1.19	8.56	1.13
		5		3.791	2.976	0.156	5.53	1.21	1.96	8.76	1.52	3.01	2.30	0.78	1.39	10.74	1.17
4.5	45	3	5	2.659	2.088	0.177	5.17	1.40	1.58	8.20	1.76	2.58	2.14	0.90	1.24	9.12	1.22
		4		3.486	2.736	0.177	6.65	1.38	2.05	10.56	1.74	3.32	2.75	0.89	1.54	12.18	1.26
		5		4.292	3.369	0.176	8.04	1.37	2.51	12.74	1.72	4.00	3.33	0.88	1.81	15.25	1.30
		6		5.076	3.985	0.176	9.33	1.36	2.95	14.76	1.70	4.64	3.89	0.88	2.06	18.36	1.33
5	50	3	5.5	2.971	2.332	0.197	7.18	1.55	1.96	11.37	1.96	3.22	2.98	1.00	1.57	12.50	1.34
		4		3.897	3.059	0.197	9.26	1.54	2.56	14.70	1.94	4.16	3.82	0.99	1.96	16.69	1.38
		5		4.803	3.770	0.196	11.21	1.53	3.13	17.79	1.92	5.03	4.64	0.98	2.31	20.90	1.42
		6		5.688	4.465	0.196	13.05	1.52	3.68	20.68	1.91	5.85	5.42	0.98	2.63	25.14	1.46
5.6	56	3	6	3.343	2.624	0.221	10.19	1.75	2.48	10.14	2.20	4.08	4.24	1.13	2.02	17.56	1.48
		4		4.390	3.446	0.220	13.18	1.73	3.24	20.92	2.18	5028	5.46	1.11	2.52	23.43	1.53
		5	6	5.415	4.251	0.220	16.02	1.72	3.97	25.42	2.17	6.42	6.61	1.10	2.98	29.33	1.57
		8	7	8.369	6.568	0.219	23.63	1.68	6.03	37.37	2.11	9.44	9.89	1.09	4.16	47.24	1.68
6.3	63	4	7	4.978	3.907	0.248	19.03	1.96	4.13	30.17	2.46	6.78	7.89	1.26	3.29	33.35	1.70
		5		6.143	4.822	0.248	23.17	1.94	5.08	36.77	2.45	8.25	9.57	1.25	3.90	41.73	1.74
		6		7.288	5.721	0.247	27.12	1.93	6.00	43.03	2.43	9.66	11.20	1.24	4.46	50.14	1.78
		8		9.515	7.469	0.247	34.46	1.90	7.75	54.56	2.40	12.25	14.33	1.23	5.47	67.11	1.85
		10		11.657	9.151	0.246	41.09	1.88	9.39	64.85	2.36	14.56	17.33	1.22	6.36	84.38	1.93
7	70	4	8	5.570	4.372	0.275	26.39	2.18	5.14	41.80	2.74	8.44	10.99	1.40	4.17	45.74	1.86
		5		6.875	5.397	0.275	32.21	2.16	6.32	51.08	2.73	10.32	13.34	1.39	4.95	57.21	1.91
		6		8.160	6.406	0.275	37.77	2.15	7.48	59.93	2.71	12.11	15.61	1.38	5.67	68.73	1.95
		7		9.424	7.398	0.275	43.09	2.14	8.59	68.35	2.69	13.81	17.82	1.38	6.34	80.29	1.99
		8		10.667	8.373	0.274	48.17	2.12	9.68	76.37	2.68	15.43	19.98	1.37	6.98	91.92	2.03

续表 1

角钢号数	尺寸/mm			截面面积/cm^2	理论重量/($kg \cdot m^{-1}$)	外表面积/($m^2 \cdot m^{-1}$)	参考数值									
							$x-x$			x_0-x_0			y_0-y_0			x_1-x_1	z_0/cm
	b	d	r				I_x/cm^4	i_x/cm	W_x/cm^3	I_{x0}/cm^4	i_{x0}/cm	W_{x0}/cm^3	I_{y0}/cm^4	i_{y0}/cm	W_{y0}/cm^3	I_{x1}/cm^4	
7.5	75	5	9	7.367	5.818	0.295	39.97	2.33	7.32	63.30	2.92	11.94	16.67	1.50	5.77	70.56	2.04
		6		8.797	6.905	0.294	46.95	2.31	8.64	74.38	2.90	14.02	19.51	1.49	6.67	84.55	2.07
		7		10.160	7.976	0.294	53.57	2.30	9.97	84.96	2.89	16.02	22.18	1.48	7.44	98.71	2.11
		8		11.503	9.030	0.294	59.96	2.28	11.20	95.07	2.88	17.93	24.86	1.47	8.19	112.97	2.15
		10		14.126	11.089	0.293	71.98	2.26	13.64	113.92	2.84	21.48	30.05	1.46	9.56	141.71	2.22
8	80	5	9	7.912	6.211	0.315	48.79	2.48	8.34	77.33	3.13	13.67	20.25	1.60	6.66	85.36	2.15
		6		9.397	7.376	0.314	57.35	2.47	9.87	90.98	3.11	16.08	23.72	1.59	7.65	102.50	2.19
		7		10.860	8.525	0.314	65.58	2.46	11.37	104.07	3.10	18.40	27.09	1.58	8.58	119.70	2.23
		8		12.303	9.658	0.314	73.49	2.44	12.83	116.60	3.08	20.61	30.39	1.57	9.40	136.97	2.27
		10		15.126	11.874	0.313	88.43	2.42	15.64	140.09	3.04	24.76	36.77	1.56	11.08	171.74	2.35
9	90	6	10	10.637	8.350	0.354	82.77	2.79	12.61	131.26	3.51	20.63	34.28	1.80	9.95	145.87	2.44
		7		12.301	9.656	0.354	94.83	2.78	14.54	150.47	3.50	23.64	39.18	1.78	11.19	170.30	2.48
		8		13.944	10.946	0.353	106.47	2.76	16.42	168.97	3.48	26.55	43.97	1.78	12.35	194.80	2.52
		10		17.167	13.476	0.353	128.58	2.74	20.07	203.90	3.45	32.04	53.26	1.76	14.52	244.07	2.59
		12		20.306	15.940	0.352	149.22	2.71	23.57	236.21	3.41	37.12	62.22	1.75	16.49	293.76	2.67
10	100	6	12	11.932	9.366	0.393	114.95	3.01	15.68	181.98	3.90	25.74	47.92	2.00	12.69	200.07	2.67
		7		13.796	10.830	0.393	131.86	3.09	18.10	208.97	3.89	29.55	54.74	1.99	14.26	233.54	2.71
		8		15.638	12.276	0.393	148.24	3.08	20.47	235.07	3.88	33.24	61.41	1.98	15.75	267.09	2.76
		10		19.261	15.120	0.392	179.51	3.05	25.06	284.68	3.84	40.26	74.35	1.96	18.54	334.48	2.84
		12		22.800	17.898	0.391	208.90	3.03	29.48	330.95	3.81	46.80	86.84	1.95	21.08	402.34	2.91
		14		26.256	20.611	0.391	236.53	3.00	33.73	374.06	3.77	52.90	99.00	1.94	23.44	470.75	2.99
		16		29.627	23.257	0.390	262.53	2.98	37.82	414.16	3.74	58.57	110.89	1.94	25.63	539.80	3.06

续表 1

角钢号数	尺寸/mm			截面面积/cm^2	理论重量/($kg \cdot m^{-1}$)	外表面积/($m^2 \cdot m^{-1}$)	参考数值										z_0/cm
							$x-x$			x_0-x_0			y_0-y_0			x_1-x_1	
	b	d	r				I_x/cm^4	i_x/cm	W_x/cm^3	I_{x0}/cm^4	i_{x0}/cm	W_{x0}/cm^3	I_{y0}/cm^4	i_{y0}/cm	W_{y0}/cm^3	I_{x1}/cm^4	
11	110	7	12	15.196	11.928	0.433	177.16	3.41	22.05	280.94	4.30	36.12	73.38	2.20	17.51	310.64	2.96
		8		17..238	13.532	0.433	199.46	3.40	24.95	316.49	4.28	40.69	82.42	2.19	19.39	355.20	3.01
		10		21.261	16.690	0.432	242.19	3.38	30.60	384.39	4.25	49.42	99.98	2.17	22.91	444.65	3.09
		12		25.200	19.782	0.431	282.55	3.35	36.05	448.17	4.22	57.62	116.93	2.15	26.15	534.60	3.16
		14		29.056	22.809	0.431	320.71	3.32	41.31	508.01	4.18	65.31	133.40	2.14	29.14	625.16	3.24
12.5	125	8	14	19.750	15.504	0.492	297.03	3.88	32.52	470.89	4.88	53.28	123.16	2.50	25.86	521.01	3.37
		10		24.373	19.133	0.491	361.67	3.85	39.97	573.89	4.85	64.93	149.46	2.48	30.62	651.93	3.45
		12		28.912	22.696	0.491	423.16	3.83	41.17	671.44	4.82	75.96	174.88	2.46	35.03	783.42	3.53
		14		33.367	26.193	0.490	481.65	3.80	54.16	763.73	4.78	86.41	199.57	2.45	39.13	915.61	3.61
14	140	10	14	27.373	21.488	0.551	514.65	4.34	50.58	817.27	5.46	82.56	212.04	2.78	39.20	915.11	3.82
		12		32.512	25.522	0.551	603.68	4.31	59.80	958.79	5.43	96.85	248.57	2.76	45.02	1099.28	3.90
		14		37.567	29.490	0.550	688.81	4.28	68.75	1093.56	5.40	110.47	284.06	2.75	50.45	1284.22	3.98
		16		42.539	33.393	0.549	770.24	4.26	77.46	1221.81	5.36	123.42	318.67	2.74	55.55	1470.07	4.06
16	160	10	16	31.502	24.729	0.630	779.53	4.98	66.70	1237.30	6.27	109.36	321.76	3.20	52.76	1365.33	4.31
		12		37.441	29.391	0.630	916.58	4.95	78.98	1455.68	6.24	128.67	377.49	3.18	60.74	1639.57	4.39
		14		43.296	33.987	0.629	1048.36	4.92	90.95	1665.02	6.20	147.17	431.70	3.16	68.24	1914.68	4.47
		16		49.067	38.518	0.629	1175.08	4.89	102.63	1865.57	6.17	164.89	484.59	3.14	75.31	2190.82	4.55
18	180	12	16	42.241	33.159	0.710	1321.35	5.59	100.82	2100.10	7.05	165.00	542.61	3.58	78.41	2332.80	4.89
		14		48.896	38.388	0.709	1514.48	5.56	116.25	2407.42	7.02	189.14	625.53	3.56	88.38	2723.48	4.97
		16		55.467	43.542	0.709	1700.99	5.54	131.13	2703.37	6.98	212.40	698.60	3.55	97.83	3115.29	5.05
		18		61.955	48.634	0.708	1875.12	5.50	145.64	2988.24	6.94	234.78	762.01	3.51	105.14	3502.43	5.13
20	200	14	18	54.642	42.894	0.788	2103.55	6.20	144.70	3343.26	7.82	236.40	863.83	3.98	111.82	3734.10	5.46
		16		62.013	48.680	0.788	2366.15	6.18	163.65	3760.89	7.79	265.93	971.41	3.96	123.96	4270.39	5.54
		18		69.301	54.401	0.787	2620.64	6.15	182.22	4164.54	7.75	294.48	1076.74	3.94	135.52	4808.13	5.62
		20		76.505	60.056	0.787	2867.30	6.12	200.42	4554.55	7.72	322.06	1180.04	3.93	146.55	5347.51	5.69
		24		90.661	71.168	0.785	2338.25	6.07	236.17	5254.97	7.64	374.41	1381.53	3.90	166.55	6457.16	5.87

注:截面图中的 $r_1 = 1/3d$ 及表中 r 值的数据用于孔型设计,不作交货条件

表 2 热轧不等边角钢(GB 9788—1988)

符号意义：

B——长边宽度； b——短边宽度；

d——边厚度； r——内圆弧半径；

r_1——边端内圆弧半径； I——惯性矩；

i——惯性半径； W——截面系数；

x_0——重心距离。 y_0——重心距离。

角钢号数	尺寸/mm				截面面积/cm²	理论重量/(kg·m⁻¹)	外表面积/(m²·m⁻¹)	参考数值														
								x-x				y-y			x_1-x_1		y_1-y_1		u-u			
	B	b	d	r				I_x/cm⁴	i_x/cm	Wx/cm³	I_y/cm⁴	i_y/cm	W_y/cm³	I_{x1}/cm⁴	y_0/cm	I_{y1}/cm⁴	x_0/cm	I_u/cm⁴	i_u/cm	W_u/cm³	tanα
2.5/1.6	25	16	34	3.5	1.162	0.912	0.080	0.70	0.78	0.43	0.22	0.44	0.19	1.56	0.86	0.43	0.42	0.14	0.34	0.16	0.392
					1.499	1.176	0.079	0.88	0.77	0.55	0.27	0.43	0.24	2.09	0.90	0.59	0.46	0.17	0.34	0.20	0.381
3.2/2	32	20	34		1.492	1.171	0.101	1.53	1.01	0.72	0.46	0.55	0.30	3.27	1.08	0.82	0.49	0.28	0.43	0.25	0.382
					1.939	1.522	0.101	1.93	1.00	0.93	0.57	0.54	0.39	4.37	1.12	1.12	0.53	0.35	0.42	0.32	0.374
4/2.5	40	25	3	4	1.890	1.484	0.127	3.08	1.28	1.15	0.93	0.70	0.49	6.39	1.32	1.59	0.59	0.56	0.54	0.40	0.386
			4		2.467	1.936	0.127	3.93	1.26	1.49	1.18	0.69	0.63	8.53	1.37	2.14	0.63	0.71	0.54	0.52	0.381
4.5/2.8	45	28	3	5	2.149	1.687	0.143	4.45	1.44	1.47	1.34	0.79	0.62	9.10	1.47	2.23	0.64	0.80	0.61	0.51	0.383
			4		2.806	2.203	0.143	5.69	1.42	1.91	1.70	0.78	0.80	12.13	1.51	3.00	0.68	1.02	0.60	0.66	0.380
5/3.2	50	32	3	5.5	2.431	1.908	0.161	6.24	1.60	1.84	2.02	0.91	0.82	12.49	1.60	3.31	0.73	1.20	0.70	0.68	0.404
			4		3.177	2.494	0.160	8.02	1.59	2.39	2.58	0.90	0.06	16.65	1.65	4.45	0.77	1.53	0.69	0.87	0.402

续表2

角钢号数	尺寸/mm				截面面积/cm^2	理论重量/($kg \cdot m^{-1}$)	外表面积/($m^2 \cdot m^{-1}$)	参考数值													
								$x-x$			$y-y$			x_1-x_1		y_1-y_1		$u-u$			
	B	b	d	r				I_x/cm^4	i_x/cm	Wx/cm^3	I_y/cm^4	i_y/cm	W_y/cm^3	I_{x1}/cm^4	y_0/cm	I_{y1}/cm^4	x_0/cm	I_u/cm^4	i_u/cm	W_u/cm^3	$\tan\alpha$
5.6/3.6	56	36	3	6	2.743	2.153	0.181	8.88	1.80	2.32	2.92	1.03	1.05	17.54	1.78	4.70	0.80	1.73	0.79	0.87	0.408
			4		3.590	2.818	0.180	11.45	1.79	3.03	3.76	1.02	1.37	23.39	1.82	6.33	0.85	2.23	0.79	1.13	0.408
			5		4.415	3.466	0.180	13.86	1.77	3.71	4.49	1.01	1.65	29.25	1.87	7.94	0.88	2.67	0.78	1.36	0.404
6.3/4	63	40	4	7	4.058	3.185	0.202	16.49	2.02	3.87	5.23	1.14	1.70	33.30	2.04	8.63	0.92	3.12	0.88	1.40	0.398
			5		4.993	3.920	0.202	20.02	2.00	4.74	6.31	1.12	2.71	41.63	2.08	10.86	0.95	3.76	0.87	1.71	0.396
			6		5.908	4.638	0.201	23.36	1.96	5.59	7.29	1.11	2.43	49.98	2.12	13.12	0.99	4.34	0.86	1.99	0.393
			7		6.802	5.339	0.201	26.53	1.98	6.40	8.24	1.10	2.78	58.07	2.15	15.47	1.03	4.97	0.86	2.29	0.389
7/4.5	70	45	4	7.5	4.547	3.570	0.226	23.17	2.26	4.86	7.55	1.29	2.17	45.92	2.24	12.26	1.02	4.40	0.98	1.77	0.410
			5		5.609	4.403	0.225	27.95	2.23	5.92	9.13	1.28	2.65	57.106	2.28	15.39	1.06	5.40	0.98	2.19	0.407
			6		6.647	5.218	0.225	32.54	2.21	6.95	10.62	1.26	3.12	68.35	2.32	18.58	1.09	6.35	0.98	2.59	0.404
			7		7.657	6.011	0.225	37.22	2.2	8.03	12.01	1.25	3.57	79.99	2.36	21.84	1.13	7.16	0.97	2.94	0.402
(7.5/5)	75	50	5	8	6.125	4.808	0.245	34.86	2.39	6.83	12.61	1.44	3.30	70.00	2.40	21.04	1.17	7.41	1.10	2.74	0.435
			6		70260	5.699	0.245	41.12	2.38	8.12	14.70	1.42	3.88	84.30	2.44	25.37	1.21	8.54	1.08	3.19	0.435
			8		9.467	7.431	0.244	52.39	2.35	10.52	18.53	1.40	4.99	112.50	2.52	34.23	1.29	10.87	1.07	4.10	0.429
			10		11.590	9.098	0.244	62.71	2.33	12.79	21.96	1.38	6.04	140.80	2.60	43.43	1.36	13.10	1.06	4.99	0.423
8/5	80	50	5	8	6.375	5.005	0.255	41.96	2.56	7.78	12.82	1.42	3.32	85.21	2.60	21.06	1.14	7.66	1.01	2.74	0.388
			6		7.560	5.935	0.255	49.49	2.56	9.25	14.95	1.41	3.91	102.53	2.65	25.41	1.18	8.85	1.08	3.20	0.387
			7		8.724	6.848	0.255	56.16	2.54	10.58	16.96	1.39	4.48	119.53	2.69	29.82	1.21	10.18	1.08	3.70	0.384
			8		9.867	7.745	0254	62.83	2.52	11.92	18.85	1.38	5.03	136.41	2.73	34.32	1.25	11.38	1.07	4.16	0.381

续表 2

角钢号数	尺寸/mm				截面面积/cm^2	理论重量/($kg \cdot m^{-1}$)	外表面积/($m^2 \cdot m^{-1}$)	参考数值													
								$x-x$				$y-y$		x_1-x_1			y_1-y_1		$u-u$		
	B	b	d	r				I_x /cm^4	i_x /cm	Wx /cm^3	I_y /cm^4	i_y /cm	W_y /cm^3	I_{x1} /cm^4	y_0 /cm	I_{y1} /cm^4	x_0 /cm	I_u /cm^4	i_u /cm	W_u /cm^3	$\tan\alpha$
9/5.6	90	56	5	9	7.212	5.661	0.287	60.45	2.90	9.92	18.32	1.59	4.21	121.32	2.91	29.53	1.25	10.98	1.23	3.49	0.385
			6		8.557	6.717	0.286	71.03	2.88	11.74	21.42	1.58	4.96	145.59	2.95	35.58	1.29	12.90	1.23	4.18	0.384
			7		9.880	7.756	0.286	81.01	2.86	13.49	24.36	1.57	5.70	169.66	3.00	41.71	1.33	14.67	1.22	4.72	0.382
			8		11.183	8.779	0.286	91.03	2.85	15.27	27.15	1.56	6.41	194.17	3.04	47.93	1.36	16.34	1.21	5.29	0.380
10/6.3	100	63	6	10	9.617	7.550	0.320	99.06	3.21	14.64	30.94	1.79	6.35	199.71	3.24	50.50	1.43	18.42	1.38	5.25	0.394
			7		11.111	8.722	0.320	113.45	3.29	16.88	35.26	1.78	7.29	233.00	3.28	59.14	1.47	21.00	1.38	6.02	0.393
			8		12.584	9.878	0.319	127.37	3.18	19.08	39.39	1.77	8.21	266.32	3.32	67.88	1.50	23.50	1.37	6.78	0.391
			10		15.467	12.142	0.319	153.81	3.15	23.32	47.12	1.74	9.98	333.06	3.40	85.73	1.58	28.33	1.354	8.24	0.387
10/8	100	80	6	10	10.637	8.850	0.354	1107.04	3.17	15.19	61.24	2.40	10.16	199..83	2.95	102..68	1.97	341.65	1.72	8.37	0.627
			7		12.301	9.656	0.354	122.73	3.16	17.52	70.08	2.39	11.71	233.20	3.00	119.98	2.01	36.17	1.72	9.60	0.626
			8		13.944	10.946	0.353	137.92	3.14	19.81	78.58	2.37	13.21	266.61	3.04	137.37	2.05	40.58	1.71	10.80	0.625
			10		17.167	13.476	0.353	166.87	3.12	24.24	94.65	2.35	16.12	333.63	3.12	172.48	2.132	49.10	1.69	13.12	0.622
11/7	110	70	6	10	10.637	8.350	0.354	133.37	3.54	17.85	42.92	2.01	7.90	265.78	3.53	69.08	1.57	25.36	1.54	6.53	0.403
			7		12.301	9.656	0.354	153.00	3.53	20.60	49.01	2.00	9.09	310.07	3.57	80.82	1.61	28.95	1.53	7.50	0.402
			8		13.944	10.946	0.353	172.04	3.51	23.30	54.87	1.98	10.25	354.39	3.62	92.70	1.65	32.45	1.53	8.45	0.401
			10		17.167	13.476	0.353	208.39	3.48	28.54	65.88	1.96	12.48	443.13	3.70	116.83	1.72	39.20	1.51	10.29	0.397
12.5/8	125	80	7	11	14.096	11.066	0.403	277.98	4.02	26.86	74.42	2.30	12.01	454.99	4.01	120.32	1.80	43.81	1.76	9.92	0.408
			8		15.989	12.551	0.403	256.77	4.01	30.41	83.49	2.28	13.56	519.99	4.06	137.85	1.84	49.15	1.75	11.18	0.407
			10		19.712	15.474	0.402	312.04	3.98	37.33	100.67	2.26	16.56	650.09	4.14	173.40	1.92	59.45	1.74	13.64	0.404
			12		23.351	18.330	0.402	364.41	3.95	44.01	116.67	2.24	19.43	780.39	4.22	209.67	2.00	69.35	1.72	16.01	0.400
14/9	140	90	8	12	18.038	14.160	0.453	365.64	4.50	38.48	120.69	2.59	17.34	730.53	4.50	195.79	2.04	70.83	1.98	14.31	0.411
			10		22.261	17.475	0.452	445.50	4.47	47.31	146.03	2.56	21.22	913.20	4.58	245.92	2.12	85.82	1.96	17.48	0.409
			12		26.400	20.724	0.451	521.59	4.44	55.87	169.79	2.54	24.95	1096.09	4.66	296.89	2.19	100.21	1.95	20.54	0.406
			14		30.456	23.908	0.451	594.10	4.42	64.18	192.10	2.51	28.54	1279.26	4.74	348.82	2.27	114.13	1.94	23.52	0.403

续表 2

角钢号数	尺寸/mm				截面面积/cm^2	理论重量/($kg \cdot m^{-1}$)	外表面积/($m^2 \cdot m^{-1}$)	参考数值													
								$x-x$			$y-y$			x_1-x_1		y_1-y_1		$u-u$			
	B	b	d	r				I_x/cm^4	i_x/cm	Wx/cm^3	I_y/cm^4	i_y/cm	W_y/cm^3	I_{x1}/cm^4	y_0/cm	I_{y1}/cm^4	x_0/cm	I_u/cm^4	i_u/cm	W_u/cm^3	$\tan\alpha$
16/10	160	100	10	13	25.315	19.872	0.512	668.69	5.14	62.13	205.03	2.85	26.56	1362.89	5.89	447.22	2.44	166.50	2.42	26.88	0.376
			12		30.054	23.592	0.511	784.91	5.11	7349	239.06	2.82	31.28	1635.56	5.98	538.94	2.52	194.87	2.40	31.66	0.374
			14		34.709	27.247	0.510	896.30	5.08	84.56	271.20	2.80	35.83	1908.50	6.06	631.95	2.59	222.30	2.39	36.32	0.372
			16		39.281	30.835	0.510	1003.04	5.05	95.33	301.60	2.77	40.24	3105.15	6.14	726.46	2.67	248.94	2.38	40.87	0.369
18/11	180	110	10	14	28.373	22.273	0.571	956.25	5.80	78.96	278.11	3.13	32.49	1940.40	5.89	447.22	2.44	166.50	2.42	26.88	0.376
			12		33.712	26.464	0.571	1124.72	5.78	93.53	325.03	3.10	38.32	2328.38	5.98	538.94	2.52	194.87	2.40	31.66	0.374
			14		38.967	30.589	0.570	1286.91	5.75	107.76	369.55	3.08	43.97	2716.60	6.06	631.95	2.59	222.30	2.39	36.42	0.372
			16		44.139	34.649	0.569	1443.06	5.72	121.64	411.85	3.06	49.44	3105.15	6.14	726.46	2.67	248.94	2.38	40.87	0.369
20/12.5	200	125	12		37.912	29.761	0.641	1570.90	6.44	116.73	483.16	3.57	49.99	3193.85	6.54	787.74	2.83	285.79	2.74	41.23	0.392
			14		43.867	34.436	0.640	1800.97	6041	134.65	550.83	3.54	57.44	3726.17	6.02	922.47	2.91	326.58	2.73	47.34	0.390
			16		49.739	39.045	0.639	2023.35	6.38	152.18	615.44	3.52	64.69	4258.86	6.70	1058.86	2.99	366.21	2.71	53.32	0.388
			18		55.52	43.588	0.639	2238.30	6.35	169.33	677.19	3.49	71.74	4792.00	6.78	1197.13	3.06	404.83	2.70	59.18	0.385

注:1. 括号内型号不推荐使用

2. 截面图中的注:截面图中的 $r_1 = 1/3d$ 及表中 r 值的数据用于孔型设计,不作交货条件

表 3　热轧工字钢（GB 706—1988）

符号意义：

h——高度；　r_1——腿端圆弧半径；

b——腿宽度；　I——惯性矩；

d——腰厚度；　W——截面系数；

t——平均腿厚度；　i——惯性半径；

r——内圆弧半径；　S——半截面的静矩。

型号	尺寸 /mm						截面面积 /cm²	理论重量 /(kg·m⁻¹)	参考数值						
									x－x				y－y		
	h	b	d	t	r	r_1			I_x /cm⁴	W_x /cm³	i_x /cm	$I_x:S_x$ /cm	I_y /cm⁴	W_y /cm³	i_y /cm
10	100	68	4.5	7.6	6.5	3.3	14.3	11.2	245	49	4.14	8.59	33	9.72	1.52
12.6	126	74	5	8.4	7	3.5	18.1	14.2	488.43	77.529	5.195	10.85	46.906	12.677	1.609
14	140	80	5.5	9.1	7.5	3.8	21.5	16.9	712	102	5.76	12	64.4	16.1	1.73
16	160	88	6	9.9	8	4	26.1	20.5	1130	141	6.58	13.8	93.1	21.2	1.89
18	180	94	6.5	10.7	8.5	4.3	30.6	24.1	1660	185	7.36	15.4	122	26	2
20a	200	100	7	11.4	9	4.5	35.5	27.9	2370	237	8.15	17.2	158	31.5	2.12
20b	200	102	9	11.4	9	4.5	39.5	31.1	2500	250	7.96	16.9	169	33.1	2.06
22a	220	110	7.5	12.3	9.5	4.8	42	33	3400	309	8.99	18.9	225	40.9	2.31
22b	220	112	9.5	12.3	9.5	4.8	46.4	36.4	3570	325	8.78	18.7	239	42.7	2.27
25a	250	116	8	13	10	5	48.5	38.1	5023.54	401.88	10.18	21.58	280.046	48.283	2.403
25b	250	118	10	13	10	5	53.5	42	5283.96	422.72	9.938	21.27	309.297	52.423	2.404
28a	280	122	8.5	13.7	10.5	5.3	55.45	43.4	7114.14	508.15	11.32	24.62	345.051	56.565	2.495
28b	280	124	10.5	13.7	10.5	5.3	61.05	47.9	7480	534.29	11.08	24.24	379.496	61.209	2.493

续表 3

型号	尺寸 /mm						截面面积 /cm^2	理论重量 /$(kg \cdot m^{-1})$	参考数值						
									$x-x$				$y-y$		
	h	b	d	t	r	r_1			I_x /cm^4	W_x /cm^3	i_x /cm	$I_x:S_x$ /cm	I_y /cm^4	W_y /cm^3	i_y /cm
32a	320	130	9.5	15	11.5	5.8	67.05	52.7	11075.5	692.2	12.84	27.46	459.93	70.758	2.619
32b	320	132	11.5	15	11.5	5.8	73.45	57.7	11621.4	726.33	12.58	27.09	501.53	75.989	2.614
32c	320	134	13.5	15	11.5	5.8	79.95	62.7	12167.5	760.47	12.34	26.77	543.81	81.166	2.608
36a	360	136	10	15.8	12	6	76.3	59.9	15760	875	14.4	30.7	552	81.2	2.69
36b	360	136	12	15.8	12	6	83.5	65.6	16530	919	14.1	30.3	582	8403	2.64
36c	360	140	14	15.8	12	6	90.7	71.2	17310	962	13.8	29.9	612	87.4	2.6
40a	400	142	10.5	16.5	12.5	6.3	86.1	67.6	21720	1090	15.9	34.1	660	93.2	2.77
40b	400	144	12.5	16.5	12.5	6.3	94.1	73.8	22780	1140	15.6	33.6	692	96.2	2.71
40c	400	146	14.5	16.5	12.5	6.3	102	80.1	23850	1190	15.2	33.2	727	99.6	2.65
45a	450	150	11.5	18	13.5	6.8	102	80.4	32240	1430	17.7	38.6	855	114	2.89
45b	450	152	13.5	18	13.5	6.8	111	87.4	33760	1500	17.4	38	894	118	2.84
45c	450	154	15.5	18	13.5	6.8	120	94.5	35280	1570	17.1	37.6	938	122	2.79
50a	500	158	12	20	14	7	119	93.6	46470	1860	19.7	42.8	1120	142	3.07
50b	500	160	14	20	14	7	129	101	48560	1940	19.4	42.4	1170	146	3.01
50c	500	162	16	20	14	7	139	109	50640	2080	19	41.8	1220	151	2.96
56a	560	166	12.5	21	14.5	7.3	135.25	106.2	65585.6	2342.31	22.02	47.73	1370.16	165.08	3.182
56b	560	168	14.5	21	14.5	7.3	146.45	115	68512.5	2446.69	21.63	47.17	1486.75	174.25	3.162
56c	560	170	16.5	21	14.5	7.3	157.85	123.9	71439.4	2551.41	21.27	46.66	1558.39	183.34	3.158
63a	630	176	13	22	15	7.5	154.9	121.6	93916.2	2981.47	24.62	54.17	1700.55	193.24	3.314
63b	630	178	15	22	15	7.5	167.5	131.5	98083.6	3163.38	24.2	53.51	1812.07	203.6	3.289
63c	630	180	17	22	15	7.5	180.1	141	102251.1	3298.42	23.82	52.92	1924.91	213.88	3.268

注：截面图和表中标注的圆弧半径 r、r_1 的数据用于孔型设计，不作交货条件

表 4　热轧槽钢（GB707—1988）

符号意义：

h——高度；　r_1——腿端圆弧半径；

b——腿宽度；　I——惯性矩；

d——腰厚度；　W——截面系数；

t——平均腿厚度；　i——惯性半径；

r——内圆弧半径；　z_0——$y-y$ 轴与 y_1-y_1 轴间距

型号	尺寸 /mm						截面面积 /cm^2	理论重量/ ($kg \cdot m^{-1}$)	参考数值							
									$x-x$			$y-y$			y_1-y_1	z_0 /cm
	h	b	d	t	r	r_1			W_x /cm^3	I_x /cm^4	i_x /cm	W_y /cm^3	I_y /cm^4	iI_y /cm	I_{y1} /cm^4	
5	50	37	4.5	7	7	3.5	6.93	5.44	10.4	26	1.94	3.55	8.3	1.1	20.9	1.35
6.3	63	40	408	705	7.5	3.75	8.444	6.63	16.123	50.786	2.453	4.50	11.872	1.185	28.38	1.36
8	80	43	5	8	8	4	10.24	8.04	25.3	101.3	3.15	5.79	16.6	1.27	37.4	1.43
10	100	48	5.3	8.5	8.5	4.25	12.74	10	39.7	1989.3	3.95	7.8	25.6	1.41	54.9	1.52
12.6	126	53	5.5	9	9	4.5	15.69	12.37	62.137	391.466	4.953	10.242	37.99	1.567	77.09	1.59
14_b^a	140	58	6	9.5	9.5	4.75	18.51	14.53	80.5	563.7	5.52	13.01	53.2	1.7	107.1	1.71
	140	60	8	9.5	9.5	4.75	21.31	16.73	87.1	609.4	5.53	14.12	61.1	1.69	120.6	1.67
16a	160	63	6.5	10	10	5	21.95	17.23	108.3	866.2	6.28	16.3	73.3	1.83	144.1	1.8
16	160	65	8.5	10	10	5	25.15	19.74	116.8	934.5	6.1	17.55	83.4	1.82	160.8	1.75
18a	180	68	7	10.5	10.5	5.25	25.69	20.17	141.4	1272.7	7.04	20.03	98.6	1.96	189.7	1.88
18	180	70	9	10.5	10.5	5.25	29.29	22.99	152.2	1369.9	6.84	21.52	111	1.95	210.1	1.84

续表 4

型号	尺寸/mm						截面面积/cm²	理论重量/(kg·m⁻¹)	参考数值							
									x - x			y - y			$y_1 - y_1$	
	h	b	d	t	r	r_1			W_x/cm³	I_x/cm⁴	i_x/cm	W_y/cm³	I_y/cm⁴	iI_y/cm	I_{y1}/cm⁴	z_0/cm
20a	200	73	7	11	11	5.5	28.83	22.63	178	1780.4	7.86	24.2	128	2.11	244	2.01
20	200	75	9	11	11	5.5	32.83	25.77	191.4	1913.7	7.64	25.88	143.6	2.09	268.4	1.95
22a	220	77	7	11.5	11.5	5.75	31.84	24.99	217.6	2393.9	8.67	28.17	157.8	2.23	298.2	2.1
22	220	79	9	11.5	11.5	5.75	36.24	28.45	233.8	2571.4	8.42	30.05	176.4	2.21	326.3	2.03
a	250	78	7	12	12	6	34.91	27.47	269.597	3369.62	9.823	30.607	175.529	2.243	322.256	2.065
25b	250	80	9	12	12	6	39.91	31.39	282.402	3530.04	9.405	32.657	196.421	2.218	353.187	1.982
c	250	82	11	12	12	6	44.91	35.32	295.236	3690.45	9.065	35.926	218.415	2.206	384.133	1.921
a	280	82	7.5	12.5	12.5	6.25	40.02	31.42	340.328	4764.59	10.91	35.718	217.989	2.333	387.566	2.097
28b	280	84	9.5	12.5	12.5	6.25	45.62	35.81	366.46	5130.45	10.6	37.929	242.144	2.304	427.589	2.016
c	280	86	11.5	12.5	12.5	6.25	51.22	40.21	392.594	5496.32	10.35	40.301	267.602	2.286	426.597	1.951
a	320	88	8	14	14	7	48.7	38.22	474.879	7598.06	12.49	46.473	304.787	2.502	552.31	2.242
32b	320	90	10	14	14	7	55.1	43.25	509.012	8144.2	12.15	49.157	336.332	2.471	592.933	2.158
c	320	92	12	14	14	7	61.5	48.28	543.145	8690.33	11.88	52.642	374.175	2.467	643.299	2.092
a	360	96	9	16	16	8	60.89	47.8	659.7	11874.2	13.97	63.54	455	2.73	818.4	2.44
36b	360	98	11	16	16	8	68.09	53.45	702.9	12651.8	13.63	66.85	496.7	2.7	880.4	2.37
c	360	100	13	16	16	8	75.29	50.1	746.1	13429.4	13.36	70.02	536.4	2.67	947.9	2.34
a	400	100	10.5	18	18	9	75.05	58.91	878.9	1757.9	15.30	78.83	592	2.81	1067.7	2.49
40b	400	102	12.5	18	18	9	83.05	65.19	932.2	18644.5	14.98	82.52	640	2.78	1135.6	2.44
c	400	104	14.5	18	18	9	91.05	71.47	985.6	19711.2	14.71	86.19	687.8	2.75	1220.7	2.42

注：截面图和表中标注的圆弧半径 r、r_1 的数据用于孔型设计，不作交货条件

参考文献

[1] 于英. 建筑力学. 2 版. 北京:中国建筑工业出版社,2007.
[2] 包世华. 结构力学. 北京:中央广播电视大学出版社,1993.
[3] 马景善,金恩平. 土木工程实用力学. 北京:北京大学出版社,2010.
[4] 范钦珊. 材料力学. 北京:高等教育出版社,2000.
[5] 苏炜. 工程力学. 武汉:武汉工业大学出版社,2000.
[6] 龙驭球,包世华. 结构力学教程. 北京:高等教育出版社,2002.
[7] 吴大炜. 建筑力学. 北京:化学工业出版社,2005.